1. 扬麦 13   5. 扬麦 24   9. 扬麦 36

2. 扬麦 15   6. 扬麦 30   10. 泛麦 8 号

3. 宁麦 9 号   7. 扬麦 33   11. 川麦 104

4. 扬麦 20   8. 扬麦 34   12. 绵麦 902

药剂拌种

捆草

耕翻

耙地

耙平

播种

机开沟

株行开沟

镇压

10

田间喷水

11

封闭化除

12

出苗

13

苗期

14

拔节

15

抽穗

16

灌浆

17

无人机施肥

18

飞防

1　白粒小麦

2　红粒小麦

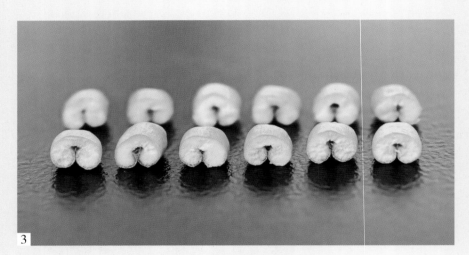

3

粉质籽粒

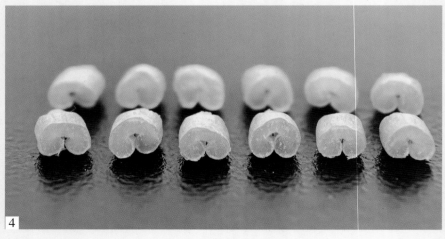

4

角质籽粒

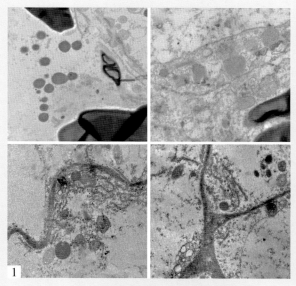

花后 10 d 胚乳细胞蛋白体超微结构

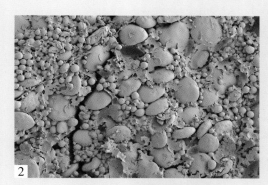

弱筋小麦籽粒电镜扫描图

强筋小麦籽粒电镜扫描图

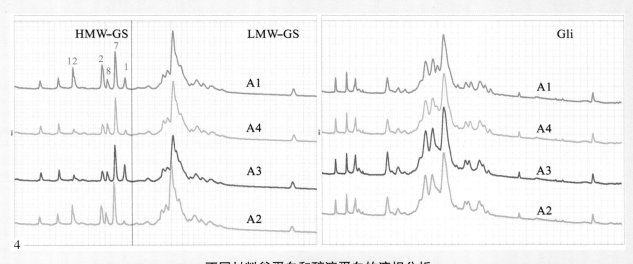

不同材料谷蛋白和醇溶蛋白的液相分析

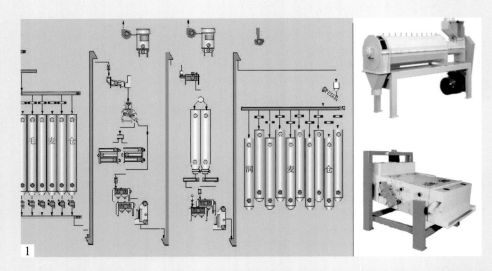

加工清理流程

清理平面回转筛

制粉磨粉机

碾磨筛理高方筛

配粉混合机

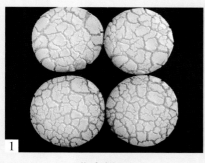

曲奇饼干

酥性饼干

海绵蛋糕

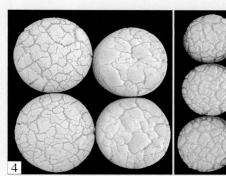

不同小麦品种制作的曲奇饼干

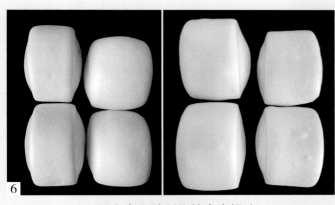

不同小麦品种制作的海绵蛋糕

不同小麦品种制作的南方馒头

入选优质南方馒头的小麦品种

'扬麦33'制作的南方馒头

'扬麦34'制作的南方馒头

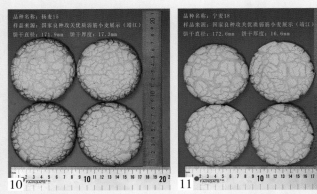

'扬麦 15'制作的曲奇饼干　'宁麦 18'制作的曲奇饼干

饼干质构仪检测

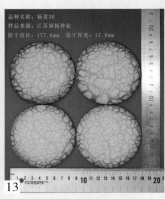

'扬麦 20'制作的曲奇饼干　'扬麦 30'制作的曲奇饼干

小麦制曲　　　　　'川麦 93'制曲　'川麦 39'制曲

国家出版基金项目
NATIONAL PUBLICATION FOUNDATION

「十四五」国家重点出版物出版规划项目

中国弱筋小麦

程顺和　高德荣　张晓　主编

江苏凤凰科学技术出版社·南京
国家一级出版社　全国百佳图书出版单位

图书在版编目（CIP）数据

中国弱筋小麦 / 程顺和, 高德荣, 张晓主编.
南京：江苏凤凰科学技术出版社, 2024. 9. -- ISBN
978-7-5713-4611-9

Ⅰ. S512.1
中国国家版本馆CIP数据核字第202467SX67号

中国弱筋小麦

主　　　编	程顺和　　高德荣　　张　晓
责 任 编 辑	沈燕燕　　韩沛华
助 理 编 辑	滕如淦
责 任 校 对	金　磊
责 任 设 计	徐　慧
责 任 监 制	刘文洋

出 版 发 行	江苏凤凰科学技术出版社
出版社地址	南京市湖南路1号A楼，邮编：210009
出版社网址	http://www.pspress.cn
照　　　排	江苏凤凰制版有限公司
印　　　刷	南京爱德印刷有限公司

开　　　本	889 mm × 1 194 mm　　1/16
印　　　张	25.5
插　　　页	8
字　　　数	660 000
版　　　次	2024年9月第1版
印　　　次	2024年9月第1次印刷

标 准 书 号	ISBN 978-7-5713-4611-9
定　　　价	268.00元（精）

图书若有印装质量问题，可随时向我社印务部调换。

本书编委会

主　编　程顺和　高德荣　张　晓

副主编　郭文善　马传喜　马鸿翔　张伯桥　陆成彬

编著人员

第 一 章　陆成彬　高德荣　刘　健　张伯桥

第 二 章　张　晓　李　曼　王　慧

第 三 章　高德荣　张　晓　吴宏亚　李　曼

第 四 章　熊　飞　刘大同　余徐润　陆成彬

第 五 章　马鸿翔　姜　朋　高玉姣

第 六 章　张　勇　高德荣　吴宏亚　张伯桥　张　晓

第 七 章　马传喜　郑文寅　李文阳　朱冬梅

第 八 章　郭文善　李春燕　朱新开　王　慧　谭昌伟　丁锦峰

第 九 章　杨武云　万洪深　胡文静　任　勇　李　俊

第 十 章　郑学玲　尚加英　李利民　张晓祥

第十一章　刘　健　张伯桥　陆成彬　张晓祥

审　　稿　王龙俊

序

　　小麦是世界第一大粮食作物，也是我国最重要的粮食作物之一。进入 21 世纪以来，我国小麦总产量稳定增长，至 2024 年实现了小麦生产"二十一连丰"。随着粮食连年丰产，我国小麦生产形势呈现出结构性供需矛盾。人民生活水平提高对品质提出了更高要求，提升农产品质量已成为新时期农业发展的主要目标。

　　弱筋小麦是制作饼干、糕点、南方馒头以及酿酒的优质原料。当前优质弱筋小麦需求量大，市场供应紧缺。长江中下游麦区特别是沿江、沿海、丘陵地区雨量充沛、土壤肥沃，非常有利于生产弱筋小麦，是我国唯一的弱筋小麦优势产业带。目前我国弱筋小麦遗传改良、配套栽培技术研究和产业化生产工作成效显著，但至今没有关于弱筋小麦研究和生产的指导性专著。为此，及时总结弱筋小麦理论研究、育种实践和产业发展的成果，吸收国内外最新科技进展，将进一步推动优质弱筋小麦产业提档升级。

　　江苏里下河地区农业科学研究所是我国小麦育种的优势单位，地处长江中下游麦区弱筋小麦优势产业带，担负着我国弱筋小麦产业发展和国际合作的重任，育成多个优质弱筋小麦品种并大面积推广，其中多个品种列入全国主导品种，获多项部省级科技进步奖。

　　程顺和院士牵头组织编著的《中国弱筋小麦》，系统总结了弱筋小麦品质评价、育种、栽培、遗传、生理、加工以及产业化等方面的最新研究进展，是我国弱筋小麦理论与实践相结合的第一部综合性专著，具有较强的科学性、实用性和前瞻性，适应了农业供给侧结构性改革、乡村振兴战略等推动农业由增产导向转向提质增效的新形势。该著作不仅是我国弱筋小麦科研与实践智慧的结晶，更是指导未来弱筋小麦产业发展的宝贵指南，期待能激发产业创新活力，助力农业现代化。

赵振东

2024 年 8 月

前　言

　　小麦是全世界分布范围最广、种植面积最大的粮食作物，全世界1/3以上的人口以小麦为主粮。在我国，小麦是三大主粮之一，仅次于玉米和水稻。随着粮食连年丰产，我国粮食消费观念已从"量"的需求转向"质"的追求，粮食育种目标也从"高产"向"优质高产"转型。

　　我国小麦育种长期以产量提升为首要目标，品质育种起步较晚，特别是弱筋小麦的育种研究。弱筋小麦以其独特的品质特性——籽粒粉质率高、硬度低，蛋白质含量低，面粉吸水率低，面团筋力弱、延展性好、弹性和延展性比例适宜，成为饼干、糕点、南方馒头等食品的理想原料，同时也是制曲酿酒的优质原料。随着弱筋小麦消费量的增加，国家对弱筋小麦的重视程度不断提高，20世纪末我国正式启动了弱筋小麦品质改良工作。

　　进入21世纪，我国先后发布了《中国小麦品质区划方案》（试行）与《专用小麦优势区域发展规划（2003—2007）》，确定了3个"优质专用小麦优势区域产业带"，其中长江中下游小麦产业带是唯一的弱筋小麦优势产业带。在国家政策的扶持下，经过科研人员多年攻关，我国弱筋小麦优良品种选育及推广工作取得显著成效，成功育成'扬麦9号''宁麦9号''扬麦13''扬麦15'等70多个优质弱筋小麦品种，并形成了成熟的弱筋小麦品质调优栽培技术。

　　然而，长期以来，我国还没有一部关于弱筋小麦的综合性专著，这在一定程度上限制了弱筋小麦产业的国际竞争力。鉴于此，程顺和院士提议并组织编写了《中国弱筋小麦》一书，该书汇聚了在弱筋小麦遗传育种、优质高产高效栽培、产业化推广和精深加工等领域的权威专家，历经数年打磨，于2024年初完稿。

　　《中国弱筋小麦》是我国有关弱筋小麦的第一部综合性专著。全书分十一章，深入阐述了弱筋小麦的概念、品质特性、遗传生理、育种实践、栽培技术、加工利用及产业化发展模式等，对小麦遗传育种学、栽培学、食品科学、小麦流通和加工等相关领域科研、教学人员及学者均具有较好的参考价值，也可作为农业生产一线的技术人员借鉴的工具书。

在本书出版过程中得到了江苏里下河地区农业科学研究所、扬州大学、安徽农业大学、江苏省农业科学院、四川省农业科学院、绵阳市农业科学研究院、河南工业大学、安徽科技学院等单位的支持和帮助，同时多位专家教授在百忙中也给予本书指导推荐。江苏凤凰科学技术出版社先后为本书申请到江苏省金陵科技著作出版基金、国家出版基金资助，并申报入选"十四五"时期国家重点图书出版专项规划项目，在此一并致以衷心感谢！

由于作者水平和能力所限，书中难免有不妥和错漏之处，恳请同行与读者批评指正。

编著者

2024 年 5 月

目录

第一章
弱筋小麦概述

小麦是一种适应性强、分布广泛的世界性粮食作物，为人类提供约21%的食物热量和20%的蛋白质。小麦营养价值较高，富含淀粉、蛋白质、脂肪、矿物质及维生素等，具备独特的面筋特性，可制作多种食品，是全球35%~40%人口的主食，同时还是最重要的贸易粮食和国际援助粮食之一。与美国、加拿大和澳大利亚等国家的软质小麦较为类似，弱筋小麦主要适用于生产饼干、糕点、南方馒头等食品以及酿酒等。我国弱筋小麦主要分布在长江中下游麦区和西南麦区。随着人民生活水平的提高，适宜制作优质饼干、优质糕点等食品的弱筋小麦需求量逐年增加。

第一节　小麦生产概况

　　小麦是全世界分布范围最广、种植面积最大的粮食作物，为全世界 1/3 以上人口的主粮。小麦在北半球种植最为广泛，从北极圈附近到赤道周围，从盆地到高原均有种植，尤其在北半球的欧亚大陆和北美洲最多，其种植面积占世界小麦总面积的 90% 左右；南半球小麦种植以南美洲和大洋洲为主。小麦按种植季节可分为冬小麦和春小麦，其中冬小麦种植面积约占 75%，分布较为广泛；春小麦种植面积约占 25%，主要集中在俄罗斯、美国和加拿大等国家，占世界春小麦总面积的 90% 左右，中国的春小麦主要分布在黑龙江、内蒙古等省区。

一、世界小麦生产

　　联合国粮食及农业组织（FAO）数据显示，1961—2022 年，世界小麦种植面积趋于相对稳定，保持在 2.0 亿 ~2.4 亿 hm²，但总产量却稳步增加，种植面积和总产量的变化呈剪刀形（图 1-1），单位面积产量不断增加，与总产量趋于平行增长（图 1-2）。1961 年，世界小麦总产量 2.23 亿 t，且在 1993 年之前一直领先于水稻和玉米。此后水稻和玉米单产快速提高，产量逐渐超过了小麦，尤其是 2000 年之后，玉米的产量大幅增长，明显高于小麦和水稻，且都达到历史最高水平。FAO 数据显示，2022 年世界小麦总产量 7.77 亿 t，是 1961 年的 3 倍多。

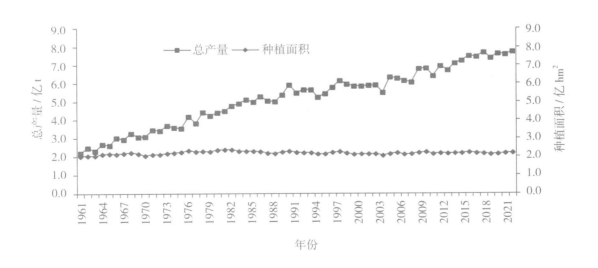

图 1-1　1961—2022 年全球小麦总产量和种植面积

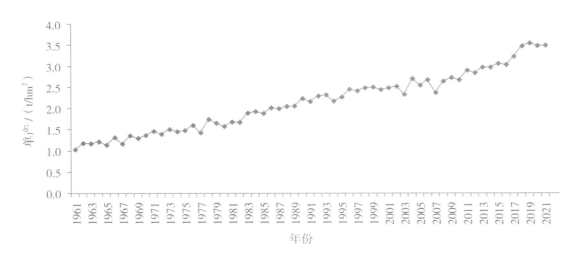

图 1-2　1961—2022 年全球小麦单产

世界各国小麦总产量差异较大，排名也在不断发生变化。1961—1982 年，苏联一直位居世界小麦总产量首位，其次是美国和中国。1983 年以来，中国成为世界上总产量最大的小麦生产国，其次是印度、俄罗斯、美国、澳大利亚、法国、乌克兰、巴基斯坦等，这 8 个国家小麦总产量占同期世界小麦总产量的 60% 以上。在全球小麦种植面积上，FAO 数据显示，2022 年印度已成为世界上种植面积最大的国家（近 3 000 万 hm^2），其次是俄罗斯、中国、美国、澳大利亚、加拿大、巴基斯坦、乌克兰等，这 8 个国家小麦种植面积总量占同期世界总量的 60% 以上。

世界小麦主产国的单产水平差异很大，欧洲国家单产水平相对较高，以 2021 年为例（表 1-1），德国最高，为 8.05 t/hm^2，法国为 7.40 t/hm^2，中国为 5.81 t/hm^2，乌克兰为 4.65 t/hm^2，印度、俄罗斯、美国接近世界平均水平 3.22 t/hm^2，澳大利亚、哈萨克斯坦的小麦单产水平较低，分别为 1.62 t/hm^2、1.26 t/hm^2。

表 1-1　2020—2022 年世界主要小麦生产国小麦单产　　　　　单产：t/hm^2

国家	2020 年	2021 年	2022 年
德国	7.89	8.05	7.64
法国	7.11	7.40	7.19
中国	5.74	5.81	5.91
乌克兰	3.83	4.65	3.80
印度	3.53	3.22	4.40
俄罗斯	3.84	3.22	4.22
美国	3.37	3.22	3.13
澳大利亚	1.50	1.62	2.32
哈萨克斯坦	1.32	1.26	1.28

二、中国小麦生产

小麦是我国重要的粮食作物,在国民经济中占有重要地位。我国幅员辽阔,小麦适宜种植范围十分广泛,北起黑龙江、南至海南岛、东临三江汇合处、西到帕米尔高原,包括新疆北部、西藏南部、台湾北部都有小麦种植,但不同区域环境条件差别较大,适宜种植的小麦类型也不同,品质差异较大。1908年,我国著名地理学家张相文在《新撰地文学》中记载"北带:南界北岭淮水,北抵阴山长城。动物多驯驴良马、山羊;西部多麋鹿犀牛。植物多枳、榆、檀、梨、栗、柿、葡萄"。所谓"南界",就是南北分界线。在1924年张相文发表的《佛学地理志》中,明确提到了秦岭—淮河分中国为南北。说到淮河,他认为"唯淮水发源于北岭之支麓。实继北岭之正干,而为南北之界线"。秦岭—淮河是800 mm年等降水量线的界限:秦岭—淮河以南年降水量大于800 mm,秦岭—淮河以北年降水量小于800 mm。小麦生产正是以秦岭—淮河为界,分为南方小麦和北方小麦。

我国小麦常年种植面积约占粮食作物总面积的1/4,稳定在2 300万 hm² 以上。国家统计局数据显示,自2015年以来,我国小麦总产量稳定在1.3亿 t 以上,占世界小麦总产量的20%左右。小麦总产量增长主要依靠推广新品种、改进栽培技术、加强水利设施建设、普及机械化、加强病虫害防治等措施,以及国家小麦良种补贴等政策。全国范围内6~8次大规模的品种更新换代以及生产技术推广应用,促使单产水平大幅提高。我国为世界粮食安全及贸易平衡做出了重要贡献。2022年,我国小麦种植面积、总产量和单产分别为2 352万 hm²、1.38亿 t 和5.86 t/hm²。我国不仅是小麦生产大国,还是小麦消费、贸易和加工大国,在世界小麦产业上具有重要地位。中华人民共和国成立以来,特别是改革开放以后我国小麦生产水平不断提高,大体经历了缓慢增长(1949—1977)、快速增产(1978—1997)、短暂下滑(1998—2003)和持续创新(2004—2022)4个阶段,21世纪以来小麦品种产量、品质、抗病性的改良为我国粮食生产连年丰产起到了重要的作用(图1-3、图1-4)。

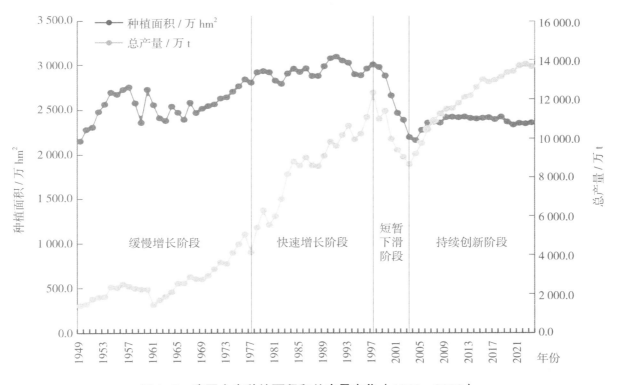

图 1-3　我国小麦种植面积和总产量变化(1949—2022)

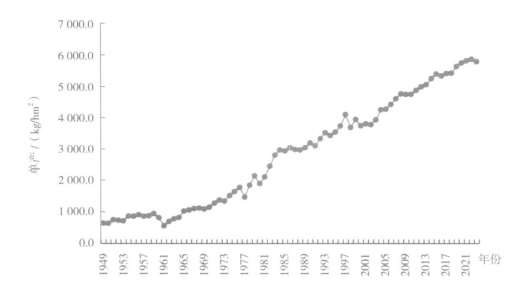

图 1-4　我国小麦单产变化（1949—2022）

（一）缓慢增长阶段（1949—1977）

中华人民共和国成立以来，农民翻身做主，生产积极性空前高涨，但受制于当时的农业生产水平，单产较低，单产提高幅度不大。整体处于小麦单产和总产缓慢提高的状态，三年困难时期（1959—1961）曾出现短暂下滑，1962 年以后小麦单产提高较快，总产保持稳定增长态势。

（二）快速增产阶段（1978—1997）

改革开放以后我国农村实行包产到户，进一步激发了农民的生产积极性，种植面积总体保持相对稳定，单产和总产量总体呈快速增长趋势。小麦种植面积年均增长 0.16%，单产年增 4.29%，总产量年增 4.46%。至 1997 年，我国小麦总产量达 1.23 亿 t，创历史最高值。

（三）短暂下滑阶段（1998—2003）

随着农民的生产积极性和生产力水平的提升，粮食总产屡创新高，1997 年，我国小麦供需基本平衡，出现"卖粮难"的现象，江苏小麦销售价一度跌至 0.66 元 /kg，种植收益明显低于蔬菜和其他经济作物，影响了农民种植小麦的积极性。各级政府开始有计划地进行种植业结构调整，适当调减小麦种植面积。1998—2003 年，小麦种植面积年均减少 5.07%，总产量年均减少 6%，至 2003 年全国小麦种植面积减少到 2 199.71 万 hm²，占高峰面积的 71.08%；总产量降至 8 648.8 万 t，占历史高峰产量的 70.32%。

（四）持续创新阶段（2004—2022）

由于前一时期小麦种植面积大幅度、快速减少，小麦总产量连年下降，且短暂下滑阶段我国小麦进口量总体减少，年均仅 10 万 t。为了保障我国粮食安全和满足小麦的总量需求，自 2004 年起政府实行良种补贴、粮食直补等一系列鼓励种粮的政策，农民的种粮积极性再次得到提高，同时得益于农业科技的进步、农业综合生产能力的提升和农技推广体系的完善，小麦单产大幅度提高，在种植面积略有减少的情况下，总产量稳定增长。2014 年，小麦总产量恢复至 1997 年以来历史最高值，达 1.26 亿 t，2015 年以来更是稳定在 1.3 亿 t 以上，至 2022 年实现了小麦生产"十九连丰"。

小麦品质通常指小麦对某种特定用途的适合性，或对制作某种产品要求的满足程度。小麦品质是一个综合的相对概念，因小麦使用目的和用途不同，其含义也不相同。小麦品质一般包括籽粒外观品质、营养品质和加工品质。根据筋力强弱，小麦主要分为强筋小麦、中强筋小麦、中筋小麦和弱筋小麦 4 种类型。

一、小麦品质

（一）籽粒外观品质

籽粒外观品质包括籽粒形状、整齐度、饱满度、粒色、容重和胚乳质地等。

1. 形状

籽粒形状有长圆形、卵圆形、椭圆形和圆形等，顶端生有茸毛，背面隆起，背面基部有一尖凸的胚；腹部较平，中间有一道凹陷的沟，即腹沟；籽粒横断面呈心脏形或三角形。我国普通小麦的粒度范围见表 1-2。一般认为，大粒小麦比小粒小麦的表面积比例小；长度与宽（厚）度差越小，其皮层含量越少，出粉率则越高。

表 1-2　小麦的粒度范围

粒度	长度 /mm	宽度 /mm	厚度 /mm
范围	4.5~8.0	2.2~4.0	2.1~3.7
平均	6.2 ± 0.5	3.2 ± 0.3	2.9 ± 0.3

2. 整齐度

籽粒整齐度是指籽粒形状和大小的均匀一致性，可用一定大小筛孔的分级筛进行鉴定。整齐度可分为三级：同样形状和大小籽粒占总粒数的 90% 以上为整齐（1 级）；低于 70% 为不整齐（3 级）；介于二者之间为中等（2 级）。

3. 饱满度

籽粒饱满度是小麦育种、生产、贸易中一个十分重要的综合性状，小麦籽粒饱满度不仅综合反映了植株生长发育的情况和抗病抗逆性的强弱，同时反映了籽粒的灌浆充实程度，也是衡量籽粒商品价值的重要指标。

4. 粒色

小麦籽粒粒色一般由种皮内色素含量多少决定，色素含量多，籽粒颜色就深。以红粒、白粒最为常见，此外还有黄粒、琥珀色粒、紫粒和蓝粒等。

5. 容重

籽粒容重是小麦籽粒形状、整齐度、饱满度和胚乳质地的综合反映，是我国现行商品小麦收购的质量标准和定价依据，是小麦收购、储运、加工和贸易中分级的重要依据。

6. 胚乳质地

籽粒胚乳质地表现在硬度和角质率两个方面。小麦角质率与硬度之间有正相关关系，但二者概念不同，角质率反映的是横断面的表观状态，而硬度则是对胚乳质地软硬程度的评价。小麦硬度是由胚乳细胞中蛋白质基质和淀粉之间的结合强度决定的：结合紧密，硬度高；结合松散，硬度低。小麦籽粒质地的软硬主要由小麦遗传特性决定，是评价小麦加工品质和食用品质的一项重要指标，是国内外小麦市场分类和定价的重要依据之一。角质率反映的是光线在透过麦粒时衍射的透明度，当胚乳细胞间充填紧密，无空气间隙时，展现出半透明或角质的状态；反之，籽粒则呈现不透明或粉质的外观。国家标准《小麦》（GB 1351—2008）中小麦的硬度判定由角质率改为硬度指数，以硬度指数取代了角质率、粉质率，作为小麦硬、软的表征指标，检验方法由感官方法改为仪器方法。根据硬度指数可将小麦分为 3 类，其中硬度指数 ≥ 60 的小麦为硬质小麦，硬度指数 ≤ 45 的小麦为软质小麦，45< 硬度指数 <60 的小麦则为混合麦。

（二）营养品质

小麦的营养品质包括蛋白质、淀粉、脂肪、维生素、矿物质等。

1. 蛋白质

小麦籽粒蛋白质含量与湿面筋含量具有很好的相关性。蛋白质又可分为清蛋白、球蛋白、醇溶蛋白和谷蛋白，其中醇溶蛋白和谷蛋白为贮藏蛋白，是组成面筋的主要成分，占小麦籽粒蛋白质的80% 左右。

2. 淀粉

淀粉占小麦籽粒总重的 57%~67%，由直链淀粉和支链淀粉组成，其中直链淀粉约占 1/4，支链淀粉约占 3/4。

3. 脂肪

脂肪占小麦籽粒质量的 2%~3%。小麦脂肪的 25%~30% 在胚中，22%~33% 在糊粉层中，4%在外果皮中，其余部分在淀粉性胚乳组分中。

4. 维生素

小麦籽粒中维生素含量丰富，种类也很多，特别是 E 族维生素和 B 族维生素等含量很高，这些维生素主要集中在小麦胚芽中。小麦胚芽中的维生素 E 含量是玉米胚芽油的 2.0~2.5 倍、棉籽油的3~4 倍、米糠油的 3~8 倍，因此，小麦胚芽被视为理想的天然维生素 E 宝库之一。

5. 矿物质

小麦中的矿物质主要集中在皮层和胚芽中，其中镁、钙、磷、钾等矿物质的含量相对较高，同时也含有一定量的钠、铜、铁、锰和锌等微量元素。

（三）加工品质

小麦加工品质分一次加工品质和二次加工品质，又分别称为磨粉品质和食品品质。

1. 一次加工品质

一次加工品质是指籽粒加工成面粉的过程中，加工机具、流程和经济效益对小麦的构成和物化特性的要求，包括出粉率、面粉灰分、面粉白度等。

（1）出粉率　指一定量的籽粒所磨出的面粉质量与籽粒质量之比，出粉率高低直接影响制粉企业的经济效益。

（2）面粉灰分　指面粉在高温下燃烧后残留的灰烬，面粉灰分含量通常代表了面粉中矿物质的含量，是衡量面粉精度和划分小麦粉等级的重要指标。面粉灰分含量越低代表面粉的加工精度越高。

（3）面粉白度　是磨粉品质的重要指标，小麦粉白度影响食品的品质，不同食品对面粉白度的要求不尽相同。

2. 二次加工品质

二次加工品质是指在制作各种食品时对面粉物理化学特性的要求，通常包括面粉品质、面团品质、焙烤品质和蒸煮品质等。

面制食品不仅种类丰富，而且特性各异，不同面制食品加工制作时对品质要求不同。制作面包要求蛋白质含量较高，吸水能力大，面筋强度大，耐搅拌性较强；而制作饼干、蛋糕则要求蛋白质含量低，面粉吸水率低，面团筋力弱、延展性好。

二、弱筋小麦品质分类

20 世纪 80 年代以前，中国商品小麦主要按粒色和粒质分为白硬、白软、红硬、红软、混硬、混软 6 类。90 年代初，商务部提出了专用小麦粉标准（LS/T 3201~3208—1993）（表 1-3）。1998 年，国家质量技术监督局发布并实施了我国优质专用小麦品种品质的国家标准《专用小麦品种品质》（GB/T 17320—1998）（表 1-4），以容重、蛋白质含量、湿面筋含量、沉淀值、吸水率、稳定时间、最大抗延阻力和拉伸面积为评价指标，与国际上按硬质、软质分类不同，我国以"筋力"强弱将小麦分为强筋、中筋、弱筋 3 类。国家标准《小麦》（GB 1351—1999）根据小麦的皮色、粒质和播种季节分类，分为白色硬质冬小麦、白色硬质春小麦、白色软质冬小麦、白色软质春小麦、红色硬质冬小麦、红色硬质春小麦、红色软质冬小麦、红色软质春小麦。在该标准中，利用角质率、粉质率对小麦进行硬质、软质分类。

表 1-3　糕点、蛋糕、酥性饼干、发酵饼干用小麦粉品质指标

项目	糕点		蛋糕		酥性饼干		发酵饼干	
	精制级	普通级	精制级	普通级	精制级	普通级	精制级	普通级
水分 / %	≤ 14.0		≤ 14.0		≤ 14.0		≤ 14.0	
灰分 / %（以干基计）	≤ 0.55	≤ 0.70	≤ 0.53	≤ 0.65	≤ 0.55	≤ 0.70	≤ 0.55	≤ 0.70
粗细度 / %	全部通过 CB36 号筛，留存 CB42 号筛不超过 10.0%		全部通过 CB42 号筛		全部通过 CB36 号筛，留存 CB42 号筛不超过 10.0%		全部通过 CB36 号筛，留存 CB42 号筛不超过 10.0%	
湿面筋 / %	≤ 22.0	≤ 24.0	≤ 22.0	≤ 24.0	22.0~26.0		24.0~30.0	
稳定时间 / min	≤ 1.5	≤ 2.0	≤ 1.5	≤ 2.0	≤ 2.5	≤ 3.5	≤ 3.5	
降落数值 / s	≥ 160		≥ 250		≥ 150		250~350	
含砂量 / %	≤ 0.02		≤ 0.02		≤ 0.02		≤ 0.02	
磁性金属物 /（g/ kg）	≤ 0.003		≤ 0.003		≤ 0.003		≤ 0.003	
气味	无异味		无异味		无异味		无异味	

资料来源：《糕点用小麦粉》（LS/T 3208—1993）、《蛋糕用小麦粉》（LS/T 3207—1993）、《酥性饼干用小麦粉》（LS/T 3206—1993）、《发酵饼干用小麦粉》（LS/T 3205—1993）。

表1-4 专用小麦品种品质相关指标

项目		指标		
		强筋	中筋	弱筋
籽粒	容重 /（g/L）	≥ 770	≥ 770	≥ 770
	蛋白质含量 /%（干基）	≥ 14.0	≥ 13.0	< 13.0
面粉	湿面筋含量 /%（14% 湿基）	≥ 32.0	≥ 28.0	< 28.0
	沉淀值（Zeleny 法）/mL	≥ 45.0	30.0~45.0	< 30.0
	吸水率 /%	≥ 60.0	≥ 56.0	< 56.0
	稳定时间 /min	≥ 7.0	3.0~7.0	< 3.0
	最大抗延阻力 /E.U.	≥ 350	200~400	≤ 250
	拉伸面积 /cm²	≥ 100	40~80	≤ 50

资料来源：《专用小麦品种品质》（GB/T 17320—1998）。

为了适应我国粮食流通体制的结构，满足社会经济发展和人民生活水平不断提高对小麦产品优质化、专用化、多样化的市场需求，加快小麦品种和品质结构的调整步伐，大力发展市场供需缺口较大的优质强筋小麦和弱筋小麦，1999 年国家质量技术监督局制定并颁布实施了《优质小麦 强筋小麦》（GB/T 17892—1999）（表1-5）、《优质小麦 弱筋小麦》（GB/T 17893—1999）（表1-5）等国家标准。《优质小麦 弱筋小麦》规定，弱筋小麦的粉质率 ≥ 70%、籽粒粗蛋白质含量（干基）≤ 11.5%、面粉湿面筋含量（14% 湿基）≤ 22% 和稳定时间 ≤ 2.5 min。2013 年，国家质量监督检验检疫总局、国家标准化管理委员会发布并实施《小麦品种品质分类》（GB/T 17320—2013）（表1-6），在以往 3 类基础上增加了中强筋小麦的分类，并修改了品质指标，增加了硬度指数的要求，代替了《专用小麦品种品质》（GB/T 17320—1998），该标准对小麦品种的选育、品质鉴定、品种审定和推广、面制品加工、种子经营等都具有指导意义。

表1-5 优质弱筋小麦和强筋小麦品质相关指标

项目			弱筋小麦指标		强筋小麦指标	
			一等	二等	一等	二等
籽粒	容重 /（g/L）		≥ 750		≥ 770	
	水分 /%		≥ 12.5			
	不完善粒 /%		≥ 6.0			
	杂质 /%	总量	≤ 1.0			
		矿物质	≤ 0.5			
	色泽、气味		正常			
	降落数值 /s		≥ 300			
	粗蛋白质含量 /%（干基）		≤ 11.5		≥ 15.0	≥ 14.0
小麦粉	湿面筋含量 /%（14% 湿基）		≤ 22.0		≥ 35.0	≥ 32.0
	稳定时间 /min		≤ 2.5		≥ 10.0	≥ 7.0
	烘焙品质评分值		—		≥ 80	

资料来源：《优质小麦 弱筋小麦》（GB/T 17893—1999）和《优质小麦 强筋小麦》（GB/T 17892—1999）。

（一）国家标准《小麦》分类标准

1. 国家标准《小麦》（GB 1351—1999）分类标准

21 世纪前，我国小麦根据其种皮颜色、角质率和粉质率，以及播种季节分为以下几种：

（1）白色硬质冬小麦　种皮为白色或黄白色的麦粒不低于 90%，角质率不低于 70% 的冬小麦。

（2）白色硬质春小麦　种皮为白色或黄白色的麦粒不低于 90%，角质率不低于 70% 的春小麦。

（3）白色软质冬小麦　种皮为白色或黄白色的麦粒不低于 90%，粉质率不低于 70% 的冬小麦。

（4）白色软质春小麦　种皮为白色或黄白色的麦粒不低于 90%，粉质率不低于 70% 的春小麦。

（5）红色硬质冬小麦　种皮为深红色或红褐色的麦粒不低于 90%，角质率不低于 70% 的冬小麦。

（6）红色硬质春小麦　种皮为深红色或红褐色的麦粒不低于 90%，角质率不低于 70% 的春小麦。

（7）红色软质冬小麦　种皮为深红色或红褐色的麦粒不低于 90%，粉质率不低于 70% 的冬小麦。

（8）红色软质春小麦　种皮为深红色或红褐色的麦粒不低于 90%，粉质率不低于 70% 的春小麦。

（9）混合小麦　不符合（1）~（8）各条规定的小麦。

2. 国家标准《小麦》（GB 1351—2023）分类标准

《小麦》（GB 1351—2008）发布实施后，采用硬度指数代替角质率和粉质率作为硬质和软质小麦分型指标。2023 年，进一步修订国家标准《小麦》（GB 1351—2023）小麦按籽粒硬度和种皮颜色分类如下：

（1）硬质白小麦　种皮为白色或黄白色的籽粒不低于 90%，小麦硬度指数不低于 60 的小麦。

（2）硬质红小麦　种皮为深红色或红褐色的籽粒不低于 90%，小麦硬度指数不低于 60 的小麦。

（3）软质白小麦　种皮为白色或黄白色的籽粒不低于 90%，小麦硬度指数不高于 45 的小麦。

（4）软质红小麦　种皮为深红色或红褐色的籽粒不低于 90%，小麦硬度指数不高于 45 的小麦。

（5）混合小麦　不符合（1）~（4）规定的小麦。

（二）国家标准《小麦品种品质分类》分类标准

国家标准《小麦品种品质分类》（GB/T 17320—2013）对不同品质类型小麦品种指标表述如下（表 1-6）：

表 1-6　小麦品种的品质分类

项目		指标			
		强筋	中强筋	中筋	弱筋
籽粒	硬度指数	≥ 60	≥ 60	≥ 50	< 50
	粗蛋白质含量 /%（干基）	≥ 14.0	≥ 13.0	≥ 12.5	< 12.5
小麦粉	湿面筋含量 /%（14% 湿基）	≥ 30	≥ 28	≥ 26	< 26
	沉淀值（Zeleny 法）/mL	≥ 40	≥ 35	≥ 30	< 30
	吸水率 /%	≥ 60	≥ 58	≥ 56	< 56
	稳定时间 /min	≥ 8.0	≥ 6.0	≥ 3.0	< 3.0
	最大拉伸阻力 /E.U.	≥ 350	≥ 300	≥ 200	—
	能量 /cm²	≥ 90	≥ 65	≥ 50	—

资料来源：《小麦品种品质分类》（GB/T 17320—2013）。

（1）强筋小麦　胚乳为硬质，小麦粉筋力强，适用于制作面包或用于配麦。

（2）中强筋小麦　胚乳为硬质，小麦粉筋力较强，适用于制作方便面、饺子、馒头、面条等食品。

（3）中筋小麦　胚乳为硬质，小麦粉筋力适中，适用于制作面条、饺子、馒头等食品。

（4）弱筋小麦　胚乳为软质，小麦粉筋力较弱，适用于制作馒头、蛋糕、饼干等食品。

（三）《主要农作物品种审定标准（国家级）》分类标准

2006 年，农业部制定了优质小麦品种审定标准《农作物品种审定规范　小麦》（NY/T 967—2006）。为适应农业供给侧结构性改革、绿色发展和农业现代化新形势对品种审定工作的要求，根据《中华人民共和国种子法》《主要农作物品种审定办法》有关规定，2017 年国家农作物品种审定委员会对《主要农作物品种审定标准（国家级）》进行了修订并发布（表 1-7）。

表 1-7　不同品质类型小麦国家审定标准

类型	粗蛋白质含量 / %（干基）	湿面筋含量 / % （14% 湿基）	吸水率 / %	稳定时间 / min	最大拉伸阻力 / E.U.	拉伸面积 / cm²
强筋	≥ 14.0	≥ 30.5	≥ 60.0	≥ 10.0	≥ 450	≥ 100
中强筋	≥ 13.0	≥ 28.5	≥ 58.0	≥ 7.0	≥ 350	≥ 80
中筋	≥ 12.0	≥ 24.0	≥ 55.0	≥ 3.0	≥ 200	≥ 50
弱筋	< 12.0	< 24.0	< 55.0	< 3.0	—	—

小麦分强筋、中强筋、中筋和弱筋 4 类，各项品质指标要求都可以满足强筋的为强筋小麦；其中任何一个指标达不到强筋的要求，但可以满足中强筋的为中强筋小麦；其中任何一个指标达不到中强筋的要求，但可以满足中筋的为中筋小麦，达不到弱筋要求的也为中筋小麦。

（1）强筋小麦　粗蛋白质含量（干基）≥ 14.0%、湿面筋含量（14% 湿基）≥ 30.5%、吸水率 ≥ 60%、稳定时间 ≥ 10.0 min、最大拉伸阻力（参考值）≥ 450 E.U.、拉伸面积 ≥ 100 cm²。若其中有一项指标不满足，但可以满足中强筋的则降为中强筋小麦。

（2）中强筋小麦　粗蛋白质含量（干基）≥ 13.0%、湿面筋含量（14% 湿基）≥ 28.5%、吸水率 ≥ 58%、稳定时间 ≥ 7.0 min、最大拉伸阻力（参考值）≥ 350 E.U.、拉伸面积 ≥ 80 cm²。若其中有一项指标不满足，但可以满足中筋的则降为中筋小麦。

（3）中筋小麦　粗蛋白质含量（干基）≥ 12.0%、湿面筋含量（14% 湿基）≥ 24.0%、吸水率 ≥ 55%、稳定时间 ≥ 3.0 min、最大拉伸阻力（参考值）≥ 200 E.U.、拉伸面积 ≥ 50 cm²。

（4）弱筋小麦　粗蛋白质含量（干基）< 12.0%、湿面筋含量（14% 湿基）< 24.0%、吸水率 < 55%、稳定时间 < 3.0 min。

（四）《中国好粮油　小麦》（LS/T 3109—2017）分类标准

该标准适用于中国好粮油的国产食用单品种商品小麦。

低筋软麦（弱筋小麦）分为一等和二等，主要以定等指标和声称指标进行参考，具体指标见表 1-8 和表 1-9。

表 1-8　小麦基本质量指标要求

项目	杂质含量 /%	不完善粒含量 /%	水分含量 /%	降落数值 /s	色泽气味	一致性 /%
指标要求	≤ 1.0	≤ 6.0	≤ 12.5	≥ 200	正常	≥ 95

表 1-9　小麦定等指标和声称指标要求

项目	类别 / 等级	强筋硬麦 一等	强筋硬麦 二等	面条小麦 一等	面条小麦 二等	硬式馒头小麦 —	软式馒头小麦 —	低筋软麦 一等	低筋软麦 二等
定等指标	食品评分值 ≥	90	80	90	80	80	80	90	80
	硬度指数	≥ 65	≥ 65	–	–	–	–	≤ 35	≤ 45
	湿面筋含量 /%	≥ 30	≥ 30	≥ 25	≥ 25	≥ 26	24~28	≤ 22	≤ 25
	面筋指数 /%	≥ 90	≥ 85				≥ 60	–	–
	容重 /（g/L）	≥ 790	≥ 750	≥ 770	≥ 750	≥ 770	≥ 750	≥ 750	≥ 730
声称指标	面片光泽稳定性	–	–	+	+			–	–
	粉质吸水率 /%	+	+	+	+	+	+	–	–
	粉质形成时间 / min	+	+	+	+	+	+	–	–
	粉质稳定时间 / min	+	+	+	+	+	+		
	最大拉伸阻力 / E.U.	+	+	–	–				
	延展性 /mm	+	+	+	+				
	吹泡仪 P 值 /mm （H₂O）	–	–	–	–	–	–	+	+
	吹泡仪 L 值 /mm	–	–	–	–	–	–	+	+

资料来源：中华人民共和国粮食行业标准《中国好粮油　小麦》（LS/T 3109—2017）。

注：1. 优质强筋硬麦和优质低筋软麦分别用面包和海绵蛋糕做食品评分。

2. "+"须标注检验结果。

3. "–"为不作要求。

（五）《中国好粮油　小麦粉》（LS/T 3248—2017）分类标准

该标准适用于以国产小麦为主要原料加工而成的中国好粮油的食用商品小麦粉。

优质低筋小麦粉主要以定等指标和声称指标进行参考，具体指标见表1-10。

表 1-10　小麦粉质量指标要求

指标类别	质量指标	优质强筋小麦粉		优质中筋小麦粉	优质低筋小麦粉	
		一级	二级		一级	二级
基本指标	含砂量 /%	≤ 0.01				
	磁性金属物 / (g/kg)	≤ 0.002				
	水分含量 /%	≤ 14.5				
	降落数值 /s	≥ 200				
	色泽气味	正常				
定等指标	湿面筋含量 /%	≥ 35	≥ 30	≥ 26	≤ 22	≤ 25
	面筋指数 /%	≥ 90	≥ 85	≥ 70	+	+
声称指标	食品评分值	+	+	+	+	+
	灰分 /%	+	+	+	+	+
	面片光泽稳定性	-	-	+	-	-
	粉质吸水率 /%	+	+	+	+	+
	粉质稳定时间 /min	+	+	+	-	-
	最大拉伸阻力 /E.U.	+	+	+	-	-
	延展性 /mm	+	+	+	-	-
	吹泡仪 P 值 /mm（H_2O）	-	-	-	+	+
	吹泡仪 L 值 /mm	-	-	-	+	+

资料来源：中华人民共和国粮食行业标准《中国好粮油 小麦粉》（LS/T 3248—2017）。

注：1. "+"须标注检验结果。

2. "-"不作要求。

3. 优质强筋小麦粉、优质中筋小麦粉和优质低筋小麦粉分别用面包、饺子和海绵蛋糕做食品评分。

通过以上各项标准总结对比，我国小麦按播种季节分类，有冬麦、春麦两大生态类型；按籽粒硬度和种皮颜色分类，分为硬白、硬红、软白、软红、混合小麦。我国优质专用小麦品质标准和审定标准侧重面团加工特性，分强筋、中强筋、中筋和弱筋 4 种品质类型，采用蛋白质含量、湿面筋含量、粉质仪参数和拉伸仪参数进行评价。美国小麦分类主要依据播种时间、种皮颜色和籽粒硬度，通常分为硬红冬、硬红春、软红冬、软白麦、硬白麦和硬粒小麦。澳大利亚小麦品种品质分类着重于新品种的加工和最终使用性能，分为优质硬麦、硬麦、优质白麦、标准白麦、面条小麦、优质面条小麦、软麦和硬粒小麦。我国弱筋小麦与国外软麦（籽粒质地较软，蛋白质含量较低，用于制作蛋糕、曲奇、苏打饼干、煎饼、面糊制品等）类似。

近几十年来，世界人口增长显著，1960 年仅有约 30 亿人，到 2022 年已经超过 70 亿人，我国人口也超过 14 亿人。随着世界人口的增加，小麦消费量持续增长。自 20 世纪 60 年代以来，全球小麦生产和消费都显著增加，到 2022 年全球小麦产量为 7.77 亿 t，消费总量为 7.86 亿 t。世界小麦的交易范围比较广，参与小麦贸易的国家较多。其中，小麦出口国主要集中在北美洲、欧洲和大洋洲，进口国主要集中在亚洲、非洲和欧洲部分地区。目前，我国不仅是全球小麦产量最高的国家，同时也是小麦消费量最高的国家，消费量常年维持在 1 亿 t 以上。随着国民经济的发展和人民生活水平的提高，作为饼干、糕点、酿酒等优质弱筋专用小麦的需求量不断增加，长江中下游麦区弱筋小麦优势产业带承载着我国弱筋小麦生产的重要任务。

一、世界小麦供需

20 世纪 50 年代以来，全球小麦产业链得到了极大的发展和延伸，规模化种植增加了世界小麦产量，提升了世界小麦品质，促进了世界小麦的消费。

（一）世界小麦消费概况

影响世界小麦消费量的最主要因素是人口增长和经济发展。人口的刚性增长是推动世界小麦消费量长期增长的主要因素，自 1960 年以来，世界人口不断增长，世界经济也在不断向前发展，小麦消费量也呈现总体增加的趋势。一般认为，随着经济的增长和居民收入水平的提高，人均小麦消费量会经历一个先增长后趋稳甚至略有降低的过程。除此之外，价格、政策及产量的变化也是影响世界小麦消费量的重要因素。这些因素往往会导致世界小麦消费量在年度间出现波动，但并不是决定小麦消费量长期趋势的主要因素。

1961—2022 年的 60 多年时间里，全球小麦消费总量从 1961 年的 2.24 亿 t 增长到 2022 年的 7.86 亿 t，增幅达 2.51 倍，其中 1991 年之前增长速度较快，全球小麦消费总量由 1961 年的 2.24 亿 t 增长到 1991 年的 5.46 亿 t，增加了 3.22 亿 t；1991 年以后世界小麦消费量的增速减缓，到 2022 年仅增加了 2.4 亿 t。

（二）世界小麦贸易现状

小麦是世界上分布范围最广、贸易额最多的粮食作物。从理论上讲，世界小麦的进口量应该等于世界小麦的出口量，但由于存在转口贸易以及统计上的误差，两者之间往往存在一些差异。根据 FAO 数据，2022 年世界谷物总产量为 27.99 亿 t，创历史新高，比 2020 年增长 0.8%，贸易量达到 4.74 亿 t。其中小麦是最活跃的贸易作物，最近 10 年全球小麦贸易数量稳步增长。全球化进程扩大了国际市场小麦贸易，2001—2007 年全球小麦出口总量稳定在 1.1 亿 t 左右。受金融危机影响，市场波动加大，粮食危机波及全球，2009 年全球小麦进口增幅达 21.3%。2011 年以来，全球小麦贸易数量波动上升，埃及、伊拉克、印度尼西亚、菲律宾等国家小麦进口增长较快。近些年粮食安全受到高度关注，部分国家的防御性进口有所增加，小麦进口总量明显扩大。

世界小麦的交易范围比较广，参与小麦贸易的国家较多。小麦出口国主要集中在北美洲、欧洲和大洋洲，包括美国、欧盟、加拿大、俄罗斯、澳大利亚、乌克兰等国家和地区，近10年平均出口量分别为2 726万t、2 772万t、2 188万t、2 573万t、1 726万t、1 325万t，出口集中度（按照出口量/生产量来计算）分别为47.7%、19.2%、73.4%、44.1%、73.5%、57.8%。相比较而言，小麦进口国则比较多，但主要集中在亚洲、非洲和欧洲部分地区，如荷兰、葡萄牙、比利时、意大利、爱尔兰等国家。全球小麦出口集中、进口分散，国际贸易格局受出口国贸易政策和市场变化影响比较大。

1. 世界小麦出口

世界小麦出口国主要集中在美国、加拿大、澳大利亚和法国，这4个国家常年出口量为7 500万t左右，约占世界小麦贸易量（1.1亿~1.2亿t）的70%。这些国家的农场规模大、人均占有耕地多、机械化水平高、农业生产技术先进、粮食生产成本低、小麦品质良好，是世界优质小麦主产区，出口竞争力强。2015年以前美国是世界最大的小麦出口国，年出口量占其国内总产量的40%~60%，最高年出口量曾达到4 390万t。加拿大虽然不是一个重要的小麦生产国，却是一个重要的小麦出口国，在收成好的年份，小麦产量也只有3 000多万t，但由于人口少，本国小麦产量的60%以上可用于出口贸易，占世界总出口量的20%以上。法国是欧洲最大的小麦出口国，出口量大约1 600万t，占本国小麦生产总量的50%以上，占世界总出口量的11%~15%。澳大利亚大约80%的小麦用于出口，每年出口量为1 000万~1 200万t，约占世界出口量的10%，但受国内产量的影响，年出口量波动较大。

近年来，世界小麦出口市场主体发生了改变，全球小麦出口量较大的国家或地区有俄罗斯、美国、欧盟、加拿大、澳大利亚、乌克兰、阿根廷和哈萨克斯坦等。俄罗斯出口中心数据显示，俄罗斯小麦2012年出口量约1 100万t，居全球第五；此后出口量迅速增长，2016年出口量超过2 500万t，首次居世界第一；2018年出口量为4 400万t，打破了1981年由美国创造的4 390万t小麦出口世界纪录。FAO供需报告指出，2022年全球小麦及其制品出口量为2.17亿t，创历史新高，其中，俄罗斯出口量最大，为4 600万t，其次是欧盟3 400万t，澳大利亚3 300万t，加拿大2 500万t，美国2 100万t，乌克兰1 700万t，这些国家（地区）出口量占80%以上。

2. 世界小麦进口

相比小麦出口市场，世界小麦进口市场相对分散，小麦贸易呈现量大、交易范围广和参与国家多等特点，主要集中在亚洲和非洲，南美洲和部分欧洲国家也有一些进口。进口主要分为两种类型：一类是进口补充型，即本国也生产小麦，进口一部分小麦只是为了补充国内供给的不足，这类进口国主要有中国、意大利、巴西和埃及等；另一类是完全依赖型，即本国几乎不生产小麦，但消费需求量却很高，这类进口国主要有日本和韩国等。FAO近5年（2016—2020）平均数据显示，小麦主要进口地有埃及、印度尼西亚、土耳其、阿尔及利亚、中国、巴西、菲律宾、缅甸、日本、欧盟，总进口量占全球进口量的41%。

二、中国小麦供需

（一）中国小麦供应

我国小麦总产量总体上呈增加的趋势，自1990年以来，我国小麦单产水平持续上升，小麦种植面积波动较大。1996年以后小麦播种面积又很快得到恢复，1997年小麦秋播面积达到3 006万hm²，接近1991年的3 095万hm²的最高纪录，1997年小麦总产量达1.23亿t，创历史最高纪录。此后，小麦价格开始下跌，同时出现"卖粮难"的问题。1998年开始，我国小麦产量连续下降，至2003年降至 1990 年以来最低值，仅 8 600 万 t，仅占历史高峰产量的 70.32%。随着我国逐步启动小麦最低收购价等政策进行托市收购保障麦农种植利益，小麦产量逐年回升。2004—2022 年，我国小麦总产量从 0.92 亿 t 增长至 1.38 亿 t。

20 世纪 90 年代前期，我国每年需要通过一定量的进口补充国内小麦产能的不足，其中 1995 年我国小麦进口量达到 1 159 万 t 的历史高点（表 1-11）。随着 2006 年落地小麦最低收购价，国内小麦产需格局逐步逆转，2006—2022 年小麦自给率（产量 / 国内消费量）均值为 105.88%，现在我国小麦进口主要是结构性进口部分优质专用小麦满足特定需求。虽然 2020—2023 年我国小麦进口量又有所增长，分别达到 838 万 t、977 万 t、996 万 t 和 1 210 万 t，创 1996 年以来进口数量新高，但主要是满足国内对优质强筋、弱筋小麦的需求。

表 1-11　1992—2022 年我国小麦供需表

年份	产量 / 亿 t	总供给量 / 亿 t	消费量 / 亿 t	进口 / 万 t	出口 / 万 t
1992	1.02	1.32	1.09	1 058.00	0.00
1993	1.06	1.34	1.11	642.00	0.00
1994	0.99	1.32	1.11	730.00	0.00
1995	1.02	1.36	1.12	1 159.00	1.61
1996	1.11	1.38	1.12	825.00	0.00
1997	1.23	1.49	1.15	186.00	0.07
1998	1.10	1.44	1.16	149.00	0.60
1999	1.14	1.81	1.16	45.00	0.02
2000	1.00	2.03	1.10	88.00	0.25
2001	0.94	1.87	1.09	69.00	45.00
2002	0.90	1.67	1.05	63.00	68.76
2003	0.86	1.51	1.05	44.74	252.57
2004	0.92	1.42	1.02	725.88	108.79
2005	0.97	1.37	1.01	354.41	60.46
2006	1.08	1.43	1.02	61.28	150.94
2007	1.09	1.48	1.06	10.05	286.72
2008	1.12	1.52	1.06	4.31	30.98
2009	1.15	1.62	1.07	90.41	24.50
2010	1.15	1.71	1.11	123.07	27.72
2011	1.17	1.79	1.23	125.81	32.80
2012	1.21	1.80	1.25	370.10	28.59

续表

年份	产量/亿t	总供给量/亿t	消费量/亿t	进口/万t	出口/万t
2013	1.22	1.83	1.17	550.70	27.84
2014	1.26	1.93	1.17	300.00	17.20
2015	1.30	2.10	1.12	297.30	10.70
2016	1.33	2.35	1.19	341.00	11.00
2017	1.34	2.53	1.21	442.00	18.30
2018	1.31	2.66	1.25	310.00	28.60
2019	1.34	2.77	1.28	349.00	31.3
2020	1.31	2.71	1.29	838.00	0.00
2021	1.37	2.76	1.49	977.00	0.43
2022	1.38	2.68	1.48	996.00	0.58
2023	1.37	2.76	1.38	1 210	13.13

数据来源：根据中华人民共和国国家统计局、中华人民共和国海关总署、郑州粮食批发市场等数据整理。

（二）中国小麦消费

我国不仅是全球小麦产量最高的国家，同时也是小麦消费量最高的国家，消费量常年维持在1亿t以上，人均年消费量在80~100 kg区间浮动。从消费结构看，我国小麦消费主要用于制粉，少部分用于加工饲料等。以2018年为例，制粉消费占比约为82.3%，饲用消费、其他（工业消费和种用消费）分别占比12.2%、5.5%，而在制粉消费中，约75%形成面粉、5%形成次粉、20%形成麸皮。2015—2022年我国小麦年度消费量在1.12亿~1.49亿t（表1-12），其中2019年以前制粉用小麦消费在9 500万t以上，2020年以来制粉用小麦消费有所减少，不足9 000万t；饲料用小麦变化波动区间较大，2015—2019年在1 000万~1 700万t之间，2020年以来则增加较多。随着供给侧结构性改革，小麦未来向绿色、高效、营养、健康发展，优质麦产业得到快速发展。居民饮食结构升级调整，小麦需求长期来看或呈结构性变化。随着人民生活水平的提高，食物消费倾向随之变化，口粮消费呈逐渐减少趋势，而肉蛋奶需求量不断增加，直接带动饲料用量的需求日益旺盛。

表1-12　2015—2022年我国小麦消费情况

项目	2015年	2016年	2017年	2018年	2019年	2020年	2021年	2022年
制粉/万t	9 530	9 570	9 750	9 779	9 900	8 700	8 800	8 500
饲料/万t	1 050	1 650	1 300	1 450	1 350	2 300	4 500	2 300
其他/万t	620	630	650	650	680	1 560	1 580	1 560
总量/万t	11 200	11 850	11 700	11 879	11 930	12 560	14 880	12 360

数据来源：根据中华人民共和国海关总署、郑州粮食批发市场等数据整理。

三、中国弱筋小麦供需

（一）弱筋小麦供应

长江中下游麦区作为全国最大的弱筋小麦优势产区，生产的弱筋小麦品质已接近或达到优质弱筋小麦国家标准，西南麦区、黄淮麦区南片也培育了一定数量的弱筋小麦品种，已初步满足市场需求，缓解了我国弱筋小麦紧缺的状况。经过农业生产部门、粮食流通部门以及面粉加工部门的共同努力，国产弱筋小麦已被面粉企业接受使用，有些品种已经取代或部分取代进口弱筋小麦，国产弱筋小麦主销区面粉企业的面粉使用量逐年上升，目前的供求态势为供给不足。长江中下游麦区是我国的弱筋小麦优势产业带，目前该区域小麦种植面积约为 260 万 hm²，其中弱筋小麦核心区域面积约为100 万 hm²，加上云南、四川等省份，我国弱筋小麦种植面积约为 120 万 hm²。从种植角度看，南方麦区的土壤、气候适宜发展弱筋小麦；从流通角度看，我国弱筋小麦主销区在东南沿海大中城市，从产区到销区主要的运输方式为水运，流转环节少，单位运输成本低，与进口小麦相比，运价上具备竞争优势。市场对优质弱筋小麦的需求量快速增长，弱筋小麦供需矛盾突出，每年仍需大量进口。2004年以来，我国小麦进口配额一直为 963.6 万 t，2012—2019 年进口量一直维持在 300 万~550 万 t，2020年进口量开始快速增长到 800 万 t 以上，2023 年进口量更是高达 1 210 万 t，远超小麦进口配额，其中就包括大量弱筋小麦。

（二）中国弱筋小麦消费

随着我国经济的发展，饼干、糕点等弱筋小麦市场的发展潜力很大。据国家统计局对规模以上企业的统计数据，2005 年我国饼干产量仅 136.75 万 t，2013 年我国饼干行业市场需求达到 698 万 t，年均递增率 20% 以上。由于消费升级、人均收入水平提高等因素，我国食品工业行业对饼干、糕点的需求持续增长，需求的扩大带动饼干行业保持较快的发展速度，深圳市中研普华产业研究院数据显示，2022 年我国饼干产量达 1 230 万 t，2024 年达 1 437 万 t。北京智研科信咨询有限公司数据显示，2016 年我国糕点产量 350 万 t 左右，此后一直保持着稳定增长，2022 年我国糕点行业产量约为635.6 万 t。迪赛智慧数据分析显示，各国人均饼干等烘焙食品消费量差异较大，以 2022 年为例，墨西哥人均烘焙食品消费量最高，达到 137 kg，其次是意大利，为 119 kg，德国为 90 kg，法国为 78 kg，英国为 56 kg，美国为 45 kg，新加坡为 18 kg，我国仅为 8 kg。与发达国家相比，我国烘焙食品的人均消费量仍有增长的空间，目前不足美国的 10%，不及墨西哥的 6%。

白酒在我国国民经济和人们生活中占有重要的地位，据中国酒业协会数据，2022 年全国规模以上企业白酒产量 671.2 万 kL（千升）（折 65 度，即纯酒精的体积分数为 65%），约需 2 013 万 t 酿酒专用粮，按小麦占 36%（酒麦 + 曲麦）左右计算，需酿酒专用小麦约 725 万 t，优质原料需求缺口巨大。近年来，五粮液、茅台等酿酒企业倾向于以弱筋小麦作为酿酒原料。优质弱筋小麦产业链条进一步拉长，产品的附加值提高，满足了市场的多样化消费需求。

第四节　弱筋小麦生产与发展

一、中国弱筋小麦发展现状

我国小麦育种长期以产量为首要目标，品质育种起步较晚，20世纪70年代在庄巧生等倡导下起步。弱筋小麦品种选育是从20世纪90年代才开始的。30多年来我国在弱筋小麦品质评价、品种选育、品质区划、栽培技术和产业化发展等方面都取得了显著进展。

（一）品质评价

我国在流通、育种、审定各环节均有小麦品质标准。1993年，商务部提出了《专用小麦粉标准》（LS/T 3201~3208—1993）；国家标准《优质小麦 弱筋小麦》（GB/T 17893—1999），适用于收购、储存、运输、加工、销售的弱筋商品小麦；国家标准《小麦品种品质分类》（GB/T 17320—2013），适用于小麦品种的选育、品种（品系）的品质鉴定、品种审定和推广，也适用于加工用专用小麦品种的收购、销售和加工。《优质小麦 弱筋小麦》（GB/T 17893—1999）界定，弱筋小麦是指粉质率不低于70%，加工成的小麦粉筋力弱，适合制作蛋糕和酥性饼干等食品，并且规定粗蛋白质含量（干基）≤ 11.5%，湿面筋含量（14%湿基）≤ 22%，稳定时间≤ 2.5 min。《主要农作物品种审定标准（国家级）》指出，弱筋小麦粗蛋白质含量（干基）< 12.0%、湿面筋含量（14%湿基）< 24.0%、吸水率 < 55%、稳定时间 < 3.0 min。我国优质小麦标准以蛋白质含量、湿面筋含量、稳定时间作为强弱筋划分的重要指标，主要原因是品质改良初期重视强筋小麦育种，依据强筋小麦指标制定各项标准，弱筋小麦理论和育种研究相对滞后，缺少反映弱筋小麦品质的关键指标和食品加工品质评价。

弱筋小麦相关研究表明，蛋白质含量、湿面筋含量和稳定时间受环境影响较大，硬度、沉淀值、吸水率、水溶剂保持力（水 SRC）和吹泡仪 P 值主要受基因型控制。蛋白质含量、湿面筋含量与饼干和蛋糕品质相关性较小，沉淀值与饼干、蛋糕品质有显著相关性，水 SRC 和碳酸钠 SRC 与饼干品质相关程度高，蔗糖 SRC 和乳酸 SRC 与饼干品质的相关性在不同研究中存在差异，粉质仪吸水率、吹泡仪指标与饼干品质显著负相关。江苏里下河地区农业科学研究所多年研究表明，基因型效应较大的硬度、沉淀值、水 SRC、粉质仪吸水率、吹泡仪 P 值品质指标与饼干品质极显著相关，可作为弱筋小麦品质评价的核心指标。该所构建了弱筋小麦不同育种世代品质评价体系，低世代以粉质率 ≥ 75%、微量表面活性剂十二烷基硫酸钠（SDS）沉淀值（1 g 全麦粉）≤ 10 mL、微量水 SRC（全麦粉）≤ 76%、蛋白质含量 ≤ 12.5% 进行筛选；中高世代以 SKCS 硬度 ≤ 30、硬度指数 ≤ 50、常量 Zeleny 沉淀值（面粉）≤ 30 mL、水 SRC（面粉）≤ 65%、蛋白质含量 ≤ 12.5%、吸水率 ≤ 55% 进行筛选；高世代材料面团特性吹泡仪 P 值 ≤ 40 mm、75 FU ≤弱化度 ≤ 95 FU，同时增加食品鉴评酥性饼干评分 ≥ 80 分、海绵蛋糕评分 ≥ 80 分、曲奇饼干直径 ≥ 17 cm。

（二）育种进展

1985年全国小麦品质改良研讨班的举办，标志着我国小麦改良工作进入了以品质为重要目标的新阶段。但优质小麦育种开始仅偏重于强筋小麦育种，集中针对面包品质进行改良，并期望通过优质面包小麦改良以配粉和配麦等形式实现中筋小麦粉品质改良。从"七五"开始，小麦品质育种被正式列入国家科技攻关项目。农业部1986年、1990年、1994年先后对全国优选小麦品种进行品质鉴评，确定了一批优质的推广良种，每一次品质都有很大提高，但也主要是针对面包烘烤品质进行鉴定筛选。20 世纪 90 年代初，部分单位开始进行了软质小麦及其制品饼干、蛋糕等产品品质的研究。1995年，农业部组织了首届饼干、蛋糕用软质小麦的鉴评，评选出'丰优 5 号（豫麦 50）''皖麦 18'等 17 个优质饼干、糕点品种（系）。我国的弱筋小麦育种开始了起步发展。

通过 20 多年的攻关，科研工作者先后育成了以'扬麦 9 号''宁麦 9 号''扬麦 13''宁麦13''扬麦 15''郑麦 004''川麦 104''扬麦 30''扬麦 36'等为代表的一批优质弱筋小麦品种，逐步形成和完善了弱筋小麦品种选育技术体系。目前，我国已育成 70 多个弱筋小麦新品种，基本满足了我国饼干、糕点以及酿酒等对优质弱筋原粮的需求，为我国弱筋小麦产业的发展做出了重大贡献。'扬麦 13'于 2005—2015 年连续入选全国弱筋小麦主导品种，2007 年获中华农业科技奖二等奖；'郑麦 004'曾是黄淮麦区弱筋小麦主导品种，于 2008 年获河南省科技进步奖一等奖；以'宁麦 13'为代表的"宁麦系列弱筋小麦品种选育及配套技术研究与应用"于 2017 年获江苏省科技进步奖一等奖；'川麦 104'作为四川省和西南麦区制曲和酿酒专用小麦主栽品种，于 2020 年获四川省科技进步奖一等奖；'扬麦 15'推广 20 余年，目前仍是河南省信阳地区的主栽弱筋小麦品种，被五粮液、茅台等制酒企业加价收购。

（三）品质区划

小麦品质的优劣不仅由品种本身的遗传特性决定，而且受气候、土壤、耕作制度、栽培措施等条件影响，特别是受气候与土壤的影响很大，品种与环境的相互作用也影响品质。品质区划的目的就是依据生态条件和品种的品质将小麦生产的地区划分为若干不同的品质类型，实现优质小麦的高效生产。早在 20 世纪 50 年代，国外就开展了软质小麦品质区划等方面的工作。美国、加拿大、澳大利亚等产麦大国根据生态环境不同把其小麦产区分成不同的品质区域，集中连片种植同一类型的品种，从生产、贮藏、运输到加工销售都已形成一套严格的质量监控体系，从而保证所生产小麦的优良品质和品质的稳定性，生产的软质小麦蛋白质和湿面筋含量低，弹性和延展性比例适当。20 世纪 80 年代前期全国各地开始重视小麦加工品质研究，90 年代中后期，各地已先后育成一批适合制作面包、面条、饼干的专用或兼用小麦品种并大面积生产应用，为优质麦的区域化、产业化生产创造了有利条件。对优质麦的大量需求势必要求因地制宜，选择当地适合的品质类型，以实现优质麦的高效生产。1996年出版的《中国小麦学》将我国分为春播麦区、冬（秋）播麦区和冬春麦兼播区，并进一步细分为10 个麦区。各麦区的气候特点、土壤类型、肥力水平和耕作栽培措施不同，造成了地区间小麦品质存在较大的差异。

为了科学指导我国弱筋小麦生产，发挥区域资源优势，优化小麦品种品质布局，农业部（现农业农村部）组织全国有关单位，在分析各地气象、土壤和小麦品质表现的基础上，借鉴国内外已有成果和经验，2001 年制定了《中国小麦品质区划方案》（试行），包括北方强筋、中筋冬麦区，南方中筋、弱筋冬麦区，中筋、强筋春麦区。为了进一步推进优势农产品区域布局，充分发挥我国农业的比较优势，2003 年农业部制定发布了《专用小麦优势区域发展规划（2003—2007）》，确定了 3 个"优质专用小麦优势区域产业带"，其中长江下游小麦优势产业带是唯一的弱筋小麦优势产业带。品质区划对科学布局优质专用小麦生产基地，利用区域资源优势，促进弱筋小麦发展起到了重要作用。

（四）栽培技术

小麦籽粒营养品质、加工品质除受遗传基因型、自然生态因素影响外，栽培措施有显著的调节效应，同为弱筋小麦品种，不同的栽培措施可能使品质相差甚远。生产上应根据生态条件和弱筋小麦品种生长发育特性进行专用小麦的品质调优栽培，以充分利用自然资源优势，发挥产量与品质遗传潜力，实现优质弱筋小麦的高效生产。播期、种植密度、肥料组合对弱筋小麦籽粒蛋白质含量有显著调控作用。弱筋小麦栽培管理要求种植土壤含氮量偏低，适期早播、适当增加基本苗，适当降低氮肥施用量，肥料运筹上氮肥前移，施足基肥，减少生育中后期施氮比例，并增加磷钾肥用量，有利于提高弱筋小麦品质。

研究表明，弱筋小麦总施氮量应根据地力水平确定，一般总施氮量为 180~210 kg/hm²，氮肥运筹基肥：壮蘖肥：拔节肥为 7：1：2，磷肥（P_2O_5）、钾肥（K_2O）的施用量均为 75~105 kg/hm²，氮、磷、钾配比为 1：（0.4~0.6）：（0.4~0.6），磷肥、钾肥基追比应在（5：5）~（7：3）之间，能实现产量与品质协调发展。在实际生产中，生产者往往倾向于施用过多的氮肥以追求更高的产量，然而过量的氮肥不仅增加了种植成本，还会极大地影响弱筋小麦品质。近年来，由于水稻种植制度改变造成收获期推迟，加之气候异常，播种季节雨水偏多，使得小麦播期普遍推迟，导致弱筋小麦存在品质不稳定、达标率低等问题，弱筋小麦的高产栽培与品质调优存在一定矛盾，高产的同时难以保证优质。高产优质协同提升是当前弱筋小麦生产的目标，重点在土壤耕作、水肥调控、病虫害绿色防控等方面开展技术优化与攻关，以期在优质品种基础上通过机械化精播壮苗、减量高效施肥来实现弱筋小麦提质增效。目前，以优质弱筋小麦品种为核心的小麦量质协同提升技术仍需继续完善，弱筋小麦配套栽培技术研发与集成应用普及不够，优质品种生产标准化、规模化、绿色化水平有待提升。

（五）产业化发展

小麦产业作为全球粮食体系的重要组成部分，其发展态势深受市场需求变化的影响。面对逐渐增加的消费需求以及多变的市场格局，持续提升小麦单产尤为重要。在消费升级和生活方式变迁的推动下，市场对适宜生产饼干、糕点、南方馒头和酒曲等的弱筋小麦需求逐渐增大。我国小麦产业发展仍面临许多挑战，供需结构不平衡，优质强筋、弱筋小麦缺口很大，每年仍需从国外大量进口。现阶段小麦产量和品质协同提升尤为重要。实现弱筋小麦的区域化布局、规模化种植、标准化生产、订单化收购，提高农业组织化、产业化、市场化水平，提升我国弱筋小麦的品质，提高我国弱筋小麦国际竞争力和影响力是我国小麦产业发展的主要任务之一。

在弱筋小麦产业化发展的过程中，早期形成了系列弱筋小麦产业化经营模式，促进了农业产业化经营的发展，但存在产业链过短或衔接不紧密、各主体之间的关系较脆弱等问题。随着社会经济发展，我国经营模式也在不断调整，建立了涵盖生产、流通、加工、贸易、生态、保险等多角度、全方位的小麦产业政策框架体系。通过政策引导、技术支撑，引入新型经营主体、企业、中间组织等，成立产业化联合体、产业联盟等多种新型产业化组织，不断优化和提升小麦产业过程中的种植、管理、收获、加工和销售等环节，促进一二三产业融合，提高全产业链收益。未来，在大数据、"互联网+"等现代智能技术支持下，弱筋小麦产业有望实现更高水平的供需平衡，为我国农业的持续发展和现代化进程贡献力量。

二、弱筋小麦主产区发展现状

（一）江苏省弱筋小麦

小麦是江苏省重要的粮食作物，江苏省常年播种面积 230 万 hm²，总产量稳定在 1 300 万 t 左右，种植面积和总产量均居全国第 5 位。江苏省位于北纬 30°45'~35°08'，东经 116°21'~121°56'，地处南北气候过渡地带，以淮河—苏北灌溉总渠为界，分属两大麦区，淮河以北地区属黄淮冬麦区，适宜种植冬性或半冬性白粒小麦品种；淮河以南地区属长江中下游麦区，适宜种植春性红粒小麦品种。

依据生态条件和品种的品质表现，可将江苏省小麦产区划分为若干不同品质类型区，包括淮北中筋、强筋白粒麦区，里下河中筋红粒麦区，沿江、沿海弱筋红（白）粒麦区，苏南太湖、丘陵中筋、弱筋红粒麦区（王龙俊 等，2002）。《江苏省优势农产品产业化发展总体规划（2003—2007 年）》指出要主攻弱筋小麦，重点建设 3 个优质专用小麦产区，其中沿江、沿海和丘陵地区为弱筋小麦优势区，该区小麦生长后期温度偏低、温差偏小，降水相对较多，土壤具有沙性强，盐分含量高，蓄水、保肥供肥能力差等特点，使小麦蛋白质含量、湿面筋含量、沉淀值等均降低，弱筋优势明显，弱筋小麦基地面积达到 67.3 万 hm²，约占全省小麦面积的 28.2 %。其中沿江、沿海弱筋红（白）粒麦区弱筋小麦种植面积约为 47.3 万 hm²；苏南太湖、丘陵中筋、弱筋红粒麦区位于江苏省最南部，小麦生育期间热量资源和降水丰富，小麦种植面积 20 多万 hm²。江苏沿江、沿海和丘陵地区已成为全国最大的优质弱筋小麦生产基地之一。先后育成并推广了'扬麦 9 号''宁麦 9 号''扬麦 13''宁麦 13''扬麦 15''扬麦 20''扬麦 30''扬麦 34''扬麦 36'等弱筋小麦品种，其中'扬麦 13'累计推广面积超 260 万 hm²。

（二）安徽省弱筋小麦

小麦是安徽省主要的粮食作物，全省小麦播种面积占全省粮食面积的 34% 左右，总产量占全年产量的 32%，是仅次于水稻的第二大粮食作物。安徽省位于北纬 29°41'~34°38'，东经 114°54'~119°37'，属于长江、淮河下游地区。淮河以北为辽阔的平原，是黄淮麦区的一部分；中部为长江与淮河之间多起伏丘陵；长江以南除沿江一部分圩区平原外，多是群山毗连的山区地带。小麦种植主要分为淮河以北强筋、中筋小麦区和淮河以南中筋、弱筋小麦区。其中，淮河以南的沿淮、江淮地区以弱筋小麦为主，主要分布在霍邱、寿县、长丰、凤阳、明光、天长、定远、来安等县（市），部分分布在江淮南部及江南。先后种植的弱筋小麦为'扬麦 13''扬麦 15''皖麦 48''皖西麦 0638''扬麦 24''扬麦 30'等。

（三）河南省弱筋小麦

河南省是我国的小麦主产区和商品粮产区之一，小麦生产是河南的一大优势。全省常年小麦种植面积在 530 万 hm² 左右，约占全国小麦种植面积的 20% 以上，总产量占全国小麦总产量的 25% 以上（朱统泉 等，2014；晁岳恩 等，2020）。

河南省不仅是我国小麦的优势产区，也是我国优质弱筋小麦的重要产区。根据农业部 2001 年发布的《中国小麦品质区划方案》（试行），河南省北部属于黄淮北部强筋、中筋小麦区，中部属于黄淮南部中筋小麦区，南部属于长江中下游中筋、弱筋小麦区。河南省自 1998 年开始发展弱筋小麦，弱筋小麦生产主要在豫南沿淮优质弱筋小麦适宜生态区，该区位于河南省南部，主要包括信阳市（北纬 30°23'~32°27'，东经 113°45'~115°55'）和南阳市、驻马店市的部分地区，年平均降水量 1 000~1 100 mm，土壤类型以水稻土和黄棕土为主，小麦生育期特别是灌浆期间降水较多，土壤和空气相对湿度较大，光照不足，适宜发展优质弱筋小麦。该区范围内，不同土壤类型对弱筋小麦品质也有明显影响。质地较沙、淋洗程度较重的水稻土，种植出来的弱筋小麦品质较好，而在砂姜黑土和黄棕壤耕地上，弱筋小麦品质会下降。目前，信阳市已成为全国弱筋小麦种植核心地之一，弱筋小麦种植面积超 13.3 万 hm²（周国勤 等，2020）。淮滨县作为信阳市的弱筋小麦主产县，弱筋小麦种植面积 4.33 万 hm²（毛瑞玲，2017），先后被农业农村部确定为我国"长江中下游弱筋小麦优势产业带"布局范围、国家优质弱筋小麦生产示范县、豫南沿淮优质弱筋小麦生产核心区。信阳市在弱筋小麦推广过程中，选用优良小麦品种结合优质高效栽培技术，助力弱筋小麦产业高速发展。不同时期种植的弱筋小麦品种也有不同，主要有'扬麦13''扬麦15''郑麦004''郑麦113''扬麦30''扬麦36'等。

（四）湖北省弱筋小麦

湖北省地处我国中部偏南、长江中游，洞庭湖以北，位于北纬29°01'~33°06'，东经108°21'至116°07'之间。湖北省是我国小麦主产省份之一，小麦常年种植面积在100万~120万 hm²，总产量400万 t 左右，种植面积和产量分别占全国的4.1%和2.9%，均居全国第9位。

小麦生育期雨水较多，年降雨达852 mm（鄂西北）~1 440 mm（鄂东南），土壤多为水稻土和黄棕壤，小麦主产区土壤以壤土为主，土壤有机质质量分数在1%左右，适宜发展弱筋小麦。湖北交通发达，离我国弱筋小麦主要消费区广东、福建等省较近，运销便捷，费用较低，市场区位优势明显，提高了优质专用小麦的价格竞争优势。主要的弱筋小麦生产区域包括江汉平原和鄂东中筋、弱筋小麦混合区，鄂西南山地弱筋小麦区，鄂东南丘陵低山弱筋区，可用于弱筋小麦种植区域为30万 hm²左右。从20世纪80年代起，湖北小麦育种科研单位根据全国和湖北农业经济发展的趋势，调整了育种目标，加大了优质专用小麦品种的选育，先后选育和引进'华麦12''豫麦50''豫麦9号''浙丰2号''扬麦20'等一批弱筋小麦品种。选育的'珍麦168'入选2023年首届全国优质南方馒头小麦品种。

（五）四川省弱筋小麦

四川省位于北纬26°03'~34°19'，东经97°21'~108°33'，地处中国西南腹地，长江上游。小麦是四川省的主要粮食作物，其播种面积和总产量均仅次于水稻而居第2位，是天府粮仓的重要组成部分。但近30年来，受市场需求、经济效益和作物结构调整等多重因素叠加影响，小麦种植面积和总产量都大幅降低，1996年分别为236.5万 hm²、720万 t，到2021年仅分别为58.3万 hm²、245.3万 t，为历史低值。随着四川打造新时代更高水平的"天府粮仓"规划的实施，2022年以来，小麦播种面积有所恢复，达60万 hm²以上。四川省内育成和推广小麦品种品质类型多样，但以蛋白质含量较低、筋力较弱者居多，而蛋白质含量中、高且筋力强者少。但由于种植分散、标准化生产技术普及率低等因素，再加上混收、混储、混销，影响了商品小麦品质质量的稳定。

尽管四川目前弱筋小麦的生产、销售和加工规模不大，但发展弱筋小麦却有诸多得天独厚的优势。四川省各地区生态表现差异显著，气候垂直变化大，气候类型多，有利于农、林、牧综合发展，其中，盆西平原部分区域和西南山地适宜弱筋小麦的种植。四川省也是我国食用酒的生产大省，每年要消耗大量的粮食，对酿酒用弱筋小麦需求量大。'川麦104'是四川省最大的酿酒用小麦品种。此外，还审定和推广了'川麦93''绵麦902''绵麦905'等弱筋（酿酒）小麦品种。在2023年首届中国南方馒头小麦品种质量鉴评会上，'绵麦827''绵麦907''川育32'获评优质南方馒头小麦品种。

主要参考文献

Li W H, Wu G L, Luo Q G, et al., 2016. Effects of removal of surface proteins on physicochemical and structural properties of A-and B-starch isolated from normal and waxy wheat[J]. Journal of Food Science and Technology, 53:2673-2685.

晁岳恩，杨攀，李巍，等，2020. 河南省弱筋小麦产业化发展存在的问题及建议 [J]. 现代农业科技，（19）：51-53，58.

程顺和，杨士敏，1993. 普通小麦种子的饱满度与充实指数 [J]. 江苏农业学报，（4）：7-10.

高德荣，宋归华，张晓，等，2017. 弱筋小麦扬麦 13 品质对氮肥响应的稳定性分析 [J]. 中国农业科学，（21）：4100-4106.

高德荣，张晓，张伯桥，等，2013. 长江中下游麦区小麦品质改良设想 [J]. 麦类作物学报，33（4）：840-844.

高媛，刘敏，周博，2012. 近 50 年湖北省降水变化特征分析 [J]. 长江流域资源与环境，21（1）：167-172.

何中虎，林作辑，王龙俊，等，2002. 中国小麦品质区划的研究 [J]. 中国农业科学，35（4）：359-364.

何中虎，庄巧生，程顺和，等，2018. 中国小麦产业发展与科技进步 [J]. 农学学报，8（1）：99-106.

李曼，张晓，刘大同，等，2021. 弱筋小麦品质评价指标研究 [J]. 核农学报，（9）：1979-1986.

林作楫，王乐凯，吴政卿，等，2014. 小麦品种品质分类新国标解读 [J]. 粮食加工，39（2）：1-2.

刘健，文莉，张晓祥，等，2023. 糯小麦淀粉结构特征和理化品质研究 [J]. 核农学报，37（10）：2019-2027.

陆成彬，张伯桥，高德荣，等，2006. 栽培措施对弱筋小麦产量和蛋白质含量的影响 [J]. 江苏农业学报，22（4）：346-350.

罗学文，2019. 四川调查年鉴（2019）[M]. 北京：中国统计出版社.

马传喜，1994. 软质小麦的品质研究 [J]. 国外农学——麦类作物，4：37-40.

马运粮，周继泽，常萍，2016. 2016 年河南省小麦品种利用暨秋播布局意见 [J]. 种业导刊，（10）：5-9.

毛瑞玲，2017. 对淮滨县发展弱筋小麦产业的思考 [J]. 现代农业科技，6：64-65.

田纪春，陈建省，张永祥，等，2000. 我国优质专用小麦供求现状及发展思路 [J]. 山东农业科学，（3）：51-53.

王龙俊，陈荣振，2002. 江苏省小麦品质区划研究初报 [J]. 江苏农业科学，（2）：15-18.

王晓燕，李宗智，张彩英，等，1995. 全国小麦品种品质检测报告 [J]. 河北农业大学学报，18（1）：1-9.

吴宏亚，朱冬梅，张伯桥，等，2006. 江苏弱筋小麦品种表现及存在问题探析 [J]. 中国农学通报，22（10）：169-172.

姚大年，徐凤，马传喜，等，1995. 安徽两淮地区发展优质专用小麦的现状和前景 [J]. 粮食与饲料工业，11：11-14.

姚金保，2000. 中国小麦品质育种现状、存在问题及改良策略 [J]. 南京农专学报，16（2）：7-10.

姚金保，马鸿翔，张平平，等，2009. 中国弱筋小麦品质研究进展 [J]. 江苏农业学报，25（4）：919-924.

张伯桥，张晓，高德荣，等，2010. 吹泡仪参数作为弱筋小麦品质育种选择指标的评价 [J]. 麦类作物学报，30（4）：840-844.

张辰利，赵邦宏，2009. 小麦市场国际化对国内小麦供求发展趋势分析 [J]. 农业经济（3）：90-92.

张晓，陆成彬，江伟，等，2023. 弱筋小麦育种品质选择指标及亲本组配原则 [J]. 作物学报，49（5）：1282–1291.

张晓，张勇，高德荣，等，2012. 中国弱筋小麦育种进展及生产现状 [J]. 麦类作物学报，32（1）：184–189.

张元培，1998. 展望新世纪的优质小麦品种研究与开发（三）——小麦脂类及其对制成品品质的影响 [J]. 中国粮油学报，9：4–6.

张志辉，董建林，邰顺成，2000. 小麦胚油的生产与应用 [J]. 西部粮油科技，25（5）：23–24.

周国勤，谢旭东，陈真真，等，2020. 信阳弱筋小麦产业化发展优势及经验分析 [J]. 农业科技通讯，12：4–6，83.

朱统泉，吴大付，2014. 河南小麦生产现状分析 [J]. 陕西农业科学，60（1）：78–81.

第二章

弱筋小麦籽粒化学成分和品质测试

小麦籽粒中主要化学成分包括水分、蛋白质、淀粉、脂肪、纤维素、矿物质、维生素以及一些微量元素等。这些化学组成不仅决定了其营养价值，对其后续加工也有极大影响。小麦品质是小麦籽粒对某种特定最终用途的适合性，也可以说是其对制造某种产品要求的满足程度，主要分为营养品质和加工品质两大类。营养品质主要是指籽粒中含有的人体所需要的各种营养成分。加工品质包括一次加工品质和二次加工品质。一次加工品质是指籽粒加工成面粉的过程中，加工机具、流程和经济效益对小麦籽粒品质的要求；二次加工品质是指在制作各种食品时对面粉物理化学特性的要求，包括面粉品质、面团品质、焙烤品质和蒸煮品质等。弱筋小麦籽粒粉质率高、硬度低，蛋白质含量低，面粉吸水率低，面团筋力弱、稳定时间短、延展性好，适合制作饼干、糕点、南方馒头等食品以及酿酒等。

第一节　小麦籽粒化学成分

一、蛋白质

小麦蛋白质是构成面筋的主要成分，因此麦粒中的蛋白质含量及其类型不仅决定了小麦籽粒的营养价值，还影响了面粉的工艺性。小麦籽粒中蛋白质含量一般在 7%~18% 之间，常见的为 9%~15%。麦粒各部位蛋白质分布不均，胚乳和糊粉层含量最高。在胚乳中，越接近种皮的部位，蛋白质含量越高，胚乳内层蛋白质含量约为 6.2%。由于胚乳在麦粒中的比例最大（约 82.5%），所以胚乳蛋白约占麦粒总蛋白质的 70%，比例最大。同一品种小麦的籽粒蛋白质含量一般比面粉蛋白质含量高 2.5% 左右（程顺和 等，2012）。蛋白质含量对食品加工品质影响很大，一般而言，蛋白质含量达到 14% 以上的适于制作面包，11.5% 以下的适合做饼干和糕点，12.5%~13.5% 的适于制作馒头和面条。

李永强（2007）的实验证明，蛋白质含量相同的面粉其加工品质也会存在较大差异，这主要是因蛋白质组成存在差异造成的。小麦蛋白质最早的分类是在 Osborne（1907）提出分离方案的基础上进行的，小麦蛋白质主要分为溶于水的清蛋白、溶于稀盐溶液的球蛋白、溶于 70% 乙醇溶液的醇溶蛋白和溶于稀酸或稀碱溶液的谷蛋白。小麦蛋白质尤其是面筋蛋白质的特性决定着小麦面团的物理化学特性和面粉的最终使用特性（Kuktaite，2004）。

清蛋白和球蛋白大多是生理活性蛋白质（酶），含较多的赖氨酸、色氨酸和蛋氨酸，营养平衡较好，决定小麦的营养品质，主要存在于麦粒的胚和糊粉层中（魏益民，2002）。清蛋白和球蛋白含有游离的巯基和较高比例的碱性氨基酸及其他带电氨基酸，两种蛋白质占小麦胚乳蛋白质的 10%~15%。清蛋白的相对分子质量很低，在 12 000~26 000；多数球蛋白的相对分子质量为 40 000 左右，少数球蛋白的相对分子质量高达 100 000。

小麦粉蛋白质中，约 85% 为小麦面筋蛋白质。醇溶蛋白和谷蛋白是构成面筋蛋白质的主要成分，各占 40% 左右；面筋的主要化学成分除蛋白质外，还含有少量淀粉、脂肪和纤维素等。谷蛋白主要以聚合体形式存在，HMW-GS 和 LMW-GS 通过分子间二硫键和氢键的作用形成聚合体，HMW-GS 主要以线性主链结构存在，LMW-GS 则以支链形式存在，分子间二硫键进一步交联形成纤维状大分子聚合体，成为面筋和面团的骨架结构，相对分子质量可达到数十亿，决定面团的弹性和强度。醇溶蛋白为单体蛋白，主要在分子内二硫键的作用下形成球状结构，通过非共价键与麦谷蛋白结合，充填在纤维状大分子聚合体中，相对分子质量范围为 30~80 000，赋予面团黏性和延展性（图 2-1）。在面团形成过程中，谷蛋白形成连续的网状蛋白质基质，醇溶蛋白作为填充剂，分布在蛋白质基质中，二者赋予小麦面粉面团独特的黏弹性质（Wrigley et al.，2009；王晓龙，2017；王娜，2017；邓志英 等，2020；Wang et al.，2020）。谷蛋白亚基的组成和比例、谷蛋白大聚体的结构、相对分子质量分布以及谷蛋白和醇溶蛋白的比例等是决定面筋质量的主要因素，进而决定了面粉的食品加工品质（Masci et al.，2004；Janssen et al.，1996；Khatkar et al.，1995；Uthayakumaran et al.，1999）。

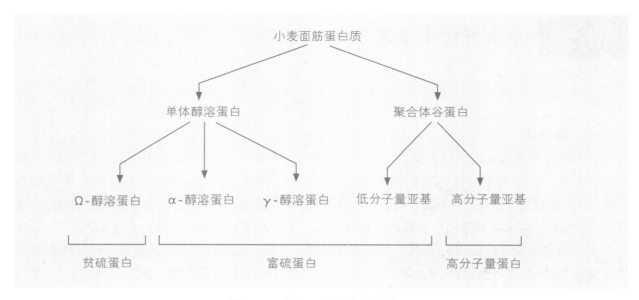

图 2-1 小麦面筋蛋白质分类图

（资料来源：Khan et al.，2009）

（一）谷蛋白

小麦中的谷蛋白主要以聚合体形式存在，分为高相对分子质量谷蛋白亚基（high molecular weight glutenin subunit，HMW-GS，又称高分子量谷蛋白亚基）和低相对分子质量谷蛋白亚基（low molecular weight glutenin subunit，LMW-GS，又称低分子量谷蛋白亚基）。HMW-GS 约占谷蛋白的 20%（Seilmeier et al.，1991；Halford et al.，1992；Payne et al.，1984），但可解释 45%~70% 面包品质的变异，是小麦加工品质的决定因素（Branlard et al.，1985；Weeglels et al.，1996；Shewry et al.，2002）。

HMW-GS 由染色体 1A、1B 和 1D 长臂上的位点控制，总称为 *Glu-1* 位点，分别用 *Glu-A1*、*Glu-B1* 和 *Glu-D1* 表示（Payne et al.，1987；Shewry et al.，1990；Shewry et al.，1992）。其中每个位点都有两个紧密连锁的基因，分别控制相对分子质量较高的 x- 型亚基和相对分子质量较低的 y- 型亚基。理论上，每个小麦品种存在 6 种 HMW-GSs，但 1Ay 亚基（指 *Glu-A1* 位点上的 y- 型亚基）通常不表达，其他位点亚基也存在不表达的情况，所以在普通小麦中一般存在 3~5 个 HMW-GSs（Payne et al.，1987；Shewry et al.，1990；Shewry et al.，1992）。在普通小麦中，HMW-GS 基因 3 个位点所编码的亚基类型都存在着多态性，目前在普通小麦中 *Glu-1* 位点发现、克隆的亚基有 20 多个（Du et al.，2019）。*Glu-A1* 位点常见的有 1、2* 和 Null 亚基；*Glu-B1* 位点有 7、7+8、7+9、6+8、20、13+16、13+19、14+15、17+18、21 和 22 亚基，其中 7+8、7+9、17+18、20、13+16 等较为常见；*Glu-D1* 位点有 2+12、3+12、4+12、5+10、2+10、2.2+12 和 2+11 亚基，目前还发现了一些结构特殊的 HMW-GS 基因，如 1Bx7^{OE}、1Dx2.2*、1S1x2.3*+1S1y16* 等（图 2-2）。目前公认 HMW-GSs 为 1Ax1、1Ax2*、1Bx7^{OE}+1By8、1Bx13+1By16、1Bx14+1By15、1Bx17+1By18、1Dx5+1Dy10、1S1x2.3*+1S1y16* 等面团强度较大，HMW-GSs 为 1AxNull、1Bx20、1Dx2+1Dy12 的面团强度较小（李式昭 等，2014；刘会云 等，2016；温亮 等，2020；Rasheed et al.，2018）。近些年研究发现，单个 HMW-GS 或 *Glu-1* 位点缺失可显著降低面团弹性，提高弱筋小麦制品饼干的加工品质（Zhang et al., 2018；张平平 等，2020）。我国弱筋小麦 HMW-GS 多以"1Axl/1AxNull，1Dx2+1Dy12"为主，弱筋小麦育种需注重与低筋相关的 HMW-GS 选择，结合 HMW-GS 组成和亚基缺失可能是提高弱筋小麦加工品质的途径之一（刘宝龙 等，2007；张晓 等，2015；张平平 等，2020）。

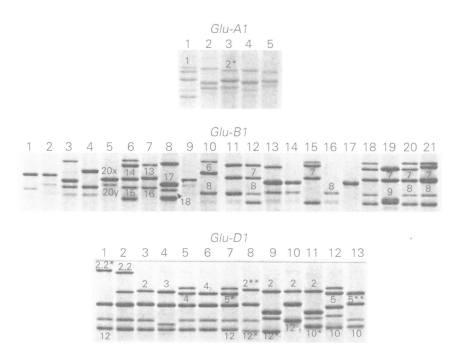

图 2-2　不同品种小麦中主要 HMW-GS 的 SDS-PAGE（十二烷基硫酸钠 - 聚丙烯酰胺凝胶电泳）图

（资料来源：Wrigley et al.，2006）

小麦中的 LMW-GS 含量较高，约占谷蛋白含量的 80%。早期 LMW-GS 分类方法是根据蛋白质的相对分子质量和等电点，将其分为 B、C、D 组（图 2-3）。多数典型的 LMW-GS 为 B 组，属于碱性蛋白，相对分子质量为 40 000~50 000（赵献林 等，2007；高振贤 等，2018）。LMW-GS 拷贝多，在各种不同小麦属作物中有不同的亚基，仅在六倍体普通小麦中就有约 30 个编码基因，每个基因又存在着复等位基因。编码 LMW-GS 的基因位于第一同源组群 1A、1B 和 1D 染色体短臂末端的 *Glu-A3*、*Glu-B3* 和 *Glu-D3* 位点，至着丝点 42~46 cM，统称 *Glu-3* 位点（Jackson et al.，1983）。其中，*Glu-A3* 位点有 7 个等位基因，即 *Glu-A3a*、*Glu-A3b*、*Glu-A3c*、*Glu-A3d*、*Glu-A3e*、*Glu-A3f* 和 *Glu-A3g*；*Glu-B3* 位点有 9 个等位基因，即 *Glu-B3a*、*Glu-B3b*、*Glu-B3c*、*Glu-B3d*、*Glu-B3e*、*Glu-B3f*、*Glu-B3g*、*Glu-B3h* 和 *Glu-B3i*；*Glu-D3* 位点有 5 个等位基因，即 *Glu-D3a*、*Glu-D3b*、*Glu-D3c*、*Glu-D3d* 和 *Glu-B3e*。各位点对面团拉伸仪最大拉伸阻力和揉混仪峰值时间的贡献为 *Glu-B3* > *Glu-A3* > *Glu-D3*（Gupta et al.，1994）。LMW-GS 对面筋强度的影响依次为：在 *Glu-A3* 位点，*Glu-A3d* > *Glu-A3a* = *Glu-A3b* = *Glu-A3c* > *Glu-A3e*；在 *Glu-B3* 位点，*Glu-B3g* > *Glu-B3b* = *Glu-B3ab* > *Glu-B3d* = *Glu-B3h* > *Glu-B3c* > *Glu-B3j*（刘丽 等，2004；He et al.，2005；Liu et al.，2005；Miwako et al.，2015）；*Glu-A3d*、*Glu-B3g*、*Glu-B3b* 面筋强度较大，弱筋小麦则以选择 *GluA3e*、*GluB3j* 较为适宜。

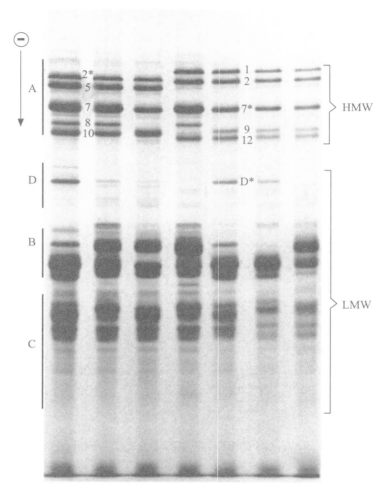

图中不同电泳带为不同品种，从左到右依次为：'Harus' 'SWS-52' 'AC Karma' 'Biggar' 'Katepwa' 'Roblin' 'Glenlea'。

图 2-3　HMW-GS 和 LMW-GS 的 SDS-PAGE 图

（资料来源：Wrigley et al.，2006）

（二）醇溶蛋白

醇溶蛋白由位于第 1 和第 6 同源染色体短臂上的基因编码。醇溶蛋白是一种高度异源的单体面筋蛋白质的混合物，主要包括 α- 醇溶蛋白、β- 醇溶蛋白、γ- 醇溶蛋白和 ω- 醇溶蛋白 4 种类型，分别占其总量的 25%、30%、30%、15% 左右（图 2-4）。在 α- 醇溶蛋白、β- 醇溶蛋白、γ- 醇溶蛋白和 ω- 醇溶蛋白 4 种类型醇溶蛋白中，前 3 种蛋白质的相对分子质量为 30 000~45 000，ω- 醇溶蛋白相对分子质量最大，为 65 000~80 000。很多研究表明，α- 醇溶蛋白和 β- 醇溶蛋白的氨基酸序列非常接近，通常把这两类醇溶蛋白统称为 α- 醇溶蛋白，本书将醇溶蛋白细分为 α- 醇溶蛋白、γ- 醇溶蛋白和 ω- 醇溶蛋白 3 种主要类型。此外，还有一类新发现的醇溶蛋白——δ- 醇溶蛋白（Anderson et al.，2012）。一些具有 α- 型氨基酸序列的醇溶蛋白也在 γ- 醇溶蛋白的电泳区域内出现（Shewry et al.，2003）。通过比较氨基酸序列发现，α- 醇溶蛋白和 γ- 醇溶蛋白都和 LMW-GS 有关联，同时它们位于高度保守的位置，形成高度保守的分子内二硫键。α- 醇溶蛋白和 γ- 醇溶蛋白是富硫的醇溶蛋白，而 ω- 醇溶蛋白缺乏半胱氨酸残基，是贫硫的醇溶蛋白（图 2-5）（MacRitchie，1992）。

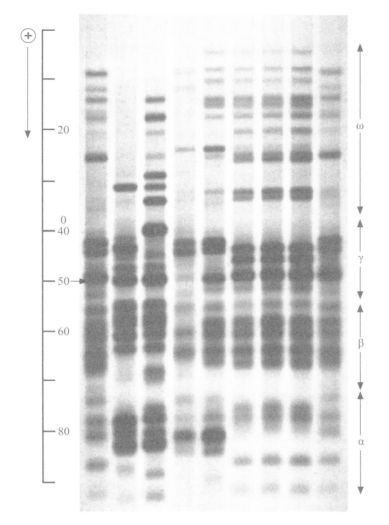

图 2-4　不同品种小麦醇溶蛋白酸性聚丙烯酰胺凝胶电泳图

（资料来源：Wrigley et al.，2006）

　　Dupont 等（2011）研究报道，小麦品种'Butte 86'有 23 个 α- 醇溶蛋白亚基、13 个 γ- 醇溶蛋白亚基、7 个 ω- 醇溶蛋白亚基。Wang 等（2017）研究报道，'小偃 81'有 38 个醇溶蛋白亚基、21 个 α- 醇溶蛋白亚基、11 个 γ- 醇溶蛋白亚基、1 个 δ- 醇溶蛋白亚基和 5 个 ω- 醇溶蛋白亚基。Kyoungwon 等（2018）研究报道，韩国小麦品种'Keumkang'有 23 个 α- 醇溶蛋白亚基、11 个 γ-醇溶蛋白亚基、5 个 ω- 醇溶蛋白亚基表达。Huo 等（2018）鉴定了'中国春'全部的醇溶蛋白亚基，包括 47 个 α- 醇溶蛋白亚基、14 个 γ- 醇溶蛋白亚基、5 个 δ- 醇溶蛋白亚基、19 个 ω- 醇溶蛋白亚基以及 17 个 LMW-GSs；其中有完整阅读框的有 26 个 α- 醇溶蛋白亚基、11 个 γ- 醇溶蛋白亚基、2 个 δ- 醇溶蛋白亚基、7 个 ω- 醇溶蛋白亚基以及 10 个 LMW-GSs。Zhu 等（2021）报道，小麦品种参考基因组组装品种'中国春'有 29 个 α- 醇溶蛋白亚基、18 个 γ- 醇溶蛋白亚基、10 个 ω- 醇溶蛋白亚基。

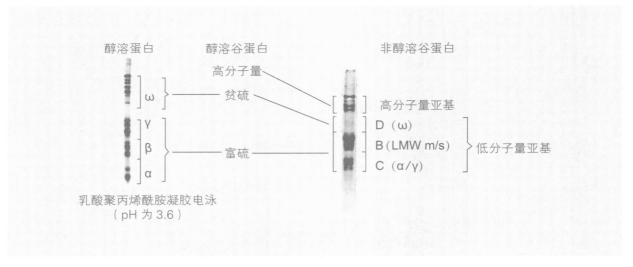

图 2-5　醇溶蛋白和谷蛋白亚基分离图

（资料来源：Taylor，2003）

多项研究表明，γ - 醇溶蛋白对小麦弱筋品质呈正向调控。Kosmolak 等（1980）研究表明，硬粒小麦中 γ -45 醇溶蛋白与强筋力相关，而 γ -42 与弱筋力以及较差的黏弹性有关。Yupsanis 等（1988）研究也表明，在硬粒小麦中，γ -42 醇溶蛋白与 SDS 沉淀值降低有关。把 γ - 醇溶蛋白添加至面粉中，面粉峰值时间和抗延阻力降低，面筋强度变弱（Uthayakumaran et al.，2001）。Li 等（2018）研究报道，*Gli-D2* 位点缺失，显著改进面筋、面团和面包加工品质。降低 γ - 醇溶蛋白积累量显著提高谷蛋白含量和谷蛋白 / 醇溶蛋白（Zhou et al.，2021）。Liu 等（2023）系统分析了小麦籽粒 γ - 醇溶蛋白组成，发现 *Gli-γ1* 和 *Gli-γ2* 为主要的 γ - 醇溶蛋白类型，*Gli-γ1-1D* 和 *Gli-γ2-1B* 敲除株系 HMW–GSs 含量上升，谷蛋白 / 醇溶蛋白显著提高，SDS 沉淀值、面筋指数显著提高，同时敲除 *Gli-γ1-1D* 和 *Gli-γ2-1B* 能够提升小麦品质并降低小麦致敏性。上述研究表明，γ - 醇溶蛋白缺失提高了小麦筋力，正常表达对弱筋品质起正向作用。

二、淀粉

淀粉是小麦籽粒中主要营养成分之一，密度约为 1.6 g/cm³，不溶于冷水。小麦淀粉质量占小麦籽粒质量的 57%~67%，占胚乳质量的 70%。在小麦淀粉中，直链淀粉约占 1/4，支链淀粉约占 3/4。小麦在碾磨过程中由于机械力作用使淀粉粒外表和内部结构受到损伤，受到损伤的淀粉被称为破损淀粉，硬麦比软麦的损伤要大一些。破损淀粉会影响小麦粉的吸水性和面团特性，完整淀粉粒的吸水率为 44%，破碎淀粉粒的吸水率可达到 200%，是完整淀粉粒的 5 倍；当面粉蛋白质含量、含水量一定时，随着破碎淀粉粒的增加，面粉吸水率上升，面团吸水多，面制食品内部组织变软、稳定性下降，影响面粉的加工品质。一般要控制破碎淀粉粒的量，最佳淀粉损伤程度应在 4.5%~8.0% 范围内。在面团中，淀粉充塞于面筋网络结构中，淀粉的糊化黏度以及特性也会对面粉加工品质产生影响。

（一）淀粉的结构和分类

1. 淀粉粒的分类和特性

纯净的淀粉呈白色粉末状，在显微镜下可以看出其由许多很小的颗粒组成。淀粉在小麦胚乳中以淀粉粒形式存在，淀粉粒度呈双峰分布，可分为两种类型：A型和B型。直径 > 10 μm 为 A 型淀粉粒，直径 ≤ 10 μm 的为 B 型淀粉粒。从质量占比来看，A 型淀粉粒占总淀粉质量的 70% 以上，而 B 型淀粉粒占总淀粉质量的 30% 以下；从数量占比来看，A 型淀粉粒数量占总数的 10%~15%，B 型淀粉粒数量占总数的 85%~90%，但不同研究的结果相差较大（高欣 等，2023）。两种淀粉粒的化学成分和性质基本相同，主要由葡萄糖构成的直链淀粉和支链淀粉组成，但 A 型淀粉粒和 B 型淀粉粒中的直链淀粉、支链淀粉结构存在差异性。多项研究表明，A 型淀粉粒中含有较多的直链淀粉；A 型淀粉粒中直链淀粉分支链较少，支链淀粉的中长链、长链和超长链较多；B 型淀粉粒中直链淀粉中心链更长，但支链淀粉的短链比例较高（Li et al.，2021）。

质体是淀粉颗粒合成的场所，A 型和 B 型淀粉颗粒的形成起源于时间和空间上独立的两个事件。在胚乳发育的早期（开花后 4~5 d），每个质体中产生单个大的 A 型淀粉颗粒，到 19 d 时直径达到最大；而在发育的中期（开花后 10~12 d），在含 A 型淀粉颗粒的质体中产生小的 B 型淀粉颗粒，因此小麦的胚乳质体各含有一个大的 A 型淀粉颗粒和几个小的 B 型淀粉颗粒（Shinde et al.，2003；高欣 等，2023）。几乎所有栽培的麦类作物（包括普通小麦、黑麦、大麦等）都包含大颗粒的 A 型淀粉粒和小颗粒的 B 型淀粉粒，但在某些近缘种植物中只含有 A 型淀粉粒而不含 B 型淀粉粒。戴忠民（2007）通过研究不同品质类型材料淀粉粒度分布发现，强筋小麦 B 型淀粉粒所占体积比和表面积比较高，弱筋小麦 A 型淀粉粒所占体积比和表面积比较高。刘健等（2023）研究报道，3 个非糯小麦 A 型淀粉颗粒的表面积比、体积比和数量比从高到低依次为弱筋小麦'扬麦 13'、中筋小麦'扬麦 158'、强筋小麦'师栾 02-1'。

2. 淀粉粒的晶体结构

小麦淀粉粒呈圆形或椭圆形，少数为无规则形状。淀粉粒是由许多排列呈放射状的微晶束构成的，淀粉粒内淀粉链非还原性末端向外呈辐射状排列。从大到小，首先是完整的淀粉颗粒，然后是交替的晶体生长环和无定形生长环结构（图 2-6）（Pérez et al.，2010；项丰娟 等，2021）。晶体生长环的厚度在 400~500 nm，由交替排列的晶体片层和无定形片层构成。淀粉中一个交替的晶体片层和无定形片层厚度在 9~11 nm，其中晶体片层的厚度为 5~6 nm，支链淀粉链成束排列，在束内淀粉链以双螺旋排列成整齐的结晶层；而无定形片层厚度为 3~4 nm，主要由支链淀粉的分支点和没有有序堆积的双螺旋结构构成。淀粉无定形区域主要由直链淀粉和没有形成双螺旋结构的支链淀粉组成。

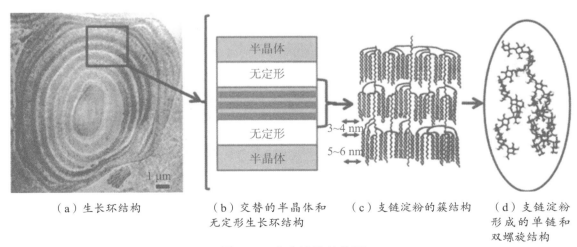

（a）生长环结构　　　　（b）交替的半晶体和　　（c）支链淀粉的簇结构　　（d）支链淀粉
　　　　　　　　　　　　　无定形生长环结构　　　　　　　　　　　　　　　　形成的单链和
　　　　　　　　　　　　　　　　　　　　　　　　　　　　　　　　　　　　双螺旋结构

图 2-6　小麦淀粉结构图

（资料来源：Pérez et al.，2010）

淀粉是以葡萄糖为基本单位构成的多糖，根据其分子结构特征，可以分为直链淀粉和支链淀粉。

直链淀粉由葡萄糖残基通过 α-1,4 糖苷键连接而成，基本呈线形，一个直链淀粉分子一般有600~3 000 个葡萄糖残基，平均相对分子质量为 100 000~1 000 000（Mua et al., 1997；Buléon et al., 1998；Biliaderis，1998）。大多数直链淀粉分子呈一条直链，也有部分由于分子内的氢键结合，会卷曲呈螺旋状，每 6 个葡萄糖残基形成一圈。直链淀粉结构如图 2-7 所示。

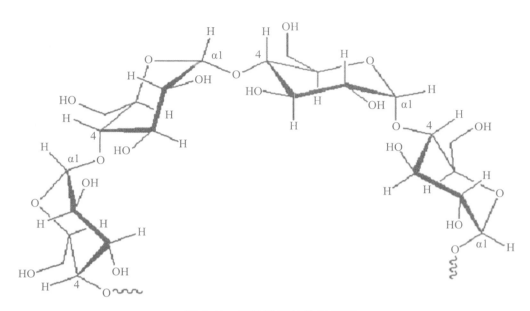

图 2-7　直链淀粉结构示意图

支链淀粉是短的 α-1,4 糖苷键相连的葡萄糖链通过 α-1,6 糖苷键连接而成的高度分支的葡萄糖聚合物，其相对分子质量较大，一般在 $1 \times 10^{6} \sim 1 \times 10^{9}$，平均长度为 6 000~60 000 个葡萄糖单位，每 20~26 个 α-1,4 糖苷键连接的葡萄糖基就有 1 个 α-1,6 分支点（Biliaderis，1998；Buléon et al., 1998；Morrison et al., 1990；Mua et al., 1997）。Hizukuri（1986）首次提出支链淀粉结构的"簇状模式"（图 2-8）。"簇状模式"认为支链淀粉的分支分布不是随机的，而以"簇"为结构单位，

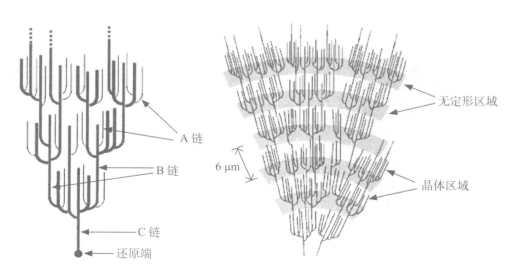

图 2-8　支链淀粉结构示意图

每 7~10 nm 之间形成一簇，支链淀粉分子平均长度为 200~400 nm（20~40 个簇），大约 15 nm 宽。"簇"状结构中的分支有 3 种类型，分别称为 A 链、B 链和 C 链。A 链是最外层的侧链，其还原末端通过 α-1,6 糖苷键与内层的 B 链相连，A 链本身不再分支；而 B 链又和 C 链以 α-1,6 糖苷键相连。C 链是唯一的一条含有还原末端的分支，是支链淀粉分子的主链，每个支链淀粉分子只有一条 C 链。B 链根据其所跨越的簇单位数目又可分为 B1 链、B2 链、B3 链和 B4 链，分别跨越 1~4 个簇单位。研究表明，淀粉的性质主要取决于簇状结构中各类分支的分布模式（Hoover，1999）。

3. 直链淀粉和支链淀粉的特性比较

直链淀粉易与碘结合，吸收碘量为 19%~20%，呈蓝色，其最大吸收峰为 644 nm；支链淀粉不易与碘结合，吸收碘量不到 1%，与碘液反应呈红棕色，其最大吸收峰为 554~556 nm。直链淀粉难溶于水，溶液不稳定，凝沉性强；支链淀粉相对易溶于水，溶液稳定，黏度高，凝沉性弱。直链淀粉能制成强度高、柔软性好的纤维和薄膜，支链淀粉却不能。直链淀粉经 X 射线衍射可形成高度结晶形结构，被水解时可产生大量的麦芽糖；支链淀粉经 X 射线衍射可形成无定形结构，被水解时，50%~60% 水解成麦芽糖，其余为极限糊精（赵凯，2009）。小麦籽粒中直链淀粉与支链淀粉的相对含量分别占 25%~30% 和 70%~75%，直链淀粉和支链淀粉的比例约为 1:3（阎隆飞，1985；Preiss，1992）。不含直链淀粉或者直链淀粉含量很低（含量 < 2%）的小麦品种称为糯性小麦。

（二）淀粉的理化性状

1. 淀粉糊化特性

淀粉悬浮液被加热到一定温度时，颗粒开始剧烈膨胀，颗粒外围的支链淀粉被胀裂，内部的直链分子游离出来，悬浮液变为黏糊状，这种现象称为淀粉的糊化。

淀粉糊化的本质是淀粉的有序结构经加热被破坏，变为无序结构。淀粉的糊化过程分为 3 个阶段：第一阶段，水温未达到糊化温度时，水分只是由淀粉粒上的孔隙进入内部，与无定性部分的极性基相结合，或是简单吸附形成悬浊液，称为淀粉乳。这一阶段，淀粉粒虽有膨胀，但淀粉粒粒形未变，用偏光显微镜观察仍可看到淀粉粒上呈现偏光十字，将淀粉取出干燥脱水，淀粉粒仍能恢复原有状态，未发生化学变化。第二阶段，当溶液达到糊化温度时，淀粉粒突然膨胀，大量吸水，淀粉乳迅速成为黏稠的淀粉糊。若以偏光显微镜跟踪观察，则淀粉粒的偏光十字消失，淀粉无法恢复原有状态。淀粉糊化的本质是水分子进入微晶束结构，拆散淀粉分子间的缔合状态，使淀粉分子排列混乱。第三阶段，淀粉糊化后继续加温，会使膨胀的淀粉粒继续分解变成淀粉糊。淀粉的晶体结构是影响淀粉糊化的主要因素，晶体结构紧密的淀粉糊化温度较高，晶体结构较松散的淀粉糊化温度较低。一般来说，分子间缔合程度大，分子排列紧密，拆散分子间的氢键、拆开微晶束消耗更多的外能，这样的淀粉粒的糊化温度高，反之则糊化温度低。同一种淀粉，晶体小的糊化温度较高，晶体大的糊化温度稍低。由于直链淀粉分子间结合力较强，因此直链淀粉含量高的淀粉比直链淀粉含量低的淀粉糊化温度高（赵凯，2009）。

徐兆华等（2005）研究发现，硬质小麦直链淀粉含量较高，峰值黏度和稀懈值较小；而软质小麦的直链淀粉含量、峰值黏度和稀懈值显著优于硬质小麦；南方麦区总体优于北方麦区，这与北方麦区多为硬质小麦有关。在各专用品种小麦粉 RVA 谱线特征值中，小麦粉峰值黏度、稀懈值大小表现为弱筋小麦 > 中筋小麦 > 强筋小麦 > 糯小麦（谭彩霞 等，2011）。张琪琪等（2016）研究表明，软质小麦峰值黏度、低谷黏度、稀懈值及糊化温度等参数的平均值均高于硬质小麦，最终黏度、回生值、峰值时间略低于硬质小麦。

2. 淀粉的凝沉性

淀粉溶液或淀粉糊在室温或低温条件下放置一段时间后，浊度增加并有沉淀析出，这种现象称为淀粉的凝沉（或老化、回生）。淀粉凝沉的原因是糊化的淀粉分子在温度降低后分子运动减弱，直链淀粉分子和支链淀粉分子的侧链趋向于平行排列，通过氢键结合，互相靠拢，进而形成较大的颗粒或束状结构，当体积增大到一定程度时，就形成了沉淀。淀粉的凝沉特性受淀粉分子相对质量的大小和排列、溶液浓度、温度、pH 以及盐类作用的影响。直链淀粉相对分子质量小，排列较紧密，比支链淀粉更易凝沉；悬浮液浓度大，分子间碰撞机会多，易凝沉；温度在 2~4 ℃时易发生凝沉；pH 为 7 左右时易凝沉（姚大年 等，1997）。人们在长期的生产实践中经常利用淀粉的凝沉特性，如利用直链淀粉与支链淀粉比例适当的大米或面粉做米饭或馒头可减慢其回生速率；利用淀粉凝沉性制造粉条、粉丝、粉皮和凉粉等（翟红梅，2007）。

三、脂肪

脂肪是油脂和类脂的总称，是由脂肪酸和醇结合形成的脂及其衍生物。邓志英（2020）研究指出，谷物脂肪中含有丰富的亚油酸、卵磷脂和植物固醇，并含有大量的维生素 E 等，具有脂肪酸组成较为合理、生理活性物质丰富的特点。谷物脂肪中的亚油酸、花生四烯酸、亚麻酸等是人体的必需脂肪酸；植物固醇能够抑制胆固醇的吸收，可以有效降低体内胆固醇的含量；维生素 E 具有抗氧化、抗衰老作用。

按所在的位置小麦脂类可分为淀粉脂、淀粉表面脂和非淀粉脂。非淀粉脂存在于淀粉颗粒外，在室温下可用氯仿萃取；淀粉脂是与淀粉颗粒相结合的脂类，可用 1- 丙醇和 2- 丙醇的混合液加水升温萃取；淀粉表面脂是在淀粉分离分级时，可以吸附到淀粉颗粒表面的单酰非淀粉脂类。按萃取方式和成分小麦脂类可分为水解脂、游离脂和结合脂。游离脂通常用非极性溶剂正己烷、石油醚或二乙基醚进行萃取；而结合脂则是在常温下萃取游离脂后，用极性溶剂如水饱和正丁醇或无水酒精的混合物进行萃取。按生物化学结构可将小麦脂类分为非极性脂（中性脂）和极性脂（糖脂和磷脂）。非极性脂（中性脂）包括甘油三酯、甘油二酯、甘油单酯和少量的酰化糖脂，例如酰基固醇葡糖苷和酰基单半乳糖甘油二酯，游离脂肪酸也属于这一类；极性脂主要包括磷脂酰胆碱（卵磷脂）、磷脂酰乙醇胺以及二者的 N- 酰基衍生物（张元培，1998）。

（一）小麦脂类的分布

脂类是小麦中的微量成分，一粒小麦的质量（干基）为 30~45 mg，脂类占籽粒质量的 2%~3%。其中 25%~30% 在麦胚中，22%~33% 在糊粉层中，4% 在外果皮中，其余的在淀粉性胚乳中（张元培，1998）。在糊粉层和胚中，70% 的脂类是由中性脂类组成的（主要是甘油三酯）。在淀粉性胚乳中，大约 67% 的胚乳脂类是淀粉脂类，即极性脂类（磷脂和糖脂），33% 是非淀粉脂类。淀粉脂类主要由单酰脂类、溶血磷脂酰胆碱和游离脂肪酸组成，它们可与直链淀粉形成复合物（Subimde et al.，1995）。非淀粉脂中游离脂类占 0.8%~1.0%，结合脂类占 0.6%~1.0%，二者组成差别很大。游离脂类中约 67% 是非极性的，结合脂类中约 67% 是极性的。极性脂类是糖脂和磷脂的复合物，游离极性脂类中糖脂比磷脂多，而结合极性脂类中磷脂较多（傅宾孝，1990）。

（二）小麦脂肪含量及变化规律

小麦脂肪的具体成分大致包括甘油三酯（TG）、单半乳糖甘油二酯（MGDG）、二半乳糖甘油二酯（DGDG）、单半乳糖甘油一酯（MGMG）、二半乳糖甘油一酯（DGMG）、酰基甾醇糖苷（ESG）、酰基单半乳糖甘油二酯（EMGDG）、N-酰基磷脂酰乙醇胺（NAPE）、磷脂酰胆碱（PC）、脑磷脂（PE）、N-酰基血溶性脑磷脂（NALPE）、血溶性磷脂酰胆碱（LPC）、血溶性脑磷脂（LPE）（Warwick et al.，1979），其中，小麦全粉、面粉、淀粉表面含有较高浓度的糖脂，而内部淀粉脂质中含有较高浓度的单酰基磷脂（Finnie et al.，2009）。麦粒中的脂肪酸以不饱和脂肪酸为主，其中亚油酸含量最高，占比在 60% 左右；其次为油酸，占比 20%；饱和脂肪酸中棕榈酸含量最高，占脂肪酸总量的 20% 左右；此外，还含有少量硬脂酸和亚麻酸。但不饱和脂肪酸易氧化酸败，使面粉品质受到影响，因此制粉时应尽量除去脂肪酸含量较高的胚芽和麸皮。同时，在面粉贮藏过程中，甘油酯在裂脂酶、脂肪酶作用下水解形成脂肪酸。因此，面粉质量标准中规定面粉的脂肪酸值（湿基）不得超过 80，并以此值来鉴别面粉的新鲜程度。贮藏过程中小麦脂肪的部分组分含量发生变化。相关人员对储存 54 个月的中筋小麦进行研究，结果显示：在贮藏期内 TG、NAPE、NALPE、ESG、PC、PE、MGDG、DGDG 含量持续降低；DGMG、EMGDG 含量先上升后下降；MGMG 含量升高（Warwick et al.，1979）。Ouzouline 等（2009）采用温度为 40℃、相对湿度为 100% 的条件，加速老化两种软质小麦，分析其脂肪含量及组成变化，发现两种小麦的不饱和脂肪酸含量均显著下降，在 PC 中的不饱和脂肪酸含量降低得更多。两种样品的极性脂含量分别降低了 5.8% 和 7.2%，两种样品的 PC 含量分别降低了 18.1% 和 19.1%。MGDG 的百分含量相比未老化的上升了 15.5%，DGDG 的含量降低。研究者认为这种程度的脂肪变化会引起发芽率的变化。除此之外，贮藏时间的延长还会导致小麦中脂肪酸发生氧化，产生有害产物。Levandi 等（2009）使用液质联用测定了亚油酸的各种氧化产物，发现其中的白细胞毒素二醇（Ltxd）及其异构体均为有毒物质。

除贮藏时间延长这一自然因素之外，一些人为因素也会导致小麦脂肪性质的变化。Soliman 等（2008）研究了高温烘烤和不同强度的 γ 射线照射对小麦脂肪性质的影响，发现这两种处理方法均不会对总脂肪含量或脂肪酸组成造成显著影响，但是 γ 射线辐照后的小麦游离脂肪酸含量上升。胡碧君等（2009）使用 0.5~5.0 kGy 的电子辐照处理美国进口的软质白小麦，发现脂肪分解程度随着辐照剂量提高而提高，当辐射剂量达到 5 kGy 时，脂肪酸值较对照组上升了将近 100%。Salyaev 等（2003）使用低强度的激光照射小麦的愈伤组织，经过 5 min 波长为 632.8 nm、强度为 10 mW 的射线照射，发现脂肪的过氧化反应产物多于对照组，故低强度的激光照射会加快小麦脂肪的过氧化反应。

四、纤维素

纤维素是谷物中主要的结构性多糖，是组成植物细胞壁的主要成分。纤维素和半纤维素对人体无直接营养价值，但有利于胃肠蠕动，能促进人体对其他营养物质的消化吸收。研究表明，小麦胚乳、胚芽和麦麸中，纤维素含量分别为 0.3%、16.8% 和 35.2%。纤维素含量可作为小麦粉精度指标，小麦制粉的出粉率越高，纤维素含量越多。纤维素的结构为 β-D-葡萄糖单元经 β-1,4 糖苷键连接而成的直链多聚体，其结构中没有分支，纤维素的分子是多糖中最大的一种。

在植物纤维细胞伸长阶段，核苷糖通过不同的酶促反应相互转换，在糖基转移酶的催化下，合成大量的非纤维素多糖，直接参与植物纤维形态建成。非纤维素多糖主要包括戊聚糖（又名阿拉伯木聚糖）、β-葡聚糖、木聚糖等，是构成植物细胞初生壁的主要成分，其中戊聚糖和 β-葡聚糖对谷物食品加工品质的影响最大。Hoffmann 等（1927）首次从面包小麦粉中分离到具有较高黏度的非淀粉多糖，其主要由戊糖（阿拉伯糖）和木糖组成，命名为戊聚糖，也称阿拉伯木聚糖（Hoffmann，

1991；Fincher et al.，1986）。除戊糖外，戊聚糖还含有己糖、蛋白质、糠醛酸、酚酸等，它是谷物中淀粉多糖和细胞壁多糖的重要组成成分（Cleemput，1995）。大多数谷物的糊粉层细胞外薄壁和胚乳细胞外薄壁的 60%~70% 是由戊聚糖构成的。戊聚糖的分子骨架由 D- 吡喃木糖残基通过 β-1,4 糖苷键连接，侧链主要为 α-L- 阿拉伯糖残基，通过 C（O）-2 或 C（O）-3 位连接在木糖残基上，在氧化条件下阿魏酸通过酯键与木聚糖残基侧链上的阿拉伯糖残基 C（O）-5 位相连。根据其溶解性，可分为水溶性戊聚糖和非水溶性戊聚糖，二者的结构基本相似，但后者阿拉伯糖和木糖比值较高，分支程度也高。小麦中戊聚糖的含量为 1.5%~3.0%，其中 25%~30% 为水溶性戊聚糖。

目前对于小麦戊聚糖的研究主要集中在戊聚糖的提取与分离、测定方法、结构、理化性质和功能特性等方面。研究结果表明，尽管戊聚糖在小麦籽粒中的含量较低，但戊聚糖对于小麦磨粉品质、面团流变学特性以及面制品焙烤品质均有十分重要的影响。虽然面粉中戊聚糖含量很少，但其高持水性和氧化凝胶特性会导致面团中水分的重新分配，改变面团的流变性质，从而影响最终产品的品质。有研究发现，具有高度水化能力的戊聚糖虽然在面粉中占的比例很低（占面粉干物质量的 1.5%~3.0%），但在面团的形成过程中，戊聚糖所吸收的水分约占面团总吸水量的 23%，因此戊聚糖可以调节面团的吸水率及面团中水分分布。同时，面团中加入水溶性戊聚糖可增加面团的延伸性，在实际面团体系中，尤其是当能产生自由基的氧化剂存在时，戊聚糖可发生氧化交联作用，可使面团的内聚力增强，弹性增加，延伸性下降。另外，戊聚糖有保护蛋白质泡沫抗热破裂的能力，可能是由于戊聚糖的高黏度增加了围绕在气泡周围的面筋 – 淀粉膜的强度和延伸性，在蒸煮或烘焙时气泡不易破裂，二氧化碳扩散离开面团的过程得以延缓，使得面制品体积增大，面制品芯质构的细腻和均匀程度也得以改善。将适量的戊聚糖添加到面粉中可以增大面包或馒头的体积，但过量添加会导致面团过黏，最终制品的体积反而缩小。戊聚糖不仅对小麦的营养和加工品质有重要影响，还具有降低胆固醇吸收、改善血糖代谢和调节免疫力等作用，是一种重要的具有一定生理活性的膳食纤维。

β- 葡聚糖是由葡萄糖单位组成的多聚糖，是以混合的 β-1,3 糖苷键和 β-1,4 糖苷键连接形成的 D- 葡萄糖聚合物，大多数通过 β-1,3 糖苷键结合方式结合。β- 葡聚糖分水溶性和水不溶性两种，以水溶性占大多数。

五、矿物质元素

小麦籽粒中含有多种以无机盐形式存在的矿物质，其中钙、钾、磷、铁、锌、锰、钼、锶等对人体的作用最大。小麦籽粒或小麦粉经充分灼烧后，各种矿物质元素变为氧化物残留，便是灰分。小麦籽粒的矿物质含量一般为 1.5%~2.0%，大部分存在于麸皮和胚中，尤其在糊粉层中含量最高，糊粉层的灰分占整个麦粒灰分总量的 56%~60%，胚的灰分占 5%~7%。由于矿物质元素在籽粒不同部位含量有明显差异，而且外层和胚部含量较高，导致不同等级的小麦粉矿物质含量不同。所以，小麦粉中矿物质含量常作为评价小麦粉等级的重要指标，测定灰分含量是一种检查制粉效率和小麦粉质量的简便方法。一般来说，小麦的灰分含量越高，说明麸皮含量越高，小麦粉的加工精度越低。

六、维生素

维生素是维持人体正常代谢机能的有机物质。小麦和面粉中的维生素主要是 B 族维生素和维生素 E，维生素 A 的含量很少，几乎不含维生素 C 和维生素 D。水溶性的 B 族维生素主要集中在胚和糊粉层中，而脂溶性维生素 E 主要集中在胚内，小麦粉中含量很低，因此麦胚是提取维生素 E 的宝贵资源。维生素主要集中在糊粉层和胚芽部分。出粉率高、精度低的面粉维生素含量高于出粉率低、精度高的面粉。低等粉、麸皮和胚芽的维生素含量最高。除在制粉过程中小麦粉维生素显著减少外，在烘焙食品过程中又因高温使小麦粉中维生素部分破坏。为了弥补小麦粉中维生素不足，满足人体对维生素的需要，发达国家常采用添加维生素（维生素 B_1、烟酸及核黄素等）的办法，以强化小麦粉和食品的营养（李浪，2008）。

第二节 小麦品质与测试

一、籽粒品质

籽粒外观品质性状包括籽粒形状、粒色、整齐度、饱满度、角质率等。这些性状不仅直接影响小麦的商品价值，而且与营养品质、加工品质关系密切。

（一）形状

籽粒形状是小麦的品种特性，有长圆形、卵圆形、椭圆形和圆形等，以长圆形和卵圆形为多。加工实验证明，圆形和卵圆形籽粒的表面积小，容重高，出粉率高。此外，小麦腹沟的形状和深浅也是衡量籽粒形状优劣的重要指标。腹沟深，籽粒皮层占的比例较大，且易沾染灰尘和泥沙，加工中难以清除，出粉率降低和影响面粉质量；腹沟浅，皮层所占的比例较小，在磨粉过程中可润麦均匀，磨粉时受力平衡，方便碾磨，出粉率高。因此，从制粉的角度看，近圆形且腹沟较浅的籽粒品质较好。

（二）粒色

小麦籽粒主要颜色为红色、白色，还有琥珀色、黄色、红黄色等过渡色，以及黑色、紫色、蓝色等特殊颜色。除蓝色由糊粉层内的色素决定外，其他颜色均由种皮层的色素决定。一般规定，皮层为白色、乳白色或黄白色麦粒达 90% 以上为白粒小麦；皮层为深红色、红褐色麦粒达 90% 以上为红粒小麦。国内外研究表明，小麦籽粒的颜色与品质无必然联系。白粒小麦因加工的面粉麸星颜色浅、粉色白而受面粉加工业和消费者的欢迎。但红粒小麦有休眠期长、抗穗发芽的优势。因此，在小麦生产中不能单纯追求籽粒颜色，而应根据具体生态条件来选择小麦品种。

（三）整齐度

整齐度是指小麦籽粒大小和形状的一致性。同样形状和大小的籽粒占总量的 90% 以上者为整齐，小于 70% 为不整齐。籽粒越整齐，出粉率越高。

（四）饱满度

籽粒饱满度是衡量小麦籽粒形态品质的一个重要指标。籽粒饱满度好的小麦出粉率高，面粉品质好。籽粒饱满度多用腹沟深浅、容重和千粒重来衡量。一般来说，籽粒饱满、腹沟浅、容重和千粒重高且种皮光滑的小麦籽粒商品性好。

（五）角质率

角质率指小麦籽粒中角质胚乳所占比例，可根据角质粒占全部籽粒的百分数计算。角质，又叫玻璃质，其胚乳结构紧密，呈半透明状；粉质，胚乳结构疏松，呈石膏状。凡角质占籽粒横截面 1/2 以上的籽粒，称角质粒。角质率在 70% 以上的小麦称硬质小麦［《小麦》（GB 1351—1999）］。硬质小麦含蛋白质、面筋较多，主要用于制作面包等食品。粒质特硬、面筋含量高的硬粒小麦，适宜制作通心粉、意大利面条等。角质不足籽粒横截面 1/2（包括 1/2）的籽粒，称粉质粒。含粉质粒 70% 以上的小麦，称为软质小麦（GB 1351—1999）。软质小麦粉质多、面筋少，适合制作饼干、糕点、烧饼等。小麦籽粒的角质率虽受遗传控制，但也易受环境影响。乳熟后期连续多雨和氮素缺乏时，对角质形成不利，此时增施磷肥利于提高角质率。

二、理化品质

（一）蛋白质含量测定方法

常见的蛋白质含量的测定方法有凯氏法、杜马斯燃烧定氮法和近红外分析法等。

1. 凯氏法

凯氏法既是其他蛋白质方法的校正标准，也是国家标准《食品安全国家标准 食品中蛋白质的测定》（GB 5009.5—2016）和国际标准的规定方法。蛋白质是含氮的有机化合物，待测食品中加入硫酸和催化剂共同加热消化，催化剂使食品中的蛋白质分解，产生的氨再与硫酸结合生成硫酸铵，然后通过碱化蒸馏使氨游离，并用硼酸吸收，以硫酸或盐酸标准滴定溶液滴定，最后根据酸的消耗量计算氮含量，再乘以换算系数，即为蛋白质的含量。小麦中蛋白质换算系数为 5.7。

2. 杜马斯燃烧定氮法

杜马斯燃烧定氮法的基本原理是利用高温（900~1 200 ℃）使样品中的氮转化为氧化物，再利用还原反应将含氮氧化物还原为氮气。最后通过热导检测器检测氮气浓度并与已知浓度标准氮气进行比对，可得到样品中的氮含量。这种办法检测速度快，无需用到腐蚀性试剂，也不会产生有害物质，是一种较为环保的定氮法。

3. 近红外分析法

近红外分析法的测定原理为：物质是由原子和分子组成的，分子中的原子以化学键的形式结合，不同类型的化学键能级不同。当近红外光（波长 1 000~2 500 nm）照射到有机物上时，近红外光中与该物质化学键相同能级的近红外光发生共振现象，被该物质的化学键吸收，不同能级的近红外光被反射，形成该物质特定的吸收光谱。光谱中吸收峰的光密度值与该物质的化学键的数量成正比。蛋白质、脂肪、糖、淀粉和纤维等有机成分，在近红外区域有丰富的吸收光谱，每种成分都有特定的吸收特征，这些吸收特征为近红外光谱定性、定量分析提供了依据。

（二）面筋含量与面筋指数

小麦粉加水至含水量高于 35% 时，用手或机械揉成面团，面团在大量水中反复揉洗，其中的淀粉及麸皮等固体物质渐渐脱离面团，可溶于水的物质溶解，最后剩下的一块具有弹性、延伸性和黏性的物质为湿面筋。湿面筋烘干去水后即为干面筋。将湿面筋放入离心机中的特制离心筛内离心，离心后仍滞留在离心筛上面的湿面筋质量与湿面筋总质量的百分比为面筋指数。筋力强的面筋穿过筛板的数量少，留在筛板上的多，筋力弱的面筋情况相反。该数值越低，表明面筋质量越差；反之，则面筋质量越好。面筋的弹性、黏性和延展性，使小麦粉具有一定的黏着性、弹性、韧性和延展性等加工特性，使得通过发酵制作的馒头、面包等食品具有柔软的质地、较佳的网状结构、均匀的空隙和耐咀嚼等特性。小麦品质的好坏取决于面筋的质量和数量，对面粉和面团特性的影响比蛋白质更直接、更明显。面筋含量既是营养品质性状，也是加工品质性状（田纪春，2006；曹卫星 等，2005）。国家标准《小麦和小麦粉 面筋含量 第一部分：手洗法测定湿面筋》（GB/T 5506.1—2008）中规定了用手洗法测定湿面筋含量的标准；《小麦和小麦粉 面筋含量 第二部分：仪器法测定湿面筋》（GB/T 5506.2—2008）中规定了用仪器法测定湿面筋含量的标准；行业标准《小麦粉湿面筋质量测定方法 面筋指数法》（LS/T 6102—1995）中规定了面筋指数的测定方法。

（三）沉淀值

沉淀值，又名沉降值，是小麦蛋白质含量和质量的综合评价指标。沉淀值最早由德国人 Zeleny（1947）提出，也称泽伦尼（Zeleny）沉淀值。在一定条件下小麦粉悬浮于乳酸－异丙醇溶液中，面筋蛋白质的氢键等疏水键被打破，蛋白质和其他成分分离，蛋白质水合过程加速，蛋白质颗粒会极度膨胀而沉降至悬浮液的底部，沉降量因小麦粉中面筋蛋白质的水合率和水合能力的不同而不同。沉降速度和体积反映了小麦粉中面筋含量和质量，测定值越大，表明面筋强度越大，小麦粉的烘焙品质就越好。面筋含量越高，质量越好，形成的絮状物就越多，一定时间内沉淀的体积就越大。Axford（1979）又提出了 SDS 沉淀值试验方法（SDS 沉淀值），以表面活性剂十二烷基硫酸钠（SDS）代替 Zeleny 沉淀值试验中的异丙醇，SDS 作为乳化剂，可以使不溶于稀酸的面筋蛋白质部分可溶，增加水合能力，影响面筋絮状物的沉降速度，读取这种絮状物体积即得到 SDS 沉淀值。两种方法相关性很高，但也存在一些差别。SDS 法实用性强，可进行全麦粉的测定，与烘焙品质显著相关，可综合反映蛋白质含量和品质，较稳定，准确性高。尤其是微量 SDS 法，速度快、用量少，可作为小麦品质育种早期筛选的品质性状（曹卫星 等，2005；李浪，2008）。

（四）硬度

籽粒硬度是小麦籽粒在抵抗外力作用时发生变形和破碎的能力，是对籽粒胚乳质地软硬程度的评价，是影响小麦磨粉品质和加工品质的重要因素，也是决定市场分级及小麦最终用途的主要因素。小麦籽粒硬度与胚乳质地密切相关，硬度主要取决于籽粒中淀粉和蛋白质的黏合力以及淀粉颗粒之间蛋白质基质是否具有连续性。硬质小麦蛋白质基质具有连续性，淀粉颗粒与蛋白质基质间结合能力较强，淀粉颗粒深陷其中，两者不易分离，制粉时淀粉粒破损较多，面粉较粗，出粉率高；软质小麦蛋白质基质不具有连续性，游离淀粉颗粒黏着在蛋白质基质上，蛋白质和淀粉结合能力弱，制粉时淀粉粒破损少，面粉细腻，出粉率低。

单籽粒谷物特性测定系统（single kernel characterization system，SKCS）是国内外通用的硬度测试方法，利用压力把籽粒压碎，然后通过传感器感应力的大小确定样品的硬度。测试过程中小麦被真空吸粒转轮上的真空吸孔吸起，用刮板一粒一粒地从真空吸粒转轮上刮下，落入称重斗中称重，然后落入压碎辊和弯月形装置的间隙中，压成片状。测量压成片状的过程中所用的压力和时间、压碎辊和月牙形装置之间的电导率以及压碎辊及其周围的温度，根据压力和时间来计算初步样品硬度，依据电导率、压力和压碎辊温度来计算水分含量，进而由粒重、水分含量和温度修正后的压力来计算最终硬度。粒重、硬度、粒径和水分含量等数据被传送到计算机中，电脑对数据进行处理，以此判断小麦的硬度及其类型。

小麦硬度指数是指在规定条件下粉碎小麦样品，留存在筛网上的样品占试样的质量分数，用 HI

表示。硬度指数越大，表明小麦硬度越高，反之表明小麦硬度越低。硬度不同的小麦抗机械粉碎能力不同。在粉碎时，粒质较硬的小麦不易被粉碎成粉状，粒质较软的小麦易被粉碎成粉状。在规定条件下粉碎样品时，留存在筛网上的样品越多，小麦的硬度越高，反之小麦的硬度越低。

（五）溶剂保持力

溶剂保持力（solvent retention capacity，SRC）指小麦粉在一定离心力作用下所能保持溶剂的量，首先由 Slade 和 Levine（1994）应用于软麦面粉品质预测和评估，以百分比（%）表示。测量溶剂保持力时要求小麦粉分别与去离子水、50%（质量分数）蔗糖溶液、5%（质量分数）碳酸钠溶液和5%（质量分数）乳酸溶液 4 种溶剂混合后充分溶胀，离心后，测定小麦粉保持溶剂的量。水溶剂保持力可反映小麦粉所有组分的特性；蔗糖溶剂保持力可反映小麦粉中戊聚糖含量和醇溶蛋白特性；碳酸钠溶剂保持力可反映小麦粉淀粉粒的损伤程度；乳酸溶剂保持力可反映小麦粉的面筋特性。具体操作步骤如下：

称取小麦粉试样 5.000 g（±0.050 g），置于已知质量（离心管和盖子）的 50 mL 离心管中。每隔 10 个或 20 个试样间添加一个对照样品。在盛有小麦粉的离心管中，加入 25.00 g（±0.050 g）溶剂［测定水 SRC 加入去离子水、测定蔗糖 SRC 加入 50%（质量分数）蔗糖溶液、测定碳酸钠 SRC 加入 5%（质量分数）碳酸钠溶液、测定乳酸 SRC 加入 5%（质量分数）乳酸溶液］，启动计时器计时。盖上离心管盖，水平方向剧烈摇动离心管至小麦粉与溶液充分混合均匀。加液前应避免小麦粉粘在离心管盖子上。对于蔗糖、乳酸和碳酸钠溶液，初次摇动时应彻底摇匀。置于试管架上溶胀 20 min，其间分别在达 5 min、10 min、15 min、20 min 时快速摇动一次，每次摇动约 5 s。最后一次摇动后，立即在 1000 g 离心力条件下离心 15 min。离心结束后，弃掉上清液（弃上清液时要缓慢进行，以防漂浮物被倒掉），再将离心管倒置在滤纸上，持续 10 min。称离心管、盖子和小麦粉胶的质量，计算溶剂保持力。微量法小麦粉的称样量改为 1.000 g（±0.010 g），4 种溶液的加样量改为 5.00 g（±0.01 g）。

（六）淀粉特性

1. 淀粉糊化特性

淀粉糊化特性是反映小麦粉品质的重要指标，对小麦粉的营养及其加工品质具有重要影响。目前多采用快速黏度仪（rapid visco analyser，RVA）进行测定。RVA 是一种由微处理器控制，能对试样施加可改变的温度和剪切力，同时还能连续检测试样黏度的仪器。其测定糊化特性的原理是：一定浓度的谷类粉试样的水悬浮物，按一定升温速率加热，在内源淀粉酶的协同作用下逐渐糊化（淀粉的凝胶化），由于淀粉吸水膨胀使悬浮液逐渐变成糊状物，黏度不断增加。随温度升高，淀粉充分糊化，达到峰值黏度；随后在继续搅拌下淀粉糊发生切变稀释，黏度下降；当糊化物按一定速率降温时，糊化物重新胶凝，黏度值又进一步升高。整个黏度的变化过程通过 RVA 的微处理器连续监测并记录，获得 RVA 谱。从 RVA 黏度曲线中可读出峰值黏度、低谷黏度、最终黏度、峰值时间和糊化温度等参数，并可进一步计算出稀懈值、回生值等参数（图 2-9）。这些参数是淀粉糊化特性的重要指标。不同的作物品种，淀粉的含量、组分和种类都有差异，黏度参数也有很大区别，据此可判断淀粉的性质和用途。

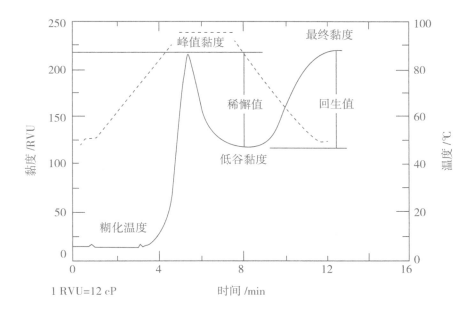

图 2-9　RVA 黏度曲线

1 RVU=12 cP

2. 破损淀粉

小麦在碾磨过程中受磨辊的机械压力，部分完整的淀粉颗粒破坏产生破损淀粉，使面粉的吸水率增加。破损淀粉对淀粉酶的敏感性极高，具有不同于正常面粉的理化特性。可利用破损淀粉吸收碘多的原理，采用安倍法（电流法）测定面粉中破损淀粉含量。将面粉加入一定浓度的碘溶液中，破损淀粉含量高的面粉吸收碘多，留在溶液中的碘浓度就低，电流值与溶液中碘含量呈正相关关系，因此通过测定溶液中的电流变化，就可以计算出破损淀粉含量，用 UCD 表示。一般籽粒硬度越高，破损淀粉含量越高。软麦籽粒硬度低，破损淀粉含量低。

（七）脂肪含量

粗脂肪一般被定义为能溶解在适当有机溶剂中的样品成分。因此，用沸腾的有机溶剂浸泡试样，提取脂类物质后，蒸出溶剂，将所得的提取物和试样残渣分别烘干恒重，所得试样与残渣的质量差即为粗脂肪含量。粗脂肪的主要成分是甘油三酯和游离脂肪酸。

测定脂类物质一般采用低沸点有机溶剂萃取的方法，即索氏提取法。常用的溶剂有乙醚、石油醚、氯仿甲醇混合溶剂等，其中乙醚溶解脂肪能力最强，故常选用无水乙醚作提取剂。此外，自动、半自动脂肪检测仪具有分离性能好、速度快、灵敏度高、结果准确和操作自动化的优点，也常用于粗脂肪含量的测定。

（八）戊聚糖含量

戊聚糖含量测定方法有以下几种：

（1）色谱法　首先将样品用酸水解成单糖的形式，然后通过色谱法分离，戊聚糖含量为阿拉伯糖和木糖之和。这种方法的优点是精确度较高，专一性强，但流程复杂，费时，对仪器的要求较高。改进后的离子交换色谱-脉冲安培法，具有极高的灵敏度，同时可以提供其结构特点，并且不需要预处理（姚金保 等，2015）。

（2）比色法　戊聚糖水解生成戊糖，戊糖脱水生成糠醛，然后与显色剂（地衣酚、间苯三酚）反应，由分光光度计测定吸光值，可计算出戊聚糖的含量（姚金保 等，2015）。根据所用显色剂不同，比色法又分为地衣酚 - 盐酸法与间苯三酚 - 冰醋酸法，这两种方法相比较，李利民等（2004）认为后者与色谱法相关性较好，而周素梅等（2000）则认为二者所得可溶性戊聚糖含量相似，但后种方法测得总戊聚糖含量略低，原因是其对不可溶戊聚糖的测定值偏低。与色谱法相比，比色法具有快速简便等特点。

三、面团品质

（一）粉质仪参数

粉质仪可以用来测试面团的吸水率、形成时间、稳定时间、弱化度和粉质指数等参数，在国内外的应用十分普遍。在恒温条件下，一定量的小麦粉加入适量水分，在揉面钵中被揉和，面团先后经过形成、稳定和弱化三个阶段。面团揉和特性的变化，通过揉面钵内螺旋状叶片所受到的阻力变化反映出来。这种阻力变化由测力计检测，通过杠杆系统传递给刻度盘和记录器进行记录（机械型粉质仪）或通过计算机转化系统记录下来（电子型粉质仪），并绘制出粉质仪曲线（图2-10），根据测试参数全面评价面团品质（图2-11）。

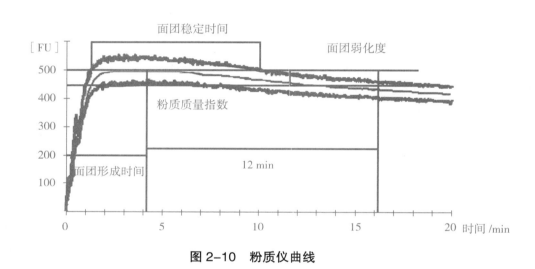

图 2-10　粉质仪曲线

1. 面团吸水率

面团吸水率是以 14% 水分为基准，每 100 g 面粉在粉质仪中揉和，面团达到标准稠度（粉质仪曲线达到 500 FU）时所需的加水量。

2. 面团形成时间

面团形成时间是指从加水和面到曲线达到峰值（面团标准稠度）所需的时间，单位用 min 表示。面筋含量较少、质量较差的面粉制成的面团形成时间较短。

3. 面团稳定时间

面团稳定时间指粉质仪曲线从达到 500 FU（标准稠度）到离开 500 FU 的时间，代表了面团耐搅性和面筋筋力强弱。

4. 面团断裂时间

面团断裂时间指从揉面开始到粉质仪曲线由 500 FU 下降 30 FU 所经历的时间（min）。

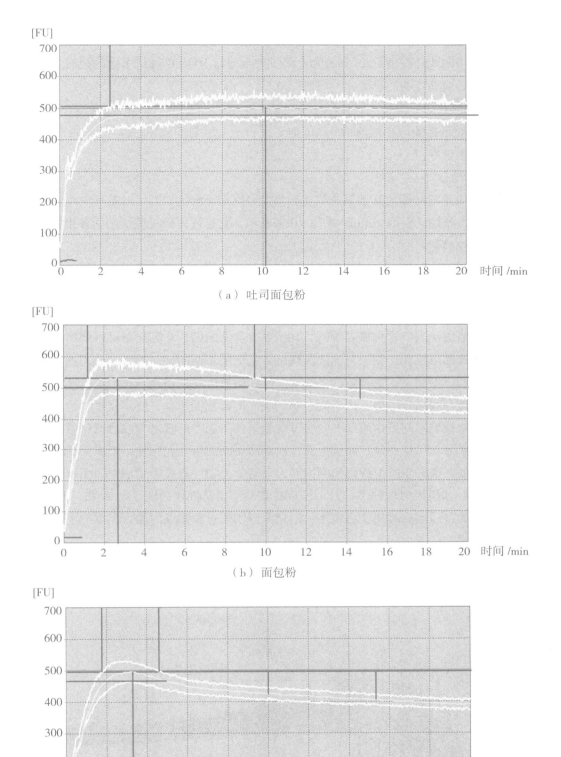

（a）吐司面包粉

（b）面包粉

（c）饼干蛋糕粉

图 2-11 不同面粉的粉质仪曲线

5. 面团弱化度

面团弱化度指曲线达峰值后 12 min 时，谱带中心线自 500 FU 标线下降的距离。弱化度大，表示面团在过度搅揉后面筋变弱的程度大，面团变软发黏，不宜加工。

6. 面团公差指数

面团公差指数是指曲线达峰值后 5 min 时，谱带中心线自 500 FU 标线下降的距离。公差指数越小，面团的耐揉性越好。

7. 粉质质量指数

粉质质量指数是指从揉面开始到曲线达到最大稠度后下降 30 FU（以图形中线为基准）的距离，其值是用到达该点所用的时间（min）乘以 10 来表示。它是评价面粉质量的一种指标。

（二）揉混仪参数

揉混仪又称和面仪、揉面仪，是用来测定和记录面团抗揉混能力的仪器，最初它主要用于测定和评价小麦及面粉品质及其功能，现已广泛应用于测定不同组分对面团流变学特性的作用及预测对最终产品的影响。尽管评定面团及面筋的强弱还要靠最终的烘焙品质来决定，但是揉混仪比传统的烘焙实验具有快速、价廉的优点。它只需要 35 g、10 g 甚至 2 g 的面粉样品，即可得到精确的揉混仪曲线，并且与烘焙实验的结果显著正相关。揉混仪现已被广泛用于面团揉混特性、面团流变学特性的研究，在控制面团揉制和烘焙品质、选育软硬麦等实际工作中有广泛的用途。

揉混仪的原理与粉质仪类似，用于测定和记录面团形成的速率、面团对搅拌的抵抗力和过度搅拌的耐受力。实验时按照不同蛋白质和不同水分含量条件下面粉的吸水率或根据粉质仪测定的吸水率，将一定量面粉和水分加入揉面钵，通过搅拌针对面团不断的折叠和拉伸，形成面筋和面团，直至揉混仪曲线达到最大值，进一步的搅拌则使面团筋力衰落。上述揉混搅拌过程中面团塑性、弹性及黏性的改变，通过搅拌针和扭矩力杠杆系统，由计算机自动绘出揉混仪曲线（图 2-12，图 2-13）。揉混仪曲线显示了面团的最适形成时间及稳定性，记录了面团耐过分揉混的能力，也可用于面包烘焙时确定加水量及和面时间的参考。

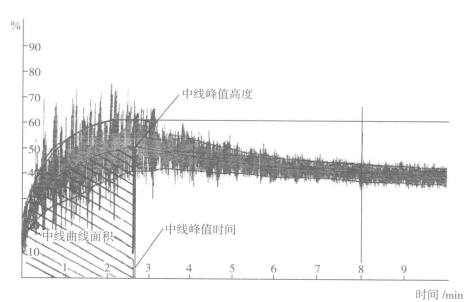

图 2-12 揉混仪曲线

（资料来源：田纪春，2006）

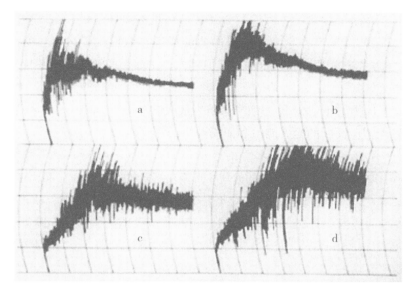

图 2-13　不同面粉的揉混仪曲线

1. 中线峰值时间

中线峰值时间（midline peak time，MPT）即和面时间，是曲线峰值所对应的时间，它代表了面团形成所需要的搅拌时间，此时面团的流动性最小而可塑性最大，通常面团的和面时间越长，耐揉性就越好，但是和面时间大于 4 min 的品种，其耐揉性受和面时间影响不大。

2. 中线峰值高度

中线峰值高度（midline peak height，MPH）是从最低点到中线最高点的距离。它提供了面粉强度及吸水率的信息，其值越高表示面粉对搅拌的耐受力越强。

3. 中线峰值宽度

中线峰值宽度（midline peak width，MPW）表示中线峰值处的带宽，此值越大表明面筋的弹性也越大。

4. 中线曲线面积

中线曲线面积（midline peak integral，MPI）即曲线中线从起始点到最高点（峰值）曲线下方所包围的面积，也可以用求积仪或计算机积分仪求面积，它是形成面团所需要做功的一个量度。要求在同一天内所做的重复试样曲线下面积的误差不超过 5%，室温在 25 ℃以上时，每升高 1 ℃曲线下的面积平均减少 2 cm^2。

5. 8 min 图谱带宽

8 min 图谱带宽揉混仪曲线在揉混 8 min 时的图谱宽度，8 min 图谱带越宽表明面粉对搅拌的耐受力越强，面团的弹性也越大。

（三）吹泡仪参数

吹泡仪（Aleograph）在目前软麦评价中应用相当广泛，认为是检测软麦品质的重要仪器。做吹泡分析时，面粉加水揉成面团，再将面团挤压成面片，然后切成圆形，在恒温室中放置 20 min，将圆面片置于中间有一孔洞的金属底板上，四周用一个中空的金属环固定。从面片下面底板中间的孔中压入空气，面片被吹成一个面泡，直至破裂为止。仪器自动记录气泡中空气压力随时间的变化，绘成吹泡仪曲线图（Alveogram）（图 2-14，图 2-15）。测试参数如下：

1. P 值

P 值表示吹泡过程中所需最大压力，反映面团的韧性，数值为最大纵坐标平均值乘以系数 K（K=1.1 mm H$_2$O，意为水柱高度为 1.1 mm）。P 值越大表示面粉的筋力和韧性越强。

2. L 值

L 值指曲线横向总长度（mm），即面泡膨胀破裂最大的距离，L 值越大表示面粉的延伸性越好。它体现了面团的 2 种能力：面团的延展能力和面筋网络的保气能力。

3. W 值

W 值指曲线所包围的面积，表示面粉的筋力，代表在指定的方法内 1 g 面团变形所用的功，又称为烘焙力。W 值 =6.54×S×10^{-4}（J），其中 6.54 为根据吹泡仪和面机转速、吹泡压力和水流速度等确定的换算系数，S 为曲线面积（cm^2）。测定结果通常取 10^{-4} 前的数值。不同类型小麦 W 值存在差异，其中饼干小麦 W 值在 150 以下，面包小麦 W 值为 150~300，硬质小麦 W 值在 300 以上。

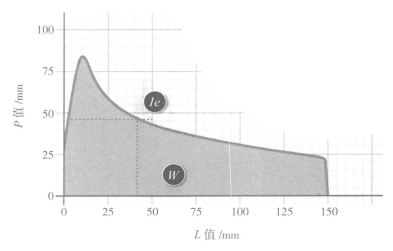

图 2-14 吹泡仪曲线

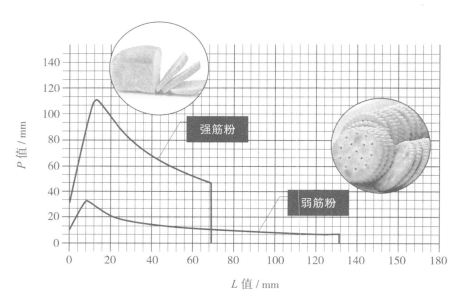

图 2-15 不同面粉的吹泡仪曲线

4. P/L 值

P/L 值指曲线的形状，表示韧性和延展性的相互关系。P/L>1 表明面团的韧性过强，而缺少延展性；P/L 值过小，表示延展性过强，可能会造成加工机械操作方面的问题。L 值和 P/L 值都是重要的参考值。优质酥性饼干 L 值最好能达到 100 mm 左右，P/L < 0.5。

5. Ie

Ie 指与曲线开始点相距 4 cm 处的压力值，又称弹性指数。Ie 是以 mm 表示的压力比率，$Ie = P_{200}/P_{max}$，即为面泡中吹入 200 cm³ 空气（相应的 L 长度为 40 mm 或充气指数 G 为 14.1，P_{200} 为距曲线始点 4 cm 处压力）时的平均压力值与曲线最大压力值的比率。

（四）混合实验仪参数

谷物混合实验仪是能将面团粉质特性与淀粉糊化特性的测定结合的仪器，相当于揉混仪、粉质仪、黏度仪和糊化仪的"组合"，适用于谷物及其产品的品质分析，用于研究样品的蛋白特性、淀粉特性、酶活性和添加剂特性及影响（图 2-16）（唐晓锴 等，2012）。

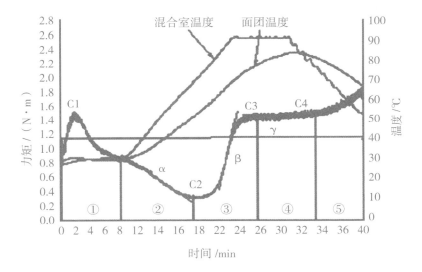

C1（N·m）—揉混面团时扭矩顶点值，用于确定吸水率；C2（N·m）—依据机械工作和温度检测蛋白质弱化；C3（N·m）—显示淀粉老化特性；C4（N·m）—检测淀粉热糊化热胶稳定性；C5（N·m）—检测冷却阶段糊化淀粉的回生特性；α—30 ℃结束时与 C2 间的曲线斜率，用于显示热作用下蛋白网络的弱化速度；β—C2 与 C3 间的曲线斜率，显示淀粉糊化速度；γ—C3 与 C4 间的曲线斜率，显示酶解速度；① 面团形成阶段（恒温，30 ℃）；② 蛋白质弱化阶段；③ 淀粉糊化阶段；④ 淀粉酶活性（升温速率恒定）；⑤ 淀粉回生阶段。

图 2-16　混合实验仪曲线

Mixolab（混合实验仪）由揉面钵（配有两个揉面刀）、加水系统、温控系统组成，测试过程完全由计算机控制，并可进行校准和数据存储。在测试开始之前，仪器进行自我校准，以保证测刀和温控系统在特定范围内运转。为了确保样品之间的可比性，混合实验仪在 chopin+ 实验协议中，加水和面后面团的质量为 75 g，目标扭矩为 1.1 N·m（ ±0.05 N·m），两个"S"形搅拌刀的转速为 80 r/min。混合实验仪测定在搅拌和温度双重因素下的面团流变学特性，主要是实时测量面团搅拌时两个揉面刀的扭矩变化。一旦面团揉混成型，仪器开始检测面团在过度搅拌和温度变化双重制约因素下的流变特性变化。在实验过程的升温阶段，所获得的面团流变学特性更加接近食品在烘焙及蒸煮工艺上的特性。混合实验仪标准实验的温度控制分为 3 个过程：一是恒温阶段使温度保持在 30 ℃，用时 8 min；二是加温阶段，以 4 ℃/min 速度升温到 90 ℃ 并保持高温 7 min；三是降温阶段，以 4 ℃/min 速度降温到 50 ℃ 并保持 5 min。整个过程共计 45 min。实验结束后可以获得 Mixolab 分析图谱，各参数如图 2-16 所示。

混合实验仪力矩曲线，表达了面粉从"生"到"熟"特性的大量综合信息，包括面粉的特性、面团升温时的特性、面团熟化时的特性以及面团中酶对面团特性的影响等，反映了蛋白质、淀粉、酶对面团特性的影响，以及它们之间的相互作用。混合实验仪同时还是一个为品质统计分析专家而做的温度变化设计，使获得的面团流变学特性更加接近食品在蒸煮和烘焙各工艺的特性。通过混合实验仪可了解面团吸水率、面团形成时间、面团稳定时间、面团弱化度、淀粉糊化特性、酶活性以及面团冷却时的老化回生特性。混合实验仪曲线的大量信息可用来全面、科学、直接地评价面粉的完整特性（蛋白、淀粉和淀粉酶活性等），还能综合评价不同用途谷物淀粉的质量。

混合实验仪指数剖面图是六角形的平面图（图 2-17），每个轴表示一个关键指标。6 个关键指标分别是吸水率指数、揉混指数、面筋指数、黏度指数、淀粉酶指数和回生指数。每个轴分为 0~9 的刻度，可记录某种面粉在该指标的表现。根据面粉的用途，对于某种特性的专用面粉，如面包粉、饼干粉、馒头粉等，建立面粉的"目标指数剖面图"，然后使用混合实验仪测定一个面粉的各个指数值并将结果与选择的目标指数图比较，选择接受、改善或重新定位面粉的用途。如果测试的面粉指数值只有部分落在目标指数范围内，"混合实验仪向导"将根据面粉与目标图偏离情况，为改善这个面粉的特性提供建议。

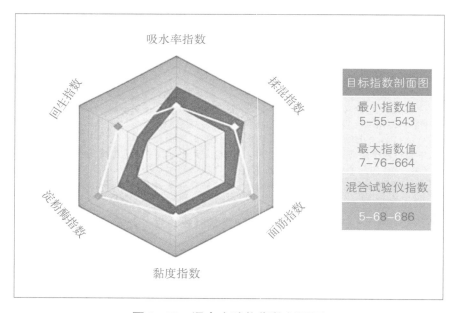

图 2-17 混合实验仪指数剖面图

第三节 食品加工品质

一、曲奇饼干

按照美国国际谷物化学家学会（American Association of Cereal Chemists，AACC）方法制作评价。曲奇是一种国际上公认的饼干产品。曲奇品质（两块糖酥饼干）检测是在相同的大气压条件下测量宽度和厚度。配方用40 g面粉，小型针式和面机以及可变加水量形成面团。这个方法是为了预测生产当前曲奇和糕饼用软麦粉的品质（蛋糕和薄脆饼干除外）。这个方法也适用于评价其他面粉品种，不同的面粉处理和其他一些因素如配料对曲奇结构的影响。

（一）仪器和设备

（1）National 公司曲奇面团微型和面机　搅拌头的速度是 172 r/min，还有特定的曲奇面团钵。

（2）和面机和搅拌器　配有定时器的电动和面机和合适的扁平搅拌器。

（3）铝制曲奇烤盘　3003-H14 铝合金，厚度约 2.0 mm，尺寸是 30.5 cm×40.6 cm 或 25.4 cm×33.0 cm，或者适合炉门大小和烤架的其他尺寸。

（4）金属量具　两个，7 mm 厚，长度和烘烤烤盘一致。金属量具能放在烤盘的长边边缘，而且必须保持干净，避免油脂等残留物。

（5）擀面杖　直径 5.7~7.0 cm。若是木质的，则要经常检查一下擀面杖边缘与金属量具摩擦的地方是否有磨损。

（6）曲奇切刀　内直径为 60 mm。

（7）小塑料刮板　磨平末端有刻槽来对应揉面钵的搅拌针。

（8）温度计、湿度计和气压计　湿度计见注释 2。

（9）烤炉　盘式或旋转式，炉腔内用陶瓷纤维结构氧化铝耐火衬垫放在烘烤架上，厚度为 6.4 mm。烤箱架子由钢丝网组成也可以，不一定需要搁板衬垫（防止底部过度褐变）。烤炉是电热式加热，炉内温度保持在 205 ℃ ±2 ℃。

（二）试剂

（1）溶液 A　称取 79.8 g 碳酸氢钠（$NaHCO_3$）溶解到 1 L 的蒸馏水或去离子水中。

（2）溶液 B　称取 101.6 g 氯化铵（NH_4Cl）和 88.8 g 氯化钠（NaCl）溶解到 1 L 蒸馏水或去离子水中。

如果溶液能很好地密封保存，则可以连续用几个月。饼干制作配方见表 2-1。

表 2-1　饼干制作配方（温度 21 ℃ ±1 ℃）

配方	质量 / g
面粉，14% 湿基（注释 3，表 2-2）	40.0
糖，烘焙专用（注释 4）	24.0
起酥油（注释 5）	12.0

续表

配方	质量 / g
脱脂奶粉（注释6）	1.2
碳酸氢钠（$NaHCO_3$）	0.40
碳酸氢钠（溶液A）	0.32
氯化铵（NH_4Cl）（溶液B）	0.20
NaCl（溶液B）	0.18
蒸馏水	可变的

（三）方法

（1）步骤一　把糖、脱脂奶粉和碳酸氢钠一起过筛（一天烘焙所需量，注释7，表2-2，表2-3）8次。把这些物料和起酥油用搅拌机低速搅拌1 min制成奶油，然后刮擦；中速搅拌1 min，然后刮擦；高速搅拌30 s。称取37.6 g奶油。

表2-2　不同水分含量的面粉质量（40 g面粉，14%湿基）

面粉水分 / %	面粉质量 / g	面粉水分 / %	面粉质量 / g
12.0	39.1	13.3	39.7
12.1	39.1	13.4	39.7
12.2	39.2	13.5	39.8
12.3	39.2	13.6	39.8
12.4	39.3	13.7	39.9
12.5	39.3	13.8	39.9
12.6	39.4	13.9	40.0
12.7	39.4	14.0	40.0
12.8	39.4	14.1	40.0
12.9	39.5	14.2	40.1
13.0	39.5	14.3	40.1
13.1	39.6	14.4	40.2
13.2	39.6	14.5	40.2

（2）步骤二　把37.6 g奶油放入曲奇揉面钵中。加入4.0 mL溶液A、2.0 mL溶液B和适量的水以形成最佳面团一致性（注释8，表2-4）。不同面粉间的面团软硬状态一致。加水量合适的面团应该是面团不会粘到擀面杖上，见注释8。搅拌3 min后用刮刀刮干净（最开始几分钟如果起酥油粘在揉面钵的边缘，则关闭搅拌器并刮干净）。

表 2-3　20~45 份配料质量　　　　　　　　　　　　　　　　单位：g

配料	烘焙数量单位					
	20	25	30	35	40	45
糖	504	624	744	864	984	1 104
脱脂奶粉	25.2	31.2	37.2	43.2	49.2	55.2
碳酸氢钠	8.4	10.4	12.4	14.4	16.4	18.4
起酥油	252	312	372	432	492	552

表 2-4　形成最佳面团加水量初始指导

软麦蛋白质含量 / %	初始加水量 / mL
4.4~5.1	0.3
5.2~5.9	0.4
6.0~6.6	0.5
6.7~7.3	0.6
7.4~8.1	0.7
8.2~8.8	0.8
8.9~9.6	0.9
9.7~10.3	1.0
10.4~11.0	1.1
11.1~11.8	1.2
11.9~12.5	1.3
12.6~13.2	1.4
13.3~14.0	1.5
14.1~14.8	1.6
14.9~15.5	1.7
15.6~16.3	1.8
16.4~17.0	1.9
17.1~17.8	2.0
17.9~18.5	2.1

注：1. 对于硬质小麦，在表格中所列基础上加 0.7 mL。

2. 面团太干易碎且容易粘针，面团太湿不会有坚韧感且黏。

（3）步骤三　向揉面钵中加入面粉，搅拌 10 s，同时轻敲揉面钵边缘。把和面机和搅拌针中的面团刮干净，同时也要刮干净揉面钵边缘和底部的面团，把面团向搅拌针方向推压几次。搅拌 5 s，如前所述刮擦；继续搅拌 5 s 再次刮擦；再继续搅拌 5 s 并把搅拌针刮干净。

（4）步骤四　轻轻地把面团从揉面钵中刮出来，用刮刀分成大约相等的两份。见注释 9。把面团移到稍微涂油的曲奇烤盘上。把金属量具放置在烤盘两侧，然后用擀面杖在面团上一来一回 2 次辊压成片。面团用曲奇切刀切好，丢弃多余的面团。立即放入 205 ℃ 的烤炉中烘烤 11 min。见注释 10。

（5）步骤五　成品移出烤炉后，冷却 5 min，用器具把曲奇从烤盘上移下来。用湿毛巾擦拭托盘，除去烘烤前涂上的油脂。用不含肥皂的温水洗净，彻底晾干，下次使用时应恢复至室温。见注释 1。

（6）步骤六　当曲奇冷却到室温时（约 30 min），用测量指标评价曲奇表面纹理。见注释 11。

（四）计算

当曲奇冷却到室温时，把饼干边靠边排好，测量其宽度（直径）。旋转 90° 后重复测量。继续重复测量 2 次，取 4 次平均值。进行测量时室内大气压和实验室海拔不同校正因子也不同。如果需要测量高度，应把曲奇叠放测量，取中心高度的一半。翻动，按不同顺序重新叠放并再次测量高度。

注释：

1. 曲奇烤盘购买时应该配有金属量具，与烤盘的长边紧扣在一起。新的曲奇饼干烤盘应轻涂一层油并放在烤炉内烧烤 15 min，然后冷却，重复这个步骤 2~3 次。每次烘烤后曲奇烤盘应该用温水（不含肥皂和任何洗涤剂）洗涤并且擦干以防止油脂残留和变黑。

2. 面团的稠度、黏性和曲奇的延展度受温度和湿度的影响。室内温度和配料温度为 21 ℃ ± 1 ℃，并且推荐相对湿度是 30%~50%。超出推荐范围情况下数据变异可能增加。

3. 面粉的水分含量小于 12% 时，将难以判断面团的稠度并且可能使曲奇饼干变得不圆，改变饼干表面外观纹理。表 2-2 给出了以 14% 湿基、40 g 面粉为基准的面粉质量。

4. 需要用 U.S.No.30 金属细筛（孔径 600 μm）筛理过任何款式的烘烤专用糖。

5. 起酥油应该是氢化的，全植物性未经乳化的脂肪，不含甲基硅酮，并且是中等稠度。应该包括经过膨胀方法所测固体脂肪值（SFI），对应关系如下：

温度 /℃	SFI
10.0	28~33
21.1	18~22
33.3	11~16
40.0	8~12

6. 如果有必要，脱脂奶粉应磨碎，以通过 U.S.No.30（孔径 589 μm）的金属丝网筛。

7. 为了混合得相对均匀一致，推荐奶油用量为 20~45 份。表 2-3 中列出了 20~45 份所用的糖、脱脂奶粉、碳酸氢钠和起酥油的量。

8. 针对不同蛋白质含量的软麦面粉，达到最佳面团稠度初始指导加水量见表 2-4。通常面团所需加水量是刚好能在搅拌过程中有足够黏合力形成面团。面团的加水量适中，面团应该是干的，摸起来不黏，也不应粘在擀面杖上。面团过湿容易增加数据变异。

9. 操作人员应洗手去除护手霜，避免过度处理面团。由于面团质量不均匀导致饼干质量不同，数据变异增加。可通过以下方式减少变异，把面团从搅拌钵中刮进 65 mm 直径的圆筒，然后用直径稍小的扁平柱塞轻轻按压，使面团密度保持一致。移走塞子和圆筒，把形成的面团分成两半，每一半面团放置在曲奇烤盘上轧制成型。

10. 烤箱应该加热到一定温度，并转动烤箱架。在系列烘焙测试的开始或者在烤箱未使用满 15 min 时用多余的面团或面粉预先烤制饼干，使烤箱处于最佳状态。

11. 曲奇表面呈"岛状"图案，纹理明显均匀，向四周延伸，裂度好。除了小麦本身品种特性，没有纹理或者纹理不正常也能间接反映出混合不当、面团过度处理、高温高湿、烤箱湿度低、配料变化或作物年份间差异。

二、酥性饼干

（一）酥性饼干制作方法

行业标准《酥性饼干用小麦粉》（LS/T 3206—1993）规定了有关酥性饼干试验配方及制作工艺的内容，但其中糖、油、水等配料比例不合适，部分配料要求笼统，交代不清，在实际运用过程中重复性和可操作性不强。为了解决上述技术问题，江苏里下河地区农业科学研究所研发了"一种酥性饼干及其实验室制作方法"，申请国家发明专利并已获授权（ZL201310242045.5），该发明是一套配料比例更加合适、操作环节更简单、更好地体现面粉品质差异、重复性好、操作性强的酥性饼干实验室制作方法。主要技术内容如下：

一种酥性饼干，主料为面粉，所用配料为绵白糖（28%~34%）、饴糖（4%~5%）、起酥油（18%~22%）、奶油（2%~3%）、柠檬酸（0~0.004%）、碳酸氢钠（小苏打，5%~6%）、食盐（22%~23%）、碳酸氢铵（22%~23%）、脱脂低蛋白奶粉（4%~7%）、鸡蛋（16%~17%），水（7%~13%），配料及水的百分比均为面粉质量的百分比，其中小苏打、食盐、碳酸氢铵配比为配料质量和水的体积比（m/V）。

酥性饼干的具体制作方法如下：

1）称取绵白糖（28%~34%）并加水，加热溶解，冷却至 30 ℃ 左右，加入饴糖（4%~5%）。

2）将称好的起酥油（18%~22%）和奶油（2%~3%）一起加热熔化，再冷却至 30 ℃，向其中加入柠檬酸（0~0.004%）。

3）将步骤 1）所得的糖和步骤 2）所得的油混合在一起，用搅拌棒搅拌 10 s 至均匀，再加入鸡蛋（16%~17%）快速搅拌至均匀。

4）在油、糖混合物中加入 4 mL 碳酸氢钠溶液（m/V，5%~6%），搅拌均匀，然后再加入 4 mL 食盐（m/V，22%~23%）和碳酸氢铵（m/V，22%~23%）的混合液，搅拌 30~60 s 至均匀。

5）将脱脂低蛋白奶粉（4%~7%）和面粉用和面机混合均匀，然后再加入步骤 4）中搅拌均匀的配料，调制成面团，放置 1~2 min，调制好的面团温度为 22 ℃。

6）将调制好的面团取出，静置 5~10 min，用手感来鉴别面团的成熟度。当手捏面团时，不感到粘手，软硬适度，面团上有清楚的手纹痕迹，用手拉断面团时，感觉稍有黏结力和延伸性，拉断的面团没有缩短的弹性现象，说明面团的可塑性良好，可以判断面团调制已达到最佳程度。

7）手工压片，把面团放入周边厚 2.5~3.0 mm 的长方形模具，用压辊用力均匀地碾压一个来回，模具的尺寸根据饼干的尺寸而定。

8）用有花纹的印模手工按压成型。

9）温度 180~200 ℃条件下烘烤 8~12 min，具体可以视饼干颜色而定。

10）烘烤后的饼干冷却 20~40 min。

注释：

1. 面粉质量在 200~300 g。

2. 加水总量为面粉质量 × 粉质仪吸水率的 15%~18%，其中取 8~10 mL 水用来溶解膨松剂，剩余用来溶解绵白糖，糖的颗粒度 >50 目。

3. 柠檬酸的添加量 ≤ 0.004%。

4. 面粉质量要根据水分含量进行调整，以 12%~14% 湿基含量进行校正。

5. 奶粉为脱脂低蛋白奶粉，脂肪含量 ≤ 4%，蛋白质含量 ≤ 25%，百分比为 100 g 奶粉中的成分比例。

6. 鸡蛋选用蛋黄，用分蛋器把蛋黄和蛋清分开，称取蛋黄进行试验。也可以用全蛋，用打蛋器充分搅匀。

（二）评价方法

1. 感官评价

参照行业标准《酥性饼干用小麦粉》（LS/T 3206—1993）评价饼干品质（表 2-5）。每种试验饼干在冷却后任意抽取 10 块，由具有一定评分能力和评分经验的评分人员（每次 5~7 人）按饼干评分标准进行评分（取算术平均值），并折算成百分数，取整数，平均数中若出现小数则采用四舍六入五留双的方法取舍。

表 2-5 酥性饼干的感官评分

项目	扣分内容	扣分值	满分
花纹	明显，清晰	0	10
	无花纹	1	
	不明显	0.5	
形态	不完整	0.2	10
	起泡	0.3	
	不端正	0.2	
	凹底 1/3	0.2	
	凹底 1/5	0.1	
粘牙度	轻微粘牙	0.25	10
	较粘牙	0.5	

项目	扣分内容	扣分值	满分
酥松度	很酥松	0	20
	较酥松	0.5	
	不酥松	2	
口感粗糙度	很粗糙	1.5	15
	较粗糙	0.5	
	细腻	0	
组织结构	均匀	0	10
	轻微不均匀	0.25	
	较不均匀	0.5	
	不均匀	1	

国家标准《饼干质量通则》（GB/T 20980—2021）规定了饼干的术语和定义、产品分类、技术要求、试验方法、检验规则等。其中对饼干的感官要求见表2-6，以酥性饼干和曲奇饼干为例。

表2-6　酥性饼干和曲奇饼干的感官评价

项目	酥性饼干	曲奇饼干
形态	外形完整，花纹清晰或无花纹，厚薄基本均匀，不收缩，不变形，不起泡，无裂痕，不应有较大或较多的凹底。特殊加工产品表面或中间允许有可食颗粒存在（如椰蓉、芝麻、白砂糖、巧克力、燕麦等）	外形完整，花纹（或波纹）清晰或无花纹，同一造型大小基本均匀，饼体摊散适度，无连边。特殊加工产品表面或中间允许有可食颗粒存在（如椰蓉、芝麻、白砂糖、巧克力等）
色泽	具有该产品应有的色泽	具有该产品应有的色泽
滋味与口感	具有产品应有的香味，无异味，口感酥松或松脆	具有产品应有的香味，无异味，口感酥松或松软
组织	断面结构呈多孔状，细密，无大孔洞	断面结构呈细密的多孔状，无较大孔洞

2. 质构仪评价

力学测定最常用的就是质构仪评价，通常采用三点弯曲、剪切、穿刺、压缩等几种模式。通过对产品的压缩、穿刺、剪切等得到力－距离曲线，对曲线再进行分析，得到一系列数据，从而反映酥脆性（图2-18，表2-7）。Peleg（1997）认为可用力－位移曲线的不平整性来表示饼干的脆性，并且曲线的不平整状况与测试时试样的破裂情况是一致的。李春红等（2008）、马红勃（2013）和马文惠（2012）研究报道了力－位移曲线中各参数的意义，采用力－位移曲线中的力、变形距离、线性距离、波峰个数、斜率、波峰衰减值来解析食品酥脆性。食品的酥性和脆性有一定的区别，可根据咀嚼时声音的音调进行区分。脆性食品的声音音调较高，即在这种声音中具有较多的高频成分；而使人有酥性感觉的食品的声音音调则较低，也就是说具有较多的低频成分（戈振扬，1992）。酥性是在较小的外力下产品发生破损，因此通过对产品的破损和破损距离进行测量得到酥性的数据；脆性是产品对探头的初始抵抗作用，因此通过计算曲线的初始斜率得到脆性（李春红 等，2008）。酥性通常是由多个小波峰组成的事件，脆性是较大波峰的单一事件。

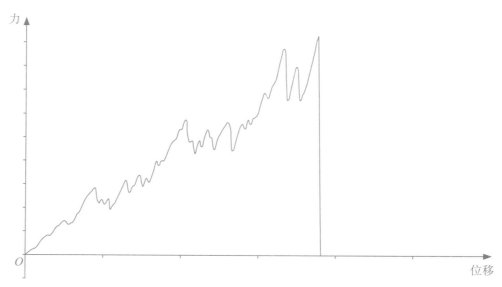

图 2-18 饼干力 – 位移曲线

表 2-7 饼干力 – 位移曲线中参数的意义

参数	意义
最大力	在下压过程中样品的断裂力，可表示硬度
变形距离	达到最大力的距离，反映了脆度
面积	破裂样品所做的功，可反映韧性
正峰数	曲线上设置范围内的正峰数，反映样品的内部质构如样品内部的孔状结构，代表样品酥脆性
线性距离	将曲线拉直后的长度，与酥脆性有较好的相关性
斜率	达到最大力处的斜率，反映样品的刚性、脆性，可用来表示样品的易碎性
波峰衰减值	连续波峰和波谷间力值下降的平均值，从而显示出样品破裂后所发出的声音

（1）弯曲折断试验 所用探头为 HDP/3PB，具体参数设置见表 2-8。图 2-19 显示了 HDP/3PB 探头饼干质地测试曲线图，其中硬度指曲线上最大峰值力值，反映样品的硬度指标，单位为 gf。脆性指曲线上最大峰值所对应的距离，值越小表示样品脆性越大，单位为 mm。韧性指曲线上起始点到最大峰值的梯度斜率，单位为 gf/mm。

表 2-8 质构仪弯曲折断试验测试参数

质构仪探头	测试前速度 / （mm/s）	测试速度 / （mm/s）	测试后速度 / （mm/s）	测试距离 / mm	感应力 / gf	数据采集率 / Hz
HDP/3PB	1.0	3.0	10.0	5	25	500

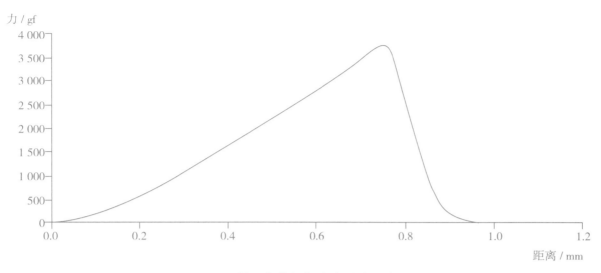

图 2-19　饼干弯曲折断试验测试质地曲线

（2）穿刺试验　所用探头为 P/2，具体参数设置见表 2-9。图 2-20 显示了 P/2 探头饼干测试曲线图，其中表层硬度指曲线第一个峰值力值，反映样品的表面硬度，单位为 gf（1 gf=9.8 mN）。脆性指曲线第一个峰值力值所对应的距离，值越小表示样品越脆，单位为 mm。平均硬度指曲线上的平均力值，反映样品的平均硬度，单位为 gf。酥性指整条曲线 3~10 g 的波峰个数，表示样品的酥性，计数为 5 mm。酥脆性指整条曲线 10~100 g 的波峰个数，表示样品的酥性，计数为 5 mm。脆性指整条曲线 > 100 g 的波峰个数，表示样品的脆性，计数为 5 mm。

表 2-9　质构仪穿刺试验测试参数

质构仪探头	测试前速度 /（mm/s）	测试速度 /（mm/s）	测试后速度 /（mm/s）	测试距离 /mm	感应力 /gf	数据采集率 /Hz
P/2	1.0	1.0	10.0	5	10	500

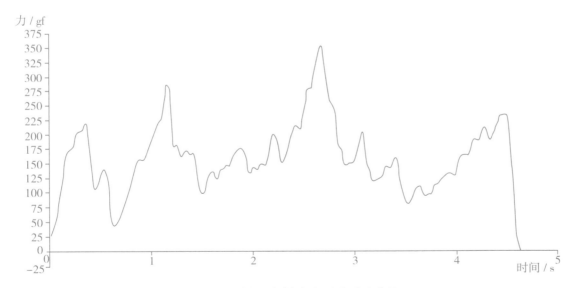

图 2-20　饼干穿刺试验测试质地曲线

3. 声学测定

食品酥脆性是食品破裂同时发出声音的事件（Luyten et al.，2004）。具有酥脆性的食品是由内部充满了空气的网格空腔组成的，其壁由较硬脆的填料所构成，当其中一个网格空腔的腔壁受到外力作用时，往往几乎不产生弯曲便破碎了。破碎后所余留的网格空腔壁及碎片会回复其原形，这一回复过程及其相应的振动就产生一定的声波压而发出声音（王亮，2007）。力学测定方法在分析食品质地中得到了广泛的应用，缺陷就是不能捕捉声音，而且力学测定有一定的惯性，声学测试则可以捕捉真正的破裂事件。Vickers（1987）研究表明，食品的脆性、酥性和硬度等品质与人咀嚼或挤压食品时发出的声音关系密切，研究声音对于评价食品的食用品质意义重大。Duizer（2001）推荐采用声学测试和质构测试方法相结合进行食品质地评价。利用质构仪同步进行力 – 位移曲线和声学测试发现，力学和声学结合同步测试可以有效反映食品的酥性（图 2-21）（Castro et al.，2007）。Arimi 等（2010）利用质构仪同步进行力 – 位移曲线和声学测试，在感官评价的同时也进行了声学捕捉测试，各个测试之间均有很好的相关性（图 2-22）。目前 TA 质构仪开发的音频检测器就是利用音频频谱分析与波峰力值事件进行统计分析的检测装置。

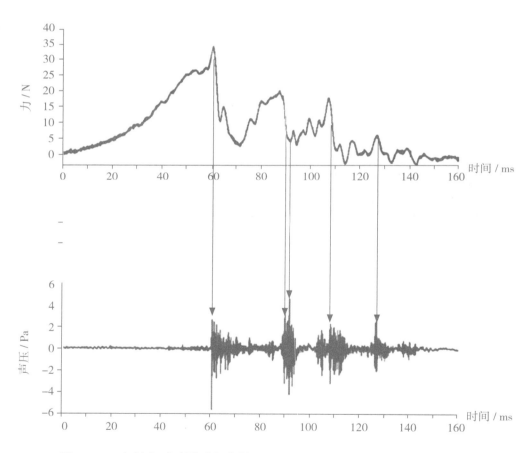

图 2-21 穿刺变形破裂过程中的力 – 时间曲线和声压 – 时间曲线

（资料来源：Castro et al.，2007）

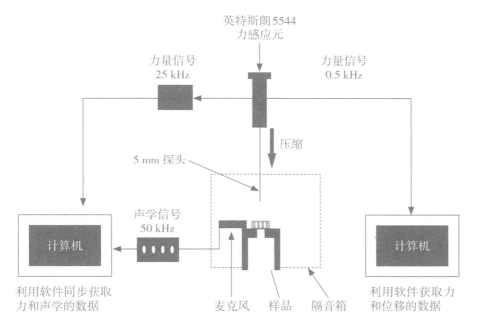

图 2-22　力学和声学结合装置原理图

（资料来源：Arimi et al.，2010）

三、海绵蛋糕

海绵蛋糕制作及评价参照国家标准《粮油检验 小麦粉蛋糕烘焙品质试验 海绵蛋糕法》（GB/T 24303—2009）进行。

（一）制作方法

1. 仪器和设备

（1）打蛋机　无极变速打蛋机（40~300 r/min）。打蛋缸缸体上口直径 24 cm，下底直径 11 cm，深 9.5 cm，壁呈半球形。

（2）电热式烤炉　平面烤炉，可以调节上、下火，温控范围为 50~300 ℃。或旋转烤炉，温控范围为 180~230 ℃，控温精度应在 ±8 ℃。

（3）面包体积测定仪　菜籽置换型，测量范围为 400~1 050 mL，最小刻度单位为 5 mL。

（4）天平　感量 0.1 g 和 0.001 g。

（5）蛋糕模具　市售 12.7 cm 圆形蛋糕模具（下底内径 11.3 cm、上口内径 12.5 cm、内高 5.2 cm）。

（6）其他　量筒，秒表，CQ7 号筛（60 目）。

2. 操作步骤

1）准确称取通过 CQ7 号筛的小麦粉 100 g，用鲜鸡蛋制备的蛋液 130 g 和绵白糖 110 g；称量蛋糕模具并编号。精确至 0.01 g。

2）在室温为 20~25 ℃时，将称量好的蛋液和绵白糖放入打蛋机搅拌缸中，以慢速（60 r/min）搅打 1 min，充分混匀后再以快速（200 r/min）搅打 19 min。

3）将称量好的小麦粉均匀倒入蛋糊中，慢速（60 r/min）搅拌 10 s 停机，拿下搅拌头，快速将搅拌缸内壁蛋糊刮至缸底，装上搅拌头，再用慢速（60 r/min）搅拌 20 s 停机，取下搅拌缸，以自流淌出方式将面糊分别倒入两个蛋糕模具中。每个模具中的面糊为 150 g，精确到 0.01 g。粘在搅拌缸内壁的面糊不应刮入模具中。

4）把装入面糊的模具立即入炉烘烤。若使用平面烤炉，则设定烤炉上火为 180 ℃，下火为 160 ℃；若使用旋转烤炉，则设定炉温为 190 ℃。烘烤时间为 18~20 min。

（二）品质评价

1. 比容（30 分）

蛋糕出炉后，先在室温下稍冷却，然后将蛋糕从模具中拿出，冷却 30 min 后放在天平上称量（精确至 0.01 g），再测量体积。按照式（2-1）计算蛋糕比容：

$$D = V/M \tag{2-1}$$

式中，D 为比容，mL/g；

M 为蛋糕质量，g；

V 为蛋糕体积，mL。

结果取两次平行试验的算术平均值，平行试验允许偏差为 0.2 mL/g。

蛋糕比容评分见表 2-10。

表 2-10　蛋糕比容评分

比容/（mL/g）	得分	比容/（mL/g）	得分	比容/（mL/g）	得分	比容/（mL/g）	得分
2.5	7	3.4	16	4.3	25	5.2	26
2.6	8	3.5	17	4.4	26	5.3	25
2.7	9	3.6	18	4.5	27	5.4	24
2.8	10	3.7	19	4.6	28	5.5	23
2.9	11	3.8	20	4.7	29	5.6	22
3.0	12	3.9	21	4.8	30	5.7	21
3.1	13	4.0	22	4.9	29	5.8	20
3.2	14	4.1	23	5.0	28	5.9	19
3.3	15	4.2	24	5.1	27	6.0	18

2. 内、外部特征评价（70 分）

具体见表 2-11。

表 2-11　蛋糕内、外部特征评价

评价指标	表现	打分
表面状况（10 分）	表面光滑无斑点、无环纹，且上部有较大弧度	8~10 分
	表面略有气泡和环纹，稍有收缩变形，上部有一定弧度	5~7 分
	表面有深度环纹、收缩变形且凹陷，上部弧度很小	2~4 分

评价指标	表现	打分
内部结构 （30分）	亮黄、蛋黄，有光泽，气孔较均匀，光滑细腻	23~30分
	黄、淡黄，无光泽，气孔略大稍粗糙、不均匀，无坚实部分	16~22分
	暗黄，气孔较大且粗糙，底部气孔紧密，有少量坚实部分	8~15分
弹柔性 （10分）	柔软有弹性，按下去后复原很快	8~10分
	柔软较有弹性，按下去后复原较快	5~7分
	柔软性、弹性差，按下去后难复原	2~4分
口感 （20分）	味纯正、绵软、细腻，稍有潮湿感	16~20分
	绵软略有坚韧感，稍干	12~15分
	松散发干、坚韧、粗糙或较粘牙	6~11分

3. 质构评价

采用一定直径的平底圆柱形探头，常用 P/18 探头，具体参数设置见表 2-12。图 2-23 为 P/18 探头蛋糕质地测试曲线图，硬度指第一个峰值上最大力值，单位为 N。回复性指第一峰值压缩时的耗能与释放后的弹性能比，单位为 %。内聚性指两次压缩所做的面积之比。弹性指第二次压缩检测到的样品恢复高度和第一次压缩型变数之比，单位为 %。咀嚼性：硬度 × 内聚性 × 弹性。

表 2-12　质构仪压缩试验测试参数

质构仪探头	测试前速度 / （mm/s）	测试速度 / （mm/s）	测试后速度 / （mm/s）	压缩 形变 / %	保持 时间 / s	感应力 / gf	数据采集率 / Hz
P/18	5.0	5.0	5.0	75	5	5	250

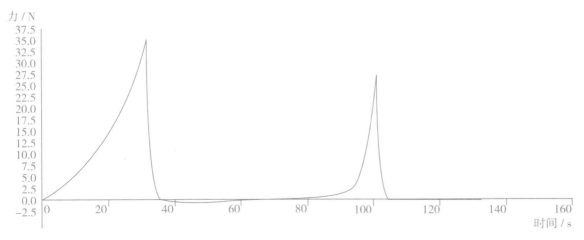

图 2-23　蛋糕质地测试曲线

四、南方馒头

中国馒头一般分为北方馒头和南方馒头。Huang 等（1998）将中国馒头分为三类，分别是北方馒头、南方馒头和广东馒头。苏东民（2006）将馒头的分类标准分为三个层次，依据馒头质构或口感，分为软式、中硬式和硬式三类，南方馒头在口感上属于软式馒头。一般而言，北方馒头色泽较白、表面光滑、体积较大、结构细密紧实，咬劲较强有韧性，爽口且不粘牙，要求蛋白质含量较高。南方馒头色泽洁白、表面光滑，气孔细密均匀，结构蓬松，质地柔软，细腻且不粘牙，口感带甜味，要求蛋白质含量稍低。

南方馒头（软式馒头）品质实验方法参照《中国好粮油 小麦》（LS/ T 3109—2017）标准附录 B（规范性附录）进行修改，以小麦粉和水为原料，砂糖为配料，以酵母菌为发酵剂，泡打粉为膨松剂混合制成面团，经过发酵松弛成型醒发后蒸制。对馒头成品进行质量和体积测定，并对外部和内部特征指标进行感官评定，得到南方馒头加工品质评分。

（一）制作方法

1. 原料

小麦粉、白砂糖、高活性干酵母（耐高糖型）、无铝泡打粉、蒸馏水。

2. 设备与用具

（1）试验磨粉机　布勒实验磨或其他实验磨。

（2）搅拌机　10 L 立式搅拌机（K 字浆）。

（3）恒温恒湿醒发箱　能够使温度保持在 38 ℃ ±1 ℃，相对湿度保持在 80%~85%。

（4）压片机　面辊间距可以调节。

（5）蒸柜、蒸盘　蒸柜有良好的密封性，蒸汽分布均匀。蒸盘上应有分布均匀的孔洞。

（6）天平　1 000 g，感量 0.01 g。

（7）电子式游标卡尺　感量 0.01 mm。

（8）体积测定仪　菜籽置换型，测量范围 400~1 050 mL，最小刻度单位为 5 mL。

（9）其他　量筒（50 mL，100 mL，分度值为 1 mL）；移液管（5 mL，或移液枪，量程 1 mL）；标尺（20 cm，分度值为 1 cm），秒表，刮板，温度计（0~100 ℃）。

3. 操作步骤

（1）称样　按照表 2-13 的配料比例，准确称取 500 g 小麦粉、80 g 白砂糖、5 g 干酵母（耐高糖型）、5 g 泡打粉，备用。加水量一般在 200~230 mL，并根据面团的实际吸水情况进行调整。将 5 g 酵母溶于 100 mL 38 ℃蒸馏水中备用，用剩余的蒸馏水将白砂糖搅拌溶解，备用。

表 2-13　南方馒头制作配方

项目	小麦粉 / g	白砂糖 / g	无铝泡打粉 / g	干酵母 / g	蒸馏水 / mL
配料添加量	100	16	1	1	40~46

注：加水量可参照面团粉质吸水率，根据面团软硬进行调整，原则为面团尽可能柔软而不粘手。

（2）和面　依次将小麦粉、泡打粉、糖溶液、酵母溶液倒入搅拌机，低速搅拌 1 min 后停机，清理缸壁和搅拌器，继续搅拌至 4 min；看面团状态及时补水，然后中速搅拌 2 min，搅拌至面团表面光洁，手感柔和，可拉成厚膜为止（和面时间因原料品质差异而不同，一般和面时间为 6~8 min），停机。取出面团，测量面团温度，和好的面团温度应为 29 ℃ ± 1 ℃。将面团用袋子包裹好放置 10~15 min（松弛时间根据情况调整）。

（3）压片与成型　用压片机在 0.7 cm 处压面 12~15 次，压面至光滑。将压至光滑的面团卷成圆柱状，将圆柱状面团搓细至约 68 cm 长，直径约 3.5 cm，将搓细的面团切成 4 cm 宽的 15 个馒头坯。

（4）醒发　将馒头坯放在蒸纸上置于恒温恒湿醒发箱中，醒发箱温度为 36 ℃，相对湿度为 85%，醒发 40~45 min，至馒头坯松软有弹性。

（5）蒸制　预先把蒸柜加热至沸腾，再将醒发后的馒头坯同蒸纸一起放在蒸盘上，蒸制 12 min。取出馒头冷却后测量。

（6）测量　用体积测定仪测量馒头体积，按式（2-2）计算比容 λ，单位为 mL/g。

$$\lambda = \frac{V}{m} \tag{2-2}$$

式中，V 为馒头体积，mL；

　　　　m 为馒头质量，g。

（二）评价指标与评价方法

1. 评分项目构成

软式馒头评价指标与评分方法如下：馒头品质评分项目包括比容、弹性、表面色泽、外观形态、内部结构、口感。六项指标先按 10 分制打分，最终六项指标得分根据其所占权重折算，计算最终得分（百分制）。

（1）比容（10 分，权重 10 分）　比容大于或等于 2.8 mL/g 得满分 10 分；比容小于或等于 2.2 mL/g 得最低分 4 分；比容在 2.3~2.7 mL/g 之间，每下降 0.1 mL/g 扣 1 分。

（2）弹性（10 分，权重 10 分）　柔软有弹性，按下去后复原很快，最高分 10 分，最低分 4 分。

（3）表面色泽（10 分，权重 10 分）　洁白且光泽性好，最高分 10 分，最低分 4 分。

（4）外观形态（10 分，权重 20 分）　表皮光滑，无气泡、皱缩、烫皮等现象，棱角清晰、有立体感，两边有轻微弧度的鼓包，最高分 10 分，最低分 4 分。

（5）内部结构（10 分，权重 20 分）　气孔结构均匀细密，纹理清晰，不分层，最高分 10 分，最低分 4 分。

（6）口感（10 分，权重 30 分）　口感细腻，松软、保湿性好，爽口不粘牙，最高分 10 分，最低分 4 分。

评定顺序与方法如下：

a. 品评顺序。对于每份馒头样品，应先观察其表面色泽、外观形态、内部结构；按压弹性；放入嘴里咀嚼，评定其口感。

b. 评分。根据馒头的表面色泽、外观形态、内部结构、弹性和口感，对照参考样品进行评分，并与比容得分值相加，作为样品的品尝评分值。

结果表述：根据评分小组的综合评分结果计算平均值，个别品评误差超过平均值 10 分的数据应舍弃，舍弃后重新计算平均值。最后以综合评分的平均值作为小麦粉馒头品质评价试验结果，计算结果取整数。

2. 质构分析

采用质构仪 P/36R 探头测定馒头品质，测试模式与参数见表 2-14。图 2-24 显示 P/36R 探头测试曲线图，坚实度指压缩到 25％ 的形变量处所对应的力值，单位为 gf。弹性指压缩到 25％ 形变量并保持 60 s 后所对应的力值与 25％ 的形变量所对应的力值之比。

表 2-14 质构仪测试设定模式与参数

模式	测试前速度 /（mm/s）	测试速度 /（mm/s）	测试后速度 /（mm/s）	压缩形变 /％	保持时间 / s	感应力 / gf	数据采集速率 / PPS
压缩模式	1.0	1.7	10.0	25	60	5	200

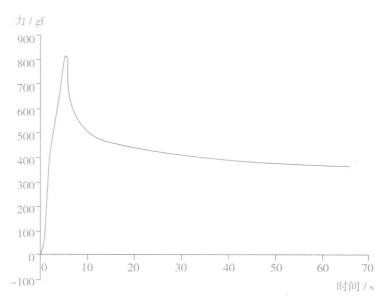

图 2-24 馒头质地测试曲线

主要参考文献

Arimi J M, Duggan E O, Sullivan M, et al., 2010. Development of an acoustic measurement system for analyzing crispness during mechanical and sensory testing[J]. Journal of Texture Studies, 41:320-340.

Biliaderis C G, 1998. Structures and phase transitions of starch polymers. In: Walter R H (Ed). Polysaccharide Association Structures in Foods [C]. New York: Marcel Dekker. pp: 57-168.

Branlard G, Dardevet M, 1985. Diversity of grain protein and bread wheat quality: Ⅱ. Correlation between high molecular weight subunits of glutenin and flour quality characteristics[J]. Journal of Cereal Science, 3(4): 345-354.

Buléon A, Colonna P, Planchot V, et al., 1998. Starch granules: structure and biosynthesis[J]. International Journal of Biological Macromolecules, 23(2): 85-112.

Castro prada E M, Luyten H, Lichtendonk W, et al., 2007. An improved instrumental characterization of mechanical and acoustic properties of crispy cellular solid food[J]. Journal of Texture Studies, 38: 698-724.

Du X Y, Hu J M, Ma X, et al., 2019. Molecular characterization and marker development for high molecular weight glutenin subunit 1Dy12** from Yunnan hulled wheat[J]. Molecular Breeding, 39(4): 1-9.

Duizer L, 2001. A review of acoustic research for studying the sensory perception of crisp, crunchy and crackly textures[J]. Trends in Food Science & Technology, 12(1): 17-24.

Dupont F M , Vensel W H , Tanaka C K ,et al., 2011. Deciphering the complexities of the wheat flour proteome using quantitative two-dimensional electrophoresis, three proteases and tandem mass spectrometry[J].Proteome Science, 9(1):10.

Finnie S M, Jeannotte R, Faubion J M, 2009. Quantitative characterization of polar lipids from wheat whole meal, flour, and starch[J]. Cereal Chemistry, 86(6):637-645.

Gupta R B , Macritchie F, 1994. Allelic variation at glutenin subunit and gliadin loci, *Glu-1*, *Glu-3* and *Gli-1* of common wheats. II. Biochemical basis of the allelic effects on dough properties[J]. Journal of Cereal Science, 19(1):19-29.

Halford N G, Field J M, Blair H, et al., 1992. Analysis of HMW glutenin subunits encoded by chromosome 1A of bread wheat (*Triticum aestivum* L.) indicates quantitative effects on grain quality[J]. Theoretical & Applied Genetics, 83(3): 373-378.

He Z H, Liu L, Xia X C, et al., 2005. Composition of HMW and LMW glutenin subunits and their effects on dough properties, pan bread, and noodle quality of Chinese bread wheats[J]. Cereal Chemistry, 82(4):345-350.

Hizukuri S, 1986. Polymodal distribution of the chain lengths of amylopectin and its significance [J]. Carbohydrate Research, 147(2): 342-347.

Hoover R, 1999. Composition, structure, functionality and chemical modification of starches [J]. Canadial Journal of Physiology and Phamacology, 69(1): 79-92.

Huang S, Quail K, Moss R, 1998. The optimization of a laboratory processing procedure for southern-style Chinese steamed bread[J]. International Joumal of food Science and Technology, (33):345-357.

Huo N X, Zhu T, Altenbach S, et al., 2018. Dynamic evolution of α -gliadin prolamin gene family in homeologous genomes of hexaploid wheat[J].Scientific Reports, 8(1): 51-81.

Jackson E A, Holt L M, Payne P I, 1983. Characterization of high molecular weight gliadin and low-molecular-weight glutenin subunits of wheat endosperm by two-dimensional electrophoresis and the chromosomal localization of their controlling genes[J]. Theoretical and Applied Genetics, 66: 29-37.

Jackson E A, Holt L M, Payne P I, 1985. Glu-B2, a storage protein locus controlling the D group of LMW glutenin subunits in bread wheat (*Triticum aestivum*)[J].Genetical Research, 46(1):11-17.

Janssen A M, Vliet T V, Vereijken J M, 1996. Rheological behaviour of wheat glutens at small and large deformations. Effect of gluten composition[J]. Journal of Cereal Science, 23(1):33-42.

Khan K, Shewry P R, 2009. Wheat: chemistry and technology[M]. Washington: AACC International Press, Fourth Edition.

Khatkar B S, Bell A E, Schofield J D, 1995. The dynamic rheological properties of glutens and gluten sub-fractions from wheats of good and poor bread making quality[J].Journal of Cereal Science, 22(1): 29-44.

Kosmolak F G, Leisle D, Dexter J E, et al., 1980. A relationship between durum wheat quality and gliadin electrophoregrams[J]. Canadian Journal of Plant Science, 60(2): 427-432.

Kuktaite R, Larsson H, Johansson E, 2004. Variation in protein composition of wheat flour and its relationship to dough mixing behaviour[J].Journal of Cereal Science, 40: 31-39.

Levandi T, T Püssa, Vaher M, et al., 2009. Oxidation products of free polyunsaturated fatty acids in wheat varieties[J]. European Journal of Lipid Science & Technology, 111(7):715-722.

Li D, Jin H, Zhang K, et al., 2018. Analysis of the *Gli-D2* locus identifies a genetic target for simultaneously improving the breadmaking and health-related traits of common wheat[J]. The Plant Journal, 95(3): 414-426.

Li M, Liu C, Zheng X, et al., 2021. Interaction between A-type/B-type starch granules and gluten in dough during mixing[J]. Food chemistry, 358: 129-870.

Liu D, Yang H, Zhang Z, et al., 2023. An elite γ-gliadin allele improves end-use quality in wheat[J]. New Phytologist, 239(1): 87-101.

Liu L, He Z, Yan J, et al., 2005. Allelic variation at the *Glu-1* and *Glu-3* loci, presence of the 1B.1R translocation, and their effects on mixographic properties in Chinese bread wheats[J]. Euphytica, 142(3):197-204.

Luyten H, Plijter J J, Van Vliet T., 2004. Crispy/crunchy crusts of cellular solid foods: A literature review with discussion[J]. Texture Studies, 35(5):445-492.

MacRitchie F, 1992. Physicochemical properties of wheat proteins in relation to functionality[J]. Advances in Food and Nutrition Research, 36: 1-87.

Masci S, Rovelli L, Kasarda D D, et al., 2002. Characterisation and chromosomal localisation of C-type low-molecular-weight glutenin subunits in the bread wheat cultivar Chinese Spring[J].Theoretical & Applied Genetics, 104(2-3):422-428.

Miwako I, Wakako M F, Ikeda T M, et al., 2015. Dough properties and bread-making quality-related characteristics of Yumechikara near-isogenic wheat lines carrying different *Glu-B3* alleles[J].Breeding Science, 65(3):241-248.

Mua J P, Jackson D S, 1997. Fine structure of corn amylose and amylopectin fractions with various molecular weights [J]. Journal of Agricultural and Food Chemistry, 45: 3840-3847.

Osborne T B, 1907. The protein of the wheat kernel[J]. Science, 26: 865-865.

Ouzouline M, Tahani N, Demandre C, et al., 2009. Effects of accelerated aging upon the lipid composition of seeds from two soft wheat varieties from Morocco[J]. Grasasy aceites, 60(4): 367-374.

Payne P I, 1987. Genetics of wheat storage proteins and the effect of allelic variation of bread-making quality[J]. Annual Review of Plant Physiology, 38(1):141-153.

Payne P I, Holt L M, Jackson E A, et al., 1984. Wheat storage proteins. Their genetics and potential for manipulation by plant breeding. Phil[J]. Trans. R. Soc. London, Ser. B, 304:359-371.

Peleg M, 1997. Measures of line jaggedness and their use in foods textural evaluation[J].Critical Reviews in Food Science and Nutrition, 37: 491-518.

Rasheed A, Jin H, Xiao Y G, et al., 2018. Allelic effects and variations for key bread-making quality genes in bread wheat using high-throughput molecular markers[J]. Journal of Cereal Science, 85:305-309.

Renato, D'Ovidio, Stefania, et al., 2004. The low-molecular-weight glutenin subunits of wheat gluten[J]. Journal of Cereal Science, 39(03):321-339.

Salyaev R K, Dudareva L V, Lankevich S V, et al., 2003. Effect of low-intensity laser radiation on the lipid peroxidation in wheat callus culture[J]. Russian Journal of Plant Physiology, 50(4):498-500.

Seilmeier W, Belitz H D, Wieser H, 1991. Separation and quantitative determination of high-molecular-weight subunits of glutenin from different wheat varieties and genetic variants of the variety Sicco[J]. European Food Research and Technology, 192(2): 124-129.

Shewry P R, Halford N G, 2002. Cereal seed storage proteins: Structures, properties and role in grain utilization[J]. Journal of Experimental Botany, 53(370):947-958.

Shewry P R, Halford N G, Tatham A S, 1992. High molecular weight subunits of wheat glutenin[J]. Journal of Cereal Science, 15(2):105-120.

Shewry P R, Lookhart G L, 2003. Wheat gluten protein analysis[M]. Washington: AACC, Inc.

Shewry P R, Tatham A S, 1990. The prolamin storage proteins of cereal seeds: structure and evolution[J]. Biochemical Journal, 267(1):1-12.

Shinde S V, Nelson J E, Huber K C, 2003. Soft wheat starch pasting behavior on relation to A- and B-type granule content and composition [J]. Cereal Chemistry, 1: 91-98.

Taylor S L, 2003. Advances in food and nutrition research[M]. MA: Academic Press, Volume 45.

Uthayakumaran S, Gras P W, Stoddard F L, et al., 1999. Effect of varying protein content and glutenin-to-gliadin ratio on the functional properties of wheat dough[J]. Cereal Chemistry, 76:389-394.

Uthayakumaran S, Tömösközi S, Tatham A S, et al., 2001. Effects of gliadin fractions on functional properties of wheat dough depending on molecular size and hydrophobicity[J]. Cereal Chemistry, 78(2): 138-141.

Vickers Z M, 1987. Sensory, acoustical and force-deformation measurements of potato chip crispness[J]. Journal of Food Science, 52(1):138-140.

Wang D W, Li D, Wang J, et al., 2017. Genome-wide analysis of complex wheat gliadins, the dominant carriers of celiac disease epitopes[J]. Scientific Reports, 7:44609.

Warwick M J, Farrington W H H, Shearer G, 1979. Changes in total fatty acids and individual lipid classes on prolonged storage of wheat flour[J].Journal of the Science of Food and Agriculture, 30(12):1131-1138.

Weegels P L, Hamer R J, Schofield J D, 1996. Functional properties of wheat glutenin[J]. Journal of Cereal Science, 23(1):1-17.

Wrigley C W, Asenstorfer R, Batey I, et al., 2009. The biochemical and molecular basis of wheat quality[M]. New Jersey: Wiley-Blackwell, pp: 495-520.

Wrigley C, Békés F, Bushuk W, 2006. Gliadin and glutenin: the unique balance of wheat quality[J]. DOI:10.1094/9781891127519.

Yupsanis T, Moustakas M, 1998. Relationship between quality, colour of glume and gliadin electrophoregrams in durum wheat[J]. Plant Breeding, 101(1): 30-35.

Zhang X, Zhang B Q, Wu H Y, et al., 2018. Effect of high-molecular-weight glutenin subunit deletion on soft wheat quality properties and sugar-snap cookie quality estimated through near-isogenic lines[J]. Journal of Integrative Agriculture, 17(5): 1066-1073.

Zhou Z, Liu C, Qin M, et al., 2021. Promoter DNA hypermethylation of TaGli-γ-2.1 positively regulates gluten strength in bread wheat[J]. Journal of Advanced Research, 36(5): 163-173.

Zhu T, Wang L, Rimbert H, et al., 2021. Optical maps refine the bread wheat *Triticum aestivum* cv. Chinese Spring genome assembly[J]. The Plant Journal, 107(1): 303-314.

曹卫星，郭文善，王龙俊，等，2005. 小麦品质生理生态及调优技术 [M]. 北京：中国农业出版社 .

程顺和，郭文善，王龙俊，2012. 中国南方小麦 [M]. 南京：江苏凤凰科学技术出版社 .

戴忠民，2007. 小麦籽粒淀粉的粒度分布、积累特征及其与加工品质的关系 [D]. 泰安：山东农业大学 .

邓志英，2020. 谷物品质分析 [M]. 北京：中国农业出版社 .

傅宾孝，1990. 面粉中脂—蛋白的相互作用 [J]. 食品科学，（5）：3.

高欣，郭雷，单宝雪，等，2023. 淀粉颗粒类型及其比例在小麦品质特性形成与改良中的作用 [J]. 作物学报，49（6）：1447–1454.

高振贤，曹巧，何明琦，等，2018. 小麦低分子量谷蛋白亚基功能标记研究进展 [J]. 生物技术进展，8（3）：8.

戈振扬，1992. 食品脆性和酥性的物理特征 [J]. 云南农业大学学报，7（2）：116–120.

胡碧君，黄曼，温其标，2009. 电子辐照对小麦生理生化品质的影响 [J]. 现代食品科技，025（008）：892–895.

李春红，潘家荣，张波，2008. 物性测试仪对休闲食品酥脆性的测量 [J]. 现代科学仪器，（6）：59–62.

李浪，2008. 小麦面粉品质改良与检测技术 [M]. 北京：化学工业出版社 .

李利民，朱永义，姚惠源，等，2004. 谷物中戊聚糖含量测定方法的比较研究 [J]. 中国粮油学报，25（3）：64–66.

李式昭，郑建敏，伍玲，等，2014. 四川小麦品种高、低分子量谷蛋白基因和 1B/1R 易位的分子标记鉴定 [J]. 麦类作物学报，34（012）：1619–1626.

李永强，2007. 小麦蛋白质和淀粉对面团流变学特性及加工品质的影响 [D]. 泰安：山东农业大学 .

刘宝龙，张怀刚，2007. 弱筋小麦品种高分子量谷蛋白亚基组成分析 [J]. 西北农业学报，16（02）：19–23.

刘会云，刘畅，王坤杨，等，2016. 小麦高相对分子质量谷蛋白亚基鉴定及其品质效应研究进展 [J]. 植物遗传资源学报，17（004）：701–709.

刘健，文莉，张晓祥，等，2023. 糯小麦淀粉结构特征和理化品质研究 [J]. 核农学报，37(10)：2019–2027.

刘丽，周阳，何中虎，等，2004. glu-1 和 glu-3 等位变异对小麦加工品质的影响 [J]. 作物学报，30（10）：959–968.

马红勃，2013. 小麦 Wx 基因近等基因系的评价及品质特性研究 [D]. 南京：南京农业大学 .

马文惠，2012. 酥性饼干的实验室制作和品质评价方法的研究 [D]. 郑州：河南工业大学 .

苏东民，2006. 中国馒头分类专家咨询调查研究 [J]. 粮食科技与经济，31（5）：49–51.

谭彩霞，封超年，郭文善，等，2011. 不同品种小麦粉黏度特性及破损淀粉含量的差异 [J]. 中国粮油学报，26（6）：4–7.

唐晓锴，于卉，2012. 谷物品质分析专家——Mixolab 混合实验仪 [J]. 现代面粉工业，26（05）：19–22.

田纪春，2006. 谷物品质测试理论与方法 [M]. 北京：科学出版社 .

王亮，2007. 谷物早餐质构特性 – 脆性的研究 [J]. 粮食加工，32（6）：86–90.

王娜，2017. 小麦面粉熟化过程中蛋白质聚集特性研究 [D]. 郑州：河南工业大学 .

王晓龙，2017. 和面过程蛋白质行为对小麦品种面团流变学特性的影响 [D]. 杨凌：西北农林科技大学 .

魏益民，2002. 谷物品质与食品品质：小麦籽粒品质与食品品质 [M]. 西安：陕西人民出版社 .

温亮，龙小玲，周正富，等，2020. 小麦高相对分子质量谷蛋白亚基基因功能标记研究进展 [J]. 分子植物育种，18（17）：5813–5819.

项丰娟，苏磊，张秀南，等，2021. 小麦淀粉的研究现状 [J]. 食品研究与开发，42(16)：212–219.

徐兆华，张艳，夏兰芹，等，2005. 中国冬播小麦品种淀粉特性的遗传变异分析 [J]. 作物学报，31（5）：587–591.

阎隆飞，李启明，1985. 基础生物化学 [M]. 北京：农业出版社 .

姚大年，刘广田，1997. 淀粉理化特性、遗传规律及小麦淀粉与品质的关系 [J]. 粮食与饲料工业，（2）：36–38.

姚金保，杨丹，马鸿翔，等，2015. 小麦戊聚糖研究进展 [J]. 江苏农业学报，031（002）：461–467.

翟红梅，2007. 小麦重组自交系 Wx 基因突变体的鉴定及其品质性状的评价 [D]. 泰安：山东农业大学 .

张平平，姚金保，王化敦，等，2020. 江苏省优质软麦品种品质特性与饼干加工品质的关系 [J]. 作物学报，46（04）：491–502.

张琪琪，万映秀，曹文昕，等 . 小麦籽粒硬度及淀粉糊化特性研究 [J]. 浙江农业学报，2016，28（5）：731–735.

张晓，李曼，陆成彬，等，2020. 小麦高分子量谷蛋白亚基缺失品质效应研究进展 [J]. 作物杂志，（5）：17–22.

张晓，张伯桥，江伟，等，2015. 扬麦系列品种品质性状相关基因的分子检测 [J]. 中国农业科学，48(19)：3779–3793.

张元培，1998. 展望新世纪的优质小麦品种研究与开发（三）：小麦脂类及其对制品品质的影响 [J]. 粮食与饲料工业，（9）：3.

赵凯，2009. 淀粉非化学改性技术 [M]. 北京：化学工业出版社 .

赵献林，夏先春，刘丽，等，2007. 小麦低分子量谷蛋白亚基及其编码基因研究进展 [J]. 中国农业科学，40（3）：440–446.

周素梅，王璋，许时婴，2000. 面粉中戊聚糖含量测定方法的探讨 [J]. 食品工业科技，21（6）：70–72.

第三章
弱筋小麦品质评价

弱筋小麦具有籽粒硬度低，筋力弱，面粉颗粒度小，淀粉破损少，吸水率低等特点，是加工优质饼干、糕点的主要原料。当前我国饼干糕点行业一直保持快速发展势头，优质弱筋小麦需求也持续增长。我国20世纪90年代弱筋小麦育种才开始起步，弱筋小麦品质评价方法和体系研究相对滞后。因此，研究确定优质弱筋小麦关键评价指标和标准，建立完善的弱筋小麦品质评价体系，对于指导我国弱筋小麦品质育种，培育满足面粉和食品加工企业要求的优质弱筋小麦，增强弱筋小麦的国际竞争力十分重要。

第一节　小麦品质评价理化指标和食品品质分析

一、籽粒性状

小麦品质是基因型和环境综合作用的结果，小麦品质性状既受遗传控制，又受环境因素影响，基因型和环境（包括气候、土壤、栽培措施等）对小麦品种的品质性状均有影响，基因型与环境互作也影响小麦籽粒的品质性状。籽粒硬度遗传力较高，主要由位于 5D 染色体的短臂主效基因 *Puroindoline a*（*Pina*）和 *Puroindoline b*（*Pinb*）控制（Chen et al.，2013），基因型影响大于环境。张艳等（1999）研究报道，千粒重、容重基因型平方和的百分数小于环境及其互作平方和的百分数，受环境和二者互作影响较大；硬度基因型引起的变异最大，占总变异的 76.6%。郭天财等（2004）研究报道，硬度基因型作用大于环境作用。袁翠平等（2004）对小麦籽粒硬度的稳定性分析表明，绝大多数品种稳定性好，对环境反应不敏感。孙彩玲等（2010）研究表明，容重受环境影响大于基因型影响，硬度受基因型影响大于环境以及二者互作的影响。江苏里下河地区农业科学研究所多年系统研究也表明，籽粒硬度狭义遗传力达 91.23%，硬度受基因型影响大于环境。

吴宏亚（2014）于 2008—2010 年度以 14 个小麦品种为材料，采用 4 种肥料处理，包括一个空白试验 B（小区不施任何肥料）、一个类似于大面积生产农户种植方式 M（基肥：壮蘖肥：拔节肥为 5:1:4）、一个弱筋专用小麦配套栽培方式 S（基肥：壮蘖肥：拔节肥为 7:1:2）、一个类似于美国软麦种植方式 U（基肥：壮蘖肥：拔节肥为 5:4:1），分别在扬州市广陵区和南通市海安县（今海安市）2 个地点种植，研究小麦品质性状的遗传差异及氮肥处理对品质的影响。结果表明，千粒重、容重 2 个指标在年份、地点、品种和不同肥料处理间均达到显著或极显著水平；SKCS 硬度在地点、品种和不同肥料处理间差异达 1% 极显著水平，在年份间差异不显著，硬度的品种效应最大。在互作效应对千粒重影响上，品种分别与年份和地点间互作，年份分别与地点和不同施肥处理间互作，以及不同地点和不同施肥处理间的差异均达显著或极显著水平；品种和不同施肥处理间互作效应对千粒重影响差异未达显著水平。在互作效应对容重影响上，品种分别与年份和地点间互作，年份与地点间互作，以及不同地点和不同施肥处理间的差异均达显著或极显著水平；品种、年份分别与不同施肥处理间互作效应对容重影响差异未达显著水平。在互作效应对硬度影响上，品种分别与年份和地点间互作，年份与地点间互作对硬度影响差异均达 1% 极显著水平；不同施肥处理与年份、品种及地点间互作效应对容重影响差异未达显著水平。

千粒重在不同品质类型间、不同弱筋小麦材料间、不同中筋小麦间以及不同强筋小麦间的差异均达 1% 极显著水平。弱筋类品种间的容重达 1% 极显著水平；中筋类的容重达 5% 显著水平。弱筋小麦材料间和中筋小麦材料间的硬度均达 1% 极显著水平，但强筋材料间硬度差异不显著。千粒重、容重和硬度在施肥与不施肥处理间差异均达 1% 极显著水平，其中不施肥处理的千粒重和容重极显著高于施肥处理的，这有可能因为不施肥处理的每穗粒数较少造成。千粒重在 3 种不同施肥模式间差异达 1% 极显著水平，其中施肥模式 U 千粒重最高，施肥模式 S 与施肥模式 M 之间千粒重差异不显著。容重在 3 种不同施肥模式间差异未达显著水平。硬度在 3 种不同施肥模式间差异达 1% 极显著水平，其中施肥模式 M 硬度最高，施肥模式 S 与施肥模式 U 之间硬度差异不显著（表 3-1）。

表 3-1　籽粒磨粉品质方差分析（2008—2010）

变异来源	自由度（df）	千粒重		容重		SKCS 硬度	
		均方（MS）	F 值	MS	F 值	MS	F 值
品种	13	293.30	85.53**	856.52	15.37**	8 288.51	281.67**
年份	1	140.24	40.89**	1 115.73	20.02**	0.00	0.00
品种 × 年份	13	26.50	7.73**	495.30	8.89**	1 214.50	41.27**
地点	1	32.45	9.46**	1 836.27	32.94**	4 513.99	153.40**
品种 × 地点	13	17.72	5.17*	367.47	6.59*	114.027	3.88**
年份 × 地点	1	635.03	185.18**	4 074.11	73.09**	2 074.26	70.49**
处理	3	87.46	25.50**	260.18	4.67*	184.06	6.25**
品种 × 处理	39	2.86	0.83	42.17	0.76	27.47	0.93
年份 × 处理	3	59.76	17.42**	17.78	0.32	10.98	0.37
地点 × 处理	3	38.49	11.22**	411.31	7.38**	62.26	2.12
弱中强筋间	2	36.96	10.78**	301.63	5.41*	35 18	1 195.62**
弱筋间	8	330.67	96.43**	1 266.42	22.72**	3 926.58	133.44**
中筋间	2	95.24	27.77**	171.031	3.07*	2 942.58	99.99**
强筋间	1	903.19	263.38**	58.141	1.04	88.69	3.01
施肥与不施肥间	1	209.79	61.18**	486.97	8.74**	126.54	4.30*
3 种施肥间	2	26.29	7.67**	146.79	2.63	212.82	7.23**
误差	357	3.43		55.74		29.43	

注：* 表示差异显著（$P < 0.05$）；** 表示差异极显著（$P < 0.01$）。下文表格类似情况做同样解释。

　　江苏里下河地区农业科学研究所于 2016—2019 年利用长江中下游麦区生产上推广应用的弱筋小麦品种'扬麦 9 号''扬麦 13''扬麦 15''扬麦 18''扬麦 19''扬麦 20''扬麦 21''扬麦 22''扬麦 24'连续种植 4 个年度，结果表明，硬度基因型效应、年际效应均达到极显著水平，硬度的品种效应大于年份效应（李曼，2020）（表 3-2）。但也有相反结果，硬度的环境效应大于基因型效应（乔玉强 等，2008）。经对比分析，可能是该研究的硬度采用近红外分析仪检测，导致与硬度仪直接检测的结果差异较大。

表 3-2　籽粒硬度方差分析（2016—2019）

变异来源	df	SKCS 硬度	
		MS	F 值
品种	8	186.12	36.67**
年份	3	99.29	19.56**
区组	1	10.53	2.06
品种 × 年份	24	24.15	4.76**
年份 × 区组	3	5.10	1.01
误差	32	5.08	

二、蛋白质性状

蛋白质品质性状包括数量与质量两个方面。湿面筋含量是醇溶蛋白和谷蛋白总数量的反映，而沉淀值则是蛋白质数量与质量的综合表现。多数研究结论一致认为，反映蛋白质数量的指标，如蛋白质含量和湿面筋含量主要受环境因素影响，而更多反映蛋白质质量的参数面筋指数、沉淀值等主要受基因型的影响。马冬云等（2002）报道，环境对蛋白质含量影响是基因型的7.2倍，对湿面筋含量影响是基因型的1.7倍。荆奇等（2003）研究表明，生态环境对小麦沉淀值、湿面筋含量、蛋白质含量均有极显著影响，而面筋指数对环境反应不敏感。郭天财等（2004）选择9个品种在9个省份种植，对品质性状进行系统分析，发现蛋白质含量的环境作用大于基因型作用，沉淀值基因型作用大于环境作用。环境因素，如氮肥、水和温度等影响蛋白质含量（Sissons et al.，2005）；相比较而言，蛋白质质量更大程度上受基因控制（Lerner et al.，2006；Rogers et al.，2006）。王晨阳等（2008）的研究结果表明，蛋白质含量和湿面筋含量表现为地点效应大于基因型效应，沉淀值表现为基因型效应大于地点效应。乔玉强等（2008）研究表明，反映蛋白质数量的蛋白质含量、湿面筋含量等性状主要受环境因素影响，年份效应＞地点效应＞基因型效应。高德荣等（2017）研究表明，随施氮量增加蛋白质含量和湿面筋含量显著增加，但对十二烷基硫酸钠（SDS）沉淀值等影响较小。张晓等（2023）报道，蛋白质含量、湿面筋含量、干面筋含量和面筋指数，狭义遗传力分别为30.72%、25.62%、32.62%和49.82%，遗传力较低。

江苏里下河地区农业科学研究所于2006—2007年利用江苏淮南麦区12个小麦品种，采用4种肥料处理（本节开头），结果表明，SDS沉淀值、蛋白质含量、湿面筋含量、面筋指数4个性状在品种间达到极显著水平，说明SDS沉淀值、蛋白质含量、湿面筋含量、面筋指数4个性状在品种间存在显著遗传差异。4个性状肥料处理间差异都极显著，受肥料运筹的影响也比较大。其中SDS沉淀值、蛋白质含量、湿面筋含量不同肥料处理效应大于品种效应，更易受环境影响（表3-3）（陈满峰，2008）。

表3-3　供试品种蛋白质性状参数方差分析（2006—2007）

变异来源	df	SDS 沉淀值		蛋白质含量		湿面筋含量		面筋指数	
		MS	F值	MS	F值	MS	F值	MS	F值
品种	11	466.67	25.3**	2.05	12.1**	0.60	12.1**	185.34	14.8**
肥料处理	3	1 405.04	76.3**	11.22	66.4**	2.51	50.3**	60.94	4.8**
互作	33	114.29	6.2**	1.30	7.6**	0.18	3.5**	41.70	3.3**
误差	47	18.39		0.17		0.05		12.49	

吴宏亚（2014）研究表明，蛋白质含量、湿面筋含量、SDS沉淀值，在品种、年份、地点和不同施肥处理间的差异均达1%极显著水平。对于蛋白质含量，不同地点效应＞年份效应＞不同施肥处理效应＞品种效应；对于湿面筋含量，不同地点效应＞年份效应＞品种效应＞不同施肥处理效应；对于SDS沉淀值，不同地点效应＞品种效应＞年份效应＞不同施肥处理效应；在互作效应上，品种分别与年份、地点及不同施肥处理间的互作对蛋白质含量和湿面筋含量均无显著影响，年份与地点、地点与不同施肥处理间的互作对湿面筋含量也无显著影响；品种分别与地点和不同施肥处理间互作

对 SDS 沉淀值无显著影响，但与年份间互作对 SDS 沉淀值有极显著影响。其他互作效应对蛋白质含量、湿面筋含量和 SDS 沉淀值均有极显著影响。

蛋白质含量、湿面筋含量、SDS 沉淀值，在强筋、中筋、弱筋 3 种品质类型间差异均达极显著水平，2 个强筋品种的蛋白质含量、湿面筋含量和 SDS 沉淀值极显著高于中筋和弱筋品种。不同弱筋小麦之间蛋白质含量、湿面筋含量和 SDS 沉淀值差异也达极显著水平。不同中筋小麦间的蛋白质含量和湿面筋含量差异不显著，但 SDS 沉淀值差异达极显著水平。不同强筋小麦材料间的湿面筋含量和 SDS 沉淀值差异不显著，但蛋白质含量差异极显著。施肥与不施肥处理蛋白质含量、湿面筋含量和 SDS 沉淀值差异达 1% 极显著水平，3 个品质指标在施肥处理下要极显著高于不施肥处理，3 个品质指标在 3 种不同施肥模式下均无显著差异（表 3-4）。

表 3-4　供试品种蛋白质性状参数方差分析（2008—2010）

变异来源	df	蛋白质含量		湿面筋含量		SDS 沉淀值	
		MS	F 值	MS	F 值	MS	F 值
品种	13	16.44	30.16**	2.25	15.68**	310.07	49.56**
年份	1	44.11	80.93**	5.37	37.38**	152.06	24.31**
品种 × 年份	13	0.67	1.23	0.16	1.14	35.24	5.63**
地点	1	437.74	803.06**	37.02	257.65**	1 614.62	258.09**
品种 × 地点	13	0.56	1.03	0.15	1.02	4.28	0.68
年份 × 地点	1	4.37	8.01**	0.01	0.05	64.51	10.31**
处理	3	23.69	43.46**	1.50	10.45**	132.50	21.18**
品种 × 处理	39	0.67	1.23	0.15	1.04	6.72	1.07
年份 × 处理	3	10.64	19.52**	0.88	6.13**	34.07	5.45**
地点 × 处理	3	12.21	22.40**	0.29	1.99	24.89	3.98**
弱中强筋间	2	77.53	142.22**	7.59	52.81**	1 491.97	238.49**
弱筋间	8	5.15	9.45**	1.62	11.30**	105.89	16.93**
中筋间	2	0.82	1.51	0.30	2.12	99.16	15.85**
强筋间	1	15.79	28.97**	0.51	3.52	1.56	0.25
施肥与不施肥间	1	67.81	124.39**	4.12	28.68**	378.78	60.55**
3 种施肥间	2	1.63	3.00	0.19	1.34	9.36	1.50
误差	357	0.55		0.14		6.26	

李曼（2020）研究表明，蛋白质含量基因型效应、年际效应均达到极显著水平，品种与年份互作效应不显著。由表 3-5 和表 3-6 可知，湿面筋含量、面筋指数、沉淀值基因型效应均达到极显著水平，品种间存在遗传差异。湿面筋含量、面筋指数年际效应差异极显著，沉淀值年际效应未达显著水平，可见环境对湿面筋含量和面筋指数的影响比沉淀值大。湿面筋含量、面筋指数品种与年份互作效

应极显著，沉淀值品种与年份互作效应不显著。蛋白质含量、沉淀值的品种效应大于年份效应，湿面筋含量和面筋指数年份效应大于品种效应（表3-6）。

表3-5 供试品种蛋白质含量方差分析（2016—2019）

变异来源	df	蛋白质含量	
		MS	F值
品种	8	3.71	13.52**
年份	3	2.14	7.81**
区组	1	1.80	6.53
品种 × 年份	24	0.32	1.18
年份 × 区组	3	2.65	9.65**
误差	32	0.27	

表3-6 供试品种面筋指标和沉淀值方差分析（2016—2019）

变异来源	df	湿面筋含量		面筋指数		沉淀值	
		MS	F值	MS	F值	MS	F值
品种	8	41.73	18.62**	670.50	16.14**	8.58	225.98**
年份	3	48.65	21.70**	3 871.67	93.18**	0.04	1.00
区组	1	13.30	5.94*	31.61	0.76	0.04	1.12
品种 × 年份	24	6.19	2.76**	109.13	2.63**	0.05	1.41
年份 × 区组	3	34.73	15.49**	233.44	5.62**	0.05	1.30
误差	32	2.24		41.55		0.04	

三、溶剂保持力

溶剂保持力（solvent retention capacity，SRC）是指以14%面粉为基准，经低速离心后所保持溶剂质量占面粉干重的百分比。SRC的4种标准溶剂为蒸馏水、5%碳酸钠溶液、5%乳酸溶液以及50%蔗糖溶液，分别反映面粉综合特性、淀粉粒损伤程度、面筋特性和戊聚糖含量。基因型是影响SRC品质指标的主要因素；乳酸SRC主要反映面筋特性，蛋白质含量和面筋含量易受环境影响，因此在有些试验中乳酸SRC受施肥及地点等影响更大。Guttieri和Souza（2003）研究了3个不同软麦×软麦组合的重组自交系后代群体，3个群体SRC基因型方差占总方差的67%~97%，远大于年份和重复因子，说明基因型是影响SRC品质指标的主要因素。赵莉（2006）研究表明，4种SRC的影响因素依次为：基因型效应＞环境效应＞互作效应。夏云祥等（2008）报道，基因型效应是影响小麦溶剂保持力的主要因素，环境对蔗糖SRC影响最大，其次是碳酸钠SRC和乳酸SRC，水SRC受环境影响较小。高德荣等（2017）研究表明，氮肥处理对4种SRC的影响均不显著。张晓等（2023）报道，水SRC、碳酸钠SRC、乳酸SRC、蔗糖SRC狭义遗传力分别为83.81%、83.96%、72.79%和75.26%，乳酸和蔗糖SRC遗传力相对较低。

陈满峰（2008）研究表明，水 SRC、蔗糖 SRC、碳酸钠 SRC、乳酸 SRC 4 个性状在品种间的差异均达到极显著水平，说明 SRC 的 4 个指标在品种间存在显著遗传差异。除水 SRC 在肥料处理间的差异达到显著水平外，SRC 其他 3 个性状达到极显著水平，说明水 SRC 受肥料处理的影响要小于 SRC 其他 3 个性状。乳酸 SRC 在品种与肥料处理间的互作差异达到极显著水平，水 SRC、碳酸钠 SRC 在品种与肥料处理间的互作差异达到显著水平，蔗糖 SRC 在品种与肥料处理间的互作差异不显著。说明乳酸 SRC 受互作的影响要大于水 SRC、碳酸钠 SRC，蔗糖 SRC 受互作的影响最小。水 SRC、蔗糖 SRC、碳酸钠 SRC 的品种效应大于不同肥料处理间的效应，乳酸 SRC 不同肥料处理的效应大于品种效应，由此可见水 SRC、蔗糖 SRC 和碳酸钠 SRC 受基因型影响更大，乳酸 SRC 则更受不同施肥处理的影响（表 3-7）。

表 3-7　供试品种 SRC 方差分析（2006—2007）

变异来源	df	水 SRC		蔗糖 SRC		碳酸钠 SRC		乳酸 SRC	
		MS	F 值	MS	F 值	MS	F 值	MS	F 值
品种	11	274.04	21.54**	299.25	17.72**	399.72	36.12**	691.85	60.39**
肥料处理	3	47.49	3.73*	232.24	13.75**	68.32	6.17**	1 971.36	172.10**
互作	33	25.03	1.97*	24.57	1.46	23.61	2.13*	48.59	4.24**
误差	47	12.72		16.89		11.07		11.46	

吴宏亚（2014）研究表明，4 种溶剂保持力在品种间差异均达 1% 极显著水平。水 SRC 和蔗糖 SRC 在年份间差异未达显著水平，碳酸钠 SRC 和乳酸 SRC 在年份间差异达 1% 极显著水平。水 SRC 和碳酸钠 SRC 在地点和不同施肥处理间的差异均未达显著水平，蔗糖 SRC 和乳酸 SRC 在地点和不同施肥处理间差异达 1% 极显著水平。水 SRC、蔗糖 SRC、碳酸钠 SRC 的品种效应最大，大于年份、地点和不同施肥处理的效应；乳酸 SRC 则是地点效应最大，其次是品种效应，接着是不同施肥处理的效应，年份效应最小。在互作效应上，品种与年份间互作效应对 4 种 SRC 影响均达 1% 极显著水平，其他互作效应对 4 种 SRC 影响有所差异，但总体效应较小。

强筋、中筋和弱筋 3 类品种的 4 种 SRC 均存在极显著差异，强筋的 4 种 SRC 均极显著高于中筋和弱筋，中筋和弱筋间的 SRC 差异未达显著水平。4 种 SRC 在不同弱筋和中筋小麦间的差异均达 1% 极显著水平。2 个强筋小麦的水 SRC 和碳酸钠 SRC 差异达 1% 极显著水平，但蔗糖 SRC 和乳酸 SRC 差异不显著。在施肥与不施肥处理间，水 SRC 和碳酸钠 SRC 差异未达显著水平；蔗糖 SRC 和乳酸 SRC 差异达显著或极显著水平，其中不施肥处理的蔗糖 SRC 和乳酸 SRC 低于施肥处理。4 种 SRC 在 3 种不同施肥模式下的差异均未达显著水平（表 3-8）。

表 3-8　供试品种 SRC 方差分析（2008—2010）

变异来源	df	水 SRC		蔗糖 SRC		碳酸钠 SRC		乳酸 SRC	
		MS	F 值	MS	F 值	MS	F 值	MS	F 值
品种	13	1 214.75	71.16**	1 671.57	39.57**	3 597.51	42.35**	4 723.08	34.77**
年份	1	0.79	0.05	51.32	1.21	2 434.87	28.66**	1 185.61	8.73**
品种 × 年份	13	220.07	12.89**	282.90	6.70**	871.43	10.26**	687.38	5.06**

变异来源	df	水 SRC		蔗糖 SRC		碳酸钠 SRC		乳酸 SRC	
		MS	F 值	MS	F 值	MS	F 值	MS	F 值
地点	1	61.02	3.57	297.93	7.05**	0.10	0.00	11 382.54	83.78**
品种 × 地点	13	17.28	1.01*	65.58	1.55	74.90	0.88	131.77	0.97
年份 × 地点	1	88.78	5.20*	748.79	17.73**	35.29	0.42	88.13	0.65
处理	3	20.16	1.18	170.22	4.03**	46.98	0.55	2 117.83	15.59**
品种 × 处理	39	18.37	1.08	58.69	1.39	62.75	0.74	213.95	1.57*
年份 × 处理	3	94.34	5.53**	104.45	2.47	534.64	6.29**	626.38	4.61**
地点 × 处理	3	48.09	2.82*	93.07	2.20	5.64	0.07	428.83	3.16*
弱中强筋间	2	4 749.27	278.21**	6 353.50	150.40**	12 493.12	147.07**	21 592.75	158.94**
弱筋间	8	578.60	33.89**	1 013.66	24.00**	2 219.93	26.13**	2 034.74	14.98**
中筋间	2	647.58	37.94**	456.56	10.81**	1631.07	19.20**	762.72	5.61**
强筋间	1	369.29	21.63**	1.05	0.02	759.82	8.94**	411.19	3.03
施肥与不施间	1	5.27	0.31	321.33	7.61*	118.85	1.40	6 345.65	46.71**
3 种施肥间	2	27.60	1.62	94.66	2.24	11.04	0.13	3.92	0.03
误差	357	17.07		42.24		84.95		135.86	

李曼（2020）研究表明，水 SRC、碳酸钠 SRC、乳酸 SRC、蔗糖 SRC 基因型效应均达到极显著水平，品种间存在显著遗传差异。水 SRC、碳酸钠 SRC、乳酸 SRC、蔗糖 SRC 年际效应差异极显著。水 SRC、碳酸钠 SRC、乳酸 SRC 在品种与年份间互作效应差异均不显著，蔗糖 SRC 在品种与年份间互作效应达极显著水平。水 SRC、碳酸钠 SRC、乳酸 SRC 的品种效应大于年份效应，蔗糖 SRC 则是年份效应大于品种效应（表 3-9）。

表 3-9 供试品种 SRC 方差分析（2016—2019）

变异来源	df	水 SRC		碳酸钠 SRC		乳酸 SRC		蔗糖 SRC	
		MS	F 值	MS	F 值	MS	F 值	MS	F 值
品种	8	89.11	19.51**	113.63	15.47**	308.54	17.03**	80.48	11.71**
年份	3	39.83	8.72**	87.02	11.85**	85.81	4.74**	89.75	13.06**
区组	1	4.19	0.92	2.18	0.30	2.30	0.13	11.07	1.61
品种 × 年份	24	7.82	1.66	8.93	1.22	13.71	0.76	26.54	3.86**
年份 × 区组	3	7.53	1.65	3.80	0.52	8.25	0.46	16.55	2.41
误差	32	4.57		7.34		18.12		6.87	

四、面团品质

面团品质也受基因型、环境及二者互作的共同影响。多数研究一致表明，粉质仪吸水率、吹泡仪 P 值主要受基因型影响，其余参数受年份、地点和施肥等条件影响较大，影响程度因试验情况不同而有所变化。张艳等（1999）研究报道，揉混仪参数峰值时间基因型引起的变异占总变异的 71.4%。郭天财等（2004）报道，从基因型、环境以及基因型和环境互作所占平方和的百分比来看，形成时间为环境＞基因型 × 环境＞基因型，稳定时间为基因型＞基因型 × 环境＞环境。邓志英等（2006）研究表明，基因型对揉混仪参数（峰值时间、峰值高度和 8 min 带宽）的作用优于环境影响。赵莉（2006）研究表明，粉质仪参数均是基因型效应＞环境效应＞互作效应。王晨阳等（2008）的研究结果表明，粉质仪吸水率品种间变异最大，形成时间、稳定时间年份间变异大于品种间变异、地点变异及各因素互作变异。李朝苏等（2016）研究表明，粉质仪参数中，吸水率的基因型效应最大，而面团形成时间、稳定时间的环境效应大于基因型效应，基因型 × 环境互作效应最小。高德荣等（2017）研究表明，粉质仪参数形成时间在年份、氮肥处理及年份与氮肥互作效应间的差异均达到极显著或显著水平，吸水率均未达到显著性差异，稳定时间受年份的影响极显著；年份对吹泡仪 L 值、P/L 值和 W 值的影响达显著水平，对 P 值影响不显著，氮肥处理、年份与氮肥处理的互作对 P 值、L 值、P/L 值和 W 值的影响未达显著水平。

陈满峰（2008）研究表明，粉质仪参数的吸水率、形成时间、稳定时间、断裂时间、公差指数、粉质质量指数 6 个性状在品种间的差异均达到极显著水平，说明参试品种的粉质仪参数存在显著的遗传差异（表 3-10）。粉质仪参数的 6 个性状中，除吸水率在肥料处理间和品种与肥料处理互作的差异不显著外，其余 5 个在肥料处理间和品种与肥料处理互作的差异均达到极显著水平。说明吸水率受肥料及其与品种的互作的影响小于另外 5 个指标。吸水率指标在粉质仪参数中表现比较稳定。粉质仪参数的吸水率性状在品种间的 F 值超过 50，远大于 1% 的临界水平（2.65），在肥料处理间和品种与肥料处理互作的差异不显著，该性状可作为饼干小麦品质选择指标之一，因为低的吸水率不仅是制作优质酥性饼干的弱筋小麦的基本要求，而且在各种肥料运筹条件下表现稳定。

表 3-10　供试品种粉质仪参数方差分析（2006—2007）

变异来源	df	吸水率		形成时间		稳定时间		断裂时间		公差指数		粉质质量指数	
		MS	F 值	MS	F 值	MS	F 值	MS	F 值	MS	F 值	MS	F 值
品种	11	72.4	50.01**	1.53	18.50**	5.84	19.32**	12.41	21.42**	8 803.50	96.19**	1 241.28	21.42**
肥料处理	3	1.06	0.73	1.53	18.51**	17.89	59.15**	18.57	32.05**	11 692.86	127.76**	1 856.94	32.05**
互作	33	2.04	1.41	0.22	2.62**	1.08	3.56**	1.54	2.66**	6 660.72	72.78**	153.92	2.66**
误差	47	1.45		0.08		0.30		0.58		91.52		57.94	

吴宏亚（2014）研究表明，粉质仪参数形成时间在品种和地点间的差异均达 1% 极显著水平，不同地点效应＞品种效应，在年份和不同施肥处理间差异不显著，各因素之间的互作效应对形成时间的影响均未达显著水平。粉质仪稳定时间在品种、年份和地点间的差异均达 1% 极显著水平，地点效应＞品种效应＞年份效应，各因素之间的互作效应仅年份和地点间的互作效应达极显著水平，其余互作效应对稳定时间的影响未达显著水平。吹泡仪 P/L 值在品种、年份和不同施肥处理间的差异达 1% 极显著水平，品种效应＞年份效应，在地点间差异未达显著水平，各因素之间的互作效应仅年份和处理间互作效应达极显著水平。

粉质仪形成时间、稳定时间和吹泡仪 P/L 值在弱筋、中筋和强筋 3 种类型品种间的差异达 1% 极显著水平，强筋小麦数值极显著高于弱筋和中筋小麦。不同弱筋小麦、不同中筋小麦间的形成时间和稳定时间差异均未达显著水平，但 2 个强筋材料的形成时间和稳定时间差异极显著。不同弱筋小麦间、不同中筋小麦间和不同强筋小麦间的 P/L 值差异均达 1% 极显著水平。在施肥与不施肥处理间，形成时间、稳定时间和 P/L 值差异达显著或极显著水平，不施肥处理的形成时间和稳定时间极显著低于其他 3 种施肥处理，P/L 值极显著高于其他 3 种施肥处理。在 3 种不同施肥模式下，形成时间、稳定时间和 P/L 值的差异均未达显著水平（表 3-11）。

表 3-11　供试品种面团品质方差分析（2008—2010）

变异来源	df	形成时间		稳定时间		P/L 值	
		MS	F 值	MS	F 值	MS	F 值
品种	13	101.71	10.69**	264.24	31.09**	7.94	28.49**
年份	1	5.30	0.56	158.34	18.63**	3.76	13.49**
品种 × 年份	13	18.21	1.91	15.43	1.82	2.65	9.50
地点	1	210.31	22.10**	927.07	109.07**	2.23	7.99
品种 × 地点	13	49.40	5.19	94.39	11.11	0.36	1.30
年份 × 地点	1	12.60	1.32	172.93	20.35**	0.62	2.23
处理	3	29.16	3.06	86.72	10.20	3.44	12.36**
品种 × 处理	39	14.28	1.50	25.16	2.96	0.26	0.92
年份 × 处理	3	12.26	1.29	30.08	3.54	3.87	13.89**
地点 × 处理	3	27.38	2.88	61.35	7.22	1.56	5.60
弱中强筋间	2	458.91	48.22**	1 230.00	144.71**	10.89	39.08**
弱筋间	8	6.84	0.72	24.26	2.85	6.14	22.01**
中筋间	2	37.72	3.96	2.68	0.31	11.32	40.60**
强筋间	1	274.32	28.83**	775.62	91.25**	9.73	34.90**
施肥与不施间	1	77.41	8.13*	242.13	28.49**	9.75	34.97**
3 种施肥间	2	5.04	0.53	9.01	1.06	0.29	1.05
误差	357	9.52		8.50		0.28	

李曼（2020）研究表明，以弱筋小麦为供试材料，吹泡仪 P 值、L 值、P/L 值，粉质仪吸水率、稳定时间、弱化度、粉质质量指数基因型效应达极显著或显著水平，品种间存在差异；只有形成时间基因型效应不显著，在品种间差异不显著；吹泡仪 P 值、P/L 值，粉质仪吸水率、形成时间、稳定时间、弱化度、粉质质量指数年际效应达极显著或显著水平，吹泡仪 L 值年际效应未达显著水平。只有稳定时间、弱化度、粉质质量指数在品种与年份互作达显著或极显著水平，其余指标均未达显著水平（表 3-12，表 3-13）。

表 3-12　供试品种吹泡仪参数方差分析（2016—2019）

变异来源	df	P 值		L 值		P/L 值	
		MS	F 值	MS	F 值	MS	F 值
品种	8	344.02	21.07**	1 041.74	35.43**	0.03	13.13**
年份	3	101.33	6.02**	4.74	0.16	0.01	3.94*
区组	1	403.00	24.68**	8.54	0.29	0.04	17.66**
品种 × 年份	24	9.86	0.60	38.24	1.30	0.001	0.73
年份 × 区组	3	7.73	0.47	150.00	5.01**	0.001	0.68
误差	32	16.33		29.41		0.001	

表 3-13　供试品种粉质仪参数方差分析（2016—2019）

变异来源	df	吸水率		形成时间		稳定时间		弱化度		粉质质量指数	
		MS	F 值	MS	F 值	MS	F 值	MS	F 值	MS	F 值
品种	8	6.02	4.73**	0.59	1.81	6.17	7.74**	1 842.22	18.33**	854.97	7.89**
年份	3	34.08	26.78**	4.20	13.97**	4.68	5.88**	1 566.87	15.59**	1 329.53	12.28**
区组	1	4.28	3.36	0.53	1.78	0.26	0.32	9.39	0.09	39.01	0.36
品种 × 年份	24	2.37	1.86	0.52	1.73	2.45	3.08**	239.91	2.39*	335.42	3.09*
年份 × 区组	3	4.43	3.48*	1.57	5.22**	2.26	2.83	163.61	1.63	352.16	3.25*
误差	32	1.27		0.30		0.80		100.52		108.38	

　　陈满峰（2008）研究表明，揉混仪参数的峰值高度、峰值时间、吸水率 3 个性状，在品种间、肥料处理间和品种与肥料处理互作间的差异均达到极显著水平，不同肥料处理的效应远大于品种效应，说明虽然参试品种在揉混仪参数上存在极显著遗传差异，但受不同肥料处理的影响更大（表 3-14）。

表 3-14　供试品种揉混仪参数方差分析（2006—2007）

变异来源	df	峰值高度		峰值时间		吸水率	
		MS	F 值	MS	F 值	MS	F 值
品种	11	33.15	259.8**	3.31	7 942.79**	5.43	90.56**
肥料处理	3	70.89	555.51**	18.38	44 100.46**	6.67	111.14**
互作	33	8.59	67.35**	3.51	8 418.46**	2.25	37.53**
误差	47	0.13		0.00		0.06	

五、酥性饼干品质

　　酥性饼干品质品种间差异显著，但受年份、地点影响也很大。李珊（2017）研究表明，酥性饼干品质性状，花纹、形态、粘牙度、酥松度、粗糙度、组织结构和总分的基因型（品种）间差异极显著。陈满峰（2008）研究表明，中国行业标准《酥性饼干用小麦粉》（LS/T 3206—1993）酥性饼干评分的 6 项指标（花纹、形态、口感粗糙度、粘牙度、酥松度、组织结构）以及总分在品种间的差异均达到极显著的水平。说明中国行业标准《酥性饼干用小麦粉》（LS/T 3206—1993）酥性饼干评分在参试品种间存在显著的遗传差异。酥松度、总分在肥料处理间的差异达到极显著水平，花纹、口感粗糙度、粘牙度在肥料处理间的差异达到显著水平，形态、组织结构在肥料处理间的差异不显著。说明形态、组织结构 2 个指标受肥料处理的影响要小于花纹、口感粗糙度、粘牙度 3 个指标，酥松度、总分 2 个性状受肥料处理的影响最大。酥松度、口感粗糙度在品种与肥料处理间的互作达到极显著差异，花纹、组织结构、总分在品种与肥料处理间互作差异达到显著水平，形态、粘牙度在品种与肥料处理间互作差异不显著（表 3-15）。说明形态、粘牙度受品种与肥料处理间互作的影响要小于花纹、组织结构、总分，酥松度、口感粗糙度受品种与肥料处理间互作的影响最大。

表 3-15 供试品种酥性饼干评分各项指标方差分析（2006—2007）

变异来源	df	花纹		口感粗糙度		酥松度		形态		粘牙度		组织结构		总分	
		MS	F 值	MS	F 值	MS	F 值	MS	F 值	MS	F 值	MS	F 值	MS	F 值
品种	11	3.92	6.88**	4.39	16.08**	7.54	6.16**	7.79	4.82**	0.51	3.69**	1.33	4.05**	53.70	7.87**
肥料处理	3	1.92	3.37*	1.05	3.85*	5.42	4.43**	2.55	1.58	0.53	3.85*	0.92	2.79	41.66	6.11**
互作	33	1.11	1.95*	1.22	4.47**	3.43	2.81**	2.60	1.61	0.19	1.35	0.64	1.93*	14.44	2.12*
误差	47	0.57		0.27		1.22		1.62		0.14		0.33		6.82	

吴宏亚（2014）研究表明，酥性饼干评分在品种、年份、地点和不同施肥处理间差异达显著或极显著水平，其中地点效应最大。在各因素之间的互作效应上，仅不同施肥处理模式分别与年份、地点间的互作达极显著水平，其余互作效应对酥性饼干的影响未达显著水平。酥性饼干质构仪所测酥脆性除地点和不同施肥处理间互作对其有显著影响外，其余因素及因素间互作效应均对其无显著影响。

酥性饼干评分和质构仪所测酥脆性在弱筋、中筋和强筋 3 种品质类型材料间的差异未达显著水平。在施肥与不施肥处理模式下，酥性饼干评分和质构仪所测酥脆性的差异均未达显著水平。在 3 种不同施肥模式下，酥性饼干评分差异达极显著水平，其中施肥模式 S 和施肥模式 U 酥性饼干评分最高，极显著高于施肥模式 M（表 3-16）。

表 3-16 供试品种酥性饼干评分及酥脆性方差分析（2008—2010）

变异来源	df	评分		酥脆性	
		MS	F 值	MS	F 值
品种	13	3.86	1.86*	5.96	1.43
年份	1	13.30	6.42*	14.32	3.44
品种 × 年份	13	2.73	1.32	2.31	0.56
地点	1	51.79	25.00**	64.94	15.62
品种 × 地点	13	2.90	1.40	4.50	1.08
年份 × 地点	1	2.35	1.14	7.54	1.81
处理	3	9.53	4.60**	8.52	2.05
品种 × 处理	39	2.09	1.00	3.39	0.81

变异来源	df	评分		酥脆性	
		MS	F值	MS	F值
年份×处理	3	13.56	6.55**	37.68	9.06
地点×处理	3	31.78	15.34**	15.24	3.67*
弱中强筋间	2	3.92	1.89	10.89	2.62
弱筋间	8	3.45	1.66	5.28	1.27
中筋间	2	7.34	3.54*	2.67	0.64
强筋间	1	0.10	0.05	8.12	1.95
施肥与不施间	1	3.89	1.88	1.41	0.34
3种施肥间	2	12.35	5.96**	12.07	2.90
误差	357	2.07		4.16	

李曼（2020）研究表明，中国行业标准《酥性饼干用小麦粉》（LS/T 3206—1993）酥性饼干感官测评总分的基因型效应、年际效应和互作效应均不显著。质构仪所测饼干硬度、脆性基因型效应不显著，年际效应显著（表3-17）。

表3-17　供试品种酥性饼干品质方差分析（2016—2019）

变异来源	df	评分		硬度		脆性	
		MS	F值	MS	F值	MS	F值
品种	8	0.54	1.58	380 88.92	0.74	0.21	1.06
年份	3	0.00	0.00	633 629.27	12.30**	2.00	10.20**
区组	1	0.09	0.26	115 519.55	2.24	0.48	2.44
品种×年份	24	0.3	0.89	39 757.46	0.77	0.10	0.53
年份×区组	3	0.3	0.10	127 333.60	2.47	0.10	0.53
误差	32	0.34		51 526.70		0.20	

六、曲奇饼干品质

曲奇饼干品质主要受基因型影响。曲奇直径与硬度有显著相关性，软质程度高、曲奇直径大（Gaines et al.，1985），籽粒硬度增加、吸水率增大、饼干直径减小（Guttieri et al.，2001），硬度受主效基因控制，因此曲奇饼干品质主要受基因型影响。张岐军（2004）报道，饼干直径品种和环境变异范围分别为453.0~492.6 mm和454.2~479.4 mm，品种间变异大于环境。高德荣等（2017）研究表明，氮肥处理、年份、年份与氮肥处理的互作对饼干直径影响不显著。品种、地点、年份、肥料运筹等因素影响程度的差异主要由试验材料和处理的不同引起。

陈满峰（2008）研究表明，饼干直径、厚度在品种间的差异达到极显著水平，说明饼干直径、厚度在品种间存在显著的遗传差异。饼干直径、厚度在肥料处理间的差异达到极显著水平，说明肥料处理对饼干直径、厚度也有显著的调节作用。饼干直径、厚度在品种与肥料处理间的互作差异达到极显著水平，说明互作对饼干直径、厚度也有显著的调节作用。饼干直径品种效应大于不同肥料处理间效应（表3-18）。

表 3-18　供试品种饼干厚度、直径方差分析（2006—2007）

变异来源	df	厚度		直径	
		MS	F 值	MS	F 值
品种	11	0.26	1 493.94**	461.29	123 009.82**
肥料处理	3	0.30	1 689.00**	351.17	93 646.51**
互作	33	0.03	161.39**	43.2	11 518.98**
误差	48	0		0	

　　吴宏亚（2014）研究表明，曲奇饼干花纹在品种间差异达 1% 极显著水平，在年份、地点和不同施肥处理间差异不显著，各因素之间的互作效应地点分别与年份、不同施肥处理间的互作达显著水平，其余互作效应对曲奇饼干花纹的影响未达显著水平。曲奇饼干直厚比在品种、年份和不同施肥处理间的差异达显著或极显著水平，在地点间的差异未达显著水平；除品种、年份与不同施肥处理的互作未达显著水平外，其余互作效应对曲奇饼干直厚比影响达显著或极显著水平。

　　曲奇饼干花纹在弱筋、中筋和强筋 3 种品质类型间的差异达 1% 极显著水平，强筋小麦数值极显著低于弱筋和中筋小麦。不同弱筋小麦间曲奇饼干花纹差异达极显著水平，但不同中筋小麦间、不同强筋小麦间曲奇饼干花纹评分差异未达显著水平。曲奇饼干直厚比在 3 种类型间以及同一品质类型不同品种间的差异均达极显著水平，弱筋类型直厚比最高，强筋类型直厚比最小。在施肥与不施肥处理模式下，曲奇饼干花纹和直厚比差异均未达显著水平。在 3 种不同施肥模式下，曲奇饼干直厚比差异达显著水平，其中施肥模式 U 直厚比最高，与施肥模式 S 和施肥模式 M 间差异达显著水平（表3-19）。

表 3-19　供试品种曲奇饼干花纹、直厚比方差分析（2008—2010）

变异来源	df	花纹		直厚比	
		MS	F 值	MS	F 值
品种	13	111.23	39.43**	8.71	97.15**
年份	1	1.37	0.48	2.84	31.67**
品种 × 年份	13	18.60	6.59	1.60	17.82**
地点	1	1.78	0.63	0.22	2.45
品种 × 地点	13	3.48	1.23	0.19	2.17*
年份 × 地点	1	13.67	4.84*	1.97	22.00**
处理	3	3.23	1.14	0.32	3.57*
品种 × 处理	39	4.04	1.43	0.11	1.22
年份 × 处理	3	6.98	2.47	0.00	0.03
地点 × 处理	3	7.53	2.67*	0.83	9.29**
弱中强筋间	2	430.57	152.63**	33.57	374.54**

变异来源	df	花纹		直厚比	
		MS	F 值	MS	F 值
弱筋间	8	49.37	17.50**	4.50	50.17**
中筋间	2	92.04	32.63	4.10	45.76**
强筋间	1	5.79	2.05	1.88	21.00**
施肥与不施间	1	6.75	2.39	0.34	3.76
3 种施肥间	2	1.47	0.52	0.31	3.47*
误差	357	2.82		0.09	

李曼（2020）研究表明，曲奇饼干直径、厚度、直厚比的基因型效应、年际效应、互作效应均达极显著水平，曲奇饼干直径、厚度、直厚比在品种间存在差异。曲奇饼干直径、厚度的品种效应大于年份效应（表 3-20）。

表 3-20　供试品种曲奇饼干品质指标方差分析（2016—2019）

变异来源	df	直径		厚度		直厚比	
		MS	F 值	MS	F 值	MS	F 值
品种	8	1.36	42.19**	6.29	71.63**	3.64	65.69**
年份	3	0.64	19.93**	4.56	65.93**	4.87	87.14**
区组	1	0.00	0.02	0.14	1.63	0.01	0.23
品种 × 年份	24	0.33	10.34**	0.66	7.75**	0.52	9.93**
年份 × 区组	3	0.05	1.60	0.06	0.65	0.02	0.27
误差	32	0.03		0.09		0.05	

第二节　弱筋小麦理化品质与制品品质关系

一、籽粒硬度与制品品质

软麦粉由软质小麦加工得到，区别软硬麦的主要指标是小麦籽粒硬度，籽粒硬度也是影响酥性饼干品质特性的重要指标之一。籽粒硬度是对小麦籽粒中胚乳软硬程度的评价，它反映了胚乳的内部结构。籽粒硬度取决于小麦胚乳中蛋白质和淀粉结合的紧密程度，受小麦遗传特性的控制。软麦胚乳中，淀粉颗粒与蛋白质基质的结合不是很紧密。李浪（2008）研究指出，当软麦胚乳细胞破碎时，较容易脱离下来，形成细小的颗粒，因而与磨辊表面直接摩擦的机会相应减少，受损伤的概率就较小，破损淀粉粒含量相对较少，从而导致面粉吸水也少，在和面发酵时很少膨胀、不变形、易烘干。

软质小麦适合制作饼干、蛋糕和南方馒头等食品。Gaines 和 Donelson（1985）研究表明，胚乳质地较软的软麦全面粉制作的饼干直径较大，硬度与饼干直径极显著负相关。白玉龙等（1993）对软质小麦粉和硬质小麦粉的品质性状进行统计分析，结果表明，软质小麦粉的面团延展性比硬质小麦粉好，面团弹性则小于后者；软质小麦粉焙烤出蛋糕、酥饼品质均好于硬质小麦粉。Guttieri 等（2001）研究结果却表明，曲奇饼干的直径与小麦籽粒的近红外（near infrared，NIR）硬度极显著正相关关系，与 SKCS 硬度的相关性不显著。这可能是由于 Guttieri 采用的样品全部是软麦材料，Gaines 和 Donelson 等采用的样品为软硬麦的混合样，这说明在材料全部为软麦的情况下，在一定范围内提高硬度，饼干品质变好。张平平等（2013）研究表明，软质衍生系的品质性状和饼干直径显著优于硬质衍生系。吴宏亚（2014）研究表明，硬度与曲奇饼干直厚比极显著负相关。郑文寅等（2023）研究表明，南方馒头比容与籽粒硬度显著负相关，降低软麦籽粒硬度有助于提高南方馒头加工品质。

二、蛋白质性状与制品品质

蛋白质含量、湿面筋含量、沉淀值与饼干、蛋糕品质关系研究结果有所差异，但更多研究表明，蛋白质含量、湿面筋含量与饼干、蛋糕品质相关性较小，综合评价蛋白质含量和质量的沉淀值指标与饼干、蛋糕品质有显著相关性。饼干、蛋糕中加入较高比例的糖和油，糖具有较强的反水化作用，阻止面团中面筋的形成；油脂含有大量的疏水基团，分布在蛋白质和淀粉颗粒的周围，限制面粉吸水形成面筋，因此油和糖的加入弱化了蛋白质含量对饼干和蛋糕品质的影响。南方馒头是经发酵加工而成的产品，内部组织持气性和体积的保持需要一定筋力结构支撑，与面筋含量的关系更为密切。

（一）蛋白质含量与制品品质

Gaines 等（1996）研究表明，蛋白质含量与饼干直径显著负相关，相关系数 r 分别为 -0.77（糖酥饼干配方）、-0.57（丝切饼干配方），与饼干厚度显著正相关（$r=0.68$，糖酥饼干；$r=0.64$，丝切饼干）。但也有研究表明，蛋白质含量与饼干直径相关性不显著（Gaines，1985，1990；Abboud，1985）。Gaines（1990）研究表明，以面粉蛋白质含量预测糖酥饼干直径不如蛋白质含量、统粉出粉率、碱水保持力三者联合预测效果好。陈满峰（2008）研究表明，蛋白质含量与酥性饼干、曲奇饼干品质均极显著负相关；吴宏亚（2014）研究表明，蛋白质含量与曲奇饼干直厚比极显著负相关。但也有不同报道，张岐军等（2005）研究表明，蛋白质含量与饼干直径关系较小；张平平等（2013）研究表明，蛋白质含量与饼干直径无显著相关性。上述研究的差异可能是由于供试材料品质性状的变异幅度不同引起的。另有研究表明，面粉蛋白质含量变化在 7%~16% 范围内，对白层蛋糕体积和质地没有显著影响，原因在于蛋糕烘焙时使用较多的油和糖，二者弱化了蛋白质对蛋糕品质的影响（Gaines et al.，1985）。白玉龙等（1993）研究报道，籽粒蛋白质含量与酥性饼干、蛋糕品质的相关系数偏小且未达显著水平。

（二）湿面筋含量与制品品质

我国发布的专用小麦粉标准（LS/T 3201~3208—1993）规定了 8 种专用粉的湿面筋含量标准，糕点、蛋糕、酥性饼干、发酵饼干用小麦粉品质指标详见第一章表 1-3。我国国家标准《优质小麦 强筋小麦》（GB/T 17892—1999）、《优质小麦 弱筋小麦》（GB/T 17893—1999）中规定强筋小麦面粉湿面筋含量一等 ≥ 35%、二等 ≥ 32%，弱筋小麦湿面筋含量 ≤ 22%。

陈洪金（1993）研究表明，饼干评分随湿面筋含量的降低而升高，花纹、形态、疏松度、组织结构、口感粗糙度均随湿面筋含量的降低而升高；但湿面筋含量过低，饼干难以成型，同时饼干易碎，不易运输和搬运。白玉龙等（1993）研究表明，干、湿面筋含量与蛋糕、酥性饼干的总评分极显著负相关。张岐军等（2005）研究报道，湿面筋含量与饼干直径显著正相关；陈满峰（2008）研究表明，湿面筋含量与酥性饼干品质以及曲奇饼干直径均无显著相关性；李蓓蓓（2011）研究报道，湿面筋含量与酥性饼干的品质较显著负相关；吴宏亚（2014）研究报道，湿面筋含量与曲奇饼干花纹和直厚比极显著负相关。张平平等（2020）报道，籽粒蛋白质含量、面粉蛋白质含量、湿面筋含量与饼干直径弱相关或无显著关联，蛋白质含量、湿面筋含量等反映蛋白质数量的指标与加工品质间没有必然的联系，相关标准可以适当放宽。

李卓（2011）通过实验证明，适宜制作南方馒头的小麦粉属于低弱筋粉，湿面筋含量与南方馒头比容极显著正相关，与总评分极显著负相关，建议湿面筋含量 ≤ 25%。郑文寅等（2023）研究表明，湿面筋含量与南方馒头比容显著正相关，推测可能是由于南方馒头是经发酵加工而成的产品，内部组织持气性和体积的保持需要一定筋力结构支撑，但其适用范围还需要做进一步深入研究。广东新粮面粉厂工程师介绍：高端南方馒头湿面筋含量 ≤ 24%、一般品质南方馒头湿面筋含量 ≤ 28%。

（三）沉淀值与制品品质

沉淀值是评价小麦蛋白质含量和质量的综合指标。美国、德国等国家根据沉淀值的大小将小麦分成 3~4 个等级。高强力面粉的沉淀值大于 50 mL，低强力面粉小于 30 mL，二者之间为中强力面粉。沉淀值不仅受籽粒蛋白质含量多少的影响，还受蛋白质中各组分以及其他面粉特性的影响。李桂萍等（2016）对不同杂交组合的 F_1、F_2 及亲本的品质性状和面团性状研究发现，蛋白质含量、湿面筋含量、沉淀值三者正相关；沈业松等（2018）对黄淮地区小麦种质资源的品质性状分析发现蛋白质含量与沉淀值高低极显著正相关，通过对 Glu-B3 等位基因的研究发现，Glu-B3b、Glu-B3g 和 Glu-B3h 显著提高了 SDS 沉淀值，而 Glu-B3a、Glu-B3c 和 Glu-B3j 显著降低了 SDS 沉淀值（Si et al.，2013）。HMW–GS 类型对品质性状有显著影响，其中 2*、17+18、7*+8 和 5+10 亚基对提高蛋白质含量、湿面筋含量和 Zeleny 沉淀值等品质性状有明显的促进作用（裴海祎，2020）。

白玉龙等（1993）报道，沉淀值与蛋糕、酥性饼干的总评分极显著或显著负相关，是入选蛋糕和酥性饼干品质回归方程的主要性状。赖菁茹等（1997）研究指出，沉淀值与饼干总分极显著负相关。陈满峰（2008）研究表明，SDS 沉淀值与酥性饼干、曲奇饼干品质极显著负相关。吴宏亚（2014）研究报道，SDS 沉淀值与曲奇饼干花纹和直厚比极显著负相关。张平平等（2020）研究表明，Zeleny 沉淀值与饼干直径极显著负相关。我国国家标准《小麦品种品质分类》（GB/T 17320—2013）规定弱筋小麦沉淀值（Zeleny 法）< 30 mL。沉淀值遗传力较高（李宗智 等，1993），在小麦品质性状遗传改良过程的亲本选配、后代选择中，都可作为重要的筛选依据，也是能准确反映弱筋小麦饼干品质的指标，应在弱筋小麦品质鉴定与育种过程中大量运用。

三、溶剂保持力与制品品质

多项研究一致表明，水 SRC 和碳酸钠 SRC 与饼干品质相关性最高，蔗糖 SRC 和乳酸 SRC 与饼干品质的相关性在不同研究中存在差异。乳酸 SRC 有些情况下与饼干品质相关性不显著，这可能与乳酸 SRC 主要反映面筋特性、更易受环境影响有关。Guttieri 等（2001）利用种植于 7 个地点的 26 份软白春麦品种，研究了 SRC 在品种评价中的应用，结果表明，SRC 方法能有效评价基因型和环境差异；以饼干直径为因变量、各品质性状为自变量的多元回归分析表明，面粉蛋白质含量和蔗糖 SRC 是影响饼干直径最重要的指标，回归方程决定系数为 0.78；除水 SRC 外，碳酸钠 SRC、蔗糖 SRC、乳酸 SRC 皆与饼干直径极显著负相关，相关系数分别为 −0.55、−0.78、−0.65。Guttieri 和 Souza（2003）研究了 3 个不同软麦 × 软麦组合的重组自交系后代群体，结果表明，4 种 SRC 之间皆极显著正相关，相关系数为 0.70~0.97；3 个群体中，4 种 SRC 皆与饼干直径负相关，除蔗糖 SRC 在 2 个群体中未达显著外，其他皆达到极显著水平，相关系数为 −0.89~−0.54。

张岐军等（2005）研究表明，水 SRC、碳酸钠 SRC 和蔗糖 SRC 与饼干直径皆呈 1% 显著负相关，相关系数分别为 −0.84、−0.79 和 −0.80，分别可解释饼干直径变异的 70.56%、62.41% 和 64.00%。陈满峰（2008）研究表明，4 种 SRC 与酥性饼干品质和曲奇饼干直径均极显著负相关；李蓓蓓（2011）研究指出，水 SRC、碳酸钠 SRC、蔗糖 SRC 与酥性饼干品质极显著负相关，乳酸 SRC 与酥性饼干品质相关性不显著；吴宏亚（2014）研究表明，4 种 SRC 与曲奇饼干直厚比极显著负相关。张平平等（2020）以江苏淮南麦区 15 份优质软麦品种（系）进行品质特性与饼干加工品质关系分析，结果表明，水 SRC、碳酸钠 SRC、乳酸 SRC 与饼干直径极显著负相关，水 SRC 可解释饼干直径变异的 73.76%。郑文寅等（2023）研究指出，乳酸 SRC 与饼干直径、直厚比和感官评价都无显著相关性，而其他 3 种 SRC 与饼干直径和直厚比均显著负相关。

Moiraghi 等（2013）研究发现，水 SRC、碳酸钠 SRC、蔗糖 SRC 均与蛋糕糊的黏度和稠度，蛋糕的硬度、黏聚性、胶着性和咀嚼性显著正相关，与蛋糕体积极显著负相关；乳酸 SRC 仅与蛋糕体积显著负相关。李卓（2011）实验表明，水 SRC、碳酸钠 SRC、蔗糖 SRC 与南方馒头的品质总分显著负相关，数值越低，南方馒头的外形、光滑度、弹性、内瓤结构、口感的感官评分越高。

SRC 遗传力高，受环境影响小，检测方便，可以预测软质小麦粉品质和烘焙特性，是评价软质小麦品质的有效方法（Kweon et al.，2011）。虽然 SRC 是评价软小麦品质的有效指标，但并不适于育种早代选择，因为标准 SRC 方法至少需要 30 g 小麦籽粒磨成 20 g 面粉。为了在育种早代利用 SRC 方法，Bettge 等（2002）分别用 1 g 面粉、1 g 全麦粉和 0.2 g 全麦粉代替标准方法的 5 g 面粉，完全可行，适于育种早代选择。周淼平等（2007）、高梅等（2006）、张勇等（2012）的研究也表明，用 0.5 g、0.1 g 和 1 g 粉样可以完全替代标准方法用于小麦育种的早世代筛选。

四、淀粉特性与制品品质

A 型淀粉粒和 B 型淀粉粒的相对含量对食品加工品质产生影响。B 型淀粉粒体积小，表面积相对增加，从而可以结合更多的蛋白质、脂类和水；B 型淀粉粒增多，面团吸水率提高。而 A 型淀粉粒作用正相反。因此淀粉粒大小分布的改变对面团流变学特性有重大影响（Gains et al.，2000；Sahlatrom et al.，1998；Tang et al.，2000；Tang et al.，2001；Chiotelli et al.，2002）。硬质小麦 B 型淀粉粒的比例较高，和面时吸水也多，适合制作面包、面条，而软质小麦正相反，含较多的 A 型淀粉粒，适合制作饼干、糕点（Turnbull et al.，2002）。软麦面粉颗粒大小反映了胚乳内在的质地结构，并对软麦制品有重要影响（Gaines et al.，1985b）。Gaines 等（1985）认为统粉颗粒小，其心粉颗粒也较小；磨粉品质较好的小麦磨粉时粗粉颗粒较多，其饼干直径和蛋糕体积相对较小。粉粒大小还显著影响全麦粉饼干的直径大小（Gaines et al.，1985b）。Yamamoto 等（1996）研究表明，面粉颗粒大小与日本海绵蛋糕体积和糖酥饼干直径显著负相关，相关系数分别为 −0.55 和 −0.78。

在小麦粉加工过程中，由于机械碾磨作用造成淀粉颗粒结构的变形、淀粉外层细胞膜损伤，即所谓的破损淀粉或损伤淀粉。小麦破损淀粉具有以下 3 个特点：对酶反应的易感性增加、吸水能力增加、冷水提取物增加。因此，破损值高低直接影响小麦粉的食用工艺品质，对面团的吸水率、产气能力、加工特性等均有影响。不同的食品对小麦粉中淀粉的破损程度有不同的要求。破损淀粉可在酸或酶的作用下分解成糊精、麦芽糖和葡萄糖，它们对于面团在发酵、烘焙期间的吸水率有着重要的影响作用。破损淀粉的吸水率可达 200%，是完整淀粉粒的 5 倍，更重要的是破损淀粉能够提供酵母赖以生长的糖分。破损淀粉含量的高低影响小麦烘焙制品的品质。面包、馒头类产品要求面粉的破损淀粉含量高，而大部分软麦制品则要求面粉破损淀粉含量低。破损淀粉含量主要由籽粒硬度及磨粉工艺决定。一般籽粒硬度越高，破损淀粉含量越高 (Osborne et al.，1981)。软麦籽粒硬度低，破损淀粉含量低。Donelson 和 Gaines(1998) 分别向软麦粉和硬麦粉中添加不同比例的破损淀粉，结果表明，随着破损淀粉的增加，软麦和硬麦面粉所制作的饼干直径皆明显减小。Lin 和 Czuchajowska (1996) 研究表明，破损淀粉与密穗小麦和软红冬麦饼干直径极显著相关，相关系数分别为 0.48 和 0.43。而 Gaines 等 (1996) 研究却表明，破损淀粉与饼干直径和厚度无关，这可能与所用材料有关。

五、戊聚糖与制品品质

小麦粒中戊聚糖含量不高，但具有较高的吸水、持水特性及氧化交联形成凝胶的特点（Nino-Medina et al.，2010）。Kaldy 等（1991）以软白麦为材料研究了戊聚糖对饼干和蛋糕品质的影响，结果表明，水溶戊聚糖和酶解戊聚糖均与总戊聚糖含量高度相关，相关系数分别为 0.57 和 0.42；水溶戊聚糖、酶解戊聚糖、总戊聚糖含量与蛋糕体积显著负相关，相关系数分别为 –0.48、–0.43 和 –0.49，三者对饼干直径也有负向影响。而 Kaldy 等（1993）发现，面筋戊聚糖与饼干直径显著正相关（$r=0.47$），与蛋糕体积相关性不显著。Bettge 和 Morris（2000）认为，戊聚糖组分与蛋白质共同作用可解释籽粒质地变异的 53%~76%；膜结合型戊聚糖对籽粒质地有重要影响，可解释碱水保持力变异的 69%；总戊聚糖与面粉蛋白质联合可解释饼干直径变异的 87%，总戊聚糖影响更大；膜结合型戊聚糖、总戊聚糖、水溶戊聚糖皆与饼干直径呈 5% 或 1% 显著负相关，相关系数分别为 –0.56、–0.90、–0.71。Bettge 和 Morris（2007）报道，戊聚糖通过氧化交联形成凝胶，使面糊黏度提高，进而影响面团中水分的可用性，阻止饼干直径延展，使饼干直径降低。有研究表明，水溶性戊聚糖和总戊聚糖含量与饼干直径极显著负相关，应选择戊聚糖含量低的软质小麦品种（张岐军 等，2005；钱森和，2007）。进一步的研究表明，非水溶性戊聚糖与饼干直径极显著负相关，在戊聚糖含量低的弱筋小麦品种中优先选择非水溶性戊聚糖含量低的品种（胥红研 等，2009）。

六、面团品质与制品品质

（一）粉质仪参数与制品品质

不同研究结果一致表明，粉质仪吸水率与饼干品质显著负相关，但有些研究表明粉质仪稳定时间与饼干品质相关性较弱，并不能反映饼干品质的优劣。白玉龙等（1993）研究报道，面团流变学特性指标（吸水率、形成时间、评价值）与蛋糕比容、总分、口感和内部结构显著或极显著负相关，与酥性饼干总分、延展度、内部结构均极显著或显著负相关，与外形、折断强度显著正相关；稳定时间与蛋糕和酥性饼干品质相关性较小。陈洪金（1993）研究报道，面筋质量主要以粉质测定指标和拉伸测定指标来衡量，同量不同质面筋的面粉制作甜酥性饼干时，低筋粉比中筋粉好，比高筋粉更好；面粉粉质的面团形成时间 < 2 min、面团稳定时间 < 3 min、评价值 < 42 时制作甜酥饼干为佳，以低筋弱力面粉为佳。为了确定软麦品质是制约饼干烘焙品质的主要因素，对饼干总分、比容、胀发率进行逐步回归分析，吸水率入选 3 个方程，形成时间、稳定时间入选饼干总分回归方程，评价值入选比容回归方程。张岐军等（2005）和陈满峰（2008）均研究表明，粉质仪吸水率、形成时间与饼干品质显著或极显著负相关，与稳定时间相关性不显著。李蓓蓓（2011）研究表明，粉质仪吸水率与酥性饼干品质极显著负相关。张平平等（2020）研究报道，粉质仪吸水率和稳定时间与饼干直径显著负相关。

李卓（2011）研究表明，粉质仪吸水率、形成时间、稳定时间和粉质质量指数对南方馒头总分均显著负相关，与南方馒头的外观、内瓤结构、口感均显著负相关；优质南方馒头内部结构气孔均匀细密，馒头蓬松、弹性好、口感好，吸水率低，稳定时间和形成时间较小，有利于南方馒头的外观、内部结构和口感。刘黄鑫等（2022）研究表明，小麦粉形成时间、稳定时间与南方馒头感官得分极显著负相关，弱化度与感官得分极显著正相关；通过逐步回归模型分析，延伸性、形成时间和峰值黏度引入模型方程自变量，可反映综合感官评分 93% 的变化程度。郑文寅等（2023）研究表明，面团形成时间和稳定时间与比容均显著负相关，低籽粒硬度、较短形成时间和稳定时间有助于南方馒头比容的提高。

（二）吹泡仪参数与制品品质

吹泡仪在国外软麦育种和品质评价中使用较多。Bettge 等（1989）使用吹泡仪分别预测面包和曲奇饼干的品质特性，结果发现吹泡仪各个指标与面包和曲奇饼干的品质性状之间有些指标一致，但有些则相反；饼干直径可以利用吹泡仪 P 值和蛋白质含量进行预测。Yamamoto 等（1996）认为，吹泡仪 P 值与日本蛋糕体积、破损淀粉含量相关性达极显著水平，相关系数分别为 -0.64 和 0.61；吹泡仪 L 值分别与日本蛋糕体积、饼干直径以及颗粒大小的相关系数为 0.49、0.52 和 -0.65，皆达 5% 显著水平；吹泡仪 P/L 值分别与日本蛋糕体积、饼干直径、颗粒大小和破损淀粉显著相关，相关系数分别为 -0.65、-0.54、0.55 和 0.54。

肖灿仙（2003）在对吹泡仪和饼干专用粉品质特性的研究中也发现，吹泡仪的各个指标对饼干品质的影响比较大，并将饼干专用粉的质量指标定为 P 值 <50 mm、L 值 >90 mm、P/L 值 =0.3~0.5、W 值 =100~140；吹泡仪对饼干专用小麦选择、生产工艺中粉路分析及小麦和面粉的后熟期质量控制具有较强指导作用。张岐军等（2005）研究也表明，吹泡仪 P 值、P/L 值和 W 值分别与曲奇饼干直径极显著负相关，并给出了优质饼干小麦品种的吹泡指标，分别为吹泡仪 P 值 ≤ 40 mm，P/L 值 ≤ 0.50，W 值 ≤ 75×10^{-4}J。吹泡仪 P 值越小，饼干粉品质越好，吹泡仪 P 值和 W 值是评价饼干粉品质的重要指标；P 值和 W 值不能太高，否则饼干不能充分延展，但也不能太低，否则饼干过度延展，最适宜标准 P 值 =35 ± 5、L 值 =100 ± 10、W 值 =90 ± 15（Kweon et al.，2011）。

P 值和 W 值也是影响南方馒头专用小麦粉的主要指标，与南方馒头感官评分的外观、内部结构及总分显著负相关，制作南方馒头需要 P 值和 W 值较小的弱筋小麦粉；P/L 值与南方馒头品质呈较小负相关性，P/L 值较大，馒头表皮容易起泡、弹性差，但 P/L 值过小表明延展性过强，可能会影响机械的操作（李卓，2011）。

第三节　弱筋小麦育种品质评价体系构建

一、小麦理化品质与饼干品质关系

江苏里下河地区农业科学研究所于 2006—2007 年利用江苏淮南麦区 12 个小麦品种采用 4 种肥料处理，进行了酥性饼干（LS/T 3206—1993）和曲奇饼干（AACC10-52）品质与理化指标的相关分析，酥性饼干品质与参试品种理化性状间的相关性分别列于表 3-21 至表 3-23，酥性饼干总评分与面粉蛋白质含量、SDS 沉淀值、SRC 指标（水 SRC、碳酸钠 SRC、蔗糖 SRC、乳酸 SRC）、粉质仪参数（吸水率、形成时间）、揉混仪参数（吸水率、峰值高度）均达到极显著相关水平，与粉质仪断裂时间、粉质质量指数、揉混仪峰值时间相关性达显著水平，与湿面筋含量、面筋指数、稳定时间、公差指数相关性不显著。

表 3-21　酥性饼干品质与小麦理化品质性状相关性

项目	蛋白质含量	湿面筋含量	面筋指数	SDS 沉淀值
总分	−0.318**	−0.154	−0.157	−0.336**
花纹	−0.265**	−0.064	−0.292**	−0.105
形态	−0.211*	−0.089	−0.097	−0.284**
粘牙度	−0.258*	−0.160	−0.142	−0.134
酥松度	−0.187	−0.197	−0.028	−0.280**
口感粗糙度	−0.175	−0.020	−0.073	−0.141
组织结构	−0.034	0.028	0.046	−0.104

表 3-22　酥性饼干品质与 SRC 品质性状相关性

项目	水 SRC	蔗糖 SRC	碳酸钠 SRC	乳酸 SRC
总分	−0.368**	−0.413**	−0.439**	−0.349**
花纹	−0.336**	−0.278**	−0.336**	−0.338**
形态	−0.414**	−0.405**	−0.311**	−0.294**
粘牙度	−0.420**	−0.206*	−0.342**	−0.321**
酥松度	−0.145	−0.227*	−0.266**	−0.204*
口感粗糙度	−0.047	−0.156	−0.238*	−0.047
组织结构	0.080	−0.053	−0.025	−0.013

表 3-23　酥性饼干品质与面团流变学特性相关性

项目	粉质仪参数						揉混仪参数		
	吸水率	形成时间	稳定时间	公差指数	断裂时间	粉质质量指数	吸水率	峰值时间	峰值高度
总分	−0.405**	−0.324**	−0.191	0.178	−0.256*	−0.256*	−0.285**	−0.216*	−0.359**
花纹	−0.362**	−0.196	0.068	0.037	0.002	0.002	−0.247*	0.001	−0.344**
形态	−0.430**	−0.188	−0.043	−0.025	−0.076	−0.076	−0.319**	−0.077	−0.267**
粘牙度	−0.305**	−0.304**	−0.172	0.191	−0.214*	−0.214*	−0.350**	−0.164	−0.343**
酥松度	−0.145	−0.160	−0.154	0.173	−0.202*	−0.202*	−0.059	−0.161	−0.155
口感粗糙度	−0.066	−0.225*	−0.207*	0.210*	−0.258*	−0.258*	−0.042	−0.268**	−0.037
组织结构	−0.081	−0.155	−0.277**	0.142	−0.247*	−0.247*	−0.057	−0.151	−0.214*

曲奇饼干与参试品种理化性状间的相关性列于表 3-24 至表 3-26，曲奇饼干直径与面粉蛋白质含量、SDS 沉淀值、SRC（水 SRC、碳酸钠 SRC、蔗糖 SRC、乳酸 SRC）、粉质仪参数（吸水率、形成时间、稳定时间、断裂时间、粉质质量指数）、揉混仪参数（吸水率、峰值高度）相关性达极显著水平，与面筋指数相关性达显著水平，与湿面筋含量、公差指数、揉混仪峰值时间相关性不显著；饼干厚度与面粉蛋白质含量、SDS 沉淀值、湿面筋含量、SRC（水 SRC、碳酸钠 SRC、蔗糖 SRC、乳酸 SRC）、粉质仪参数（吸水率、形成时间、稳定时间、断裂时间、粉质质量指数）、揉混仪参数（吸水率、峰值高度）相关性达极显著水平，与面筋指数、粉质仪公差指数相关性达显著水平，与揉混仪峰值时间相关性不显著。

表 3-24　曲奇饼干直径、厚度与小麦理化品质性状相关性

项目	蛋白质含量	SDS 沉淀值	湿面筋含量	面筋指数
饼干直径	−0.401**	−0.450**	−0.195	−0.224*
饼干厚度	0.439**	0.507**	0.268**	0.256*

表 3-25　曲奇饼干直径、厚度与 SRC 品质性状相关性

项目	水 SRC	蔗糖 SRC	碳酸钠 SRC	乳酸 SRC
饼干直径	−0.623**	−0.632**	−0.619**	−0.474**
饼干厚度	0.573**	0.618**	0.575**	0.563**

表 3-26　曲奇饼干直径、厚度与面团流变学特性相关性

项目	粉质仪参数						揉混仪参数		
	吸水率	形成时间	稳定时间	公差指数	断裂时间	粉质质量指数	吸水率	峰值时间	峰值高度
饼干直径	−0.695**	−0.483**	−0.340**	0.185	−0.378**	−0.378**	−0.440**	0.054	−0.644**
饼干厚度	0.619**	0.431**	0.331**	−0.240*	0.348**	0.348**	0.424**	−0.012	0.628**

江苏里下河地区农业科学研究所李曼（2020）连续 4 个年度种植 10 个弱筋小麦品种研究表明，曲奇饼干直径与籽粒硬度、水 SRC、碳酸钠 SRC、吹泡仪 P 值、P/L 值极显著负相关，与粉质质量指数显著负相关，与面筋指数、弱化度显著正相关，与其他指标相关性不显著；曲奇饼干厚度与籽粒硬度、水 SRC、吹泡仪 P 值、形成时间、稳定时间、粉质质量指数极显著正相关，与弱化度极显著负相关，与吹泡仪 L 值显著负相关，与其他指标相关性不显著；直厚比与籽粒硬度、水 SRC、吹泡仪 P 值、粉质仪稳定时间、粉质质量指数极显著负相关，与碳酸钠 SRC、形成时间显著负相关，与弱化度极显著正相关，与面筋指数、吹泡仪 L 值显著正相关，与其他指标相关性不显著。硬度、面筋指数、水 SRC、碳酸钠 SRC、吹泡仪参数、粉质仪弱化度和曲奇饼干品质相关性达显著或极显著水平。籽粒蛋白质含量、湿面筋含量、沉淀值、乳酸 SRC、蔗糖 SRC 和粉质仪吸水率与曲奇饼干品质相关性不显著（表 3-27）。

表 3-27　曲奇饼干品质与小麦理化品质指标相关性

品质指标	直径	厚度	直厚比
蛋白质含量	0.08	−0.10	0.15
SKCS 硬度	−0.42**	0.42**	−0.44**
面筋指数	0.22*	−0.20	0.26*
湿面筋含量	0.22	−0.16	0.15
沉淀值	−0.02	0.02	0.02
水 SRC	−0.51**	0.52**	−0.49**
碳酸钠 SRC	−0.34**	0.19	−0.27*
乳酸 SRC	−0.09	0.17	−0.14
蔗糖 SRC	−0.21	0.10	−0.11
P 值	−0.43**	0.38**	−0.37**
L 值	0.09	−0.27*	0.23*
P/L 值	−0.35**	0.19	−0.21
吸水率	−0.19	0.13	−0.14
形成时间	−0.18	0.31**	−0.28*
稳定时间	−0.21	0.37**	−0.34**
弱化度	0.24*	−0.44**	0.36**
粉质质量指数	−0.25*	0.44**	−0.39**

李曼等（2021）以江苏淮南麦区的 14 个小麦主栽品种（包括弱筋、中筋和强筋小麦）为供试材料，连续 2 年统一种植，研究江苏淮南麦区主推小麦品种的品质表现，并明确小麦关键品质选择指标，结果表明（表 3-28），曲奇饼干直径与硬度、溶剂保持力参数、吸水率、面团形成时间、粉质

质量指数极显著负相关，尤其与硬度、水 SRC、碳酸钠 SRC 和吸水率相关程度高，相关系数分别为 –0.80、–0.68、–0.83 和 –0.77；与弱化度极显著正相关，与蛋白质含量、湿面筋含量、面筋指数、稳定时间相关性不显著；曲奇饼干厚度和直厚比均与硬度、溶剂保持力参数、吸水率、面团形成时间、弱化度、粉质质量指数极显著相关，与稳定时间显著相关，与蛋白质含量、湿面筋含量和面筋指数相关性不显著。以饼干直径为应变量 Y，以饼干直径相关性达显著水平的 9 个品质性状为自变量 X，进行线性回归分析，回归统计判定系数 > 60%，初步判断模型拟合效果良好，F 值为 15.701，显著性 <0.01，达极显著水平。进行多元系数的显著性分析，获得一个达显著水平的回归模型，模型为 $Y_{直径} = 16.691 - 0.037X_{硬度}$，该模型利用硬度可解释饼干直径变异的 63.7%。

表 3-28　小麦品质性状与曲奇饼干品质相关性

品质性状	直径	厚度	直厚比
蛋白质含量	–0.21	0.07	–0.11
SKCS 硬度	–0.80**	0.72**	–0.77**
湿面筋含量	–0.20	0.17	–0.18
面筋指数	–0.11	0.05	–0.07
水 SRC	–0.68**	0.64**	–0.67**
碳酸钠 SRC	–0.83**	0.80**	–0.83**
乳酸 SRC	–0.34**	0.34**	–0.34**
蔗糖 SRC	–0.46**	–0.36**	0.41**
吸水率	–0.77**	0.72**	–0.76**
面团形成时间	–0.51**	0.53**	–0.53**
稳定时间	–0.24	0.27*	–0.27*
弱化度	0.36**	–0.41**	0.41**
粉质质量指数	–0.49**	0.49**	–0.50**

　　江苏里下河地区农业科学研究所刘健（2021）以 26 份扬麦系列小麦品种为材料，对曲奇和酥性饼干品质指标与小麦籽粒及面粉（团）的理化指标进行相关性分析，结果表明，籽粒硬度、SDS 沉淀值、水 SRC、碳酸钠 SRC、乳酸 SRC、蔗糖 SRC、粉质仪吸水率与曲奇饼干的直径、直厚比和酥性饼干感官评分显著或极显著负相关，而与曲奇饼干的厚度、酥性饼干的硬度和脆性极显著正相关（表 3-29）。稳定时间、粉质质量指数与酥性饼干的感官评分显著正相关，其他理化指标与曲奇饼干直径、厚度、直厚比和酥性饼干硬度、脆性和评分之间的相关性不显著。籽粒硬度、SDS 沉淀值、水 SRC、碳酸钠 SRC、乳酸 SRC、蔗糖 SRC 和粉质仪吸水率可作为评价弱筋小麦品质的关键指标。

表 3-29 饼干品质与小麦理化指标之间的相关性

品质性状	曲奇饼干			酥性饼干		
	直径	厚度	直厚比	硬度	脆性	感官评分
籽粒蛋白质含量	−0.19	0.14	−0.14	0.25	0.24	−0.20
SKCS 硬度	−0.86**	0.79**	−0.80**	0.83**	0.76**	−0.60**
SDS 沉淀值	−0.78**	0.68**	−0.71**	0.81**	0.73**	−0.50**
湿面筋含量	−0.03	0.09	−0.05	0.24	0.16	−0.26
面筋指数	−0.12	0.05	−0.06	0.12	0.21	−0.04
水 SRC	−0.88**	0.86**	−0.88**	0.84**	0.78**	−0.69**
碳酸钠 SRC	−0.89**	0.83**	−0.86**	0.84**	0.79**	−0.63**
乳酸 SRC	−0.62**	0.51**	−0.55**	0.64**	0.64**	−0.44*
蔗糖 SRC	−0.76**	0.74**	−0.77**	0.68**	0.70**	−0.52**
吸水率	−0.87**	0.85**	−0.87**	0.84**	0.77**	−0.61**
形成时间	−0.33	0.33	−0.37	0.39	0.25	−0.21
稳定时间	−0.35	0.28	−0.31	0.39	0.32	−0.47*
弱化度	0.16	−0.01	0.07	−0.12	−0.17	0.13
粉质质量指数	−0.37	0.27	−0.32	0.38	0.27	−0.46*

以上多项有关饼干品质与小麦理化品质相关性分析结果既有一致性，又存在差异。差异的主要原因在于试验材料不同，陈满峰（2008）、李曼等（2021）、刘健等（2021）以包含强筋、中筋、弱筋品质类型小麦为研究材料，品质指标变异幅度较大，籽粒硬度、SDS 沉淀值、水 SRC、碳酸钠 SRC、乳酸 SRC、蔗糖 SRC、吸水率与饼干品质均极显著相关；仅以弱筋品质类型小麦为研究材料，品质指标变异幅度相对较小，籽粒硬度、水 SRC、碳酸钠 SRC、吹泡仪 P 值、P/L 值及面筋质量与饼干品质显著或极显著相关，与饼干品质相关的品质指标减少。在弱筋小麦育种过程中，不仅要配制弱筋小麦组合，还要配制大量不同品质类型组合的材料，综合确定以籽粒硬度、SDS 沉淀值、水 SRC、吸水率、吹泡仪 P 值作为弱筋小麦育种的核心指标，从籽粒硬度、面筋质量和数量、吸水特性、面团特性等关键指标进行鉴定评价。

二、弱筋小麦育种品质评价及应用

（一）弱筋小麦育种品质评价技术体系

研究表明，蛋白质含量、湿面筋含量和稳定时间受环境影响较大，蛋白质含量、湿面筋含量遗传力低；硬度、沉淀值、吸水率、水 SRC 和吹泡仪 P 值主要受基因型控制，遗传力高。基因型是影响 4 种 SRC（水 SRC、碳酸钠 SRC、乳酸 SRC 和蔗糖 SRC）的主要因素，其中反映面筋特性乳酸 SRC 更易受环境影响。面团流变学特性的粉质仪和吹泡仪参数，粉质仪吸水率、吹泡仪 P 值基因型效应较大，其余参数受环境影响较大。蛋白质含量、湿面筋含量、稳定时间与饼干和蛋糕品质相关性较小，沉淀值与饼干、蛋糕品质有显著相关性，水 SRC 和碳酸钠 SRC 与饼干品质相关程度最高，蔗糖 SRC 和乳酸 SRC 与饼干品质的相关性在不同研究中存在差异，面团流变学参数的粉质仪吸水率、

吹泡仪 P 值和 P/L 值与饼干品质显著负相关。

　　仅以蛋白质含量、湿面筋含量和稳定时间进行弱筋小麦分类容易误判,结合硬度、沉淀值、SRC 等高遗传力指标分类将更为客观准确。江苏里下河地区农业科学研究所多年研究表明,基因型效应较大的硬度、沉淀值、水 SRC、粉质仪吸水率、吹泡仪 P 值等品质指标与饼干品质极显著相关,可作为弱筋小麦品质评价的核心指标。该所在弱筋小麦育种过程中以硬度、沉淀值和 SRC 为弱筋品质育种核心指标,粉质率与硬度具有显著相关性,由于低世代种子量少、用粉质率代替硬度,蛋白质数量性状受环境影响较大,作为育种选择指标容易误判,但弱筋小麦仍要求较低蛋白质含量,因此以蛋白质含量为指标进行生态环境和栽培条件等因素控制,进而构建了弱筋小麦不同育种世代品质评价体系(图3-1)。低世代以粉质率 ≥ 75%、微量 SDS 沉淀值(1 g 全麦粉)≤ 10 mL、微量水 SRC(全麦粉)≤ 76%、蛋白质含量 ≤ 12.5% 进行筛选;中高世代以 SKCS 硬度 ≤ 30、硬度指数 ≤ 50、常量 Zeleny 沉淀值(面粉)≤ 30 mL、水 SRC(面粉)≤ 65%、蛋白质含量 ≤ 12.5%、吸水率 ≤ 55% 进行筛选;高世代材料面团特性吹泡仪 P 值 ≤ 40 mm,75 FU ≤ 弱化度 ≤ 95 FU,同时增加食品鉴评,酥性饼干评分 ≥ 80 分、海绵蛋糕评分 ≥ 80 分、曲奇饼干直径 ≥ 17 cm。

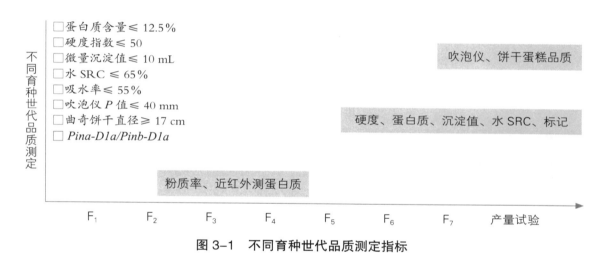

图 3-1　不同育种世代品质测定指标

　　用系统聚类(类间平均距离法)对弱筋小麦品种进行聚类分析,可将供试品种分为 2 类(图3-2)。'扬麦 13''扬麦 9 号''扬麦 19'3 个品种被划分到同一类,饼干直径、直厚比较大,厚度较小,曲奇饼干品质最优。'扬麦 15''扬麦 18''扬麦 20''扬麦 21''扬麦 22''扬麦 24'为一类,饼干直径、直厚比较小,厚度较大。基于其他品质性状对品种进行聚类分析,结果大致相同。'扬麦 9 号''扬麦 13''扬麦 19'的硬度在 16.51~22.33,面筋指数在 58.46%~82.84%,水 SRC 在 55.40%~61.64%,碳酸钠 SRC 在 72.97%~77.05%,吹泡仪 P 值在 30.17~42.02 mm,吹泡仪 L 值在 94.80~101.50 mm,P/L 值在 0.32~0.41,弱化度在 72.63~97.38 FU,曲奇饼干直径在 17.94~18.32 cm,水 SRC、碳酸钠 SRC、吹泡仪 P 值、P/L 值显著低于其他品种,曲奇饼干直径显著高于其他品种;其余品种水 SRC 在 61.57%~65.83%,碳酸钠 SRC 在 80.07%~82.59%,吹泡仪 P 值在 42.90~51.84 mm,吹泡仪 P/L 值在 0.41~0.51,曲奇饼干直径在 17.23~17.62 cm(表3-30,表3-31)。

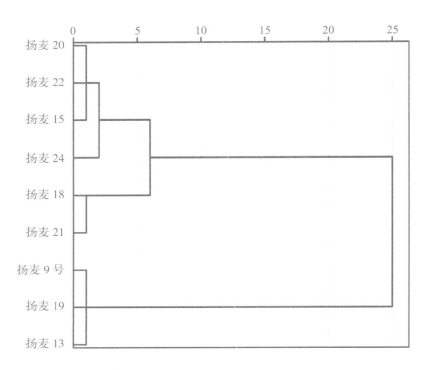

图 3-2　2016—2019 年基于曲奇饼干直厚比的聚类分析

表 3-30　供试品种籽粒及面粉理化品质

品种	蛋白质含量 / %	SKCS硬度	湿面筋含量 / %	面筋指数 / %	沉淀值 / mL	水SRC / %	碳酸钠SRC / %	乳酸SRC / %	蔗糖SRC / %
扬麦 9 号	12.49b	22.33cd	24.13b	79.18bc	6.28f	59.75c	75.63cd	110.51bcd	101.01c
扬麦 13	13.32a	16.51e	27.88a	58.46d	6.81e	55.40d	72.97d	105.30de	99.48c
扬麦 15	11.21d	19.35de	21.75b	84.45ab	8.34b	65.36a	80.31ab	112.35bc	99.12c
扬麦 18	11.98bcd	19.52de	23.25b	80.31b	7.84c	61.57bc	82.59a	110.23bcd	107.07a
扬麦 19	12.34bc	21.69cd	24.22b	82.84b	9.25a	61.64bc	77.05bc	102.72e	101.79bc
扬麦 20	12.10bcd	26.94b	24.13b	76.12c	7.19d	63.73ab	80.07ab	105.44de	100.14c
扬麦 21	11.88bcd	17.2e	23.92b	75.95c	8.19b	63.11ab	81.33a	115.80b	107.55a
扬麦 22	12.01bcd	31.70a	23.58b	76.04c	6.22f	65.40a	80.58ab	108.23cde	104.80ab
扬麦 24	11.42cd	22.95c	21.54b	91.47a	8.28b	65.83a	82.50a	123.10a	102.28bc

注：不同字母表示在 0.05 水平上差异显著。下文类似情况做同一解释。

表 3-31　供试品种面团流变学特性及饼干加工品质

品种	P值/mm	L值/mm	P/L值	吸水率/%	面团形成时间/min	稳定时间/min	弱化度/FU	粉质指数	直径/cm	厚度/mm	直厚比
扬麦9号	42.02cd	101.50c	0.41b	54.41b	2.04ab	2.70b	72.63bc	37.38c	18.05a	17.74c	10.20a
扬麦13	30.17e	94.80c	0.32c	55.31ab	1.73b	2.05b	97.38a	30.75c	18.32a	17.52c	10.31a
扬麦15	51.84a	110.60b	0.47a	55.86ab	2.84a	4.48a	49.00d	60.25a	17.43cd	19.24a	9.06bc
扬麦18	42.90bcd	84.00d	0.51a	56.27ab	2.09ab	2.95b	72.25bc	41.25bc	17.62bc	18.50b	9.52b
扬麦19	40.95d	101.40c	0.41b	55.11ab	1.65b	2.06b	88.25a	30.38c	17.94ab	17.57c	10.11a
扬麦20	48.15ab	96.80c	0.50a	56.83a	1.91ab	2.29b	84.75ab	33.75c	17.23cd	19.35a	8.94c
扬麦21	47.36ab	97.70c	0.49a	56.73a	2.21ab	3.13b	72.75bc	45.25bc	17.49cd	18.66b	9.44bc
扬麦22	46.42abc	95.80c	0.48a	56.73a	1.85ab	2.41b	88.88a	35.00c	17.20d	19.30a	8.93c
扬麦24	50.70a	124.80a	0.41b	55.19ab	2.19ab	4.15a	60.88c	53.13ab	17.60bc	19.52a	9.03bc

（二）弱筋小麦品质评价指标应用

对扬麦品种的品质进行系统研究亦表明，蛋白质含量、湿面筋含量不能作为弱筋小麦评价的主要指标，籽粒硬度、沉淀值、粉质仪吸水率、吹泡仪参数与饼干品质显著相关（张晓 等，2020）。

1. 籽粒硬度、蛋白质含量、沉淀值、湿面筋含量和面筋指数

从表 3-32 可以看出，'扬麦4号''扬麦158''扬麦16''扬麦23''扬麦10号''扬麦17'籽粒硬度较高，SKCS 硬度为 54.31~62.12，显著高于其他品种；'扬麦13''扬麦15''扬麦21'SKCS 硬度均低于 20，其余品种 SKCS 硬度为 22.35~31.51，且无显著差异，根据硬度可把扬麦明显分成硬麦和软麦 2 种类型，硬麦 SKCS 硬度大于 54，软麦 SKCS 硬度小于 32。品种之间的籽粒蛋白质含量差异没有明显规律性：'扬麦17''扬麦1号''扬麦6号''扬麦4号'4个品种籽粒蛋白质含量相对较高，在 14% 以上；'扬麦15''扬麦158''扬麦24''扬麦25'较低，在 13% 以下，而'扬麦158'属于中强筋小麦类型；其余品种籽粒蛋白质含量无显著差异，为 13%~14%。'扬麦17''扬麦10号''扬麦23''扬麦16''扬麦158''扬麦2号''扬麦6号'沉淀值相对较高，为 10.17~13.75 mL，其余品种间无显著差异，为 6.33~9.58 mL，根据沉淀值也可以明显将扬麦分成高沉淀值类型和低沉淀值类型，且与依据硬度分类基本一致。'扬麦1号''扬麦6号''扬麦17'湿面筋含量相对较高，为 35.82%~38.13%，其余品种湿面筋含量为 29.74%~33.48%，且无显著差异。在面筋指数上，'扬麦2号''扬麦23''扬麦25''扬麦24'相对较高，为 80.02%~82.83%，特别是自'扬麦23'后，近年来育成新品种面筋指数明显提高，'扬麦4号''扬麦1号''扬麦13''扬麦20'较低，为 38.86%~48.84%，其余品种为 50.44%~71.78%。

表 3-32　扬麦系列品种籽粒硬度和蛋白质相关性状

品种名称	SKCS 硬度	蛋白质含量 /%	微量 SDS 沉淀值 /mL	湿面筋含量 /%	面筋指数 /%
扬麦 1 号	29.73bc	14.47ab	7.50fgh	38.13a	48.27hij
扬麦 2 号	31.51b	13.77bcde	10.17bcdef	30.81cde	82.77a
扬麦 3 号	22.00bcde	13.78abcde	8.75efgh	32.56cde	50.44fghi
扬麦 4 号	62.12a	14.03abcd	8.33fgh	33.10bcd	48.81ghij
扬麦 5 号	28.14bc	13.41defg	6.92gh	29.83e	59.68defg
扬麦 6 号	30.52b	14.32abc	10.17bcdef	35.82ab	59.44defg
扬麦 158	61.65a	12.85fg	11.67abcde	30.81cde	69.81bcd
扬麦 9 号	27.38bcd	13.01efg	6.33h	29.99e	64.35cde
扬麦 10 号	58.68a	13.27defg	12.58ab	31.26cde	66.14cde
扬麦 11 号	27.19bcd	13.82abcde	9.33cdefgh	31.31cde	63.87cde
扬麦 12 号	23.61bcde	13.41defg	7.67fgh	29.74e	69.89bcd
扬麦 13	18.90cde	13.85abcde	6.58gh	32.45cde	42.84ij
扬麦 14	26.08bcd	13.28defg	8.42fgh	31.29cde	60.87cdef
扬麦 15	16.50de	12.60g	9.00defgh	29.90e	71.78abc
扬麦 16	61.23a	13.72bcde	12.08abcd	32.80bcde	59.84defg
扬麦 17	54.31a	14.61a	13.75a	35.82ab	55.29efgh
扬麦 18	25.04bcd	13.78abcde	7.42fgh	32.57cde	50.65fghi
扬麦 19	26.37bcd	13.81abcde	7.92fgh	31.32cde	63.40cde
扬麦 20	26.01bcd	13.59cdef	6.50gh	33.48bc	38.86j
扬麦 21	13.48e	13.55cdef	8.25fgh	32.05cde	59.57defg
扬麦 22	29.34bc	13.61cdef	7.00gh	31.78cde	57.94efgh
扬麦 23	60.27a	13.81abcde	12.42abc	31.24cde	82.83a
扬麦 24	23.27bcde	12.82fg	9.58bcdefg	30.18de	80.02ab
扬麦 25	22.35bcde	12.81fg	8.92efgh	31.47cde	80.19ab

对不同蛋白质含量的软质中筋和弱筋小麦'扬麦 25''扬麦 30''扬麦 33''扬麦 36'，硬质中强筋小麦'扬麦 29'和'扬麦 39'进行曲奇饼干制作（图 3-3），'扬麦 25'蛋白质含量分别为10.76%、14.97%，'扬麦 30'蛋白质含量分别为 10.19%、12.32%，'扬麦 33'蛋白质含量分别为10.58%、13.66%，'扬麦 36'蛋白质含量分别为 9.39%、13.78%，'扬麦 39'蛋白质含量分别为11.11%、14.77%，'扬麦 29'蛋白质含量分别为 11.22%、13.49%。结果表明，软质小麦无论蛋白质含量高低，曲奇饼干直径均显著大于硬质小麦，进一步证明蛋白质含量不能作为弱筋小麦品质评价的主要指标，硬度是弱筋小麦品质评价的核心指标。

图 3-3　部分小麦品种不同蛋白质含量制作的曲奇饼干

2. 溶剂保持力

从表3-33可以看出，'扬麦158'水SRC最高，其次是'扬麦4号''扬麦16''扬麦23''扬麦10号''扬麦17''扬麦11号'，为63.83%~78.56%，显著高于其他品种，其他品种差异较小，数值为54.69%~61.36%。'扬麦158''扬麦10号''扬麦16''扬麦4号''扬麦23'碳酸钠SRC相对较高，在99.14%~107.73%，其次是'扬麦11号'和'扬麦17'，分别为88.55%和86.57%，上述品种显著高于其他品种（71.40%~80.55%）。'扬麦2号''扬麦16''扬麦10号''扬麦11号''扬麦23''扬麦158''扬麦4号''扬麦6号'乳酸SRC较高，为118.83%~128.13%；'扬麦20'和'扬麦22'相对最低，分别为85.89%和89.65%；其余品种间基本无显著差异（100.86%~115.44%）。'扬麦10号''扬麦16''扬麦158''扬麦11号''扬麦4号''扬麦23'蔗糖SRC相对较高，为118.48%~127.27%；'扬麦20'蔗糖SRC数值最低，为95.66%；其余品种数值为102.16%~117.59%。

综上，'扬麦4号''扬麦158''扬麦10号''扬麦16''扬麦23'的SRC较高，而'扬麦1号''扬麦3号''扬麦5号''扬麦9号''扬麦12号''扬麦13''扬麦15''扬麦20'的SRC较低；乳酸SRC（反映面筋特性）易受环境影响，水SRC（反映面粉综合特性）、碳酸钠SRC（反映破损淀粉含量）和蔗糖SRC（反映戊聚糖含量）基因型效应更大，依据水SRC、碳酸钠SRC和蔗糖SRC对扬麦进行分类结果较为一致，与依据硬度和沉淀值分类结果相似。

表 3-33　扬麦系列品种的 SRC 指标

品种名称	水 SRC/%	碳酸钠 SRC /%	乳酸 SRC/%	蔗糖 SRC /%
扬麦 1 号	54.70j	71.40h	102.24f	102.16l
扬麦 2 号	57.46hij	77.63efg	128.13a	110.72fghij

品种名称	水 SRC/%	碳酸钠 SRC /%	乳酸 SRC/%	蔗糖 SRC /%
扬麦 3 号	57.16ij	76.32efg	109.32def	109.74ghijk
扬麦 4 号	75.55b	101.45bc	121.59abc	121.41bc
扬麦 5 号	58.35fghi	75.70fgh	108.69ef	105.80kl
扬麦 6 号	60.19efgh	76.52efg	118.83abcd	113.69efgh
扬麦 158	78.56a	107.73a	122.08abc	123.60ab
扬麦 9 号	57.98ghi	75.27fgh	102.44f	113.82efg
扬麦 10 号	73.10b	104.37ab	124.24ab	127.27a
扬麦 11 号	63.83cd	88.55d	122.49abc	121.75bc
扬麦 12 号	58.84efghi	77.94efg	107.82ef	109.15ijk
扬麦 13	54.69j	73.78gh	100.86f	103.21l
扬麦 14	60.92ef	80.55e	104.35f	117.59cde
扬麦 15	58.09fghi	79.44ef	107.68ef	109.49hijk
扬麦 16	73.70b	103.80ab	125.10a	124.26ab
扬麦 17	65.93c	86.57d	113.97cde	108.68jk
扬麦 18	59.20efghi	80.47e	109.47def	116.79de
扬麦 19	60.56efg	77.31efg	106.53ef	108.37jk
扬麦 20	59.13efghi	75.71fgh	85.89g	95.66m
扬麦 21	59.07efghi	76.44efg	109.06ef	113.41efghi
扬麦 22	61.36de	77.71efg	89.65g	112.42fghij
扬麦 23	73.23b	99.14c	122.14abc	118.48cd
扬麦 24	60.75efg	77.60efg	114.07cde	111.93fghij
扬麦 25	60.40efg	78.16efg	115.44bcde	114.76def

3. 粉质仪参数

从表 3-34 可以看出，'扬麦 158'和'扬麦 16'粉质仪吸水率较高，其次是'扬麦 4 号''扬麦 10 号''扬麦 23''扬麦 17''扬麦 6 号''扬麦 11 号'，吸水率为 60.67%~67.40%，显著高于其他品种；其他品种吸水率基本无显著差异（54.77%~59.20%），依据吸水率对扬麦分类与按照硬度分类结果基本一致。'扬麦 2 号'面团形成时间最长，其次是'扬麦 6 号''扬麦 14''扬麦 17''扬麦 16'，面团形成时间均超过 4 min；其余品种间面团形成时间无显著差异，在 1.23~3.47 min。面团稳定时间以'扬麦 2 号'最长，其次是'扬麦 25'和'扬麦 23'，其余品种稳定时间无显著差异。面团弱化度以'扬麦 20''扬麦 13''扬麦 22'相对最高，其次是'扬麦 5 号'，弱化度在 70 FU 以上；'扬麦 23''扬麦 25''扬麦 2 号'相对最低，弱化度在 30 FU 以下；其余品种弱化度差异不显著，数值在 38.00~64.67 FU。面粉粉质质量指数以'扬麦 2 号''扬麦 23''扬麦 25''扬麦 16''扬麦 17'相对较高，其余品种无显著差异。

表 3-34　扬麦系列品种粉质仪参数

品种名称	吸水率 /%	形成时间 /min	稳定时间 /min	弱化度 /FU	粉质质量指数
扬麦 1 号	57.43efgh	2.43bcd	3.47d	56.33cdef	50.33def
扬麦 2 号	55.73ghi	8.83a	13.17a	16.00h	154.33a
扬麦 3 号	56.03ghi	2.63bcd	5.20bcd	49.00defg	68.00bcdef
扬麦 4 号	65.30b	3.47bcd	4.33cd	46.67defg	68.00bcdef
扬麦 5 号	57.50efg	1.67d	3.73d	70.00bcd	49.00def
扬麦 6 号	61.53c	4.47b	3.93d	50.00defg	75.00bcdef
扬麦 158	67.40a	2.67bcd	4.67bcd	46.33defg	68.67bcdef
扬麦 9 号	54.77i	1.37d	4.23cd	57.67cdef	48.33def
扬麦 10 号	65.47b	3.10bcd	3.77d	64.67cde	59.33cdef
扬麦 11 号	60.67cd	2.30bcd	5.60bcd	42.67efg	76.67bcdef
扬麦 12 号	56.43ghi	1.73cd	4.50cd	45.33defg	47.67def
扬麦 13	55.67hi	1.23d	2.20d	95.33ab	26.67f
扬麦 14	59.20de	4.63b	4.97bcd	44.67defg	71.33bcdef
扬麦 15	56.97fgh	2.47bcd	5.70bcd	45.33defg	67.33bcdef
扬麦 16	66.27ab	4.03bc	5.43bcd	38.00fgh	84.33bcd
扬麦 17	61.57c	4.50b	4.90bcd	40.67efgh	82.00bcde
扬麦 18	58.30ef	2.10cd	3.70d	58.67cdef	53.33cdef
扬麦 19	56.23ghi	1.80cd	5.97bcd	41.67efg	75.33bcdef
扬麦 20	57.37fgh	1.57d	2.73d	105.00a	38.00def
扬麦 21	56.97fgh	2.70bcd	3.80d	61.00cdef	55.33cdef
扬麦 22	57.00fgh	2.10cd	3.63d	81.33abc	48.67def
扬麦 23	62.17c	3.00bcd	8.43bc	30.00gh	119.00ab
扬麦 24	55.97ghi	1.47d	6.00bcd	48.67defg	31.33ef
扬麦 25	56.80fgh	1.83cd	8.93ab	25.67gh	104.67abc

以不同品质类型品种差异显著的性状硬度、面筋指数、碳酸钠 SRC、水 SRC、蔗糖 SRC、吸水率、面团形成时间、峰值黏度和糊化温度为聚类分析变量对所有品种进行分层聚类，在遗传距离 10 水平处把扬麦品种分为 2 类（图 3-4）。'扬麦 1 号''扬麦 3 号''扬麦 5 号''扬麦 6 号''扬麦 9 号''扬麦 11 号''扬麦 12 号''扬麦 13 号''扬麦 14 号''扬麦 15''扬麦 18''扬麦 19''扬麦 20''扬麦 21''扬麦 22''扬麦 24 号''扬麦 25'多数为弱筋品质类型：硬度低，沉淀值低，SRC 和吸水率低。这类品种中，'扬麦 11 号''扬麦 24''扬麦 25'SKCS 硬度仅为 27.19，但 SDS 沉淀值、溶剂保持力、吸水率和面筋指数等指标显著高于'扬麦 9 号''扬麦 13''扬麦 20'等弱筋小麦品种。这可能是由于'扬麦 24'和'扬麦 25'的亲本之一是'扬麦 11 号'，而'扬麦 11 号'是'扬麦 158'抗白粉病回交所得，保留了部分'扬麦 158'优异蛋白组分和比例。利用蛋白质含量、湿面筋含量和稳定时间不能对扬麦品种的品质类型进行合理分类，利用硬度、面筋指数、水 SRC、碳酸钠 SRC、蔗糖 SRC、吸水率等可以把扬麦品种分成 2 种类型。

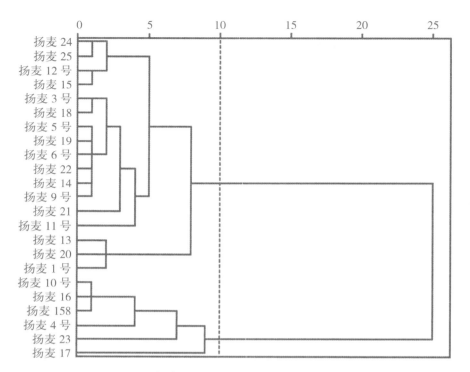

图 3-4　扬麦系列品种品质性状聚类分析图

　　李曼等（2021）以江苏淮南麦区的 14 个小麦主栽品种（包括弱筋、中筋和强筋小麦）为材料，研究江苏淮南麦区主推小麦品种的品质表现并明确小麦关键品质选择指标。以硬度、水 SRC、碳酸钠 SRC、吸水率、饼干直径为综合指标进行聚类分析（图 3-5），把 14 个小麦品种分为 2 类。‘扬麦 9 号’‘扬麦 13’‘扬麦 15’‘扬麦 18’‘扬麦 19’‘扬麦 20’‘扬麦 21’‘扬麦 22’‘扬麦 24’为一类，这类品种蛋白质含量低、硬度低、溶剂保持力低、吸水率低、稳定时间短、饼干直径

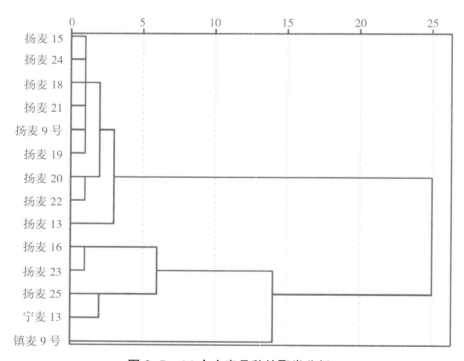

图 3-5　14 个小麦品种的聚类分析

大，弱筋品质优。'扬麦 16''扬麦 23''扬麦 25''宁麦 13''镇麦 9 号'为一类，这类品种蛋白质含量、硬度、溶剂保持力、吸水率较高，稳定时间较长，饼干直径较小。利用硬度、水 SRC、碳酸钠 SRC、吸水率和饼干直径能对不同品质类型的小麦品种进行合理分类。

三、弱筋小麦品质评价技术规程

江苏里下河地区农业科学研究所制定了团体标准《弱筋类小麦品质评价技术规程》（T/JAASS 122—2024），该标准规定了弱筋小麦品质评价的术语和定义、品质指标、检验方法、检验规则及判定规则。适用于弱筋小麦品种选育过程，弱筋小麦的收购、销售和加工也可以参照使用。该标准品质指标包括：籽粒粉质率 ≥ 75%、籽粒硬度指数 ≤ 50、籽粒蛋白质含量 ≤ 12.5%、湿面筋含量 ≤ 26%、面粉水溶剂保持力 ≤ 65%、吸水率 ≤ 55%、稳定时间 ≤ 3.0 min、吹泡仪 P 值 ≤ 40 mm；酥性饼干评分 ≥ 80 分、海绵蛋糕评分 ≥ 80 分、南方馒头（软式馒头）评分 ≥ 80 分。检验规则为：抽样按《粮食、油料检验 扦样、分样法》（GB/T 5491）规定执行；选择已确定弱筋品质类型的品种同时种植，作为对照样品；检验样品全麦粉降落值按《小麦品种品质分类》（GB/T 17320—2013）规定应大于 250 s；检验用面粉按《小麦储存品质判定规则》（GB/T 20571—2006）规定制备，面粉出粉率按《小麦品种品质分类》（GB/T 17320—2013）规定为 60%~70%。磨制成面粉后，夏季放置 2 周，冬季放置 3 周，待面粉品质趋于稳定后方可进行面粉特性、面团流变学特性和食品加工特性的检验。不同专用类型弱筋小麦的判定，品质指标要求有所差异。饼干和蛋糕专用弱筋小麦侧重籽粒硬度指数、水溶剂保持力、吹泡仪 P 值和酥性饼干、海绵蛋糕评分，南方馒头专用弱筋小麦侧重籽粒硬度指数、吸水率、湿面筋含量和南方馒头评分，酿酒专用弱筋小麦侧重粉质率和籽粒硬度指数。

弱筋小麦是适合制作饼干、糕点、南方馒头等食品和酿酒的小麦，不同弱筋小麦制品对品质指标的要求有差异，多数研究围绕饼干、蛋糕等弱筋小麦制品品质开展，今后需要加强南方馒头和酿酒专用小麦品质评价的研究。针对不同弱筋小麦制品，进一步制定相应的品质评价技术规程。

主要参考文献

Abboud A M, 1985. Factors of flour lipids on cookie flour quality[J]. Cereal Chemistry, 62: 130-133.

Bettge A D, Rubenmaler L, Pomerana Y, 1989. AlVeograph algorithms to predict *Functional* properties of wheat in bread and cookie baking[J]. Cereal Chemistry, 66(2): 8l-86.

Bettge A D, Morris C F, 2000. Relationships among grain hardness, pentosan fractions, and end-use quality of wheat[J]. Cereal Chemistry, 77 (2): 241-247.

Bettge A D, Morris C F, 2007. Oxidative gelation measurement and influence on soft wheat batter viscosity and End-Use quality[J]. Cereal Chemistry, 84(3): 237-242.

Bettge A D, Morris C F, DeMacon V L, et al., 2002. Adaptation of AACC method 56-11, solvent retention capacity, for use as an early generation selection tool for cultivar development[J]. Cereal Chemistry, 79 (5): 670-674.

Chen F, Li H, Cui D, 2013. Discovery, distribution and diversity of *Puroindoline-D1* genes in bread wheat from five countries (*Triticum aestivum* L.)[J]. BMC Plant Biology, 13: 1-13.

Chiotelli E, Meste M L, 2002. Effect of small and large wheat starch granules on thermomechanical behavior of starch [J]. Cereal Chemistry, 79(2): 286-293.

Donelson J R, Gaines C S, 1998. Starch-water relationships in the sugar-snap cookie dough system[J]. Cereal Chemistry, 75(5): 660-664.

Gaines C S, Donelson J R, 1985. Effect of varying protein content on angel food and high-ratio white layer cake size and tenderness[J]. Cereal Chemistry, 62: 63-66.

Gaines C S, Donelson J R, 1985. Evaluating cookie spread potential of whole wheat flours from soft wheat cultivars[J]. Cereal Chemistry, 62: 134-136.

Gaines C S, 1990. Influence of chemical and physical modification of soft wheat protein on sugar-snap cookie dough consistency, cookie size, and hardness[J]. Cereal Chemistry, 67: 73-77.

Gaines C S, Kassuba A, Finney P L, 1996. Using wire-cut and sugar-snap formula cookie test baking methods to evaluate distinctive soft wheat flour sets: implications for quality testing[J]. Cereal Foods World, 41(3) : 155-160.

Gaines C S, Finney P F, Fleege L M, et al., 1996. Predicting a hardness measurement using the single kernel characterization system[J]. Cereal Chemistry, 73(2): 278-279.

Gaines C S, 2000. Collaborative study of methods for solvent retetion capacity profile (AACC Method 56-11) [J]. Cereal Foods World, 45(7): 303-306.

Gaines C S, Raeker M O, Tilley M, et al., 2000. Associations of starch gel hardness, granule size, waxy allelic *Expression*, thermal pasting, milling quality, and kernel texture of 12 soft wheat cultivars[J]. Cereal Chemistry, 77(2): 163-168.

Gaines C S,1985. Associations among soft wheat flour particle size, protein content, chlorine response, kernel hardness, milling quality[J]. Cereal Chemistry, 62(4): 290-292.

Guttieri M J, Bowen D, Gannon D, et al., 2001. Solvent retention capacities of irrigated soft white spring wheat flours[J]. Crop Science, 41(4): 1054-1061.

Guttieri M J, Souza E, 2003. Sources of variation in the solvent retention capacity test of wheat flour [J]. Crop Science, (43): 1628.

Kaldy M S, Rubenthaler G i, Kereliuk G R, et al., 1991. Relationships of selected flour constituents to baking quality in soft white wheat[J]. Cereal Chemistry, 68: 508-512.

Kaldy M S, Kereliuk G R, Kozub G C, 1993. Influence of gluten components and flour lipids on soft white wheat quality[J]. Cereal Chemistry, 70(1): 77-80.

Kweon M, Slade L, Levine H, 2011. Solvent retention capacity (SRC) testing of wheat flour: Principles and value in predicting flour functionality in different wheat-based food processes and in wheat breeding—A review[J]. Cereal Chemistry, 88(6): 537-552.

Lin P Y, Czuchajowska Z, 1996. Starch damage in soft wheats of the Pacific Northwest[J]. Cereal Chemistry, 73(5): 551-555.

Lerner S E, Seghezzo M L, Molfese E R, et al., 2006. N-and S-fertiliser effects on grain composition, industrial quality and end-use in durum wheat[J]. Journal of Cereal Science, 44(1): 2-11.

Moiraghi M, de la Hera E, Pérez G T, et al., 2013. Effect of wheat flour characteristics on sponge cake quality[J]. Journal of the Science of Food Agriculture, 93(3): 542-549.

Niño-Medina G, Carvajal-Millán E, Rascon-Chu A, et al., 2010. Feruloylated arabinoxylans and arabinoxylan gels: structure, sources and applications[J]. Phytochemistry Reviews, 9(1): 111-120.

Osborne B G, Douglas S, 2010. Measurement of the degree of starch damage in flour by near infrared reflectance analysis[J]. Joural Science Food Agriculture, 32(4): 328-332.

Rogers W J, Cogliatti M, Lerner S E, et al., 2006. Effects of nitrogen and sulfur fertilizers on gliadin composition of several cultivars of durum wheat[J]. Cereal Chemistry, 83(6): 677-683.

Sahlstrӧm S, Brathen E, Lea P, et al., 1998. Influence of starch granule size distribution on bread characteristics [J]. Cereal Science, 28(2): 157-164.

Sissons M J, Egan N E, Gianibelli M C, 2005. New insights into the role of gluten on durum pasta quality using reconstitution method[J]. Cereal Chemistry, 82(5): 601-608.

Tang H, Ando H, Watanade K, et al., 2000. Some physiological properties of small, medium and large granule starches in fractions of waxy barley grain [J]. Cereal Chemistry, 77 (1): 27-31.

Tang H, Ando H, Watanade K, et al., 2001. Fine structures of amylose and amylopectin from large, medium and small waxy barley starch granules [J]. Cereal Chemistry, 78 (2): 111-115.

Turnbull K M, Rahman S, 2002. Endosperm texture in wheat [J]. Cereal Science, 36（3）: 327-337.

Yamamoto H, Worthingon S T, Hou G, et al., 1996. Rheological properties and baking qualities of selected soft wheats grown in the United States[J]. Cereal Chemistry, 73(2): 215-221.

白玉龙，林作楫，金茂国，1993. 冬小麦品质性状与蛋糕酥饼烘烤品质性状关系的研究 [J]. 中国农业科学，26（6）：24-30.

陈洪金，1993. 酥性饼干专用粉品质指标的研究 [J]. 无锡轻工业学院学报，（04）：287-297.

陈满峰，2008. 弱筋小麦面粉理化品质性状遗传变异、肥料运筹及其与酥性饼干品质的关系 [D]. 扬州：扬州大学.

邓志英，田纪春，胡瑞波，等，2006. 基因型和环境对小麦主要品质性状参数的影响 [J]. 生态学报，26（8）：2757-2763.

高德荣，宋归华，张晓，等，2017. 弱筋小麦扬麦 13 品质对氮肥响应的稳定性分析 [J]. 中国农业科学，50（21）：4100-4106.

高梅，张国权，倪芳妍，等，2006. 微量 SRC 值与小麦品质的关系 [J]. 西北农林科技大学学报（自然科学版），34（12）：87-91.

郭天财，马冬云，朱云集，等，2004. 冬播小麦品种主要品质性状的基因型与环境及其互作效应分析 [J]. 中国农业科学，37（7）：948-953.

荆奇，姜东，戴廷波，等，2003. 基因型与生态环境对小麦籽粒品质与蛋白质组分的影响 [J]. 应用生态学报，14（10）：1649-1653.

赖菁茹，王光瑞，林作楫，等，1997. 软质小麦品质与饼干烘焙品质关系的研究 [J]. 中国粮油学报，（4）：1-5.

李蓓蓓，2011. 酥性饼干对小麦粉的品质要求 [D]. 郑州：河南工业大学.

李朝苏，吴晓丽，汤永禄，等，2016. 四川近十年小麦主栽品种的品质状况 [J]. 作物学报，42（6）：803-812.

李桂萍，张根生，巴青松，等，2016. 杂种小麦品质性状的性状相关和主成分分析 [J]. 浙江农业学报，

28（09）：1447-1453.

李浪，2008.小麦面粉品质改良与检测技术 [M].北京：化学工业出版社.

李曼，2020.弱筋小麦品质评价指标研究 [D].扬州：扬州大学.

李曼，陆成彬，江伟，等，2021.江苏淮南麦区小麦品质特性与饼干品质的关系 [J].江苏农业科学，49(12)：145-150.

李曼，张晓，刘大同，等，2021.弱筋小麦品质评价指标研究 [J].核农学报，35（09）：1979-1986.

李珊，2017.30 个小麦品种主要品质性状及烘焙品质的研究 [D].合肥：安徽农业大学.

李卓，2011.南方馒头对小麦粉品质的要求 [D].郑州：河南工业大学.

李宗智，1990.冬小麦若干品质性状及相关的研究 [J].作物学报，16（1）：8-18.

李宗智，卢少源，1993.小麦遗传资源籽粒硬度和面粉沉淀值的研究 [J].中国农业科学，26（4）：15-20.

刘黄鑫，金鑫，吴卫国，等，2022.南方馒头专用小麦粉原料选择研究 [J].核农学报，36（4）：754-765.

刘健，张晓，李曼等，2021.扬麦系列小麦品种的饼干品质分析 [J].麦类作物学报，41（01）：50-60.

马冬云，朱云集，郭天财，等，2002.基因型和环境及其互作对河南省小麦品质的影响及品质稳定性分析 [J].麦类作物学报，22（4）：13-18.

裴海祎，2020.小麦商用品种 HWM-GS 的类型及其与品质性状的关联分析 [D].武汉：华中农业大学.

钱森和，2005.小麦戊聚糖和溶剂保持力遗传变异及其与品质关系的研究 [D].合肥：安徽农业大学.

乔玉强，马传喜，黄正来，等，2008.小麦品质性状的基因型和环境及其互作效应分析 [J].核农学报，22（5）：706-711.

沈业松，王歆，顾正中，等，2018.296 份黄淮麦区小麦品种资源在江苏淮北地区的品质分析 [J].浙江农业学报，30（10）：1617-1623.

孙彩玲，田纪春，彭波，2010.不同基因型和环境影响小麦主要品质的研究 [J].中国粮油学报，25（3）：6-10.

王晨阳，郭天财，马冬云，等，2008.环境、基因型及其互作对小麦主要品质性状的影响 [J].植物生态学报，32（6）：1397-1406.

王光瑞，周桂英，王瑞，1997.焙烤品质与面团形成和稳定时间相关分析 [J].中国粮油学报，（03）：3-8.

吴宏亚，2014.农学角度的中国饼干研究 [D].扬州：扬州大学.

夏云祥，马传喜，司红起，等，2008.小麦溶剂保持力的基因型和环境及其互作效应分析 [J].麦类作物学报，28（3）：448-451.

肖灿仙，2003.吹泡仪在控制饼干专用粉的小麦及面粉品质特性中的应用 [J].粮食与油脂，（B08）：20-21.

胥红研，张媛，王海燕，等，2009.不同品质类型小麦戊聚糖含量及其与品质的关系 [J].麦类作物学报，29（4）：613-617.

袁翠平，田纪春，刘艳玲，2004.基因型和环境效应对小麦籽粒物理特性的影响 [J].中国粮油学报，19（4）：13-16.

张国权，1999.陕西关中小麦品种（品系）鉴定研究 [D].西安：西北农林科技大学.

张平平，姚金保，马鸿翔，等，2013.宁麦 9 号衍生系的品质特性及与酥性饼干直径的关系 [J].麦类作物学报, 33（06）: 1156-1161.

张平平, 姚金保, 王化敦, 等, 2020. 江苏省优质软麦品种品质特性与饼干加工品质的关系 [J]. 作物
学报, 46（04）: 491-502.

张岐军, 2004. 软质小麦品种饼干品质评价 [D]. 北京: 中国农业科学院.

张岐军, 钱森和, 张艳, 等, 2005. 中国软质小麦品种戊聚糖含量的遗传变异及其与饼干加工品质的
关系 [J]. 中国农业科学, 38（9）:1734-1738

张岐军, 张艳, 何中虎, 等, 2005. 软质小麦品质性状与酥性饼干品质参数的关系研究 [J]. 作物学报,
31（9）: 1125-1131.

张晓, 李曼, 刘大同, 等, 2020. 扬麦系列品种品质性状分析及育种启示 [J]. 中国农业科学, 53
（07）: 1309-1321.

张晓, 陆成彬, 江伟, 等, 2023. 弱筋小麦育种品质选择指标及亲本组配原则 [J]. 作物学报, 49
（05）: 1282-1291.

张艳, 何中虎, 周桂英, 等, 1999. 基因型和环境对我国冬播麦区小麦品质性状的影响 [J]. 中国粮油
学报, 14（5）: 1-5.

张勇, 金艳, 张伯桥, 等, 2012. 我国不同麦区小麦品种的面粉溶剂保持力 [J]. 作物学报, （11）:
2131-2137.

赵莉, 2006. 基因型和环境对小麦主要品质性状的影响 [D]. 合肥: 安徽农业大学.

郑文寅, 胡泽林, 程颖, 等, 2023. 安徽麦区软质小麦籽粒品质和终端制品品质评价 [J]. 麦类作物学
报, 43（02）: 182-189.

周淼平, 吴宏亚, 余桂红, 等, 2007. 小麦溶剂保持力微量测定方法的建立 [J]. 江苏农业学报, 23
（4）: 270-275.

第四章
弱筋小麦品质生理和细胞学基础

小麦的品质特性主要受胚乳中淀粉和蛋白质的种类、含量及两者的比例影响，而淀粉和蛋白质分别贮藏在胚乳细胞的淀粉体和蛋白体中，只有淀粉体中充实足量淀粉，蛋白体中积累优质蛋白，且淀粉和蛋白质的比例适当时，才能使小麦具有优异品质和较高产量。小麦胚乳不同部位淀粉体和蛋白体分布不同。因此，研究小麦淀粉和蛋白质积累规律、胚乳淀粉体和蛋白体发育规律以及不同部位淀粉和蛋白体分布特性，对于探明小麦品质形成的生理和细胞学机制具有重要的理论意义。

　　弱筋小麦在籽粒发育过程中合成大量贮藏蛋白，这些贮藏蛋白以蛋白体的形式存在，为早期种子萌发提供重要的蛋白质和氨基酸来源，也是人类植物蛋白的重要来源。小麦蛋白质主要由清蛋白、球蛋白、醇溶蛋白和谷蛋白组成。清蛋白和球蛋白为代谢蛋白，赖氨酸含量丰富，营养价值较高，约占小麦籽粒蛋白质总量的15%，主要存在于胚和糊粉层中，与营养品质密切相关。醇溶蛋白和谷蛋白为贮藏蛋白，二者约占小麦籽粒蛋白质总量的85%，是小麦面筋的主要成分，与小麦的食品加工品质密切相关。醇溶蛋白在面团流变特性上主要起黏滞作用，决定着面筋的延展性。谷蛋白在面团流变特性上主要起弹性作用，谷蛋白根据其分子量大小分为高分子量谷蛋白亚基（HMW-GS）和低分子量谷蛋白亚基（LMW-GS）两类。

一、蛋白质积累

　　清蛋白、球蛋白、醇溶蛋白和谷蛋白在小麦籽粒发育过程中积累动态不同。'扬麦9号'蛋白质含量变化呈现高－低－高的"V"形曲线（图4-1）。

　　弱筋小麦'扬麦9号'开花后籽粒中清蛋白含量随着生育进程不断下降，但下降的幅度有差异。花后5~20 d小麦清蛋白含量迅速下降，此后变化平缓（图4-2）。

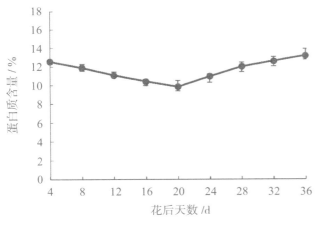 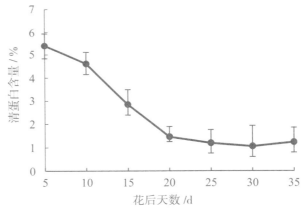

图4-1　'扬麦9号'蛋白质含量的变化　　　　图4-2　'扬麦9号'清蛋白积累动态

　　'扬麦9号'开花后球蛋白含量呈现先下降后上升的变化趋势。在花后15 d先下降至最低点，之后至成熟期逐渐上升（图4-3）。

　　'扬麦9号'开花后醇溶蛋白含量呈现上升变化动态。花后10~15 d，醇溶蛋白含量急剧增加，以后平缓升高（图4-4）。

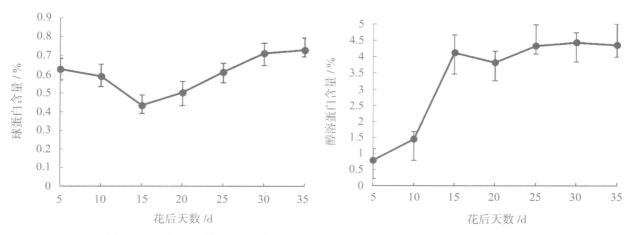

图 4-3   '扬麦 9 号'球蛋白积累动态   图 4-4   '扬麦 9 号'醇溶蛋白积累动态

'扬麦 9 号'开花后谷蛋白含量始终呈现由低到高变化趋势，且累积速度较快（图 4-5）。

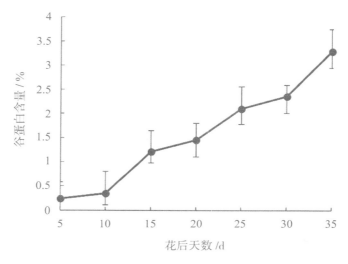

图 4-5   '扬麦 9 号'谷蛋白积累动态

二、蛋白体形成

小麦胚乳细胞发育一般分为细胞发生、分裂、分化、充实和衰亡 5 个时期，其中细胞充实期是营养物质如淀粉和贮藏蛋白大量合成和积累时期，也是淀粉体和蛋白体的形成和发育时期。小麦胚乳树脂半薄切片经甲苯胺蓝染色后其中的蛋白体被染成蓝色（图 4-6）。花后 8 d 的胚乳细胞已分化出糊粉层、亚糊粉层和淀粉胚乳层，其中淀粉胚乳层细胞有少量淀粉体积累，这些淀粉体大多沿细胞壁分布（图 4-6 ②）。花后 10 d 的胚乳，亚糊粉层细胞内有少量淀粉体和蛋白体出现（图 4-6 ③）。花后 12 d 的胚乳，淀粉胚乳细胞内淀粉体数量增多、体积增大，大小不等的球形贮藏蛋白体较多，它们主要分散在胚乳细胞淀粉体之间的细胞质中，也有少量蛋白体贮藏在液泡内（图 4-6 ④）。花后 14 d 的胚乳，亚糊粉层细胞内贮藏蛋白颗粒和淀粉体数量增多，刚分化形成的亚糊粉层细胞也有少量淀粉体和蛋白体（图 4-6 ⑤）。花后 16 d 的胚乳细胞内淀粉体含量较高，蛋白体集中分布于胚乳细胞内的蛋白贮藏液泡内（图 4-6 ⑥）。花后 20 d 的胚乳亚糊粉层细胞淀粉含量增多，蛋白体体积较大，多呈圆球形（图4-6⑧）。花后24 d的胚乳细胞内含丰富的淀粉体，其中小淀粉体数量较多，蛋白体聚集在一起，体积较大（图4-6⑩）。花后26 d的胚乳，胚乳亚糊粉层内贮藏蛋白形成蛋白质基质，将淀粉体包裹在其中（图4-6⑪），靠近糊粉层的一层胚乳细胞贮藏蛋白质基质含量非常高，而淀粉胚乳细胞被淀粉体所充实，数量上以小淀粉体为主，贮藏蛋白质基质体积较小，分散存在于大、小淀粉体之间（图4-6⑫）。

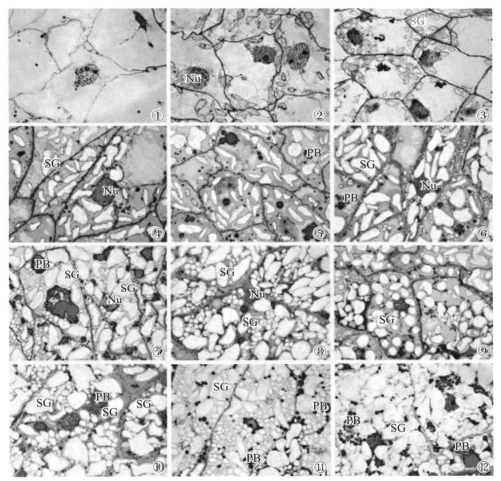

① 花后 6 d；② 花后 8 d；③ 花后 10 d；④ 花后 12 d；⑤ 花后 14 d；⑥ 花后 16 d；⑦ 花后 18 d；⑧ 花后 20 d；⑨ 花后 22d；⑩ 花后 24 d；⑪ 花后 26 d；⑫ 花后 28 d。SG 为淀粉体；PB 为蛋白体；Nu 为细胞核。

图 4-6　‘扬麦 9 号’胚乳细胞中淀粉体和蛋白体的发育

小麦胚乳蛋白体形成的超微结构如图4-7所示。

花后 6 d，胚乳中粗面内质网较多，高尔基体周围存在囊泡和高尔基体小泡（图4-7①、②）。花后 7 d，内质网呈片段（图4-7③），圆形（图4-7④）或线形（图4-7⑤），此时，由内质网产生的囊泡被转运到高尔基体。可观察到高尔基体的堆叠形态，以及衍生出的膜包裹的电子透明小泡（图4-7⑥）。

花后 9 d，内质网网腔膨大，其中积累蛋白（图4-7⑦）。当蛋白积累到一定程度时会从内质网脱落。此时胚乳细胞液泡被膜清晰，囊泡融合进质膜，与星形囊泡一起跨膜运输（图4-7⑧）。

花后 9~10 d，高尔基体很少，其产生的一些致密小泡跨膜运输，内质网衍生的蛋白质和高尔基体形成的致密小泡逐步进入液泡（图 4-7 ⑨、⑩）。花后 11 d，液泡中蛋白体大小各异，它们与致密小泡结合，积累在蛋白质贮藏液泡中（图 4-7 ⑪）。

花后 18 d 时，已观察不到堆叠的高尔基体。蛋白体与蛋白体相互间不完全融合，可观察到箭头区域所指示的明显边界（图 4-7 ⑫）。花后 24 d 的胚乳细胞中，蛋白质基质体积较大，积累在淀粉体间（图 4-7 ⑬）。

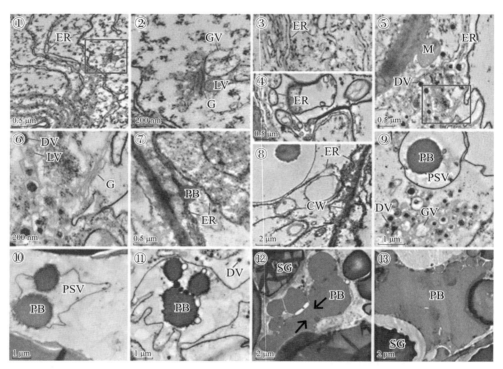

①花后 6 d 胚乳细胞；②为①的局部放大；③—⑤花后 7 d 胚乳细胞；⑥为⑤的局部放大；⑦—⑨花后 9 d 胚乳细胞；⑩花后 10 d 胚乳细胞；⑪花后 11 d 胚乳细胞；⑫花后 18 d 胚乳细胞；⑬花后 24 d 胚乳细胞。ER 为内质网；GV 为高尔基体液泡；LV 为透明小泡；G 为高尔基体；DV 为致密小泡；PB 为蛋白体；CW 为细胞壁；M 为线粒体；PSV 为蛋白质贮藏液泡；SG 为淀粉体。

图 4-7　小麦胚乳发育过程中蛋白体形成的超微结构

三、胚乳蛋白体分布

（一）蛋白体在胚乳不同部位的分布

图 4-8 A 为花后 10 d 小麦籽粒横切面结构，这一时期胚乳内已经积累了一定量的淀粉体和蛋白体。近糊粉层胚乳的蛋白体与中央胚乳部位蛋白体的发育存在一定的空间差异。与中央胚乳相比，近糊粉层胚乳蛋白体数量更多体积更大，蛋白与蛋白之间的聚合程度更高（图 4-8 B、C）。

（二）小麦背部和腹部胚乳蛋白体分布的差异

图 4-9 为弱筋小麦'扬麦 13'籽粒背部和腹部胚乳细胞蛋白体所占面积百分比。从图中可知，腹部胚乳蛋白体面积明显高于背部。花后 9d、11d、15d、19d 腹部胚乳蛋白体较背部净高出 1.27%、1.09%、2.29% 和 4.11%。

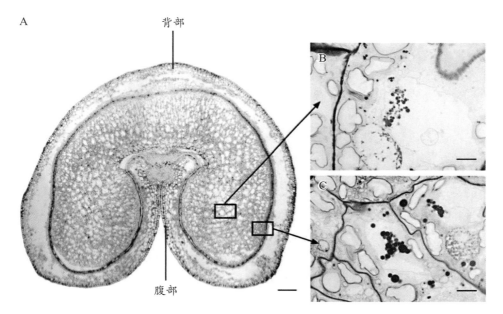

A 为花后 10 d 小麦籽粒横切面；B 为中央胚乳细胞；C 为近糊粉层胚乳细胞。

图 4-8　小麦胚乳不同部位显微结构

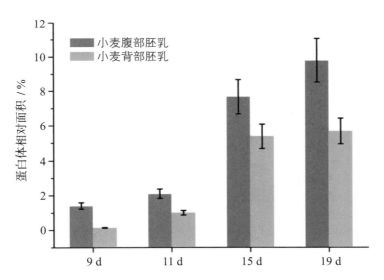

图 4-9　'扬麦 13'背部和腹部区域胚乳蛋白体相对面积

四、HMW-GS 缺失的蛋白体发育

在以弱筋小麦品种'扬麦 18'为背景构建的 4 种不同 *Glu-A1*、*Glu-D1* 位点缺失近等基因系材料中，胚乳蛋白体发育呈现出不同规律。花后 5~25 d 胚乳半薄切片显示，HMW-GS 亚基缺失造成了蛋白体发育进程延迟（图 4-10）。花后 10 d 开始，HMW-GS 缺失系 A2、A3 和 A4 均表现为蛋白体发育延迟、体积增长减缓，且以 *Glu-A1*、*Glu-D1* 双缺失的 A4 最为显著。随着花后时间增加差异减小；至花后 25 d（胚乳发育中后期），4 种近等基因系蛋白体发育状况已无明显差异。

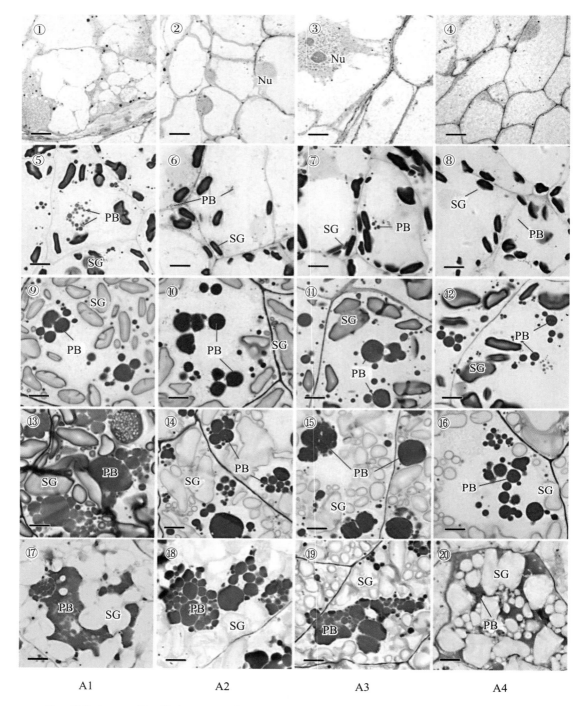

A1 A2 A3 A4

①—④花后 5 d；⑤—⑧花后 10 d；⑨—⑫花后 15 d；⑬—⑯花后 20 d；⑰—⑳花后 25 d。A1—A4 为不同的 HMW-GS 类型。A1 为野生型（亚基组成为 1，7+8，2+12）；A2 为 *Glu-A1* 缺失（亚基组成为 Null，7+8，2+12）；A3 为 *Glu-D1* 缺失（亚基组成为 1，7+8，Null）；A4 为 *Glu-A1*、*Glu-D1* 双缺失（亚基组成为 Null，7+8，Null）。Nu 为细胞核；PB 为蛋白体；SG 为淀粉体。图中标尺 =10 μm。

图 4-10　不同缺失类型的近糊粉层胚乳细胞显微结构

第二节 淀粉的积累和淀粉体的形成

淀粉是小麦籽粒中的主要能量储备物质，其质量占小麦籽粒质量的 3/4 左右，与小麦品质关系密切。小麦淀粉是由直链淀粉和支链淀粉两种多聚糖组成，两者在小麦籽粒中的含量和比例对小麦的食品加工品质有重要影响。小麦淀粉积累在淀粉体中，淀粉体的发育包括淀粉体的发生、分裂、分化、充实等阶段，其发育及充实状况与籽粒营养和加工品质息息相关。本研究以推广面积最大的弱筋小麦品种'扬麦 13'为代表，研究淀粉的积累和淀粉体的形成过程。

一、淀粉的积累

弱筋小麦'扬麦 13'籽粒总淀粉积累量呈"S"形曲线变化。开花至花后 16 d 内增加缓慢，花后 16~28 d 增加最快。'扬麦 13'总淀粉积累速率呈抛物线变化，花后 20~24 d 达到最大值（图 4-11）。

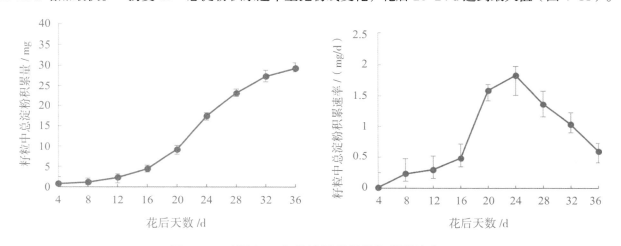

图 4-11　'扬麦 13'总淀粉积累量和积累速率

'扬麦 13'籽粒中直链淀粉含量呈"S"形曲线变化，花后 8~20 d 增加缓慢，20~28 d 增加迅速，32~36 d 增幅较小，成熟期达最大值（图 4-12）。直链淀粉含量增加速率最大值出现在花后 28 d 左右（图 4-13）。

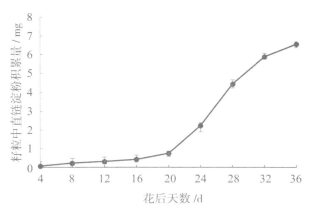

图 4-12　'扬麦 13'籽粒中直链淀粉积累量

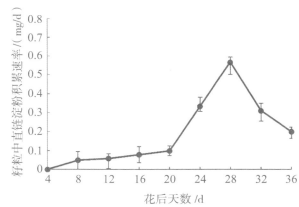

图 4-13　'扬麦 13'籽粒中直链淀粉积累速率

'扬麦13'籽粒中支链淀粉积累量呈"慢-快-慢"的趋势。花后4~16 d积累较慢，之后迅速增加，花后16~24 d最快，花后24~36 d又开始减慢，成熟期增加到最大值（图4-14）。支链淀粉积累速率峰值表现与总淀粉的变化基本一致（图4-15）。'扬麦13'籽粒中支链淀粉含量积累速率最快的时间是花后24 d左右。

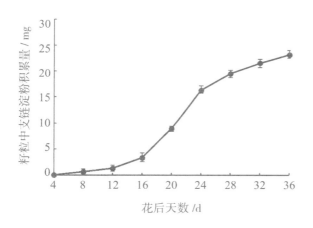

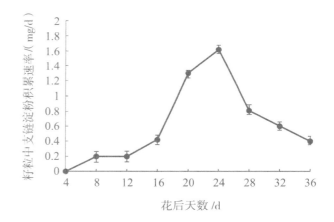

图4-14 '扬麦13'籽粒中支链淀粉积累量　　**图4-15 '扬麦13'籽粒中支链淀粉积累速率**

二、淀粉体的形成

小麦中淀粉体的大小悬殊，根据淀粉体的大小和形态，通常把小麦淀粉体分为大、小2种类型，即A型和B型淀粉体（图4-16）。淀粉体中的淀粉粒有单粒、复粒之分。小麦胚乳中淀粉体以单粒淀粉为主。

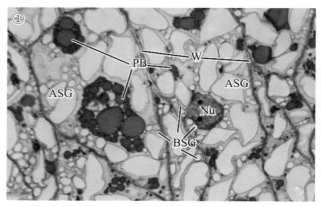

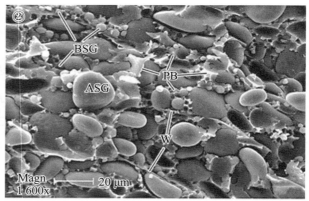

① 花后18 d的小麦胚乳半薄切片，甲苯胺蓝染色；② 成熟籽粒断面电镜扫描照片。ASG为大淀粉体；BSG为小淀粉体；Nu为细胞核；PB为蛋白体；W为细胞壁

图4-16 小麦胚乳细胞显微结构

大小淀粉体的产生具有严格的时序性。大淀粉体在胚乳发育早期出现（花后1~16 d），一般直径 > 10 μm。小淀粉体在中后期出现，多数呈球形，一般直径 ≤ 10 μm。一般认为，大淀粉体通过芽孢或缢缩的方式分裂增殖形成小淀粉体。

图4-17 ① 所示为花后4~33 d的小麦胚乳细胞淀粉体积累过程。花后4 d，小麦胚乳表层细胞出

现明显的细胞核。花后 6 d，胚乳细胞处于细胞分化期，此时可以看出初期胚乳细胞的形状，在细胞核的周围已出现部分小颗粒的淀粉体，染色较深（图 4-17 ②）。花后 8 d，胚乳细胞核明显变小，淀粉体的尺寸变大，分布于液泡周围，表面染色较深。花后 11~14 d，淀粉体尺寸变大、数量增多，部分淀粉体的横切面为不规则形（图 4-17 ④⑤）。花后 18 d，胚乳大淀粉体（A 型淀粉体）间隙出现了许多小颗粒的 B 型淀粉体（图 4-17 ⑥）。花后 24~33 d，淀粉体数量和体积的增加使得胚乳细胞逐渐充实，在淀粉体的间隙积累了较多的蛋白体（图 4-17 ⑦~⑨）。

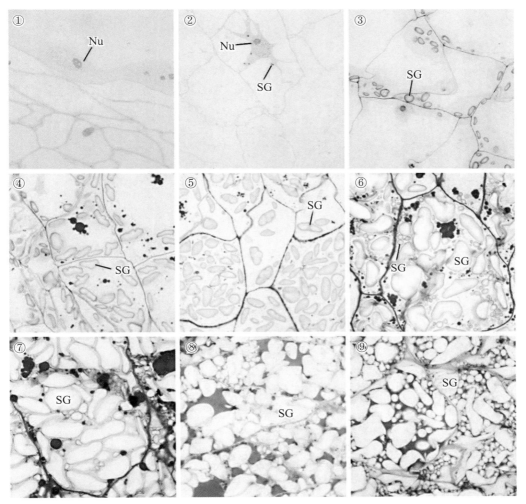

①花后 4 d 胚乳细胞；②花后 6 d 胚乳细胞；③花后 8 d 胚乳细胞；④花后 11 d 胚乳细胞；
⑤花后 14 d 胚乳细胞；⑥花后 18 d 胚乳细胞；⑦花后 24 d 胚乳细胞；⑧花后 30 d 胚乳细胞；
⑨花后 33 d 胚乳细胞。Nu 为细胞核；SG 为淀粉体。

图 4-17　小麦胚乳淀粉体发育过程

三、淀粉体空间分布特征

将小麦籽粒横截面划分为 5 个区域（图 4-18），不同部位胚乳细胞中淀粉体的分布存在差异。背部近糊粉层胚乳细胞淀粉体长轴变化范围为 1.5~25.5 μm，其中 1.5~14.5 μm 的较多（图 4-18 ①）；背部中央胚乳细胞淀粉体长轴变化范围为 1.8~39.5 μm，其中 2.5~7.5 μm 和 16.5~21.5 μm 的较多，同时存在一定数目的大淀粉体（图 4-18 ②）；胚乳传递细胞淀粉体长轴变化范围为 1.8~24.8 μm，淀粉体总数较少，以 2.5~18.5 μm 的为主（图 4-18 ③）；腹部近糊粉层胚乳细胞淀粉体长轴变化范围为 1.5~25.5 μm，其中 2.5~14.5 μm 的较多（图 4-18 ④）；腹部中央胚乳细胞淀粉体长轴变化范围为 1.9~34.3 μm，其中以 2.5~8.5 μm 和 12.5~22.5 μm 的为主，同时存在一定数目的大淀粉体（图 4-18 ⑤）。

不同部位胚乳细胞内淀粉体总数目为背部近糊粉层细胞 > 背部中央胚乳细胞 > 腹部近糊粉层细胞 > 腹部中央胚乳细胞 > 胚乳传递细胞。以上结果表明，籽粒不同部位淀粉体的分布为背部、腹部近糊粉层趋于一致，背部、腹部中央胚乳细胞趋于一致，胚乳传递细胞与其他部位均不相同（图 4-19）。

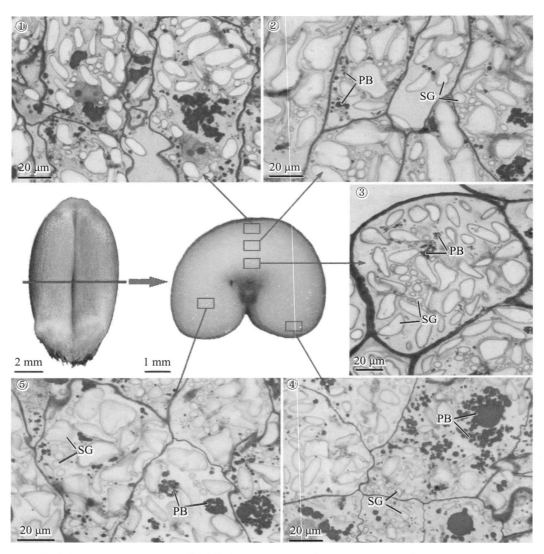

① 背部近糊粉层胚乳细胞；② 背部中央胚乳细胞；③ 胚乳传递细胞；④ 腹部近糊粉层胚乳细胞；⑤ 腹部中央胚乳细胞。Nu 为细胞核；PB 为蛋白体；SG 为淀粉体。

图 4-18　花后 15 d 小麦籽粒胚乳不同部位淀粉体分布特征

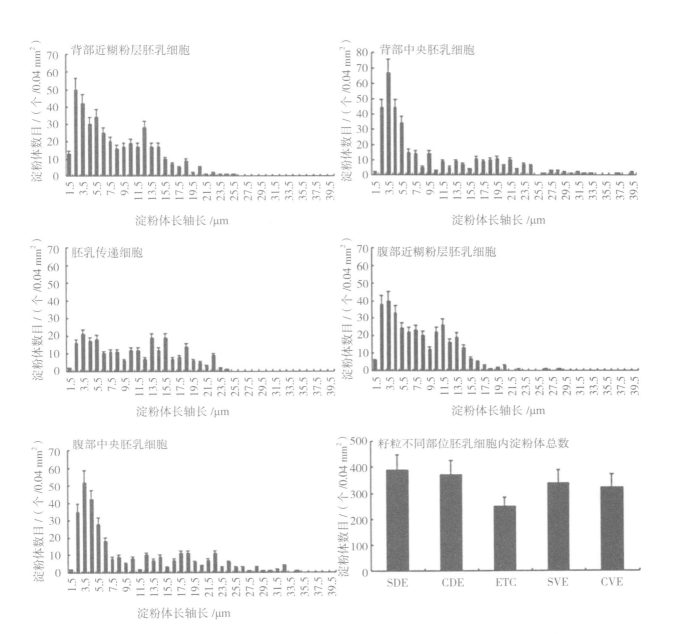

SDE 为背部近糊粉层胚乳细胞；CDE 为背部中央胚乳细胞；ETC 为胚乳传递细胞；SVE 为腹部近糊粉层胚乳细胞；CVE 为腹部中央胚乳细胞。

图 4-19　小麦籽粒不同部位胚乳细胞淀粉体频数分布图

四、淀粉体和蛋白体的发育与品质形成

小麦品质一般分为外观品质、加工品质、食用品质和营养品质 4 个方面，而这 4 个方面的品质以及产量都受胚乳细胞淀粉体和蛋白体的发育影响。

小麦籽粒中淀粉体和蛋白体充实好的部位透光率好，形成角质胚乳，反之则形成粉质胚乳。在小麦角质胚乳细胞中，大淀粉体多，且大淀粉体中间充塞着蛋白体，无空隙，胚乳质地致密；而在粉质胚乳细胞中，小淀粉体较多，大小淀粉体之间空隙较大，胚乳质地疏松。小麦的硬度与蛋白体和淀粉体结合的紧密程度及大淀粉体间隙蛋白体的充实程度有着直接的关系。蛋白体含量少的胚乳结构疏松，小麦的硬度较低，这也是粉质胚乳的小麦通常为软质小麦的原因。硬质小麦出粉率高，面筋质量

好，面团强度大，适宜加工优质面包。而软质小麦面团强度小，宜于加工优质饼干。小麦淀粉体对小麦品质的影响，表现在淀粉体大的小麦出粉率高。

不同专用小麦品种胚乳中淀粉体和蛋白体发育及分布存在明显差异，这导致小麦的品质尤其是其加工品质也存在明显差异。强筋小麦'烟农19'淀粉中间充塞着蛋白体，且结合紧密，蛋白质含量高，适合加工成面包（图4-20①）；中筋小麦'扬麦16'蛋白质含量适中，适合加工成面条或饺子（图4-20②）；弱筋小麦'宁麦13'胚乳大粒淀粉之间充满了小粒淀粉和蛋白质的胶合物，且蛋白质含量较少，胚乳结构疏松，硬度降低，适合加工成饼干（图4-20③）。

烟农19　　　　　　　　扬麦16　　　　　　　　宁麦13

图4-20　强筋、中筋、弱筋小麦中淀粉体和蛋白体的分布差异

第三节　氮素调控蛋白体和淀粉体的形成

氮素是小麦必需矿质元素中需求量最大、最活跃的营养元素，不仅能提高蛋白质的含量、改善小麦的营养品质，而且能改变蛋白质种类和氨基酸组成，提高面筋含量和强度，改善加工品质。因而探明氮素调控小麦胚乳细胞中淀粉体和蛋白体发育规律及其与品质形成的关系，寻求适当减少氮素化肥投入，对氮素施用实施精确定量调控，对调控小麦品质尤其是加工品质具有重要的实践意义。

一、氮素对小麦籽粒腹部胚乳蛋白体发育的影响

图4-21所示为施氮前后弱筋小麦'扬麦13'籽粒腹部胚乳细胞结构图。从图中可以看出，对照组胚乳细胞内小蛋白体较多，呈散点状无序分布在胚乳细胞中（图4-21③⑤⑦）；施氮组胚乳细胞内蛋白体分布相对集中，小蛋白体互相融合形成大蛋白体或蛋白体聚集体，花后11 d、15 d、19 d差异更为明显（图4-21④⑥⑧）。

图4-22为花后不同天数施氮前后蛋白体占胚乳细胞面积百分比趋势图，从图中可知，花后9 d施氮前后差异不明显，花后11 d、15 d、19 d蛋白体所占细胞面积显著增加。随着发育的进行差异越来越明显，花后11 d、15 d、19 d施氮组较对照组蛋白体面积百分比分别净增加2.41%，4.57%和5.18%。由此可知，施氮组弱筋小麦籽粒腹部蛋白体相对面积会明显增加。

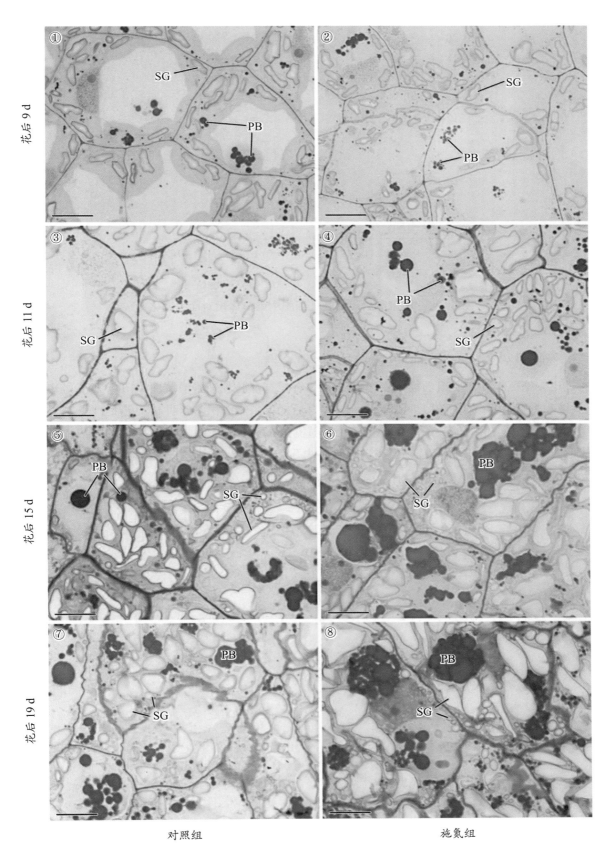

花后 9 d

花后 11 d

花后 15 d

花后 19 d

对照组　　　　　　　　　　　施氮组

PB 为蛋白体；SG 为淀粉体。①—⑧标尺为 20 μm。

图 4-21　'扬麦 13'籽粒腹部胚乳细胞结构

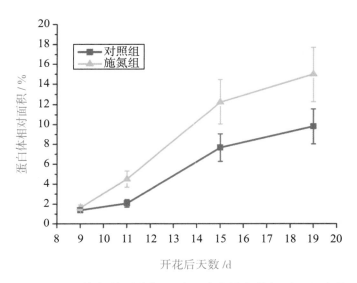

图 4-22　施氮前后腹部胚乳细胞中蛋白体相对面积变化

二、氮素对小麦籽粒背部胚乳蛋白体发育的影响

通过比较施氮组和对照组弱筋小麦'扬麦 13'籽粒背部胚乳细胞横截面（图 4-23）可知，花后 9 d 施氮组和对照组蛋白体面积无明显差异，到发育后期蛋白体面积差异明显。花后 11 d、15 d、19 d 对照组胚乳细胞内小蛋白体数量较多，它们无序随机分布在淀粉体间隙中，其中花后 19 d 左右有大蛋白体形成（图 4-23 ③⑤⑦）。施氮组胚乳细胞内蛋白体数量比对照组多，小蛋白体开始互相融合形成大的蛋白体复合物，填充在淀粉体间隙（图 4-23 ④⑥⑧）。

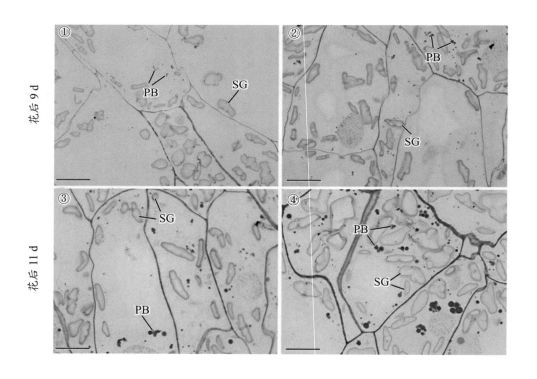

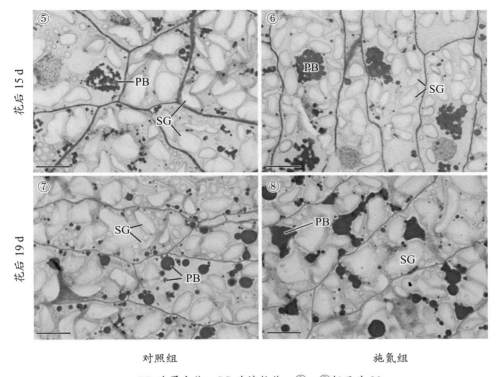

PB 为蛋白体；SG 为淀粉体。①—⑧标尺为 20 μm。

图 4-23 '扬麦 13'籽粒背部胚乳细胞结构

通过比较施氮与不施氮两种处理下花后小麦籽粒背部胚乳蛋白体占胚乳细胞面积百分比趋势图（图 4-24）可知，花后 9 d 施氮组和对照组蛋白体面积百分比差异不明显。花后 11 d、15 d、19 d 两组蛋白体面积百分比显著增加，施氮组较对照组蛋白体面积百分比净增加 1.23%，0.51% 和 0.79%。

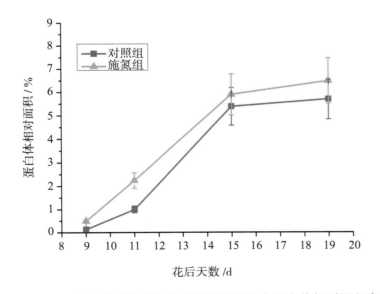

图 4-24 施氮前后小麦籽粒背部胚乳细胞中蛋白体相对面积变化

三、氮素对小麦籽粒胚乳细胞淀粉体分布的影响

花后 15 d 小麦胚乳细胞显微结构见图 4-25，成熟小麦籽粒背部胚乳细胞电子显微镜扫描图见图 4-26。与对照组相比施氮组小麦籽粒近糊粉层胚乳细胞 B 型淀粉体密度增加，A 型淀粉体密度差异不大，淀粉粒尺寸增加（图 4-25 ①②）。同时由表 4-1 可知，对照组 B 型淀粉体和 A 型淀粉体密度分别为 247 个 /0.04 mm^2 和 142 个 /0.04 mm^2，B 型淀粉体和 A 型淀粉体所占面积百分比分别为 63.50% 和 36.50%，施氮组 B 型淀粉体和 A 型淀粉体密度分别为 328 个 /0.04 mm^2 和 123 个 /0.04 mm^2，所占面积百分比分别为 72.73% 和 27.27%，施氮组 B 型淀粉体的密度和面积占比较对照组高，差异显著。A 型淀粉体两者无显著差异。同时扫描电镜图片也显示成熟小麦籽粒背部胚乳细胞中 B 型淀粉体的密度施氮组比对照组高（图 4-26 ①②）。

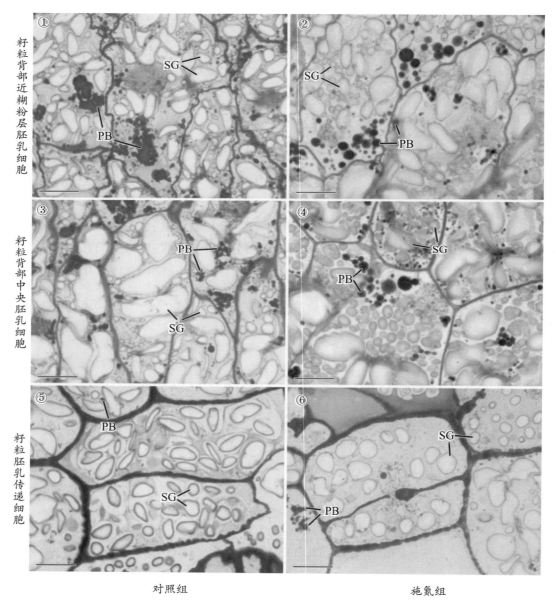

籽粒背部近糊粉层胚乳细胞

籽粒背部中央胚乳细胞

籽粒胚乳传递细胞

对照组　　　　　　　　　　　施氮组

PB 为蛋白体；SG 为淀粉体。标尺为 20 μm。

图 4-25　背部胚乳显微结构

施氮组小麦籽粒中央胚乳细胞内 B 型淀粉体密度较对照组更高，A 型淀粉体较少（图 4-25 ③④）。对照组胚乳细胞内 B 型淀粉体和 A 型淀粉体密度分别为 242 个 /0.04 mm² 和 128 个 / 0.04 mm²（表 4-1），比例分别为 65.41% 和 34.59%；施氮组 B 型淀粉体和 A 型淀粉体密度分别为 369 个 /0.04 mm² 和 73 个 /0.04 mm²，所占面积比例为 83.48% 和 16.52%，与对照组相比，施氮组 B 型淀粉体密度和比例增加，A 型淀粉体密度和比例减少，均有显著差异。同时电镜扫描图片也显示施氮组胚乳细胞内 B 型淀粉体密度高于对照组，A 型淀粉体密度低于对照组（图 4-26 ③④）。

与近糊粉层胚乳细胞和中央胚乳细胞不同，施氮组胚乳传递细胞内 B 型淀粉体和 A 型淀粉体的密度显著减少（图 4-25 ⑤⑥）。对照组胚乳传递细胞内 B 型淀粉体和 A 型淀粉体的密度分别为 113 个 /0.04 mm² 和 136 个 /0.04 mm²（表 4-1），比例分别为 45.38% 和 54.62%；施氮组 B 型淀粉体和 A 型淀粉体的密度分别为 60 个 /0.04 mm² 和 67 个 /0.04 mm²，比例分别为 47.24% 和 52.76%，与对照组相比，施氮组胚乳传递细胞内 B 型淀粉体和 A 型淀粉体的密度下降，而比例变化不大。成熟的扫描电镜图片也显示，与对照组相比施氮组 B 型淀粉体数量减少，A 型淀粉体数量无显著变化（图 4-26 ⑤⑥）。

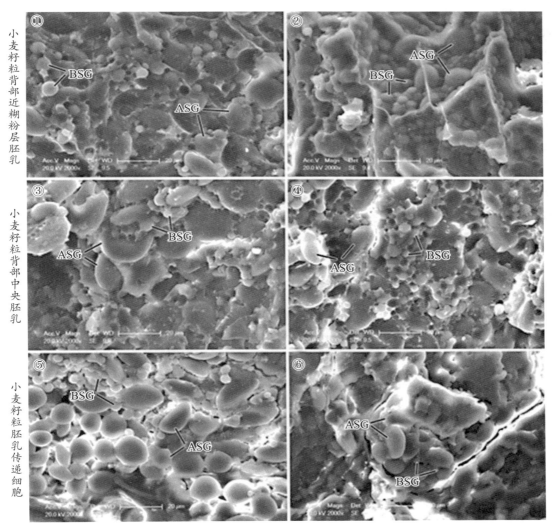

ASG 为 A 型淀粉体；BSG 为 B 型淀粉体。

图 4-26 成熟小麦籽粒胚乳扫描电子显微镜图片

表 4-1　施氮对小麦籽粒背部不同部位胚乳细胞淀粉体密度及 A 型和 B 型淀粉体比例的影响

胚乳区域	处理	A 型淀粉体		B 型淀粉体	
		密度 /（个 /0.04 mm²）	面积占比 / %	密度 /（个 /0.04 mm²）	面积占比 / %
近糊粉层胚乳	对照	142 ± 27a	36.50 ± 8.81a	247 ± 41a	63.50 ± 8.81a
	施氮	123 ± 21a	27.27 ± 10.19a	328 ± 50b	72.73 ± 10.19b
中央胚乳	对照	128 ± 15a	34.59 ± 5.36a	242 ± 33a	65.41 ± 5.36a
	施氮	73 ± 18b	16.52 ± 4.97b	369 ± 28b	83.48 ± 4.97b
胚乳传递细胞	对照	136 ± 31a	54.62 ± 5.89a	113 ± 18a	45.38 ± 5.89a
	施氮	67 ± 20b	52.76 ± 8.51a	60 ± 16b	47.24 ± 8.51a

四、氮素对小麦贮藏蛋白积累影响的 iTRAQ 分析

同位素标记相对和绝对定量（isobaric tags for relative and absolute quantification, iTRAQ）是一种用于蛋白质组学研究的定量分析技术，常用于对多个样本蛋白质表达差异的研究中。

（一）施氮对小麦籽粒中蛋白质的影响

施氮对小麦籽粒中蛋白质的组成有较大影响。与对照组相比，施氮组中含量发生明显变化的被称为差异表达蛋白，包括贮藏蛋白、功能蛋白（酶）等。

对花后 7 d 和 18 d 施氮前后出现的差异表达蛋白（DEPs）进行鉴定（差异标准为几何比 >1.2 或 <0.8，$P<0.05$）。相比对照组，施氮组花后 7 d 鉴定出 85 个上调 DEPs 和 84 个下调 DEPs，花后 18 d 鉴定出 68 个上调 DEPs 和 86 个下调 DEPs（图 4-27）。花后 7 d，上调最显著的 3 个 DEPs 为 LMW-GS 4 群 II 型（low-molecular-weight glutenin subunit group 4 type II）、γ - 醇溶蛋白（gamma-gliadin）和类燕麦蛋白 b4（Avenin-like b4），下调最显著的 3 个 DEPs 为 40 S 核糖体蛋白 S11（40S ribosomal protein S11）、1 型非特定的脂质转运蛋白前体（type 1 non specific lipid transfer protein

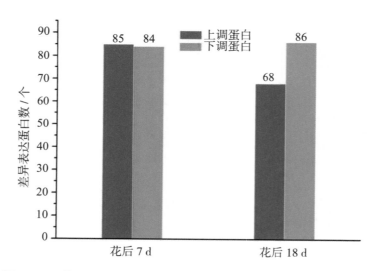

图 4-27　花后 7 d 和 18 d 施氮组小麦籽粒中差异表达蛋白的数目

precursor）和 40 S 核糖体蛋白 S30（40S ribosomal protein S30）（表 4-2）。花后 18 d，上调最显著的 3 个 DEPs 为控制小麦硬度的蛋白（puroindoline b），丝氨酸蛋白酶抑制剂 -Z2A（Serpin-Z2A）和 COP α 同源蛋白（部分序列，COP alpha homolog, partial），下调最显著的 3 个 DEPs 为 T 复合物蛋白 1 η 亚基（T-complex protein 1 subunit eta）、基质 70 kDa 热激相关蛋白（Stromal 70 kDa heat shock-related protein）和 60S 核糖体蛋白 L22-2（60S ribosomal protein L22-2）。

表 4-2　iTRAQ 鉴定的施氮前后排名前三的上调和下调差异表达蛋白

处理	差异表达蛋白描述	上调 / 下调
NTG7/CG7	low-molecular-weight glutenin subunit group 4 type Ⅱ	上调
	gamma-gliadin	上调
	Avenin-like b4	上调
	40S ribosomal protein S30	下调
	type 1 non specific lipid transfer protein precursor	下调
	40S ribosomal protein S11	下调
NTG18/CG18	puroindoline b	上调
	Serpin-Z2A	上调
	COP alpha homolog, partial	上调
	60S ribosomal protein L22-2	下调
	Stromal 70 kDa heat shock-related protein, chloroplastic	下调
	T-complex protein 1 subunit eta	下调

注：NTG 指施氮组，CG 指对照组，数字指花后天数，NTG7/CG7 指花后 7 d 施氮组与对照组的比较；NTG18/CG18 则指花后 18 d 施氮组与对照组的比较。

（二）差异表达蛋白的功能分析

图 4-28 所示为 DEPs 的 GO 富集分析。GO 条目被分为 3 大类，生物进程、细胞组分和分子功能。生物进程类别主要包括生殖发育过程、多细胞器官发育、代谢过程等，其中差异表达蛋白（DEPs）富集数目较多的条目为单一生物过程、代谢过程、解剖结构发育和系统发育。细胞组分类别主要包括细胞质、液泡、液泡膜和细胞质基质等，其中 DEPs 富集数目较多的条目为细胞质基质、质膜、液泡膜和液泡。分子功能类别中只包含 4 个 GO 条目，分别为蛋白质结合、ATP 结合、酶活性调控和单一蛋白质结合，其中蛋白质结合条目中 DEPs 的数量最多。此外，从图中可以看出，对于大多数的 GO 条目而言，NTG18/CG18 中富集的 DEPs 的数目要高于 NTG7/CG7 中富集的 DEPs。这些结果表明，施氮组花后 18 d 小麦籽粒在蛋白水平的响应程度要高于花后 7 d。

DEPs 的 KEGG 通路分析显示，NTG7/CG7 和 NTG18/CG18 中分别有 112（66.3%）和 109（70.8%）个 DEPs 注释到了 KEGG 通路中。每对样品 KEGG 通路包含 10 个功能类别。大多数的 DEPs 富集到了遗传信息处理、碳水化合物代谢、能量代谢和细胞进程中，其中 NTG18/CG18 的遗传信息处理和碳水化合物代谢类别中富集的 DEPs 比 NTG7/CG7 多。

KEGG 通路分析结果表明，在蛋白水平上，施氮主要影响了遗传信息处理和一些代谢进程。

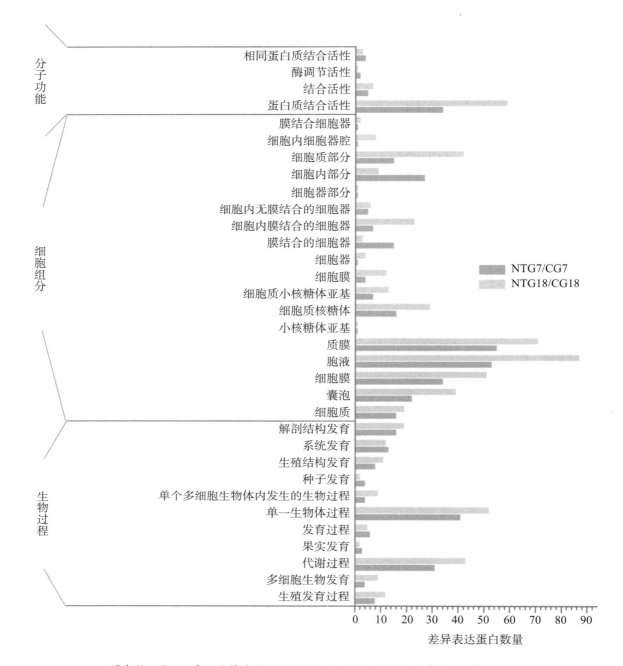

图中所示的 GO 条目为筛选后 NTG7/CG7 和 NTG18/CG18 共有的 GO 条目。

图 4-28　差异表达蛋白的 GO 分析

五、氮素对小麦加工品质的影响

孕穗期施氮可显著增加成熟籽粒中总蛋白、醇溶蛋白和谷蛋白的含量，而对清蛋白和球蛋白含量影响较小。

采用面筋洗涤仪、粉质仪和揉混仪对小麦面粉的加工品质进行测定，结果见表 4-3。施氮显著提高了干面筋含量、湿面筋含量和面筋指数，同时也提高了面团吸水率、形成时间、峰值时间、峰值高度和半峰宽。这些结果表明施氮提高了小麦面粉的加工品质，这种影响可能是由于施氮改变了醇溶蛋白和谷蛋白含量引起的。

表 4-3　施氮对小麦加工品质的影响

处理	干面筋含量 /%[+]	湿面筋含量 /%[+]	面筋指数[+]	吸水率 /%[++]	形成时间 /min[++]	稳定时间 /min[++]	峰值时间 /min[+++]	峰值高度 /%[+++]	半峰宽 /%[+++]
对照	7.75 ± 0.02a	23.72 ± 0.35a	38.89 ± 0.21a	58.80 ± 0.54a	1.20 ± 0.06a	1.80 ± 0.14a	1.85 ± 0.12a	25.18 ± 0.38a	4.55 ± 0.25a
施氮	10.15 ± 0.02b	32.07 ± 0.45b	47.36 ± 0.14b	61.90 ± 0.60b	2.00 ± 0.10b	2.20 ± 0.15b	2.14 ± 0.03b	30.75 ± 0.71b	6.35 ± 0.25b

　　注：数据以平均值 ± 标准误的形式呈现，重复 3 次。同列中不同字母表示 P<0.05 水平的显著差异（LSD 法）；[+] 面筋洗涤仪测得的数据；[++] 粉质仪测得的数据；[+++] 揉混仪测得的数据。

主要参考文献

Chen G, Zhu J, Zhou J, et al., 2014. Dynamic development of starch granules and the regulation of starch biosynthesis in Brachypodium distachyon: comparison with common wheat and Aegilops peregrina[J]. BMC Plant Biol, 14: 198.

Chen X Y, Li B, Shao S S, et al., 2016. Accumulation characteristic of protein bodies in different regions of wheat endosperm under drought stress[J]. Journal of Integrative Agriculture, 15: 2921-2930.

Liu D T, Zhang X, Jiang W, et al., 2022. Influence of high-molecular-weight glutenin subunit deletions at the Glu-A1 and Glu-D1 loci on protein body development, protein components and dough properties of wheat（Triticum aestivum L.）[J]. Journal of Integrative Agriculture, 21(7): 1867-1876.

Shewry P R, Tatham A S, 1990. The prolamin storage proteins of cereal seeds: Structure and evolution[J]. Biochemical Journal, 267: 1-12.

Yu X R, Wang L L, Ran L P, et al., 2020. New insights into the mechanism of storage protein biosynthesis in wheat caryopsis under different nitrogen levels [J]. Protoplasma, 257(5):1289-1308.

Yu X R, Chen X Y, Wang L L, et al., 2017. Novel insights into the effect of nitrogen on storage protein biosynthesis and protein body development in wheat caryopsis[J]. Journal of Experimental Botany, 68(9): 2259-2274.

郭骞欢，谢彦庆，程敦公，等，2013. 山东省不同时期主推小麦品种的淀粉合成比较 [J]. 植物生理学报，49（9）：949-958.

刘大同，蒋正宁，张晓，等，2021. 小麦不同灌浆速率品种淀粉合成与积累研究 [J]. 植物生理学报，57（3）：703-712.

刘大同，余徐润，朱冬梅，等，2017. 扬麦 16"灌浆快"与颖果显微结构和内源生长素的关系 [J]. 麦类作物学报，37（6）：739-749.

第五章

弱筋小麦品质遗传学基础

小麦品质性状尤其是终端加工品质一般受多基因控制，遗传基础非常复杂。大多数品质性状受基因型、环境，以及基因型和环境互作的影响较大。国家标准规定了蛋白质含量、湿面筋含量和稳定时间作为小麦品质的主要分类指标。多项研究及育种实践进一步表明，硬度、沉淀值、SRC、吸水率和吹泡仪 P 值与弱筋小麦制品品质相关程度高。有关弱筋小麦品质性状的遗传研究取得一些进展，但由于影响品质的基因位点很多，而且各位点存在大量的等位变异，因此用不同遗传材料进行 QTL（数量性状基因座）分析的研究结果存在差异。我国弱筋小麦育种开展较迟，品质改良遗传来源单一，仍需加快弱筋品质性状功能基因的发掘并在育种实践中应用，为优质弱筋小麦新品种培育提供技术支撑和基因资源。

第一节　理化品质遗传

《小麦品种品质分类》（GB/T 17320—2013）中规定了小麦籽粒蛋白质含量、硬度、面粉湿面筋含量、沉淀值、吸水率与面团稳定时间等指标；此外 SRC 和吹泡仪 P 值与弱筋品质关系密切。目前关于小麦品质性状的遗传研究很多，但针对弱筋小麦的相关报道较少。

一、籽粒硬度的遗传

籽粒硬度是一个遗传力较高的性状，主要受 5D 染色体短臂的 *Ha* 位点调控，此位点包括 *Puroindoline a*（*Pina-D1*）、*Puroindoline b*（*Pinb-D1*）以及 *Gsp-1*。

Pina 和 *Pinb* 的编码区长 447 bp，没有内含子，其序列同源性为 70.2%，3' 端非编码区的同源性为 53%。*Pina* 和 *Pinb* 两个编码相对分子质量约 13 000，富含半胱氨酸和色氨酸的高碱性种子特异性蛋白，由 148 个氨基酸组成，属于胚乳种子蛋白 2S 亚家族。当 *Pina* 和 *Pinb* 均为野生型等位变异时，即为 *Pina-D1a* 和 *Pinb-D1a* 时，籽粒表型为"软质"，构成了弱筋小麦最重要的遗传基础。当任一位点发生突变时，籽粒表型则为"硬质"。*Pina-D1b* 和 *Pinb-D1b* 是最常见的两种变异类型，在长期的研究中，研究人员在一些种质材料中发现了许多其他变异类型（表 5-1）。

表 5-1　普通小麦籽粒硬度 *Puroindoline* 基因等位变异及其分子特征

基因型		表型	分子特征	研究者	代表性品种
Pina	*Pinb*				
Pina-D1a	*Pinb-D1a*	软质	野生型	Giroux 等（1997）	Hill 81，中国春
Pina-D1b	*Pinb-D1a*	硬质	15 380 bp 缺失	Morris 等（2008）	Falcon
Pina-D1k	*Pinb-D1a*	硬质	双突变	lkeda 等（2005）	Chosen 68
Pina-D1l	*Pinb-D1a*	硬质	移码突变，265 位点 C 缺失	Gazza 等（2005）	Glenman
				Chen 等（2006）	三月黄
Pina-D1m	*Pinb-D1a*	硬质	Pro-35 → Ser	Chen 等（2006）	红和尚
Pina-D1n	*Pinb-D1a*	硬质	Trp-43 →终止子	Chen 等（2006）	仙麦
Pina-D1p	*Pinb-D1a*	硬质	信号肽区 Val-13 → Glu	Chang 等（2006）	京 771
Pina-D1q	*Pinb-D1a*	硬质	Asn-139--Lys lle-140 → Leu	Chang 等（2006）	uu-27
Pina-D1r	*Pinb-D1a*	硬质	10 415 bp 缺失	lkeda 等（2010）	Chosen 33
				Chen 等（2011）	和尚头
Pina-D1s	*Pinb-D1a*	硬质	4 422 bp 缺失	lkeda 等（2010）	Itoukomugi
Pina-D1a	*Pinb-D1b*	硬质	Gly-46 → Ser	Giroux 等（1997）	Wanser,Cheyenne
Pina-D1a	*Pinb-D1c*	硬质	Leu-60 → Pro	Lillemo 等（2000）	Avle

续表

基因型		表型	分子特征	研究者	代表性品种
Pina	*Pinb*				
Pina-D1a	*Pinb-D1d*	硬质	Trp–44 → Arg	Lillemo 等（2000）	Bercy
Pina-D1a	*Pinb-D1e*	硬质	Trp–39 →终止子	Morris 等（2001）	Canadian Red
Pina-D1a	*Pinb-D1f*	硬质	Trp–44 →终止子	Morris 等（2001）	Utaca, Sevier
Pina-D1a	*Pinb-D1g*	硬质	Cys–56 →终止子	Morris 等（2001）	Andrews
Pina-D1a	*Pinb-D1p*	硬质	移码突变，第 210 位点 A 缺失	Xia 等（2005）	农大 3213
Pina-D1a	*Pinb-D1q*	硬质	Ser–44 → Leu	Chen 等（2005）	京冬 11
Pina-D1a	*Pinb-D1r*	硬质	移码突变，第 127 位点 G 插入	Ram 等（2005）	Hyb65
Pina-D1a	*Pinb-D1s*	硬质	127 位点 G 插入和 205 位点 C 变 A	Ram 等（2005）	NI5439
Pina-D1a	*Pinb-D1t*	硬质	Gly–47 → Arg	Chen 等（2006）	光头小麦
Pina-D1a	*Pinb-D1u*	硬质	移码突变，第 126 位 G 缺失	Chen 等（2007b）	云南铁壳麦
Pina-D1a	*Pinb-D1v*	硬质	信号肽 Leu–9–lle	Chang 等（2006）	塔春 3 号
Pina-D1a	*Pinb-D1w*	硬质	Pro–114 → Ile	Chang 等（2006）	京 771
Pina-D1a	*Pinb-D1x*	硬质	257 位点 C 变 A 和 Gln–99 —终止子	Wang 等（2008）	卡什白皮
Pina-D1a	*Pinb-D1aa*	硬质	96 位点 C 变 A 和 210 位点 A 缺失	Li 等（2008）	长芒头龙白
Pina-D1a	*Pinb-D1ab*	硬质	Gln–99 →终止子	Tanaka 等（2008）	KU3062
Pina-D1a	*Pinb-D1ac*	硬质	257 位点 G 变 T 和 Gln–99 —终止子	Wang 等（2008）	红塔

资料来源：张福彦（2011）。

目前，*Gsp-1* 基因已被成功克隆，它与 *Pina*、*Pinb* 同处于 1 个约 100 kb 的区间内，*Gsp-1* 基因编码区比 *Pina*、*Pinb* 略长，为 495 bp，编码 164 个氨基酸，无内含子。同时染色体 5AS 和 5BS 末端也发现了 *Gsp-1* 基因，分别被命名为 *Gsp-A1* 和 *Gsp-B1*，3 个基因的同源性极高，达到 90%~100%，但与 *Puroindoline* 基因的同源性仅为 42%。*Gsp-D1* 存在多种等位变异，包括 *Gsp-D1b*、*Gsp-D1c*、*Gsp-D1d*、*Gsp-D1e*、*Gsp-D1f*、*Gsp-D1g* 和 *Gsp-D1h* 等。*Gsp-1* 基因对籽粒硬度的影响较 *Pina* 和 *Pinb* 小，可能在 Puroindoline 蛋白缺失的硬粒小麦中具有更大的作用。

除以上 3 个研究较为深入的主效基因外，研究人员还通过遗传定位在弱筋小麦中鉴定到一些籽粒硬度的 QTL。Sun 等（2010）构建了软质小麦 'Clark' 与硬质小麦 'Ning7840' 的重组自交系群体，位于 5DS 染色体的位点表型贡献率超过 70%，与 *Pinb-D1* 位置重合，另在 1DL、5AS 及 7AL 染色体上检测到 3 个微效位点；Wang 等（2012）为消除 Ha 位点对定位结果的影响，利用 2 个软质小麦材料构建了重组自交系群体，在 4BS、4DS、5DL 及 7DS 染色体上检测到 5 个 QTL，表型贡献率为 7.1%~33.8%。Kumar 等（2019）利用软质小麦品种 'Alpowa' 与超软品系 BC2SS163 构建重组自交系群体，群体 SKCS 值分布于 –9.1~25.4，位于 4BS 染色体的主效位点的表型贡献率达到 36.7%，另在 1BS 及 5AL 染色体检测到 3 个微效 QTL。Carter 等（2011）以软质小麦品种 'Louise' 与 'Penawawa' 衍生的重组自交系群体为材料，在 2B、2D、4B 及 6A 染色体上检测到 4 个 QTL，其中 *QHa.wak-2B* 的表型贡献率超过 20%。

二、蛋白质含量的遗传

籽粒中蛋白质含量是一个复杂的遗传性状，其形成过程涉及非常复杂的生理生化过程，这些过程中的每一个步骤都受到一个或者多个基因控制，而且还表现出明显的环境互作。目前，有关蛋白质基因数目和染色体定位的报道有不少，但结果常常不相一致，主要因供试材料而异。Konzak（1977）认为，小麦的所有染色体都分别与蛋白质合成、组分和性质有关。

多项研究显示，籽粒蛋白质含量的遗传符合加性 – 显性模型，多数以加性效应为主，少数报道称显性效应大于加性效应。在弱筋小麦中，籽粒蛋白质含量的遗传也符合加性 – 显性模型，并可能受 2~3 对主效基因的控制。方先文等（2003）以高蛋白小麦品种'重庆面包麦'与弱筋小麦品种'宁麦 9 号'进行杂交，获得了不同世代的后代材料，并进行遗传试验分析，结果显示，小麦蛋白质含量的遗传受 2 对主基因和多基因控制，第一对主基因以加性效应为主，第二对主基因以显性效应为主，多基因以显性效应为主，控制蛋白质含量的增效等位基因为显性。姚金保等（2007）以'宁麦 9 号''扬麦 9 号''扬麦 13''扬麦 15''扬 9817''扬辐麦 2 号''宁麦 13'7 个弱筋小麦品种为材料开展小麦蛋白质含量的遗传分析，结果表明，小麦蛋白质含量的遗传符合加性 – 显性模型，显性程度为完全显性到超显性，控制蛋白质含量的增效等位基因为隐性，'宁麦 13'和'宁麦 9 号'控制蛋白质含量遗传的显性基因最多，蛋白质含量可能受 2~3 对主效基因的控制，狭义遗传力中等。姚金保等（2011）又以江苏省育成的 7 个弱筋小麦品种为试验材料，研究了弱筋小麦蛋白质含量的遗传，结果表明，弱筋小麦蛋白质含量的遗传符合加性 – 显性模型，可能受 2~3 对主效基因的控制，不存在非等位基因间的互作，显性效应为部分显性至完全显性，其中，'宁麦 9 号'蛋白质含量的一般配合力最好，能极显著降低杂种后代的蛋白质含量。籽粒蛋白质含量的遗传力在不同研究中差异较大，有的低至 23%，有的高达 87.07%。

随着分子标记技术的发展，人们能够通过遗传作图的方法更加准确地解析弱筋小麦蛋白质含量的遗传机制，解析蛋白质含量减效基因及其优势等位变异的来源。Carter 等（2011）利用两个弱筋小麦品种'Louise'与'Penawawa'构建了重组自交系群体，在 3B 染色体检测到 1 个与籽粒蛋白质含量相关的 QTL，并且这个 QTL 同时与溶剂保持力相关。Cabrera 等（2015）利用多个弱筋小麦品种衍生的作图群体开展遗传定位研究，在 1B、2A、2B、4B、4D 及 5A 染色体上检测到与面粉蛋白质含量相关的 QTL。姜朋等（2015）利用优质弱筋小麦'宁麦 9 号'的 117 份衍生品种（系）开展了籽粒蛋白质含量的关联分析，在 2B、2D、6B 及 7A 染色体上检测到 6 个关联位点，并且多数在后代中呈现与'宁麦 9 号'一致的降低蛋白质含量的等位变异。Reif 等（2011）以 207 份欧洲弱筋小麦为材料开展关联分析，在 1B、2D、3A 及 5D 这 4 条染色体上检测到 4 个籽粒蛋白质含量的相关标记。

江苏省农业科学院以'宁麦 9 号''扬麦 158'重组自交系群体和来源于长江中下游的 103 个种质组成的关联分析群体为材料，连续 4 年对遗传群体进行籽粒蛋白质含量测定，分别以 E1、E2、E3、E4 和 E5 表示不同环境。同等环境条件下，'宁麦 9 号'的籽粒蛋白质含量均低于'扬麦 158'。重组自交系群体和关联分析群体在不同环境条件下的籽粒蛋白质含量均具有较大的遗传变异度，CV（coefficient of variation，变异系数）值为 4.76%~10.40%（表 5-2）。不同环境测定的籽粒蛋白质含量相关系数为 0.182~0.528（表 5-3）。方差分析表明，基因型、环境及基因与环境互作对籽粒蛋白质含量均有显著影响。籽粒蛋白质含量的遗传力在重组自交系群体和关联分析群体中分别为 0.56 和 0.74（表 5-4）。

表 5-2　重组自交系群体和关联分析群体的籽粒蛋白质含量　　　　单位：%

群体	环境	宁麦 9 号	扬麦 158	最大值	最小值	平均值	变异系数
重组自交系群体	E1	12.79	14.40	15.26	11.61	13.30	4.76
	E2	11.62	13.88	16.85	10.23	13.75	8.26
	E3	12.17	14.25	14.71	9.23	12.19	8.19
	E4	11.70	12.49	16.74	11.03	14.05	6.00
关联分析群体	E1	—	—	15.13	9.31	12.27	10.40
	E2	—	—	16.62	10.64	13.30	10.27
	E3	—	—	15.42	11.31	13.35	6.28
	E4	—	—	16.46	11.44	13.75	8.56
	E5	—	—	15.24	10.41	13.15	7.82

表 5-3　不同环境下籽粒蛋白质含量的相关性

环境	E1	E2	E3	E4	E5
E1	—	0.182**	0.215**	0.135*	—
E2	0.295**	—	0.528**	0.329**	—
E3	0.465**	0.321**	—	0.033	—
E4	0.479**	0.502**	0.371**	—	—
E5	0.378**	0.259**	0.387**	0.352**	—

表 5-4　籽粒蛋白质含量方差分析

因素	重组自交系群体	关联分析群体
基因型	2.21**	9.14**
环境	233.26**	85.94**
基因型 × 环境	0.91	2.34**
遗传力	0.56	0.74

　　以重组自交系群体对 5 个环境条件下的籽粒蛋白质含量进行 QTL 作图分析，在 10 条染色体上定位了 17 个 QTL，分别有 9 个负向效应 QTL 和 8 个正向效应 QTL 来自'宁麦 9 号'和'扬麦 158'。*Qgpc-2D* 和 *Qgpc-3B.2* 在多个环境中被检测到（表 5-5，图 5-1）。

表 5-5　重组自交系群体籽粒蛋白质含量 QTL 分析

序号	QTL	环境	遗传位置 /cM	物理距离 /Mb	区间	LOD	表型贡献率 /%	加性效应
1	Qgpc-1A	E3	19.95~25.35	15.4~18.5	IAAV1469~Tdurum_contig61492_684	3.23	4.84	-0.97
2	Qgpc-1B	E1	90.55~91.85	673.1~673.9	Tdurum_contig93330_263~Excalibur_c11190_617	3.03	4.48	-0.13
3	Qgpc-2B	E4	25.85~27.85	12.8~17.4	BobWhite_c19945_341~RAC875_rep_c69222_996	3.04	4.90	-0.16
4	Qgpc-2D	E2/E4	1.55~6.25	64.9~69.6	BS00073229_51~BobWhite_c47086_539	4.58	4.77	-0.27
5	Qgpc-3A	E4	53.65~54.35	624.5~686.8	GENE-3346_167~RAC875_rep_c109433_782	3.15	5.01	-0.21
6	Qgpc-3A	E2	69.65~73.75	697.2~701.0	Kukri_c49927_151~Excalibur_c96921_206	4.96	5.67	-0.28
7	Qgpc-3B.1	E3	59.55~62.45	24.9~101.4	BS00070456_51~BS00032830_51	4.21	5.21	1.02
8	Qgpc-3B.2	E2/E3	68.15~71.75	39.9~133.9	BS00087825_51~BS00092492_51	6.93	6.91	-0.32
9	Qgpc-3B.3	E4	106.25~106.4	146.8~153.7	IAAV1079~Kukri_c65979_1410	5.00	7.48	0.33
10	Qgpc-4A	E1	13.55~15.75	544.8~570.3	wsnp_Ex_c24443_33688268~GENE-2947_175	3.00	4.50	0.13
11	Qgpc-5A.1	E2	16.45~17.15	390.3~398.2	RAC875_rep_c113386_131~wsnp_Ex_c14839_22961659	4.05	3.94	0.23
12	Qgpc-5A.2	E1	43.65~46.05	503.1~503.8	GENE-3314_78~IAAV5294	3.89	5.84	0.14
13	Qgpc-5B.1	E1	6.45~8.95	4.8~9.0	BS00065164_51~Kukri_c65921_274	3.75	5.57	-0.14
14	Qgpc-5B.2	E4	45.35~46.15	545.4~546.9	Tdurum_contig25513_195~wsnp_Ex_c8659_14515623	3.23	4.74	-0.16
15	Qgpc-5B.3	E4	129.25~129.75	682.6~697.7	Excalibur_c6346_266~IAAV8023	6.07	9.14	0.24
16	Qgpc-7A.1	E3	55.25~56.8	205.4~210.9	Kukri_c10197_186~Tdurum_contig4676_3592	4.65	5.77	1.07
17	Qgpc-7A.2	E2	0~2.55	670.7~679.9	Ku_c62742_888~wsnp_Ku_c42539_50247333	9.11	9.21	0.39

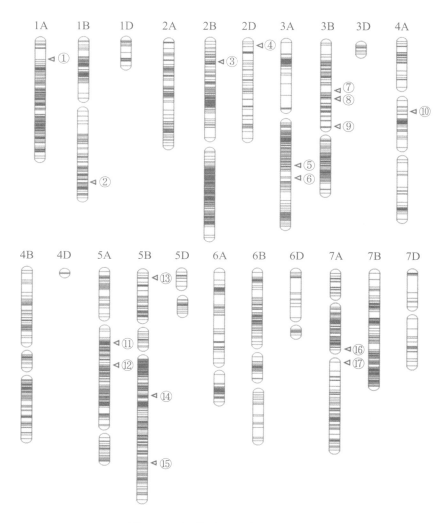

图 5-1　籽粒蛋白质含量 QTL 作图

利用 Affymetrix 50 K 芯片对关联分析群体进行基因型分析，36 360 个 SNP 标记用于关联分析，群体遗传结构分析将该群体分为 3 个亚群（△K=3），遗传关系分析同样将群体聚类成 3 个亚群，但有近 1/5 的材料在不同统计程序中被聚类到不同类群（图 5-2）。

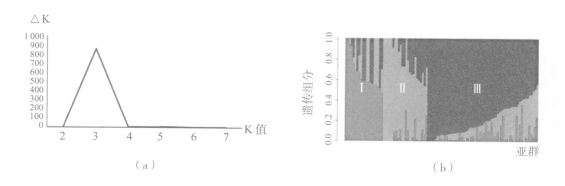

图 5-2　群体结构分析和遗传关系分析聚类

通过关联分析，定位到 17 个染色体区间的分子标记与籽粒蛋白质含量关联。将这 17 个关联区间分成 3 类，A 类为多环境检测到且 P 值小于 1×10^{-4}，B 类为单环境检测到且 P 值小于 1×10^{-4}，C 类为多环境检测到且 P 值小于 1×10^{-3}（表 5-6，图 5-3）。

表 5-6　籽粒蛋白质含量的关联分析

类型	染色体	物理距离 / Mb	标记	P 值	环境
A	1B	633.1~656.7	AX-109109358	1.99×10^{-5}	E1/E2
	3A	682.2~727.3	AX-109840225	1.04×10^{-5}	E1/E2/E5
	7D	232.6~280.4	AX-110444859	6.02×10^{-5}	E4/E5
B	1D	460.7~471.4	AX-94759528	5.97×10^{-5}	E1
	3A	1.9~9.9	AX-110464884	2.10×10^{-5}	E4
	3B	0~4.4	AX-94806155	3.01×10^{-5}	E4
	3D	0~5.5	AX-110403551	8.78×10^{-6}	E4
	4A	543.2~543.3	AX-108860370	3.43×10^{-5}	E4
	6B	6.6~7.8	AX-94768259	8.19×10^{-6}	E5
	7A	688.9~694.1	AX-109879999	1.01×10^{-5}	E3
C	2A	763.3~770.0	AX-111461751	5.91×10^{-4}	E1/E2/E3
	2B	31.4~49.4	AX-109372952	1.86×10^{-4}	E2/E3/E5
	2D	8.7~29.9	AX-94514671	2.47×10^{-4}	E2/E3/E4/E5
	3D	363.7~382.3	AX-94457474	2.31×10^{-4}	E3/E5
	4B	9.9~22.0	AX-110976982	1.19×10^{-4}	E3/E4/E5
	5A	2.8~14.3	AX-110963298	3.12×10^{-4}	E4/E5
	5A	504.8~512.1	AX-111524034	2.18×10^{-4}	E2/E5

　　高分子量谷蛋白亚基（HMW-GS）是小麦贮藏蛋白的最重要组成部分，是决定小麦加工品质、面团流变学特性及面团结构的重要因素。HMW-GS 由小麦第一同源染色体上 3 个复合位点上的编码基因控制，被命名为 *Glu-A1*、*Glu-B1* 和 *Glu-D1*，分别位于 1A、1B、1D 染色体长臂上。不同 HMW-GS 编码基因保守区序列高度一致，而重复序列上 SNP 位点差异或 DNA 片段的插入、缺失致使 HMW-GS 形成不同的类型。关于面团流变学特性相关指标及溶剂保持力的遗传定位研究中，1A、1B 及 1D 染色体上报道了大量相关 QTL，位置与 *Glu-A1*、*Glu-B1* 和 *Glu-D1* 相近或重合，进一步证实了 HMW-GS 在面粉品质中的重要作用。

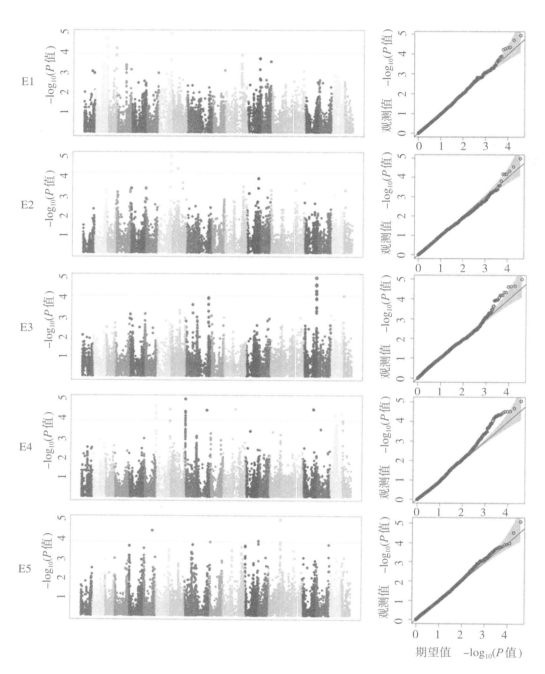

图 5-3　籽粒蛋白质含量的关联分析

　　此外，不同 HMW–GS 类型对小麦品质效应不同，不同的亚基和亚基组合类型对小麦品质的贡献也不尽相同。国内外学者研究表明，*Glu-A1* 位点上的 1 和 2* 亚基，*Glu-B1* 位点上的 7+8、7OE+8、14+15、13+16 和 17+18 亚基，*Glu-D1* 位点上的 5+10 亚基对小麦面粉品质具有正向效应，在强筋小麦育种中受到关注。而在弱筋小麦中，则更应关注对面粉品质具有负向效应的亚基类型，如 *Glu-B1* 位点上的 20 亚基、*Glu-D1* 位点上的 2+12 亚基等。'宁麦 9 号''宁麦 13''扬麦 9 号''扬麦 13''扬麦 15' 等几个弱筋小麦品种的 *Glu-D1* 位点均为 2+12 亚基类型。

三、湿面筋含量的遗传

多数研究结果表明，小麦湿面筋含量的遗传符合加性－显性模型，且主要以加性效应为主，有报道称存在上位性效应。王增裕等（1991）选用小麦亲本'北京8号''保定4号''73（120）''萨拉托夫29'等进行完全双列杂交，获得30个杂交组合，表型统计显示湿面筋含量主要表现为倾低亲和近中亲，超过高亲的组合数很少，遗传分析显示基因加性与非加性效应对湿面筋含量均起作用，且以加性效应为主。霍清涛等（1996）以'豫麦2号''Hy8501''百农3217''徐州8697''豫麦13''农大142'6个材料为亲本配置15个组合，模型适合性检验显示湿面筋含量的遗传符合加性－显性模型，显性为部分显性，不存在上位性效应，且降低湿面筋含量的基因为隐性。唐建卫等（2011）利用7个面筋品质不同的小麦品种（系）配制了21个杂交组合，分析显示湿面筋含量是由多基因控制的数量性状，不仅受加性效应和显性效应的影响，还存在非等位基因间互作。湿面筋含量的遗传力在不同研究中差异较大，有的低至44.26%，有的则高达96.58%。

上述研究专门针对弱筋小麦品种开展的遗传模型及定位研究较少。常斌等（2013）利用'宁麦9号'与'扬麦158'的重组自交系群体开展QTL定位，在1A、4B、6D及7A染色体上检测到5个湿面筋含量的QTL，遗传贡献率为2.95%~8.55%，降低湿面筋含量的等位变异均来源于弱筋小麦亲本'宁麦9号'。张颙等（2009）以2个弱筋小麦品种'川麦42'与'川农16'衍生的重组自交系群体为材料，开展湿面筋含量QTL定位，在1B及7D染色体上共检测到4个QTL，其中3个QTL的负向效应来源于'川麦42'。

四、淀粉的遗传

小麦淀粉质量占小麦籽粒质量的57%~67%，占胚乳质量的70%。在小麦淀粉中，直链淀粉约占1/4，支链淀粉约占3/4。不含直链淀粉或者直链淀粉含量很低（含量<2%）的小麦品种称为糯性小麦。淀粉是由脱水葡萄糖单位构成的生物高聚物，主要在小麦胚乳细胞的造粉体中进行生化合成：①在细胞质内，蔗糖经过蔗糖合成酶的催化作用，形成1,6-二磷酸果糖、6-磷酸果糖、UDP-葡萄糖、6-磷酸葡萄糖和1-磷酸葡萄糖（G-1P）。② G-1P进入造粉体后，在腺苷二磷酸葡萄糖焦磷酸化酶（AGPase）的催化作用下合成ADP-葡萄糖。③ ADP-葡萄糖在可溶性淀粉合成酶（SSS）、淀粉分支酶（SBE）和淀粉去分支酶（DBE）的共同作用下完成支链淀粉的合成；在颗粒结合型淀粉合成酶（GBSS）的作用下合成直链淀粉（赵艳岭，2014；Preiss et al.，1991；Kossmannet al.，2000）。

支链淀粉分子是高度分支的葡萄糖多聚物，平均长度一般为6 000~60 000个葡萄糖单位（张海艳等，2006），相对分子质量约为100万，有些支链淀粉相对分子质量甚至可以达到600万。由于支链淀粉分子与直链淀粉分子的聚合度不同，支链淀粉的分子与碘结合会形成紫红色复合物（Rahman et al.，2000）。王展等（2005）研究发现，支链淀粉含量越高，馒头品质越好。支链淀粉与直链淀粉相比具有更加复杂的结构和较多的分支，根据主链的长短可将其继续分为短链支链淀粉和长链支链淀粉，MARTÍNEZ等（2017）发现短链支链淀粉与淀粉的凝胶化温度负相关。直链淀粉分子为长螺旋结构的线性分子，主要由α-1,4糖苷键连接，平均长度一般为600~3 000个葡萄糖单位，与碘结合形成蓝紫色复合物（Rahman et al.，2000）。直链淀粉含量较低的面粉所加工制成的面条在光滑性、口感、综合评分等参数上表现良好（宋华东等，2011；Morris et al.，1997）。于春花等（2012）和

Ma 等（2016）研究表明，直链淀粉含量对面粉产品的口感、观感品质影响较大。比如，等量小麦面粉制成的馒头，直链淀粉含量较高的体积比更大；直链淀粉含量较低的面粉制成的面条韧性比直链淀粉含量较高的更好，口感更佳，且不易断裂（Hung et al., 2006）。研究表明，直链淀粉含量显著影响亚洲盐面条的加工品质和质构参数，最优直链淀粉含量范围为 21%~24%（彭建 等，2009；Guo et al., 2003）。面团糊化焓随着直链淀粉含量的降低而增加，老化焓则随着直链淀粉含量的降低而降低，这种特性能够让面包形成更好的多孔结构，具有更大的体积，且不容易老化（Mee-Ryung et al., 2001）；具有较高直链淀粉含量的面粉保水性降低，这对提高软麦焙烤食品品质来说是不可缺少的重要条件（彭建 等，2009；Nishio et al., 2009）。

2005 年，澳大利亚联邦科学工业研究组织对小麦籽粒中 SSIIa 基因进行突变处理，并对相关基因进行基因修饰，使 SSIIa-A、SSIIa-B 和 SSIIa-D 突变为纯合基因，这样处理得到的小麦单籽粒（质量在 25~60 mg）的直链淀粉含量可以达到 45%~70%（Regina et al., 2006）。

Ainsworth 等（1993）用中国春及其缺体 - 四体系和双端体分析，Wx-A1 位于 7AS 上，Wx-B1 位于 4AL 上，Wx-D1 位于 7DS 上。在这 3 个编码 GBSS 的基因中，Wx-B1 基因本来位于 7BS 上，在小麦进化过程中，染色体 4A 和 7B 发生了相互易位，Wx-B1 基因便来到了 4A 染色体上（Miura et al., 1994），因此，虽然 Wx-B1 位于 4AL 上，但仍命名为 Wx-B1 基因位点。Wx-A1、Wx-B1 和 Wx-D1 3 个 Wx 位点的共显性标记均已得到开发（刘迎春，2004；Saito et al., 2009；Shariflou et al., 2001）。Udall 等（1999）利用重组自交系定位到了 9 个与面粉糊化黏度（$P < 0.01$）连锁的 RFLP 标记和与峰值黏度相关的 QTL 位点，研究表明，这些 QTL 位点与 Wx 基因突变无关。李加瑞等（2005）使用 RT-PCR 方法将 Wx 基因从小麦种子中分离，利用 RNA 沉默将 Wx 基因部分沉默后通过农杆菌介导法进行转化，在植株中鉴定发现，通过此种方法可以降低籽粒中直链淀粉含量。韩俊杰等（2016）在 SSIIa 发现 40 个 SNP 位点，在 SBEII-A 发现 14 个 SNP 位点，在 SBEII-B 发现 18 个 SNP 位点，共包括 4 个 Indel 位点。在 SSIIa 中，第 2 外显子区为变异富集区，由此可知这 3 个基因的多态性信息均较丰富，其单核苷酸多态性与小麦淀粉质量分数之间存在一定的关系。

对淀粉性状遗传和 QTL 定位已有不少研究。薛香（2009）选用 9 个冬小麦品种按不完全双列杂交设计进行遗传研究，结果表明小麦籽粒总淀粉及组分含量的遗传受到基因加性效应和非加性效应控制，支链淀粉含量狭义遗传力较低，适合晚代选择，直链淀粉含量和总淀粉含量狭义遗传力较高，适合早代选择。王光利（2007）在 1B 染色体上检测到 1 个控制支链淀粉含量的 QTL。庞欢等（2014）选择淀粉含量差异较大的小麦品种 'M344' 与 '武春 3 号' 杂交，并利用 973 对 SSR 引物对小麦籽粒总淀粉、直链淀粉和抗性淀粉含量进行基于混合线性模型 QTL 定位及效应分析发现，2B 染色体的 QTL 位点同时影响抗性淀粉和总淀粉含量，2D 染色体的 QTL 位点同时影响抗性淀粉和直链淀粉含量，7A 染色体 QTL 位点同时影响直链淀粉和总淀粉含量。余曼丽等（2014）研究发现，控制淀粉含量的 4 个加性效应 QTL 分别位于 1A、6A 和 1B 染色体上，单个 QTL 可解释 4.54%~8.7% 的表型变异。在 6B 染色体上检测出 1 个控制直链淀粉含量和 1 个控制支 / 直链淀粉含量比的 QTL 位点。田宾等（2011）将控制淀粉含量的位点定位在 4A 染色体上。

五、沉淀值的遗传

沉淀值反映蛋白质数量和质量的性状。沉淀值的遗传符合加性－显性模型，也有报道称存在上位性效应。王增裕等（1991）选用小麦亲本'北京8号''保定4号''73（120）''萨拉托夫29'等进行完全双列杂交，获得30个杂交组合，表型统计显示沉淀值主要表现为倾低亲和近中亲，超过高亲的组合数很少，遗传分析显示基因加性与非加性效应对沉淀值均起作用，且加性效应占绝对优势。霍清涛等（1996）以'豫麦2号''Hy8501''百农3217''徐州8697''豫麦13''农大142'6个材料为亲本配置15个组合，模型适合性检验显示沉淀值的遗传符合加性－显性模型，显性为部分显性，不存在上位性效应，且降低沉淀值的基因为隐性。董进英等（1996）以6个沉淀值不同的小麦品种进行完全双列杂交，模型分析显示沉淀值符合加性－显性－上位性模型，不同组合的基因作用方向不同。沉淀值的遗传力在不同研究中差异较大，有的低至24%，有的则高达98.75%，多数研究显示其遗传力较高，适于在早代进行选择。

目前，已经有较多研究报道了与弱筋小麦沉淀值相关的QTL。Carter等（2011）以弱筋小麦品种'Louise'与'Penawawa'衍生的重组自交系群体为材料，在3B染色体上检测到1个QTL，表型贡献率约为10%。Kerfal等（2010）以2个不同筋力的小麦品种'Marius'与'Cajeme71'构建重组自交系群体，在5BS、6DS及7AS染色体上检测到3个与沉淀值相关的QTL，其中7AS染色体上的QTL的负向效应来源于弱筋品种'Marius'。Reif等（2011）以207份欧洲弱筋小麦为材料开展关联分析，在1B、2A、2D及5B染色体上检测到5个与沉淀值相关的QTL，位于1B上的位点同时与籽粒蛋白质含量相关。Admas等（2021）以802份优良春小麦品系为材料开展关联分析，在1A、1B、1D、2A、2B、3B、3D、4A、4D及6B染色体上鉴定到10个沉淀值关联位点。

六、吸水率的遗传

吸水率是衡量面粉品质的重要指标。吸水率在小麦后代中表现为倾高亲遗传，并且是一个遗传力较高的性状，在有的研究中甚至达到90%，适于在早代进行选择。吸水率相关的遗传控制位点已有较多报道，但少有专门针对弱筋小麦品种开展的研究。Li等（2009）将影响面粉吸水率的主效QTL定位在5D染色体的短臂上。Kuchel等（2006）将面粉吸水率的QTL定位在1A和2D染色体上。李君等（2011）利用两个关联RIL群体将一个面粉吸水率的主效QTL定位在5B染色体上。Tsilo等（2013）以2个强筋小麦品系构建重组自交系群体，基于包含531个SSR与DArT标记的连锁图谱开展QTL分析，在1A、1B、4B、4D及5A染色体上检测到6个与吸水率相关的QTL位点，其中位于1A的QTL的表型贡献率达到38.9%。

Lou等（2021）以486份小麦品系及品种为材料开展关联分析，在2D、3A、3D、5A、5D及7A染色体上检测到7个QTL，表型贡献率最高达到11.02%。Cabrera等（2015）利用多个弱筋小麦品种衍生的重组自交系群体开展遗传定位研究，在1B、2B、5B及7B染色体上检测到与吸水率相关的QTL，其中1B及2B染色体上的QTL可在不同环境中检测到。

第二节　面团特性的遗传

一、面团稳定时间的遗传

小麦面团稳定时间反映了面团筋力强弱。刘建军等（1996）以9个优良品系配置20个杂交组合，面团稳定时间表现为倾低亲遗传，可通过亲本的适当选配以获得目标组合。面团稳定时间的遗传力在不同研究中有较大差异，有的低至47%，而在有的研究中则达到76%。常斌等（2013）利用'宁麦9号'与'扬麦158'的重组自交系群体开展QTL定位，在2D、5B、6B及7A染色体上检测到4个面团稳定时间的QTL，遗传贡献率为3.24%~6.12%，缩短稳定时间的等位变异均来源于弱筋小麦亲本'宁麦9号'。张颙等（2009）以两个弱筋小麦品种'川麦42'与'川农16'衍生的重组自交系群体为材料，对面团稳定时间开展QTL定位，在1B、2D和3D染色体上共检测到6个QTL，表型贡献率为4.50%~13.85%，其中4个QTL的负向效应来自'川农16'。

二、面团流变学特性的遗传

面团流变学特性的测定主要依赖于粉质仪、揉混仪、吹泡仪等设备，测定指标包括吸水率、面团形成时间、面团稳定时间、峰值时间、最大峰值高度、8 min带宽、面团韧性、面团延展性等，目前在所有染色体上均检测到与面团流变学特性相关的QTL（表5-7），这也显示出面团流变学特性遗传调控的复杂性。

表5-7　面团流变学特性相关指标的遗传控制位点在染色体中的分布

染色体	相关性状	试验材料
1A	峰值时间、最大峰值高度、8 min带宽、峰值宽度、面团形成时间、面团稳定时间、吸水率	"Marius（弱筋）×Cajeme71（强筋）"重组自交系群体、"Waxy wheat 1（弱筋）×Gaocheng 8901（强筋）"重组自交系群体、"Trident（弱筋）×Molineux（弱筋）"重组自交系群体、"宁麦9号（弱筋）×扬麦158（中筋）"重组自交系群体、"PH82-2（强筋）×Neixiang 188（弱筋）"重组自交系群体
1B	峰值时间、最大峰值高度、8 min带宽、峰值宽度、面团韧性、面团强度、面团形成时间、面团稳定时间、吸水率	"Marius（弱筋）×Cajeme71（强筋）"重组自交系群体、"Waxy wheat 1（弱筋）×Gaocheng 8901（强筋）"重组自交系群体、"Yecora Rojo（强筋）×Ksu106（弱筋）"双单倍体群体、"Klasic（强筋）×Ksu105（弱筋）"双单倍体群体、"WL711（弱筋）×C306（强筋）"重组自交系群体、"HI977（强筋）×HD2329（强筋）"重组自交系群体、"Trident（弱筋）×Molineux（弱筋）"重组自交系群体、冬小麦自然群体、"宁麦9号（弱筋）×扬麦158（中筋）"重组自交系群体、"川麦42（弱筋）×川农16（弱筋）"重组自交系群体、"PH82-2（强筋）×Neixiang 188（弱筋）"重组自交系群体
1D	峰值时间、最大峰值高度、8 min带宽、峰值宽度、面团韧性、面团强度、面团延展性、面团稳定时间	"Marius（弱筋）×Cajeme71（强筋）"重组自交系群体、"Waxy wheat 1（弱筋）×Gaocheng 8901（强筋）"重组自交系群体、"Yecora Rojo（强筋）×Ksu106（弱筋）"双单倍体群体、"HI977（强筋）×HD2329（强筋）"重组自交系群体、冬小麦自然群体、'宁麦9号'（弱筋）衍生系群体、"PH82-2（强筋）×Neixiang 188（弱筋）"重组自交系群体

染色体	相关性状	试验材料
2A	峰值时间、8 min 带宽、面团韧性、面团强度、面团形成时间、面团稳定时间、吸水率	"Marius（弱筋）×Cajeme71（强筋）"重组自交系群体、"Waxy wheat 1（弱筋）×Gaocheng 8901（强筋）"重组自交系群体、"Yecora Rojo（强筋）×Ksu106（弱筋）"双单倍体群体、"WL711（弱筋）×C306（强筋）"重组自交系群体、"HI977（强筋）×HD2329（强筋）"重组自交系群体、"Trident（弱筋）×Molineux（弱筋）"重组自交系群体、冬小麦自然群体、"宁麦 9 号（弱筋）× 扬麦 158（中筋）"重组自交系群体
2B	峰值时间、最大峰值高度、8 min 带宽、面团韧性、面团延展性、面团形成时间、面团稳定时间	"Marius（弱筋）×Cajeme71（强筋）"重组自交系群体、"Waxy wheat 1（弱筋）×Gaocheng 8901（强筋）"重组自交系群体、"Yecora Rojo（强筋）×Ksu106（弱筋）"双单倍体群体、"Klasic（强筋）×Ksu105（弱筋）"双单倍体群体、冬小麦自然群体、'宁麦 9 号'（弱筋）衍生系群体、"川麦 42（弱筋）× 川农 16（弱筋）"重组自交系群体
2D	峰值时间、最大峰值高度、8 min 带宽、面团形成时间、面团稳定时间、吸水率	"Yecora Rojo（强筋）×Ksu106（弱筋）"双单倍体群体、"WL711（弱筋）×C306（强筋）"重组自交系群体、"Trident（弱筋）×Molineux（弱筋）"重组自交系群体、冬小麦自然群体、'宁麦 9 号'（弱筋）衍生系群体、"宁麦 9 号（弱筋）× 扬麦 158（中筋）"重组自交系群体
3A	峰值时间、8 min 带宽、	"HI977（强筋）×HD2329（强筋）"重组自交系群体、'宁麦 9 号'（弱筋）衍生系群体
3B	峰值时间、峰值宽度、面团稳定时间	"Marius（弱筋）×Cajeme71（强筋）"重组自交系群体、冬小麦自然群体、'宁麦 9 号'（弱筋）衍生系群体
3D	面团形成时间、面团稳定时间	冬小麦自然群体、"川麦 42（弱筋）× 川农 16（弱筋）"重组自交系群体
4A	最大峰值高度、峰值宽度、8 min 带宽、面团延展性、面团形成时间	"Klasic(强筋)×Ksu105(弱筋)"双单倍体群体、"WL711（弱筋）×C306（强筋）"重组自交系群体、"川麦 42（弱筋）× 川农 16（弱筋）"重组自交系群体
4B	面团形成时间	"宁麦 9 号（弱筋）× 扬麦 158（中筋）"重组自交系群体
4D	最大峰值高度、面团形成时间	"Yecora Rojo（强筋）×Ksu106（弱筋）"双单倍体群体、"Klasic（强筋）×Ksu105（弱筋）"双单倍体群体
5A	面团延展性、面团形成时间	"Marius（弱筋）×Cajeme71（强筋）"重组自交系群体、"川麦 42（弱筋）× 川农 16（弱筋）"重组自交系群体
5B	峰值时间、8 min 带宽、面团稳定时间、面团延展性、面团强度、P/L 值	"Yecora Rojo（强筋）×Ksu106（弱筋）"双单倍体群体、"HI977（强筋）×HD2329（强筋）"重组自交系群体、冬小麦自然群体、"宁麦 9 号（弱筋）× 扬麦 158（中筋）"重组自交系群体
5D	峰值时间、8 min 带宽、峰值宽度、面团形成时间、面团稳定时间	"WL711（弱筋）×C306（强筋）"重组自交系群体、"HI977（强筋）×HD2329（强筋）"重组自交系群体、冬小麦自然群体、'宁麦 9 号'（弱筋）衍生系群体、"PH82-2（强筋）×Neixiang 188（弱筋）"重组自交系群体
6A	最大峰值高度、面团稳定时间	冬小麦自然群体、'宁麦 9 号'（弱筋）衍生系群体
6B	峰值时间、8 min 带宽、面团稳定时间、面团形成时间	"Yecora Rojo（强筋）×Ksu106（弱筋）"双单倍体群体、"HI977（强筋）×HD2329（强筋）"重组自交系群体、冬小麦自然群体、"宁麦 9 号（弱筋）× 扬麦 158（中筋）"重组自交系群体
6D	峰值时间、峰值宽度、8 min 带宽、面团形成时间	"HI977（强筋）×HD2329（强筋）"重组自交系群体、'宁麦 9 号'（弱筋）衍生系群体、"宁麦 9 号（弱筋）× 扬麦 158（中筋）"重组自交系群体
7A	峰值时间、峰值宽度、8 min 带宽、面团形成时间、面团稳定时间	"Yecora Rojo（强筋）×Ksu106（弱筋）"双单倍体群体、"Klasic（强筋）×Ksu105（弱筋）"双单倍体群体、'宁麦 9 号'（弱筋）衍生系群体、"宁麦 9 号（弱筋）× 扬麦 158（中筋）"重组自交系群体
7B	峰值时间、8 min 带宽	'宁麦 9 号'（弱筋）衍生系群体

续表

染色体	相关性状	试验材料
7D	8 min 带宽、最大峰值高度、面团稳定时间、面团韧性、*P/L* 值	"Klasic（强筋）× Ksu105（弱筋）"双单倍体群体、冬小麦自然群体、"宁麦 9 号（弱筋）× 扬麦 158（中筋）"重组自交系群体

三、溶剂保持力的遗传

张平平等（2010）以 6 个不同品质类型的小麦品种为材料配制 15 个杂交组合，遗传分析显示溶剂保持力（SRC）的遗传符合加性 – 显性模型，以加性效应为主，控制水 SRC 与碳酸钠 SRC 的减效基因为显性，蔗糖 SRC 和乳酸 SRC 的基因作用方向为双显性。SRC 的遗传力在不同研究中存在较大差异，有的在 40% 以下，有的则超过 90%，整体来看，4 种 SRC 的遗传力处于中等偏上的水平，适于在早代进行选择。在弱筋小麦中关于 4 种 SRC 的遗传定位研究已有相当多的报道，目前在除 3D 与 6D 外的所有染色体上均报道了与 SRC 相关的 QTL（表 5-8）。

表 5-8　SRC 遗传控制位点在染色体中的分布

染色体	相关性状	试验材料
1A	水 SRC、蔗糖 SRC、碳酸钠 SRC、乳酸 SRC	480 份美国冬小麦品种 / 品系、"Coda（弱筋）× Brundage（弱筋）"重组自交系群体、"Louise（弱筋）× Penawawa（弱筋）"重组自交系群体、"25R26（强筋）× Foster（弱筋）"重组自交系群体、270 份美国冬小麦品系
1B	水 SRC、蔗糖 SRC、碳酸钠 SRC、乳酸 SRC	480 份美国冬小麦品种 / 品系、"Coda（弱筋）× Brundage（弱筋）"重组自交系群体、270 份美国冬小麦品系、'宁麦 9 号'（弱筋）衍生系群体
1D	水 SRC、蔗糖 SRC、碳酸钠 SRC、乳酸 SRC	176 份不同品质类型的品种、480 份美国冬小麦品种 / 品系、'宁麦 9 号'（弱筋）衍生系群体
2A	蔗糖 SRC、碳酸钠 SRC、乳酸 SRC	176 份不同品质类型的品种、270 份美国冬小麦品系、'宁麦 9 号'（弱筋）衍生系群体
2B	水 SRC、蔗糖 SRC、碳酸钠 SRC、乳酸 SRC	176 份不同品质类型的品种、480 份美国冬小麦品种 / 品系、"Coda（弱筋）× Brundage（弱筋）"重组自交系群体、"25R26（强筋）× Foster（弱筋）"重组自交系群体、'宁麦 9 号'（弱筋）衍生系群体
2D	水 SRC、蔗糖 SRC、碳酸钠 SRC	176 份不同品质类型的品种、"25R26（强筋）× Foster（弱筋）"重组自交系群体、'宁麦 9 号'（弱筋）衍生系群体
3A	水 SRC、蔗糖 SRC、乳酸 SRC	176 份不同品质类型的品种、"Coda（弱筋）× Brundage（弱筋）"重组自交系群体、270 份美国冬小麦品系、"宁麦 9 号（弱筋）× 扬麦 158（中筋）"重组自交系群体
3B	水 SRC、蔗糖 SRC、碳酸钠 SRC、乳酸 SRC	176 份不同品质类型的品种、"Louise（弱筋）× Penawawa（弱筋）"重组自交系群体、"25R26（强筋）× Foster（弱筋）"重组自交系群体、'宁麦 9 号'（弱筋）衍生系群体
4A	水 SRC、碳酸钠 SRC、乳酸 SRC	176 份不同品质类型的品种、480 份美国冬小麦品种 / 品系、"Coda（弱筋）× Brundage（弱筋）"重组自交系群体、'宁麦 9 号'（弱筋）衍生系群体
4B	水 SRC、蔗糖 SRC、碳酸钠 SRC、乳酸 SRC	176 份不同品质类型的品种、480 份美国冬小麦品种 / 品系、"Coda（弱筋）× Brundage（弱筋）"重组自交系群体、270 份美国冬小麦品系、"宁麦 9 号（弱筋）× 扬麦 158（中筋）"重组自交系群体

染色体	相关性状	试验材料
4D	水 SRC、蔗糖 SRC、碳酸钠 SRC、乳酸 SRC	176 份不同品质类型的品种、"Louise（弱筋）× Penawawa（弱筋）"重组自交系群体、"25R26（强筋）× Foster（弱筋）"重组自交系群体、'宁麦 9 号'（弱筋）衍生系群体
5A	水 SRC、乳酸 SRC	480 份美国冬小麦品种 / 品系、"Coda（弱筋）× Brundage（弱筋）"重组自交系群体、270 份美国冬小麦品系
5B	蔗糖 SRC	480 份美国冬小麦品种 / 品系
5D	蔗糖 SRC、乳酸 SRC	176 份不同品质类型的品种
6A	碳酸钠 SRC、乳酸 SRC	176 份不同品质类型的品种、"Coda（弱筋）× Brundage（弱筋）"重组自交系群体、'宁麦 9 号'（弱筋）衍生系群体
6B	水 SRC、蔗糖 SRC、碳酸钠 SRC	"Coda（弱筋）× Brundage（弱筋）"重组自交系群体、'宁麦 9 号'（弱筋）衍生系群体
7A	蔗糖 SRC、碳酸钠 SRC	176 份不同品质类型的品种、480 份美国冬小麦品种 / 品系、'宁麦 9 号'（弱筋）衍生系群体
7B	水 SRC、蔗糖 SRC、碳酸钠 SRC、乳酸 SRC	176 份不同品质类型的品种、480 份美国冬小麦品种 / 品系、"25R26（强筋）× Foster（弱筋）"重组自交系群体、'宁麦 9 号'（弱筋）衍生系群体
7D	水 SRC、蔗糖 SRC、碳酸钠 SRC、乳酸 SRC	176 份不同品质类型的品种、"25R26（强筋）× Foster（弱筋）"重组自交系群体、270 份美国冬小麦品系、'宁麦 9 号'（弱筋）衍生系群体

江苏省农业科学院以 118 份'宁麦 9 号'衍生系为材料对溶剂保持力进行关联分析。表型鉴定表明，'宁麦 9 号'衍生系的溶剂保持力存在较大差异，变异系数位于 5.15%~8.63% 之间（表 5-9）。

表 5-9 '宁麦 9 号'及其衍生系 SRC 表型

单位：%

品质指标	年份	宁麦 9 号	衍生系				
			平均值	标准差	最小值	最大值	变异系数
水 SRC	2014	59.49	64.03	5.36	49.43	79.40	8.37
	2015	59.60	63.72	5.50	49.98	77.25	8.63
碳酸钠 SRC	2014	78.96	86.73	6.86	71.11	98.91	7.91
	2015	79.85	85.66	6.97	70.38	100.15	8.13
乳酸 SRC	2014	108.52	116.88	9.24	93.98	141.71	7.91
	2015	109.05	117.23	9.57	96.21	146.57	8.16
蔗糖 SRC	2014	108.85	116.05	5.97	99.15	131.09	5.15
	2015	109.51	117.06	6.45	104.39	132.75	5.51

各溶剂保持力之间具有一定的正相关关系，蔗糖 SRC 与水 SRC、乳酸 SRC 和碳酸钠 SRC 具有显著正相关关系（表 5-10）。

表 5-10　不同 SRC 性状之间相关性

品质指标	水 SRC	碳酸钠 SRC	乳酸 SRC	蔗糖 SRC
水 SRC	0.897**	0.663**	−0.012	0.343**
碳酸钠 SRC	0.640**	0.825**	−0.007	0.525**
乳酸 SRC	0.037	0.085	0.809**	0.403**
蔗糖 SRC	0.311**	0.582**	0.398**	0.740**

注：同一性状不同年度间相关系数在对角线上，2014 年不同性状间的相关系数在对角线下方，2015 年的数据在对角线上方。

研究结果进一步表明，5 个标记与水 SRC 相关联，分别位于 4A、4D、7B 染色体上；21 个标记与碳酸钠 SRC 相关联，分别位于 1B、1D、2A、2B、2D、3B、4A、6A、6B、7A、7B 和 7D 染色体上；2 个标记与乳酸 SRC 关联，位于 3B 染色体上；4 个标记与蔗糖 SRC 关联，分别位于 1D、2D 和 3B 染色体上。这些 QTL 的表型变异解释率为 5.12%~12.05%（表 5-11）。

表 5-11　不同 SRC 性状关联分析

品质指标	基因标记	染色体	2014 年			2015 年		
			P 值	R^2/%	效应（等位变异）	P 值	R^2/%	效应（等位变异）
水 SRC	Xwmc468	4A	4.74×10^{-3}	6.61	−（134）			
	Xwmc89	4D	8.10×10^{-3}	5.94	−（140）			
	Xwmc517	7B				9.68×10^{-3}	5.71	+（183）
	Xgwm44	7D	8.11×10^{-3}	5.78	−（196）	1.37×10^{-3}	8.84	−（196）
	Xbarc126	7D	6.48×10^{-3}	6.13	−（170）	4.34×10^{-4}	10.80	−（170）
碳酸钠 SRC	Xgwm153	1B				5.65×10^{-3}	6.02	−（188）
	Xcfd72	1D				4.55×10^{-3}	6.22	+（310）
	Xgwm232	1D	7.64×10^{-4}	8.57	+（144）			
	Xwmc658	2A	6.82×10^{-3}	5.44	+（250）			
	Xgwm257	2B				9.54×10^{-3}	5.16	−（186）
	Xgwm539	2D	6.32×10^{-3}	5.56	+（160）			
	Xgwm102	2D	3.04×10^{-3}	6.57	+（142）			
	Xgwm484	2D	1.94×10^{-4}	10.81	−（179）	2.90×10^{-3}	6.96	−（179）
	Xwmc231	3B	1.09×10^{-3}	8.17	+（240）			
	Xwmc777	3B	4.13×10^{-4}	9.48	−（100）			

品质指标	基因标记	染色体	2014 年			2015 年		
			P 值	$R^2/\%$	效应（等位变异）	P 值	$R^2/\%$	效应（等位变异）
碳酸钠 SRC	Xwmc653	3B				6.05×10^{-3}	5.83	−（160）
	Xwmc219	4A	6.68×10^{-3}	5.47	+（160）			
	Xgwm169	6A				9.54×10^{-3}	5.68	−（190）
	Xwmc397	6B	9.68×10^{-5}	12.05	−			
	Xwmc790	7A	1.68×10^{-3}	7.42	−（108）			
	Xwmc809	7A				6.04×10^{-3}	5.81	−（180）
	Xwmc311	7B	9.64×10^{-3}	5.12	+（120）			
	Xwmc634	7D	4.16×10^{-4}	10.17	+（210）			
	Xgwm437	7D				6.04×10^{-3}	5.81	−（110）
	Xgwm44	7D				6.61×10^{-3}	5.88	−（183）
	Xcfd14	7D				1.80×10^{-3}	7.62	−（100）
乳酸 SRC	Xwmc754	3B	2.09×10^{-3}	8.77	−（160）	7.89×10^{-3}	6.39	+（152）
	Xwmc326	3B	7.20×10^{-3}	7.15	+（186）	8.29×10^{-3}	7.00	+（186）
蔗糖 SRC	Xgwm232	1D	5.17×10^{-4}	10.44	−（144）	4.27×10^{-3}	7.20	−（144）
	Xgwm349	2D	5.97×10^{-3}	6.47	+（310）			
	Xwmc754	3B	5.96×10^{-3}	6.68	−（160）			
	Xwmc326	3B				4.38×10^{-3}	7.35	+（186）

第三节　品质性状调控基因

小麦种子贮藏蛋白（SSP）的含量和组成是其最终使用价值的决定因素。近年来，测序技术、基因编辑技术的发展为基因克隆及功能分析等工作提供了极大便利，品质性状相关基因调控机制也得到了进一步解析。

野生二粒小麦（*Triticum turgidum* var. *dicoccoides*）6BS 染色体上有一个控制籽粒蛋白质含量（grain protein contents，GPC）的数量性状位点，该位点具有多效性，可在开花期增加可溶性蛋白和氨基酸在旗叶中的积累，提高氮同化效率，并最终影响蛋白质含量（Joppa et al., 1997）。Uauy 等（2006）定位克隆了 *Gpc-B1* 位点上控制籽粒蛋白质含量的关键基因，由于该基因属于 NAC 转录因子家族成员，并且与拟南芥 NAM（No Apical Meristem）基因在进化上位于同一分支，其被命名为 NAM-B1。NAM 转录因子家族蛋白 N 端为高度保守的 NAC 结构域（含 A、B、C、D 和 E 5 个亚基），含有蛋白质和 DNA 结合位点；C 端为转录激活域，具有高度多样性（Hux et al.，2012；Ooka et al.，2003；Ernsth et al.，2003；Olsen et al.，2005）。

多数普通小麦（六倍体小麦）中的 NAM-B1 基因由于基因序列完全缺失或存在 1 个碱基插入引起移码突变而丧失功能。NAM-B1 编码一个 NAC 转录因子，其野生型变异可显著提高普通小麦的籽粒蛋白质含量、吸水率、峰值时间等性状，其同源基因 NAM-A1 与 NAM-D1 也被报道与小麦品质相关。通过分析 34 份普通小麦的 NAM-B1 基因序列，发现其中 29 份小麦的 NAM-B1 基因发生了缺失突变，5 份小麦的 NAM-B1 基因存在移码突变，未发现含有功能型 NAM-B1 基因的小麦（Uauy et al.，2006）。后来，Asplund 等（2010）研究发现，63 份早期小麦品种中，仅有 2 份普通小麦含有功能性 NAM-B1 基因。Hagenblad 等（2013）对 500 多份不同来源的小麦品种进行了分析，发现 51 份小麦含有功能性 NAM-B1 基因，且发现含有功能型 NAM-B1 基因的小麦均来自北欧国家或亲本来源于北欧，进一步对来源于北欧的小麦材料分析发现，其功能型 NAM-B1 基因出现的概率高达 33%。Chen 等（2017）对我国 218 份小麦材料中的 NAM-B1 基因进行了分析，发现 165（75.7%）份小麦 NAM-B1 基因发生了缺失突变，剩余 53（24.3%）份小麦 NAM-B1 基因发生了移码突变，在我国小麦材料中未发现含有功能型 NAM-B1 基因。

除了 TaNAM-B1 基因，小麦中还含有其他同源基因，根据这些基因所在的染色体同源群的不同，分为 Gpc-1（TaNAM-A1、TaNAM-B1 和 TaNAM-D1）和 Gpc-2（TaNAM-B2 和 TaNAM-D2）两类。NAM-B1 同源基因对于控制籽粒蛋白质含量及锌、铁等微量元素具有重要功能。Uauy 等（2006）通过基因沉默技术降低了小麦品种 'Bobwhite' 中 NAM-B1 同源基因的转录水平，不仅导致籽粒中蛋白质、铁、锌含量减少达 30%，同时延缓了衰老过程。Avni 等（2014）通过 EMS 化学诱变技术成功筛选到 TaNAM-A1 和 TaNAM-D1 的单、双突变体，相关性状的分析再次证实了两者与野生型 TaNAM-B1 功能上的相似性。而后，Waters 等（2009）在铁、锌胁迫和正常栽培条件下，通过比较花后小麦 'Bobwhite' 的 NAM 基因沉默株系及非转基因株系各个组织，包括铁、锌等矿物元素含量的差异，发现叶片衰老的延迟是由于减少了向籽粒的物质转运（包括矿物元素），而并非由于根系从土壤中吸收或植株向籽粒分配的物质量的减少。进一步证明了 NAM 基因参与调控籽粒发育过程中组织的衰老及衰老组织中矿物元素向籽粒的转运。

中国科学院高彩霞与王道文团队联合对小麦粒重基因 TaGW2 进行了功能分析，发现其敲除突变体中籽粒蛋白质含量显著升高，3 个同源位点的双敲除及三敲除突变体的变化更加显著，同时面粉蛋白质含量及面筋强度也发生了显著变化（2018）。

在谷物中，SSP 的合成主要受到转录水平上的复杂调控，转录因子可以结合到顺式作用元件上对其表达进行调控，该调控网络与贮藏蛋白基因启动子中的谷醇溶蛋白框（P-box 或 PB，5-TGTAAAG-3）、GCN4-like 基序（GLM，5-ATGAG / CTCAT-3）、AACA、RY、TATA 等至少 5 个顺式元件相关。已有研究结果表明，bZIP 类转录因子 TaSPA 可以结合到编码谷蛋白和醇溶蛋白基因的启动子上 GCN4-like 基序，并激活其转录，而 SPA 异二聚体蛋白（SHP）抑制谷蛋白基因表达。B3 家族转录因子 TaFUSCA3 可以与 TaSPA 相互作用，并通过结合 TaGlu-1Bx7 启动子中的 RY-box 基序来激活其表达。Dof 类转录因子 PBF（Prolamin-box 结合因子）可以与小麦 α-醇溶蛋白和 LMW-GS 基因的启动子区域中的 Prolamin-box（P-box）结合，并与 TaGlu-1By8 和 TaGlu-1Dx2 基因结合，导致其启动子甲基化水平降低。GA 依赖性 MYB 转录因子 TaGAMyb 通过直接结合 *TaGlu* 启动子并募集组蛋白乙酰转移酶（HAT）来激活 *HMW-GS* 基因表达（图 5-4）。

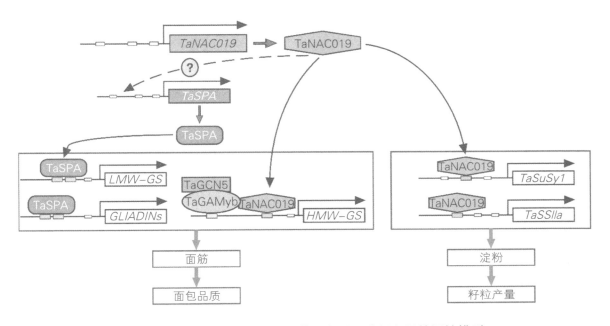

图 5-4 TaNAC019 对小麦贮藏蛋白以及淀粉积累的调控模型

同时近些年有多个研究表明 NAC 类转录因子参与小麦籽粒贮藏蛋白的表达调控。中国农业大学小麦研究中心（2021）系统解析了 NAC 类转录因子 TaNAC019 对小麦籽粒贮藏蛋白以及淀粉含量积累的调控机制：*TaNAC019* 敲除突变体中大部分贮藏蛋白基因以及部分淀粉合成相关基因表达下降，面筋和淀粉含量降低。TaNAC019 与已报道的谷蛋白调控因子 TaGAMyb 相互作用共同调控贮藏蛋白的表达，同时也可能通过调节 *TaSPA* 表达间接调节贮藏蛋白的表达与积累。中国科学院遗传发育所张爱民团队（2021）通过同源克隆的方法在小麦中鉴定到一个贮藏蛋白基因抑制因子 TaSPR，抑制其表达可以显著提高种子中贮藏蛋白的含量和沉淀值（图 5-5）。

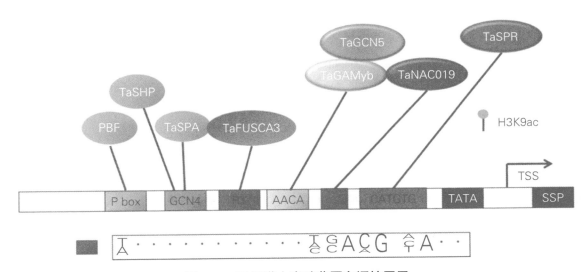

图 5-5 已报道小麦贮藏蛋白调控因子

主要参考文献

Ainsworth C, Clark J, Balsdon J, 1993. Expression, organisation and structure of the genes encoding the waxy protein (granule-bound starch synthase) in wheat[J]. Plant Molecular Biology, 22:67-82.

Albani D, Hammond-Kosack M C, Smith C, et al., 1997. The wheat transcriptional activator SPA: a seed-specific bZIP protein that recognizes the GCN4-like motif in the bifactorial endosperm box of prolamin genes[J]. Plant Cell, 9: 171-184.

Alemu A, El Baouchi A, El hanafi S, et al., 2021. Genetic analysis of grain protein content and dough quality traits in elite spring bread wheat (*Triticum aestivum.* L) lines through association study[J]. Journal of Cereal Science, 100:103-214.

Barakat M, Al-Doss A, Moustafa K, et al., 2020. QTL analysis of faringraph and mixograph related traits in spring wheat under heat stress conditions[J]. Molecular Biology Reports, 47:5477-5486.

Boudet J, Merlino M, Plessis A, et al., 2019. The bZIP transcription factor SPA Heterodimerizing Protein represses glutenin synthesis in *Triticum aestivum*[J]. Plant Journal, 97(5): 858-871.

Cabrera A, Guttieri M, Smith N, et al., 2015. Identification of milling and baking quality QTL in multiple soft wheat mapping populations[J]. Theoretical and applied genetics, 128:2227-2242.

Carter A, Garland-Campbell K, Morris C f, et al., 2011. Chromosomes 3B and 4D are associated with several milling and baking quality traits in a soft white spring wheat population (*Triticum aestivum* L.)[J]. Theoretical and Applied Genetics, 124:1079-1096.

Chen F, He Z H, Xia X C, et al., 2006. Molecular and biochemical characterization of puroindoline a and b alleles in Chinese landraces and historical cultivars[J]. Theoretical and Applied Genetics, 112: 400-409.

Chen F, Zhang F Y, Xia X C, et al., 2011. Distribution of puroindoline alleles in bread wheat cultivars of the Yellow and Huai valley of China and discovery of a novel puroindoline a allele without PINA protein[J]. Molecular Breeding, 29: 371-378.

Dong G, Ni Z, Yao Y, et al., 2007. Wheat Dof transcription factor WPBF interacts with TaQM and activates transcription of an alpha-gliadin gene during wheat seed development[J]. Plant Mol Biol, 63: 73-84.

Gaire R, Huang M, Sneller C, et al., 2019. Association analysis of baking and milling quality traits in an elite soft red winter wheat population[J]. Crop Science, 59(03):1085-1094.

Gao Y, An K, Guo W, et al., 2021. The endosperm-specific transcription factor TaNAC019 regulates glutenin and starch accumulation and its elite allele improves wheat grain quality[J]. The Plant Cell, 33:603-622.

Gazza L, Nocente F, N g P K W, et al., 2005. Genetic and biochemical analysis of common wheat cultivars lacking puroindoline a[J]. Theoretical and Applied Genetics, 110: 470-478.

Giroux M J, Morris C F, 1997. A glycine to serine change in *puroindoline b* is associated with wheat grain hardness and low levels of starch-surface friabilin[J]. Theoretical and Applied Genetics, 95: 857-864.

Goel S, Singh K, Singh B, et al., 2019. Analysis of genetic control and QTL mapping of essential wheat grain quality traits in a recombinant inbred population[J]. PLOS ONE, 14(3).

Graybosch R A, Peterson C J, Hansen L E, 1998. Identification and characterization of U. S. wheats carrying null alleles at the *Wx* loci[J]. Cereal Chemistry, 75(01): 344.

Guo G, Jackson D S, Graybosch R A, 2003. Asian salted noodle quality: impact of amylose content adjustments using waxy wheat flour[J]. Cereal Chemistry, 80(04): 437-445.

Guo W, Yang H, Liu Y, et al., 2005. The wheat transcription factor TaGAMyb recruits histone acetyltransferase and activates the expression of a high-molecular-weight glutenin subunit gene[J]. Plant Journal, 84: 347-359.

Hung P V, Maeda T, Morita N, 2006. Waxy and high-amylose wheat starches and flourscharacteristics, functionality and application[J]. Trends in Food Science & Technology, 17(08): 448-456.

Ikeda M T, Cong H, Suzuki T, et al., 2010. Identification of new *Pina* null mutations among Asian common wheat cultivars[J]. Journal of Cereal Science, 51: 235-237.

Ikeda T M, Ohnishi N, Nagamine T, et al., 2005. Identification of new puroindoline genotypes and their relationship to flour texture among wheat cultivars[J]. Journal of Cereal Science, 41: 1-6.

Jernigan K L, Morris C F, Zemetra R, et al., 2017. Genetic analysis of soft white wheat end-use quality traits in a club by common wheat cross[J]. Journal of Cereal Science, 76:148-156.

Jernigan K L, Godoy JV, Huang M, et al., 2018. Genetic dissection of End-Use quality traits in adapted soft White winter wheat[J]. Frontiers in plant science, p: 271.

Jiang P, Zhang P P, Zhang X, et al., 2017. Genetic diversity and association analysis for solvent retention capacity in the accessions derived from soft wheat ningmai 9[J]. International Journal of Genomics, 2017:1-8.

Kerfal S, Giraldo P, Rodríguez-Quijano M, et al., 2010. Mapping quantitative trait loci (QTLs) associated with dough quality in a soft × hard bread wheat progeny[J]. Journal of Cereal Science, 52(1): 46-52.

Kossmann J, 2000. Understanding and influencing starch biochemistry[J]. Critical Reviews in Plant Sciences, 19(03): 171-226.

Kuchel H, Langridge P, Mosionek L, et al., 2006. The genetic control of milling yield, dough rheology and baking quality of wheat[J]. Theoretical and Applied Genetics, 112: 1487.

Kumar N, Kiszonas A, Ibba M I, et al., 2019. Identification of loci and molecular markers associated with Super Soft kernel texture in wheat[J]. Journal of Cereal Science, P: 87.

Li G Y, He Z H, Lillemo M, et al., 2008. Molecular characterization of allelic variations at *Pina* and *Pinb* loci in Shandong wheat landraces, historical and current cultivars[J]. Journal of Cereal Science, 47: 510-517.

Li Z, Chu X, Mouille G, 1999. The localization and expression of the class II starch synthases of wheat[J]. Plant Physiology, 120(04): 1147-1155.

Lillemo M, Morris C F, 2000. A leucine to proline mutation in *puroindoline* b is frequently present in hard wheats from Northern Europe[J]. Theoretical and Applied Genetics, 100(7): 1100-1107.

Ma S, Li L, Wang X X, 2016. Effect of mechanically damaged starch from wheat flour on the quality of frozen dough and steamed bread[J]. Food Chemistry, 202(03): 120-124.

Morris C F, Greenblatt G A, Bettge A D, 1994. Isolation and characterization of multiple forms of friabilin[J]. Journal of Cereal Science, 20: 167-174.

Morris C F, Lillemo M, Simeone M C, 2001. Prevalence of puroindoline grain hardness genotypes among historically significant North American spring and winter wheats[J]. Crop Science, 41: 218-228.

Morris C F, Shackley B J, King G E, 1997. Genotypic and environmental variation for flour swelling volume in wheat[J]. Cereal Chemistry, 74(01): 16-21.

Nishio, Zenta, Oikawa, et al., 2009. Influence of amylose content on cookie and sponge cake quality and solvent retention capacities in wheat flour[J]. Cereal Chemistry, 86(03): 37-42.

Ooka H, Satoh K, Doi K, 2003. Comprehensive analysis of NAC family genes in Oryza sativa and Arabidopsis thaliana[J]. DNA Research, 10(6): 239-248.

Prashant R, Mani E, Rai R, et al., 2015. Genotype × environment interactions and QTL clusters underlying dough rheology traits in (*Triticum aestivum* L.)[J]. Journal of Cereal Science, 64:82-91.

Preiss J, Sivak M N, 1998. Biochemistry, molecular biology and regulation of starch synthesis[J]. Genetic Engineering, 20(05): 72-78.

Rahman, Li, Batey, 2000. Genetic alteration of starch functionality in wheat[J]. Journal of Cereal Science, 31(01): 123-126.

Ram S, Jain N, Shoran J, et al., 2005. New frame shift mutation in *puroindoline b* in Indian wheat cultivars Hyb65 and Ni5439[J]. Journal of Biochemistry & Biotechnology, 14: 45-48.

Ravel C, Fiquet S, Boudet J, et al., 2014. Conserved cis-regulatory modules in promoters of genes encoding wheat high-molecular-weight glutenin subunits[J]. Front Plant Sci, 5: 621.

Regina A, Bird A, Topping D, 2006. High-amylose wheat generated by RNA interference improves indices of large-bowel health in rats[J]. Proceedings of the National Academy of Sciences of the United States of America, 103(10): 117-118.

Reif J, Gowda M, Maurer H P, et al., 2011. Association mapping for quality traits in soft winter wheat[J]. Theoretical and Applied Genetics, 122:961-970.

Saito, M. Vrinten P, Ishikawa G, et al., 2009. A novel codominant marker for selection of the null *Wx-B1* allele in wheat breeding programs[J]. Molecular Breeding, 23: 209-217.

Shariflou M R, Hassani M E, Sharp P J, 2001. A PCR-based DNA marker for detection of mutant and normal alleles of the Wx-D1 gene of wheat[J]. Plant Breeding, 120: 121-124.

Shen L, Luo G, Song Y, et al., 2021. A novel NAC family transcription factor SPR suppresses seed storage protein synthesis in wheat[J]. Plant Biotechnology Journal, 19:992-1007.

Smith N, Guttieri M, Souza E, et al., 2011. Identification and validation of QTL for grain quality traits in a cross of soft wheat cultivars pioneer brand 25R26 and foster[J]. Crop Science, 51:1424-1436.

Sun F, Liu X, Wei Q, et al., 2017. Functional characterization of TaFUSCA3, a B3-Superfamily transcription factor gene in the wheat[J]. Front Plant Sci, 8: 1133.

Sun X, Marza F, Ma H, et al., 2010. Mapping quantitative trait loci for quality factors in an inter-class cross of US and Chinese wheat[J]. Theoretical and Applied Genetics, 120:1041-1051.

Tadesse W, Ogbonnaya F, Jighly A, et al., 2015. Genome-wide association mapping of yield and grain quality traits in winter wheat genotypes[J]. PloS ONE, 10: e0141339.

Tanaka H, Morris C F, Haruna M, et al., 2008. Prevalence of puroindoline alleles in wheat from eastern Asia including the discovery of a new SNP in *puroindoline b*[J]. Plant Genetic Resource, 6: 142-152.

Tsilo T, Nygard G, Khan K, et al., 2013. Molecular genetic mapping of QTL associated with flour water absorption and faringraph related traits in bread wheat[J]. Euphytica, 194:293-302.

Uauy C, Distelfeld A, Fahima T, et al., 2006. A NAC gene regulating senescence improves grain protein, zinc, and iron content in wheat[J]. Science, 314:1298-1301.

Udall J A, Souza E, Anderson J, 1999. Quantitative trait loci for flour viscosity in winter wheat[J]. Crop Science, 39(01): 238-242.

Vrinten P, Nakamura T, Yamamori M, 1999. Molecular characterization of waxy mutations in wheat[J]. Molecular & General Genetics, 261(03): 463-471.

Wang G, Leonard J M, Ross A S, et al., 2012. Identification of genetic factors controlling kernel hardness and related traits in a recombinant inbred population derived from a soft × 'extra-soft' wheat cross (*Triticum aestivum* L.) [J]. Theoretical and Applied Genetics, 124:207-221.

Wang J, Sun J J, Liu D C, et al., 2008. Analysis of *Pina* and *Pinb* alleles in the micro-core collections of Chinese wheat germplasm by Ecotilling and identification of a novel *Pinb* allele[J]. Journal of Cereal Science, 48: 836-842.

Wang L, Li G Y, Xia X C, et al., 2008. Molecular characterization of *Pina* and *Pinb* allelic variations in Xinjiang landraces and commercial wheat cultivars[J]. Euphytica, 164:745-752.

Xia L Q, Chen F, He Z H, et al., 2005. Occurrence of puroindoline alleles in Chinese winter wheats[J]. Cereal Chemistry, 82: 38-43.

Zhang Y, Li D, Zhang D, et al., 2018. Analysis of the functions of TaGW2 homoeologs in wheat grain weight and protein content traits[J]. The Plant Journal, 94:857-866.

Zhang Y, Wu Y, Xiao Y, et al., 2009. QTL mapping for milling, gluten quality, and flour pasting properties in a recombinant inbred line population derived from a Chinese soft × hard wheat cross[J]. Crop and Pasture Science, 60:587-597.

Zheng Ff, Deng Zy, Shi Cl, et al., 2013. QTL mapping for dough mixing characteristics in a recombinant inbred population derived from a Waxy × Strong gluten wheat (*Triticum aestivum* L.)[J]. Journal of Integrative Agriculture, 12:951-961.

Zhu J, Fang L, Yu J, et al., 2018. 5-Azacytidine treatment and *TaPBF-D* over-expression increases glutenin accumulation within the wheat grain by hypomethylating the *Glu-1* promoters[J]. Theor Appl Genet, 131: 735-746.

常斌，2013. 弱筋小麦宁麦 9 号品质性状 QTL 定位 [D]. 扬州：扬州大学 .

陈后庆，孙长森，丁永辉，等，2005. 杂种小麦 SDS 沉淀值和干、湿面筋含量的数量遗传分析 [J]. 扬州大学学报，26（3）：58–61.

方先文，姜东，戴廷波，等，2003. 小麦籽粒蛋白质含量的遗传分析 [J]. 江苏农业学报，19（1）：5–8.

韩俊杰，2016. 小麦淀粉合成关键酶基因 SNP 多态性及与淀粉合成的相关分析 [D]. 石河子：石河子大学 .

霍清涛，吕德彬，崔党群，等，1996. 小麦主要品质性状的遗传模型研究 [J]. 华北农学报，11（3）：9–15.

姜朋，张平平，张旭，等，2015. 弱筋小麦宁麦 9 号及其衍生系的蛋白质含量遗传多样性及关联分析

[J]. 作物学报，41（25）：1828–1835.

姜朋，张平平，张旭，等，2016. 宁麦 9 号及其衍生品种（系）揉混特性的关联分析 [J]. 作物学报，42（8）：1168–1175.

李加瑞，赵伟，李全梓，2005. Waxy 基因的 RNA 沉默使转基因小麦种子中直链淀粉含量下降 [J]. 遗传学报，32（08）：846–854.

刘建军，赵振东，董进英，等，1996. 冬小麦面团流变学特性的杂种优势和配合力分析 [J]. 作物学报，22（5）：577–582.

刘迎春，2004. 小麦 Waxy 基因的分子标记及其应用 [D]. 南京：南京农业大学.

庞欢，王琳，王昊龙，等，2014. 小麦籽粒淀粉含量的 QTL 定位及效应分析 [J]. 麦类作物学报，34（1）：1–7.

彭建，张正茂，2010. 小麦籽粒淀粉和直链淀粉含量的近红外漫反射光谱法快速检测 [J]. 麦类作物学报，30（02）：276–279.

宋华东，刘佳，戴海英，等，2011. 小麦淀粉的生物合成及遗传改良研究进展 [J]. 山东农业科学，13（11）：23–27.

唐建卫，殷贵鸿，王丽娜，等，2011. 小麦湿面筋含量和面筋指数遗传分析 [J]. 作物学报，37（9）：1701–1706.

田宾，刘宾，朱占玲，等，2011. 小麦籽粒淀粉积累动态的条件和非条件 QTL 定位 [J]. 中国农业科学，44（22）：4551–4559.

王增裕，卢少源，1991. 小麦品质及产量性状的遗传分析 [J]. 河北农业大学学报，14（1）：1–5.

王展，印兆庆，2005. 面粉中淀粉及其组分的含量与馒头品质关系的研究 [J]. 粮食与饲料工业，（03）：13–14.

姚金保，杨学明，姚国才，等，2007. 弱筋小麦品种蛋白质含量的遗传分析 [J]. 麦类作物学报，27（6）：1005–1009.

姚金保，张平平，任丽娟，等，2011. 软质冬小麦品种籽粒蛋白质含量的遗传分析 [J]. 江苏农业学报，27（3）：469–474.

于春花，别同德，王成，等，2012. 小麦 Wx 基因近等基因系的创制及其对直链淀粉含量、面条感官品质的影响 [J]. 麦类作物学报，38（03）：454–461.

张福彦，2011. 小麦籽粒硬度相关基因分子鉴定及 PINA 蛋白缺失分子机制研究 [D]. 郑州：河南农业大学.

张平平，姚金保，马鸿翔，2010. 小麦溶剂保持力的遗传分析 [J]. 江苏农业学报，26（6）：1170–1175.

张颙，2009. 小麦品种川麦 42 与川农 16 重组自交系品质及抗条锈性状遗传研究 [D]. 雅安：四川农业大学.

张勇，张晓，郭杰，等，2015. 软质小麦溶剂保持力关联分析 [J]. 作物学报，41（2）：251–258.

张勇，张晓，张伯桥，等，2013. 小麦溶剂保持力（SRC）研究进展 [J]. 中国农学通报，29（36）：9–14.

赵艳岭，2014. 中期氮肥调控影响水稻产量及稻米品质的生理机制 [D]. 南京：南京农业大学.

第六章
弱筋小麦育种进展与策略

我国从20世纪70年代开始开展小麦品质育种，但当时仅侧重于强筋品质，弱筋小麦品种选育则是在90年代后期才开始起步。随着我国小麦出现结构性过剩，中央提出农业结构调整和提高农产品质量的目标，长江中下游麦区被规划为我国唯一的弱筋小麦优势产业带，重点发展弱筋小麦。通过20多年的攻关，全国的科研单位先后育成了以'宁麦9号''扬麦13''扬麦15''郑麦004''泛麦8号''扬麦30''川麦93''绵麦905'等为代表的一批优质弱筋小麦品种，逐步构建和完善了弱筋小麦品种选育技术体系。截至目前，已育成70多个弱筋小麦新品种，一定程度上解决了生产上弱筋小麦品种缺乏的突出问题，满足了我国饼干、糕点加工和酿酒等对优质弱筋原粮的需求。

早在 20 世纪 50 年代，国外就开展了优质小麦品种选育、品质区划等方面的研究。美国、加拿大、澳大利亚等小麦主产国根据不同生态环境把小麦产区分成不同的品质区域。美国把小麦产区分为硬（质）红（粒）冬（小麦）、硬红春、软红冬、软白麦、硬白麦和硬粒小麦区。普通小麦中的硬质小麦蛋白质含量高、面筋强度大、延展性好，适合制作面包；软质小麦蛋白质含量低、面筋强度弱、延展性好，适合加工饼干和糕点。硬粒小麦是区别于普通小麦的另一品种类型，专门用于加工通心粉类的面制品。加拿大主要生产春小麦，其小麦分为红春麦（硬红春）、硬粒小麦、草原春麦（红粒和白粒）、超强红春麦、硬红冬、软红春、软红冬和硬白春，前 4 类占主导地位。澳大利亚小麦品种品质分类着重于新品种的加工和最终使用性能，分为优质硬麦、硬麦、优质白麦、标准白麦、面条白麦、优质面条小麦、软麦和硬粒小麦。在此基础上根据区域特点进行有针对性的品质遗传改良，并把小麦品质育种放在重要位置，即使一个品种产量、抗病性等各种性状都好，只要品质性状中有一个不符合要求，就不予推广；在生产、贮藏、运输到加工销售等各环节都已形成一套严格的质量监控体系，从而保证生产的小麦品质优良且稳定性好。这一举措有力地推动了优质小麦的遗传改良和出口贸易的发展。

品质改良是小麦育种的主要目标之一，20 世纪 80 年代中期以前很难找到系统的研究资料。通过分析中国小麦品种改良和品质研究发展历史，可将小麦品种改良工作划分为 3 个阶段。第一，产量为主要目标的起步阶段，这一阶段为 20 世纪 20—40 年代；第二，产量为主兼顾抗病特性阶段，这一阶段为 20 世纪 50—80 年代；第三，产量为主兼顾抗病和品质阶段，这一阶段为 20 世纪 80 年代至今。分析每个阶段品质改良在育种目标和育种实践中的地位可以看出，真正意义上的品质改良工作始于 20 世纪 80 年代中期。1981 年，中国农业科学院建立了中国农业系统第一个小麦加工品质实验室，开始对参加全国区域试验的小麦品种（系）进行连续 3 年的检测，并筛选鉴定出一批优质小麦。1983 年，金善宝在《中国小麦及其系谱》中提出："丰产、稳产、优质、低耗"的育种目标，可认为是小麦育种界对品质问题的共识和表述。1985 年，全国小麦品质改良研讨班的举办，标志着我国小麦改良工作进入了以品质为重要目标的新阶段（林作楫，1994）。1986 年，"小麦品质育种和品质研究"列入国家"七五"计划小麦育种协作攻关项目，表明全国范围内开始有组织、有规模、系统性地开展品质研究。"八五""九五"延续了"七五"全国协作攻关的模式。农业部 1986 年、1990 年、1994 年先后组织开展全国优选小麦品种的品质鉴评，确定了一批优质的推广良种，每一次品质都有很大提高，但主要是针对面包烘烤品质进行鉴定筛选（王晓燕 等，1995）。1992 年，农业部主持全国优质小麦品种品质现场鉴评会，也主要针对全国面包专用小麦品种。20 世纪 90 年代初，部分单位开始进行了弱筋小麦及其制品饼干、蛋糕等产品品质的研究（马传喜，1994；姚大年 等，1995）。1995 年，农业部组织了首届饼干、蛋糕暨第二届面包用小麦品质鉴评会，评选出'丰优 5 号''皖麦 18'等 17 个优质饼干、糕点品种（系）（姚金保，2000）。我国的弱筋小麦育种开始了起步发展。

20 世纪 90 年代后，我国小麦产量逐步提高，并实现供需平衡，但小麦品质没有满足市场对于优质小麦的需求，出现卖粮难的局面。为改善农村经济，中央提出农业结构调整和提高农产品质量的目标。小麦品质特别是食品加工品质也日益成为我国小麦育种和生产重视的问题。但当时生产上存在优质小麦就是强筋小麦的误区，对弱筋小麦没有做到真正重视，长江中下游麦区的红粒小麦由于蛋白质及湿面筋含量相对较低，达不到优质强筋标准而被认为是"劣质小麦"，一度退出国家保护价收购。充分利用生态特点是促进小麦产业高效发展的关键，长江中下游麦区雨水较多，不利于蛋白质和湿面筋含量积累，这恰恰契合优质弱筋小麦品质要求。

随着国民经济发展，制作饼干、糕点的弱筋小麦也成了优质小麦需求的一部分。20 世纪 90 年代后期我国开始进行弱筋小麦的遗传改良、推广和生产工作，组织开展了弱筋小麦种质资源鉴定、优质弱筋品种筛选、新品种培育、品质区域规划等工作，弱筋小麦育种被列为主要育种目标之一，弱筋小麦的区域规划也被列为优质小麦区划生产布局的重点之一。为了促进小麦产业结构调整，国家于 1999 年组织粮食部门制定了国家标准《优质小麦　弱筋小麦》（GB/T 17893—1999）；2000 年 5 月，在"全国小麦栽培科学研讨会（第九届）"上，扬州大学农学院、江苏省农林厅与会专家也提出小麦蛋白质含量低、筋力弱并非缺点。2001 年，农业部发布了《中国小麦品质区划方案》（试行），其中南方冬麦区适宜发展中筋、弱筋小麦。在品质区划方案基础上，2003 年发布了《专用小麦优势区域发展规划（2003—2007）》，确定了 3 个"优质专用小麦优势区域产业带"，其中长江下游小麦产业带是唯一的弱筋小麦优势产业带。该地区各育种单位在弱筋种质资源的创新和亲本选择上做了大量工作，研究并制定了不同阶段育种的弱筋品质筛选鉴定方法，先后培育出'宁麦 9 号''扬麦 9 号''扬麦 13''扬麦 15''宁麦 13'等为代表的一批优质弱筋小麦品种，与国际国内饼干、蛋糕和南方馒头等弱筋小麦产品加工企业开展广泛的合作研究，为弱筋小麦产业发展发挥了重要作用。'扬麦 13'连续 11 年被列为全国唯一的弱筋小麦主导品种，是我国推广面积最大的弱筋小麦品种，获得中华农业科技奖二等奖（2007）、江苏省科技进步奖二等奖（2008）和农业部全国农牧渔业丰收奖一等奖（2010）；以'宁麦 13'为代表的"宁麦系列弱筋小麦品种选育及配套技术研究与应用"获江苏省科学技术奖一等奖（2017）。

以长江中下游弱筋小麦优势产区为代表，近年来育种工作进展显著，新育成了一批优质、高产、多抗的弱筋小麦新品种和后备品系。具体表现在：

（1）品质有明显改善　在 2019 年全国小麦产业发展暨质量发布年会上，经专家评鉴，'扬麦 20''扬麦 27'蛋糕评分优，在 619 份测试样品、213 个品种中位列参评品种前三位，与优质低筋面粉美玫粉相当，制成的蛋糕外形完整，柔软细腻。农业农村部谷物及制品质量监督检验测试中心（哈尔滨）连续两年测试，'扬麦 24'蛋白质含量分别为 11.0%、11.8%，湿面筋含量分别为 20.5%、21.6%，稳定时间分别为 1.3 min、1.8 min，达到优质弱筋小麦品质标准。'扬麦 30'经农业农村部谷物品质监督检验检测中心（泰安）检测达优质弱筋标准，经 2023 年全国优质专用小麦质量鉴评大会鉴评为优质弱筋品种。'扬麦 34'于 2020 年通过江苏省审定，于 2023 年 12 月入选首届中国南方馒头小麦品种质量鉴评会优质南方馒头小麦品种。

（2）产量水平和综合农艺性状显著提高　'扬麦 20'于 2010 年通过国家审定，2013 年起替代'扬麦 158'成为国家小麦区域试验长江中下游冬麦组对照品种，2014 年被评为"江苏好品种"，2016 年起列入全国主导品种。'扬麦 30'于 2019 年通过国家审定，矮秆、抗倒，丰产性好，国家区域试验比对照增产 3.9%、生产试验增产 6.4%；2022 年，江苏盐城实产验收亩产达 739.4 kg。'扬麦 34'于 2020 年通过江苏省审定，2024 年该品种在江苏张家港高产示范攻关田亩产达 658.4 kg，创造了江苏省江南地区亩产新纪录。'扬麦 30'和'扬麦 34'均具有较强的综合抗性，中抗赤霉病、高抗白粉病、抗小麦黄花叶病、高抗穗发芽。

目前，我国弱筋小麦与国外优质软麦相比，品质差距主要表现在籽粒蛋白质含量、湿面筋含量和吸水率偏高，这主要与我国追求高产、施肥较多有关。弱筋小麦栽培模式下我国优质弱筋小麦能达到国外优质软麦的品质标准，但由于未有效推进不同品质类型小麦区域化布局，农户种植不同品质类型品种，粮食收购部门混收混储，导致市场上能达到弱筋标准的商品小麦少，不能满足面粉加工和食品加工企业的需求。农业农村部谷物品质监督检验测试中心（泰安）连续多年对全国小麦主产区抽样检测，达优质弱筋小麦标准的样品较少，2018 年占 5%。食品加工企业生产高档饼干、糕点所需要的弱筋面粉还需依赖进口。

第二节　弱筋小麦种质资源创新

优良的种质资源是弱筋小麦育种成功的关键。江苏省育成的'宁麦 9 号''宁麦 13''扬麦 9 号''扬辐麦 2 号'等弱筋小麦品种，弱筋亲本为来自日本品种西风和意大利品种'St1472/506'，遗传基础较狭窄。需广泛搜集和鉴定国内外小麦品种资源，注重引进当前生产条件下低蛋白质含量（稳定在 12% 以下）、筋力弱、延展性好、硬度低、吸水率低的种质，特别要注意引进种质在本生态区种植后的品质表现，并进行一定区域范围内的多环境评价，开拓新的弱筋种质资源。通过常规与现代生物技术结合创制新的资源，突破弱筋小麦育种材料匮乏、遗传基础狭窄、亲本来源单一的瓶颈。

一、弱筋小麦种质资源鉴定筛选

在 2000 年之前，我国对弱筋小麦种质资源的鉴定筛选工作已经取得了一定的进展，但主要研究还是在 2000 年后开展的。国际玉米小麦改良中心（CIMMYT）在小麦高产抗病广适新品种培育及育种方法研究方面一直居国际领先地位。CIMMYT 小麦于 20 世纪 70 年代初首次引入我国，在各地进行了广泛试种，并在新疆和云南大面积推广；20 世纪 90 年代后期，间接利用 CIMMYT 种质育成新品种。1990 年以来累计引进 CIMMYT 材料几万余份。云南、新疆、甘肃和宁夏为 CIMMYT 品种的最适宜区域，可直接推广利用或采取单交方式改造；内蒙古为次适宜区，主要用作单交亲本；CIMMYT 品种兼抗条锈病和白粉病，在四川等地有重要利用价值，可用三交或回交方式改造；黑龙江以作杂交亲本为宜，注意选择光敏感类型（吴振录 等，2003）。江苏省各科研单位从 CIMMYT 引进了数以百计的小麦品种和高代品系，同时与 CIMMYT 也开展紧密合作，进行了大量种质交流并育成了新品种（系），CIMMYT 小麦以硬质类型占主导地位，但针对弱筋品质也进行了筛选。国内各科研单位也先后引进了美国小麦种质，筛选出 PI573036、PI614839、AS97、AS123、AS137 等多份低硬度、低 SRC 的种质（张勇 等，2013；韩冉 等，2024）。相关科研单位对澳大利亚的种质也进行了鉴定筛选。21 世纪初，江苏里下河地区农业科学研究所就开展了弱筋小麦种质资源收集、鉴定筛选工作，引进了 259 份中国小麦微核心种质、54 份中国小麦应用核心种质、66 份国外种质、94 份国内品种（系）和 5 份低蛋白种质，2005—2006 年度和 2006—2007 年度对其进行了品质鉴定，2005—2006 年度鉴定出蛋白质含量 <12.0％ 的种质 28 份（表 6-1），2006—2007 年度鉴定出蛋白质含量 <12.0％ 的种质 21 份（表 6-2）。结合两年度品质测定结果，筛选出弱筋品质优良的种质 6 份，分别为'鲁麦 1 号（矮孟牛）''商洛 81（2）4-6-6''GB3''京 05-3632''信阳 12''三月黄'。2000 年以来该单位每年对 1 500 份左右材料进行蛋白质含量、硬度、微量 SDS 沉淀值、微量水 SRC 及品质相关分子标记进行检测，其中包括弱筋种质资源筛选。

表 6-1　2005—2006 年度筛选出的优质弱筋小麦种质

品种（系）	蛋白质含量 / ％	硬度指数	湿面筋含量 / ％	沉淀值 / mL
小白麦	11.28	38	22.50	5.50
小红皮	10.38	43	20.70	6.75
北京 8 号	10.59	58	21.10	6.75
农大 183	11.34	49	22.60	8.25
农大 139	10.73	39	21.40	5.00
兰溪早小麦	11.31	41	22.60	7.75
泰山 1 号	10.43	41	20.80	5.50
石家庄 407	10.07	47	20.10	8.50
鲁麦 1 号（矮孟牛）	10.42	39	20.80	7.75
白扁穗	10.86	52	21.70	8.75
本地黄花麦	10.57	38	21.10	6.25
扎红	10.05	37	20.10	6.25
墨脱小麦	11.50	39	23.00	7.50
白齐头	10.90	56	21.80	7.50
繁 6	10.84	43	21.60	5.50
兴义 4 号	11.56	52	23.10	8.25
中国春	11.11	47	22.20	8.75
郑花 0840-3	11.57	48	23.10	7.00
GB6	9.90	46	19.80	7.75
商洛 81（2）4-6-6	10.44	44	20.80	4.75
GB2	11.14	42	22.20	7.50
GB3	10.03	39	20.00	6.25

品种（系）	蛋白质含量 / %	硬度指数	湿面筋含量 / %	沉淀值 / mL
GB4	11.28	50	22.50	8.25
GB10	10.63	53	21.20	7.25
京 05-3632	10.08	40	20.10	7.25
长 6878	9.65	46	19.30	7.00
中旱 110	11.38	52	22.70	6.25
石家庄 8 号	10.95	49	21.90	5.50

表 6-2　2006—2007 年度筛选出的优质弱筋小麦种质

品种（系）	蛋白质含量 / %	沉淀值 / mL	品种（系）	蛋白质含量 / %	沉淀值 / mL
信阳 12	10.50	4.85	京 05-3673-3	9.50	5.00
恩麦 4 号	11.20	5.60	三月黄	11.40	5.00
鲁麦 1 号（矮孟牛）	11.40	5.50	MvSumma	11.70	6.75
GB3	11.20	6.50	京 05-3629	9.60	5.00
京 05-34210	11.60	6.75	鄂麦 6 号	11.90	6.50
京 05-3610-3	11.00	4.10	京 05-3590-2	10.60	5.30
商洛 81（2）4-6-6	11.90	3.50	京 05-3539-3	10.90	4.20
甘肃 96	11.50	5.40	大望水白	10.80	6.00
京 05-3800-4	9.80	3.25	藏春 17	11.30	6.45
京 05-3632	11.00	7.00	京 05-3506-3	10.80	4.35
京 05-3634	10.00	5.00			

钱森和等（2005）于 2001—2002 年度在河南安阳对 242 份小麦品种（系）（其中长江中下游麦区计 34 份）的水溶性、非水溶性戊聚糖、总戊聚糖含量，以及溶剂保持力（Solvent Retention Capacity, SRC）的遗传变异等进行了分析研究，筛选出了'CA9722''CA9719''临旱 917''山东 9436''烟农 15''京 411'等一批 4 种 SRC 值均较低的品种（系）。水溶性戊聚糖含量较低的品种（系）有'皖麦 19''扬 97-65（扬麦 13）''CA9722''德麦 4 号''RF-1''川育 12'，皆为软质品种。

夏云祥等（2008）通过对 283 份品种及 245 份核心、微核心种质 SRC 的检测鉴定，筛选出了一批低 SRC 值的品种，但绝大多数为地方品种，生产推广品种则较少（表 6-3）。

表 6-3　部分溶剂保持力（SRC）较低的小麦品种资源

品种（系）	水 SRC /%	品种（系）	碳酸钠 SRC /%	品种（系）	蔗糖 SRC /%	品种（系）	乳酸 SRC /%
敌锈早	77.0	敌锈早	90.8	无芒春麦	116.0	墨脱小麦	86.0
墨脱小麦	78.5	大粒半芒	93.5	托克逊 1 号	117.6	白芒麦	87.4
大粒半芒	80.2	晋麦 2148	93.5	农大 311	118.6	大粒半芒	87.9
无芒春麦	80.3	无芒春麦	94.0	大白麦	118.7	敌锈早	88.5
泡子麦	80.6	AC Phil	94.0	GB4	119.4	红须麦	88.7
农林 10 号	81.0	蜀万 8 号	94.1	红春麦	120.2	涿鹿冬麦	88.7
莱州 953	81.1	莱州 953	94.5	AC Phil	120.2	白花麦	88.9
小白麦	81.1	小白麦	94.6	喀什 1 号	120.6	白条鱼	89.1
三颗寸	81.2	苏麦 3 号	94.9	毕红穗	120.7	苏麦 3 号	89.1
早穗30	81.2	新克旱 9 号	95.0	梁来友白皮小麦	122.0	台中 23	89.2
红春麦	82.0	泡子麦	95.2	泾阳 60	122.2	莱州 953	89.3
晋麦 2148	82.2	红春麦	95.3	洋麦	122.2	小白麦	89.4
AC Phil	82.5	白花麦	95.5	梭条红麦	122.4	芒小麦	89.6
紫橘红	82.6	墨脱小麦	95.6	红蜷芒	122.5	AC Phil	89.6
毕红穗	82.6	白条鱼	95.9	晋麦 2148	122.5	蜀万 8 号	89.9
成都光头	82.6	农林 10 号	95.9	红冬麦	122.5	泡子麦	89.9
凤麦 11	82.7	新曙光 6 号	95.9	丰抗 2 号	122.5	无芒春麦	89.9
白芒麦	83.1	阿夫	95.9	Early Premium	122.6	凤麦 11	90.1
贵农 10 号	83.2	安徽 3 号	96.2	郑麦 9023	122.6	成都光头	90.1
线麦	83.5	成都光头	96.5	出山豹	122.7	线麦	90.4
Atlas 66	83.6	凤麦 11	96.5	Am3	122.7		

资料来源：夏云祥（2008）。

张勇等（2012）对主要来自黄淮麦区、长江中下游麦区及部分其他麦区的 195 份小麦主栽品种及部分种质材料进行了 4 种 SRC、单颗粒谷物分析系统（single kernel oiaracterization system，SKCS）硬度和蛋白质含量的鉴定筛选。对 2008—2011 年水 SRC、蔗糖 SRC 和碳酸钠 SRC 最低的 15 个品种（系）（表 6-4 至表 6-6）的分析表明，这些品种同时具有硬度低和蛋白质含量低的特点。同一年度 3 种 SRC 均表现较低的品种很少，2008—2009 年度所列品种中 3 种 SRC 值均表现较低的仅有'藏 2726'，2 种 SRC 表现较低的品种有'鄂麦 6 号''宁麦 9 号''宁麦 13''扬麦 13''扬麦 19''扬 85-85''宁麦 6 号'等；2009—2010 年度，3 种 SRC 均表现较低的为'扬麦 1 号'，2 种 SRC 表现较低的品种有'阿勃''宁麦 6 号''赣 162''扬麦 17''鲁麦 3 号''淮麦 17''法展 5 号'和'郑引 1 号'等；2010—2011 年度，3 种 SRC 均表现较低的为'合春 12'，2 种 SRC 表现较低的品种有'皖麦 50''扬麦 9 号''宁麦 8 号''扬麦 13''镇麦 4 号''阿勃''鲁麦 3 号'等。而 3 年度间均筛选出的具有不同低 SRC（不含乳酸 SRC）的品种有'阿勃''淮麦 17''宁麦 3 号''宁麦 6 号''扬选 7''扬麦 13'等。

姚金保等（2010）根据 SRC 的测定结果，以 55 份高代小麦品系和 2 个软质小麦品种为试验材料，利用微量 SRC 方法对其水 SRC、碳酸钠 SRC、蔗糖 SRC 和乳酸 SRC 进行了测定，筛选出了 6 个 4 种 SRC 均低于软质小麦品种'宁麦 9 号'的种质资源，分别为'宁 0864''宁 0873''宁 0874''宁 0893''宁 0894'和'宁 08107'（表 6-7）。

表 6-4　3 种 SRC 最低的 15 个品种及其籽粒硬度和蛋白质含量（2008—2009）

品种（系）	水 SRC/ %	SKCS 硬度	蛋白质含量 / %	品种（系）	蔗糖 SRC/ %	SKCS 硬度	蛋白质含量 / %	品种（系）	碳酸钠 SRC/ %	SKCS 硬度	蛋白质含量 / %
郑麦 004	74.47	65.97	10.38	扬麦 19	95.97	27.50	10.27	宁麦 9 号	84.53	26.03	9.87
扬麦 18	74.85	25.22	10.13	鄂麦 6 号	98.30	26.81	12.15	臧 2726	85.15	23.22	10.06
宁麦 9 号	74.97	26.03	9.87	扬选 7	98.98	23.36	10.66	扬麦 13	87.87	32.36	11.18
臧 2726	76.43	23.22	10.06	臧 2726	100.12	23.22	10.06	扬 85-85	89.03	43.83	10.43
镇麦 6 号	76.8	25.77	10.91	皖麦 48	100.12	31.10	10.54	扬麦 19	89.42	27.50	10.27
宁丰小麦	77.28	34.79	11.29	陕 7859	100.15	21.44	11.01	H35	90.47	25.45	11.23
扬麦 13	77.50	32.36	11.18	淮麦 17	100.27	66.01	10.49	扬麦 15	90.92	27.37	9.85
豫麦 13 号	77.55	24.29	10.09	扬 85-85	100.33	43.83	10.43	扬麦 9 号	92.08	31.42	10.57
徐州 8785	77.97	29.81	11.43	扬麦 17	100.78	65.01	10.61	浙丰 2 号	93.08	17.36	11.74
烟农 15	78.52	29.33	11.95	周优 102	101.90	71.51	12.93	宁麦 13	93.47	58.10	10.36
鄂麦 6 号	78.77	26.81	12.15	宁麦 6 号	102.67	26.76	10.40	法展 5 号	93.85	62.81	11.16
安农 0721	78.95	28.59	10.97	宁麦 13	103.90	58.10	10.36	川农 16	93.98	23.41	11.47
扬麦 3 号	79.00	36.66	11.47	镇麦 5 号	104.33	67.35	10.97	阿勃	94.42	29.76	10.94
宁麦 6 号	79.02	26.76	10.40	扬辐麦 3046	104.37	30.75	10.95	小偃 4 号	95.70	51.83	10.67
宁麦 3 号	79.17	37.14	11.49	川育 21526	106.75	29.98	10.66	宁麦 10 号	95.82	77.97	11.30
平均值	77.42	31.52	10.92	平均值	101.26	40.85	10.83	平均值	91.32	37.23	10.74

表 6-5　3 种 SRC 最低的 15 个品种及其籽粒硬度和蛋白质含量（2009—2010）

品种（系）	水 SRC/ %	SKCS 硬度	蛋白质含量 / %	品种（系）	蔗糖 SRC/ %	SKCS 硬度	蛋白质含量 / %	品种（系）	碳酸钠 SRC/ %	SKCS 硬度	蛋白质含量 / %
西农 6028	69.10	20.77	10.30	法展 5 号	98.03	59.37	9.96	阿勃	90.10	21.18	10.30
扬麦 1 号	71.00	28.57	10.82	徐州 25	99.15	51.84	9.96	皖麦 17	92.90	62.49	9.80

品种（系）	水SRC/%	SKCS硬度	蛋白质含量/%	品种（系）	蔗糖SRC/%	SKCS硬度	蛋白质含量/%	品种（系）	碳酸钠SRC/%	SKCS硬度	蛋白质含量/%
丰产3号	71.70	45.16	11.72	扬麦17	99.55	56.53	10.05	扬麦1号	93.67	28.57	10.82
阿勃	71.87	21.18	10.30	鲁麦3号	99.57	41.07	10.93	皖麦50	94.88	24.45	11.10
镇麦4号	71.90	25.48	10.33	郑6辐	99.73	63.54	10.09	赣162	95.52	22.38	10.72
鲁麦21	72.42	27.06	10.17	长旱58	99.78	52.75	9.83	扬麦13	96.53	29.53	10.39
宁麦6号	72.45	31.3	9.64	淮麦17	99.88	54.91	9.78	扬辐麦3号	97.33	25.02	9.43
赣162	72.72	22.38	10.72	宁麦3号	100.15	28.03	9.77	宁麦6号	97.52	31.30	9.64
淮麦16	73.15	62.08	10.94	郑引1号	100.2	35.59	10.37	川麦37	97.73	24.43	10.83
宁麦7号	73.15	35.61	9.91	石麦15	100.47	56.77	10.73	法展5号	97.78	59.37	9.96
宁麦8号	73.40	26.64	9.72	济麦21	100.48	63.27	11.21	扬麦12号	98.68	27.97	9.68
扬麦17	73.52	56.53	10.05	小偃5号	100.53	36.16	10.36	济南9号	98.83	48.28	11.21
鲁麦3号	73.53	41.07	10.93	郑麦004	100.75	59.61	10.51	郑引1号	99.32	35.59	10.37
碧玛1号	73.62	63.32	11.47	扬麦1号	100.95	28.57	10.82	皖麦48	99.32	24.56	9.62
淮麦17	73.75	54.91	9.78	阿夫	101.00	28.61	10.42	扬选7	99.45	19.02	9.95
平均值	72.48	37.47	10.45	平均值	100.02	47.77	10.32	平均值	96.64	32.28	10.25

表6-6　3种SRC最低的15个品种及其籽粒硬度和蛋白质含量（2010—2011）

品种（系）	水SRC/%	SKCS硬度	蛋白质含量/%	品种（系）	蔗糖SRC/%	SKCS硬度	蛋白质含量/%	品种（系）	碳酸钠SRC/%	SKCS硬度	蛋白质含量/%
扬麦15	54.87	19.82	10.32	合春12	84.22	47.59	11.01	烟农15	87.70	25.36	12.02
皖麦50	62.36	15.99	11.40	鄂麦9号	84.74	22.18	11.19	皖麦50	89.46	15.99	11.40
扬麦1号	63.27	26.39	11.56	扬麦9号	84.78	23.73	10.94	苏麦3号	95.84	29.25	12.16
石家庄8号	63.37	59.70	11.56	扬麦12号	85.15	22.56	11.30	安农0721	96.13	15.96	9.98
合春12	63.56	47.59	11.01	宁麦8号	85.23	26.21	11.12	镇麦4号	96.62	20.45	11.58
豫麦49	63.97	17.83	12.12	阿夫	85.25	30.25	12.03	鲁麦3号	97.01	46.23	10.91
小偃5号	65.29	31.32	11.35	宁麦9号	85.50	22.73	10.31	扬麦5号	97.30	30.93	11.60
郑引1号	65.41	32.35	11.74	扬麦19	85.65	19.55	10.95	鲁麦21	97.49	29.58	10.48
扬麦9号	65.86	23.73	10.94	扬麦3号	85.94	24.73	10.43	扬7-2	97.63	30.87	11.80
宁麦14	65.87	19.25	10.75	扬麦13	86.27	27.28	11.85	西农6028	97.67	20.90	11.71
宁麦8号	66.10	26.21	11.12	阿勃	86.35	23.47	11.49	阿勃	97.73	23.47	11.49
扬麦13	66.23	27.28	11.85	多226	86.42	43.43	12.86	淮麦17	97.85	54.35	10.10
京411	66.24	8.81	11.44	鲁麦3号	86.70	46.23	10.91	扬麦2号	97.93	36.28	11.51

品种 （系）	水 SRC/%	SKCS 硬度	蛋白质 含量/%	品种 （系）	蔗糖 SRC/%	SKCS 硬度	蛋白质 含量/%	品种 （系）	碳酸钠 SRC/%	SKCS 硬度	蛋白质 含量/%
宁麦7号	66.45	28.51	11.37	宁麦6号	86.71	25.00	10.49	宁麦3号	98.13	25.00	10.74
镇麦4号	66.54	20.45	11.58	扬选7	87.15	16.75	10.77	合春12	98.20	47.59	11.01
平均值	64.36	27.02	11.34	平均值	85.74	28.11	11.18	平均值	96.18	30.15	11.23

表6-7　部分SRC较低的小麦品系及其SRC值

品种 （系）	水SRC/ %	品种 （系）	碳酸钠 SRC/%	品种 （系）	蔗糖 SRC/%	品种 （系）	乳酸 SRC/%
宁0862	58.88	宁0863	71.46	宁0862	102.33	宁0864	94.67
宁0863	57.73	宁0864	73.02	宁0863	104.27	宁0873	94.51
宁0864	57.85	宁0865	73.64	宁0864	102.47	宁0874	95.41
宁0865	58.41	宁0870	73.44	宁0866	94.93	宁0893	94.95
宁0870	59.38	宁0873	73.03	宁0873	101.40	宁0894	102.78
宁0873	58.69	宁0874	72.53	宁0874	99.35	宁0895	100.43
宁0874	58.05	宁0875	69.36	宁0875	98.89	宁0897	97.13
宁0875	56.80	宁0876	68.57	宁0876	93.56	宁08100	95.26
宁0876	58.64	宁0877	72.16	宁0893	99.75	宁08107	101.77
宁0893	58.87	宁0893	70.09	宁0894	102.62	宁08108	97.91
宁0894	57.33	宁0894	71.00	宁08107	100.51	宁麦9号	103.72
宁08107	58.29	宁08107	70.64	宁08108	100.87		
宁麦9号	59.38	宁麦9号	74.04	宁麦9号	104.55		

资料来源：姚金保等（2010）。

二、优质弱筋材料创制

（一）以优异弱筋亲本为基础创制新材料

弱筋小麦育种初始阶段，加强弱筋种质资源筛选鉴定，筛选出的地方品种或国外引进种质农艺性状均较差，熟期迟、株高偏高，连续多年配制杂交组合均未选育出优异材料。江苏里下河地区农业科学研究所在无外来种质可利用的情况下，加强对自育中间材料的筛选鉴定，在6 500余份中间材料中筛选出优异中间材料'扬鉴二（扬麦5号）''扬鉴三''扬9-10-7-2'等弱筋种质，通过对'扬鉴三'大量组合后代遗传分析发现，该材料具有高粉质率、低沉淀值等性状，表现出较高的遗传力、一般配合力好，被确定为弱筋小麦育种的核心亲本。'扬鉴三'与'川红7-2-2'杂交育成了农艺性状优、籽粒粉质的优异弱筋小麦亲本'扬88-84'（'扬麦13'亲本），'扬鉴三'与'扬麦4号'杂交育成了高产大穗、矮秆抗倒、籽粒粉质的弱筋小麦亲本'扬89-40'（'扬麦15'亲本），'扬鉴三'与'扬麦5号'杂交育成了抗赤霉病优质弱筋小麦'扬麦9号'。此后又以'扬麦9号'为弱筋小麦核心亲本育成了'扬麦 19''扬麦 20''扬麦 22'。以弱筋小麦品种'宁麦 9 号'为轮回亲本，分别与不同白粉病抗源'南农 P045'和'红卷芒'等进行滚动回交，育成了免疫白粉病的弱筋小麦品种'扬麦 18'和'扬麦 21'。引进的弱筋小麦品种'豫麦 18'与抗白粉病中筋小麦品种'扬麦 11 号'杂交，子代进一步与多抗中筋小麦品种'扬麦 17'杂交，育成弱筋小麦新品种'扬麦 24'。

通过持续挖掘弱筋小麦核心亲本，不断改良提升弱筋小麦品质。江苏里下河地区农业科学研究所以弱筋小麦品种'扬麦 15''扬麦 18''扬麦 20''扬麦 22'等为亲本，相继培育出一批优异弱筋小麦品种（系）；每年对 300 多份高代材料进行品质（蛋白质含量、硬度、SDS 沉淀值）测定，以弱筋小麦品种为对照，筛选优质弱筋小麦品系（表 6-8）。长江中下游麦区各育种单位近年来选用优质弱筋小麦亲本材料'宁麦 9 号''宁麦 18''宁 0076''扬麦 9 号''扬麦 15''扬麦 18''扬辐麦 8 号''农麦 126''乐麦 G1302'等配制弱筋小麦重点组合 224 份，包括"宁麦系列 × 宁麦系列"14 个组合，"宁麦系列 × 扬麦系列"41 个组合，其他系列 189 个组合。结合田间农艺性状和产量性状鉴定结果，挑选 40 个 F_6 或 F_7 育种材料进行籽粒蛋白质含量、硬度和溶剂保持力测定，其中'J-6''J-24''J-30''J-83''J-168''J-411'等品种（系）弱筋品质较好（表 6-9）。

表 6-8　2018—2023 年度弱筋高代品系

年度	品系	蛋白质含量 /%	硬度指数	SDS 沉淀值 /mL
2008—2019	扬 19-97	12.01	58.3	10.00
	扬 19-110	10.25	47.6	7.25
	扬 19-141	11.93	53.4	8.75
	扬 19-215	12.59	52.5	12.50
	扬 19-317	13.79	51.5	11.75
	扬 19-325	11.17	52.1	6.00
	扬 19-342	11.95	42.2	7.25
	扬 19-355	12.74	50.9	8.25
	扬 19-323	11.25	43.0	6.00
	扬 19-390	10.40	46.8	5.00
	扬 19-451	12.30	50.1	8.25
2019—2020	扬麦 20	13.25	58.2	7.25
	扬 20-216	13.34	49.1	9.00
	扬 20-240	12.31	51.2	7.50
	扬 20-294	12.61	56.9	8.50
	扬 20-322	12.74	49.4	9.00
	扬 20-57	12.74	48.1	9.00

年度	品系	蛋白质含量 /%	硬度指数	SDS 沉淀值 /mL
2020—2021	扬麦 30	13.67	54.6	8.00
	扬 21-18	11.62	60.7	5.00
	扬 21-123	12.24	57.8	7.25
	扬 21-99	11.10	57.1	6.75
	扬 21-100	10.85	61.2	4.25
	扬 21-101	11.02	59.5	4.75
	扬 21-109	11.72	55.7	5.50
	扬 21-88	11.55	56.3	5.75
2021—2022	扬麦 30	12.66	57.7	5.50
	扬 22-154	13.88	56.5	5.75
	扬 22-143	13.58	50.8	9.00
	扬 22-70	13.72	52.8	7.50
	扬 22-71	13.03	52.2	8.00
	扬 22-120	13.44	50.2	9.50
	扬 22-21	15.23	50.4	8.00
	扬 22 纹初 42	13.76	59.2	9.25
2022—2023	扬麦 34	14.57	49.9	9.00

表 6-9　小麦高代品系品质鉴定结果（2019）

品系	蛋白质含量 /%	SKCS 硬度	水 SRC / %	碳酸钠 SRC / %	乳酸 SRC / %	蔗糖 SRC / %
J-6	11.83	17	58.21	74.86	96.80	97.06
J-24	11.02	16	59.21	76.60	93.07	100.03
J-30	11.00	14	58.88	76.55	98.45	96.62
J-83	11.39	11	58.08	74.59	90.80	104.70
J-168	11.34	15	59.06	75.75	92.20	105.85
J-411	11.30	28	54.97	72.46	87.58	99.25
J-CK	12.61	45	62.81	77.51	98.52	90.97

簇毛麦是小麦品种改良重要的遗传资源，其 5VS 上含有硬度基因 *Dina/Dinb*、抗白粉病基因 *Pm55* 和抗条锈病基因 *Yr5V*。江苏省农业科学院粮作所研究人员创建了普通小麦 – 簇毛麦 5VS 易位系新种质，除具有抗白粉病的特性外，还具有籽粒软质、降低株高、兼抗小麦条锈病、提高饼干加工品质等优良性状。该团队成功构建了一个以 *Pm55* 基因为选择标记的优质弱筋小麦育种技术，开发了共显性 InDel 分子标记 WC656，可以鉴别出以 T5VS.5AL、T5VS.5DL 易位系为分离后代中的 5VS 纯合易位单株，在以 'zrq5V-2' 'NAU415-2' 为供体亲本与 '宁麦 9 号' '宁麦 13' '扬麦 15' 等感白粉病弱筋小麦品种杂交、回交群体早代筛选中，利用 WC656 筛选 5VS 纯合易位单株，育成携有 5VS 染色体臂、抗白粉病的高代品系 22 个，籽粒 SKCS 硬度在 9.8~25.0 之间，为软质材料的创制提供了新的基因资源。

（二）HMW–GS 缺失品质效应研究及种质材料创制

HMW–GS 单亚基、单位点或多位点缺失后，蛋白质含量无显著变化，谷蛋白含量降低、醇溶蛋白含量升高，谷蛋白聚合体合成积累延迟，蛋白体颗粒变小，谷蛋白聚合体数量和粒度均降低，谷蛋白 / 醇溶蛋白和 HMW–GS/LMW–GS 比例降低。Lawrence 等（1988）研究发现，*Glu-A1*、*Glu-B1* 和 *Glu-D1* 单位点缺失、双位点共同缺失或三位点全部缺失系蛋白质含量无变化或升高。Uthayakumaran 等（2003）研究表明，HMW–GS 三位点全缺失系蛋白质含量无显著变化，但单体蛋白质含量增加 30%，不溶性蛋白质含量大幅下降。Don 等（2006）认为，谷蛋白大聚合体（glutenin macropolymer，GMP）含量和粒度随 HMW–GS 亚基数目减少而降低。张平平等（2014，2015，2016）研究表明，*Glu-1* 位点缺失或不同单亚基缺失使谷蛋白大聚合体（GMP）含量、谷蛋白 / 醇溶蛋白和 HMW–GS/LMW–GS 比值降低。Yang 等（2014）报道，*Glu-A1*、*Glu-B1* 或 *Glu-D1* 分别缺失后 HMW–GS 和 LMW–GS 含量均降低，而醇溶蛋白含量升高。Zhu 等（2014）研究表明，HMW–GS 数量越多，蛋白体数量也越多，同时蛋白体直径与 HMW–GS 表达水平有关，低 HMW–GS 含量材料蛋白体颗粒较小。Gao 等（2017）研究发现，1Ax1 或 1Dx2 缺失导致谷蛋白聚合体快速积累时期至少推迟 10d，最终成熟籽粒中不溶性谷蛋白大聚体百分比较低。

HMW–GS 缺失后面团强度和弹性降低。Uthayakumaran 等（2003）研究表明，HMW–GS 三位点全缺失系面筋强度显著降低，揉混仪峰值高度和峰值宽度大幅下降，拉伸阻力和延伸度等也显著降低。Ram 等（2007）研究了 *Glu-A1*、*Glu-D1* 位点双缺失的印度地方品种，沉淀值降低、粉质仪形成时间缩短。Yue 等（2008）和武茹等（2011）报道，1Dx5 亚基完全不表达转化株系 HMW–GS 含量、面筋指数、Zeleny 沉淀值、粉质仪形成时间和稳定时间均显著降低。Zhang 等（2015）对 '小偃 81' 的 *Glu-A1*、*Glu-B1* 和 *Glu-D1* 分别单独缺失材料进行研究，*Glu-A⁻* 基因型 SDS 沉淀值、粉质仪和揉混仪特性比对照 '小偃 81' 略有增加，*Glu-B⁻* 和 *Glu-D⁻* 基因型 SDS 沉淀值和面团质量显著降低，以 *Glu-D⁻* 下降幅度最大。张平平等（2014，2015，2016）研究表明，*Glu-A1* 单缺失、*Glu-D1* 单缺失以及 *Glu-A1*、*Glu-D1* 双缺失显著降低了面团弹性，提高了面团延展性；'宁麦 9 号' 的 *Glu-A1x*、*Glu-B1x*、*Glu-B1y*、*Glu-D1x* 和 *Glu-D1y* 缺失系蛋白质含量、籽粒硬度和溶剂保持力等籽粒品质未显著改变，但揉混仪参数显著降低，以 *Glu-B1x* 和 *Glu-D1x* 缺失型表现最低。

单个或多个 HMW–GS 位点缺失后食品品质具有显著变化。Beasley（2002）研究报道，随着 HMW–GS 缺失数目增加，面包高度极显著下降，鲜面条穿刺力极显著下降，但煮熟面条的剪切力和压缩力无显著变化。Uthayakumaran 等（2003）研究表明，HMW–GS 三位点全缺失系制作面包体积非常小；墨西哥薄圆饼直径显著变大，可卷性和穿刺力下降。Mondal 等（2008）利用 *Glu-A1*、

Glu-D1 两位点共同缺失且 *Glu-B1* 位点为 17+18 亚基的材料制作墨西哥薄圆饼，直径比 HMW–GS 不缺失亲本显著增大，但产品货架稳定性差、易碎；*Glu-B1* 位点缺失，*Glu-D1* 位点具有 5+10 亚基或同时 *Glu-A1* 位点具有 1 亚基材料在改善墨西哥薄圆饼直径同时具有较好的货架稳定性。Zhang 等（2014）研究表明，部分 HMW–GS 缺失类型（2*，17+_，5+_）和（2*，17+_，2+12）表现中等面团强度和强延展性，制作馒头品质好；同时还研究认为 HMW–GS 单亚基缺失系糖酥饼干直径较野生型显著增加（张平平 等，2016）。

江苏里下河地区农业科学研究所对小麦 HMW–GS 缺失品质效应进行了研究，主要研究结果如下：

1. *Glu-A1*、*Glu-D1* 缺失对籽粒硬度、蛋白质含量、沉淀值和 SRC 的影响

以"扬麦 18[8]/2GS0419–2"近等基因系群体为材料进行研究，轮回亲本'扬麦 18'的 HMW–GS 类型为 1，7+8 和 2+12，供体亲本 2GS0419-2 的 *Glu-A1* 和 *Glu-D1* 位点共同缺失，为 Null，7+8 和 Null（图 6–1）。构建完成的近等基因系群体 HMW–GS 有 4 种基因型，分别为 A1（1，7+8，2+12），A2（Null，7+8，2+12），A3（1，7+8，Null），A4（Null，7+8，Null）。

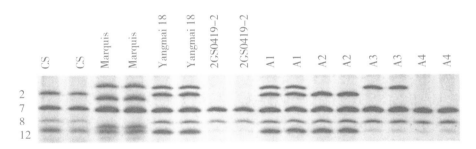

CS—中国春（7+8，2+12）；Marquis—马奎斯（1，7+9，5+10）；Yangmai 18—扬麦 18（1，7+8，2+12）；2GS0419–2（Null，7+8，Null）。

图 6–1　不同材料 HMW–GS 的 SDS–PAGE 电泳图

4 种基因型 SKCS 硬度、蛋白质含量、湿面筋含量、水 SRC、碳酸钠 SRC 和蔗糖 SRC 无显著差异，变化范围分别为 20.4~21.8，12.2%~12.8%，26.1%~28.6%，57.1%~58.2%，79.6%~80.3% 和 103.6%~105.0%（表 6–10）。与野生基因型 A1 和 *Glu-A1* 单缺失基因型 A2 基因型相比，*Glu-A1* 和 *Glu-D1* 双缺失基因型 A4 和 *Glu-D1* 单缺失基因型 A3 的面筋指数、SDS 沉淀值和乳酸 SRC 显著降低。

表 6–10　HMW–GS 缺失对面粉品质特性的影响

基因型	SKCS 硬度	蛋白质含量 / %	面筋指数 / %	SDS 沉淀值 / mL	湿面筋含量 / %	水 SRC/ %	碳酸钠 SRC/ %	蔗糖 SRC/ %	乳酸 SRC/ %
A1（1，7+8，2+12）	21.8a	12.2a	79.0a	56.5a	26.1a	57.2a	79.6a	104.8a	112.2a
A2（Null，7+8，2+12）	21.2a	12.6a	67.3a	55.2a	27.7a	57.5a	79.9a	105.0a	110.2a
A3（1，7+8，Null）	20.4a	12.6a	46.2b	29.7b	28.6a	57.1a	80.3a	104.6a	70.0b
A4（Null，7+8，Null）	21.0a	12.8a	38.4b	20.5c	28.2a	58.2a	79.9a	103.6a	63.0c

2. *Glu-A1*、*Glu-D1* 缺失对面团特性的影响

4 种基因型粉质仪吸水率无显著差异，吸水率变异幅度在 54.9%~55.6% 之间；与野生基因型 A1 和 *Glu-A1* 单缺失基因型 A2 基因型相比，*Glu-A1* 和 *Glu-D1* 双缺失基因型 A4 和 *Glu-D1* 单缺失基因型 A3 的面团强度和延展性降低（表 6–11），粉质仪参数形成时间、稳定时间、粉质质量指数显著降低；吹泡仪参数 P 值和 L 值显著降低，A3 和 A4 基因型 P 值 < 37 mm、L 值 < 80 mm，而 A1 和 A2 基因型 P 值 > 51 mm、L 值 > 99 mm。由此可见，*Glu-A1* 缺失对品质影响较小，*Glu-D1* 缺失面筋指数、面团强度和延伸性显著降低。

表 6–11　HMW–GS 缺失对面团粉质仪和吹泡仪特性的影响

基因型	粉质仪					吹泡仪	
	吸水率 / %	形成时间 / min	稳定时间 / min	弱化度 / FU	粉质质量指数	P 值 / mm	L 值 / mm
A1（1，7+8，2+12）	55.3a	2.1a	2.6a	79b	37.5a	51.6a	104.7a
A2（Null，7+8，2+12）	55.6a	2.1a	2.4a	77b	35.8a	51.3a	99.6a
A3（1，7+8，Null）	55.2a	1.4b	0.9b	118a	19.5b	37.0b	77.1b
A4（Null，7+8，Null）	54.9a	1.3b	0.9b	122a	17.8b	36.3b	74.1b

3. *Glu-A1*、*Glu-D1* 缺失对曲奇饼干品质的影响

4 种基因型曲奇饼干直径、曲奇饼干厚度和酥脆性变异范围分别为 16.5~17.1 cm，16.8~18.1 mm 和 9 054~13 411 mm。*Glu-A1* 和 *Glu-D1* 双缺失基因型 A4 和 *Glu-D1* 单缺失基因型 A3 的曲奇饼干直径显著高于野生基因型 A1 和 *Glu-A1* 单缺失基因型 A2（表 6–12 和图 6–2）。

表 6–12　HMW–GS 缺失对曲奇饼干品质的影响

基因型	直径 /cm	厚度 /mm	酥脆性 /mm
A1（1，7+8，2+12）	16.5b	18.1a	9 054b
A2（Null，7+8，2+12）	16.5b	18.0a	10 144b
A3（1，7+8，Null）	16.9a	17.0b	12 821a
A4（Null，7+8，Null）	17.1a	16.8b	13 411a

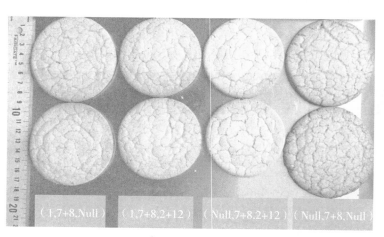

图 6–2　HMW–GS 缺失对曲奇饼干直径的影响

4. HMW-GS 缺失优异弱筋种质材料的创制

充分利用 HMW-GS 缺失材料进行优质弱筋小麦的培育，对不同缺失材料进行回交转育（图 6-3，表 6-13）。目前江苏里下河地区农业科学研究所创制多份优异 HMW-GS 缺失弱筋种质材料，包括'扬 14Q173''扬 14Q151''扬 15Q356''扬 20288''扬 20279'等，综合农艺性状好，弱筋品质优异。

（1）扬 14Q173　组合为"扬麦 18⁴/2GS0419-2"。分蘖力中等，株型较松散，成穗数一般，穗长方形，大穗大粒，结实性较好。综合抗病性强，白粉病免疫，中抗赤霉病，高抗小麦黄花叶病。但熟期偏迟，抗倒伏能力稍差。HMW-GS 类型：1，7+8，Null。参加 2015—2017 年度产量鉴定试验，平均亩产 629 kg。平均蛋白质含量 11.30%，湿面筋含量 22.4%，稳定时间 1.1 min，主要品质指标达弱筋小麦品种标准。

（2）扬 14Q151　组合为"扬麦 18⁴/2GS0419-2"。分蘖力中等，株型较松散，成穗数一般，大穗大粒，结实性较好。综合抗病性强，白粉病免疫，中抗赤霉病，高抗小麦黄花叶病。但熟期偏迟，抗倒伏能力稍差。HMW-GS 类型：Null，7+8，Null。参加 2015—2017 年度产量鉴定试验，平均亩产 609 kg。平均蛋白质含量 11.40%，湿面筋含量 21.7%，稳定时间 1.0 min，主要品质指标达弱筋小麦品种标准。

（3）扬 15Q356　组合为"扬麦 13⁴/2GS0419-2"。幼苗直立，茎秆粗壮，分蘖力中等。灌浆速度快，成熟期早，熟相好。HMW-GS 类型：Null，7+8，Null。参加 2016—2017 年度产量鉴定试验，平均亩产 548 kg。平均蛋白质含量 11.02%，湿面筋含量 21.3%，稳定时间 1.1 min，主要品质指标达弱筋小麦品种标准。

（4）扬 20288　组合为"扬麦 22²/扬麦 14Q29"。利用改良的综合农艺性状较好的 *Glu-A1*、*Glu-D1* 共同缺失材料'扬麦 14Q29'培育而成。该材料苗期繁茂性好，分蘖性强，成穗数多；中抗白粉病。HMW-GS 类型：Null，7+8，Null。2018—2020 年度产量鉴定试验，平均亩产 608 kg。平均蛋白质含量 11.77%，湿面筋含量 22.3%，稳定时间 2.5 min，主要品质指标达弱筋小麦品种标准。

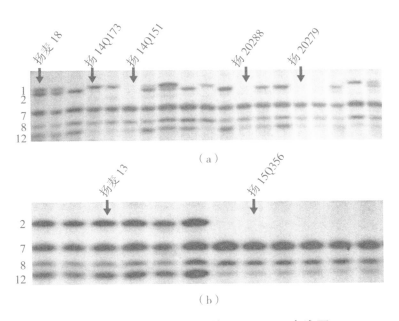

图 6-3　不同种质材料的 HMW-GS 电泳图

（5）扬 20279　组合为"扬麦 16^2/扬麦 14Q29"。利用改良的综合农艺性状较好的 *Glu-A1*、*Glu-D1* 双缺失材料'扬麦 14Q29'培育而成。HMW-GS 类型：Null，7+8，Null。该材料大穗大粒，灌浆快、成熟早；高抗白粉病。2018—2020 年度产量鉴定试验，平均亩产 603 kg。平均蛋白质含量 11.73%，湿面筋含量 21.1%，稳定时间 2.2 min，主要品质指标达弱筋小麦品种标准。

表 6-13　HMW-GS 缺失优异弱筋小麦种质的产量和品质

种质	组合	HMW-GS 类型	产量 /kg	蛋白质含量 /%	湿面筋含量 /%	稳定时间 /min
扬 14Q173	扬麦 18^4/2GS0419-2	1，7+8，Null	629	11.30	22.4	1.1
扬 14Q151	扬麦 18^4/2GS0419-2	Null，7+8，Null	609	11.40	21.7	1.0
扬 15Q356	扬麦 13^4/2GS0419-2	Null，7+8，Null	548	11.02	21.3	1.1
扬 20288	扬麦 22^2/扬麦 14Q29	Null，7+8，Null	608	11.77	22.3	2.5
扬 20279	扬麦 16^2/扬麦 14Q29	Null，7+8，Null	603	11.73	21.1	2.2

第三节　弱筋小麦育种策略和方法

为了实现弱筋小麦品种品质、产量和抗性的综合提升，在对引进种质资源进行全面鉴定筛选的基础上，对弱筋小麦育种策略和方法进行了研究，明确了弱筋小麦亲本组配原则，提高产量和抗性的育种策略，完善了弱筋小麦品质育种选择指标及标准，并用于育种全程品质鉴定筛选。

一、亲本组配原则

（一）品质性状的配合力效应分析

利用强筋、中筋、弱筋 3 种类型的小麦品种配制杂交组合，对籽粒硬度、蛋白质含量、面筋含量、沉淀值和 SRC 进行配合力分析（表 6-14）（张晓 等，2023），弱筋小麦'扬麦 13''扬麦 18''扬麦 20''扬麦 24'多个籽粒品质和理化品质指标一般配合力呈负向效应，中筋、强筋小麦'扬麦 16''扬麦 23''镇麦 9 号'多个品质指标呈正向效应。在籽粒硬度、SDS 沉淀值、水 SRC、乳酸 SRC、蔗糖 SRC、碳酸钠 SRC 上，'扬麦 13'负向效应最大，其次是'扬麦 18'和'扬麦 20'，'扬麦 24'负向效应最小。在蛋白质含量、湿面筋含量和干面筋含量上，'扬麦 24'负向效应最大，其次是'扬麦 20'，而'扬麦 13'和'扬麦 18'多呈正向效应；在面筋指数上，'扬麦 18'负向效应最大，其次是'扬麦 13'和'扬麦 20'，而'扬麦 24'则呈正向效应。因此，弱筋小麦品质指标一般配合力呈负向优势，'扬麦 13'负向优势最强，其次是'扬麦 18'和'扬麦 20'，'扬麦 24'负向效应较小。'扬麦 24'作亲本能有效降低子代籽粒硬度、沉淀值和 SRC，是弱筋品质育种的理想亲本。

表 6-14　7 个亲本品质性状一般配合力效应分析

亲本	SKCS 硬度	蛋白质含量	SDS 沉淀值	水 SRC	乳酸 SRC	蔗糖 SRC	碳酸钠 SRC	湿面筋含量	干面筋含量	面筋指数
扬麦 13	−9.53d	0.38a	−1.05c	−4.74e	−4.59e	−5.39d	−6.82d	1.87a	1.22a	−4.14cd
扬麦 16	11.84a	0.42a	1.07b	2.97b	2.91b	3.66ab	5.65ab	1.46ab	0.72ab	−3.11bcd
扬麦 18	−10.63d	0.05abc	−1.04c	−2.41d	−3.35de	−2.50c	−3.16c	−0.22bc	0.04bc	−7.31d
扬麦 20	−5.54c	−0.22bcd	−1.02c	−2.73d	−2.85d	−2.83c	−5.13d	−0.71cd	−0.33cd	−2.08bc
扬麦 23	7.03b	−0.24cd	1.08b	2.25b	2.92b	2.72b	4.16b	−0.62cd	−0.26cd	6.77a
扬麦 24	−5.75c	−0.65d	−0.86c	−0.73c	−0.98c	−0.83c	−1.55c	−2.23d	−1.03d	1.71b
镇麦 9 号	12.57a	0.26ab	1.82a	5.41a	5.94a	5.18a	6.85a	0.45abc	−0.35cd	8.16a

　　不同组合同一品质指标以及同一组合不同品质指标的特殊配合力存在差异（表 6-15 和表 6-16）。硬度和水 SRC 特殊配合力差异显著，"扬麦 13/ 扬麦 16""扬麦 20/ 扬麦 23""扬麦 18/ 扬麦 24""扬麦 18/ 镇麦 9 号"等组合存在负向效应，有利于弱筋品质的形成。一般配合力和特殊配合力不是完全对应关系，'扬麦 13''扬麦 18''扬麦 20''扬麦 24'一般配合力低，但配制的部分组合特殊配合力效应高。弱筋小麦与中强筋配制的组合特殊配合力低，负向效应明显；弱筋小麦之间组配，特殊配合力多呈正向效应，但也有负向效应组合，如"扬麦 18/ 扬麦 24"效应较小，有利于弱筋种质筛选。因此，在一般配合力选择的基础上也要重视特殊配合力选择。对于弱筋小麦育种，至少要有一个弱筋亲本，同时加强 2 个亲本特殊配合力筛选。

表 6-15　21 个杂交组合硬度特殊配合力效应分析

亲本	扬麦 16	扬麦 18	扬麦 20	扬麦 23	扬麦 24	镇麦 9 号
扬麦 13	−3.42	3.93	−0.17	2.74	2.65	−5.73
扬麦 16		1.34	−0.57	1.70	−1.95	2.90
扬麦 18			0.34	0.42	−2.78	−3.25
扬麦 20				−1.89	2.39	−0.09
扬麦 23					−4.72	1.75
扬麦 24						4.42

表 6-16　21 个杂交组合水 SRC 特殊配合力效应分析

亲本	扬麦 16	扬麦 18	扬麦 20	扬麦 23	扬麦 24	镇麦 9 号
扬麦 13	−1.18	1.90	1.55	0.44	0.68	−3.39
扬麦 16		−0.34	−0.93	1.23	−2.47	3.69
扬麦 18			1.27	−1.16	−0.05	−1.62
扬麦 20				−1.64	0.28	−0.54
扬麦 23					0.41	0.71
扬麦 24						1.15

（二）不同品质类型组合高代品系品质分析

为明确弱筋小麦品质育种亲本组配原则，对不同品质类型组合的高代品系品质表现进行测定（张晓 等，2023）。利用 6 个小麦杂交组合的 F_6 株系，亲本'扬麦 16'为中筋品质类型，'镇麦 168'和'镇麦 9 号'为强筋品质类型，'扬麦 9 号''扬麦 18''扬辐麦 4 号'为弱筋品质类型。2019—2020 年度组合分别为"扬麦 16/ 镇麦 168"（47 个系）、"扬麦 15/ 镇麦 9 号"（23 个系）、"扬麦 9 号 / 扬麦 18"（23 个系），2020—2021 年度组合分别为"西农 529/ 镇麦 9 号"（57 个系）、"扬麦 22/ 镇麦 9 号"（31 个系）、"扬麦 22/ 扬辐麦 4 号"（41 个系）。2020 年，不同品质类型组合高代品系品质指标分析表明（表 6-17），弱筋 / 弱筋组合"扬麦 9 号 / 扬麦 18"株系籽粒硬度、蛋白质含量、SDS 沉淀值和水 SRC 指标较低，最高值分别为 10.56、12.78%、10.00 mL 和 76.22%，均为弱筋品质类型。"扬麦 16/ 镇麦 168"组合全部株系硬度、沉淀值和水 SRC 品质指标均高于"扬麦 9 号 / 扬麦 18"组合株系，仅 2 份株系蛋白质含量位于"扬麦 9 号 / 扬麦 18"株系变异范围内，中筋 / 强筋组合未有弱筋株系分离。弱筋 / 强筋组合"扬麦 15/ 镇麦 9 号"株系品质指标则位于上述两种不同品质类型组合变异范围内，既有强筋株系也有弱筋株系分离。通过不同组合品质性状 boxplot 图可以看出（图 6-4），弱筋 / 弱筋组合类型籽粒硬度、蛋白质含量、SDS 沉淀值和水 SRC 品质指标最低，弱筋 / 强筋组合居中，中筋 / 强筋类型组合最高。

表 6-17　不同品质类型组合高代品系品质表现（2020）

品质性状	扬麦 16/ 镇麦 168		扬麦 15/ 镇麦 9 号		扬麦 9 号 / 扬麦 18	
	变幅	平均值	变幅	平均值	变幅	平均值
SKCS 硬度	44.70 ～ 55.63	49.68 ± 2.68	3.67 ～ 60.56	23.05 ± 19.81	0.55 ～ 10.56	5.04 ± 2.93
蛋白质含量 /%	12.25 ～ 15.86	13.86 ± 0.71	12.01 ～ 13.58	12.83 ± 0.52	10.76 ～ 12.78	12.18 ± 0.45
SDS 沉淀值 / mL	11.50 ～ 18.00	15.06 ± 1.35	9.75 ～ 14.50	11.54 ± 1.19	5.25 ～ 10.00	7.51 ± 1.18
水 SRC /%	77.66 ～ 88.43	83.26 ± 2.28	70.06 ～ 85.77	75.63 ± 4.63	71.26 ～ 76.22	73.79 ± 1.55

2020—2021 年度对不同品质类型组合高代品系品质指标分析表明（表 6-18），弱筋 / 弱筋组合"扬麦 22/ 扬辐麦 4 号"蛋白质含量、SDS 沉淀值、水 SRC、乳酸 SRC、碳酸钠 SRC 和蔗糖 SRC 数值最低。强筋 / 强筋组合"西农 529/ 镇麦 9 号"57 份株系有 56 份 SDS 沉淀值高于弱筋 / 弱筋组合 31 份株系，两个组合之间有少量株系蛋白质含量和 SRC 变异范围重合，这可能与 2020—2021 年度蛋白质含量和 SRC 更多地受到环境影响有关。弱筋 / 强筋组合"扬麦 22/ 镇麦 9 号"既有强筋株系也有弱筋株系分离。不同组合品质指标表现趋势与 2019—2020 年度结果一致。不同组合品质性状的 boxplot 图也可以看出（图 6-5），弱筋 / 弱筋组合类型品质指标最低，弱筋 / 强筋组合居中，强筋 / 强筋类型组合最高。

姚金保等（2010）对 57 个小麦品种（系）的杂交亲本分析表明（表 6-19），不同品质类型品种杂交组合后代的 4 种 SRC 特性均存在显著差异，其中"软质 / 软质"杂交组合后代的 4 种 SRC 显著低于"软质 / 硬质"或"硬质 / 软质"或"硬质 / 硬质"杂交组合后代的品系，多数 SRC 较低的品系来自"软质 / 软质"组合。在弱筋小麦品种培育时，杂交双亲中必须有弱筋亲本，优先考虑选用"弱筋 / 弱筋"的配组方式，这样后代出现弱筋品系的概率较高。

对我国育成的 32 个弱筋小麦系谱分析表明，其中有一半以上均有弱筋亲本参与配组。对不同组合高代品系品质分析表明，"强筋 / 强筋""强筋 / 中筋"亲本组合表现为籽粒硬度、蛋白质含量、水 SRC 和 SDS 沉淀值均比较高，无弱筋小麦品系分离出现；"强筋 / 弱筋"亲本组合表现为品质分离，既有强筋小麦分离，也有弱筋小麦分离；"弱筋 / 弱筋"亲本组合后代表现为籽粒硬度、蛋白质含量、水 SRC 和 SDS 沉淀值均比较低，无强筋小麦品系分离出现。因此，在弱筋小麦培育时，亲本选择以弱筋丰产亲本为主，双亲中至少要有一个弱筋品质类型的亲本，同时要注意配合力的选择。

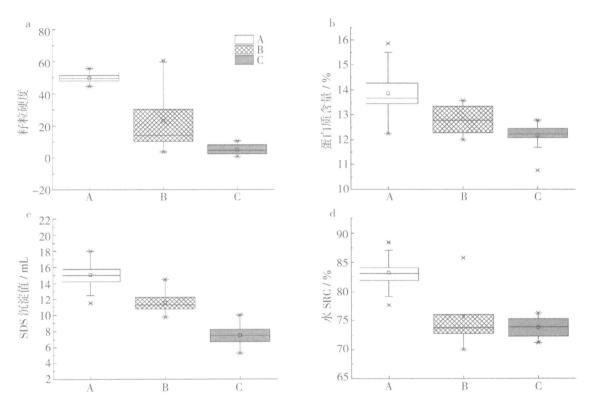

盒图两端表示性状的极值范围；图中方框表示平均值；中间直线表示中位线；＊为个别极值。A 代表组合"扬麦 16/ 镇麦 168"；B 代表组合"扬麦 15/ 镇麦 9 号"；C 代表组合"扬麦 9 号 / 扬麦 18"。

图 6-4　不同品质类型组合高代品系品质表现（2020）

表 6-18　不同品质类型组合高代品系品质表现（2021）

品质性状	西农 529/ 镇麦 9 号		扬麦 22/ 镇麦 9 号		扬麦 22/ 扬辐麦 4 号	
	变幅	平均值	变幅	平均值	变幅	平均值
蛋白质含量 / %	11.99 ~ 15.02	13.26 ± 0.69	11.05 ~ 14.92	12.51 ± 0.79	10.55 ~ 13.44	11.78 ± 0.68
沉淀值 / mL	7.75 ~ 14.25	10.98 ± 1.61	5.00 ~ 15.25	10.27 ± 2.94	2.50 ~ 12.50	5.65 ± 1.52
水 SRC / %	68.12 ~ 92.48	79.48 ± 6.37	65.18 ~ 75.60	70.79 ± 2.60	64.94 ~ 73.62	68.57 ± 2.33
乳酸 SRC / %	60.18 ~ 99.66	86.23 ± 7.74	69.58 ~ 86.90	78.22 ± 3.62	66.46 ~ 79.02	70.82 ± 2.71
碳酸钠 SRC / %	85.06 ~ 119.88	103.93 ± 11.01	80.50 ~ 94.74	87.73 ± 3.31	78.32 ~ 87.90	82.96 ± 2.23
蔗糖 SRC / %	95.24 ~ 125.92	113.59 ± 9.17	95.06 ~ 106.96	100.93 ± 2.77	86.48 ~ 99.46	91.88 ± 3.49

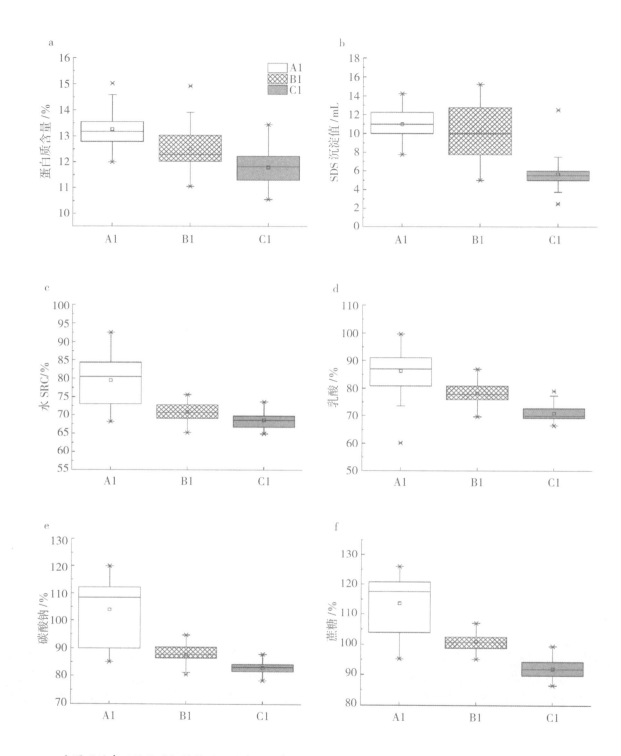

　　盒图两端表示性状的极值范围；图中方框表示平均值；中间直线表示中位线；＊为个别极值。A1 代表
组合"西农 529/ 镇麦 9 号"；B1 代表组合"扬麦 22/ 镇麦 9 号"；C1 代表组合"扬麦 22/ 扬辐麦 4 号"。

图 6-5　不同品质类型组合高代品系品质表现（2021）

表 6-19 不同杂交类型间溶剂保持力（SRC）特性表现分析

杂交类型	参数	水 SRC / %	碳酸钠 SRC / %	蔗糖 SRC / %	乳酸 SRC / %
软质 / 软质	平均	59.57a	72.70a	102.34a	104.22a
	变幅	56.80~63.38	68.57~78.32	93.56~108.87	94.50~119.72
软质 / 硬质或硬质 / 软质	平均	64.12b	80.47b	108.22b	119.09b
	变幅	58.29~69.14	70.64~88.35	94.93~115.58	95.26~122.38
硬质 / 硬质	平均	69.11c	88.61c	113.00c	121.41c
	变幅	59.38~77.15	73.34~101.13	104.67~121.88	105.97~138.86

资料来源：姚金保等（2010）。

二、弱筋小麦育种品质选择指标

（一）早期弱筋小麦育种品质选择存在的问题

我国在流通、育种、审定各环节均有小麦品质标准。《优质小麦 弱筋小麦》（GB/T 17893—1999）规定弱筋小麦是指粉质率不低于 70%，加工成的小麦粉筋力弱，适合制作蛋糕和酥性饼干等食品，并且规定粗蛋白质含量（干基）≤ 11.5%，湿面筋含量（14% 湿基）≤ 22%，稳定时间 ≤ 2.5 min 的小麦品种。《主要农作物品种审定标准（国家级）》规定弱筋小麦粗蛋白质含量（干基）< 12.0%、湿面筋含量（14% 湿基）< 24.0%、吸水率 < 55%、稳定时间 < 3.0 min。我国优质小麦标准以蛋白质含量、湿面筋含量、稳定时间作为强、弱筋划分的重要指标，相对于国际划分标准，存在欠缺，主要原因是品质改良初期重视强筋小麦育种，依据强筋小麦指标制定各项标准，弱筋小麦理论和育种研究相对滞后，缺少反映弱筋小麦品质的关键指标和食品加工品质评价。主要体现如下：

（1）缺少硬度指标　籽粒硬度是国外小麦市场分级和定价的主要依据之一，它严重影响润麦加水量、出粉率、破损淀粉粒数量和面粉颗粒度大小，并最终决定磨粉品质和食品加工品质，是小麦品质性状中最为重要的指标之一。小麦硬度是由胚乳细胞中蛋白质基质和淀粉之间的结合强度决定的：结合紧密，硬度高；结合松散，硬度低。硬质小麦一般蛋白质含量和质量较高，制粉时淀粉粒破损较多，面粉较粗，出粉率高，面团吸水率高，面团弹性和延伸性好，适合制作面包类食品。软质小麦制粉时淀粉粒破损小，面粉细腻，出粉率低，面团吸水率较低，适合制作饼干类食品。软质小麦适合制作饼干、蛋糕和南方馒头等食品。Gaines 和 Donelson（1985）研究表明，胚乳质地较软的软麦全面粉制作的饼干直径较大，硬度与饼干直径呈极显著负相关。张平平等（2013）研究表明，软质衍生系的品质性状和饼干直径显著优于硬质衍生系。吴宏亚（2014）研究表明，硬度与曲奇饼干厚比呈极显著负相关。郑文寅等（2023）研究表明，南方馒头比容与籽粒硬度呈显著负相关，降低软麦籽粒硬度有助于提高南方馒头加工品质。国家标准《小麦》（GB 1351—2023）采用硬度指数代替角质率和粉质率作为硬、软小麦分型指标。优质弱筋小麦育种品质评价也需要把硬度指标作为一项重要品质要求指标。

（2）理化指标不完善　有关弱筋小麦产品饼干、蛋糕品质与品质指标关系的诸多研究结果表明，面粉的吸水特性指标 SRC 和面团弹性、延展性与蛋糕、饼干品质最为密切，最能反映弱筋小麦制品的品质。多项研究表明，水 SRC 和碳酸钠 SRC 与饼干品质相关程度最高，蔗糖 SRC 和乳酸 SRC 与饼干品质的相关性在不同研究中则存在差异；粉质仪吸水率与饼干品质呈显著负相关，但有些研究表明粉质仪稳定时间与饼干品质相关性较弱，并不能反映饼干品质的优劣（李蓓蓓，2011；张平平 等，2020；张岐军 等，2005；李曼 等，2020；刘健 等，2021）。与粉质仪和拉伸仪参数相比，吹泡仪参数能更好地解释饼干品质的变异（Yamamoto et al.，1996；张岐军 等，2005；肖灿仙，2003）。单独用稳定时间作为弱筋小麦品质标准主要指标之一不够科学，应增加一些反映面团吸水特性和面团弹性、延展性的理化指标。

（3）缺乏终端产品评价　优质弱筋小麦标准中蛋白质含量、湿面筋含量和稳定时间只能评价小麦样品是否为弱筋小麦，至于是否适合加工制作终端产品饼干、糕点和南方馒头等则不能准确评判。美国软麦实验室主任 Edward 在第六届小麦遗传育种会议报告中也指出，弱筋小麦面粉品质不仅要通过磨粉品质和面团理化指标来反映，还要通过小麦成品来评价。

（二）弱筋小麦不同育种世代品质筛选

弱筋小麦相关研究表明，蛋白质含量、湿面筋含量和稳定时间受环境影响较大，硬度、沉淀值、吸水率、水 SRC 和吹泡仪 P 值主要受基因型控制。蛋白质含量、湿面筋含量与饼干和蛋糕品质相关性较小，沉淀值与饼干、蛋糕品质有显著相关性，水 SRC 和碳酸钠 SRC 与饼干品质相关程度高，蔗糖 SRC 和乳酸 SRC 与饼干品质的相关性在不同研究中存在差异，粉质仪吸水率、吹泡仪指标与饼干品质呈显著相关。江苏里下河地区农业科学研究所通过多年研究，确定了以硬度、微量 SDS 沉淀值（1 g 全麦粉）、微量水 SRC（1g 全麦粉）和吸水率为核心（同等条件下种植的弱筋小麦品种作参考）结合 HMW–GS 缺失或 2+12 亚基、硬度基因 *Pina-D1a/Pinb-D1a* 以及 SRC *gwm642-A186*、*gwm642-A188* 变异类型筛选，高代材料增加吹泡仪测试和食品品质鉴评的弱筋小麦品质育种选择指标体系。

1. 亲本选择

至少有一个弱筋亲本参与配组，亲本的品质建议指标参数为 SKCS 籽粒硬度 ≤ 30（或籽粒硬度指数 ≤ 50），粉质仪吸水率 ≤ 55%，面粉 Zeleny 沉淀值 ≤ 30 mL，面粉水 SRC ≤ 65%，曲奇饼干直径 > 17 cm 或酥性饼干评分 > 80 分或蛋糕评分 > 80 分。

2. 低世代选择

育种世代 F₂~F₄（包括杂交一代 F₁ 与轮回亲本回交），采用单株选择并测定粉质率、蛋白质含量、吸水率、SKCS 硬度（或籽粒硬度指数）、微量 SDS 沉淀值、微量水 SRC。

主要品质指标选择参数范围为：粉质率 ≥ 75%，蛋白质含量 ≤ 12.5%，吸水率 ≤ 55%，SKCS 籽粒硬度 ≤ 30（或籽粒硬度指数 ≤ 50），微量 SDS 沉淀值 ≤ 10 mL，微量水 SRC（全麦粉）≤ 76%。

3. 高世代选择

F₅ 代以上混合收系，测定蛋白质含量、SKCS 籽粒硬度（或籽粒硬度指数）、沉淀值、面粉水 SRC，粉质仪和吹泡仪面团特性。

高世代品系品质选择的指标和参数为：蛋白质含量 ≤ 12.5%，SKCS 硬度 ≤ 30（或籽粒硬度指数 ≤ 50），面粉 Zeleny 沉淀值 ≤ 30 mL，面粉水 SRC ≤ 65%，粉质仪吸水率 ≤ 55%，稳定时间 ≤ 3.0 min，吹泡仪 P 值 ≤ 40 mm。

4. 产量试验

进入产量试验，重复高世代选择所述的测定，同时进行食品加工品质鉴评。品质指标参数选择范围为：曲奇饼干直径 ≥ 17 cm、酥性饼干评分 ≥ 80、蛋糕评分 ≥ 80、南方馒头评分 ≥ 80。

在低世代选择和高世代选择过程中，同时进行分子标记筛选 *Pina-D1a/Pinb-D1a* 软质基因型和生化标记筛选 HMW–GS Null 或 2+12 亚基。亲本选择和不同世代选择试验以同等种植条件下的优质弱筋小麦品种作对照。与美国软麦实验室育种筛选指标基本一致（图 6-6，图 6-7）。

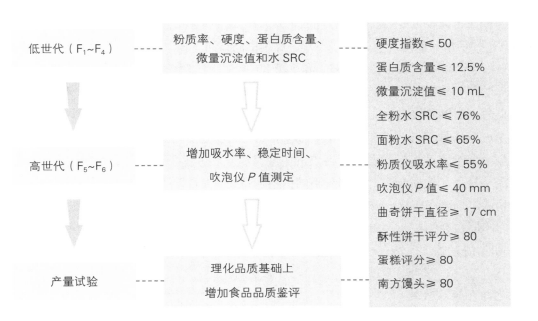

图 6-6　不同育种世代品质筛选指标（江苏里下河地区农业科学研究所）

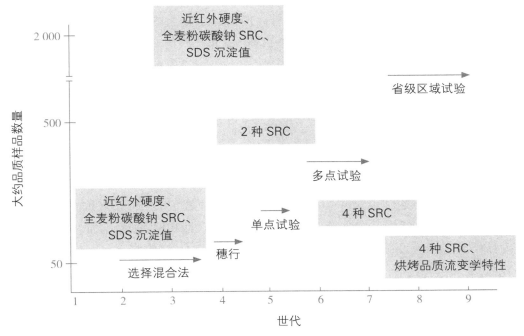

图 6-7　美国软麦实验室育种筛选指标

三、产量、品质和抗性协同提高的育种策略

1. 提高亲本整体水平

育种是利用不同种质配组后形成的分离群体，通过人工选择和自然选择的作用，使不同优良性状逐渐向人类需要的方向集中的过程，是使育成品种逐渐适应不同生态和生产条件（种植制度、栽培管理等）、满足市场需求，实现高产、优质、高效，提高整体综合性状的过程。一些优良的农艺性状只有被转至综合性状好的背景中，才容易被生产利用或成为优秀的育种亲本。因此，应该不断培育综合性状好且各具特点的中间材料作亲本，使育种亲本整体水平不断得到提高。采用系统选择和杂交育种方法改良综合性状仍是目前弱筋小麦育种的主要方法。'扬鉴三'是江苏里下河地区农业科学研究所20世纪80年代初培育的高产、多穗、矮秆、抗倒中间材料，以'扬鉴三'为亲本又进一步育成赤霉病抗性更好、丰产性更好的'扬88-84'和'扬89-40'，这两个优秀的中间材料为'扬麦13''扬麦15'等弱筋小麦的育成奠定了基础。此外，利用弱筋小麦品种'扬麦9号'与'扬麦10号'杂交，在改良白粉病抗性的同时进行系统的弱筋品质筛选育成了弱筋小麦'扬麦20'。

针对某一具体性状的改造，采用滚动回交的方法把重要目的性状回交转育，以求目标更明确、更具体地创造综合丰产性好且又各具特点的中间材料。江苏里下河地区农业科学研究所以弱筋小麦品种'扬麦9号'为轮回亲本，分别与不同白粉病抗源'Y.C''宁97033-2'通过滚动回交分别育成抗白粉病的'扬麦19'（$Pm4a$）和'扬麦22'（PmV），以弱筋小麦品种'宁麦9号'为轮回亲本，分别与不同白粉病抗源'南农P045''红卷芒'通过滚动回交分别育成抗白粉病的'扬麦18'（$Pm21$）和'扬麦21'（$Pm21$），这些品种都保留了轮回亲本优良的弱筋品质，同时抗病性进一步提高。

2. 强化综合性状改良

弱筋小麦育种应以综合丰产为前提，以主要弱筋品质指标改良为重点，实现综合性状协同改良。根据程顺和院士等提出的鉴定抉择时必须坚持综合性状协调的观点，主要有以下几个方面：一是产量、品质、抗性、熟期等要素可以在没有限制因素的前提下达到一个能为生产接受的协调点，其中某一要素的不足，可以因其他要素特别好而得到弥补。例如，'扬麦15'成熟迟些，但产量高，抗倒性强，因此在对成熟期要求不是很严格的地区仍然得到较好推广应用。二是在确定一个品系是否有应用前景时，不能要求产量、品质、熟期、抗性等要素全部名列前茅，但必须没有生产上不能接受的限制性因素（如产量大幅度低于推广品种或某种常发病害特重等），各方面都好一点，如果还有突出优点那就是很不错的品种。例如，'扬麦13'在区域试验中并不很突出，弱筋品质、产量比对照高一些，抗白粉病，熟相好，植株矮一点，成熟早，虽然赤霉病稍重但是在生产可控范围内，2002年审定后很快推广应用于生产。近年来育成品质、产量和综合抗性又进一步提高的新品种，弱筋小麦品种的育种水平上升到一个新台阶。优质弱筋小麦'扬麦30'，矮秆抗倒，穗层整齐，结实率高，高抗白粉病（$Pm21$），中抗赤霉病和小麦黄花叶病，丰产性好。'扬麦33'以扬麦抗病基因为基础，聚合 $Fhb1$ 等其他抗病基因，多组合、大群体选择，协同提高丰产性和抗病性，育成抗赤霉病、高抗白粉病的高产弱筋小麦品种。'扬麦36'优质弱筋，品质稳定，中抗赤霉病，高抗白粉病（$Pm21$）、高抗小麦黄花叶病，籽粒商品性好，产量高，适应性广。'宁麦36'弱筋品质突出，株型较紧凑、抗倒性较强，穗层整齐、熟相好，赤霉病抗性强，丰产性和稳产性好。三是协调点随着耕作制度、生态气候条件、社会经济发展情况而变化。

3. 多种育种方法相结合

在弱筋品质改良过程中，多种育种方法灵活运用，在不断提高弱筋品质的同时，注意提高丰产、抗病、抗倒、抗逆性，不断提高弱筋小麦的综合性状。

（1）系统选择育种 由于品种育成初期存在的遗传剩余变异和天然杂交的存在，通过系统选择仍是弱筋小麦育种的有效方法。如江苏省农业科学院从'宁麦9号'中通过系统选择育成了抗倒性和千粒重明显改良的'宁麦13'，保持了'宁麦9号'的丰产性和弱筋特性，是"十二五""十三五"期间长江中下游麦区的主栽品种之一。

（2）杂交育种 仍然是目前弱筋小麦育种的主要方法，在亲本选择上必须以弱筋丰产品种作基础。如'宁麦9号'亲本中的'西风'，'扬麦9号'亲本中的'扬麦5号''扬鉴三'，'扬麦13'中的'扬88-84'，'扬麦15'中的'扬89-40'，'扬麦20'中的'扬麦9号'，'扬麦30'中的'扬麦18'和'扬麦9号'优系等。亲本的组配方式，除了两亲的单交外，还包括三交、四交等复交手段。单交在小麦育种中应用最为广泛，当育种上要求重组的目标性状较多，就有必要采用三交组配方式。扩大组合的变异范围，提高生态差异大的材料利用效率。

（3）滚动回交结合标记辅助选择 采用程顺和等（2003）提出的滚动回交结合遗传标记的聚合育种体系进行弱筋品质改良，在目前情况下对弱筋小麦品质改良、综合抗性提高是十分高效的育种方法之一。其基本内容是：通过滚动回交针对多个目的性状分别转育出丰产系；不断以丰产系为亲本、运用遗传标记选择携带目标性状的单株进行滚动回交；对回交后代运用组培、玉米花粉诱导小麦单倍体等技术加速育种进程，以获得聚合多个优异性状的品系。弱筋小麦新品种'扬麦18''扬麦19'就是采用"滚动回交法"育成的抗白粉病、抗小麦黄花叶病、弱筋品质优良、综合性状好的小麦新品种。

（4）基因编辑技术 该项技术可以对基因组中的靶位点进行敲除、插入、基因点突变、碱基替换等定点的人工修饰。可以用于提高作物产量抗性和品质，以及加速农作物分子生物学的发展和遗传育种的进度（曾秀英 等，2015）。近年来，基因编辑技术在农作物改良方面有着巨大的进展，对于小麦产量和品质的改良有很大帮助。中国农业科学院作物科学研究所利用 CRISPR/Cas9 基因编辑技术，定点敲除 *SBE Ⅱ a* 基因，获得高抗性淀粉的小麦新种质，为培育营养功能型小麦新品种提供了新途径（Li et al.，2021）。利用农杆菌介导的 CRISPR/Cas9 基因编辑技术对与小麦籽粒硬度、淀粉品质和面团颜色相关的 *Pinb*、*Waxy*、*Ppo* 和 *Psy* 这4个籽粒品质相关基因进行精准打靶，获得不含外源转基因成分的基因编辑新种质，为小麦品质育种提供了新的基因资源（Zhang et al.，2021）。但是，如今关于小麦基因编辑的报道仍然较少，这表明在小麦基因编辑方面的研究有着巨大的潜力。

4. 注重适应性和稳定性

在我国小麦分散种植条件下，更需要弱筋品质稳定性好的品种。采用同一地点创造不同生态环境和不同生态区多点鉴定相结合，提高育成品种的品质稳定性和品种适应性。

（1）不同栽培方式 可以通过对不同品系在高产模式栽培条件下收获样品进行主要品质指标的检测，筛选弱筋品质表现相对稳定的材料，要让品质适应大面积生产操作措施，不以牺牲产量来提高弱筋品质，实现产量和品质的兼顾，既保障粮食生产安全，又满足消费水平提高对品质的需求。

（2）分期播种 可以使同一基因型在同一地点、同一生产季节受到不同（光、温、水、病、逆）的环境考验。由于气候不同，不同年份有其适宜熟期的品种类型（早、中、晚熟）；迟播往往白粉病、赤霉病发生重，早播的往往纹枯病、小麦黄花叶病和早春冻害发生重。用分期播种可以提高鉴定筛选效率。分离群体采用早播的方法，有利于筛选出春性耐寒的材料。对品比（品系比较）试验、鉴定圃以及部分株行圃采用分期播种形式，提高了鉴定的准确性。例如，品比试验采用早、中、晚3期播种，选用3期产量均较高、弱筋品质、综合性状好，没有严重缺陷的品系。

（3）不同生态区多年多点鉴定　自20世纪80年代后期，江苏里下河地区农业科学研究所开展小麦新品系长江中下游多点试验，在长江中下游设置15个左右的试验点，进行多点鉴定。把品比试验中表现优秀的一批品系发放到多点试验中进一步鉴定考察，对材料进行品质指标的检测，同时兼顾丰产性、抗性等性状的鉴定，选择弱筋品质优良且稳定、综合性状好的材料进入更高一级的试验。多年多点试验资料综合评价，客观可靠。这是一个以空间争取时间的好办法，可以减少育种工作者对经验的依赖。提高育成弱筋小麦品种品质稳定性和品种适应性。

四、育种典型实例

通过发掘创制优异弱筋小麦种质，不断提高亲本整体水平；亲本选择至少要有一个弱筋小麦亲本，并注重配合力选择；不同育种世代多层次全程跟踪选择，强化综合性状改良，注重品种适应性和稳定性，培育品质、产量和抗性综合性状优异的弱筋小麦品种。大面积推广弱筋小麦品种'扬麦13''扬麦15''扬麦30''绵麦902'等品种选育思路可为弱筋小麦新品种选育提供方法借鉴。

1.'扬麦13'选育经过

对'扬鉴三'大量组合后代进行遗传分析，结果表明'扬鉴三'高粉质率、低沉淀值等性状表现出较高的遗传力，一般配合力好，被确定为弱筋小麦育种的核心亲本。1989年，以'扬鉴三'与'川红7-2-2'杂交育成的农艺性状优良、籽粒粉质的中间材料'扬88-84'作弱筋亲本，与抗白粉病种质"Maris Dove/扬麦3号"的后代杂交，进行连续单株选择。根据"综合性状协调点"的观点，同时针对20世纪90年代弱筋小麦品质改良需求迫切的问题，在选育过程中注重高产、抗病、优质协调改良时更强调弱筋品质。加强对杂交后代材料粉质籽粒的筛选，高代品系进行蛋白质含量及SDS沉淀值等的测定。通过人工培养菌种诱发接种鉴定白粉病抗性。采用"三看"的选种方法，即前期看长势、后期看熟相、考种看籽粒，选择苗期生长健壮、繁茂性好，株型紧凑、抗倒性强，后期长相清秀、落黄好的材料，考种重视籽粒饱满、整齐度和全粉质类型的选择。根据"同一地点创造多种生态环境与大范围多点鉴定相结合"的观点，江苏里下河地区农业科学研究所在长江中下游广大范围内建立多个试验点和在当地通过分期播种的方法对高代品系适应性进行鉴定。1996年，育成的'扬97-65'进入鉴定圃进行产量试验，比对照'扬麦158'增产5.03%，综合表现突出。1997年'扬97-65'进入品比试验和长江中下游多点适应性试验，在品比圃中较对照'扬麦158'增产9.8%，在适应性试验中比'扬麦158'平均增产6.8%。1998—2001年度参加安徽省淮南地区小麦品种区域试验，比对照'扬麦158'增产3.03%；2001—2002年度参加江苏省淮南片弱筋组区试，比对照'扬麦158'增产6.81%。2002年，弱筋小麦新品种'扬麦13'通过安徽省审定，2003年通过江苏省认定。2003年全国优质专用小麦示范工作座谈会上，'扬麦13'饼干评分列参评品种首位，超对照美红软；2005—2015年，连续11年为全国弱筋小麦主导品种。选育经过见图6-8。

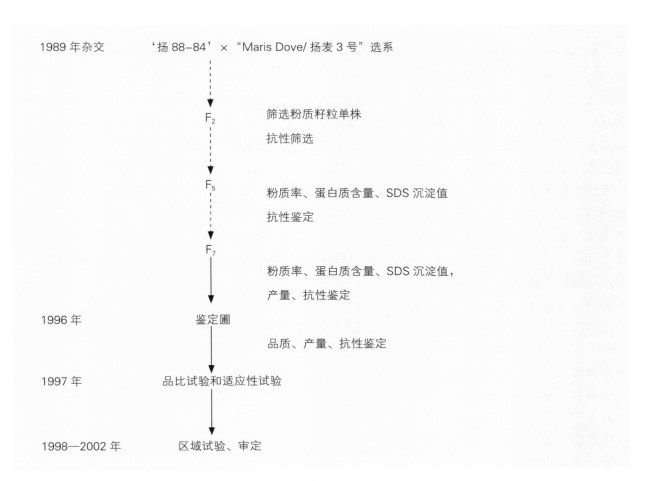

图 6-8　'扬麦 13'选育系谱图

2. '扬麦 15'选育经过

1994 年，以高产、矮秆、大穗、粉质的'扬 89-40'（扬麦 4 号 / 扬鉴三）为农艺亲本，与弱筋种质'川育 21526'杂交。采用"三看"方法，坚持综合性状协调的观点进行选择，在分离世代重点加强株高、熟相和穗粒结构的综合选择和弱筋品质测定筛选，通过早播和迟播的交替加强抗逆性的鉴定筛选。对高代品系采用同一地点"创造"不同生态条件和长江中下游多点鉴定相结合的方法进行全面系统鉴定，加强丰产性、抗病抗逆性、广适性和品质稳定性筛选。经过连续单株选择，1999 年秋播选择该组合的优质弱筋小麦新品系'扬 00-118'等进入鉴定圃，比对照'扬麦 158'增产 5.03%。2000 年'扬 00-118'表现优异，同年秋播进入品比试验和长江中下游多点适应性试验，2001—2003 年度参加长江中下游区域试验，在 11 个参试品系中居第 2 位，2003—2004 年度生产试验中安徽、江苏、浙江、湖北 4 省 7 个点平均亩产比对照'扬麦 158'增产 4.8%，河南信阳点平均亩产比对照'豫麦 18'增产 14%。同时，2001—2003 年度参加了江苏省弱筋小麦区域试验，两年度区试平均亩产比对照'扬麦 158'增产 4.61%；2003 年秋播进入江苏省生产试验，平均亩产比'扬麦 158'增产 9.41%。'扬麦 15'分别于 2004 年、2005 年通过国家和江苏省审定。2003 年全国优质专用小麦示范工作座谈会，'扬麦 15'饼干评分超对照美红软，蛋糕评分与其相当，审定至今一直为长江中下游麦区弱筋主体品种。

3.'扬麦 30'选育经过

根据弱筋小麦品种培育亲本选择至少要有一个弱筋丰产小麦亲本和性状互补原则，2009 年春以高产、抗赤霉病、优质弱筋品系'扬 09 纹 1009'与抗赤霉病、白粉病和病毒病小麦品种'扬麦 18'配制杂交组合。F_1 至 F_5 世代本地温室加代和云南夏繁加代相结合缩短育种进程，本地加代注重辅助光照。早中世代加代同时，品质跟踪选择以粉质率、近红外蛋白质含量、微量 SDS 沉淀值和水 SRC 检测为主，同时加强品质和抗性分子标记辅助筛选。高世代进行籽粒硬度、蛋白质含量、SDS 沉淀值、水 SRC、吹泡仪参数、饼干和蛋糕品质鉴定，精准鉴定结合分子标记选择聚合多个优异性状，创造性状充分表达的环境，加强产量、抗性和品质稳定性综合性状选择，加快优异性状聚合。2015—2017 年度参加长江中下游冬麦组区域试验，比对照'扬麦 20'平均增产 3.9%；2017—2018 年度生产试验，比对照'扬麦 20'增产 6.4%，2019 年通过国家审定。'扬麦 30'矮秆抗倒、穗层整齐、结实率高、粒数多、熟相好；优质弱筋（硬度基因 *Pina-D1a/Pinb-D1a*，HMW–GS 为 1/7+8/2+12），中抗赤霉病（*QFhb-2DL*）、高抗白粉病（*Pm21*）、中抗小麦黄花叶病；2022 年江苏盐城实产验收亩产达 739.4 kg；2019 年中国小麦产业发展暨质量发布年会，达优质弱筋小麦标准；2023 年全国优质专用小麦质量鉴评大会，达优质弱筋小麦标准；农业农村部谷物品质监督检验测试中心检测结果达优质弱筋小麦标准。选育经过见图 6-9。

4.'绵麦 902'选育经过

2008 年春，绵阳市农业科学研究院用矮秆抗病小麦品种'绵麦 37'作母本，抗病高产品系'MY1848'作父本配制杂交组合，获得杂交 F_1 种子。2008 年夏，将 F_1 代在四川省阿坝州马尔康市夏繁，利用 F_1 作母本，自育品系'绵 06–367'作父本，配制得到 F_1。2008—2012 年，分别将 F_2 至 F_5 代在绵阳市农业科学研究院试验田，采用系谱法进行逐代单株选育，选育过程中进行粉质率的选择，并利用近红外进行硬度指数、蛋白质含量的检测筛选。2013—2014 年，继续将 F_6 代

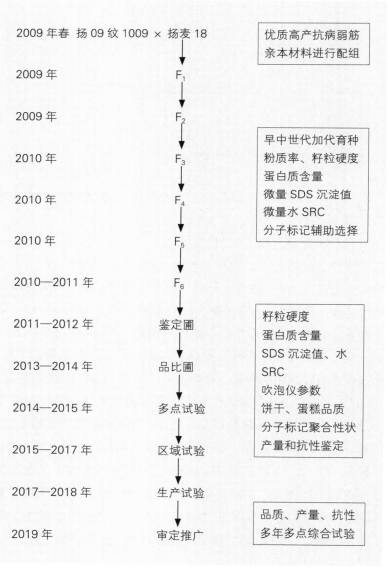

2009 年春 扬 09 纹 1009 × 扬麦 18		优质高产抗病弱筋亲本材料进行配组
2009 年	F_1	
2009 年	F_2	早中世代加代育种
2010 年	F_3	粉质率、籽粒硬度
2010 年	F_4	蛋白质含量
2010 年	F_5	微量 SDS 沉淀值 微量水 SRC 分子标记辅助选择
2010—2011 年	F_6	
2011—2012 年	鉴定圃	籽粒硬度 蛋白质含量
2013—2014 年	品比圃	SDS 沉淀值、水 SRC
2014—2015 年	多点试验	吹泡仪参数 饼干、蛋糕品质
2015—2017 年	区域试验	分子标记聚合性状 产量和抗性鉴定
2017—2018 年	生产试验	
2019 年	审定推广	品质、产量、抗性 多年多点综合试验

图 6-9 '扬麦 30'选育系谱图

在绵阳市农业科学研究院试验田进行株系选择，对软质率75%以上、硬度指数45以下的进行全面的理化指标筛选，于2014年育成稳定品系'绵麦902'。2014—2015年、2015—2016年分别在游仙、江油、苍溪、中江、三台、梓潼、安州等示范县市进行多点品比试验。两年平均亩产493.3 kg，比对照品种'绵麦367'增产8.6%。2016—2018年度四川省区试平均亩产388.76 kg，比对照品种'绵麦367'增产8.0%；2018—2019年度生产试验平均亩产394.76 kg，比对照品种'绵麦367'增产4.9%；2019年通过四川省农作物品种审定委员会审定（川审麦20190005）。2018年，经农业部谷物及制品质量监督检验测试中心（哈尔滨）品质分析结果，'绵麦902'蛋白质含量10.6%，湿面筋含量17.6%，沉淀值20.2 mL，面团稳定时间1.4 min，全部指标达到优质弱筋标准。2019年'绵麦902'被列入四川省小麦绿色高效生产技术推广应用项目推荐品种，同时成为五粮液酿酒专用粮基地主导品种。该品种2021年被列为四川省农业科技成果转化项目进行成果转化和示范推广，入选国家重点研发计划西南麦区优质多抗高产小麦新品种培育标志性成果。

第四节　弱筋小麦育种成就

20世纪80年代，小麦品质育种正式列入国家科技攻关项目，但主要针对强筋小麦品质。20世纪90年代后期，弱筋小麦育种开始起步发展，直至21世纪初，优质弱筋小麦品种选育得到方方面面的重视，以长江中下游麦区为主体的南方麦区弱筋小麦育种取得显著成效。

一、育成主要弱筋小麦品种

20世纪90年代末和21世纪初，通过对已育成品种的品质筛选，江苏省筛选出了'宁麦9号''建麦1号''扬麦9号'等，河南省筛选出了'豫麦50''郑麦004'等弱筋小麦品种，这些品种的推广为弱筋小麦产业的起步发挥了重要作用。"十五"期间从育种源头开始，选用弱筋亲本配组，对分离世代和高代品系进行系统品质检测，育成了'扬麦13''宁麦13''扬麦15''扬辐麦2号''皖麦47''皖麦48''太空5号'等弱筋小麦品种，"十一五"期间育成了'扬麦18''扬麦19''苏申麦1号'等，"十二五"期间育成了'扬麦20''扬麦22''绵麦51'等，"十三五"期间育成了'扬麦24''扬麦27''扬麦30''扬麦33''扬麦36''川辐14''绵麦903'等弱筋小麦新品种。上述品种的品质基本达到国标优质弱筋小麦及专用面粉行业的有关指标，对促进弱筋小麦产业的发展发挥了重要作用。

1. 长江中下游冬麦区弱筋小麦品种

该麦区沿江、沿海、丘陵地区小麦生长后期昼夜温差偏小，降水偏多，土壤沙性强，保肥供肥能力差，适宜生产弱筋小麦，是全国最大、质量最好的弱筋小麦生产基地，也是我国弱筋小麦生产的主体，按审定时间先后对部分重要品种简介如下：

（1）扬麦 9 号 组合为"扬鉴三 / 扬麦 5 号"，由江苏里下河地区农业科学研究所育成，1996年通过江苏省农作物品种审定委员会审定。该品种春性，幼苗半直立，分蘖率强，成穗率高；株高80 cm 左右，株型紧凑，基部节间短，耐肥抗倒。穗近长方形，籽粒饱满，容重高，穗大粒多。一般每亩 30 万穗、每穗 40 粒、千粒重 40 g。经南京粮食经济学院测定，蛋白质含量 9.8%，湿面筋含量23.4%，形成时间 1.3 min，稳定时间 1.7 min。苏州面粉厂检验其湿面筋含量为 21.5%。广州市南方面粉股份有限公司检测：蛋白质含量 9.2%，湿面筋含量 21.7%，降落值 367 s，吸水率 50.6%，形成时间0.9 min，稳定时间 1.5 min。北京市粮食科学研究所检测结果显示，其吹泡仪指标为：P 值 =35 mm，L 值 =109 mm，W 值 =97，P/L 值 =0.32，并认为其作为饼干专用粉原料小麦与美国软红麦相当。上述检测结果表明，'扬麦 9 号'各项指标均符合我国商业部颁布的精制级饼干专用粉和国家优质弱筋小麦的标准，是优质饼干专用小麦品种。2003 年"全国优质专用小麦座谈会"中，'扬麦 9 号'糕点评分居参评品种首位（90.1 分），超过美国软红麦（80.0 分）。

（2）宁麦 9 号 组合为"扬麦 6 号 / 西风"，由江苏省农业科学院粮食作物研究所育成，1997年通过江苏省农作物品种审定委员会审定。该品种春性，幼苗半直立，生长稳健，发苗较快。株高85 厘米左右，株型紧凑，剑叶较窄挺，分蘖力中等偏上，成穗率较高。红粒，纺锤形穗，每亩 31 万穗左右，每穗实粒数 44.3 粒，籽粒小，粉质至半角质，千粒重 35.6 g。高抗小麦黄花叶病，中抗小麦赤霉病。抗倒性、熟相一般。蛋白质含量 10.2%，湿面筋含量 20.1%，面团稳定时间 1.3 min，为优质弱筋小麦。此外，该品种还是一个优异的核心亲本，国内多家育种单位利用'宁麦 9 号'作亲本，相继育成了 30 余个小麦品种。

（3）扬麦 13 组合为"扬 88-84//Maris Dove/ 扬麦 3 号"，由江苏里下河地区农业科学研究所育成。2002 年通过安徽省农作物品种审定委员会审定，2003 年通过江苏省农作物品种审定委员会认定。该品种春性，中早熟，熟期与'扬麦 158'相仿。幼苗直立，株高 85~90 cm，茎秆粗壮，分蘖力中等，成穗率高，灌浆速度快。红粒，粉质；每亩 28 万 ~ 30 万穗，每穗 40~42 粒，千粒重 40 g。经江苏省农业科学院植物保护研究所和中国农业科学院植物保护研究所鉴定，高抗白粉病，中抗纹枯病，中感 – 中抗赤霉病。经农业农村部谷物品质监督检验测试中心检测，蛋白质含量 10.2%，湿面筋含量 19.7%，沉淀值 23.1 mL，降落值 339 s，面团吸水率 54.1%，形成时间 1.4 min，稳定时间1.1 min，符合国家优质弱筋小麦标准。2003 年 9 月 18 日，经全国优质专用小麦食品鉴评专家组鉴评：'扬麦 13'饼干评分（89 分）超过对照美国软红麦（85 分），居参评弱筋品种饼干评分首位。2005—2015 年连续 11 年被作为全国唯一的弱筋小麦主导品种，是我国推广面积最大的弱筋小麦品种。2010 年获农业部农牧渔业丰收奖一等奖。2017 年，河南省引种备案，适宜在河南省信阳市及南阳市南部区域种植，是河南省弱筋小麦主导推荐品种。

（4）扬麦 15 组合为"扬 89-40/ 川育 21526"，由江苏里下河地区农业科学研究所育成。2004 年、2005 年分别通过国家和江苏省农作物品种审定委员会审定。该品种春性，熟期比对照'扬麦 158'迟 1~2 d，熟相好。幼苗半直立，株型紧凑；株高 80 cm 左右，抗倒性强；分蘖力中等，成穗率高。穗棍棒形，大穗大粒；红粒，籽粒饱满；每亩 30 万 ~ 32 万穗，每穗 36 粒，千粒重 42 g。经中国农业科学院植物保护研究所、江苏省农业科学院植物保护研究所抗病性鉴定，中感赤霉病和白粉病。品质优，2001—2002 年度，全国农业技术推广中心统一送样，农业部谷物检测中心测定，蛋白质含量 12.0%，湿面筋含量 20.7%，稳定时间 1.4 min，是国家冬小麦长江中下游组区试中唯一达到优质弱筋小麦标准的品种。2003 年、2005 年、2009 年农业部谷物检测中心检测'扬麦 15'品质指标均达到国家优质弱筋小麦标准。2010 年，农业部发布的中国小麦质量报告中，'扬麦 15'在长江中下游麦区 39 个品种中弱筋品质表现最优（表 6-21）。饼干烘焙品质优良，2003 年经农业部组织的全国优质专用小麦食品鉴评专家组鉴评：'扬麦 15'饼干评分（87 分）超过对照美国软红麦（85 分），蛋糕评分（79.2 分）接近对照美国软红麦（80 分），为优质饼干、糕点专用小麦。'扬麦 15'制作酥性饼干总评分接近美国软红麦（表 6-22）。'扬麦 15'连续被列入国家优质专用小麦良种补贴弱筋小麦推介品种，成为河南信阳弱筋小麦主导品种。此外，该品种具有较高的淀粉含量，深受茅台、五粮液、剑南春等大酒厂青睐，是制曲的优质原料之一。

（5）宁麦 13　组合为"宁麦 9 号系选"，由江苏省农业科学院粮食作物研究所育成。2005 年和2006 年分别通过江苏省和国家农作物品种审定委员会审定。该品种春性，熟期比对照'扬麦 158'迟 1 d。幼苗直立，分蘖力一般，成穗率较高。株高 80 cm 左右，株型较松散。穗纺锤形，红粒，半角质。平均每亩 31.5 万穗，每穗 39.2 粒，千粒重 39.3 g。抗寒性比对照'扬麦 158'弱，抗倒力中等偏弱。中抗赤霉病。江苏省区试统一测试结果显示，蛋白质含量 12.4%，湿面筋含量 22.5%，吸水率50.6%，稳定时间 2.9 min。是"十三五"期间江苏种植面积较大的弱筋小麦品种之一，获 2017 年度江苏省科学技术奖一等奖。

（6）扬麦 20　组合为"扬麦 10 号 / 扬麦 9 号"，由江苏里下河地区农业科学研究所选育，分别于 2010 年和 2012 年通过国家和江苏省农作物品种审定委员会审定。2008—2010 年度参加长江中下游冬麦组区域试验、生产试验。2008—2012 年度参加江苏省淮南麦区预备试验、区域试验和生产试验。取代'扬麦 158'成为国家小麦区域试验长江中下游组标准对照品种，2016 年起被列入全国推广主导小麦品种。国家区试统一测试结果显示，蛋白质含量 12.1%，湿面筋含量 22.7%，稳定时间1.2 min。2014 年农业部现场鉴评蛋糕外形完整，柔软细腻，与优质低筋面粉美玫粉相当。

（7）扬麦 24　组合为"扬麦 17// 扬麦 11 号 / 豫麦 18"，由江苏里下河地区农业科学研究所选育，2015 年通过浙江省农作物品种审定委员会审定，2017 年通过江苏省和安徽省农作物品种审定委员会引种备案，2020 年通过国家农作物品种审定委员会审定。该品种春性，幼苗半直立，分蘖力较强，株型稍紧凑，熟期比对照'扬麦 20'早 1 d。株高 79 cm，抗倒性强。平均每亩 30.2 万穗，每穗33.6 粒，千粒重 42.7 g。中抗白粉病、赤霉病。2017—2019 两年度参加国家小麦良种重大联合攻关大区试验，平均亩产 432.2 kg，比对照'扬麦 20'增产 7.81%。2018—2019 年度同步生产试验平均亩产 460.67 kg，较对照'扬麦 20'增产 6.08%，居参试品种第 1 位。农业农村部谷物及制品质量监督检验测试中心（哈尔滨）2013—2014 年度品质分析测定，蛋白质含量 11.0%，湿面筋含量 20.5%，沉淀值 22.7 mL，稳定时间 1.3 min，SKCS 硬度 22.95，水 SRC 65.83%，为优质弱筋小麦。

（8）皖西麦 0638　组合为"扬麦 9 号 /Y18"，由六安市农业科学研究院育成，2016 年和 2018年分别通过安徽省和国家农作物品种审定委员会审定。该品种春性，熟期比对照'扬麦 20'早熟 1~2 d。幼苗半直立，分蘖力中等。株高 83 cm，抗倒性一般。穗纺锤形，红粒，半角质。平均每亩 31.0 万穗，每穗 37.2 粒，千粒重 39.8 g。2015 年品质检测，蛋白质含量 11.2%，湿面筋含量 19.2%，稳定时间 1.1 min，主要品质指标达到弱筋小麦标准。已列入河南省 2024 年农业主导品种。

（9）扬麦 30　组合为"扬 09 纹 1009/ 扬麦 18"，由江苏里下河地区农业科学研究所选育，2019 年通过国家农作物品种审定委员会审定。该品种春性，熟期与对照'扬麦 20'相当。幼苗半直立，分蘖力中等偏强。株高 82 cm，抗倒性较好。穗纺锤形，红粒，半角质。每亩 29.0 万穗，每穗40.6 粒，千粒重 36.5 g。高抗白粉病和条锈病，中抗赤霉病和黄花叶病，抗寒性好，高抗穗发芽，矮秆抗倒。2016—2017 年度区试品质检测，蛋白质含量 11.21%，湿面筋含量 21.3%，吸水率 50.8%，稳定时间 3.3 min。2019 年中国（靖江）小麦产业发展暨质量发布年会数据，'扬麦 30'蛋白质含量 10.61%，湿面筋含量 19.53%，稳定时间 1.2 min，曲奇饼干直径 17.8 cm，生产上多年取样，弱筋品质优异稳定。

（10）扬麦 34　组合为"扬麦 18// 扬麦 18/ 元友 –2"，由江苏里下河地区农业科学研究所选育，2020 年通过江苏省农作物品种审定委员会审定，2023 年通过安徽省认定。该品种春性，熟期比对照'扬麦 20'迟 1 d。幼苗半直立，平均株高 76.7 cm。穗纺锤形，红粒，半角质；每亩 33.9 万穗，每穗 40.9 粒，千粒重 42.6 g。经农业农村部谷物及制品质量监督检验测试中心（北京）品质分析，蛋白质含量 9.1%、湿面筋含量 15.7%、吸水率 50.0%、稳定时间 1.3 min。综合抗病性好，中抗赤霉病和小麦黄花叶病，高抗白粉病，高抗穗发芽，株型较紧凑，抗倒性好。品质优良，经 2023 年"首届中国南方馒头小麦品种质量鉴评会"评定为优质南方馒头小麦品种。目前在江苏、安徽等省累计种植超 100 万亩，面积正在继续扩大。

（11）鄂麦 007　组合为"陕 65/ 上海保山 279// 郑麦 9023"，该品种由湖北省农业科学院粮食作物研究所育成，2020 年通过湖北省农作物品种审定委员会审定。株高 82.5 cm，每亩 30.2 万穗，每穗 34.8 粒，千粒重 42.6 g，生育期比对照'郑麦 9023'迟 1 d。白粒，半角质。2016—2018 两年度湖北省小麦区试平均亩产 347.13 kg，较对照'郑麦 9023'增产 2.60%。该品种中抗条锈病。经农业农村部谷物及制品质量监督检验测试中心（哈尔滨）品质分析，容重 805 g/L，蛋白质含量 10.8%，湿面筋含量 18.4%，稳定时间 1.1 min。已被列入湖北省 2023—2024 年度农业主导品种。

（12）扬麦 33　组合为"苏麦 6 号 / 扬 97G59// 扬麦 18"，由江苏里下河地区农业科学研究所应用多基因聚合与分子标记育种技术育成的高抗赤霉病弱筋新品种，2021 年 6 月通过国家农作物品种审定委员会审定。该品种春性，熟期比对照'扬麦 20'略早。幼苗半匍匐，分蘖力中等。株高 84.3 cm，株型较紧凑，穗层整齐，熟相好。穗纺锤形，红粒，粉质。每亩 31.8 万穗，每穗 39.4 粒，千粒重 43.3 g。高抗赤霉病和白粉病，实现了小麦品种赤霉病抗性与丰产性有效结合，是国内外小麦抗赤霉病育种的重大突破。经农业农村部谷物及制品质量监督检验测试中心（哈尔滨）测定，蛋白质含量 11.6%，湿面筋含量 19.8%，稳定时间 2.7 min，吸水率 57.1%。被列入 2022 年度农业农村部主导品种。

（13）扬麦 36　组合为"宁麦 9 号 / 扬麦 15²// 镇麦 9 号"，由江苏里下河地区农业科学研究所选育，2021 年通过国家农作物品种审定委员会审定。该品种春性，熟期与对照'扬麦 20'相当。幼苗直立，分蘖力较强。株高 83.2 cm，株型较紧凑，抗倒性较好，穗层较整齐，熟相好。穗长方形，红粒，半角质。平均每亩 29.7 万穗，每穗 36.6 粒，千粒重 43.4 g。高抗白粉病和小麦黄花叶病，中抗赤霉病，高抗穗发芽。2017—2018 年度品质检测，蛋白质含量 11.5%，湿面筋含量 23.2%，吸水率 54.9%，面团稳定时间 1.2 min。品质指标达弱筋小麦标准。

（14）长麦 8 号　组合为"镇麦 6 号 / 扬 02G48"，由长江大学和江苏里下河地区农业科学研究所共同育成，2021 年通过湖北省农作物品种审定委员会审定。苗期半匍匐，红粒、粉质。平均每亩 29.06 万穗，每穗 44 粒，千粒重 39.5 g，株高 89.6 cm，生育期 201 d。蛋白质含量 11.34%，降落数值 263 s，湿面筋含量 22.4%，吸水率 51.3%，面团形成时间 1.2 min，稳定时间 1.4 min，弱化度 125 FU，粉质量指数 18，粉质评价值 37。主要品质指标达到优质弱筋小麦标准。

（15）宁麦 36　组合为"扬麦 20/ 宁麦 14"，由江苏省农业科学院粮食作物研究所和江苏中

旗种业科技有限公司育成，2022 年通过江苏省农作物品种审定委员会审定。该品种春性，全生育期
205.9 d，株高 88.1 cm，每亩 35.0 万穗，每穗 41.1 粒，千粒重 41.2 g。中抗赤霉病，高抗穗发芽。
2019—2020 年度品质测试：蛋白质含量 9.4%，湿面筋含量 18.2%，吸水率 54%，稳定时间 0.7 min，
硬度指数 43.3。品质指标达弱筋小麦品种标准。

（16）扬麦 42　组合为"镇麦 9 号 /3/ 扬麦 15// 扬麦 15/ 宁麦 9 号"，由江苏里下河地区农业科
学研究所育成。2022 年通过江苏省农作物品种审定委员会审定。该品种春性，成熟期比对照'扬麦
20'早 1.7 d。幼苗直立，分蘖力较强，株型松散，穗层整齐。纺锤形穗，红粒，半角质，耐肥抗倒
性好。每亩 32.8 万穗，每穗 36.3 粒，千粒重 47.8 g。中抗赤霉病，高抗白粉病和小麦黄花叶病。
熟相好。2019—2020 年度经农业农村部谷物及制品质量监督检验测试中心（哈尔滨）测定：蛋白质
含量 12.8%，湿面筋含量 24.6%，吸水率 59.0%，稳定时间 1.7 min，硬度指数 49.3。

2. 长江上游冬麦区弱筋小麦品种

长江上游冬麦区具有温和的冬季和充足的降水，为小麦的生长提供了有利条件。四川省盆西平原
沿江两岸农田偏沙壤质地，肥力水平中等或偏下，保水保肥性一般；西南山地麦区土壤以红壤、黄棕
壤为主，在平坝河谷地带分布各类潮土，土壤供肥力和施入养分量一般较低，适宜生产弱筋小麦。对
以四川省为主的小麦品种统计分析表明，四川小麦审定品种以中、弱筋为主，品质改良趋向弱筋化。
据统计，长江上游冬麦区育成的弱筋小麦品种 24 个（表 6–20），部分品种简介如下：

（1）川麦 104　组合为"川麦 42/ 川农 16"，由四川省农业科学院作物研究所育成，2012 年通
过国家农作物品种审定委员会审定。该品种春性，熟期比对照'川麦 42'迟 1 d。幼苗半直立，分蘖
力较强。株高平均 84 cm，抗倒性较强。穗层较整齐，熟相好。穗长方形，红粒，籽粒半角质 – 粉
质。平均每亩 25.3 万穗，每穗 39.2 粒，千粒重 46.0 g。近免疫条锈病。蛋白质含量 12.06%，湿面
筋含量 25.9%，沉淀值 29.8 mL，吸水率 50.8%，稳定时间 1.9 min，硬度指数 44.1。

（2）绵麦 51　组合为"1275–1/99–1522"，由绵阳市农业科学研究院育成。2012 年和 2019 年
分别通过国家和河南省农作物品种审定委员会审定。该品种春性，熟期比对照'川麦 42'迟 1~2 d。
幼苗半直立，分蘖力较强，株高 85 cm。穗长方形，红粒，半角质。平均每亩 22.8 万穗，每穗 43.5 粒，
千粒重 45.4 g。高抗白粉病，慢条锈病。蛋白质含量 11.7%，湿面筋含量 23.2%，沉淀值 19.5 mL，吸
水率 51.3%，稳定时间 1.8 min，硬度指数 46.4，品质指标达到弱筋小麦标准。

（3）蜀麦 830　组合为"SHW–L1/ 川农 16//Pm99915–1/3/03–DH1959"，由四川农业大学育成，
2017 年通过四川省农作物品种审定委员会审定。该品种春性，熟期与对照'绵麦 367'相当。幼苗
半直立，株高 83 cm，圆锥 – 长方形穗，白粒，半角质。平均每亩 19.7 万穗，每穗 48.7 粒，千粒重
50.0 g。高抗条锈病，中抗白粉病，中感赤霉病。2016 年品质测定：蛋白质含量 12.6 %，湿面筋含量
25.9%，沉淀值 20.8 mL，稳定时间 2.0 min，主要品质指标达到弱筋小麦标准。

（4）川农 32　组合为"川农 27/ 80978"，由四川农业大学生态农业研究所育成。2017 年和
2018 年分别通过四川省和国家农作物品种审定委员会审定。该品种春性，熟期比对照'绵麦 367'
迟 2 d。幼苗半直立，株高 87 cm。穗长方形，白粒，粉质。平均每亩 23.8 万穗，每穗 41.6 粒，千粒重
47.4 g。高抗条锈病。2016 年品质测定：蛋白质含量 12.4%，湿面筋含量 25.3%，沉淀值 28.3 mL，稳
定时间 2.5 min，主要品质指标达到弱筋小麦标准。

（5）川育 27　组合为"川育 23/4/SW8588/3/G349//30024/NE7060"，由中国科学院成都生物
研究所育成，2017 年通过四川省农作物品种审定委员会审定。弱春性，熟期与对照'绵麦 367'相

当。幼苗半直立，植株整齐，株高 87 cm。穗长方形，白粒，角质。平均每亩 21.1 万穗，每穗 43.5 粒，千粒重 48.0 g。中抗条锈病。2016 年品质检测：蛋白质含量 12.1%，湿面筋含量 22.7%，沉淀值 38.6 mL，稳定时间 1.7 min，品质指标达到弱筋小麦标准。

（6）川麦 93　组合为"普冰 3504/ 川育 20// 川麦 104"，由四川省农业科学院作物研究所育成，2018 年和 2021 年分别通过四川省和国家农作物品种审定委员会审定。该品种春性，全生育期 188 d，比对照'川麦 104'晚熟 3~4 d。幼苗半直立，叶色深绿，分蘖力中等。株高 91.0 cm，株型较紧凑，抗倒性较好。穗层整齐，熟相好。穗长方形，白粒，籽粒半角质，饱满。平均每亩 21.1 万穗，每穗 50.4 粒，千粒重 44.5 g。高感赤霉病，慢条锈病、叶锈病，中抗白粉病。两年度品质检测：蛋白质含量 12.7%、11.9%，湿面筋含量 24.7%、26.3%，稳定时间 1.0 min、5.0 min，吸水率 55.3%、52.4%。2017 年四川省区域试验品质分析结果为：蛋白质含量 11.81%~13.11%，平均 12.46%；湿面筋含量 23.3%~26.4%，平均 24.85%；降落数值 106~250 s，平均 178 s；稳定时间 2.0~3.5 min，平均 2.75 min；经品质分析，符合弱筋小麦标准。

（7）蜀麦 114　组合为"SHW-L1/SY95-71// 渝 98767/3/ZL-21"，由四川农业大学小麦研究所育成，2019 年和 2023 年分别通过四川省和国家农作物品种审定委员会审定。该品种春性，熟期比对照'川麦 42'迟 2.2 d，幼苗半匍匐，分蘖力强。株高 85.6 cm，株型紧凑，抗倒性较好。穗层整齐，熟相好。穗长方形，红粒，籽粒半硬质。每亩 29.0 万穗，每穗 42.7 粒，千粒重 41.3 g。慢条锈病。2020—2021 年度品质检测：蛋白质含量 11.81%，湿面筋含量 23.9%，吸水率 54.8%，稳定时间 2.1 min，主要品质指标达到弱筋小麦标准。

（8）绵麦 903　组合为"GHM3/R141"，由绵阳市农业科学研究院选育。2020 年通过四川省农作物品种审定委员会审定。该品种春性，平均全生育期 179.0 d，比对照'绵麦 367'迟熟 0.5 d。幼苗半直立，叶色绿。穗长方形，白粒，半角质，较饱满。株高 82.5 cm，平均每亩 20.2 万穗，每穗 48.2 粒，千粒重 46.4 g。高抗条锈病。品质检测：蛋白质含量 11.8%，湿面筋含量 23.6%，稳定时间 1.3 min，达到弱筋小麦标准。

（9）川辐 14　组合为"云 21523-2//CG4359/CD1497-2/3/07-131"，由四川省农业科学院生物技术核技术研究所育成，2020 年和 2021 年分别通过四川省和国家农作物品种审定委员会审定。该品种春性，幼苗半直立，分蘖力中等。株高 84.6 cm，株型较紧凑，抗倒性较好。白粒，粉质。每亩 26.0 万穗，每穗 42.1 粒，千粒重 45.4 g。近免疫条锈病，中抗白粉病。2018—2019 年度品质检测：蛋白质含量 11.7%，湿面筋含量 23.2%，吸水率 52.1%，稳定时间 1.3 min，品质指标达到弱筋小麦标准。

（10）绵麦 905　组合为"PANDAS/ 绵麦 37"，由绵阳市农业科学研究院和宜宾五粮液有机农业发展有限公司共同选育，2021 年通过四川省农作物品种审定委员会审定。2023—2024 年度继续参加国家区试。该品系春性，熟期比对照'绵麦 367'迟 3.7 d，幼苗直立。株高 87.6 cm，株型较紧凑。穗长方形，红粒，粉质。亩产 409.0 kg，比对照'绵麦 367'增产 2.32%，每亩 24.3 万穗，每穗 40.0 粒，千粒重 48.1 g。高抗条锈病和白粉病。品质检测：蛋白质含量 11.3%，湿面筋含量 23.8%，吸水率 52.9%，稳定时间 2.5 min，最大拉伸阻力 232 E.U.，拉伸面积 60 cm²，品质达弱筋小麦标准。

3. 黄淮麦区弱筋小麦品种

黄淮麦区冬季严寒、降水稀少，春季干旱多风，小麦生育期降水 100~210 mm，生产的小麦品质以强筋和中强筋为主，但由于该麦区地域辽阔，土壤类型较多，包括褐土或棕壤、黄壤和黄褐土、水稻土等，安徽沿淮、江淮地区，河南、江苏、安徽接壤地区以及属于长江中下游麦区的河南南部地区等以水稻土和黄棕土为主，小麦生育期特别是灌浆期间降水较多，土壤和空气相对湿度较大、光照较差，适宜发展优质弱筋小麦。但适宜黄淮麦区种植的弱筋品种相对较少，其中'豫麦50''郑麦004''太空5号''皖麦47'和'皖麦48'这5个均为20年前审定的品种，'郑丰5号'2006年通过审定，仅'郑麦103'为2019年国审品种（表6-20）。河南省种子管理站2019年7月发布的河南省弱筋小麦品种清单中弱筋品种7个，包括'扬麦15''扬麦13''绵麦51''郑丰5号''光明麦1311''农麦126''皖西麦0638'等，其中仅'郑丰5号'为黄淮麦区品种。近年来，河南审定了'宛麦788''豫农906''豫农910''豫州109''郑麦820''郑麦821''郑麦824'等7个酿酒小麦品种，但适宜种植区域均为河南省南部的长江中下游麦区（表6-20）。

（1）豫麦50　组合为抗白粉病优质轮选群体，由河南省农业科学院小麦研究所从群体中选择优良可育株并经多年系谱和混合选择育成，1998年通过河南省审定。该品种弱春性，茎秆粗壮。株高85 cm左右，大穗，白粒，粉质。一般每亩40万穗，每穗35粒，千粒重40~50 g。中早熟，落黄好。高抗白粉病，中抗条锈病、叶锈病和纹枯病。农业农村部农产品质量监督检验测试中心（郑州）测定：粗蛋白含量9.98%，湿面筋含量20.8%，吸水率54.2%，面团形成时间1.3 min，稳定时间1.5 min，是农业农村部认可的全国仅有的8个优质弱筋小麦品种之一。1995年10月26日至11月4日，'豫麦50'在参加全国小麦品质鉴评时，分析结果为沉淀值13.50 mL，湿面筋含量24.6%，吸水率52.9%，形成时间1.15 min，稳定时间1.05 min，烘焙评分88.29分，综合评价优于对照澳洲白麦和饼干粉，达到优质软麦标准，并获第二届全国农业博览会金奖。

（2）郑麦004　组合为"豫麦13号/90M434//冀麦38"，由河南省农业科学院小麦研究所育成，2004年分别通过河南省和国家农作物品种审定委员会审定。该品种半冬性，幼苗半匍匐，成熟期与对照'豫麦49号'相仿；株高80 cm，株型较紧凑，穗层整齐，抗倒性强。穗纺锤形，白粒，籽粒偏粉质。一般每亩40万穗，每穗37粒，千粒重39 g。中抗至高抗条锈病，中抗白粉病、条锈病和纹枯病。蛋白质含量11.9%，湿面筋含量23.9%，沉淀值11.0 mL，吸水率53.2%，面团稳定时间0.9 min，为弱筋高产型小麦品种。

（3）泛麦8号　组合为"泛矮2号/原泛3号"，由河南黄泛区地神种业农业科学研究所选育，2008年通过河南省农作物品种审定委员会审定。该品种半冬性，幼苗匍匐，抗寒性一般，分蘖成穗率高；株高73 cm，较抗倒伏；株型略松散，穗层整齐，成熟落黄好；纺锤形穗，白粒，籽粒半角质，饱满。一般每亩39.5万穗，每穗37.4粒，千粒重43.5 g。高抗叶锈病，中抗条锈病、叶枯病。2007年经农业部农产品质量监督检验测试中心（郑州）测试：蛋白质含量15.4%，湿面筋含量27.9%，吸水率53.4%，降落值381 s，形成时间7.2 min，稳定时间10.4 min，沉淀值73.5 mL。该品种被多家知名酒企认可，适宜酿酒制曲；软质率达到49%~51%，硬度低；制曲曲块通透性好，不易碎；淀粉含量高，支链淀粉高，黏性高；制曲中大曲、红曲占30%；籽粒皮薄，胚乳含量高、出酒率高，高纯度的'泛麦8号'能够使酒厂生产出来的酒质量更加稳定。

4. 正在参试的苗头性弱筋新品系

（1）扬19390　组合为"扬麦18/扬麦20"，由江苏里下河地区农业科学研究所选育。2023—2024年度参加国家生产试验。该品系2020—2021年度平均亩产489.1 kg，比对照'扬麦20'增产4.69%；2021—2022年度平均亩产472.4 kg，比对照'扬麦20'增产6.73%；两年试验平均亩产480.8 kg；比对照'扬麦20'增产5.71%。该品系幼苗直立，分蘖力强，株高83.2 cm，抗倒性强。穗纺锤形，红粒，半硬质。两年区试平均每亩30.3万穗，每穗41.0粒，千粒重45.4 g。熟期比对照'扬麦20'早0.7 d。中抗赤霉病。两年品质检测平均结果：蛋白质含量11.6%，湿面筋含量23.6%，吸水率54.0%，品质指标达弱筋小麦标准。

（2）扬20294　组合为"扬麦22/扬辐麦3046"，由江苏里下河地区农业科学研究所选育。2022—2024年度参加国家小麦育种联合攻关大区试验，平均亩产480.75 kg，比对照'扬麦20'增产6.37%，居参试品种首位。幼苗半匍匐，抗寒性较好，分蘖成穗率中等，平均株高79.4 cm，抗倒性强。穗纺锤形，红粒，半硬质。平均每亩32.5万穗，每穗36.6粒，千粒重45.1 g。该品系春性，熟期比对照'扬麦20'迟0.5 d。中抗赤霉病，高抗白粉病。2024年品质测定结果：蛋白质含量9.76%，湿面筋含量17.3%，吸水率53.0%，稳定时间1.2 min，品质指标达弱筋小麦标准。

（3）中科麦1816　组合为"中科麦138/川麦104"，由中国科学院成都生物研究所选育。2021—2023两年度区试平均亩产412.3 kg，比对照'川农32'增产3.24%。2023—2024年度参加长江上游冬麦组生产试验，该品系春性，熟期比对照'川农32'迟0.4 d。幼苗半匍匐，株型较紧凑，穗长方形，红粒，半硬质，植株整齐，株高80.6 cm。亩有效穗25.4万穗，穗粒数40.5粒，千粒重47.1 g。慢条锈病。2021—2022年度品质分析：蛋白质含量11.25%，湿面筋含量21.5%，吸水率54.9%，稳定时间1.3 min，品质指标达弱筋小麦标准。

（4）蜀麦1958　组合为"川双麦1号/20828"，由四川农业大学选育。2023—2024年度参加长江上游冬麦组生产试验。幼苗直立，株型较紧凑，穗长方形，白粒，半硬质，植株整齐，熟相好。2021—2023两年度区试平均亩产399.8 kg，比对照'川农32'增产0.12%，每亩25.1万穗，每穗43.5粒，千粒重42.3 g。该品系春性，熟期比对照'川农32'晚熟1.9 d，株高79.6 cm。高抗白粉病，慢条锈病和叶锈病。两年品质检测结果：蛋白质含量11.30%，湿面筋含量21.2%，吸水率53.6%，稳定时间1.2 min，品质指标达弱筋小麦标准。

（5）川麦618　组合为"34756/SW9262//20828"，由四川省农业科学院作物研究所选育。2023—2024年度参加长江上游冬麦组生产试验，幼苗直立，株型较松散，株高89.1 cm，穗长方形，白粒，半硬质，植株整齐，熟相好。2021—2023两年度区试平均亩产402.7 kg，比对照'川农32'增产1.65%。每亩24.8万穗，每穗42.5粒，千粒重46.8 g。该品系春性，熟期比对照'川农32'迟0.2 d。慢条锈病。两年度品质平均检测结果：蛋白质含量11.90%，湿面筋含量25.0%，吸水率55.8%，稳定时间2.6 min，品质指标达弱筋小麦标准。

（6）黔15168　组合为"矮败小麦/绵麦185//新麦26/3/绵麦185/4/0938F6"，由贵州省旱粮研究所选育。2023—2024年度参加长江上游区试。幼苗半匍匐，株高86.2 cm，株型半紧凑，穗长方形，白粒，半硬质。亩产386.8 kg，比对照'川农32'减产3.14%。每亩26.8万穗，每穗42.8粒，千粒重42.4 g。该品系春性，熟期比对照'川农32'迟2.2 d。慢条锈病和叶锈病。品质分析：蛋白质含量11.33%，湿面筋含量21.0%，吸水率53.1%，稳定时间1.4 min，最大拉伸阻力228 E.U.，拉伸面积61 cm^2，品质指标达弱筋小麦标准。

（7）宁21385　由江苏省农业科学院粮食作物研究所选育，2023—2024年度参加江苏省区域试验。幼苗直立，分蘖力较强。株高81.0 cm，穗层整齐，熟相好。穗纺锤形，红粒，籽粒软质。平均每亩30.5万穗，每穗43.8粒，千粒重44.9 g。该品系春性，熟期比对照'扬麦20'早1.47 d。中抗赤霉病，高抗白粉病和黄花叶病，高抗穗发芽。区试平均亩产552.1 kg，比对照'扬麦20'增产7.25%，居第1位。品质分析：蛋白质含量12.2%，湿面筋含量22.3%，吸水率54.5%，稳定时间2.3 min。

表 6-20　我国主要育成弱筋品种汇总表（按审定时间排序）

品种名称	育成单位	组合与来源	审定编号	品质理化指标	产量和抗性表现	适宜种植区域
扬麦 9 号	江苏里下河地区农业科学研究所	扬鉴三 / 扬麦 5 号	苏种审字第 258 号（1996 年江苏省审定）	蛋白质 9.8%，湿面筋 23.4%，稳定时间 1.7 min，SKCS 硬度 22.3，水 SRC 59.2%，吹泡仪 P 值 42.0 mm	1993—1995 两年度江苏省区试平均产量 358.55 kg，比对照'扬麦 158'增产 1.77%，生产试验 425.58 kg，比对照'扬麦 158'增产 3.67%。中抗赤霉病，中感白粉病和纹枯病，较耐干热风	江苏淮南麦区
宁麦 9 号	江苏省农业科学院	扬麦 6 号 / 西风	苏种审字第 283 号（1997 年江苏省审定）	蛋白质 10.2%，湿面筋 20.1%，稳定时间 1.3 min	1995—1997 两年度江苏省区试平均亩产 443.95 kg，比对照'扬麦 158'增产 10.8%；生产试验 455.25 kg，比对照'扬麦 158'增产 5.38%。高抗小麦黄花叶病，中抗赤霉病，感白粉病、锈病和纹枯病	江苏淮南麦区
豫麦 50	河南省农业科学院小麦研究所	抗白粉病轮选群体中经系谱法选育	1998 年河南省审定	蛋白质 10.0%，湿面筋 20.8%，稳定时间 1.5 min	1997—1998 年度区试亩产 395.2 kg，比对照'豫麦 50'增产 8.7%。高抗白粉病，中抗纹枯病、锈病	河南中晚茬及苏北、鄂北等地区
建麦 1 号	江苏省建湖县农科所	泗阳 936 小麦田中抗赤霉病变异株选育而成	苏审麦 2000001	蛋白质 13.5%，湿面筋 23%，稳定时间 1.2 min	1997—1999 两年度江苏省区试亩产 371.0 kg，比对照'徐州 21'增产 6.1%。中抗赤霉病、纹枯病和条锈病，高抗小麦黄花叶病	江苏苏北沿海地区
太空 5 号	河南省农业科学院	豫麦 21 太空诱变选育而成	豫审麦 2002005	蛋白质 10.0%，湿面筋 20.8%，稳定时间 1.5 min	2000—2002 两年度河南省区试平均亩产 368.55 kg，比对照'豫麦 18'减产 2.44%；2001—2002 年度生产试验平均亩产 361.7 kg，比对照'豫麦 18'增产 5.33%。中抗白粉、条锈病、叶锈病和叶枯病，中感纹枯病	黄淮及长江中下游麦区部分地区
皖麦 48	安徽农业大学	矮早 781/ 皖宿 8802	皖品审 02020347（2002 年安徽省审定），国审麦 2004004	蛋白质 11.2%，湿面筋 23.3%，稳定时间 0.9 min	2001—2003 两年度黄淮南片区试平均亩产 461.74 kg，比对照'豫麦 18'增产 5.58%；2002—2003 年度生产试验平均亩产 417.2 kg，比对照'豫麦 18'增产 2.4%。中感条锈病、纹枯病，高感白粉病、赤霉病和叶锈病	黄淮冬麦区南片的河南中南部、安徽淮北、江苏北部水地晚茬
皖麦 47	六安市农业科学研究院	皖西 8906//博爱 7422/ 宁麦 3 号	皖品审 02020345（2002 年安徽省审定）	蛋白质 11.6%，湿面筋 22.7%，稳定时间 1.5 min	1997—1999 两年度安徽省区试平均亩产 319.9 kg，比对照'扬麦 158'增 11.6%。中感至高感白粉病、锈病，高感纹枯病和赤霉病	安徽沿淮及江淮麦区
扬麦 13	江苏里下河地区农业科学研究所	扬 88-84//Maris Dove/ 扬麦 3 号	皖品审 02020346（2002 年安徽省审定），苏引麦 200301，（豫）引种（2017）麦 023	蛋白质 10.2%，湿面筋 19.7%，稳定时间 1.1 min，SKCS 硬度 16.5，水 SRC 55.4%，吹泡仪 P 值 30.2 mm	1998—2001 三年度安徽省区试平均亩产 354.35 kg，比对照'扬麦 158'增产 3.03%；2001—2002 年度安徽省生产试验亩产 368.10 kg。中抗赤霉病和纹枯病、高抗白粉病	安徽和江苏两地淮南麦区；河南信阳市及南阳市南部区域

品种名称	育成单位	组合与来源	审定编号	品质理化指标	产量和抗性表现	适宜种植区域
川麦 41	四川省农业科学院作物研究所	91T4135/88繁 8	川审麦 2003011	蛋白质 11.1%，湿面筋 22.7%，稳定时间 1.1 min	2000—2022 两年度区试平均亩产 344.2 kg，比对照'川麦 28'增产 18.5%。2002—2003 年度生产试验平均亩产 303.4 kg，比对照'川麦 28'增产 16.7%，大区对比试验亩产达 488 kg。中抗条锈病，高感白粉病，感赤霉病	四川平原、丘陵、山区
川农 16 号	四川农业大学	川 育 12/87–429	国审麦 2003023	蛋白质 12.3%，湿面筋 25.4%，沉淀值 17.7 mL，吸水率 55.1%，稳定时间 1.5 min	2000—2002 两年度长江上游冬麦组区试平均亩产 321.3 kg，比对照'绵阳 26'增产 12.95%；2002—2003 年度生产试验平均亩产 260.7 kg，比对照'绵阳 26'增产 5.3%。中抗条锈病、白粉病和赤霉病，高感叶锈病	四川、重庆、贵州、云南和陕西汉中地区
绵阳 30 号	绵阳市农业科学研究院	绵阳 01821/83 选 13028//绵阳 0552014	国审麦 2003001	蛋 白 质 11.6%~11.8%，湿面筋 20.1%~21.4%，稳定时间 1.4~1.5 min	1999—2001 两年度长江上游区试平均亩产 329.0 kg，比对照'绵阳 26'增产 10.32%；2001—2002 年度小麦新品种展示平均亩产 427.4 kg，比对照'川麦 107'增产 13.13%。慢条锈病，中感白粉病，高感叶锈病和赤霉病	四川、重庆、贵州、云南和陕西汉中地区
扬麦 15	江苏里下河地区农业科学研究所	扬 89–40/ 川 育 21526	国审麦 20040003，苏审麦 200502	蛋白质 12.0%，湿面筋 20%，沉淀值 18.8 mL，稳定时间 1.4 min，SKCS 硬度 19.4，水 SRC 65.4%	2001—2003 两年度江苏省区试平均亩产 352.0 kg，比对照'扬麦 158'增产 4.61%；2003—2004 年度生产试验平均亩产 424.42 kg，较对照'扬麦 158'增产 9.41%。中感赤霉病和白粉病	江苏和安徽两地淮南麦区、湖北鄂北地区、河南信阳地区
郑麦 004	河南省农业科学院小麦研究所	豫 麦 13 号 /90M434// 冀麦 38	豫审麦 2004004，国审麦 2004007	蛋白质 11.9%，湿面筋 23.9%，稳定时间 0.9 min	2002—2004 两年度国家黄淮南片区试平均亩产 525.5 kg，比对照'豫麦 49'增产 4.9%，中抗白粉病，条锈病和纹枯病	黄淮南片的河南、安徽北部、江苏北部及陕西关中地区
宁麦 13	江苏省农业科学院	宁麦 9 号系选	苏审麦 200503，国审麦 2006004	蛋白质 12.4%，湿面筋 22.5%，吸水率 50.6%，稳定时间 2.9 min	2003—2005 两年度长江中下游冬麦组区试平均亩产 419.96 kg，比对照'扬麦 158'增产 5.75%；2005—2006 年度生产试验平均亩产 400.01 kg，比对照'扬麦 158'增产 12.31%。中抗赤霉病，中感白粉病，高感条锈病、叶锈病和纹枯病	江苏和安徽两地淮南麦区、湖北鄂北麦区、河南信阳地区

品种名称	育成单位	组合与来源	审定编号	品质理化指标	产量和抗性表现	适宜种植区域
郑丰 5 号	河南省农业科学院	Ta900274/郑州 891	豫审麦 2006015	蛋白质 12.4%，湿面筋 23.6%，降落值 376 s，稳定时间 1.4 min	2003—2005 两年度河南省区试平均亩产 504.8 kg，比对照'豫麦 18'增产 3.13%；2005—2006 年度生产试验平均亩产 459.3 kg，比对照'豫麦 18'增产 5.0%。高抗白粉病，中感叶锈病和纹枯病	河南中南部弱筋小麦区中晚茬地块
苏申麦 1 号	扬州大学小麦研究所	90-85 系统选择	沪农品审麦 2007 第 01 号	蛋白质 11.1%，湿面筋 23.7%，稳定时间 1.9 min	2004—2006 两年度上海跃进农场生产试验平均亩产 456.9 kg，比对照'扬麦 10 号'增产 7.99%，高抗锈病，纹枯病轻，中抗白粉病和赤霉病	长江下游麦区
扬麦 18	江苏里下河地区农业科学研究所	宁麦 9 号 ^{4}/3/扬麦 158^6/2/88–128/南农 P045	皖麦 2008001，苏审麦 200901，浙审麦 2011001，沪农品审小麦 2013 第 004 号	蛋白质 10.0%，湿面筋 17.5%，稳定时间 1.1 min，SKCS 硬度 19.52，水 SRC 61.57%，吹泡仪 P 值 42.90 mm	2005—2007 两年度安徽省淮南片区试平均亩产 429.5 kg，较对照'扬麦 158'增 8.1%；2006—2007 年度生产试验亩产 425 kg，较对照'扬麦 158'增产 2.8%。高抗秆锈病，中抗赤霉病，抗白粉病，中感纹枯病，抗小麦黄花叶病	安徽、江苏淮南麦区、浙江和上海
扬麦 19	江苏里下河地区农业科学研究所	扬麦 9 号 ^{6}/4/扬麦 158^3/3/（yc/扬麦 5 号）F$_1$/2/85–85^4	皖麦 2008002	蛋白质 10.6%，湿面筋 17.9%，稳定时间 1.1 min，SKCS 硬度 21.69，水 SRC 61.64%，吹泡仪 P 值 42.90 mm	2004—2006 两年度区试亩产 391 kg，比对照'扬麦 158'增产 2.5%；2006—2007 年度生产试验亩产 446 kg，比对照'扬麦 158'品种增产 8.1%。高抗白粉病，中抗赤霉病和条锈病	安徽淮南麦区
泛麦 8 号	河南黄泛区地神种业农科院	泛矮 2 号/原泛 3 号	豫审麦 2008007 鄂审麦 20220019	蛋白质 15.4%，湿面筋 27.9%，吸水率 53.4%，形成时间 7.2 min，稳定时间 10.4 min，沉淀值 73.5 mL	2005—2006 年度河南省高肥冬水区试平均亩产 474.5 kg，比对照'豫麦 49'增产 0.57%；2006—2007 年度河南省高肥冬水续试平均亩产 521.7 kg，比对照'豫麦 49'增产 5.8%；2007—2008 年度河南省高肥冬水组生产试验平均亩产 531.4 kg，比对照'豫麦 49'增产 6.8%。高抗叶锈病，中抗条锈病、叶枯病，中感白粉病、纹枯病	河南（南部稻茬麦区除外）早中茬中高肥力地种植
鄂麦 26	湖北荆楚种业股份有限公司	鄂麦 25 系选	鄂审麦 2009003	蛋白质 13.2%，湿面筋 25.4%，沉淀值 27.9 mL，吸水率 56.2%，稳定时间 1.95 min	2007—2009 两年度湖北省区试平均亩产 411.87 kg，比对照'郑 9023'增产 7.45%。中抗赤霉病，中感白粉病，高感条锈病和纹枯病	湖北小麦产区

品种名称	育成单位	组合与来源	审定编号	品质理化指标	产量和抗性表现	适宜种植区域
扬麦 20	江苏里下河地区农业科学研究所	扬麦 10 号 / 扬麦 9 号	国审麦 2010002 苏审麦 201203	蛋白质 12.1%，湿面筋 22.7%，吸水率 53.4%，稳定时间 1.2 min，SKCS 硬度 26.94，水 SRC63.73%	2008—2010 两年度长江中下游区试平均亩产 421.5 kg，比对照'扬麦 158'增产 4.9%；2009—2010 年度生产试验平均亩产 389.4 kg，比对照'扬麦 158'增产 4.6%。抗白粉病，中抗赤霉病	江苏和安徽两地淮南麦区、湖北中北部、河南信阳、浙江中北部
川麦 60	四川省农业科学院作物研究所	98–1231// 贵农 21/ 生核 3295	国审麦 2011001 川审麦 2012003	蛋白质 12.3%，湿面筋 24.3%，稳定时间 3.0 min	2008—2010 两年度长江上游区试平均亩产 376.9 kg，比对照'川农 16'增产 11.1%；2010—2011 年度生产试验平均亩产 373.8 kg，比对照'川农 16'增产 3.23%。高抗条锈病，高感白粉病、赤霉病、叶锈病	四川、贵州、重庆、陕西汉中和安康地区、湖北襄樊地区、甘肃徽成盆地
扬麦 22	江苏里下河地区农业科学研究所	扬麦 9 号 *3/97033–2	国审麦 2012004	蛋白质 13.7%，湿面筋 24.6%，稳定时间 1.4 min，SKCS 硬度 31.70，水 SRC 65.40%	2009—2011 两年度长江中下游区试平均亩产 447.8 kg，比对照'扬麦 158'增产 4.7%；2011—2012 年度生产试验平均亩产 449.9 kg，比对照'扬麦 158'增产 11.2%。高抗白粉病，中抗赤霉病	江苏和安徽两地淮南麦区、湖北中北部、河南信阳、浙江中北部
川麦 104	四川省农业科学院作物研究所	川麦 42/ 川农 16	国审麦 2012002	蛋白质 12.1%，硬度指数 44.1，湿面筋 25.90%，吸水率 50.8%，稳定时间 1.9 min	2010—2012 两年度参加长江上游冬麦组区试，平均亩产 408.7 kg，比对照'川麦 42'增产 8.9%；2011—2012 年度生产试验，平均亩产 391.2 kg，比对照增产 13.1%。近免疫条锈病，中感白粉病，高感叶锈病和赤霉病	四川、云南、贵州、重庆、陕西汉中和甘肃徽成盆地川坝河谷
绵麦 51	绵阳市农业科学研究院	1275–1/99–1522	国审麦 2012001，豫审麦 20190053	蛋白质 11.7%，硬度指数 46.4，湿面筋 23.2%，吸水率 51.3%，稳定时间 1.8 min	2009—2011 两年度长江上游区试平均亩产 392.1 kg，比对照'川麦 42'增产 1.3%；2011—2012 年度生产试验平均亩产 382.2 kg，比对照'川麦 42'增产 11.4%。高抗白粉病，慢条锈病，高感赤霉病，高感叶锈病	四川、云南、贵州、重庆、陕西汉中和甘肃徽成盆地川坝河谷
郑麦 103	河南省农业科学院小麦研究所	周 13/D8904–7–1// 郑 004	豫审麦 2014019，国审麦 20190023，豫审麦 20210031	蛋白质 12.2%，湿面筋 19.4%，稳定时间 1.2 min，吸水率 54.6%	2015—2017 两年度黄淮冬麦区南片水地早播组区试平均亩产 572.8 kg，比对照'周麦 18'增产 7.0%；2017—2018 年度生产试验平均亩产 486.0 kg，比对照'周麦 18'增产 4.1%；2017—2019 两年度河南省南部及弱筋组区试平均亩产 361.1 kg，比对照品种'偃展 4110'增产 6.9%；2019—2020 年度生产试验平均亩产 430.0 kg，比对照品种'偃展 4110'增产 6.8%。高抗条锈病，高感纹枯病、赤霉病、白粉病和叶锈病	河南除信阳市和南阳市南部部分地区以外的平原灌区，陕西西安、渭南、咸阳、铜川和宝鸡市灌区，江苏和安徽两地淮北麦区

品种名称	育成单位	组合与来源	审定编号	品质理化指标	产量和抗性表现	适宜种植区域
扬麦 24	江苏里下河地区农业科学研究所	扬麦 17// 扬麦 11 号 / 豫麦 18	浙审麦 2015001，国审麦 20200041	蛋白质 11.8%，湿面筋 21.6%，沉淀值 22.7 mL，稳定时间 1.8 min，SKCS 硬度 22.9，水 SRC 65.8%	2017—2019 两年度国家小麦良种攻关长江中下游区试平均亩产 432.2 kg，比对照'扬麦 20'增产 7.81%；2018—2019 年度生产试验平均亩产 460.67 kg，比对照'扬麦 20'增产 6.08%。中抗赤霉病、白粉病	江苏和安徽两地淮南麦区、湖北中北部、河南信阳、浙江中北部
皖西麦 0638	六安市农业科学研究院	扬麦 9 号 / Y18（其中 Y18 来源于宁麦 8 号 / 遗 943169）	皖麦 2016023，国审麦 20180009	蛋白质 11.2%，湿面筋 19.2%，稳定时间 1.1 min	2014—2016 两年度长江中下游区试平均亩产 407.0 kg，比对照'扬麦 20'增产 3.6%；2016—2017 年度生产试验，平均亩产 444.0 kg，比对照'扬麦 20'增产 5.8%。中感赤霉病、高感纹枯病、条锈病、叶锈病和白粉病	江苏和安徽两地淮南麦区、上海、浙江、湖北中南部地区、河南信阳地区
黔麦 22 号	贵州省农业科学院旱粮研究所	贵农 001/ 2038 无芒系	黔审麦 2017003	蛋白质 12.9%，湿面筋 27.31%，硬度指数 42.1	2013—2015 两年度贵州省小麦区试平均亩产为 264.6 kg，比对照'贵农 19'增产 6.69%；2015—2016 年度生产试验平均亩产 224.9 kg，比对照'贵农 19'增产 4.66%。高抗白粉病、条锈病和秆锈病，感叶锈病	贵州除六盘水地区外大部分地区
扬麦 27	江苏金土地种业有限公司，江苏里下河地区农业科学研究所	扬麦 19/ 扬 07 纹 5418	苏审麦 20170003，国审麦 20200006	蛋白质 11.9%，湿面筋 24.4%，稳定时间 1.9 min	2014—2016 两年度江苏省区试平均亩产 473.6 kg，比对照'扬麦 20'增产 4.3%；2016—2017 年度生产试验平均亩产 494.0 kg，较对照'扬麦 20'增产 3.6%；2016—2018 两年度长江中下游区试平均亩产 408.13 kg，比对照'扬麦 20'增产 3.6%；2018—2019 年生产试验亩产 450.97 kg，比对照'扬麦 20'增产 5.19%。中抗赤霉病，中感纹枯病和条锈病，高感白粉病和叶锈病	江苏和安徽两省淮南麦区、湖北、浙江、上海、河南信阳地区
蜀麦 830	四川农业大学小麦研究所	SHW-L1/ 川农 16// Pm99915-1/ 3/03-DH1959	川审麦 20170001	蛋白质 12.6%，湿面筋 25.9%，稳定时间 2.0 min	2014—2016 两年度四川省区试平均亩产 393.1 kg，比对照'绵麦 367'增产 10.0%，生产试验平均亩产 381.2 kg，比对照'绵麦 367'增产 9.4%。高抗条锈病，中感赤霉病，中抗白粉病	四川省平坝、丘陵地区
川农 32	四川农业大学生态农业研究所	川农 27/80978	川审麦 20170002，国审麦 20180002	蛋白质 12.4%，湿面筋 25.3%，稳定时间 2.5 min	2014—2016 两年度四川省区试平均亩产 386.8 kg，比对照'绵麦 367'增产 6.5%；2016—2017 年度生产试验平均亩产 378.5 kg，比对照'绵麦 367'增产 8.7%。高抗条锈病，中感赤霉病，中感白粉病	四川、重庆、贵州、陕西、汉中和湖北十堰地区

品种名称	育成单位	组合与来源	审定编号	品质理化指标	产量和抗性表现	适宜种植区域
绵麦312	绵阳市农业科学研究院	（贵农21/90m434）F₁/（1227-185/99-1522）F₁	川审麦20170003	蛋白质11.7%，湿面筋20.0%，稳定时间1.2 min	2014—2016两年度四川省区试平均亩产376.3 kg，比对照'绵麦367'增产3.6%；生产试验平均亩产374.9 kg，比对照'绵麦367'增产6.1%。中抗条锈病，中感赤霉病和白粉病	四川省平坝、丘陵地区
川育27	中国科学院成都生物研究所	川育23/4/SW8588/3/G349//30024/NE7060	川审麦20170004	蛋白质12.1%，湿面筋22.7%，稳定时间1.7 min	2014—2016两年度四川省区试平均亩产356.2 kg，比对照'绵麦367'增产8.2%；生产试验平均亩产378.3 kg，比对照'绵麦367'增产7.0%。中抗条锈病，高感赤霉病，中感白粉病	四川省平坝、丘陵地区
光明麦1311	光明种业有限公司，江苏省农业科学院粮食作物研究所	3E158/宁麦9号	国审麦20180005	蛋白质11.4%，湿面筋22.5%，稳定时间2.5 min	2014—2016两年度长江中下游区试平均亩产402.0 kg，比对照'扬麦20'增产1.7%；2016—2017年度生产试验平均亩产438.6 kg，比对照'扬麦20'增产4.6%。中抗赤霉病，中感纹枯病，高感条锈病、叶锈病和白粉病	江苏和安徽两省淮南麦区、湖北中北部、河南信阳、浙江中北部
农麦126	江苏神农大丰种业科技有限公司，扬州大学	扬麦16/宁麦9号	国审麦20180008	蛋白质11.7%，湿面筋21.3%，稳定时间2.1 min	2014—2016两年度长江中下游区试平均亩产416.8 kg，比对照'扬麦20'增产5.4%；2016—2017年度生产试验平均亩产439.4 kg，比对照'扬麦20'增产4.8%。中感赤霉病、白粉病和纹枯病，高感条锈病和叶锈病	江苏和安徽两省淮南麦区、上海、浙江、湖北中南部以及河南信阳地区
川麦93	四川省农业科学院作物研究所	普冰3504/川育20//川麦104	川审麦20180001；国审麦20210001	蛋白质12.7%，湿面筋24.7%，稳定时间1.0 min，吸水率55.3%	2017—2018年度长江上游冬麦组区试平均亩产403.7 kg，比对照'川麦42'增产4.0%；2018—2019年度续试平均亩产384.7 kg，比对照'川麦42'增产4.6%；2019—2020年度生产试验平均亩产404.9 kg，比对照'川麦42'增产6.5%。高感赤霉病，慢条锈病、叶锈病，中抗白粉病	适宜在长江上游冬麦区的四川、重庆、云南、贵州、陕西汉中和湖北十堰地区种植
扬麦30	江苏里下河地区农业科学研究所	扬09纹1009/扬麦18	苏审麦20190001国审麦20190006	蛋白质11.2%，湿面筋21.3%，吸水率50.8%，稳定时间3.3 min	2015—2017两年度长江中下游区试平均亩产409.4 kg，比对照'扬麦20'增产3.9%；2017—2018年度生产试验平均亩产411.8 kg，比对照'扬麦20'增产6.4%。中抗赤霉病和小麦黄花叶病，高抗白粉病和条锈病，中感纹枯病	江苏和安徽两地淮南麦区、上海、浙江、湖北中南部地区、河南信阳地区

品种名称	育成单位	组合与来源	审定编号	品质理化指标	产量和抗性表现	适宜种植区域
绵麦 902	绵阳市农业科学研究院	绵麦 37/MY1848// 绵麦 367	川审麦20190005, 渝引种 2023 第 022 号	蛋白质 10.6%, 湿面筋 17.6%, 稳定时间 1.4 min	2016—2018 两年度四川省区试平均亩产 388.76 kg, 比对照'绵麦 367'增产 8.0%; 2018—2019 年度生产试验平均亩产 394.76 kg, 比对照'绵麦 367'增产 4.9%。高抗条锈病和白粉病, 高感赤霉病	四川平坝、丘陵地区, 重庆冬小麦种植区
扬麦 34	江苏里下河地区农业科学研究所	扬麦 18// 扬麦 18/ 元友 –2	苏审麦20200027, 浙引种（2022）第 002 号, 皖引麦 2023007	蛋白质 9.1%, 湿面筋 15.7%, 吸水率 50.0%, 稳定时间 1.3 min, 硬度指数 46.0	2017—2019 两年度江苏省淮南小麦里下河农科所科企联合体区试平均亩产 517.6 kg, 比对照'扬麦 20'增产 8.0%; 2019—2020 年度生产试验平均亩产 505.7 kg, 比对照'扬麦 20'增产 4.2%。中抗赤霉病和小麦黄花叶病, 高抗白粉病, 抗穗发芽	江苏和安徽两地淮南麦区、浙江
西科麦 475	西南科技大学	3642/MY06Z60	川审麦 20200016; 国审麦 20241001	蛋白质 11.0%, 湿面筋 19.9%, 吸水率 51.3%, 稳定时间 1.2 min	2020—2022 两年度长江上游区试平均亩产 367.7 kg, 比对照'川农 32'减产 1.54%; 2022—2023 年度生产试验, 平均亩产 453.2 kg, 比对照'川农 32'增产 10.11%。中抗条锈病和白粉病, 中感赤霉病	长江上游冬麦区, 陕西南部地区, 湖北十堰、襄阳地区, 甘肃陇南地区
鄂麦 007	湖北省农业科学院粮食作物研究所	陕 65/ 上海保山 279// 郑麦 9023	湖北省审定（鄂审麦 20200010）	蛋白质 10.8%, 湿面筋 18.4%, 稳定时间 1.1 min	2016—2018 两年度湖北省小麦品种区试平均亩产 347.13 kg, 比对照'郑麦 9023'增产 2.63%。中感赤霉病和纹枯病, 高感白粉病, 中抗条锈病	湖北北部小麦产区
川麦 84	四川省农业科学院作物研究所	R4117/11C–990–2//1522	川审麦 20200001	蛋白质 12.3%, 湿面筋 25.2%, 稳定时间 2.8 min	2016—2018 两年度四川省区试平均亩产 387.15 kg, 比对照'绵麦 367'增产 9.0%; 2019—2020 年度生产试验平均亩产 460.98 kg, 比对照'绵麦 367'增产 7.9%。高抗条锈病, 中抗白粉病, 高感赤霉病	四川平坝、丘陵地区
绵麦 161	绵阳市农业科学研究院	05–783/1403–84	川审麦 20200002	蛋白质 12.3%, 湿面筋 22.4%, 稳定时间 2.3 min	2017—2019 两年度四川省区试平均亩产 380.65 kg, 比对照'绵麦 367'增产 4.9%; 2019—2020 年度生产试验平均亩产 450.77 kg, 比对照'绵麦 367'增产 8.4%。高抗条锈病, 中感白粉病和赤霉病	四川平坝、丘陵地区
绵麦 903	绵阳市农业科学研究院	GHM3/R141	川审麦 20200003	蛋白质 11.8%, 湿面筋 23.6%, 稳定时间 1.3 min	2017—2019 两年度四川省区试平均亩产 369.31 kg, 比对照'绵麦 367'增产 3.0%; 2019—2020 年度生产试验平均亩产 476.31 kg, 比对照'绵麦 367'增产 11.5%。高抗条锈病, 中感白粉病, 高感赤霉病	四川省平坝丘陵地区

品种名称	育成单位	组合与来源	审定编号	品质理化指标	产量和抗性表现	适宜种植区域
扬麦32	江苏里下河地区农业科学研究所	镇麦8号/扬麦18^2	国审麦20210014	蛋白质11.6%,湿面筋21.8%,稳定时间2.1 min,吸水率52.8%	2016—2018两年度长江中下游区试平均亩产400.0 kg,比对照'扬麦20'增产1.6%;2018—2019年度生产试验平均亩产454.2 kg,比对照'扬麦20'增产7.0%。中抗赤霉病,高抗白粉病	江苏和安徽两地淮南麦区、湖北中南部、浙江、上海、河南信阳地区
扬麦33	江苏里下河地区农业科学研究所	苏麦6号/扬97G59//扬麦18	国审麦20210078	蛋白质11.6%,湿面筋19.8%,稳定时间2.7 min	2018—2020两年度国家小麦良种联合攻关大区试验平均亩产比对照'扬麦20'增产5.18%;2019—2020年度生产试验平均亩产478.2 kg,较对照'扬麦20'增产5.74%。高抗赤霉病和白粉病	江苏和安徽两地淮南麦区、湖北、浙江、上海、河南信阳地区
扬麦36	江苏里下河地区农业科学研究所	宁麦9号/扬麦15^2//镇麦9号	国审麦20210012	蛋白质11.9%,湿面筋23.2%,吸水率54.9%,稳定时间1.2 min	2017—2019两年度长江中下游区试平均亩产420.4 kg,比对照'扬麦20'增产3.8%;2019—2020年度生产试验平均亩产442.4 kg,比对照'扬麦20'增产6.1%。中抗赤霉病,高抗白粉病和小麦黄花叶病	江苏和安徽两地淮南麦区、湖北中南部、浙江、上海、河南信阳地区
川辐14	四川省农业科学院生物技术核技术研究所	云21523-2//CG4359/CD1497-2/3/07-131	川审麦20200013 国审麦20210002	蛋白质11.7%,湿面筋23.2%,稳定时间1.3 min,吸水率52.1%	2018—2020两年度长江上游区试平均亩产390.3 kg,比对照'川麦42'增产5.9%;2019—2020年度生产试验亩产407.2 kg,比对照'川麦42'增产7.1%。中感赤霉病,近免疫条锈病,高感叶锈病,中抗白粉病	四川、重庆、云南、贵州、陕西汉中和湖北十堰地区
长麦8号	长江大学和江苏里下河地区农业科学研究所	镇麦6号/扬02G48	鄂审麦20210012	蛋白质11.3%,湿面筋22.4%,吸水率51.3%,稳定时间1.4 min	2017—2019两年度湖北省区试平均亩产391.62 kg,比对照'郑麦9023'增产4.91%。中感赤霉病和白粉病	湖北小麦产区
浙华1号	浙江省农业科学院作物与核技术利用研究所,华中农业大学	华矮01//川8910/华麦12//鄂麦12	浙审麦2021001	蛋白质11.2%,湿面筋19.1%,吸水率52.6 %,稳定时间0.9 min	2017—2019两年度浙江省区试平均亩产357.3 kg,比对照'扬麦20'增产4.3%。赤霉病平均反应3.05级,中感赤霉病	浙江
绵麦905	绵阳市农业科学研究院、宜宾五粮液有机农业发展有限公司	PANDAS/绵麦37	川审麦20210011	蛋白质11.3%,粉质率89%	2019—2021两年度四川省区试(特殊类型组)平均亩产429.19 kg,比对照'绵麦367'增产7.5%;2020—2021年度生产试验,平均亩产444.84 kg,比对照'绵麦367'增产4.6%。高抗条锈病和白粉病,中感赤霉病,高感叶锈病	四川平坝浅丘地区

品种名称	育成单位	组合与来源	审定编号	品质理化指标	产量和抗性表现	适宜种植区域
宛麦 788	南阳市农业科学院	豫麦 54/ 周麦 16	豫审麦 20210032	蛋白质 12.3%，湿面筋 21.8%，吸水率 51.4%，稳定时间 0.9 min	2017—2019 两年度河南省南部及弱筋组区试平均亩产 364.6 kg，比对照'偃展4110'增产 7.5%；2018—2019 年度生产试验平均亩产 457.4 kg，比对照'偃展4110'增产 8.4%。中感条锈病和白粉病，高感叶锈病、纹枯病和赤霉病	河南南部长江中下游麦区
扬麦 38	江苏里下河地区农业科学研究所	扬麦 16^2/92R 137	国审麦 20220011	蛋白质 12.0%，湿面筋 23.9%，吸水率 54%，稳定时间1.7 min	2018—2020 两年度长江中下游区试平均亩产 438.8 kg，比对照'扬麦 20'增产 5.3%；2019—2020 年度生产试验平均亩产 440.9 kg，比对照'扬麦 20'增产 7.6%。高抗白粉病和条锈病，中抗赤霉病	浙江、江西、湖北、湖南及上海，河南信阳全部与南阳南部，江苏和安徽两地淮南地区
扬辐麦 17	江苏金土地种业有限公司、江苏里下河地区农业科学研究所	扬辐麦 5 号 / 扬麦 22	国审麦 20220010	蛋白质 11.2%，湿面筋 23.9%，稳定时间 2.9 min，吸水率 55%	2018—2020 两年度长江中下游冬麦组区试平均亩产 434.6 kg，比对照'扬麦 20'增产 4.8%；2019—2020 年度生产试验平均亩产 446.8 kg，比对照'扬麦 20'增产 8.1%。高感条锈病、叶锈病、纹枯病和白粉病，中抗赤霉病	浙江、江西、湖北、湖南及上海全部，河南信阳全部与南阳南部，江苏和安徽两地淮南麦区
南麦 941	南充市农业科学院	3911/30-2 矮	国审麦 20220002	蛋白质 10.8%，湿面筋 23.2%，稳定时间 2.8 min，吸水率 55%	2019—2021 两年度长江上游冬麦组区试平均亩产 378.7 kg，比对照'川麦 42'增产 4.3%；2020—2021 年度生产试验平均亩产 350.3 kg，比对照'川麦 42'减产 2.1%。高感白粉病和叶锈病，中感赤霉病，慢条锈病	长江上游麦区四川、重庆、云南、贵州、陕西汉中、湖北十堰和甘肃陇南麦区
扬麦 42	江苏里下河地区农业科学研究所	镇麦 9 号 /3/ 扬麦 15// 扬麦 15/ 宁麦 9 号	苏审麦 20220003	蛋白质 12.8%，湿面筋 24.6%，吸水率 59.0%，稳定时间 1.7 min，硬度指数 49.3	2019—2021 两年度江苏省淮南区试两年度平均亩产 517.6 kg，比对照'扬麦 20'增产 4.6%；2020—2021 年度生产试验平均亩产 522.3 kg，比对照'扬麦 20'增产 3.4%。中抗赤霉病，高抗白粉病和小麦黄花叶病	江苏淮南麦区

品种名称	育成单位	组合与来源	审定编号	品质理化指标	产量和抗性表现	适宜种植区域
宁麦 36	江苏省农业科学院粮食作物研究所，江苏中旗种业科技有限公司	扬麦 20/ 宁麦 14	苏审麦 20220027	蛋白质 9.4%，湿面筋 18.2%，吸水率 54%，稳定时间 0.7 min，硬度指数 43.3	2019—2021 两年度江苏省农业科学院科企淮南小麦联合体区试平均亩产 503.7 kg，比对照'扬麦 20'增产 4.8%；2021—2022 年度生产试验平均亩产 581.2 kg，比对照'扬麦 20'增产 6.0%。中抗赤霉病，高感白粉病、纹枯病和叶锈病，中感条锈病和小麦黄花叶病，高抗穗发芽	江苏淮南麦区
长麦 10 号	长江大学	扬麦 18/ 扬麦 22	鄂审麦 20220025	蛋白质 11.1%，湿面筋 20.3%，吸水率 50.6%，稳定时间 1.4 min	2018—2020 两年度湖北省小麦科企创新测试联合体区试平均亩产比对照'郑麦 9023'减产 0.90%；2020—2021 年度生产试验平均亩产 390.2 kg，比对照'郑麦 9023'增产 3.56%。中感赤霉病，高感白粉病、条锈病和纹枯病	湖北小麦产区
滇麦 9 号	云南农业大学，丽江心联欣粮油贸易有限公司，保山学院，四川农业大学小麦研究所，保山市农业科学研究所	云麦 53// 蜀麦 375/L08-423	滇审小麦 2022002 号	蛋白质 11.7%，湿面筋 22.6%，稳定时间 1.4 min	2018—2020 两年度云南省田麦组区试平均亩产 500.7 kg，较对照'云麦 56'增产 10.2%；2020—2021 年度生产试验平均亩产 509.1 kg，比对照'云麦 56'增产 15.1%。感叶锈病，中抗条锈病，高抗白粉病	云南海拔 900~2400 m 麦田区域
中科麦 181	中国科学院成都生物研究所	R64002/1522	渝审麦 20220002	蛋白质 10.5%，湿面筋 17.6 %，吸水率 54.9%，稳定时间 1.5 min	2018—2020 两年度区试平均亩产 250.1 kg，比对照'渝麦 13'增产 12.9%；2020—2021 年度生产试验平均亩产 245.6 kg，比对照'渝麦 13'增产 5.3%。高抗条锈病，中感白粉病和赤霉病	重庆麦作区
豫农 910	中国贵州茅台酒厂（集团）有限责任公司，河南农业大学	扬麦 15/ 周麦 17	豫审麦 20220053	蛋白质 15.3%，湿面筋 30.1%，硬度指数 58，达酿酒小麦标准	2018—2020 两年度河南省酿酒小麦自主区试平均亩产 414.9 kg，比对照'扬麦 15'增产 1.8%；2020—2021 年度生产试验平均亩产 425.5 kg，比对照'扬麦 15'增产 6.4%。中感条锈病、叶锈病、白粉病和纹枯病，高感赤霉病	河南南部长江中下游麦区

品种名称	育成单位	组合与来源	审定编号	品质理化指标	产量和抗性表现	适宜种植区域
郑麦 820	中国贵州茅台酒厂（集团）有限责任公司，河南省作物分子育种研究院	偃展 4110/ 新 9944	豫审麦 20220055	蛋白质 13.3%，粗淀粉 65.35%，湿面筋 28.2%，硬度指数 49，均达酿酒小麦标准	2018—2019 年度河南省酿酒小麦自主区试平均亩产 408.6 kg，比对照'扬麦 15'增产 0.2%；生产试验平均亩产 418.8 kg，比对照'扬麦 15'增产 4.8%。中感条锈病、白粉病和纹枯病，高感叶锈病和赤霉病	河南南部长江中下游麦区
郑麦 821	河南省作物分子育种研究院，中国贵州茅台酒厂（集团）有限责任公司	兰考 198/ 洛麦 21	豫审麦 20220056	蛋白质 13.1%，粗淀粉 66.02%，湿面筋 28.6%，硬度指数 54，达酿酒小麦标准	2019—2021 两年度河南省酿酒小麦自主区试平均亩产 432.8 kg，比对照'扬麦 15'增产 8.2%；2020—2021 年度生产试验平均亩产 433.7 kg，比对照'扬麦 15'增产 8.5%。中感条锈病、叶锈病和纹枯病，高感白粉病和赤霉病	河南南部长江中下游麦区
豫州 109	河南农业大学	新麦 26/ 小偃 54G330E	豫审麦 20220054	蛋白质 14.4%，湿面筋 29.9%，粗淀粉 66.09%，硬度指数 56，达酿酒小麦标准	2019—2021 两年度河南省酿酒小麦自主区试平均亩产 432.4 kg，比对照'扬麦 15'增产 8.3%；2020—2021 年度生产试验平均亩产 423.9 kg，比对照'扬麦 15'增产 6.0%。中抗纹枯病，中感条锈病和叶锈病，高感白粉病和赤霉病	河南南部长江中下游麦区
豫农 906	河南农业大学	Wheatear/ 藁优 5766// 周麦 28 号	豫审麦 20220052	蛋白质 14.3%，粗淀粉 65.6%，湿面筋 29.7%，硬度指数 56，达酿酒小麦标准	2019—2021 两年度河南省酿酒小麦自主区试平均亩产 445.9 kg，比对照'扬麦 15'增产 11.9%；2020—2021 年度生产试验平均亩产 452.7 kg，比对照'扬麦 15'增产 13.2%。中抗条锈病，中感叶锈病和纹枯病，高感白粉病和赤霉病	河南南部长江中下游麦区
郑麦 824	河南省作物分子育种研究院	7083/ 周麦 11	豫审麦 20220057	蛋白质 12.8%，粗淀粉 70.43%，湿面筋 28.6%、33.2%，硬度指数 51，达酿酒小麦标准	2019—2021 两年度河南省酿酒小麦自主区试平均亩产 416.8 kg，比对照'扬麦 15'增产 4.3%；2020—2021 年度生产试验平均亩产 428.8 kg，比对照'扬麦 15'增产 7.2%。中感条锈病、叶锈病和纹枯病，高感白粉病和赤霉病	河南南部长江中下游麦区
川麦 1694	四川省南充市农业科学院	川重组 104/ 川 07005	国审麦 20230002	蛋白质 10.9%，湿面筋 23.4%，稳定时间 2.6 min，吸水率 54.9%	2019—2021 两年度长江上游区试平均亩产 376.5 kg，比对照'川麦 42'减产 2.1%；2021—2022 年度生产试验平均亩产 425.0 kg，比对照'川麦 42'增产 3.7%。高感叶锈病，中感赤霉病，慢条锈病，高抗白粉病	四川、重庆、云南、贵州、陕西汉中、湖北十堰地区和甘肃陇南地区

续表

品种名称	育成单位	组合与来源	审定编号	品质理化指标	产量和抗性表现	适宜种植区域
蜀麦114	四川农业大学小麦研究所	SHW-L1/SY95-71//渝98767/3/ZL-21	川审麦20190001 国审麦20230003	蛋白质11.8%，湿面筋23.9%，稳定时间2.1 min，吸水率54.8%	2019—2021两年度长江上游区试平均亩产362.25 kg，比对照'川麦42'减产0.26%；2021—2022年度生产试验平均亩产426.4 kg，比对照'川麦42'增产4.04%。高感叶锈病，中感白粉病和赤霉病，慢条锈病	四川、重庆、云南、贵州、陕西汉中、湖北十堰地区和甘肃陇南地区
蜀麦1671	四川农业大学小麦研究所	HZ10-28/K10-951	国审麦20230004	蛋白质11.6%，湿面筋23.9%，稳定时间2.5 min，吸水率52.5%	2019—2021两年度长江上游区试平均亩产384.4 kg，比对照'川麦42'增产5.87%；2020—2021年度生产试验平均亩产389.8 kg，比对照'川麦42'增产8.94%。高感赤霉病和叶锈病，慢条锈病，中抗白粉病	四川、重庆、云南、贵州、陕西汉中、湖北十堰地区和甘肃陇南地区

表6-21 '扬麦15'品质测定结果

年份	检测单位	粗蛋白质含量/%（干基）	湿面筋含量/%（14%湿基）	稳定时间/min
2002	农业部谷物检测中心	12.0	20.7	1.4
2003	江苏省农技推广中心	12.5	20.7	1.6
2003	农业部谷物检测中心	9.78	22.0	0.9
2005	农业部谷物检测中心	9.7	18.7	2.5
2009	农业部谷物检测中心	—	19.0	1.6
2010	农业部谷物检测中心	9.99	21.4	1.9
《小麦品种品质分类》GB/T 17320—2013		<12.5	<26.0	<3.0
《优质小麦 弱筋小麦》GB/T 17893—1999		≤11.5	≤22.0	≤2.5

表6-22 不同小麦品种酥性饼干感官评价结果

品种	花纹	形态	粘牙度	酥松度	口感粗糙度	组织结构	总分
扬麦13	9.7	9.0	8.5	15.7	11.6	8.8	85.7
扬麦19	9.8	8.9	8.7	14.5	10.7	8.1	80.9
宁麦9号	9.8	9.2	8.7	15.6	11.7	9.0	85.3
宁麦13	8.7	8.2	8.2	14.0	10.9	8.8	78.4
扬麦15（扬州）	9.8	9.1	8.7	15.7	11.8	8.7	85.1
扬麦15（淮滨）	9.7	9.1	8.7	16.0	11.8	8.8	84.4
扬麦15（泰兴）	9.7	8.9	8.9	15.8	11.9	8.9	85.5
美国软红麦	9.8	9.1	9.0	16.0	11.9	9.1	86.5

注：数据来自河南工业大学。

二、品种综合性状逐步提高

（一）品质显著改善

通过加强育种源头亲本材料的筛选和品质指标的跟踪测定，相继培育出多个弱筋小麦品种，我国弱筋小麦的品质有了很大改善。2003年，在农业部组织的全国优质专用小麦示范工作座谈会上，经专家盲评：'扬麦9号'蛋糕评分90.1分，'扬麦13'饼干评分89分，'扬麦15'饼干评分87分，个别地区的样品达到甚至超过对照美国软红麦。'扬麦13'弱筋品质突出，且品质稳定性好，亿滋国际公司（原卡夫食品公司）开展了'扬麦13'的订单生产，来替代进口弱筋小麦。2019年，中国小麦产业发展暨质量发布年会在江苏省靖江市召开，农业农村部谷物品质监督检验测试中心从231个品种中筛选了9个优质弱筋小麦品种制作成蛋糕进行专家现场鉴评，最终'扬麦20''皖西麦0638''扬麦13''扬麦27'等品种的综合评分较高。'扬麦13'和'扬麦30'样品籽粒品质、蛋白质品质、粉质仪参数和饼干数据均达到优质弱筋标准。

2023年，全国优质专用小麦质量鉴评暨产业发展大会（2023.05.08，安徽涡阳）推荐了3个优质弱筋品种，包括'扬麦20''扬麦24'和'扬麦30'，主要检测数据均达到优质弱筋标准（表6-23）。除了关注饼干和糕点品质，更需要针对中国大宗面制食品进行改良，弱筋小麦也是制作南方馒头的优质原料。2023年12月3日，江苏扬州举办了首届中国南方馒头小麦品种质量鉴评会，经过专家组从表面色泽、外观形态、弹性、内部结构、口感5个方面进行感官评价打分，'烟农1212''烟农29''扬麦34''绵麦827''济麦26''川育32''马兰6号''珍麦168''绵麦907''扬麦33''衡麦28'等11个品种入选全国优质南方馒头小麦品种。

表6-23　2023年全国优质专用小麦质量鉴评暨产业发展大会弱筋品种数据

品种	来源	容重/（g/L）	蛋白质含量/%	降落数值/s	湿面筋含量/%	吸水率/%	形成时间/min	稳定时间/min
扬麦20	江苏扬州广陵区	804	9.42	184	19.5	53.5	1.4	1.0
扬麦24	江苏扬州广陵区	775	9.66	404	15.3	54.5	1.2	1.1
扬麦30	江苏南京六合区	823	10.96	441	21.1	51.4	1.2	2.3
扬麦30	江苏扬州广陵区	803	10.12	302	19.2	52.4	1.4	1.2
国标			≤ 11.5		≤ 22.0			≤ 2.5

（二）产量不断提高

弱筋品种与同期对照相比，在品质改良的同时，产量水平也在不断提升，不同麦区不同时期弱筋品种在省级以上产量比较试验中表现优异，平均增产幅度达5%以上（表6-24）。从不同时期的产量平均表现可以看出，弱筋小麦优势区长江中下游麦区从20世纪90年代的平均417.28 kg上升到目前的465.75 kg，增加了48.47 kg，增幅达11.62%；长江上游麦区产量2001年以来从370.10 kg上升至目前的432.72 kg，增加了62.62 kg，增幅达16.92%。

在大面积生产示范中，弱筋小麦也屡创高产典型。在长江中下游麦区，'扬麦13'在2007年江苏昆山市玉山镇高产田实产验收亩产563 kg，被誉为"江南第一方"；2010年，琼港农场高产创建田亩产 615 kg。2008 年，'宁麦 13'在江苏泰兴市高产田实产验收平均亩产 562 kg。2021 年，盐城市弶港农场种植 3160 亩'扬麦 30'，专家组对其中 3.17 亩进行实产验收，亩产 688.7 kg。2022 年，专家组对江苏盐城'扬麦 30'示范方中的 3.04 亩进行实产验收，亩产达 739.4 kg。2023 年，在江苏省大中农场进行的百亩连片现场测产会中，现场连片收割后的 136.79 亩'扬麦 33'平均亩产达 604 kg，创百亩测产高产纪录。2024 年 6 月 10 日，江苏省农业技术推广总站组织专家对张家港高产攻关田测产，2012 年大中农场 755 亩'扬麦 34'实收面积 3.08 亩，折合亩产 658.4 kg，创江南地区高产新纪录。

在长江上游麦区，2021 年四川省农业农村厅组织专家对梓潼县佳裕家庭农场规模化种植的'绵麦 902'现场测产 3 块田，平均亩产 684.77 kg，连片收获 101.55 亩，平均亩产量 510.50 kg，创造西南片区连片实收纪录。'川麦 104'在 2020 年江油市小麦绿色高产示范片区实产验收中，3 个田块平均亩产达到 685.8 kg，其中最高田块亩产 729.8 kg，刷新了西南地区小麦亩产最高纪录。此外，2024 年百亩连片的产量达到了 650 kg/亩，是目前西南地区种植面积最大的小麦品种。

表 6-24　不同麦区不同时期审定弱筋品种产量水平统计汇总表

麦区	年度	弱筋品种数	平均产量/（kg/亩）	平均增幅
长江中下游麦区	1991—2000	3	417.28	5.05%
长江中下游麦区	2001—2010	9	425.08	7.44%
长江中下游麦区	2011—2020	9	448.63	5.23%
长江中下游麦区	2021—2023	14	465.75	6.87%
长江上游麦区	1991—2000	—	—	—
长江上游麦区	2001—2010	3	370.10	13.28%
长江上游麦区	2011—2020	12	402.69	7.25%
长江上游麦区	2021—2023	6	432.72	7.45%
黄淮麦区	1991—2000	2	460.35	6.80%
黄淮麦区	2001—2010	3	410.96	6.23%
黄淮麦区	2011—2020	1	543.8	6.03%
黄淮麦区	2021—2023	—	—	—

（三）抗性逐步增强

长江中下游麦区推广的弱筋品种'扬麦 9 号'中抗赤霉病但白粉病偏重，后来以 Maris Dove 为白粉病抗源，育成了对白粉病高抗的'扬麦 13'。江苏省农业科学院以日本品种西风为小麦黄花叶病抗源，育成了高抗小麦黄花叶病品种'宁麦 9 号'，后又在'宁麦 9 号'群体中通过优中选优育成了抗小麦黄花叶病品种'宁麦 13'，但特别易感白粉病。'扬麦 18'是采用含有 Pm21 抗白粉病基因的南农 P045 作为抗白粉病基因供体亲本，采用滚动回交，以高产、高抗小麦黄花叶病品种'宁麦 9 号'为最后一个轮回亲本，培育出了具有广泛适应性的高产抗白粉病、抗小麦黄花叶病和赤霉病的弱筋小麦新品种。'扬麦 19'是以农艺性状优良的丰产亲本与含有 Pm4a 基因的白粉病抗源杂交，与大面积推广品种'扬麦 9 号'回交育成的抗白粉病品种。

由于'扬麦 13'和'扬麦 15'赤霉病抗性为中感，在品质改良的同时利用扬麦基础抗性和引入其他主效抗赤霉病基因提高育成品种的赤霉病抗性。"十三五"期间育成的弱筋品种赤霉病抗性水平明显提升，其中'扬麦 24''扬麦 27''扬麦 30''扬麦 32'等均中抗赤霉病，'扬麦 33'携有赤霉病主效抗性基因 *Fhb1* 和 *QFhb-2DL* 等，国家小麦良种联合攻关试验多点抗赤霉病鉴定结果均为R 级，抗性与'苏麦 3 号'相当，实现了抗赤霉病的重大突破。

长江上游早期品种如'川麦 41'和'绵阳 30'，均中抗条锈病，但高感或中感白粉病，高感赤霉病。后续培育的品种加强了对白粉病的遗传改良，如'绵阳 51'，高抗白粉病、慢条锈病，'黔麦 22 号'对小麦白粉病、条锈病和秆锈病高抗至免疫。在赤霉病方面，由高感提升至中感水平。近年育成的'蜀麦 830''川辐 14'和'川麦 1694'等代表性品种高抗或慢条锈病，中抗 – 高抗白粉病。

育成品种的株高有所降低，收获指数提高，抗倒能力增强。例如，长江中下游麦区育成的'扬麦 9 号'和'扬麦 15'，株高约 80 cm，收获指数 0.45 以上，株高比大面积推广品种'扬麦 158'和'扬麦 11 号'矮 15~20 cm，抗倒伏能力明显提高，增产潜力得到了较好发挥，也有利于机械化收割。"十三五"期间育成的'扬麦 34'株高为 76.8 cm，'扬麦 30'株高为 82 cm，均具有较强的抗倒性。

三、弱筋小麦育种存在的问题

我国弱筋小麦育种发展迅速，在品种品质改良、综合抗性等方面都有了很大改进，但与弱筋小麦加工产品对品质的要求还有一定差距，有些指标急需改进。同时丰产性、综合抗性仍需提高。从弱筋小麦育种角度主要表现为以下几个问题：

（一）我国弱筋小麦品质的差距

我国弱筋小麦主要问题是蛋白质含量、湿面筋含量和吸水率偏高，延展性差，饼干蛋糕加工品质优良的品种依然很少。国产弱筋小麦在实际生产操作中，明显感觉面团发黏、延展性较弱；而进口弱筋小麦蛋白质含量、面筋数量较低，但面筋质量好，弹性和延展性比例适宜。进口弱筋小麦更好地体现了面团弹性和延展性比例协调的优势。美国软质小麦吹泡仪 P 值为 40 mm 左右，L 值为 110 mm 左右，而中国弱筋小麦稳定时间 <2.5 min 的不少，但 P/L 值 <0.5 的甚少；据中国农业科学院分析，100 多份软质小麦样品只有不足 30 个样品达标，L 值 >100 的更少。2021 年，美国软白麦和软红麦品质分别为：蛋白质含量 12.3% 和 10.8%，籽粒硬度 32.7 和 21.8，水 SRC 为 53% 和 56%，吸水率为 52.5% 和 52.5%，稳定时间 2.5 min 和 2.0 min，吹泡仪 P 值 39 mm 和 38 mm，拉伸阻力 260 E.U. 和 182 E.U.，拉伸面积 71 cm² 和 50 cm²，曲奇饼干直径 8.6 cm 和 9.2 cm。我国弱筋小麦品种多点抽样蛋白质含量 11.6%~15.3%，湿面筋含量 21.9%~35.7%，水 SRC 为 55.4%~65.8%，吸水率为 52.3%~59.9%，稳定时间 1.0~11.8 min，吹泡仪 P 值 30~50 mm，曲奇饼干直径 8.6~9.0 cm。

（二）优异弱筋种质资源匮乏

中国小麦微核心种质和应用核心种质是中国 2.3 万份普通小麦种质资源的浓缩，具有广泛的遗传多样性。李冬梅等（2007）对国内 210 份核心种质材料进行了籽粒蛋白质含量的筛选，结果表明蛋白质含量在 16% 以上的高蛋白质含量的材料比较多（有 24 份），但是低蛋白质含量的材料很少，蛋白质含量在 12% 以下的只有 3 份材料。吕国锋等（2008）对 261 份中国小麦核心种质和 54 份应用核心种质进行了蛋白质含量和 SDS 沉淀值的筛选鉴定，只有 4 份可确定为弱筋小麦种质。由此可见，我国的弱筋小麦种质资源极其匮乏。夏云祥等（2008）、张勇等（2012）对我国低溶剂保持力（SRC）种质资源进行了鉴定，挖掘筛选了一批低溶剂保持力种质，但大多为地方品种，小麦育种使用的品种（系）少。张晓等利用新的 HMW–GS 缺失材料（包括 *Glu-A1*、*Glu-B1*、*Glu-D1* 三位点全缺失材料和部分位点缺失材料）进行优质弱筋小麦的种质的创制和新品种培育，已创制优异弱筋种质材料 6 份，但总体而言育种实践中对高蛋白强筋种质资源的挖掘、创新十分重视，弱筋种质的挖掘和创新亟待加强。

（三）品种综合性状仍有待持续提升

据生产统计，早先育成推广的弱筋品种如'宁麦 9 号'籽粒较小、锈病较重、抗倒性较差；'扬麦 9 号'白粉病重；'扬麦 15'成熟迟、抗病性弱；'宁麦 13'白粉病重、抗寒能力较差、在早播情况下易发生严重的倒春寒冻害等。'扬麦 13'和'扬麦 15'曾是长江中下游推广的弱筋主体品种，截至 2024 年度，生产上仍然有较大面积的'扬麦 15'在推广。后续选育的弱筋小麦品种的综合性状已得到较大幅度提高，但仍存在一些不足，需进一步改进，如'农麦 126'和'皖西麦 0638'等均中感赤霉病，中感至高感白粉病。'扬麦 33'抗赤霉病和白粉病实现了新的突破，但高感条锈病。由于长江下游麦区弱筋品种普遍不抗锈病尤其是条锈病，上游麦区弱筋品种普遍赤霉病较重，上述不足限制了这些品种推广应用的可能。因此，一方面需加强已有综合抗性较好的弱筋品种的推广，另一方面要充分利用不同麦区弱筋品种的优异性状，利用现代生物技术等提高育种效率，加强育种后代抗性、产量和品质间的性状互补选择，持续培育兼抗主要病害的高产、优质弱筋小麦新品种。

（四）弱筋小麦难以形成主导优势

弱筋小麦的种植区域相对有限，主要集中在淮河以南的江苏、安徽等地区，特别是沿江沿海地带，四川以酿酒为主的弱筋小麦推广区域也非常有限，虽然这些地区的气候和土壤条件非常适合弱筋小麦的生产，但在全国小麦总体推广面积中占比较小，主导优势不突出。近年来，由于品种审定数量激增，生产上推广品种多乱杂；订单生产规模有限，一般生产中未能体现优质优价；农民特别是集中承包生产的种植大户从追求经济效益的角度出发，配套技术多用追求高产为主的高施肥量和氮肥后移技术，导致弱筋小麦优异品质潜力难以发挥。基于上述原因，弱筋小麦难以形成主导优势。

（五）弱筋品质评价标准不完善

尽管研究建立了完善的弱筋小麦育种品质评价技术体系，但育种程序和国家品种审定所采用的指标仍不统一。目前，品种审定标准中弱筋小麦品质指标为：蛋白质含量（干基）< 12.0%、湿面筋含量（14% 湿基）< 24.0%、吸水率 < 55%、稳定时间 < 3.0 min。此外也有适用于流通、加工领域的弱筋小麦标准，以蛋白质含量、湿面筋含量和稳定时间为重要指标。经过多年系统研究，结果表明，硬度、沉淀值、水 SRC、吸水率、吹泡仪 P 值等品质指标与饼干品质呈极显著相关，是弱筋小麦品质评价的核心指标；粉质率与硬度具有显著相关性，由于低世代种子量少，所以用粉质率代替硬度；弱筋小麦品质不仅通过理化指标来反映，还要通过饼干、蛋糕等终端食品品质来反映，高世代增加食品鉴评，构建了弱筋小麦不同育种世代品质评价体系（详见第三章）。弱筋小麦品质评价相关研究取得一定进展，但仍需深入探索。弱筋小麦相关标准需要调整完善，最终应能实现育种、审定、收购、销售和加工相对通用的品质评价标准。

Beasley H L, Uthayakumaran S, Stoddard F L, et al. , 2002. Synergistic and additive effects of three high molecular weight glutenin subunit loci. II. Effects on wheat dough functionality and end-use quality [J]. Cereal Chemistry, 79(2): 301-307.

Don C, Mann G, Bekes F, et al. , 2006. HMW-GS affect the properties of glutenin particles in GMP and thus flour quality [J]. Journal of Cereal Science, 44(2): 127-136.

Gao X, Liu T, Ding M, et al. , 2011. Effects of HMW-GS Ax1 or Dx2 absence on the glutenin polymerization and gluten micro structure of wheat (*Triticum aestivum* L.) [J]. Food Chemistry, 240:626-633.

Guttieri M J, Bowen D, Gannon D, et al. , 2001. Solvent retention capacities of irrigated soft white spring wheat flours [J].Crop Science, 41(4):1054-1061.

Guttieri M J, Souza E, 2003. Sources of variation in the solvent retention capacity test of wheat flours [J]. Crop Science , 43(5):1628-1633.

Lawrence G J, MacRitchie F, Wrigley C W, 1988. Dough and baking quality of wheat lines deficient in glutenin subunits controlled by the *Glu-A1, Glu-B1* and *Glu-D1* loci [J]. Journal of Cereal Science, 7(2): 109-112.

Li J, Jiao G, Sun Y, et al. , 2021. Modification of starch composition, structure and properties through editing of TaSBEIIa in both winter and spring wheat varieties by CRISPR/Cas9[J]. Plant Biotechnology Journal, 19(5): 937-951.

Ma M, Yan Y, Huang L, et al. , 2012. Virus-induced gene-silencing in wheat spikes and grains and its application in functional analysis of HMW-GS-encoding genes[J]. BMC Plant Biology, 12(1): 141.

Mondal S, Tilley M, Alviola J N, et al. , 2008. Use of near-isogenic wheat lines to determine the glutenin composition and functionality requirements for flour tortillas[J]. Journal of Agricultural & Food Chemistry, 56(1): 179-184.

Ram S, Shoran J, Mishra B, 2007. Nap Hal, an Indian landrace of wheat, contains unique genes for better biscuit making quality [J]. Journal of Plant Biochemistry & Biotechnology, 16(2): 83-86.

Uthayakumaran S, Lukow O M, Jordan M C, et al., 2003. Development of genetically modified wheat to assess its dough functional properties [J]. Molecular Breeding, 11(4):249-258.

Yang Y S, Li S M, Zhang K P, et al. , 2014. Efficient isolation of ion beam-induced mutants for homoeologous loci in common wheat and comparison of the contributions of *Glu-1* loci to gluten functionality[J] . Theor Appl Genet, 127(2):359-372.

Yue S J, Li H, Li Y W, et al. , 2008. Generation of transgenic wheat lines with altered expression levels of 1Dx5 high-molecular weight glutenin subunit by RNA interference[J]. Journal of cereal science, 47(2): 153-161.

Zhang L, Chen Q, Su M, et al. , 2015. High molecular weight glutenin subunits deficient mutants induced by ion beam and the effects of *Glu-1* loci deletion on wheat quality properties[J]. Journal of the Science of Food & Agriculture, 96(4): 1289-1296.

Zhang P P, Jondiko T O, Tilley M, et al. , 2014. Effect of high molecular weight glutenin subunit composition in common wheat on dough properties and steamed bread quality[J]. Journal of the Science of Food & Agriculture, 94(13): 2801-2806.

Zhang S, Zhang R, Gao J, et al., 2021. CRISPR/Cas9 - mediated genome editing for wheat grain quality improvement[J]. Plant Biotechnology Journal, 19(9): 1684.

Zhu J T, Hao P C, Chen G X, et al., 2014. Molecular cloning, phylogenetic analysis, and expression profiling of endoplasmic reticulum molecular chaperone BiP genes from bread wheat (*Triticum aestivum* L.)[J]. BMC Plant Biology, 14(1): 260.

陈生斗，2002. 中国小麦育种与产业化进展 [C]. 北京：中国农业出版社，152-16.

程顺和，高德荣，张伯桥，等，2003. 小麦抗白粉病的遗传改良及多系品系的配制 [J]. 麦类作物学报，23（2）：34-38.

高德荣，宋归华，张晓，等，2017. 弱筋小麦扬麦 13 品质对氮肥响应的稳定性分析 [J]. 中国农业科学，50（21）：4100-4106.

高德荣，张晓，张伯桥，等，2013. 长江中下游麦区小麦品质改良设想 [J]. 麦类作物学报，33（4）：840-844.

韩冉，刘旭东，汪晓璐，等，2024. 引进美国小麦种质资源抗病性及品质性状鉴定 [J]. 核农学报，38（01）：18-28.

蒋进，王淑荣，张连全，等，2017. 四川省"十二五"期间育成小麦新品种的品质分析 [J]. 种子，36（2）：95-99.

金善宝，1983. 中国小麦品种及其系谱 [M]. 北京：中国农业出版社.

李冬梅，田纪春，肖蓓蕾，等，2007. 新引进国内外小麦核心种质籽粒蛋白质含量的比较分析 [J]. 山东农业科学，（2）：32-34.

李鸿恩，张玉良，吴秀琴，等，1995. 我国小麦种质资源主要品质特性鉴定结果及评价 [J]. 中国农业科学，28（5）：29-37.

李曼，张晓，刘大同，等，2021. 弱筋小麦品质评价指标研究 [J]. 核农学报，35（09）：1979-1986.

李宁，2005. 高分子量谷蛋白 1Dx2+1Dy12 亚基缺失的分子机理及其与小麦加工品质关系的研究 [C]. 北京：中国科学院遗传与发育生物学研究所.

李宗智，1988. 小麦品质改良进展 [J]. 农牧情报研究，（7）：17-21.

林作楫，1994. 食品加工与小麦品质改良 [C]. 北京：中国农业出版社，1994：1-6.

刘会云，王婉晴，李欣，等，2017. 小麦突变体 AS208 中 *Glu-B1* 位点缺失对籽粒中蛋白体形成和贮藏蛋白合成与加工相关基因表达的影响 [J]. 作物学报，43（5）：691-700.

刘健，张晓，李曼，等，2021. 扬麦系列小麦品种的饼干品质分析 [J]. 麦类作物学报，41（01）：50-60.

吕国锋，张伯桥，张晓祥，等，2008. 中国小麦微核心种质中弱筋种质的鉴定筛选 [J]. 中国农学通报，24（10）：260-263.

马传喜，1994. 软质小麦的品质研究 [J]. 麦类作物学报，（4）：37-40.

毛瑞玲，2017. 关于淮滨县弱筋小麦供给侧结构性改革的思考 [J]. 现代农业科技，（4）：38-39.

钱森和，张艳，王德森，等，2005. 小麦品种戊聚糖和溶剂保持力遗传变异及其与品质性状关系的研究 [J]. 作物学报，31（07）：902-907.

孙国华，腾怀丽，2017. 钾肥对中、弱筋小麦花后光合特性的影响 [J]. 金陵科技学院学报，33（2）：60-64.

王宏霞，2012. 小麦 HMW-GS 1Bx7 缺失机理及其对加工品质的影响研究 [C]. 北京：中国科学院．

王晓燕，李宗智，张彩英，等，1995. 全国小麦品种品质检测报告 [J]. 河北农业大学学报，18（1）：1-9.

魏益民，张波，关二旗，等，2013. 中国冬小麦品质改良研究进展 [J]. 中国农业科学，46（20）：4189-4196.

吴宏亚，朱冬梅，张伯桥，等，2006. 江苏弱筋小麦品种表现及存在问题探析 [J]. 中国农学通报，22（10）：169-171.

吴振录，张勇，何中虎，等，2003. CIMMYT 小麦在我国的产量、品质及抗病性研究 [C]// 中国作物学会．2003 年全国作物遗传育种学术研讨会论文集．

吴政卿，雷振生，何盛莲，等，2009. 优质弱筋高产小麦新品种郑丰 5 号的选育 [J]. 河南农业科学，（11）：54-55.

武茹，2011. 小麦 HMW-GS 缺失种质资源的筛选鉴定及其品质效应研究 [D]. 扬州大学博士论文．

武茹，张晓，高德荣，等，2011. Glu-A1 和 Glu-D1 位点高分子量谷蛋白亚基共同缺失对弱筋小麦品质的影响 [J]. 麦类作物学报，31（3）：450-454.

夏云祥，马传喜，司红起，2008. 普通小麦溶剂保持力品种间差异及低溶剂保持力种质资源筛选 [J]. 江苏农业学报，24（06）：780-784.

夏云祥，马传喜，司红起，2008. 中国小麦微核心种质溶剂保持力特性分析 [J]. 安徽农业大学学报，35（03）：336-339.DOI：10.13610/j.cnki.1672-352x.2008.03.011.

姚大年，徐凤，马传喜，等，1995. 安徽两淮地区发展优质专用小麦的现状和前景 [J]. 粮食与饲料工业，11：11-14.

姚金宝，2000. 中国小麦品质育种现状、存在问题及改良策略 [J]. 南京农专学报，16（2）：7-10.

姚金保，马鸿翔，张平平，等，2017. 施氮量和种植密度对弱筋小麦宁麦 18 籽粒产量和蛋白质含量的影响 [J]. 西南农业学报，30（7）：1507-1510.

佚名，2020. 河南省强筋中强筋及弱筋小麦品种清单 [J]. 粮食加工，45（04）：61.

曾秀英，侯学文，2015. CRISP/Cas9 基因组编辑技术在植物基因功能研究及植物改良中的应用 [J]. 植物生理学报，51（9）：1351-1358.

张纪元，张平平，姚金保，等，2014. 以 EMS 诱变创制软质小麦宁麦 9 号高分子量谷蛋白亚基突变体 [J]. 作物学报，40（9）：1579-1584.

张嫚，周苏玫，张甲元，等，2017. 不同温光型专用小麦品种花后旗叶生理与籽粒淀粉积累特性 [J]. 麦类作物学报，37（4）：520-527.

张平平，马鸿翔，姚金保，等，2015. Glu-1 位点缺失对小麦谷蛋白聚合体粒度分布及面团特性的影响 [J]. 作物学报，41（1）：22-30.

张平平，马鸿翔，姚金保，等，2016. 高分子量谷蛋白单亚基缺失对软质小麦宁麦 9 号加工品质的影响 [J]. 作物学报，42（5）：633-640.

张岐军，张艳，何中虎，等，2005. 软质小麦品质性状与酥性饼干品质参数的关系研究 [J]. 作物学报，31（9）：1125-1131.

张晓，江伟，高德荣，等，2024. 94 份小麦种质 *Puroindoline* 和 HMW–GS 分子检测与品质分析 [J]. 植物遗传资源学报，25（04）：509–521.

张晓，陆成彬，江伟，等，2023. 弱筋小麦育种品质选择指标及亲本组配原则 [J]. 作物学报，49（05）：1282–1291.

张勇，金艳，张伯桥，等，2012. 不同来源品种在长江下游麦区的溶剂保持力特性及相关分析 [J]. 麦类作物学报，32（04）：750–756.

张勇，金艳，张伯桥，等，2012. 我国不同麦区小麦品种的面粉溶剂保持力 [J]. 作物学报，38（11）：2131–2137.

张勇，张晓，张伯桥，等，2013. 中国弱筋小麦与美国软麦溶剂保持力等品质比较 [J]. 江苏农业学报，29（2）：247–253.

郑建敏，罗江陶，李式昭，等，2017. 2008–2016 年四川省小麦区试品系品质分析 [J]. 麦类作物学报，（4）：513–519.

朱保磊，谢科军，薛 辉，等，2017. 河南省小麦品种（系）的品质状况及演变规律 [J]. 麦类作物学报，（5）：623–631.

庄巧生，1951. 环境与小麦的品质 [J]. 农业科学通讯，（9）：32.

第七章
弱筋小麦品质区划

小麦籽粒理化品质、加工品质除受遗传因素控制外，还受生态环境、土壤质地、栽培措施等影响。为了科学指导各地调整粮食生产结构，发挥区域资源优势，优化小麦品种品质布局，因地制宜发展优质专用小麦生产，2001年农业部制定了《中国小麦品质区划方案》（试行），确立了北方强筋、中筋冬麦区，南方中筋、弱筋冬麦区，中筋、强筋春麦区。为了进一步推进优势农产品区域布局，充分发挥我国农业的比较优势，2003年农业部制定发布了《专用小麦优势区域发展规划（2003—2007）》，确定了三个"优质专用小麦优势区域产业带"，其中长江下游小麦优势产业带是唯一弱筋小麦优势产业带。2008年制定并开始实施《小麦优势区域布局规划（2008—2015）》。品质区划对科学布局优质专用小麦生产基地，利用区域资源优势，促进专用小麦发展起到了重要作用。

第一节　生态因子对弱筋小麦品质影响

一、地理纬度

小麦籽粒蛋白质含量和面筋含量与产地纬度呈正相关（金善宝，1992）。李鸿恩等（1995）对小麦籽粒蛋白质含量与产地纬度相关分析后指出，蛋白质含量与纬度呈极显著正相关，在北纬 31°51′~45°41′ 范围内，纬度每升高 1°，蛋白质含量增加 0.44%。林素兰（1997）报道，在北纬 23°00′~45°41′ 范围内，纬度每升高 1°，蛋白质含量增加 0.54%。河南省不同地区小麦籽粒蛋白质含量随纬度升高而增加，主要是不同纬度地区光温水不同所致（郭天财 等，2003）。进一步研究表明，随纬度升高，湿面筋含量、形成时间、评价值、延伸性、抗延伸性和最大抗延伸性总体呈递增趋势（张学林，2003）。马明明等（2023）利用地理信息系统（GIS）研究了 2006—2019 年中国冬小麦籽粒品质的时空分布特征，结果表明籽粒蛋白质和湿面筋含量均表现为东北高西南低，自北向南呈近似线性减少趋势；沉淀值东北高西南低，自北向南呈现缓慢降低的趋势（图 7-1），这表明低纬度地区更有利于弱筋小麦品质的形成。夏树凤等（2020）对江苏弱筋小麦种植区域以及其他地理气候影响的研究也支持了这一点，江苏省东南沿湖沿海地区的小麦蛋白质含量达到弱筋小麦标准的可能性最高，其次是江苏东部沿海地区以及江苏西北部沿河一带；随着纬度从 30.76° 到 35.12° 向北推移，江苏省小麦蛋白质含量达到弱筋小麦标准的可能性从 32.17% 迅速下降至 0.03%。

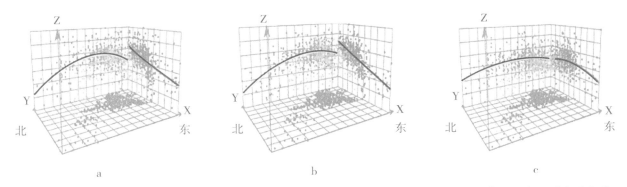

投影区域的灰色线表示东西经向的总体变化趋势，棕色线表示南北纬度的总体变化趋势。a—籽粒蛋白质含量；b—湿面筋含量；c—沉淀值。

图 7-1　冬小麦品质空间变化特征

（资料来源：马明明 等，2023）

二、海拔

我国主要小麦产区的品质测定结果表明，各品种的籽粒蛋白质含量和赖氨酸含量均随产地海拔升高而降低，二者呈负相关（金善宝，1992）。Rharrabti 等（2001）研究表明，低海拔地区生产的小麦籽粒大，角质率较高，具有较高的蛋白质含量。于亚雄等（2001）以云南省推广的 7 个小麦品种在 3 个海拔（昆明 1 960 m、文山 1 272 m、芒市 914 m）的试验表明，小麦籽粒出粉率、面团形成时间和稳定时间等指标表现为中、低海拔生态点高于高海拔生态点；蛋白质含量、湿面筋含量、沉淀值和评价值等指标则表现为高、中海拔生态点高于低海拔生态点。芦静等（2003）对种植在新疆石河子、奇台、昭苏和额敏等地区的'新春8号'小麦品种品质性状进行测定，结果表明，随着海拔升高，籽粒蛋白质含量和湿面筋含量有所下降，面团理化品质指标下降也较明显。吴东兵等（2003）研究表明，生态高度与籽粒蛋白质含量、湿面筋含量、沉淀值、降落值呈负相关。李冬（2008）研究表明，参试春麦品种（系）的蛋白质含量、湿面筋含量、沉淀值、形成时间、稳定时间、粉质质量指数随着海拔的升高呈下降趋势，海拔的差距越大，变化越明显。此外，芦静等（2010）研究表明，海拔对中弱筋小麦品质的影响相对较小，在新疆博乐地区3个不同海拔区（531~1 050 m）中弱筋小麦品质的面团流变学特性变异小于强筋小麦品种。

三、温度

温度对小麦品质的影响分气温和地温两方面，其中气温影响较大。温度通过影响小麦生化反应及对营养物质的吸收强度而影响小麦品质。春季地温8~20 ℃时，地温与籽粒蛋白质含量呈显著正相关，每升高1 ℃平均增加蛋白质含量0.4%，这可能是由于适宜的地温有利于根系对氮素的吸收。在气象因子中，日平均温度是主要的影响因素。开花至成熟期间的日平均气温较高、夜温较高、日长较长等条件都可以促进籽粒蛋白质含量的提高，特别是灌浆期间的日平均气温与籽粒蛋白质含量呈显著正相关（芦静 等，2003）。但小麦灌浆期间温度>30 ℃时，籽粒蛋白质的积累受到限制，面粉筋力也随之下降。马明明等（2023）的研究则认为，籽粒蛋白质含量与开花至成熟期间最高气温大于30 ℃的天数呈现极显著正相关，空间上具有一定的正相关特征；四川盆地和云贵高原麦区冬小麦开花到成熟期平均气温在14~22 ℃，该地区冬小麦湿面筋含量达到中筋水平，少部分区域达到弱筋水平，呈现出区域相关性；长江入海口的江苏地区小麦籽粒蛋白质含量可以达到弱筋水平（≤12.0%），可能与其所在江苏省小麦从开花到成熟期最高气温高于30 ℃的天数低于7 d有显著空间相关性。而姬兴杰等（2023）研究也表明，抽穗至成熟期内日最高气温≥32 ℃的持续天数越多，弱筋冬小麦品质越差。

温度对于小麦籽粒蛋白质含量的影响可分为直接影响和间接影响。温度直接影响小麦籽粒蛋白质含量的原因是蛋白质合成受较高温度的影响比淀粉的合成大；间接影响则是较高的温度增加了植物的呼吸强度，消耗了更多的碳水化合物，淀粉积累受到的抑制作用远大于蛋白质，从而导致粒重及淀粉积累、淀粉含量显著下降，产量降低，因而相对增加了籽粒蛋白质的含量。

Sofield 等（1977）认为，灌浆过程中，在15~21 ℃的温度范围内，随温度提高，单籽粒蛋白质绝对含量提高而淀粉含量没有变化；如果温度继续提高到30 ℃，则对蛋白质和淀粉的积累都产生负面影响。Graybosch 等（1995）指出，不同环境条件下小麦的蛋白质含量及组分和SDS沉淀值存在较大差异，这主要是由温度差异造成的。最高气温在32 ℃以内时，小麦开花至成熟期间平均日均温度每上升或下降1 ℃，蛋白质含量增加或降低0.5%，沉淀值增加或降低1.09 mL（曹卫星 等，2005）。

小麦籽粒灌浆期遇到高温胁迫后，其醇溶蛋白的合成速度比谷蛋白快，醇溶蛋白占蛋白质的比例升高，使谷蛋白/醇溶蛋白的值降低。Schipper（1991）研究认为，籽粒发育期间的高温提高了蛋白质含量，与在较低温度但较高氮比率下产生的相似蛋白质含量相比，这种蛋白质有较高的面团抗延性和较低的延展性，说明籽粒发育期间温度是导致同一品种具有相同蛋白质含量而流变学特性不同的重要因素。Blumenthal 等（1991）认为，在高温条件下醇溶蛋白的合成速度比谷蛋白快，使谷蛋白/醇溶蛋白的值降低。Gupta 等（1996）研究认为，高温胁迫直接影响谷蛋白大聚体（glutennin macropolymer，GMP）的形成，后期高温胁迫影响单体蛋白间二硫键的形成，改变谷蛋白亚基的聚合度。刘建军等（2001）报道，灌浆期间相对较高的气温有利于蛋白质数量的增加，主要是醇溶蛋白和低分子量谷蛋白含量的增加，而高分子量谷蛋白的比例降低则不利于蛋白质质量的提高。Don 等（2005）研究认为，高温处理后谷蛋白大聚合体在蛋白质中所占的比例下降。张黎萍（2007）研究认为，高温对蛋白组分含量的影响不同，对清蛋白和球蛋白的影响较小，主要提高了醇溶蛋白和谷蛋白含量；高温极大地促进了醇溶蛋白的合成，醇溶蛋白含量的增加使醇溶蛋白与谷蛋白含量之比提高。张玉（2012）研究报道，灌浆期高温处理显著提高了籽粒蛋白质、清蛋白、球蛋白、醇溶蛋白，但显著降低了谷蛋白含量和谷蛋白 / 醇溶蛋白。

当温度在 30 ℃以下时，面团强度随温度的升高而增强，但超过这个临界温度时，仅 3 d 的时间就导致面团强度下降（Randall et al.，1990）。Panozzo 等（2000）研究结果表明，醇溶蛋白比例提高，谷蛋白有较小范围的减少，面团最大阻力、形成时间的提高等均与开花后前 14 d 温度高于 30 ℃这一温度指标有关。Stone（1994）等通过对 75 个小麦品种研究发现，小麦开花后的高温胁迫（日最高 40 ℃，3 d）会使小麦品质变弱、面条膨胀势变小。Wrigley 等（1994）发现，不同灌浆阶段（前期、中期、后期）高温胁迫（36 ℃，3 d）对最大抗延阻力均有影响，但中后期高温胁迫的影响不显著；前期高温胁迫使蛋白质含量显著降低，中后期胁迫对蛋白质含量的影响较小。Corbellini 等（1997）报道，短时间高温胁迫使面团强度增强，但长时间的高温使面团强度减弱。

温度同时也影响淀粉积累，籽粒淀粉含量与开花成熟期的日平均温度呈二次曲线的相关关系，小麦淀粉形成的适宜温度在 15~20 ℃。淀粉合成的前 14 d，温度超过 30 ℃对淀粉的合成及其膨胀性影响较大，对直链淀粉含量的影响不明显。Jenner（1991）的研究发现，开花后高温虽然会使胚乳中淀粉积累速度加快，但过早停止，不足以弥补积累时间缩短的损失，造成粒重降低。Stone 和 Nicolas（1994）研究了 75 个小麦品种的胚乳淀粉变化，高温下 64% 的品种直链淀粉含量无下降，33% 的品种无明显变化，1% 的品种直链淀粉含量有所增加，表明高温主要抑制支链淀粉的合成，影响总淀粉的积累。Yanagisawa（2004）等比较种植在温室（15 ℃或 20 ℃）和大田条件下（超过 25 ℃）籽粒淀粉含量的差异，结果表明低温下直链淀粉含量增加。刘萍等（2006）研究结果表明，温度从 25 ℃升至 30 ℃有利于籽粒总淀粉积累，当灌浆温度超过 30 ℃时，温度升高，总淀粉含量下降，40 ℃时总淀粉含量最低。在相同温度条件下，小麦淀粉的形成以花后第 25~27 d 高温胁迫影响最大，花后第 33~35 d 高温胁迫影响最小。张玉（2012）研究报道，灌浆期高温显著降低了总淀粉、支链淀粉含量以及面粉糊化参数。张艳菲（2014）研究报道，花后高温小麦总淀粉和支链淀粉含量显著下降，对直链淀粉的影响未达显著水平，强筋小麦'郑麦 366'和弱筋小麦'郑麦 004'的峰值黏度和膨胀势均显著下降。张雄（2017）研究认为，全生育期的日最高温与直支比、直链淀粉含量、糊化初始温度、糊化峰值温度显著负相关；日最低温与小麦淀粉组成和糊化温度均呈显著正相关。

张黎萍（2007）研究表明，灌浆前期高温对淀粉的合成具有促进作用，但随着胁迫的加剧，淀粉合成受到严重抑制，因此适当的高温对淀粉的合成是有利的；高温下淀粉含量下降一方面是由于灌浆期的缩短，另一方面是因为合成淀粉的相关酶活性降低所致，已有研究证明高温通过抑制可溶性淀粉合成酶（soluble starch synthase，SSS）活性而使支链淀粉含量降低。灌浆期高温胁迫逆境下，籽粒 ADP- 葡萄糖焦磷酸化酶（ADP-glucose pyrophosphorylase，AGPase）、SSS、结合态淀粉合成酶（granule-bound starch synthase，GBSS）活性变化趋势，与其籽粒淀粉积累变化趋势基本一致，灌浆期高温处理中淀粉积累量下降与其籽粒 AGPase、SSS、GBSS 活性下降显著相关。较之于 SSS 和淀粉分支酶（starch-branching enzyme，SBE），高温对 GBSS 活性的影响相对较小，故小麦支链淀粉的合成更易受高温抑制，并影响总淀粉的积累。

姬兴杰等（2023）的研究表明，抽穗期至成熟期的气温日较差、日最高温度是影响弱筋冬小麦容重、沉淀值、面团稳定时间和延伸性的部分主导因素，且这些因素对品质均为负效应；日平均气温 20~22 ℃ 的日数是影响蛋白质含量、湿面筋含量和吸水率的主导因素，均为正效应；气温高于 32 ℃ 高温日数是影响最大拉伸阻力和拉伸面积的部分主导因素，其效应均为负向。除此之外，灌浆期间的昼夜温差对弱筋小麦品质的影响也不容忽视。已有研究表明，昼夜温差减小与昼夜温差增大均会降低弱筋小麦蛋白质含量、面团强度，而昼夜温差减小会降低小麦的淀粉总含量和直链淀粉含量，昼夜温差增大会升高总淀粉含量并降低直链淀粉含量（贾永辉，2023）。

四、降水量

小麦生育期的降水量及其分布对小麦品质有重要影响，小麦生长关键时期的降水量及分布比全生育期总降水量更重要。目前国内外的研究一致认为降水量与小麦品质呈负相关（Souza et al.，2004）。王绍中等（1988）对 60 个试点、3 个品种的研究表明，随着冬前 9、10 月份降水量增加（超过 100 mm），小麦蛋白质含量呈下降趋势。籽粒蛋白质含量和成熟前 40~55 d 内的降水量呈负相关，和小麦生育季节里全部水分供应（降水 + 灌溉）呈负相关，每 1.25 cm 的降水量可导致籽粒蛋白质含量平均降低 0.75%，过多的降水会降低面筋的弹性（徐兆飞，2000）。马冬云等（2002）研究认为，年降水量与多数品质指标呈显著负相关。小麦蛋白质含量除受温度影响外，剩余变异的 34% 可归因于开花后降水量及其分布的影响（曹卫星 等，2005）。

降水对小麦品质的影响主要表现在籽粒灌浆期间，此期过多的降水使籽粒蛋白质含量降低（金善宝，1992）。石惠恩等（1988）研究表明，降水量或灌水次数、灌水量与小麦籽粒蛋白质含量呈负相关关系；小麦成熟前灌溉或降水偏多，其蛋白质含量下降。小麦灌浆至成熟期间过多降水对清蛋白和球蛋白形成不利，使赖氨酸含量下降，同时还降低面筋弹性。随抽穗至成熟期间的总降水量减少，蛋白质含量、赖氨酸含量和面筋含量均增加（农业部小麦专家指导组，2012）。而抽穗至成熟期的降水日数对弱筋冬小麦的容重、沉淀值、稳定时间和延伸性均起负效应影响（姬兴杰 等，2023）。

渍水显著影响小麦籽粒蛋白质各组分的积累。渍水处理下小麦籽粒谷蛋白含量及谷蛋白/醇溶蛋白的值和蛋白质含量均大幅度下降，不同渍水处理 [花前和花后均渍水（WW）、花前不渍水花后渍水（CW）、花前渍水花后不渍水（WC）] 均不同程度降低了小麦籽粒醇溶蛋白和谷蛋白含量，进而显著降低小麦籽粒蛋白质含量；与花前和花后均不渍水（CC）处理相比，无论是花前还是花后渍水处理均降低小麦花前积累氮素运转量和花后氮素积累量，并最终显著降低籽粒氮素积累量，其中 WW 降幅最大，WC 次之（李诚永 等，2011）。渍水显著提高了籽粒醇溶蛋白含量，但显著降低了谷蛋白含量（戴廷波 等，2006）。兰涛等（2005）研究结果表明，渍水逆境下，小麦籽粒的淀粉和蛋白质含量、谷蛋白和醇溶蛋白含量、干面筋和湿面筋含量及沉淀值等均不同程度下降。范雪梅等（2004）研究认为，水分逆境条件（干旱和渍水）对小麦籽粒谷蛋白积累的影响大于醇溶蛋白，导致最终谷蛋白/醇溶蛋白的值明显下降。在优质弱筋小麦品种'扬麦 13''扬麦 15''扬麦 22'的灌浆期涝渍害研究中，研究者发现这一时期涝渍害处理对供试小麦粉质仪参数无显著影响；'扬麦 13'和'扬麦 22'的蛋白质含量和沉淀值在处理间也无显著差异。'扬麦 13'和'扬麦 22'在涝渍害后湿面筋含量较对照显著上升，而'扬麦 13'和'扬麦 15'吹泡仪参数 L 值和 W 值在涝渍害处理下也均显著提升；研究同时认为供试的 3 个弱筋小麦品种籽粒品质受基因型的影响大于涝渍害的影响（向永玲 等，2020）。

降水量对小麦品质影响的机理研究表明：一方面，过多的降水容易冲掉小麦根部的硝酸盐，使氮素供应不足，引起根部早衰；另一方面，降水过多也影响光合作用和拖延营养运转时间，从而使小麦籽粒蛋白质含量下降。降水或灌溉影响小麦品质的原因主要是降水可使根系活力降低，造成土壤中 NO_3^- 下移，使氮素供应不足和延长营养运转时间而降低籽粒蛋白质含量，有碍于蛋白质合成（李金才 等，2000）。小麦籽粒中积累的氮素来源于花前积累氮素的再转运和花后植株直接吸收的氮素（张庆江 等，1997；姜东 等，2004），而渍水逆境可显著降低小麦各营养器官花前贮藏氮素再运转量和再运转率，以及花前贮藏氮素总运转量和总运转率，进而降低籽粒氮积累（Jiang et al.，2008）。

减少灌溉一般能提高籽粒蛋白质含量。赵广才等（2010）研究表明，适当减少浇水次数可使小麦面团形成时间和稳定时间显著增加。对于土壤水分，抽穗到成熟期间土壤含水量减少时，小麦籽粒含氮量与蛋白质含量增加（金善宝，1992）。因此，干燥、少雨及光照充足的气候条件有利于小麦蛋白质和面筋含量的提高。中国北方小麦蛋白质含量一般高于南方小麦，与北方地区降水量少于南方地区有关。

五、光照

光照主要是通过光照强度和日照时数影响光合产物，进而影响小麦的品质，但光照对小麦品质的影响作用小于温度的影响。光照对小麦籽粒蛋白质的合成有重要影响，不同生育时期光辐射强度对籽粒蛋白质含量具有不同的效应。研究发现，小麦营养生长阶段光辐射强度的提高可增加籽粒蛋白质含量，而籽粒生长阶段的光辐射强度则与蛋白质含量呈负相关关系（曹卫星 等，2005）。夏树凤等（2020）的研究则认为江苏省小麦蛋白质含量达到弱筋小麦标准的可能性与出苗期和拔节期的日照时数呈负相关。在抽穗至成熟期，弱筋冬小麦容重、蛋白质含量和面团吸水率均与日照时数显著正相关，而沉淀值、湿面筋含量、稳定时间、最大拉伸阻力和拉伸面积与光照因素均无显著相关性（姬兴杰 等，2023）。小麦灌浆期光照强度减弱后，籽粒中的蛋白质积累量减少，残留在营养器官中的氮素相对较多，而转移到籽粒中的氮素数量显著减少，光合物质生产也受到严重抑制，产量下降，容重降低；植株的氮素积累量减少，但籽粒蛋白质含量、湿面筋含量升高，其中籽粒灌浆前期遮光升高的幅度最大，对小麦蛋白质品质的改善最为有利（于振文，2006）。遮光后，小麦籽粒谷蛋白和醇溶蛋白含量均升高，但谷蛋白升高的幅度大于醇溶蛋白，使谷蛋白与醇溶蛋白的比例升高，粉质仪参数显著提高；籽粒灌浆前期或中期遮光对上述指标的影响则较小，灌浆后期的光照条件与籽粒品质的形成关系更为密切，是决定蛋白质品质的主要时期（李永庚 等，2005）。在长江中下游弱筋小麦产区，花后阴雨天气造成的弱光现象也对弱筋小麦品质产生了严重的影响。与正常光照相比，花后弱光显著降低弱筋小麦品种'皖西麦 0638'和'宁麦 13'的容重、B 型淀粉粒体积、表面积及数目百分比以及淀粉糊化特性，但也显著增加了籽粒蛋白质含量、湿面筋含量及沉淀值（陈娟 等，2024）。

小麦籽粒的蛋白质含量与小麦生育期总日照时数的关系极为密切。研究表明，我国北方 13 个省（区、市），小麦全生育期平均日照总时数 1 504.6 h，籽粒蛋白质含量平均为 15.65%；南方 12 个省（区、市），小麦全生育期平均日照总时数为 906 h，籽粒蛋白质含量平均为 13.58%。前者比后者日照时数长 598.6 h，籽粒蛋白质含量平均高 2.07%，说明长日照对小麦籽粒蛋白质的形成和积累有利。曹广才等（1990）在北京的试验表明，播种至拔节期长日照有利于蛋白质含量的提高，开花至成熟期则随着日照时数的减少蛋白质含量增加。由此可见，光照对籽粒蛋白质形成的影响在整个生育期都存在，但不同时期的影响并不相同。

由图 7-2、表 7-1 可以看出，遮阴显著降低弱筋小麦 B 型淀粉粒（粒径 ≤ 10 μm）体积百分比，而 A 型淀粉粒（粒径 >10 μm）体积百分比上升。进一步分析可知，'扬麦 13'和'宁麦 13'遮阴处理后，粒径 <5 μm 淀粉粒体积百分比分别降低了 13.56%、15.56%，A 型淀粉粒中粒径 10~20 μm 的淀粉粒体积百分比显著上升，'扬麦 13'和'宁麦 13'分别上升 42.34%、38.10%，而粒径 >20 μm 的淀粉粒体积百分比显著下降。说明遮阴处理后弱筋小麦 A 型淀粉粒体积百分比增加，主要是粒径 10~20 μm 的淀粉粒体积百分比上升所致。

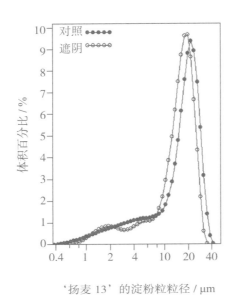
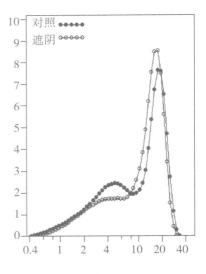

'扬麦 13'的淀粉粒粒径 / μm　　　　　'宁麦 13'的淀粉粒粒径 /μm

图 7-2　遮阴对小麦籽粒淀粉粒体积分布的影响

表 7-1　遮阴对小麦籽粒淀粉粒体积分布的影响

品种	处理	淀粉粒粒径					
		<5 μm	5~10 μm	≤ 10 μm	>10 μm	10~20 μm	>20 μm
扬麦 13	对照 / %	15.85 ± 0.21a	9.85 ± 0.21a	25.70 ± 0.42a	74.30 ± 0.42b	34.25 ± 0.21b	40.05 ± 0.64a
	遮阴 / %	13.70 ± 0.28b	10.25 ± 0.49a	23.95 ± 0.78b	76.05 ± 0.78a	48.75 ± 0.64a	27.30 ± 1.41b
宁麦 13	对照 / %	26.35 ± 0.92a	16.55 ± 0.07a	42.90 ± 0.99a	57.10 ± 0.99b	30.35 ± 0.21b	26.75 ± 0.78a
	遮阴 / %	22.25 ± 0.21a	13.85 ± 0.21b	36.10 ± 0.42b	63.90 ± 0.44a	42.10 ± 0.71a	21.80 ± 0.28b

注：表中范围"10~20 μm"中，不含 10 μm。下文类似情况，作此解释。

弱筋小麦籽粒中粒径 <5 μm 和粒径 ≤ 10 μm 的淀粉粒数百分比分别为 99.15%~99.75% 和 99.60%~99.80%（表 7-2），说明弱筋小麦胚乳中的淀粉粒绝大部分是由 B 型淀粉粒构成，且绝大部分为粒径 <5 μm 的淀粉粒。遮阴降低了小麦籽粒中 B 型淀粉粒数百分比（图 7-3）。

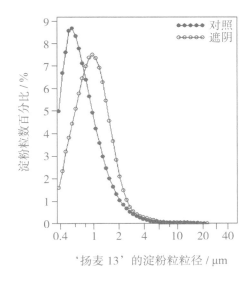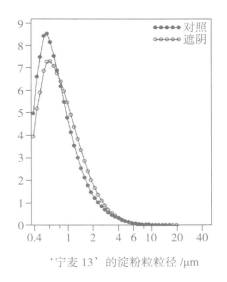

图 7-3　遮阴对小麦籽粒淀粉粒数分布的影响

表 7-2　遮阴对小麦籽粒淀粉粒数分布的影响

品种	处理	淀粉粒粒径				
		<1 μm	1~5 μm	<5 μm	≤ 10 μm	>10 μm
扬麦 13	对照 / %	74.15 ± 0.07a	22.25 ± 0.07a	99.40 ± 0.00a	99.80 ± 0.00	0.20 ± 0.00
	遮阴 / %	51.25 ± 0.78b	47.50 ± 0.57b	98.75 ± 0.21b	99.60 ± 0.00	0.40 ± 0.00
宁麦 13	对照 / %	67.00 ± 7.78a	32.25 ± 7.57a	99.25 ± 0.21a	99.90 ± 0.00	0.10 ± 0.00
	遮阴 / %	63.85 ± 2.05a	35.30 ± 1.98a	99.15 ± 0.07a	99.80 ± 0.00	0.20 ± 0.00

　　遮阴处理弱筋小麦淀粉峰值黏度、低谷黏度、稀懈值、最终黏度、回生值均显著低于对照（表7-3）。其中，小麦品种'扬麦13''宁麦13'峰值黏度降幅分别为61.55％、61.36％；低谷黏度降幅分别为62.89％、62.25％；稀懈值降幅分别为58.69％、59.52％；最终黏度降幅分别为54.03％、62.62％；回生值降幅分别为40.75％、63.04％。

表 7-3　遮阴对小麦籽粒淀粉糊化特性参数的影响

品种	处理	峰值黏度 / cP	低谷黏度 / cP	稀懈值 / cP	最终黏度 / cP	回生值 / cP
扬麦 13	对照 / %	1 316.00 ± 34.13a	888.33 ± 25.11a	427.67 ± 16.86a	1481.33 ± 29.26a	593.00 ± 7.21a
	遮阴 / %	506.33 ± 14.43b	329.67 ± 13.32b	176.67 ± 15.82b	681.00 ± 32.91b	351.33 ± 19.66b
宁麦 13	对照 / %	1 105.00 ± 111.32a	744.33 ± 38.37a	360.67 ± 103.23a	1 509.67 ± 124.23a	766.67 ± 89.14a
	遮阴 / %	427.00 ± 7.35b	281.00 ± 7.81b	146.00 ± 4.00b	564.33 ± 13.58b	283.33 ± 6.81b

　　由表7-4可以看出，遮阴处理后，小麦籽粒硬度、容重、出粉率等一次加工品质指标均出现显著降低，其中'扬麦13''宁麦13'籽粒硬度分别降低了5.20％、26.11％，容重分别降低了6.04％、8.54％，出粉率分别降低了14.58％、18.05％，说明灌浆期遮阴处理影响了小麦籽粒的一次加工品质。

表 7-4　遮阴对小麦籽粒硬度、容重、出粉率的影响

品种	处理	硬度指数	容重 / (g/L)	出粉率 / %
扬麦 13	对照	57.67 ± 0.58a	815.67 ± 2.31a	67.47 ± 0.12a
	遮阴	54.67 ± 0.58b	766.33 ± 0.58b	57.63 ± 0.23b
宁麦 13	对照	67.67 ± 0.58a	827.67 ± 1.53a	67.57 ± 0.40a
	遮阴	50.00 ± 0.00b	757.00 ± 2.65b	55.37 ± 0.12b

六、土壤

土壤是水、肥、气、热等诸因素的载体，小麦产量形成所吸收的养分大部分来自土壤，即使施肥供应的养分，也主要通过土壤供给小麦。土壤理化性质和肥力水平对小麦的生长发育和品质形成具有重要影响。我国的土壤质地分类为沙土、壤土、黏土三大类。沙土含沙量多，颗粒粗糙，渗水速度快，保水性能差，通气性能好；黏土含沙量少，颗粒细腻，渗水速度慢，保水性能好，通气性能差；壤土结构较好，通气透水性好，土温比较稳定，耕性良好，兼有沙土和黏土的优点，是农业生产上最理想的土壤质地。一般认为小麦籽粒蛋白质含量随土质的黏重程度增加而增加。王绍中等（1995）研究表明，随着土壤质地由沙变黏，小麦籽粒蛋白质含量由 10.4% 升到 14.91%，质地进一步变黏，蛋白质含量又有所下降。马政华等（2010）研究了 4 种河南主要土壤类型潮土、褐土、砂姜黑土和水稻土对小麦的产量和品质的影响，结果表明，强筋小麦和中筋小麦在褐土和潮土上的蛋白质含量和各项品质指标要优于在砂姜黑土和水稻土上，而弱筋小麦在水稻土上的各项品质指标能够达到最好。

土壤有机质是土壤中各种营养元素，特别是氮、磷的重要来源。一般来说，土壤有机质含量的多少，是土壤肥力高低的一个重要标志。它还能改善土壤结构，从而改善土壤的物理性，可以促进土壤微生物活动，有利于速效养分的增加。土壤有机质对小麦籽粒蛋白质含量及品质有重要的影响，蛋白质含量随土壤有机质含量提高而增加，特别是土壤有机质含量在 1.3% 以下时，这种趋势十分显著，土壤有机质含量超过 1.5% 以后，小麦籽粒蛋白质含量增加趋势平缓。土壤耕作层的腐殖质含量在 5.5%~5.7%、5.4%~5.6%、4.0%~4.5%、2.7%~3.0%、2.4%~2.6% 这 5 个范围内，随着腐殖质含量的降低，小麦籽粒中的蛋白质含量、面粉拉力等均呈逐渐降低或减少的趋势（周秋峰 等，2014）。

土壤营养元素明显影响小麦品质。氮素是蛋白质的重要成分，氮素供应水平直接影响小麦产量和品质。小麦在全生育期内均能吸收根外施的氮素营养，但不同时期吸收的氮素作用各异，前期施氮有利于分蘖，增加穗数；后期施氮则有利于增加蛋白质含量，影响氨基酸组分，因此，籽粒蛋白质含量随追氮时期的后延而呈增加趋势，抽穗期追肥的籽粒蛋白质含量及其产量均较高。磷素对植物体内磷、氮化合物及脂肪代谢起着重要作用，缺磷时，植物体内硝态氮累积、蛋白质合成受阻，植株生长矮小，籽粒数减少。磷占小麦籽粒干重的 0.4%~1%，适量的磷肥可提高蛋白质质量，过量施用磷肥会降低面筋含量，但能提高面筋质量。一般认为钾素营养与氮素代谢有密切的关系，钾能促进蛋白质合成，所以钾肥对小麦品质的影响是通过改善氮的代谢而发挥作用的。钾可促进氨基酸向籽粒中运转，加快氨基酸转化为籽粒蛋白质的速度。

针对弱筋小麦，钱晨诚等（2023）的研究表明，适量的磷钾肥（72 kg/hm²）配施有助于弱筋小麦'宁麦 33'的量质效协同提升，而过量施用（144 kg/hm²）增益效应不明显，甚至对籽粒品质有负面影响。臧慧（2007）则认为在合理施用氮、磷肥的基础上，适当增加钾肥用量或提高钾肥追施比例，均可提高弱筋小麦籽粒产量和蛋白质含量，但要注意过量施钾或追施比例过高时，会导致籽粒产量和蛋白质含量的下降，比如'扬辐麦 2 号'以 5:5 的钾肥基追比、'扬麦 15'和'宁麦 13'以 7:3 钾肥基追比易实现优质高产。而施磷则会影响弱筋小麦淀粉粒度分布，增施磷肥提高了弱筋小麦 A 型淀粉粒体积、表面积百分比，降低 B 型淀粉粒体积、表面积百分比；增加了淀粉峰值黏度、低谷黏度、最终黏度、稀懈值和回生值等淀粉糊化特性参数（李瑞 等，2021）。

第二节　弱筋小麦优势区域

一、国外小麦品质区划

小麦产业发达的国家，如美国、澳大利亚、加拿大等，根据小麦籽粒品质与地理生态因素的关系，以及对优质小麦供需要求，早已制定了小麦种植区划，实现了不同类别和品质等级的小麦生产区域化。

美国小麦主产区大致有两大一小共 3 个三角地带。一是以北达科他州为主，连带蒙大拿州、明尼苏达州和南达科他州所形成的大三角地带；二是以堪萨斯州为主，连带俄克拉何马州、科罗拉多州、内布拉斯加州和得克萨斯州所形成的大三角地带；三是以华盛顿州为主，连带爱达荷州和俄勒冈州形成的小三角地带。美国小麦分类种植地域分布的大致情况为，硬红冬麦的种植量占全美总量的近 40%，分布于美国大平原地区，即从密西西比河向西到落基山，从北达科他州、南达科他州和蒙大拿州向南至得克萨斯州；硬红春麦主要分布于北达科他州、南达科他州、蒙大拿州和明尼苏达州等中北部地区；硬白麦产于加利福尼亚州、爱达荷州、堪萨斯州和蒙大拿州等地；软白麦主产区是美国太平洋沿岸北部地区；软红冬麦产于美国东部，从得克萨斯州中部向北到大湖区，向东到大西洋沿岸，集中产于伊利诺伊州、印第安纳州和俄亥俄州，该品种产量较高；硬质小麦产区与硬红春麦产区大致相同，但有一小部分冬播麦产于亚利桑那州和加利福尼亚州。

根据澳大利亚小麦质量委员会审定，目前澳大利亚出口和食用小麦分为澳大利亚优质硬麦（APH）、澳大利亚硬麦（AH）、澳大利亚优质白麦（APW）、澳大利亚标准白麦（ASW）、澳大利亚面条小麦（ANW）、澳大利亚优质面条白麦（APWN）、澳大利亚软麦（ASFT）和澳大利亚硬粒小麦（ADR）。根据种植特点，澳大利亚小麦种植区可划分为 4 大区，分别为北部分类区——昆士兰州和新南威尔士州北部、东南分类区——新南威尔士州南部、南部分类区——维多利亚州和南澳大利亚州和西部分类区——西澳大利亚州。APH 占全国总产量的 5%~10%，传统种植区域为昆士兰州和新南威尔士州北部，现已在全国范围内种植。AH 品种遍布澳大利亚小麦种植带，占全国总产量的 15%~20%。APW 品种遍布澳大利亚小麦种植带，占全国总产量的 30%~40%。ASW 小麦品种在全国种植，占全国总产量的 20%~25%。ANW 主要在澳大利亚西部种植，而在澳大利亚东部多为订单种植，约占全国总产量的 5%，ANW 通常以与 APWN 小麦搭配的形式出口，而不是单独出口。APWN 仅在西澳大利亚种植，占全国总产量的 5%~10%。ASFT 小麦品种在全国种植，产量不足 5%，东海岸生产的 ASFT 主要用于澳大利亚国内饼干和蛋糕生产，西海岸生产的 ASFT 主要用于出口亚洲市场。ADR 产量不足 5%，新南威尔士州和昆士兰州生产的 ADR 主要用于出口，南澳大利亚和维多利亚州生产的 ADR 主要用于国内意大利面生产（王旭琳 等，2021）。

加拿大小麦主要产区是西部 3 省，即萨斯喀彻温、阿尔伯塔和马尼托巴，主要生产硬红春、琥珀硬粒春小麦。安大略是东部唯一值得一提的盛产软红冬和软白冬的产麦省份。

对美国、加拿大和澳大利亚的小麦品质区划及其优质麦生产进行分析可以看出：

1）各国小麦品质分类分区的基本原则相同，即根据籽粒颜色、冬春性、硬度、蛋白质含量和面筋质量进行分类。

2）品质类型分布是有地区性的，但同一类型的小麦可能在不同地区生产（例如，澳大利亚的标准白麦可在 4 个地区生产），同一地区也可能生产几种不同类型的小麦。这主要取决于特定地区的气候、地貌、土壤类型、质地与肥力以及栽培管理措施等，例如澳大利亚昆士兰州和新南威尔士州西北部 95% 的小麦品种都具备澳大利亚优质硬麦的品质，但由于受灌浆期温度和土壤肥力的影响，当地所生产的小麦依蛋白质含量高低分为优质硬麦、硬麦和标准白麦。因此，品质区划又是相对的。

3）品质区划的形成与国内外市场需求紧密相关。收获前后降水偏多的地区适宜发展红粒小麦，以避免穗发芽危害产品质量。白粒小麦有助于磨粉行业提高出粉率，因此在气候许可的条件下，主张发展白粒小麦。由于各国面对的市场需求不同，品质分类略有差别。

4）各国的小麦品质区划是在多年品质研究和小麦生产与贸易市场分析的基础上逐步完善起来的。通过质量控制、优质优价以及相应的分类储运系统来实现商品小麦等级化、优质化和质量的一致性。

二、制定我国小麦品质区划的必要性

参照何中虎等（2002）相关报道，主要内容如下：

（一）不同地区间品质差异较大

1996 年出版的《中国小麦学》将我国分为春播麦区、冬（秋）播麦区和冬春麦兼播区，并进一步细分为 10 个麦区。各麦区的气候特点、土壤类型、肥力水平和耕作栽培措施不同，造成了地区间小麦品质存在较大的差异。

我国粮食部门在收购小麦时首先看粒色，主要分红、白 2 类，红、白相混者为花麦；再辨质地，分硬、半硬、软 3 种，以此为标准定级。粒色和质地的地理分布有一定的规律性，长江以南地区由于雨水多，收获时怕穗发芽，多种植红粒小麦；淮河以北地区越往北气候越干旱，农民喜种植白粒小麦，因其皮色浅，皮层较薄，出粉率高，即使有一部分麸皮混磨于面粉，也不至于明显影响粉色。硬度方面，北方冬麦区和春麦区以硬质和半硬质为主，而南方冬麦区软质和半硬质的比例较高。总体上，北方冬麦区的蛋白质含量和质量都优于南方冬麦区和春播麦区。就北方冬麦区而言，由北向南品质逐渐下降。这些情况有利于进行品质区划。但是，即使是相同品种，在不同地区或在同一地区的不同地点种植，其品质也有差别，甚至同一品种在相同地点的不同地块种植，其产品质量也颇有差异。如‘郑州 831’在河南省 60 个试点不同施肥条件下种植，其蛋白质含量的变异范围为 9.8%~22.7%，说明环境因子对小麦品质具有重大影响。因此，在品质区划时必须考虑土壤、肥力水平及栽培措施的影响。

（二）品质差异与品种的遗传特性

品种的遗传特性是造成各地小麦品质差异的内在因素，上述麦区间和麦区内的品质差异也与各地育种中所用的骨干亲本不同有关。如北部冬麦区多为美国中西部硬红冬麦区种质的衍生后代，意大利品种则在黄河以南、长江流域的种质改良中发挥了关键性作用，而东北春麦区的主体品种多为美国和加拿大硬红春麦的后代。因此，20世纪80年代中期我国在对品种的品质进行筛选时，陆续鉴定出如'烟农15''小偃6号''辽春10''中作8131'等优质小麦品种。

20世纪80年代前期，全国各地开始重视小麦加工品质研究，积累了不少基础资料，并取得一些共识：既要大力加强优质面包小麦和饼干小麦品种的选育，也要在现有基础上进一步开展面条和馒头加工品质的研究。90年代中后期，各地已先后育成一批适合制作面包、面条、饼干的专用或兼用小麦品种并大面积生产应用，为优质小麦的区域化、产业化生产创造了有利条件。对优质小麦的大量需求势必要求因地制宜，选择适合当地的品质类型，以实现优质小麦的高效生产。

（三）产业结构调整的需要

随着我国的粮食生产和消费形势发生根本性变化，各级政府都在致力于农业结构调整，小麦优质化已成为种植业结构调整的重点。全国性的小麦品质区划方案已经完成，这给各级农业主管部门的宏观决策及投资以有力的支撑，也对企业与生产部门的合同种植和原料采购提供了参考，促进了品质改良的发展。

（四）已有一定的资料积累

冬小麦生产省（区、市）已分别对本省（区、市）的小麦品质区划做了研究，这些工作虽然受到行政区域和试验材料的限制，但所获结果对全国的小麦品质区划仍有参考价值。同时，科研人员也对全国秋播和春播麦区的品质性状及其与环境的关系进行了研究。这些资料及1982—1984年和1998年2次全国品质普查的结果都为全国小麦品质区域的初步划分提供了可能。基于以上条件，各级政府、生产部门、加工企业和科研单位都迫切期望早日提出我国小麦品质区划方案，以充分发挥自然条件和品种资源合理配置的优势，做到地尽其利、种得其所，推动我国优质麦生产区域化、产业化的发展。

三、制定我国小麦品质区划的原则

参照何中虎等（2002）相关报道，主要内容如下：

（一）生态环境及栽培措施对品质的影响

根据国内外相关研究，影响小麦品质的主要因素包括：

（1）降水量　较多的降水和较高的湿度对蛋白质含量和硬度有较大的负面影响，收获前后降水还可能引起穗发芽，导致品质下降。旱地小麦蛋白质含量总体高于水地小麦。

（2）温度　气温过高或过低都影响蛋白质的含量和质量。

（3）日照　较充足的光照有利于蛋白质含量和质量的提高。

（4）海拔　蛋白质含量随海拔的升高而下降，较高的海拔对硬质和半硬质小麦的品质不利。

在其他气候因素相似的情况下，土壤质地是决定籽粒蛋白质含量的重要因素。沙土、沙壤土和黏土以及盐碱土不利于蛋白质含量的提高，中壤至重壤土、较高的肥力水平有利于提高蛋白质含量。采取分期施肥、适当增加后期施氮量的方法，有利于提高蛋白质含量，这已得到国内外大量试验的验证。小麦与棉花、豆类、玉米轮作，有利于提高蛋白质含量；与水稻、薯类轮作，蛋白质含量会下降。因此，不同类型的优质专用小麦，要采取不同的栽培模式。

（二）品种品质的遗传性及其与生态环境的协调性

尽管小麦品种的品质表现受品种、环境及其互作的共同影响，但不同性状受三者影响的程度差异巨大。总体来讲，蛋白质含量容易受环境的影响，而蛋白质质量或面筋强度主要受品种遗传特性控制。国内外的研究表明，高分子量谷蛋白亚基是决定小麦面筋质量的重要因素，尽管亚基的含量受环境条件的影响较大，但亚基组成不随环境的改变而变化。我国小麦面包加工品质较差与优质亚基5＋10等缺乏有关，导入亚基5＋10有助于提高我国小麦的加工品质。同样，籽粒硬度、面粉色泽等皆受少数基因的控制，环境因素对其影响较小。在相同的环境条件下，品种遗传特性就成为决定品质优劣的关键因素。由于自然环境等难以控制或改变，品种改良及其栽培措施在品质改良中便充当主角。在优质小麦的区域生产中，要充分利用环境和栽培条件调控蛋白质含量，将生态优势和科技优势转化为经济优势。

（三）小麦的消费状况和商品率

面包和饼干、糕点等食品的消费增长较快，面条和馒头等传统食品仍是我国小麦制品的主体。因此，从全国来讲应大力发展适合制作面包（可兼做配粉用）、面条和馒头的中强筋小麦，在少数地区种植强筋小麦，在南方的特定地区发展弱筋小麦。

（四）以主产区为主，注重方案的可操作性

尽管我国小麦产地分布十分广泛，但主产区相对集中，因此品质区划以主产麦区为主，适当兼顾其他地区。为了使品质区划方案能尽快在农业生产中发挥一定的宏观指导作用，也考虑到现有研究的局限性，品质区划不宜过细，只提出框架性的初步方案，以便日后进一步补充、修正和完善。

四、中国弱筋小麦品质区划

中国小麦分布地域辽阔，由于各地自然条件、种植制度、品种类型和生产水平存在着不同程度的差异，因而形成了明显的种植区域。早在1936年，沈宗翰等依据我国小麦生产区的气候、土壤条件和生产状况将我国小麦种植区域划分为6个冬麦区和1个春麦区；1961年，金善宝等编著的《中国小麦栽培学》，依据气候条件、耕作制度、小麦品种类型、播期及成熟期等因素，将我国小麦种植区域划分为3个主区和10个亚区；1979年，《小麦栽培理论与技术》针对当时小麦生产发展情况将我国小麦种植区域划分为9个主区，并将2个主区划设5个亚区；1983年，《中国小麦品种及其系谱》将我国小麦种植区域划分为10个主区、21个副区；1996年，金善宝主编的《中国小麦学》将全国小麦种植区划分为3个主区、10个亚区和29个副区。

2001年，农业部发布了《中国小麦品质区划》（试行），制定了品质区划初步方案，主要包括北方强筋、中筋冬麦区，南方中筋、弱筋冬麦区和中筋、强筋春麦区。南方中筋、弱筋冬麦区包括长江中下游和西南秋播麦区，因湿度较大，成熟前后常有阴雨，以种植较抗穗发芽的红粒小麦为主，籽粒蛋白质含量低于北方强筋、中筋冬麦区同品种约2个百分点，较适合发展红粒弱筋小麦。鉴于当地小麦消费以面条和馒头为主，在发展弱筋小麦的同时，还应种植中筋小麦。南方中筋、弱筋冬麦区有关情况如下：

1. 长江中下游麦区

包括江苏、安徽两省淮河以南，湖北省大部分地区及河南省的南部地区。年降水量800~1 400 mm，小麦灌浆期间雨量偏多，湿害较重，穗发芽时有发生。土壤多为水稻土和黄棕土，质地以黏壤土为主。该区大部分地区适宜发展中筋小麦，沿江及沿海沙土地区可发展弱筋小麦。

2. 四川盆地麦区

大体可分为盆西平原和丘陵山地麦区。年降水量约 1 100 mm，湿度较大，光照严重不足，昼夜温差小。土壤多为紫色土和黄壤土，紫色土以沙质黏壤土为主，黄壤土质地黏重，有机质含量低。盆西平原区土壤肥力较高，单产水平高；丘陵山地麦区土层薄，肥力低，肥料投入不足，商品率低。主要发展中筋小麦，部分地区发展弱筋小麦。现有品种多为白粒，穗发芽较重，经常影响小麦的加工品质，应加强选育抗穗发芽的白粒品种，并适当发展一些红粒中筋小麦。

3. 云贵高原麦区

包括四川省西南部、贵州全省及云南省的大部分地区。海拔相对较高，年降水量 800~1 000 mm，湿度大，光照严重不足，土层薄，肥力差，小麦生产以旱地为主，蛋白质含量通常较低。在肥力较高的地区可发展红粒中筋小麦，其他地区发展红粒弱筋小麦。

五、弱筋小麦优势区域布局规划

优化农业区域布局，是推进农业结构战略性调整的重要步骤。为加快我国农业区域布局调整，建设优势农产品产业带，推动农产品竞争力增强、农业增效和农民增收，农业部（现农业农村部）编制了《专用小麦优势区域发展规划（2003—2007）》。

1. 发展思路

我国专用小麦总体发展思路是：抓"两头"（强筋和弱筋小麦）、"带中间"（中筋小麦），加快构建区域化种植、标准化生产、产业化经营的专用小麦产业带，提升国产小麦质量水平和国际竞争力。在 2001 年农业部发布《中国小麦品质区划方案》（试行）基础上，2003 年农业部发布了《专用小麦优势区域发展规划（2003—2007）》，确定了 3 个"优质专用小麦优势区域产业带"，主要包括黄淮海专用小麦优势产业带（强筋、中筋）、大兴安岭沿麓专用小麦优势产业带（强筋）和长江下游专用小麦优势产业带（中筋、弱筋）。长江下游专用小麦优势产业带是唯一的弱筋小麦优势产业带，该区主要包括江苏、安徽两个省淮河以南，湖北北部，河南南部等地区，既有小麦面积 3 500 万亩，占全国 10% 左右。该区土壤以水稻土为主，气候湿润，热量条件良好，年降水量 800~1 400 mm。小麦灌浆期间降水量偏多，湿害较重，不利于小麦蛋白质和面筋的积累，但非常有助于小麦低蛋白和弱面筋的形成，适合发展弱筋小麦生产。该区小麦商品率较高，且紧邻沿海粮食主销区，水陆交通便利，运输成本低，有助于发展产业化经营。

2. 重点地区

以江苏中部弱筋小麦产区为重点，主要包括江苏南通、泰州等 4 地（市）10 个县（市、区），安徽合肥、六安等 3 地（市）5 个县（市、区），河南南阳、信阳 2 地（市）3 个县（市、区）以及湖北襄樊市的 2 个县（市、区）。

《专用小麦优势区域发展规划（2003—2007）》实施以来，我国农业生产区域布局和优势农产品产业带建设取得了明显的阶段性成效。为适应形势的发展变化，立足资源禀赋，继续深入推进优势农产品区域布局规划实施，必须进一步充实优势农产品品种，优化农业区域布局，调整区域功能定位和主攻方向，进一步发挥好农业区域比较优势；必须进一步适应农产品产业带发展规律，明确优势农产品产业带建设的阶段性要求，积极推进产业集聚和提升，进一步发挥好规划的导向作用，推进农业区域化、专业化发展，促进中国特色农业现代化建设。《小麦优势区域布局规划（2008—2015）》着力建设黄淮海、长江中下游、西南、西北、东北 5 个小麦优势区。其中，黄淮海小麦优势区包括河北、山东、北京、天津全部，河南中北部、江苏和安徽北部、山西中南部以及陕西关中地区，主要包括 336 个重点县（市、区），着力发展优质强筋、中强筋和中筋小麦；长江中下游小麦优势区包括江苏、安徽两省淮河以南、湖北北部、河南南部等地区，主要包括 73 个重点县（市、区），着力发展优质弱筋和中筋小麦；西南小麦优势区包括四川、重庆、云南、贵州等地，主要包括 59 个重点县（市、区），着力发展优质中筋小麦；西北小麦优势区包括甘肃、宁夏、青海、新疆，陕西北部及内蒙古河套土默川地区，主要包括 74 个重点县（市、区），着力发展优质强筋、中筋小麦；东北小麦优势区包括黑龙江、吉林、辽宁全部及内蒙古东部，主要包括 16 个重点县（市、区），着力发展优质强筋、中筋小麦。

六、主产区弱筋小麦品质区划

根据全国小麦品质区划的框架原则，弱筋小麦各生产区依据种植区域、气候、土壤条件和生产水平的差异，分别提出当地弱筋小麦产区范围。

（一）江苏

王龙俊等（2002）根据江苏麦作生产中主推品种的品质潜力和生态环境因子（土壤类型、质地和肥力水平）对小麦品质影响的分析，将江苏划分为四大小麦品质区，包括淮北中筋、强筋白粒小麦品质区，里下河中筋红粒小麦品质区，沿江、沿海弱筋红（白）粒小麦品质区，苏南太湖、丘陵中筋和弱筋红粒小麦品质区。进一步细分为 12 个亚区，其中沿江、沿海弱筋红（白）粒小麦品质区属弱筋小麦产区，苏南太湖、丘陵中筋和弱筋红粒小麦品质区也有弱筋小麦生产。

1. 沿江、沿海弱筋红（白）粒小麦品质区

该区在江苏省沿长江两岸和沿海一线，沿江以江北为主，沿海以中部、南部为主，沿海北部部分地区与淮北麦区相重叠。该区种植品种以春性、红粒为主，沿海北部种植部分弱春性和半冬性的白粒品种。小麦生长后期温度偏低，温差偏小，降水相对较多，土壤沙性强，盐分含量高，保肥供肥能力差等特点，使得小麦蛋白质含量、湿面筋含量、沉淀值等均较低，弱筋优势明显。

（1）高沙土优质酥性饼干、糕点小麦亚区　该区主要包括泰兴、如皋、如东、通州等县（市、区）的大部，海安、姜堰、江都、邗江等县（市、区）的一部分，由长江各河口坝连接而成。该亚区地势较高，大致西北高，东南低。该区全年太阳辐射总量为 474.9~498.3 kJ/cm²，年日照时数 2 132~2 318 h，累年平均气温为 14.6~15.0 ℃，稳定通过 0 ℃的活动积温为 5 206~5 358 ℃，年降水量在 1 000 mm 以上，小麦生育中后期温度偏低，降水相对较多。土沙地薄，以高沙土属为主，主要土壤有小粉土、砂姜土、盐霜土、夜潮土和黄夹沙土等，土壤结构性差，漏水漏肥严重，肥力水平较低，土壤有机质含量在 0.7%~1.0%，全氮含量 0.059% 左右，有效磷、速效钾含量分别为 4~5 mg/kg 及 50~60 mg/kg。由于土壤沙性强，供肥供水能力差，不利于籽粒蛋白质的形成，弱筋优势明显，大部分地区适宜发展制作酥性饼干、糕点等弱筋小麦品种，搭配种植中弱筋小麦品种。

（2）沿江沙土发酵饼干、蛋糕小麦亚区　该区主要包括靖江、扬中、启东、海门等县（市、区）的全部，如皋、泰兴、江都、邗江、仪征、丹徒、丹阳、张家港、常熟、太仓等县（市、区）濒临长江沿线的一部分。地势较为平坦，一般高程为 2.5~4.5 m。该区全年太阳辐射总量为 456.1~481.2 kJ/cm²，年日照时数为 2 077~2 180 h，累年平均气温为 15.0~15.1 ℃，稳定通过 0 ℃的活动积温为 5 387 ℃左右，年降水量为 1 017~1 030 mm，主要集中在上半年。土壤属长江冲积母质，以中壤至重壤为主，土层相对较厚，土壤肥力中上等，土壤有机质含量为 1.5%~2.0%，全氮含量为 0.123% 左右，有效

磷、速效钾含量分别为 8 mg/kg 及 9.6 mg/kg 左右，小麦生育中后期土壤供肥能力差，不利于籽粒蛋白质和面筋的形成，大部分地区适宜发展制作发酵饼干、蛋糕等弱筋小麦品种，搭配种植中弱筋小麦品种。

（3）沿海南部酥性饼干、糕点小麦亚区 该区包括通榆运河以东、盐城以南及南通少部分地区，包括大丰、东台、如东等县（市）的大部分地区，盐都、海安、通州等县（市、区）的部分乡镇。年平均气温为 14.5 ℃，年降水量为 1 000~1 100 mm，小麦生育期间降水量为 500 mm 左右，小麦灌浆期间降水偏多，穗芽发生年份达 30% 左右，土壤多为潮土（黄潮土、盐潮土）或盐土（盐潮土、灰潮土），质地北部以重壤、南部以沙壤为主，土壤有机质含量为 0.9%~1.3%。该区长期为啤酒大麦种植区域，同时适合酥性饼干、糕点小麦品种的生长发育。

（4）沿海北部发酵饼干及啤酒小麦（白粒）亚区 沿海盐城以北至灌河附近，包括建湖、阜宁、射阳、响水大部和滨海、灌云的部分乡镇。该区年平均气温为 13.8 ℃左右，年降水量 800~900 mm，小麦生育期间降水量为 350 mm 左右，灌浆期间降水偏少，土壤多为盐土，质地以重壤为主，土壤有机质含量约为 1%。该区适合偏半冬性弱筋白粒小麦的种植，品质趋同于发酵饼干、啤酒小麦的要求。

2. 苏南太湖、丘陵中筋、弱筋红粒小麦品质区

该区位于江苏省最南部，小麦生育期间热量资源和降水最为丰富，但小麦面积急剧下降。该区种植春性小麦品种，品质介于里下河和沿海、沿江麦区之间，在品种的选用和栽培措施上根据用途而有所侧重。一般地，丘陵土质和土壤肥力较差，易脱力早衰，而太湖沿岸土壤条件好，但小麦生长中后期地下水位高，降水较多，湿害严重。太湖麦区历史上精耕细作，技术措施和田间管理水平较高，较适合蒸煮类小麦的生产，丘陵麦区粗放种植，投入不足，适合饼干、糕点小麦的生产。

（1）丘陵饼干、糕点小麦亚区 该区位于江苏省西南部，又称宁镇扬丘陵地区，包括六合、江浦、江宁、溧水、高淳、盱眙、句容等县（市、区）和南京、镇江两市的郊区，丹徒、仪征两县（市、区）大部，邗江、高邮、金湖、丹阳、金坛、溧阳、宜兴的一部分乡镇。该区气候温暖，但冬季温度变幅较大，冻害、湿害较重。全区地貌比较复杂，低山、丘陵、岗地、冲沟和河湖平原交错分布，土壤类型也比较复杂，低产土壤面积大，不利于小麦产量和蛋白质、面筋含量的提高，适合发展低产、低蛋白质、低面筋含量的饼干、糕点小麦品种。

（2）太湖蒸煮类小麦亚区 该区位于江苏省东南部，为长江下游太湖平原的稻麦区，北部和东北部以长江及沿江麦区为界，西和西南以 10 m 等高线与宁镇丘陵毗邻。境内包括江阴、锡山、吴县、吴江、昆山、武进等县（市、区）的全部，常熟、张家港、太仓、金坛、溧阳、宜兴和丹阳等县（市、区）的部分乡镇。该区是江苏省纬度低、气候温暖的麦作区，气候特点是秋季温度下降较慢，越冬期短，雨量充沛，热量条件好，土壤比较肥沃，但小麦生长中后期多阴雨，日照不足，易遭湿害和赤霉病。小麦生产条件类似于里下河地区，适合发展蒸煮类小麦品种。

（二）安徽

根据地理环境、自然条件、气候因素、耕作制度、品种和品质类型、生产水平、栽培特点以及病虫害情况等对小麦生产发展的综合影响，安徽省小麦品质区划可分为黄淮平原中强筋麦区、江淮丘陵中弱筋麦区和长江中下游平原弱筋小麦区。

1. 黄淮平原中强筋小麦区

该区包括亳州、淮北、宿州等地，属暖温带。年平均气温 13~15 ℃，无霜期 200~220 d，年降水

量为 700~900 mm，小麦生育期间降水量为 300 mm 左右，年日照时数为 2 200~2 400 h。小麦灌浆期、成熟期高温低湿，干热风时有发生，引起小麦"青枯逼熟"，造成不同程度的危害。该区土壤主要有潮土和砂姜黑土。淮北的北部，与豫、鲁、苏相邻，属黄河冲积平原，土壤为潮土，土层深厚，通透性好，适合小麦生产，但除其中的两合土外，大部分土壤有机质含量较低；淮北的中部和南部，地处淮河各河流内的浅洼地区，属河间平原，土壤为砂姜黑土，土壤结构性差，适耕期较短，耕性较差，有机质含量不高，但该土壤在小麦生育后期的供肥能力较强。

2. 江淮丘陵中弱筋小麦区

该区包括阜阳、蚌埠、淮南、滁州、合肥、六安等地，是全省第二大产麦地区。该区又分为江淮丘陵与皖西大别山 2 个小麦种植副区。全区属亚热带湿润气候向暖温带半湿润气候的过渡地带，光、热、水资源比较协调。年平均气温 15 ℃ 左右，无霜期 200~230 d，年降水量为 850~1 200 mm，小麦生育期间降水量为 346~650 mm，偶有湿害发生。该区土壤类型较多，主要有黄棕壤、黄褐土类中的马肝土、黄白土和水稻土。马肝土主要分布在江淮丘陵的岗、塝地，质地黏重，适耕期短，易旱易涝；黄白土主要分布在江淮丘陵岗地的中下部或缓岗地带，土壤通透性较好，养分含量中等，是江淮丘陵较好的旱作土壤；水稻土分布于沿淮水稻产区，大部分质地黏重，有机质含量差异较大。作物种植制度以水旱并存的一年两熟制为主。一般在江淮分水岭以北地区，多是半冬性与春性品种并重；而江淮分水岭以南地区，则以春性品种为主。该区重点发展中筋、中弱筋小麦，推广配套绿色生产、加工技术，生产出适合长三角及以南地区消费的面粉及面制品。

3. 长江中下游平原弱筋小麦区

该区包括巢湖、马鞍山、芜湖、铜陵、宣城、池州、安庆、黄山等地的大部，是全省小麦种植面积最小的麦区，同时也是小麦产量水平最低的麦区。该区年太阳辐射量为 439.32~489.53 kJ/cm^2，小麦生长季节（11 月至翌年 5 月）太阳辐射量为 221.3~227.2 kJ/cm^2，年日照时数只有 922~966 h，平均每日不足 5 h，对小麦生长有着一定的影响。热量资源居全省之冠，常年平均气温 16 ℃ 左右，大于 0 ℃ 积温 5 700~5 900 ℃，无霜期 230 d 以上。小麦生长季节积温 2 125 ℃，能满足春性小麦品种对热量的需求。冬季 1 月份平均气温 3~4 ℃，日均温小于 0 ℃ 的天数不到 20 d，极端最低气温为 −9~−7.5 ℃，小麦无明显的越冬期。降水丰沛，年降水量为 1 200~1 600 mm。小麦生长季节降水量为 600~750 mm，其中春季的 3—5 月降水量在 300 mm 以上，小麦湿害严重。长江沿岸的冲积平原和南部水网坪区有各种类型的水稻土，其中以潜育型水稻土较多；皖南山区有黄棕壤、红壤及紫色土。小麦在该区为搭配作物，比重很小。该地区由于小麦生长中后期温度偏低，温差偏小，降水相对较多，土壤沙性强，保肥供肥能力差等特点，使得小麦蛋白质含量、湿面筋含量及面团稳定时间等均较低，种植弱筋小麦品种优势明显。所生产小麦除部分用于加工面粉外，重点用于饲料加工和工业原料。

此外，按照区位、资源、人力和产业基础、要素成本、配套能力等综合优势，在安徽省小麦产区形成了 3 个优质小麦产业带和加工集群，建立了 1 个特色原料小麦生产基地（酿酒原料），以充分发挥各个品质区划的优势。

（三）河南

河南省农业科学院小麦研究所分别于 1989—1993 年和 1999—2000 年用两种不同类型的小麦进行了河南省小麦品质生态区划研究，根据以上两次不同类型小麦品种在全省的多点品质测定数据，按照不同类型小麦品种与气候、土壤等自然生态因子的关系，参考全省气温、降水分区、土壤类型、土壤质地、土壤有机质、土壤养分的分布状况和水文分布等资料，将河南小麦品质生态区划分为五大麦区

（王绍中 等，2001），具体如下：

1. 豫西、豫西北强筋和中筋小麦适宜区（Ⅰ区）

该区主要地貌为黄土台地和山前洪积、冲积平原，土壤属于褐土类的不同土种。土壤质地多为中－重壤，有机质和氮素含量较高，80% 左右的耕地有机质含量达到 10~20 g/kg，全氮含量 0.75~1.50 g/kg，全年降水量 500~650 mm，小麦生育季节降水量 150~250 mm，属土壤水分亏缺区和严重亏缺区，多数年份小麦生育受到一定的水分胁迫，土壤肥力相对较高，因而大部分麦田适合优质强筋小麦生长；山前平原多，有良好的灌溉条件，适合发展中筋高产小麦。

2. 豫东北、中东部强筋和弱筋小麦次适宜区（Ⅱ区）

该区的气温、降水与Ⅰ区相近。地貌属黄泛冲积平原，主要特点是沙土面积大，沙土、沙壤土面积占 60% 以上。土壤肥力较低，有机质含量大多在 10 g/kg 以下，全氮含量以 0.50~0.75 g/kg 为多，磷、钾含量也较低。因土壤养分供应较差，一定程度上影响了强筋小麦品质。同时，由于黄泛特点，土壤耕层和土体的沙黏不均匀，造成强筋小麦不同样点的品质指标变异较大，影响小麦的商品价值。但该区并非完全不能种植强筋小麦，而必须选择肥力较高的黏土、壤土区重点发展。

该区沙土面积较大，虽然气候条件不完全适合弱筋小麦生长，但可在灌溉条件较好或降水较多的黄河以南的沙土、沙壤土区发展弱筋小麦。据多点种植'豫麦 50'（弱筋小麦品种）的品质测试结果，只要栽培技术恰当，沙质土壤上可保持原有弱筋小麦的主要品质指标。

3. 豫中、豫东南部强筋小麦次适宜区、中筋小麦适宜区（Ⅲ区）

该区大部分处于北纬 33°~34°，是我国由北亚热带向暖温带的典型过渡地区。年降水量 700~800 mm，小麦生育期（9 月至翌年 5 月）降水量 300~400 mm。大部分处于土壤水分中等区，南部为水分良好区。土壤类型以黄褐土，砂姜黑土，壤、黏质黄潮土为主，土壤有机质含量多为 10~20 g/kg，全氮含量为 0.5~1.0 g/kg。该区的主要特点是降水总量比较丰沛，但时空变化大，分布不均；土壤肥力偏低。

4. 豫南弱筋小麦适宜区、中筋小麦次适宜区（Ⅳ区）

该区包括信阳地区和驻马店地区南部，属于长江流域麦区。气候属于北亚热带，年降水量在 800 mm 以上，小麦生育期降水量为 500 mm 左右。水稻面积较大，旱地土壤以黄棕壤和砂姜黑土为主。由于小麦灌浆期高温、多雨、昼夜温差较小，多数年份湿害较重，不利于小麦籽粒蛋白质和面筋的形成，面团强度较低，不利于强筋小麦而有利于弱筋小麦生育。据 12 个强筋小麦的加工品质测定结果，息县点（水稻土）与西北部（Ⅰ区）4 个点平均值比较，小麦籽粒蛋白质含量降低 2.7 个百分点，湿面筋含量降低 9.6 个百分点，吸水率降低 5.2 个百分点，稳定时间缩短 7.6 min，评价值降低 23。如果强筋小麦在该区种植就不成强筋小麦。弱筋小麦（豫麦 50）品质与北中部比较，蛋白质含量低 1.5 个百分点，湿面筋含量低 6.5 个百分点，面团稳定时间略有降低，评价值低 13，其地区差异十分明显，说明该区是发展弱筋小麦的适宜地区。在该区范围内，土壤类型对弱筋小麦品质也有一定影响。一般在质地较沙、淋洗程度较重的水稻土上，弱筋小麦的品质较好，而在砂姜黑土和高肥黄棕壤耕地上，也会造成弱筋小麦的品质下降。

5. 山丘普通麦区（Ⅴ区）

该区处于豫西南伏牛山地丘陵区。年降水量较高，土壤复杂，小麦面积小，商品率低，不是强筋和弱筋小麦的发展区域。

（四）湖北

结合各地区小麦品质形成的生态和生产条件、作物生产布局、农业产业结构调整规划、居民膳食结构和多年多点小麦品质的分析结果，将湖北省小麦产区划分为 5 个小麦品质区域，即鄂北岗地和鄂西北山地优质中筋小麦区，鄂中丘陵中筋小麦区，江汉平原和鄂东中筋、弱筋小麦混合区，鄂西南山地弱筋小麦区和鄂东南丘陵低山弱筋小麦区（农业部小麦专家指导组，2012）。

1. 鄂北岗地和鄂西北山地优质中筋小麦区

该区包括襄阳市、十堰市和曾都区北部等县市，是湖北省小麦的主产区、高产区和重要消费区。该区冬季农作物主要是小麦，小麦面积占冬季农作物面积的 90% 以上。居民膳食结构中，以面制品为主食。区域内，集中了湖北省主要大型小麦加工企业，小麦消费流通量大。

该区地形以丘陵岗地为主。鄂中丘陵以黄棕壤、水稻土为主，鄂北岗地以黄土为主。年平均气温为 15.1~16.0 ℃，年降水量为 760~960 mm，小麦全生育期降水量在 400 mm 左右，3—5 月降水量为 200~250 mm，是全省雨量最少的麦区。年平均日照时数为 1 600~2 200 h，4—5 月平均日照时数达 300~350 h。气温日较差达 9~10 ℃，高于其他地区 1~2 ℃，有利于小麦的光合作用和干物质积累，常年小麦赤霉病轻。该区生态条件适宜发展优质中筋小麦，近年大面积小麦品质抽样分析结果表明，该区小麦品质达到国家优质中筋小麦品质标准。

2. 鄂中丘陵中筋小麦区

该区包括荆门市、随州市中南部、孝感市北部的安陆、大悟和孝昌，以及黄冈市的红安、麻城等县市。该区冬季农作物以小麦和油菜为主，小麦面积占冬季农作物面积的 50%~60%。居民膳食结构中，以大米为主食，小麦商品率高。区域内，分布有部分中小型小麦加工企业，小麦消费流通量较大。

该区地形以丘陵为主，也有部分低山、平原。耕地土壤以黄棕壤、棕壤、水稻土为主。年平均气温 15.8~16.5 ℃，年平均降水量 950~1 250 mm，小麦全生育期降水量 600 mm 左右，年平均日照时数 1 900~2 200 h，是湖北省日照时数最多地区之一，尤其是 4—5 月小麦灌浆期，达到 320~350 h。小麦赤霉病重流行年份较少。该区生态条件适宜发展中筋小麦，近年大面积小麦品质抽样分析结果表明，该区小麦品质基本达到国家中筋小麦品质标准。

3. 江汉平原和鄂东中筋、弱筋小麦混合区

该区包括荆州、武汉、鄂州、仙桃、潜江、天门等市的全部，孝感市的汉川、云梦、应城，宜昌市的枝江、当阳，黄冈市的罗田、英山、团风、浠水、蕲春、武穴、黄梅和咸宁市的嘉鱼等地。该区冬季农作物以油菜为主，小麦面积占冬季农作物面积的 20% 左右。居民膳食结构中，以大米为主食，小麦商品率较高。区域内，分布有部分中小型小麦加工企业，小麦消费流通量较大。

该区大部分为地势低平的江汉冲积平原，大部分耕地为灰潮土及发育的水稻土，土壤深厚肥沃，东部岗丘地区为泥沙土。年平均气温高于 16 ℃，无霜期为 240~270 d，年平均降水量 1 100~1 200 mm，小麦全生育期降水量 700 mm 以上，年均日照时数 1 850~2 100 h，4—5 月日照时数为 300~320 h，该区生态条件较适宜发展中筋、弱筋小麦。

4. 鄂西南山地弱筋小麦区

该区包括神农架林区、恩施自治州全部以及宜昌市的宜都、远安、兴山、秭归、长阳、五峰和宜昌市郊。该区冬季农作物以马铃薯、油菜和其他作物为主，小麦面积占冬季农作物面积的 10% 左右。居民膳食结构中，以大米、玉米为主食。区域内，小麦加工企业少，小麦消费流通量不大。

该区除东缘自宜昌南津关以下长江沿岸地势较平外，境内地势高耸，地面平均海拔在 1 000 m 以

上，不少山峰超过 1 500 m。耕地土壤类型较多，以黄壤、黄棕壤、石灰土、水稻土为主。年平均气温 15~16℃，海拔 1 800 m 的绿松坡只有 7.8℃。无霜期各地垂直差异显著，长江三峡谷地无霜期可达 290 d 以上，一般低山坪坝为 260 d，二高山如利川为 230 d，海拔每升高 100 m，无霜期缩短 4~6 d。该区年平均降水量为 1 400~1 800 mm，随着海拔不同，各地降水量也发生相应变化。但该区秋季（9—11 月）降水量较多，一般为 300~400 mm，春季 3~5 月的降水量也多，为 400~550 mm，小麦生育期总降水量达 900 mm 以上。春季阴雨寡照，4—5 月大部分地区平均日照只有 200~250 h，赤霉病常年发生，中到重流行。该区生态条件不适宜发展小麦，近年大面积小麦品质抽样分析结果表明，大多数年份该区大部分地区小麦品质没有达到国家中筋小麦品质标准。

5. 鄂东南丘陵低山弱筋小麦区

该区包括咸宁市（除嘉鱼县）与黄石市。该区冬季农作物以油菜和其他作物为主，小麦面积占冬季农作物面积的 10% 左右。居民膳食结构中，以大米为主食。区域内，小麦加工企业少，小麦消费流通量不大。

该区内岗地和丘陵占 56%，低、中山地占 36%，平原只占 8%，平原分布在长江沿岸和山间河谷平川。耕地土壤多为红黄壤，旱地表层土壤一般较黏重，有机质缺乏，酸性强。年平均气温 16.5~17.0℃，无霜期 246~270 d，年降水量为 1 400~1 550 mm，小麦全生育期降水量为 800~900 mm，其中 3~5 月为 500~580 mm。年平均日照时数 1 800~2 000 h，4~5 月日照时数为 250~300 h。由于春季阴雨寡照，该区为小麦赤霉病的高发区。该区生态条件不适宜发展小麦，近年大面积小麦品质抽样分析结果表明，大多数年份该区大部分地区小麦品质没有达到国家中筋小麦品质标准。

（五）四川

根据小麦生产的地理、气候、土壤和种植制度等自然生态和生产条件，四川省小麦产区划分为川西平原、盆中丘陵、川西南山地和川西北高原 4 个不同的生态大区，根据各个大区的生态条件、生产状况与小麦品质表现进一步划分为不同的品质类型区。四川小麦产区划分为：盆西平原中筋、弱筋小麦区；盆中丘陵中强筋、中筋小麦区；川西北高原及盆周山地中筋小麦区；西南山地弱筋小麦区（农业部小麦专家指导组，2012）。

1. 盆西平原中筋、弱筋小麦区

该区包括成都市（除金堂县）、德阳市（除中江县）、乐山地区的北部、绵阳地区的安县、雅安地区的名山等共 34 个县（市、区）。土壤大部分是近代河流冲积母质发育的灰色潮土，中壤质地，地块平坦，肥力水平高，保水保肥性好；区内沿岷江、涪江两岸农田偏沙壤质地，肥力水平中等或偏下，保水保肥性一般。日平均温度：播种至抽穗期 8.8~9.7℃，抽穗至灌浆成熟期 17.6~18.5℃。灌浆期日平均气温较差：13.7~14.9℃。降水量：全生育期内 138.7~247.8 mm，灌浆期 55.7~88.7 mm。灌浆期平均空气相对湿度 73%~81%，穗发芽风险较大。区内的岷江以东及涪江以南、以西，光温条件好，除沿江岸偏沙质地土壤的农田外，适合发展中筋（馒头类）小麦生产，岷江以西光照弱，涪江以北平均温度低，岷江及涪江沿岸农田肥力较低、保水保肥力一般，适合种植弱筋小麦品种，发展弱筋小麦生产。

2. 盆中丘陵中强筋、中筋小麦区

该区包括内江市、资阳市、遂宁市、南充市、宜宾市、广安市、自贡市的全部，绵阳市中南部，成都市的金堂，德阳市的中江，乐山市的井研、犍为，达州市的巴中、平昌等共 40 多个县（市、区）。区内丘陵广布，间有少量低山平坝，孤山独包互不相连，旱坡地大量分布，水低土高，水源

缺乏。土壤自然肥力较高，为中氮、中磷、高钾型，多呈中性或微碱性反应。小麦主要分布在区内丘陵的一台、二台、三台旱地，地块一般不大，多有斜坡，持水性较差。日平均温度：播种至抽穗期 9.2~10.8 ℃，抽穗至灌浆成熟期 18.7~19.8 ℃。灌浆期平均日较差：14.9~17.6 ℃。降水量：全生育期内 145.4~313.0 mm，灌浆期 57.7~97.7 mm，灌浆期平均空气相对湿度 70%~76%，加之坡地持水力差，平均温度高，雨后田间湿度下降快，穗发芽风险低于盆西平原。总体上看，该区热量充足，优于盆西平原麦区。该区内的南部和中部，小麦全生育期的平均温度和灌浆期的日较差均高于该区的北部，较北部降水少且小麦成熟早，收获天气较好，适于发展中强筋（面条类）小麦生产。

3. 川西北高原及盆周山地中筋小麦区

该区包括甘孜藏族自治州、阿坝藏族羌族自治州（除红原县）、乐山、雅安、广元、巴中、达州等市的山区共 69 个县（市、区）。该区地处四川省的西部和北部，幅员辽阔，同盆地接壤的过渡地带有深丘和浅丘。小麦生产的共同点是农田地块小，分布零散，多数分布在半山、河谷，少数在山间坪坝地带。区内土壤类型多样，小麦主要分布在旱坡地，坡陡土薄。小麦生长期内区内热量条件差异较大，近盆地边缘山区气温较高，小麦—玉米、小麦—薯类是常见的种植制度；西北部高原内部及其他远盆地山区气温较低，因地形和热量条件不同，有春播一熟、秋播一熟、秋播（小麦/玉米、小麦/杂粮等）二熟等种植制度。降水量在西南和东北部较丰，西北部山区春旱较重。小麦生长自然条件差，耕作粗放，施肥水平较低，小麦产量低。该区适宜种植中筋小麦，满足区内的日常食品消费，品种布局选用中筋品种和中强筋品种。

4. 西南山地弱筋小麦区

该区包括攀枝花市、凉山州各地，以及雅安市的石棉、汉源等共 21 个县（市、区）。该区地势起伏较大，耕地一般分布在 1 000~3 000 m 的中低山地带。该区土壤以红壤、黄棕壤为主，在平坝河谷地带分布各类潮土，土壤供肥力和施入养分量一般较低。气候从低海拔到高海拔，呈现南亚热带到山地凉温带的变化趋势，冬季气温高，蒸发量大，时有干热风，日照较多，年日照 2 000~2 800 h，小麦生长季节为 1 000~1 500 h。干湿季分明，小麦生长季节是旱季，降水量仅 30~70 mm，仅占年降水量的百分之几。区内平均单产 3 600 kg/hm²，在安宁河谷小麦—水稻两熟区，灌溉条件好，小麦大面积单产在 4 500 kg/hm² 以上。多年品质测试数据表明，该区小麦蛋白质含量在 11% 左右，湿面筋含量在 20% 左右，具有生产弱筋小麦的生态环境，适宜建立弱筋小麦生产基地。品种布局上，在弱筋小麦生产基地上选用弱筋品种，采用配套的栽培技术，提高小麦生产效益。

（六）云南

以小麦生长发育所需的生态条件以及云南省自然气候实际情况为主要依据，结合全省各地小麦分布、生产水平、大小春节令矛盾的程度，发展方向和关键措施的地域差异，云南省小麦种植区可分为 3 个大区，即滇北晚熟麦区、滇中中熟麦区、滇南早熟麦区。以此为基础，于亚雄等（2001）对云南省专用小麦品质区划做了初步研究，将云南省小麦划分为 3 大品质区，具体如下：

1. 滇北强筋、中筋小麦区

该区位于北纬 26°~29°，包括滇东北的昭通市、曲靖市及滇西北丽江地区、迪庆州、怒江州的大部分。以种植半冬性或弱春性品种为主。该区"立体气候"特征显著，高寒层和中暖层比重较大，高寒山区的土壤多为棕壤和草甸土，一般山区则以红壤为主，旱地面积大，水田面积只占耕地 15% 左右。小麦全生育期中平均日照 5.48~8.10 h，平均温度 10 ℃ 左右，旬平均温度低于 10 ℃ 的有 12~15 旬，初霜期在 10 月中旬，终霜期在 5 月上旬，霜期长。小麦生育期中降水量 80~150 mm。

2. 滇中中筋小麦区

该区大部分地区处于北纬 24°~26°，24° 以南部分高海拔温热地区及 26° 以北低海拔温热地区也划属该区。以种植弱春性和春性品种为主。全区地域广阔，气候的水平分布复杂，垂直分带明显，小麦生育期早迟不一。海拔 1 600 m 左右地区，小麦生育期 160~185 d，大小春间节令无明显的矛盾。海拔 1 900 m 左右地区小麦生育期 185~200 d，大小春间节令有一定矛盾。该区耕地条件比较优越，坝区面积较大，水利条件较好，总有效灌溉面积达 45%，水田占耕地面积 50% 左右。坝区及河谷附近为冲积性及湖积性土质，一般山区为红壤、紫色土。该区气候特点是气候温和，日照充足，冬春干旱及霜害较重，霜期 110~165 d。小麦生育期中平均日照为 5.57~8.30 h，平均温度为 10~14 ℃，旬平均温度低于 10 ℃ 的有 7~10 旬。小麦全生育期常年降水量 90~220 mm。

3. 滇南弱筋、中筋小麦区

该区绝大部分分布在北纬 25° 以南的地区，包括德宏、临沧、思茅、西双版纳、红河以及文山等地（州）的全部或大部。以种植春性小麦品种为主，土壤多属砖红壤，坝区、河流附近有冲积性水稻土，有效灌溉面积为 28.7%~33%。小麦生长期中平均日照时数 5.80~7.13 h，平均温度为 12.5~16.8 ℃，平均最低气温在 0 ℃ 以上，一般无 10 ℃ 以下旬均温，霜期短或无霜，小麦生育期常年降水量 100~270 mm。

（七）贵州

贵州特定的自然生态条件不利于强筋小麦品质的形成，而利于中筋、弱筋小麦的生长。通过对整个贵州气候条件和小麦籽粒品质性状进行模糊分析，可以把贵州小麦区划分为 4 个品质麦区（王博，2009）。

1. 高海拔少雨中筋、弱筋小麦区

该区包括 14 个县（市、区）：赫章、盘州、毕节、纳雍、威宁、修文、乌当、水城、织金、习水、瓮安、白云、大方、开阳。中筋小麦的种植要多于弱筋小麦的种植，因此可以初步把该区划分为中筋、弱筋型小麦混作区。该区位于大娄山西南，云南高原向贵州高原过渡的斜坡部位，自东向西越靠近云南，小麦的弱筋性表现得越强。该区地势西高东低，农业生产海拔一般为 1 500~2 400 m，年均温 10.6~15.2 ℃，1 月均温 2.0~6.3 ℃，素有"高寒山区"之称。区内日较差较大，降水较少，大部分地区为 1 000~1 200 mm，个别地方甚至低于 1 000 mm（赫章仅 800 mm 左右），降水 70%~80% 集中于 5—10 月。该区受西南季风的影响，干湿分明，降水大多集中在夏季，小麦生育期间降水较少，特别是 2—3 月降水少，温度高，田间水分不易保持，不能满足小麦拔节、孕穗期需水的要求。该区除北部地势较高的几个地区外，其余地区是贵州高原光照条件最好的。高海拔地区小麦的生育期相对较长，对小麦蛋白质含量的提高有很好的促进作用，因此在该区可以考虑中筋小麦优质高产的合理优化途径。该区小麦种植一般于 10 月上中旬播种，生育期 185~215 d。南部宜选用近春性品种，搭配半冬性品种，于 10 月下旬至 11 月上旬播种。

2. 中海拔雨适中筋小麦区

该区包括黔西、平塘、雷山、务川、兴仁、凤岗、龙里、德江、惠水、兴义、贵定、绥阳、都匀、桐梓、安龙、福泉、贵阳、花溪、息烽、普安、紫云、清镇、独山、遵义、平坝、普定、镇宁、麻江、晴隆、贞丰、六枝、长顺、丹寨、安顺、万山等县（市、区）。适合中筋小麦的种植。区内气候湿润，年均温 13~15 ℃，最冷月 5 ℃ 左右，最热月 24 ℃，无霜期 260 d 以上。年降水量 1 100~1 200 mm，雨日 180 d 以上，空气相对湿度 80%，年日照率 30%。小麦生育期间的降水条件十分优越，干湿适中，温度条件适宜，小麦在冬季不停止生长。由于该区光、热、水等自然条件搭配良好，对小麦形成大穗、大粒、重粒较为有利，是贵州小麦形成优质高产稳产较好的区域。该区在现有的小麦品种栽培条件下，基本上为中筋小麦，无弱筋小麦。最适宜的播期为 10 月中下旬，最晚不宜迟于立冬。生育期 210~215 d。

3. 低海拔多雨中筋、弱筋小麦区

该区包括三穗、关岭、遵义、湄潭、仁怀、黄平、金沙、沿河、铜仁、锦屏、印江、赤水、江口、思南、石阡、天柱、剑河、玉屏、施秉、台江、松桃、镇远、岑巩、余庆、黎平、道真、凯里、正安等县（市、区）。为中筋、弱筋小麦混作区，但从生态和经济角度看适合发展弱筋小麦。该区大部分地区海拔在 800 m 以下，相对高差一般为 200~500 m，以低山丘陵、河谷盆地为主。气候冬凉夏热，年温差较大。最冷月均温 5~6 ℃，最热月均温 26~28 ℃，年较差 22 ℃左右。降水充沛，年降水量为 1 200~1 300 mm。区内土层深厚，质地适中，有机质和矿物质含量较高。小麦生育期内自然条件与黔西相比则恰好相反，该区降水较多，光资源较少，湿度较大，小麦生育后期温度较高，湿害与病害比较严重。在小麦生育期内需要注意水害、病害。若稻田栽麦，则需要做好排水工作，防止湿害。该区 10 月下旬至 11 月上旬播种为宜。小麦生育期 205~210 d。目前主要种植品种以中筋为主。

4. 苗岭以南高温小麦区

该区包括黔南州、黔东南州、黔西南州东南部边缘地区的 4 个县（望谟、罗甸、荔波、榕江）。小麦生育期内降水与光照资源对小麦生长有利，但由于温度过高使小麦生育期严重缩短，因而产量和品质都不高，不适宜小麦的种植。

（八）新疆

新疆小麦品质生态区划分为 3 个主区和 7 个亚区，包括强筋、中筋小麦区，中强筋、中筋小麦区和中筋、弱筋小麦区（农业部小麦专家指导组，2012）。中筋、弱筋小麦区主要分为以下区域：

1. 昭苏山间盆地中筋、弱筋小麦区

该区在新疆西部沿天山一带，位于昭苏境内及包括其区域内农四师所属的国有农场。该地区为山间盆地，海拔高，气温较低，冬季时间长，开春晚，以旱作物种植为主，土壤以肥栗钙土为主，有机质含量为 3%~4%。春麦种植面积占小麦面积的 90% 左右。小麦灌浆成熟期间气候温凉，有利灌浆，蛋白质含量为 11%~13%，为全疆最低。有些年份小麦灌浆成熟期间由于阴雨过多，易发生锈病、细菌性花叶条斑病和出现穗上发芽现象，影响品质。海拔较高的地区，燕麦草危害严重。

该区土地资源丰富，国有农场连片，集约经营，小麦是其主要作物，增产潜力大，号称新疆"粮仓"，适于建成中筋、弱筋优质专用小麦产业化生产基地。

2. 北疆沿边绿洲中筋、弱筋小麦区

该区位于新疆西北部和北部，包括额敏（以东）、阿勒泰、巴里坤等县（市、区）及其范围内农五师、农九师、农十师、农十三师所属的农场。该区范围广泛，地形复杂，有高山、丘陵、平原、戈壁和沙漠等。海拔普遍为 540~740 m，除额敏县以东浅山、平原地带种植冬小麦外，基本上都种植春小麦，是北疆春小麦较集中的种植地区。小麦灌浆成熟期气候温凉，空气湿度较大，降水多，降水多集中在 4—7 月。小麦幼穗分化好，灌浆时间长，灌浆成熟期间很少有干热风出现，千粒重高，小麦籽粒中蛋白质含量一般在 11%~13%。宜选用灌浆速度快、休眠期较长的红粒品种。防止麦收时受连阴雨影响，穗上发芽降低品质。

北疆沿边地区作物结构简单，小麦是其主要作物，种植面积大，国有农场多，适宜建成中筋、

弱筋小麦产业化生产基地。农九师塔额盆地硬粒小麦历年来都有一定种植面积，品质良好，但目前品种混杂，配套栽培技术不规范，应逐步改进。

3. 塔里木绿洲中筋、弱筋小麦区

该区位于天山、昆仑山之间的塔里木盆地周边各个绿洲，包括巴音郭楞州一部分县（市）及阿克苏、克孜勒苏、喀什、和田4个地州所有县市和农一师、农二师（部分）、农三师、农十四师所属的国有农场。全区农业气候大致可分为两种类型：一是山间盆谷地温凉型，如拜城盆地、乌什－阿合奇谷地、温宿及库车县的北部山区及帕米尔高原部分农区。海拔1 400~3 200 m，农作物生长季节短，无霜期79~180 d，基本一年一熟。二是平原干热地区，包括塔里木盆地周边洪积平原的各个绿洲，如渭干河流域、塔里木河流域、叶尔羌河流域、和田河流域、车尔臣河流域等，海拔为1 000~1 500 m。该区光热资源丰富，夏季炎热干燥，昼夜温差较大。7月平均气温25 ℃，气温≥10 ℃年积温在4 000 ℃左右，年平均降水量40 mm，无霜期210~240 d，一年两熟，是新疆小麦面积最大、冬小麦最集中，也是小麦间（套）种和复播面积最大的区域。平原地区冬季无稳定积雪，弱冬性品种一般能安全越冬。该区土壤主要类型有灌淤土、潮土、棕漠土等。土壤有机质含量为0.70%~0.85%。该区地处天山以南，交通运输线长，人均耕地少，经济欠发达，小麦商品率低；以生产满足当地人民生活需要为目的，适于种植制作拉面、馕等食品的小麦，侧重种植籽粒白色、容重高、出粉率高、面团延展性好的小麦品种。

主要参考文献

Blumenthal C S, Barlow E W R, Wrigley C W, 1993. Growth environment and wheat quality: the effects of heat stress on dough properties and gluten proteins[J]. Journal of Cereal Science, 18:2-21.

Blumenthal C S, Batey I L, Bekes F, et al., 1991. Seasonal changes in wheat-grain quality associated with high temperatures during grain filling[J]. Aust Journal of Agricultural Research, 42:21-30.

Blumenthal C S, Bekes F, Batey I L, et al., 1991. Interpretation of grain quality results from wheat variety trails with reference to higher temperature stress[J]. Australian Journal of Agricultural Research, 42:325-334.

Corbellini M, Mazza L , Ciaffi M, 1997. Effects of heat shock during grain filling on protein composition and technological quality of wheat[J]. In: Proceeding of the 5th International Wheat Conference, 213-220.

Don C G, Lookhart G, Naeem H, et al., 2005. Heat stress and genotype affect the glutenin particles of the glutenin macropolymer-gel fraction[J]. Journal of Cereal Science, 42（1）:69-80.

Graybosch R A, Peterson C J, Baenziger P S, et al., 1995. Environmental modification of hard red winter wheat flour protein composition[J]. Australian Journal of Plant Physiology, 22: 45-51

Gupta R B, Masci S, Lafiandra D, et al., 1996. Accumulation of protein subunits and their polymers in developing grains of hexaploid wheats[J]. Journal of Experimental Botany, 47（9）: 1377-1385.

Jenner C F, 1991. Effects of exposure of wheat ears to high temperature on drymatter accumulation and carbohydrate metabolism in the grain of two cultivars, 1. Immediate responses[J]. Australian Journal of plant physidogy, 18:165-177.

Jiang D, Fan X, Dai T, et al., 2008. Nitrogen fertiliser rate and post-anthesis waterlogging effects on carbohydrate and nitrogen dynamics in wheat[J].Plant and Soil, 304(s1-2):301-314.

Li C, Jianga D, Wollenweber B, et al., 2011. Waterlogging pretreatment during vegetative growth improves tolerance to waterlogging after anthesis in wheat[J]. Plant Science, 2011（180）: 672-678.

Panozzo J F, Eagles H A, 2000. Cultivar and environmental effects on quality characters in wheat. II. Protein[J]. Australian Journal of Agricultural Research, 51(5): 629-636.

Randall P J, Moss H J, 1990. Some effects of temperature regime during grain filling on wheat quality[J]. Aust Journal of Agricultural Research, 41: 603-617.

Rharrabti Y, Elhani S, Martos-Nunez V, et al., 2001. Protein and lysine content, grain yield, and other technological traits in durum wheat under Mediterranean conditions[J]. Journal of Agricultural and Food Chemistry, 49（8）: 3802-3807.

Schipper A, 1991. Modifications of the dough physical properties of various wheat cultivars by environmental influences[J]. Germany, Agribiological Research, 44:2-3, 114-132.

Sofield I, Evans L T, Cook M G, et al., 1977. Factors influencing the rate and duration of grain filling in wheat[J]. Australian Journal of Plant Physiology, 4: 785-797.

Souza E J, Martin J M, Guttieri M J, et al., 2004. Influence of genotype, environment, and nitrogen management on spring wheat quality[J]. Crop Science, 44（2）: 425-432.

Stone P J, Nicolas M E, 1994. Wheat cultivars vary widely in their responses of grain yield and quality to short periods of post-anthesis heat stress[J]. Australian Journal of Plant Physiology, 21: 887-990.

Wrigley C W, Blumenthal C S, Gras P W, et al., 1994. Temperature variation during grain filling and changes in wheat grain quality[J]. Australian Journal of Agricultural Research, 21:875-885.

Yanagisawa T, Kiribuchi-Otobe C, Fujita M, 2004. Increase in apparent amylose content and change in starch pasting properties at cool growth temperatures in mutant wheat[J]. Cereal Chemistry, 81（1）: 26-30.

澳大利亚小麦质量局，2020. 澳大利亚小麦分类 [EB/OL].[2020–3–10].

曹广才，王绍中，1994. 小麦品质生态 [M]. 北京：中国科学技术出版社 .

曹卫星，郭文善，王龙俊，等，2005. 小麦品质生理生态及调优技术 [M]. 北京：中国农业出版社 .

陈娟，袁雅妮，张培文，等，2024. 花后弱光对弱筋小麦淀粉粒度分布与黏度参数的影响 [J]. 麦类作物学报，44（3）：385–391.

戴廷波，赵辉，荆奇，等，2006. 灌浆期高温和水分逆境对冬小麦籽粒蛋白质和淀粉含量的影响 [J]. 生态学报，（11）：3670–3676.

范雪梅，姜东，戴廷波，等，2004. 花后干旱和渍水对不同品质类型小麦籽粒品质形成的影响 [J]，植物生态学报 .

郭天财，张学林，樊树平，等，2003. 不同环境条件对三种筋型小麦品质性状的影响 [J]. 应用生态学报，14（6）：917–920.

何中虎，林作楫，王龙俊，等，2002. 中国小麦品质区划的研究 [J]. 中国农业科学，35（4）：359–364.

姬兴杰，胡莉婷，胡学旭，2023. 中国小麦主产省不同筋型冬小麦品质形成的气候条件分析 [J]. 麦类作物学报，43（03）：379–390.

贾永辉，2023. 昼夜温差对小麦籽粒灌浆及品质的影响 [D]. 新乡：河南科技学院 .

姜东，谢祝捷，曹卫星，等，2004. 花后干旱和渍水对冬小麦光合特性和物质运转的影响 [J]. 作物学报，30（2）：172-185.

金善宝，1992. 小麦生态理论与应用 [M]. 杭州：浙江科学技术出版社.

兰涛，2005. 小麦籽粒品质形成的基因型与生态效应研究. [D]. 南京：南京农业大学.

李诚永，蔡剑，姜东，2011. 花前渍水预处理对花后渍水逆境下扬麦9号籽粒产量和品质的影响 [J]. 生态学报，31（7）：1904-1910.

李冬，2008. 基因型和环境对新疆小麦品质性状的影响 [D]. 乌鲁木齐：新疆农业大学.

李鸿恩，张玉良，吴秀琴，等，1995. 我国小麦种质资源主要品质特性鉴定结果及评价 [J]. 中国农业科学，28（5）：29-37.

李金才，魏凤珍，余松烈，等，2000. 孕穗期渍水对冬小麦根系衰老的影响 [J]. 应用生态学报，11（5）：723-726.

李瑞，王玲玲，谭植，等，2021. 氮磷互作对弱筋小麦氮素利用与籽粒淀粉品质的影响 [J]. 中国土壤与肥料，（3）：27-34.

李永庚，于振文，梁晓芳，等，2005. 小麦产量和品质对灌浆期不同阶段低光照强度的响应 [J]. 植物生态学报，29（5）：807-813.

林素兰，1997. 环境条件及栽培技术对小麦品质的影响 [J]. 辽宁农业科学，（02）：30-31.

刘萍，郭文善，浦汉春，等，2006. 灌浆期短暂高温对小麦淀粉形成的影响 [J]. 作物学报，32（2）：182-188.

芦静，李建疆，叶玉香，等，2010. 生态因子对新疆北部不同春小麦品质类型的影响 [J]. 新疆农业科学，17（11）：2128-2134.

芦静，吴新元，张新忠，2003. 生态环境和栽培条件对新疆小麦品质的影响及其改良途径 [J]. 新疆农业科学，（03）：163-165.

马冬云，朱云集，郭天财，等，2002. 基因型和环境及其互作对河南省小麦品质的影响及品质稳定性分析 [J]. 麦类作物学报，22（4）：13-18.

马明明，李迎春，薛澄，等，2023. 中国冬小麦品质时空变异特征及关键气象因子分析 [J]. 麦类作物学报，43（1）：113-123.

马政华，刘芳，介晓磊，等，2010. 不同土壤类型对不同筋力型小麦产量和品质的影响 [J]. 土壤通报，（4）：898-903.

农业部小麦专家指导组，2012. 中国小麦品质区划与高产优质栽培 [M]. 北京：中国农业出版社.

钱晨诚，陈立，马泉，等，2023. 磷钾肥施用量和方法对弱筋小麦籽粒产量和蛋白质含量及养分吸收利用的影响 [J]. 植物营养与肥料学报，29（2）：287-299.

石惠恩，1988. 灌溉对冬小麦籽粒产量和营养品质影响的初步研究 [J]. 北京农学院学报，（02）：173-177.

王博，2009. 气候因子对小麦品质的影响及贵州小麦品质区划 [D]. 贵阳：贵州大学.

王绍中，邓克己，1995. 小麦品质生态及品质区划研究：II. 生态因子与小麦品质的关系 [J]. 河南农业科学，（11）：3-6.

王绍中，季书勤，刘发魁，等，2001. 河南省小麦品质生态区划 [J]. 河南农业科学，（09）：4-5.

王龙俊，陈荣振，朱新开，等，2002. 江苏省小麦品质区划研究初报 [J]. 江苏农业科学，（2）：15-18.

王旭东，于振文，石玉，等，2006.磷对小麦旗叶氮代谢有关酶活性和籽粒蛋白质含量的影响 [J]. 作物学报，32（3）：339-344.

王旭琳，刘锐，吴桂玲，等，2021.澳大利亚小麦品质分类标准概述 [J]. 麦类作物学报，41（1）：44-49.

吴东兵，曹广才，强小林，等，2003.生态高度与小麦品质的关系 [J]. 麦类作物学报，23（2）：47.

夏树凤，2020.江苏省小麦籽粒品质区域分布特点及其影响因素 [D]. 南京：南京农业大学.

夏树凤，王凡，王龙俊，等，2020.江苏省小麦籽粒蛋白质达标弱筋小麦的适生性分析与评价 [J]. 中国农业科学，53（24）：4992-5004.

向永玲，方正武，赵记伍，等，2020.灌浆期涝渍害对弱筋小麦籽粒产量及品质的影响 [J]. 麦类作物学报，40（6）：730-736.

徐兆飞，2000.小麦品质及其改良 [M]. 北京：气象出版社.

于亚雄，杨延华，陈坤玲，等，2001.生态环境和栽培方式对小麦品质性状的影响 [J]. 西南农业学报，（02）：14-17.

于亚雄，杨延华，刘丽，等，2001.云南省小麦品质区划初步设想 [J]. 云南农业科技，（6）：3-8.

于振文，2006.小麦产量与品质生理及栽培技术 [M]. 北京：中国农业出版社.

臧慧，2007.钾肥对弱筋小麦籽粒产量和品质形成的影响 [D]. 扬州：扬州大学.

张黎萍，2007.高温和弱光对不同品质类型小麦品质形成的影响及其生理机制 [D]. 南京：南京农业大学.

张庆江，张立言，毕桓武，1997.春小麦品种氮的吸收积累和转运特征及与籽粒蛋白质的关系 [J]. 作物学报，（06）：712-718.

张雄，2017.不同生态环境对四川小麦品种（系）籽粒淀粉含量及理化特性的影响 [D]. 雅安：四川农业大学.

张学林，2003.河南省不同纬度生态环境对三种筋型小麦品种品质性状影响的研究 [D]. 河南农业大学.

张艳菲，2014.花后渍水，高温及其复合胁迫对小麦品质及产量的影响 [D]. 郑州：河南农业大学.

张玉，2012.灌浆期高温和渍水对小麦籽粒产量和品质形成的影响 [D]. 南京农业大学.

赵广才，常旭虹，杨玉双，等，2010.不同灌水处理对强筋小麦加工品质的影响 [J]. 核农学报，24（6）：1232-1237.

周秋峰，黄长志，赵建国，等，2014.土壤条件对小麦品质的影响概述 [J]. 农业科技通讯，（8）：163-165.

第八章

弱筋小麦优质高产高效栽培技术

小麦籽粒的营养品质、加工品质除受遗传基因型、自然生态因素影响外，栽培措施有显著的调节效应。小麦栽培是在认识小麦生长发育和产量形成规律及其与生态环境条件相互关系的基础上，合理确定适宜的耕作制度和种植方式，并采取相应的综合配套技术措施，从而最大限度地发挥品种的遗传潜力和环境因素的有利作用。同为弱筋小麦品种，不同的栽培措施可能使品质相差甚远。生产上应根据生态条件和弱筋小麦品种生长发育特性进行专用小麦的品质调优栽培，以充分利用自然资源优势，发挥产量与品质的遗传潜力，实现优质弱筋小麦的高效生产。

第一节 弱筋小麦品质的基因型和环境效应

一、基因型效应

小麦品质特性取决于基因型，同属弱筋小麦品种品质特性存在差异。马鸿翔等（2013）对江苏省 2006—2010 年生产的小麦主栽弱筋品种进行抽样检测（表 8-1），按国家优质专用弱筋小麦品种的主要品质指标进行评价，从多年多点的平均值来看，弱筋小麦品种品质指标并不一致。其中，蛋白质含量的变异系数（CV）达 3.65%，湿面筋含量变异系数达 7.36%，稳定时间变异系数最大，达 17.13%，说明不同弱筋小麦品种的品质变异较大。

表 8-1 江苏省部分弱筋小麦的品质性状

品种	容重 /（g/L）	蛋白质含量 /%（干基）	湿面筋含量 /%（14% 湿基）	稳定时间 /min	调查年份
宁麦 9 号	784	12.3	23.5	3.0	2006—2009
扬麦 13	767	11.9	26.3	4.0	2006—2010
宁麦 13	776	11.7	23.1	2.7	2006—2010
扬麦 15	773	12.7	26.6	3.3	2006—2010
变异系数 /%	0.91	3.65	7.36	17.13	

科研人员选用 4 个主栽弱筋小麦品种，分析了品质指标的异同（表 8-2），4 个品种的容重都大于 790 g /L，千粒重以'扬麦 15'最高（42.3 g），'宁麦 9 号'最低（37.2 g）。就硬度而言，'宁麦 13'表现为硬质，'扬麦 13'表现为软质。在 4 个弱筋小麦品种中，仅'宁麦 9 号'的蛋白质含量、湿面筋含量和面团稳定时间同时符合国家标准，分别为 10.5%、22.0% 和 1.7 min。'宁麦 13''扬麦 13''扬麦 15'虽然籽粒蛋白质含量均小于 11.5%，但湿面筋含量较高，其中'宁麦 13'的稳定时间也较长，为 2.9 min。此外，各品种面团稳定时间的变异系数较大，以'扬麦 13'为例，稳定时间变幅为 0.9~5.5 min，变异系数达 104.3%。溶剂保持力（SRC）是反映面粉吸水率和加工品质的重要指标。在 4 个弱筋小麦品种中，'扬麦 13'的 SRC 表现最好，4 种 SRC 都表现为最低，其水 SRC、碳酸钠 SRC、蔗糖 SRC 和乳酸 SRC 分别为 59.0%、82.2%、113.5% 和 99.1%；'宁麦 9 号'的 SRC 表现也较低，而'宁麦 13'则表现最高。在吹泡仪参数和粉质仪参数中，'宁麦 9 号'还表现出具有较好的弱筋力和延伸性，弹性和弹性 / 延伸性分别为 57 mm 和 1.1。从变异系数来看，'扬麦 13'的 SRC 和面筋质量相关参数的变异系数都表现较高（张平平 等，2012）。江苏里下河地区农业科学研究所在扬麦系列弱筋小麦育种中，充分利用 Pinb-D1a 软质基因型，HMW–GS 类型为"Null，7+8/7+9，2+12"的材料进行弱筋小麦的遗传改良，选育出弱筋小麦品种（张晓 等，2020）。

表 8-2　弱筋小麦品质性状的平均值及变异系数（2010）

项目		宁麦9号	宁麦13	扬麦13	扬麦15
容重	平均值 /（g/L）	798	794	795	794
	变异系数 / %	—	0.6	0.5	0.5
千粒重	平均值 / g	37.2	40.0	40.3	42.3
	变异系数 / %	—	1.3	1.6	0.6
硬度指数	平均值	48.2	59.6	42.8	48.3
	变异系数 / %	—	3.5	5.1	0.1
蛋白质含量	平均值 / %	10.5	11.2	11.3	11.0
	变异系数 / %	—	7.5	5.7	7.0
水 SRC	平均值 / %	60.9	73.2	59.0	66.6
	变异系数 / %	—	7.5	5.7	7.0
碳酸钠 SRC	平均值 / %	85.5	102.6	82.2	89.3
	变异系数 / %	—	3.3	1.9	4.0
蔗糖 SRC	平均值 / %	122.7	135.4	113.5	123.8
	变异系数 / %	—	3.3	2.3	3.6
乳酸 SRC	平均值 / %	104.2	120.7	99.1	119.3
	变异系数 / %	—	6.1	8.1	6.8
湿面筋含量	平均值 / %	22.0	23.3	22.9	23.7
	变异系数 / %	—	8.7	8.8	6.6
弹性	平均值 / mm	57.0	114.0	60.0	96.3
	变异系数 / %	—	9.9	22.3	2.6
延伸性	平均值 / mm	52.0	38.3	53.2	45.0
	变异系数 / %	—	10.4	21.9	11.8
弹性 / 延伸性	平均值	1.1	3.0	1.2	2.2
	变异系数 / %	—	16.6	46.7	10.6
吸水率	平均值 / %	53.6	64.0	55.8	57.4
	变异系数 / %	—	2.4	3.9	2.4
稳定时间	平均值 / min	1.7	2.9	1.9	1.8
	变异系数 / %	—	96.4	104.3	9.6

注：“—”表示只有 1 个样本，无变异系数。

扬州大学农学院收集 1999—2017 年以弱筋小麦为材料的田间试验数据共 254 组（表 8-3），包括密度、肥料等栽培措施相关试验 23 个（编号 1~23）、品种试验 2 个（编号 24、25）。栽培措施试验供试材料包括‘扬麦 9 号’‘扬麦 13’‘扬麦 15’‘宁麦 9 号’‘宁麦 18’‘建麦 1 号’；品种试验供试材料包括扬麦系列、宁麦系列等品种 14 个。栽培措施试验蛋白质含量和湿面筋含量变异系数变幅分别在 1.51%~13.94% 和 3.39%~12.75%，品种试验蛋白质含量和湿面筋含量变异系数变幅分别在 3.46%~6.90% 和 8.53%~14.38%。总体而言，弱筋小麦蛋白质含量在不同品种间变异性低于不同处理间变异性，但湿面筋含量在品种间变异性高于不同处理间变异性。

表 8-3　不同试验类型的弱筋小麦品质表现和变异系数（1999—2017）

编号	试验类型	年度	播期（月/日）	品种	统计数	蛋白质含量		湿面筋含量	
						范围/%	变异系数/%	范围/%	变异系数/%
1	氮肥	1999—2000	10/28	宁麦 9 号	10	10.03~11.83	5.15	18.80~28.40	12.46
2	密肥	2000—2001	11/2	宁麦 9 号	16	8.18~12.06	10.69	18.26~27.60	12.75
3	密肥	2001—2002	10/31	宁麦 9 号	16	8.61~11.92	9.51	18.44~27.06	10.93
4	氮肥	2000—2001	11/2	宁麦 9 号	8	8.18~12.06	13.94	18.26~24.96	11.31
5	密肥	2001—2002	10/30	宁麦 9 号	16	8.61~11.92	9.51	18.44~27.06	10.89
6	密肥	2001—2002	10/25	扬麦 9 号	8	8.68~11.07	8.11	22.45~27.51	6.94
7	密肥	2002—2003	10/26	扬麦 9 号	6	10.54~11.60	3.97	17.12~22.40	10.24
8	氮肥	2003—2004	10/29	扬麦 15	6	10.89~12.62	5.40	19.25~23.10	6.65
9	氮肥	2003—2004	10/29	扬麦 13	6	11.04~13.31	7.57	21.18~23.34	3.39
10	氮肥	2000—2001	11/2	宁麦 9 号	6	10.71~11.83	3.63	—	—
11	氮肥	2000—2001	11/2	建麦 1 号	6	9.47~12.54	10.88	—	—
12	氮肥	2001—2002	11/2	宁麦 9 号	6	10.32~12.57	7.59	—	—
13	磷肥	2006—2007	11/1	扬麦 15	10	11.01~11.53	1.51	21.10~24.80	5.97
14	磷钾肥	2006—2007	10/30	扬麦 15	9	10.94~12.59	4.46	23.54~28.77	5.96
15	磷钾肥	2007—2008	11/1	扬麦 15	7	10.97~12.54	4.91	22.77~27.42	7.24
16	密肥	2008—2009	11/2	扬麦 13	6	8.40~11.88	11.67	16.78~21.82	8.75
17	密肥	2009—2010	10/29	扬麦 15	6	8.45~11.94	11.56	16.82~22.10	8.94
18	密肥	2010—2011	11/6	扬麦 13	6	8.38~11.91	11.88	16.79~21.95	8.93
19	密度 + 调节剂	2011—2012	11/4	扬麦 13	20	10.34~11.64	3.60	18.95~22.86	4.89
20	密度 + 调节剂	2012—2013	11/2	扬麦 13	20	10.28~11.63	3.32	19.16~22.57	3.98
21	氮肥	2012—2013	11/2	扬麦 15	9	10.39~12.08	5.53	14.90~20.70	9.86
22	氮肥行距	2012—2013	11/2	扬麦 15	6	10.33~12.09	5.92	22.35~24.64	3.71
23	氮肥（叶面肥）	2014—2015	11/4	宁麦 18	30	11.38~15.01	6.86	20.80~30.40	10.74
24	品种	2003—2004	10/25		9	10.83~11.92	3.46	24.51~31.25	8.53
25	品种	2016—2017	11/15		6	11.55~13.96	6.90	25.27~37.53	14.38

二、环境效应

不同地区气候、土壤、栽培方式等对小麦品质的变化有很大影响，即使在地理相近区域，由于温度、光照、水分和土壤营养条件等生态因子存在差异，小麦籽粒品质也有所不同，'扬麦13'同一年度在同一小麦生态区不同地点的品质存在差异（表8-4）（马鸿翔 等，2013）。其中，'扬麦13'在不同县区的蛋白质含量为8.6%~13.6%，变异系数为17.9%；湿面筋含量为15.5%~31.5%，变异系数为26.9%；稳定时间为0.7~8.4 min，变异系数为81.0%。说明不同生态区域土壤、气候等对品质影响较大。

表8-4 '扬麦13'在不同地点的品质分析（2010）

地点	容重 /（g/L）	蛋白质含量 / %（干基）	湿面筋含量 / %（14%湿基）	稳定时间 /min
如东	755	10.8	19.0	1.4
如皋	760	8.6	15.5	0.7
建湖	776	13.6	26.1	7.2
大丰	770	13.2	26.3	8.4
姜堰	805	13.1	31.5	3.5
变异系数 /%	2.5	17.9	26.9	81.0

以江苏大面积推广'宁麦13''扬麦13''扬麦15'的县（区、市）为抽样点，对弱筋小麦的面筋品质指标进行统计分析。如东和泰兴满足弱筋小麦对籽粒蛋白质含量、湿面筋含量和稳定时间的要求，其余县（区、市）部分指标满足或接近弱筋小麦标准。其中，仪征和靖江两地小麦籽粒蛋白质含量大于11.5%，红旗农场抽样点小麦湿面筋含量为25.1%，海安抽样点小麦稳定时间为3.0 min，均略高于弱筋小麦标准，这些可能与其相应的栽培管理措施密切相关。从吸水率和吹泡仪参数看，除仪征和靖江外，所有的抽样点都表现出吸水率和弹性过高、延伸性较差的特点，弹性/延伸性大于2.0（表8-5）（张平平 等，2012）。

表8-5 不同地点弱筋小麦的面筋品质特点（2010）

地点	蛋白质含量 / %	湿面筋含量 / %	弹性 / mm	弹性 / 延展性	吸水率 / %	形成时间 / min	稳定时间 / min
如东	10.3	21.9	98.0	2.9	61.3	1.5	1.1
泰兴	10.8	22.1	106.0	2.7	60.6	1.6	1.5
海安	11.3	23.2	89.2	2.0	59.7	1.4	3.0
仪征	11.8	24.3	47.0	0.7	52.8	1.4	1.0
靖江	11.7	20.9	47.0	0.9	54.4	0.8	1.0
红旗农场	11.4	25.1	105.5	2.4	60.5	1.7	2.2
平均值	11.2	22.9	82.1	1.9	58.2	1.4	1.6
最低	10.3	21.9	47.0	0.7	52.8	0.8	1.0
最高	11.8	25.1	106.0	2.9	61.3	1.7	3.0
变异系数 /%	4.9	6.8	33.9	48.3	6.3	22.6	48.9

尽管在同一地点，小麦栽培的土壤状况与栽培条件较为一致，但由于年度之间的温度、雨量、光照条件不同，其品质也会受到显著影响。同一地点不同年份间弱筋小麦品质亦存在一定差异（表8-6，表8-7），但年度间差异不及地点间差异明显，蛋白质含量、湿面筋含量与稳定时间等品质指标在年度间的变异系数低于地点间的变异系数。

表 8-6　'扬麦 13'在不同年度间的品质分析（江苏如皋）

年份	容重 /（g/L）	蛋白质含量 / %（干基）	湿面筋含量 / %（14%湿基）	稳定时间 / min
2006	774	11.6	23.6	1.6
2007	780	10.5	22.0	2.0
2008	769	8.5	24.8	3.5
2009	751	10.5	23.0	1.1
2010	760	8.6	15.5	0.7
变异系数 / %	1.5	13.5	16.8	60.7

表 8-7　农业部谷物检测中心公布的部分弱筋小麦的品质测试结果（2008，2009）

品种	品质指标	2008				2009			
		样点数	最小值	最大值	平均值	样点数	最小值	最大值	平均值
宁麦 13	蛋白质含量 / %（干基）	5	8.84	11.32	10.08	3	10.41	13.68	11.91
	湿面筋含量 / %（14%湿基）		22.2	28.5	24.7		24.5	29.9	27.1
	稳定时间 / min		3.8	8.8	5.2		3.9	4.9	4.5
扬辐麦 2 号	蛋白质含量 / %（干基）	3	9.83	11.20	10.38	1			10.16
	湿面筋含量 / %（14%湿基）		24.2	24.8	24.5				17.1
	稳定时间 / min		1.9	8.2	4.6				1.3
扬麦 13	蛋白质含量 / %（干基）	12	8.57	13.23	10.80	7	10.83	14.89	12.81
	湿面筋含量 / %（14%湿基）		20.9	32.3	26.6		25.0	35.8	30.3
	稳定时间 / min		2.0	10.7	4.1		2.4	6.0	3.4
扬麦 15	蛋白质含量 / %（干基）	10	8.27	10.50	9.61	3	9.44	12.76	10.79
	湿面筋含量 / %（14%湿基）		20.1	25.7	23.3		20.4	29.3	24.0
	稳定时间 / min		1.7	13.1	5.9		2.3	10.2	5.3

三、氮肥效应

氮肥用量和施用时期对小麦品质有显著影响。在一定范围内，随着施氮量增加，小麦籽粒蛋白质含量相应增加；施氮可以显著提高小麦籽粒的蛋白质含量、干湿面筋含量、沉淀值和产量，面团流变学特性和面包烘烤品质也得到显著改善，并且高肥力土壤的效果优于低肥力土壤（孙慧敏 等，2006；Lerner et al.，1998；Lopez-Bellido et al.，1998；Kindred et al.，2008）。在小麦不同生育时期追肥对其品质的影响存在着显著差异。研究表明，在 3 叶期追肥对籽粒蛋白质的提高有抑制作用，不利于面筋含量和沉淀值的增加（江洪芝 等，2009）。随着施氮期的后移，籽粒蛋白质（尤其是谷蛋白和醇溶蛋白）含量显著提高（石书兵 等，2005）。一般来讲，小麦生育前期施氮有利于分蘖，增加成穗数，提高产量；后期施氮则有利于增加籽粒蛋白质和面筋含量（曹卫星 等，2005）。

（一）氮肥对产量与蛋白质含量的影响

由表 8-8 可以看出，适量增加施氮量可有效调控小麦群体结构。在施纯氮 0~210 kg/hm² 范围内，随着施氮量的增加，两个弱筋小麦的穗数、穗粒数呈上升趋势，粒重变化因品种差异而不同。分析产量构成因素可以看出，施氮量对穗数和穗粒数的影响是导致产量变化的主要原因。在施纯氮 0~210 kg/hm² 范围内，增施氮肥可提高籽粒产量，若过量施用氮肥（315 kg/hm²），则籽粒产量降低，两个弱筋小麦品种表现一致。

随着施氮量的增加，'扬麦 13'和'宁麦 13'两个弱筋小麦品种籽粒蛋白质含量逐渐增加。当施纯氮 105 kg/hm² 时，两个弱筋小麦籽粒蛋白质含量分别为 10.6 %（扬麦 13）、11.4 %（宁麦 13），而当施纯氮 210 kg/hm² 时，两个弱筋小麦籽粒蛋白质含量不符合国家优质弱筋小麦标准（≤ 11.5 %）。

表 8-8　氮素水平对弱筋小麦籽粒产量与蛋白质含量的影响

品种	氮水平	穗数 / （万穗 /hm²）	穗粒数 / （粒 / 穗）	千粒重 / g	产量 / （kg/hm²）	蛋白质含量 / %
扬麦 13	N_0	458.9 ± 13.8d	39.8 ± 1.2c	41.7 ± 0.9b	4 715.3 ± 235.8d	10.3 ± 0.3cd
	N_{105}	563.0 ± 16.9c	46.5 ± 1.4ab	41.7 ± 0.1b	6 854.6 ± 342.7bc	10.6 ± 0.3cd
	N_{210}	581.6 ± 17.5bc	47.2 ± 1.4a	40.5 ± 0.6c	7 368.9 ± 368.4b	13.6 ± 0.4b
	N_{315}	597.6 ± 17.9b	44.5 ± 1.3b	43.0 ± 0.8a	6 774.1 ± 338.7bc	13.9 ± 0.4ab
宁麦 13	N_0	450.9 ± 13.5b	34.8 ± 1.0e	37.6 ± 1.0d	5 953.9 ± 297.7c	10.0 ± 0.3d
	N_{105}	595 ± 17.9b	37.6 ± 1.1d	37.2 ± 0.9d	7 661.0 ± 383.1ab	11.4 ± 0.3c
	N_{210}	688.3 ± 20.7a	39.6 ± 1.2cd	38.4 ± 1.3d	8 446.2 ± 422.3a	14.0 ± 0.4ab
	N_{315}	696.4 ± 20.9a	40.6 ± 1.2c	40.2 ± 0.7c	7 629.0 ± 381.5ab	14.9 ± 0.4a
F 值	品种	64.06**	156.15**	98.03**	48.29**	8.61**
	氮水平	150.3**	29.05**	8.59**	59.95**	182.35**
	品种 × 氮水平	14.7**	5.31**	3.06*	0.49	3.35*

注：N_0、N_{105}、N_{210}、N_{315} 分别表示施氮量为 0 kg/hm²、105 kg/hm²、210 kg/hm²、315 kg/hm²。下文类似情况做同一解释。

（二）氮肥对淀粉粒度的影响

'扬麦 13'和'宁麦 13'两个品种 A 型（>10 μm）、B 型（≤ 10 μm）淀粉粒体积百分比随施氮量的增加表现略有差异，'扬麦 13'B 型淀粉粒的体积百分比随施氮量的增加而升高，A 型淀粉粒体积百分比在 N_0 处理达到最大值，为 80.8 %；'宁麦 13'B 型淀粉粒的体积百分比则随施氮量的增加先升高后降低。由此可见，弱筋小麦 A 型、B 型淀粉粒的体积分布受品种自身特性及施氮量控制。两个弱筋小麦 B 型淀粉粒数目占总淀粉粒数目的 99.7 % 以上，说明弱筋小麦在数量上主要由 B 型淀粉粒组成。不同处理间氮水平 F 值未达到显著水平，而品种和品种 × 氮水平的 F 值均达到极显著水平，由此可见，施氮量对弱筋小麦籽粒 A 型和 B 型淀粉粒的数目分布无显著影响。两个小麦品种 B 型淀粉粒表面积百分比在 N_{210} 处理下达到最大值，A 型淀粉粒表面积在两个品种间表现出不同规律。随着施氮量的增加，B 型淀粉粒表面积百分比表现为先升高后降低，A 型淀粉粒表现为先降低后升高。由此可见，在施氮量为 0~210 kg/hm² 时，小淀粉粒（粒径 ≤ 10 μm）表面积百分比随施氮量的增加而升高，大淀粉粒（粒径 >10 μm）表面积百分比随施氮量的增加而降低（表 8-9）。

表 8-9　施氮量对弱筋小麦淀粉粒体积、数目及表面积分布的影响　　　单位：%

品种	氮水平	体积		数目		表面积	
		B	A	B	A	B	A
扬麦 13	N_0	19.2 ± 0.1g	80.8 ± 0.1a	99.9 ± 0a	0.1 ± 0c	61.9 ± 1f	38.1 ± 1a
	N_{105}	20.9 ± 0.1f	79.1 ± 0.1b	99.7 ± 0c	0.3 ± 0a	67.3 ± 1.1e	32.7 ± 1.1b
	N_{210}	23.8 ± 0.3e	76.2 ± 0.3c	99.7 ± 0.2bc	0.3 ± 0.2ab	69.6 ± 0.3d	30.4 ± 0.3c
	N_{315}	23.9 ± 0.7e	76.1 ± 0.7c	99.7 ± 0.1bc	0.3 ± 0.1ab	69.5 ± 0.3d	30.5 ± 0.3c
宁麦 13	N_0	35.5 ± 0.3c	64.5 ± 0.3e	99.8 ± 0.1ab	0.2 ± 0.1bc	78.0 ± 0.5c	22.0 ± 0.5d
	N_{105}	38.4 ± 1.1b	61.6 ± 1.1f	99.9 ± 0a	0.1 ± 0c	80.5 ± 1.1b	19.5 ± 1.1e
	N_{210}	46.5 ± 1.1a	53.5 ± 1.1g	99.9 ± 0a	0.1 ± 0c	84.6 ± 0.7a	15.4 ± 0.7f
	N_{315}	32.2 ± 0.3d	67.8 ± 0.3d	99.9 ± 0a	0.1 ± 0c	76.6 ± 0.3c	23.4 ± 0.3d
F 值	品种	3 836.9**	3 836.9**	21.78**	21.78**	2 387.53**	2 387.53**
	氮水平	184.61**	184.61**	1.33	1.33	126.47**	126.47**
	品种 × 氮水平	131.89**	131.89**	6.07**	6.07**	57.06**	57.06**

（三）氮肥对淀粉黏度参数的影响

由表 8-10 可得，施氮量对弱筋小麦籽粒淀粉糊化温度影响不明显。两个品种籽粒淀粉的最终黏度随施氮量的增加而增加；峰值黏度在施氮量为 0~210 kg/hm² 时也随施氮量增加而增加，在施氮量为 210~315 kg/hm² 时，两个品种表现出不同的规律，这可能是由品种差异造成的。由此可得，在施氮量为 0~210 kg/hm² 时，弱筋小麦籽粒淀粉黏度参数随施氮量的增加而增高。

表 8-10　施氮量对淀粉黏度参数的影响

品种	氮水平	糊化温度 / ℃	峰值黏度 / cP	最终黏度 / cP
扬麦 13	N_0	67.6 ± 0.5bc	1 435.7 ± 41.7c	1 498.7 ± 45.1d
	N_{105}	68.5 ± 0.4a	1 498.7 ± 22.2b	1 593.7 ± 22.2c
	N_{210}	67.5 ± 0.5bc	1 565.0 ± 13.0a	1 618.0 ± 38.6c
	N_{315}	67.1 ± 0c	1 599.7 ± 30.7a	1 717.3 ± 39.9b

品种	氮水平	糊化温度 / ℃	峰值黏度 / cP	最终黏度 / cP
宁麦 13	N_0	68.4 ± 0.3ab	1 301.3 ± 18.2d	1 588.3 ± 34.5c
	N_{105}	67.7 ± 0.3bc	1 387.0 ± 34.0c	1 632.0 ± 75.2c
	N_{210}	68.5 ± 0.3a	1 418.0 ± 22.9c	1 756.3 ± 36.56ab
	N_{315}	68.3 ± 0.7ab	1 391.7 ± 39.6c	1 801.7 ± 38.6a
F 值	品种	6.41	131.67**	24.16**
	氮水平	1.51	20.42**	27.34**
	品种 × 氮水平	7.42**	2.48	1.31

四、磷肥效应

关于磷肥对小麦品质的影响，很多学者都做了系统的研究（Desai et al.，1978；Rodríguez et al.，1999；Rodrguez et al.，2000）。随着施磷量的增加，籽粒蛋白质含量显著提高，但对湿面筋含量、沉淀值影响不大（王立秋，1998；张海竹 等，2008）。姜宗庆等（2006）研究表明，在施磷量（P_2O_5）0~108 kg/hm² 的范围内，小麦籽粒总蛋白质含量随施磷量增加而增加，直链淀粉、支链淀粉、总淀粉含量均随施磷量增加而下降；继续增加施磷量，醇溶蛋白、谷蛋白和总蛋白质含量下降，直链淀粉、支链淀粉、总淀粉含量有所上升。磷肥对小麦品质的影响因品种和氮肥供应水平不同而存在差异。与不施磷处理相比，施磷处理显著提高了籽粒蛋白质含量，延长了面团形成时间和稳定时间，提高了评价值，显著改善了面团的加工品质（付国占 等，2008）。王旭东等（2006）研究表明，适量施磷可显著提高'鲁麦 22'和'济南 17'两个小麦品种的籽粒蛋白质和湿面筋含量，增加'鲁麦 22'的沉淀值，延长面团稳定时间，但对'济南 17'的沉淀值和面团稳定时间无显著影响；过量施磷则会降低'济南17'的沉淀值，缩短面团稳定时间。这是因为适量施磷会促进小麦根系的发育，提高小麦对土壤中硝态氮的利用，增加小麦籽粒中氮素的积累，而过量施磷则会出现抑制作用（袁丽金 等，2009）。

（一）磷肥对蛋白质、湿面筋含量的影响

由表 8-11 可以看出，不同施磷水平（施磷 60 kg/hm²、120 kg/hm²、180 kg/hm²）比较，提高施磷水平，弱筋小麦籽粒蛋白质含量呈下降的趋势，两品种面筋含量均随磷肥施用量上升呈下降趋势。施氮水平提高能增加籽粒蛋白质含量、湿面筋含量，施磷水平的提高有利于蛋白质含量和湿面筋含量的降低。

表 8-11　磷肥对弱筋小麦籽粒蛋白质含量、湿面筋含量的影响

品种	氮水平	磷水平	蛋白质含量 / %	湿面筋含量 / %
宁麦 13	N_{120}	P_{60}	12.49 ± 0.04 c	27.06 ± 0.28 b
		P_{120}	12.45 ± 0.04 c	26.75 ± 0.11 b
		P_{180}	11.98 ± 0.10 d	25.66 ± 0.16 c
	N_{180}	P_{60}	13.29 ± 0.05 b	29.39 ± 0.12 a
		P_{120}	13.93 ± 0.08 a	25.76 ± 0.11 c
		P_{180}	13.43 ± 0.16 b	23.62 ± 0.32 d

品种	氮水平	磷水平	蛋白质含量 / %	湿面筋含量 / %
宁麦 13	F 值	N	920.03*	4.05
		P	47.89*	319.95*
		N × P	28.86*	129.28*
皖西麦 0638	N_{120}	P_{60}	12.20 ± 0.15 b	25.08 ± 0.44 b
		P_{120}	11.36 ± 0.16 c	23.08 ± 0.15 c
		P_{180}	11.38 ± 0.21 c	22.59 ± 0.39 c
	N_{180}	P_{60}	12.66 ± 0.16 a	27.34 ± 0.41 a
		P_{120}	12.50 ± 0.17 ab	25.77 ± 0.34 b
		P_{180}	11.18 ± 0.25 c	22.51 ± 0.49 c
	F 值	N	28.13*	52.86*
		P	56.76*	89.55*
		N × P	19.52*	14.91*

注：P_{60}、P_{120}、P_{180} 分别表示施磷量为 60 kg/hm^2、120 kg/hm^2、180 kg/hm^2。下文类似情况做同一解释。

（二）磷肥对弱筋小麦淀粉黏度参数的影响

由表 8-12 可以看出，不同磷肥水平比较，随着施磷水平增加，峰值黏度、低谷黏度、最终黏度、稀懈值和回生值等呈上升趋势，两种氮水平表现一致。可见小麦淀粉黏度参数的提高可能与磷素水平提高有关。

表 8-12　磷肥对'宁麦 13'籽粒淀粉黏度参数的影响

氮水平	磷水平	峰值黏度 /cP	低谷黏度 /cP	最终黏度 /cP	稀懈值 /cP	回生值 /cP
N_{120}	P_{60}	494.3 ± 12.1e	160.3 ± 0.6e	350.3 ± 2.1e	334.0 ± 11.5cd	190.0 ± 1.7e
	P_{120}	576.3 ± 32.3cd	199.3 ± 6.4d	443.3 ± 20.2d	377.0 ± 26.5bc	244.0 ± 13.9d
	P_{180}	674.3 ± 31.8b	244.7 ± 6.7b	545.3 ± 17.6b	429.7 ± 25.5a	300.7 ± 11.0b
N_{180}	P_{60}	526.0 ± 38.3de	227.0 ± 11.1bc	487.7 ± 23.2c	299.0 ± 27.2d	260.7 ± 12.1cd
	P_{120}	616.3 ± 30.4bc	225.3 ± 11.6c	494.3 ± 25.7c	391.0 ± 22.0ab	269.0 ± 14.2c
	P_{180}	755.3 ± 51.6a	364.0 ± 18.5a	772.7 ± 38.1a	391.3 ± 33.3ab	408.7 ± 19.6a
F 值	N	9.63*	196.17*	153.85*	2.77	119.20*
	P	52.36*	183.84*	171.41*	22.16*	157.10*
	N × P	0.86	28.67*	20.77*	2.02	14.90*

五、钾肥效应

在小麦生长过程中，钾素营养与氮的代谢有密切关系。在长期施用氮磷肥的基础上，施用钾肥可以有效提高小麦籽粒的蛋白质含量（Narendra et al.，1998）。研究发现，施钾可以显著促进小麦植株花前氮素的积累和储存氮素的运转，从而使籽粒蛋白质含量提高（邹铁祥 等，2006），并显著提高小麦湿面筋含量和沉淀值（王月福 等，2002；赵广才 等，2004）。邹铁祥等（2006）试验发现，随着钾肥施用量的增加，小麦湿面筋含量、沉淀值和面团形成时间等指标均显著提高，供钾水平对三者的作用均达极显著水平。不同土壤供钾水平下施钾肥会导致小麦籽粒品质发生明显变化。在低钾土壤上，钾肥用量在一定的范围（0~120 kg/hm²）内，籽粒蛋白质含量、湿面筋含量、沉淀值和硬度均随着钾肥用量的增加而提高，但在中钾土壤上的表现则相反（武际 等，2007）。这说明在一定范围内可以通过调节钾肥的施用量来改善小麦的籽粒品质和面团的加工品质。研究表明，维持土壤有效钾含量在 10~350 mg/kg 对保证小麦高产和优质是必要的，低于下限会减产，高于上限蛋白质含量会降低（金善宝，1996）。不同生育时期追施钾肥也会对小麦籽粒品质产生明显的作用。随着钾肥施用期的后移，小麦籽粒的蛋白质含量、湿面筋含量和沉淀值显著提高，扬花期施钾时小麦籽粒的蛋白质含量最高，但会造成小麦产量的降低。因此，综合考虑小麦产量和品质，钾肥追施时间以拔节期为宜。

（一）钾肥对淀粉粒体积分布的影响

由表 8-13 可看出，施钾量对弱筋小麦籽粒 A 型、B 型淀粉粒体积百分比有显著影响，籽粒 B 型淀粉粒体积百分比均随施钾量的增加而增加，A 型淀粉粒体积百分比均随施钾量的增加而降低，可见钾素有利于 B 型淀粉粒的产生与生长。其中 B 型淀粉粒中，与粒径 <2.5 μm 的淀粉粒组相比，钾肥对粒径为 2.5~10.0 μm 的淀粉粒组体积百分比的增幅更大；A 型淀粉粒中，与粒径为 10~20 μm 的淀粉粒组相比，钾肥对粒径为 20~40 μm 的淀粉粒组体积百分比的降幅更大。

表 8-13　钾肥对弱筋小麦淀粉粒体积分布的影响　　　　　单位：%

品种	处理	淀粉粒粒径					
		<2.5 μm	2.5~10.0 μm	≤ 10 μm	>10 μm	10~20 μm	>20 μm
扬麦 13	K₀	8.75 ± 0.09e	22.06 ± 0.05g	30.81 ± 0.14g	69.10 ± 0.14a	28.60 ± 0.14b	40.50 ± 0.00a
	K₆₀	10.16 ± 0.08d	26.55 ± 0.06e	36.71 ± 0.14e	63.20 ± 0.14c	27.35 ± 0.07d	35.85 ± 0.07c
	K₁₂₀	11.66 ± 0.08b	30.04 ± 0.06c	41.70 ± 0.14c	58.28 ± 0.14e	26.35 ± 0.07e	31.93 ± 0.07d
	K₁₈₀	12.64 ± 0.06a	33.01 ± 0.01a	45.65 ± 0.07a	54.34 ± 0.07g	27.60 ± 0.00cd	26.74 ± 0.07g
宁麦 13	K₀	8.92 ± 0.01e	22.48 ± 0.13f	31.40 ± 0.14f	68.50 ± 0.14b	28.90 ± 0.14b	39.60 ± 0.00b
	K₆₀	10.95 ± 0.07c	29.20 ± 0.00d	40.15 ± 0.07d	59.85 ± 0.07d	29.85 ± 0.07a	30.00 ± 0.14e
	K₁₂₀	11.72 ± 0.16b	30.44 ± 0.05b	42.16 ± 0.21c	57.83 ± 0.21e	27.90 ± 0.14c	29.93 ± 0.07e
	K₁₈₀	11.66 ± 0.08b	32.89 ± 0.01a	44.55 ± 0.09b	55.44 ± 0.07f	27.40 ± 0.00d	28.04 ± 0.07f
F 值	C	0.08	719.32**	203.70**	200.62**	509.62**	2481.26**
	K	1 721.24**	21 058.15**	10 190.14**	10 036.24**	305.84**	20 347.73**
	C×K	107.68**	388.79**	253.39**	249.56**	176.63**	1 600.27**

注：K₀、K₆₀、K₁₂₀、K₁₈₀ 分别表示施钾量为 0 kg/hm²、60 kg/hm²、120 kg/hm²、180 kg/hm²。下文类似情况做同一解释。

（二）钾肥对淀粉粒表面积分布的影响

由表 8-14 可看出，随着施钾水平提高，籽粒 B 型淀粉粒表面积百分比显著增加。A 型淀粉粒表面积百分比均随施钾量的增加而降低。其中 A 型淀粉粒中，与粒径为 10~20 μm 的淀粉粒组相比，钾肥对粒径为 20~40 μm 的淀粉粒组表面积百分比的降幅更明显。

表 8-14　钾肥对弱筋小麦淀粉粒表面积分布的影响　　　单位：%

品种	处理	淀粉粒粒径					
		<2.5 μm	2.5~10.0 μm	≤10 μm	>10 μm	10~20 μm	>20 μm
扬麦 13	K₀	47.05 ± 0.21d	29.85 ± 0.07d	76.90 ± 0.28e	23.10 ± 0.14a	12.30 ± 0.14a	10.80 ± 0.00a
	K₆₀	48.20 ± 0.28c	32.60 ± 0.14bc	80.80 ± 0.42d	19.20 ± 0.14b	10.55 ± 0.07bc	8.65 ± 0.07c
	K₁₂₀	48.20 ± 0.14c	34.05 ± 0.78ab	82.25 ± 0.92bc	17.75 ± 0.64cd	10.40 ± 0.71bc	7.35 ± 0.07d
	K₁₈₀	50.15 ± 0.21a	34.25 ± 0.07ab	84.40 ± 0.28a	15.60 ± 0.14e	9.75 ± 0.07c	5.85 ± 0.07f
宁麦 13	K₀	47.10 ± 0.00d	30.15 ± 0.07d	77.25 ± 0.07e	22.75 ± 0.07a	12.30 ± 0.00a	10.45 ± 0.07b
	K₆₀	47.90 ± 0.28c	33.35 ± 0.21bc	81.25 ± 0.49cd	18.75 ± 0.07bc	11.40 ± 0.00ab	7.35 ± 0.07d
	K₁₂₀	49.30 ± 0.14b	33.25 ± 0.07bc	82.55 ± 0.21b	17.45 ± 0.07d	10.50 ± 0.00bc	6.95 ± 0.07e
	K₁₈₀	49.40 ± 0.14b	34.95 ± 0.07a	84.35 ± 0.21a	15.65 ± 0.07e	9.60 ± 0.00c	6.05 ± 0.07f
F 值	C	0.08	2.85	4.01	4.03	2.21	203.78**
	K	165.17**	199.18**	554.74**	556.16**	67.29*	3 746.06**
	C×K	19.77**	6.55*	0.69	0.69	2.74	91.84**

（三）钾肥对淀粉粒数目分布的影响

由表 8-15 可看出，施钾量对弱筋小麦籽粒 A 型、B 型淀粉粒数目百分比无显著影响。其中 B 型淀粉粒中，粒径为 2.5~10.0 μm 的淀粉粒组数目先上升后下降。

表 8-15　钾肥对弱筋小麦淀粉粒数目分布的影响　　　单位：%

品种	处理	淀粉粒粒径			
		<2.5 μm	2.5~10.0 μm	≤10 μm	>10 μm
扬麦 13	K₀	96.90 ± 0.00a	3.00 ± 0.00c	99.90 ± 0.00	0.10 ± 0.00
	K₆₀	96.60 ± 0.14a	3.30 ± 0.14c	99.90 ± 0.00	0.10 ± 0.00
	K₁₂₀	95.25 ± 0.07c	4.65 ± 0.07a	99.90 ± 0.00	0.10 ± 0.00
	K₁₈₀	96.10 ± 0.14b	3.80 ± 0.14b	99.90 ± 0.00	0.10 ± 0.00
宁麦 13	K₀	96.90 ± 0.00a	3.00 ± 0.00c	99.90 ± 0.00	0.10 ± 0.00
	K₆₀	95.80 ± 0.14b	4.10 ± 0.14b	99.90 ± 0.00	0.10 ± 0.00
	K₁₂₀	96.15 ± 0.07b	3.75 ± 0.07b	99.90 ± 0.00	0.10 ± 0.00
	K₁₈₀	96.65 ± 0.07a	3.25 ± 0.07c	99.90 ± 0.00	0.10 ± 0.00

品种	处理	淀粉粒粒径			
		<2.5 μm	2.5~10.0 μm	≤10 μm	>10 μm
F 值	C	10.98[*]	10.66[*]		
	K	101.97[**]	98.95[**]		
	C × K	57.08[**]	55.39[**]		

（四）钾肥对淀粉黏度参数的影响

由表 8-16 可看出，施钾 0~120 kg/hm² 范围内，随着钾素水平的提高，'宁麦 13' 籽粒淀粉峰值黏度等参数显著增加，施钾 180 kg/hm² 时呈下降趋势。与 K_0、K_{180} 处理相比，施钾 60~120 kg/hm² 处理籽粒淀粉峰值黏度等参数较高。可见施钾 0~120 kg/hm² 范围内，施钾增加 B 型淀粉粒比例、降低 A 型淀粉粒比例，进而增加了淀粉峰值黏度等黏度参数。

表 8-16　钾肥对弱筋小麦 '宁麦 13' 淀粉黏度参数的影响

处理	糊化温度 / ℃	峰值黏度 / cP	低谷黏度 / cP	最终黏度 / cP
K_0	68.83 ± 0.06a	1 477.67 ± 22.30b	930.33 ± 8.33ab	2 183.67 ± 30.62ab
K_{60}	68.60 ± 0.17a	1 549.00 ± 33.15a	937.67 ± 28.73ab	2 211.33 ± 42.55a
K_{120}	68.97 ± 0.29a	1 589.67 ± 12.50a	969.33 ± 11.02a	2 247.67 ± 30.01a
K_{180}	68.83 ± 0.31a	1 453.67 ± 22.37b	900.67 ± 16.65b	2 101.67 ± 17.90b
F 值	1.56	39.62[**]	12.06[**]	12.52[**]

第二节　弱筋小麦优质高产高效关键技术

一、播种技术

（一）播期

当基本苗相同时，超出适宜播期播种的晚播小麦，单位面积有效穗数下降。过晚播种还会导致幼穗小穗、小花分化数减少，可孕花率和可孕花结实率下降，每穗结实粒数减少，籽粒灌浆结实期不能与当地最佳季节同步，粒重降低，最终导致产量下降。过早、过迟播种，弱筋小麦蛋白质含量、湿面筋含量均未达国标要求，淀粉含量亦低。在大面积生产中，中、强筋小麦要实现高产优质，应适期播种，弱筋小麦在适期范围内早播，有利于产量和品质协调发展，如扬州地区 '扬麦 15' 在 10 月 29 日前后播种为最佳播期（表 8-17）（刘蓉蓉，2005）。

表 8-17　播期对'扬麦 15'籽粒产量、品质的影响（2003—2004）

播期 （月/日）	穗数/ （万穗/hm²）	穗粒数/ （粒/穗）	千粒重/ g	理论产量/ （kg/hm²）	实际产量/ （kg/hm²）	蛋白质 含量/%	淀粉 含量/%	湿面筋 含量/%	干面筋 含量/%
10/15	555.44	39.14	34.19	7 433.48bc	5 398.77bc	12.82a	72.90c	24.02a	8.29a
10/22	616.70	40.87	37.94	9 563.28a	6 212.81ab	11.84a	75.91ab	22.17c	7.79c
10/29	635.87	33.45	44.66	9 499.65a	6 809.17a	10.25b	76.56a	19.76d	6.94d
11/5	622.95	32.45	40.73	8 233.72a	5 608.86bc	11.36ab	75.03b	22.91b	8.01b
11/12	592.53	34.01	31.82	6 411.70bc	4 886.91c	11.64ab	71.75d	23.02b	8.14b

　　同一品种，播期推迟，加大播种量可以弥补穗数的不足，而每穗粒数及千粒重均呈现下降趋势，产量均以 11 月 5 日最高，过早或迟播产量降低（表 8-18）。随着播期推迟，各品种蛋白质含量和湿面筋含量呈上升趋势，播期对各品种容重、硬度、SDS 沉淀值、水 SRC 以及蔗糖 SRC 影响不显著（表 8-19）。

表 8-18　播期对弱筋小麦产量、蛋白质含量及湿面筋含量的影响（2015—2016）

品种	播期 （月/日）	穗数/ （万穗/hm²）	穗粒数/ （粒/穗）	千粒重/g	产量/ （kg/hm²）	蛋白质 含量/%	湿面筋 含量/%
扬麦 16	10/20	377.60f	47.44ab	41.23a	6 494.12abc	12.42d	23.12f
	11/5	403.75cdef	46.21ab	40.53ab	6 776.83ab	13.52c	26.75cd
	11/19	414.93cdef	44.07abc	40.16b	6 423.38bc	14.82a	30.08a
扬麦 20	10/20	401.85def	47.82ab	37.89de	6 364.30bc	12.34d	23.04f
	11/5	426.32bcde	46.30abc	37.23efg	6 620.02abc	12.63d	23.35f
	11/19	430.35bcde	43.36bc	36.69fg	6 099.58c	13.62c	26.49d
扬麦 22	10/20	429.30bcde	46.29abc	39.05c	6 805.11ab	11.7ef	20.87g
	11/5	469.20ab	44.24abc	38.62cd	7 103.57a	12.76d	23.01f
	11/19	489.75a	42.11c	35.29h	6 455.92bc	14.21b	28.73ab
扬麦 23	10/20	395.80ef	49.20a	37.51ef	6 511.40abc	11.76e	21.58g
	11/5	424.65bcdef	47.41ab	36.95fg	6 811.34ab	13.24c	25.73de
	11/19	440.25bcd	44.45abc	36.60g	6 363.28bc	14.36b	28.03bc
宁麦 13	10/20	411.60cdef	48.66a	36.93fg	6 521.79abc	11.31f	20.74g
	11/5	440.14bcd	46.15abc	36.64g	6 703.39abc	11.49ef	21.14g
	11/19	449.70abc	43.43bc	35.52h	6 074.60c	12.6d	24.79e

表 8-19　播期对不同小麦品种相关品质指标的影响（2020—2021）

品种	播期（月/日）	容重/（g/L）	蛋白质含量/%	湿面筋含量/%	硬度指数	SDS沉淀值/mL	水SRC/%	乳酸SRC/%	蔗糖SRC/%	碳酸钠SRC/%
扬麦20	11/5	785	13.64	31.33	49.3	61	55.25	92.26	127.92	69.81
	11/14	776	14.46	32.79	51.2	54	53.82	81.11	127.53	66.55
	11/25	808	15.14	34.22	52.2	65	56.56	116.27	127.91	70.87
	12/5	804	15.52	34.86	48.2	68	53.61	100.03	124.00	64.78
扬麦25	11/5	798	13.20	27.64	48.3	73	55.63	117.15	133.60	72.55
	11/15	795	13.69	30.40	47.9	66	54.63	100.53	135.33	68.35
	11/25	809	14.52	31.67	47.2	73	54.69	117.67	135.90	70.68
	12/5	810	14.81	33.69	47.6	75	55.67	115.69	137.10	70.52
宁麦13	11/5	816	14.24	32.52	61.5	73	65.37	112.26	128.67	85.23
	11/15	824	14.60	36.25	65.3	68	64.40	98.87	127.98	83.02
	11/25	827	15.44	37.37	62.3	77	65.31	100.55	132.47	83.49
	12/5	830	15.71	39.73	61.9	74	62.65	110.84	130.56	79.84

（二）密度

试验结果表明（表 8-20，表 8-21），露地条播小麦随密度上升，籽粒产量、蛋白质含量、湿面筋含量呈先上升再下降的趋势。可见在大面积生产中，在保证适期播种条件下，适期播种春性或半冬性弱筋或准弱筋小麦以 180~240 万苗 /hm² 基本苗为宜。

表 8-20　密度对'宁麦 9 号'籽粒品质的影响（大丰）

基本苗/（万苗/hm²）	容重/（g/L）	蛋白质含量/%	湿面筋含量/%	形成时间/min	稳定时间/min	评价值/分
120	774	8.72	18.46	1.7	4.5	41
180	784	8.97	18.51	1.6	5.0	43
240	792	8.78	18.53	1.3	5.0	42
300	784	8.27	17.7	1.5	3.0	—

表 8-21　密度对弱筋和准弱筋小麦籽粒产量的影响

地点（品种）	密度/（万苗/hm²）	穗数/（万穗/hm²）	穗粒数/（穗/粒）	千粒重/g	理论产量/（kg/hm²）	实收产量/（kg/hm²）
大丰（宁麦9号）	120	432.0	33.0	30.6	4 362.3	4 092.0
	180	522.0	32.8	30.8	5 273.5	4 735.5
	240	624.0	30.2	29.4	5 540.4	4 975.5
	300	540.0	29.0	27.6	4 322.2	4 011.0

地点 (品种)	密度 / (万苗 /hm²)	穗 数 / (万穗 /hm²)	穗粒数 / (穗 /粒)	千粒重 / g	理论产量 / (kg/ hm²)	实收产量 / (kg/ hm²)
泰兴 (宁麦 9 号)	120	313.5	51.1	35.2	5 625.0	—
	180	315.0	51.9	36.1	5 902.5	—
	240	429.0	42.6	35.0	6 396.0	—
	300	444.0	33.8	35.4	5 313.0	—
建湖 (建麦 1 号)	120	373.5	41.5	38.0	5 890.5	—
	180	426.0	39.6	37.5	6 325.5	—
	240	454.5	39.2	37.3	6 645.0	—
	300	468.0	38.6	35.8	6 466.5	—

研究表明，11 月 4 日播种，'扬麦 22'千粒重最高，产量最高；播期推迟到 11 月 19 日，产量及其构成三要素均降低，而籽粒蛋白质含量和硬度却升高，不利于弱筋品质的形成（表 8-22）。当密度在 225 万苗 /hm² 时，穗数增加，产量显著增加，继续增加到 300 万苗 /hm²，穗粒数、千粒重均降低，产量有所下降。密度增加，籽粒硬度降低，蛋白质含量、微量 SDS 沉淀值无显著变化。'扬麦 22'在 11 月 4 日播种、225 万苗 /hm² 密度下产量最高，籽粒 SKCS 硬度为 25.16，蛋白质含量为 12.37%，达到弱筋小麦品种的品质标准，可协同实现高产和弱筋品质（胡文静 等，2018）。

表 8-22 播期、密度对弱筋小麦'扬麦 22'产量及部分品质指标的影响

播期 (月 /日)	密度 / (万苗 /hm²)	产量 / (kg/ hm²)	穗数 / (万穗 /hm²)	穗粒数 / (粒 /穗)	千粒重 / g	蛋白质 含量 /%	SDS 沉淀 值 /mL	SKCS 硬度
10/20	150	6 525c	457.8cd	42.48a	40.54bc	10.85c	5.63b	24.80c
	225	6 778bc	517.8ab	39.03abc	39.79cd	12.03bc	6.75b	24.45c
	300	6 807bc	539.1a	36.58cd	38.31d	11.43c	6.00b	24.27c
11/4	150	7 031ab	402.8de	41.55ab	42.19a	13.20a	9.50a	26.41bc
	225	7 343a	476.5bc	37.40cd	41.44ab	12.37abc	8.00ab	25.16c
	300	7 155ab	528.1ab	34.43d	38.80d	12.59ab	7.75ab	24.74c
11/19	150	6 425de	386.5e	39.43abc	38.28d	12.60ab	7.75ab	32.69a
	225	6 749bc	433.0d	37.25cd	37.04e	12.64ab	7.63ab	30.21ab
	300	6 803bc	492.8bc	33.90d	36.81e	12.70ab	8.63ab	29.65ab

二、优质高效施肥技术

（一）氮肥

弱筋小麦'扬麦 15'在 180 kg/hm²、240 kg/hm² 施氮量，基肥：壮蘖肥：拔节肥为 7:1:2、9:0:1 的氮肥运筹的 4 个施氮水平下品质皆符合国家优质弱筋专用小麦品质标准，240 kg/hm² 施氮量，7:1:2、9:0:1 的氮肥运筹的 2 个处理产量虽然稍高，但品质不及 180 kg/hm² 施氮量、7:1:2 氮肥运筹的处理

好，而 180 kg/hm² 施氮量、9:0:1 氮肥运筹的处理虽然品质稍优，但产量偏低（表 8-23）。因此，弱筋小麦以 180 kg/hm² 施氮量、7:1:2 氮肥运筹的处理品质、产量协调性较好，经济效益较高（刘蓉蓉，2005）。

表 8-23　氮肥对籽粒产量及品质的影响（2003—2004）

品种	施氮量/（kg/hm²）	肥料运筹	穗数/（万穗/hm²）	穗粒数/（粒/穗）	千粒重/（g）	理论产量/（kg/hm²）	实际产量/（kg/hm²）	蛋白质含量/%	淀粉含量/%	湿面筋含量/%（14%湿基）
扬麦15	180	5:1:4	603.27	41.17	33.21	8 249.20ab	5 844.33a	11.56b	70.07c	22.02b
		7:1:2	599.94	39.84	32.41	7 746.85bc	5 776.76a	11.06cd	74.74a	20.20e
		9:0:1	559.94	40.35	32.39	7 318.11c	5 177.65b	10.89d	74.99a	19.25f
	240	5:1:4	616.61	42.04	33.18	8 599.91a	5 884.74a	12.62a	68.61d	23.10a
		7:1:2	607.74	41.33	32.35	8 126.63ab	5 813.92a	11.48b	73.39b	21.52c
		9:0:1	587.44	41.00	32.27	7 771.54bc	5 351.13ab	11.19c	74.51ab	20.35d
扬麦13	180	5:1:4	563.28	42.31	32.91	7 844.21abc	5 675.93a	13.05b	64.32d	22.77b
		7:1:2	565.38	41.60	31.94	7 512.18bc	5 640.27ab	11.62d	67.62a	21.91c
		9:0:1	549.53	41.02	31.91	7 192.72c	5 067.33b	11.04f	68.22a	21.18d
	240	5:1:4	569.94	44.84	32.84	8 392.67a	5 668.35a	13.31a	64.30d	23.34a
		7:1:2	572.88	44.34	31.73	8 059.84ab	5 645.77a	12.27c	65.13c	22.26c
		9:0:1	556.61	44.76	31.28	7 793.07abc	5 209.56ab	11.42e	65.92b	21.90c

施氮量对'扬麦24'蛋白质含量、湿面筋含量及稳定时间影响极显著，均随施氮量的增加而增加；对籽粒硬度、形成时间、吸水率影响不显著（表 8-24）。综合产量和品质，弱筋小麦'扬麦24'在施氮量为 180~210 kg/hm²、氮肥运筹为 7:1:2 模式下，可以实现高产与优质的协调。控制后期尤其是拔节期氮肥的施用时间和施用量，是降低籽粒蛋白质含量和湿面筋含量、提高品质的关键措施。

表 8-24　氮肥处理对'扬麦24'产量和品质的影响（2018—2019）

施氮量（kg/hm²）	氮肥运筹	产量/（kg/hm²）	蛋白质含量/%	湿面筋含量/%	SKCS硬度	吸水率/%	形成时间/min	稳定时间/min
150	全基肥	6 950.1g	9.60g	16.95g	20.0cde	55.5bc	1.6abcd	1.5d
	7:1:2	7 650.0efg	10.05efg	17.37g	19.8de	57.1ab	1.6abcd	1.7cd
	6:1:3	7 632.6efg	10.243d~g	17.98fg	20.2cde	57.0ab	1.4d	1.8cd
	5:1:4	7 975.1c~g	11.31a~f	22.63a~e	23.4a~d	57.9a	1.6abcd	1.7cd
	4:1:5	8 100.0c~g	10.99b~g	22.51a~e	24.3ab	58.0a	1.6abcd	1.9bcd
	3:1:6	8 900.1a~e	11.30a~f	22.77a~e	21.5a~e	57.4ab	1.5cd	2.7abcd

施氮量 （kg/hm²）	氮肥 运筹	产量 / （kg/hm²）	蛋白质 含量 / %	湿面筋 含量 / %	SKCS 硬度	吸水率 / %	形成时间 / min	稳定时间 / min
180	全基肥	8 075.1c–g	9.84fg	17.07g	20.4cde	55.5bc	1.5bcd	1.5d
	7:1:2	7 975.1c–g	11.05a–g	21.38c–f	22.2a–e	57.1ab	1.6abcd	1.8cd
	6:1:3	7 936.5c–g	11.39a–f	22.30a–e	25.2a	57.3ab	1.7ab	2.5abcd
	5:1:4	8 000.1c–g	11.43a–f	22.34a–e	22.8a–e	56.5bc	1.7abc	1.5d
	4:1:5	8 262.5a–g	11.54a–e	23.99a–d	23.0a–d	56.8bc	1.6abcd	2.3bcd
	3:1:6	8 762.6a–f	11.98abc	24.07a–d	23.3a–d	56.9abc	1.6abcd	2.9abcd
210	全基肥	7 675.1d–g	10.23d–g	19.55edg	19.0e	56.2abc	1.5cd	1.7cd
	7:1:2	7 887.5c–g	11.26a–f	21.41b–f	22.3a–e	56.6abc	1.4d	1.7cd
	6:1:3	7 475.0fg	11.28a–f	21.17c–f	20.5cde	55.1c	1.5bcd	2.0bcd
	5:1:4	8 162.6b–g	11.71a–d	23.79a–d	22.8a–e	56.6abc	1.8a	2.8abcd
	4:1:5	8 300.1a–f	12.13abc	24.56abc	22.8a–e	57.4ab	1.75ab	4.2a
	3:1:6	9 012.5a–d	12.57ab	24.86ab	22.8a–e	57.2ab	1.6abcd	2.0bcd
240	全基肥	8 887.5a–e	11.69c–g	20.96def	20.8b–e	56.1abc	1.5bcd	1.9cd
	7:1:2	8 837.6a–e	11.74a–d	22.66a–e	23.7abc	57.7a	1.5bcd	1.9cd
	6:1:3	8 400.0a–f	11.84abc	23.78a–d	23.1a–d	57.1ab	1.6abcd	1.9cd
	5:1:4	9 475.1ab	12.27abc	25.13a	25.1a	57.1ab	1.8ab	2.3bcd
	4:1:5	9 200.1abc	12.33ab	23.47a–d	23.7abc	57.7a	1.7abc	3.8ab
	3:1:6	9 512.6a	12.64a	24.59abc	24.5ab	56.9abc	1.8a	3.5abc
F 值	施氮量	30.14**	36.89**	105.09**	1.96	1.01	1.59	9.38*
	氮肥运筹	13.97**	64.02**	56.48**	8.56**	3.3*	4.05*	22.5**
	施氮量 × 氮肥运筹	1.20	1.29	4.41**	1.69	0.78	2.3*	5.52**

研究表明，适当降低施氮量，或氮肥前移，籽粒产量有所下降，蛋白质和湿面筋含量降低，清蛋白、球蛋白、醇溶蛋白、谷蛋白含量及谷蛋白 / 醇溶蛋白值降低，但对清蛋白、球蛋白影响较少，更多地调节了醇溶蛋白和谷蛋白含量，直链淀粉含量下降，支链淀粉含量和总淀粉含量上升，直链淀粉占总淀粉的比例和直 / 支值下降，籽粒淀粉黏度特性得到改善，籽粒容重、面团吸水率、形成时间、稳定时间等指标呈下降趋势（表 8-25 至表 8-30）。因此，实现弱筋小麦和准弱筋小麦的优质高产，施氮量宜适当降低，一般施氮量以 180~240 kg/hm² 为宜。采用 150 万苗 /hm² 的密度条件，生产出符合国家弱筋专用小麦标准的优质高产小麦较为困难，而在 240 万苗 /hm² 的密度条件下，施氮量为180 kg/hm² 和 240 kg/hm²、氮肥运筹为 7:1:2 和 9:0:1 的处理可以生产出完全符合国家弱筋专用小麦标准的优质弱筋小麦（粉），但 9:0:1 处理产量最低，籽粒蛋白质产量低，以施氮量为 240 kg/hm²、氮肥运筹比例为 7:1:2 的处理最优（张影，2003）。

表 8-25　密度与氮肥对'宁麦9号'籽粒品质性状的影响

年度	密度 / （万苗 / hm²）	施氮量 / （kg / hm²）	氮肥运筹	理论产量 / （kg / hm²）	蛋白质含量 / %（干基）	湿面筋含量 / %（14％湿基）	干面筋含量 / %
2000—2001	150	180	5:1:4	9 052.05d	10.85	23.1	9.2
			5:1:2:2	8 963.10bcd	11.25	23.7	9.9
			7:1:2	8 383.35ef	10.71	22.4	8.4
			9:0:1	7 770.15g	10.03	22.2	8.7
		240	5:1:4	9 013.50abc	11.27	27.5	10.6
			5:1:2:2	9 369.45cd	11.65	27.6	10.8
			7:1:2	8 941.05d	11.18	26.4	10.5
			9:0:1	8 161.20f	10.34	18.8	7.8
	240	180	5:1:4	8 285.23ef	9.89	22.49	7.85
			5:1:2:2	8 151.52f	10.06	22.46	7.89
			7:1:2	7 294.65h	8.69	19.77	6.92
			9:0:1	6 224.97i	8.18	18.26	6.38
		240	5:1:4	9 519.15a	12.06	24.84	8.69
			5:1:2:2	9 344.17abc	11.89	24.96	8.42
			7:1:2	8 570.32e	10.32	21.49	7.67
			9:0:1	7 086.81h	9.15	19.47	6.97
2001—2002	150	180	5:1:4	6 863.10b	10.68cde	24.00c	8.26cde
			5:1:2:2	6 889.80b	10.86cd	24.28bc	8.48cd
			7:1:2	6 427.50d	10.32de	22.65d	7.94ef
			9:0:1	5 830.65g	9.61fg	20.37f	6.98hij
		240	5:1:4	6 976.80ab	11.81ab	26.96a	9.17ab
			5:1:2:2	7 033.65a	11.92a	27.06a	9.25a
			7:1:2	6 661.35c	11.21bc	24.87b	8.73bc
			9:0:1	6 048.15f	10.22def	21.32e	7.34gh
	240	180	5:1:4	6 233.85e	10.07ef	22.75d	7.75fg
			5:1:2:2	6 271.65e	10.23def	22.94d	8.01def
			7:1:2	5 793.30g	9.26gh	20.38f	7.07hi
			9:0:1	5 195.55h	8.61h	18.44g	6.52j
		240	5:1:4	7 012.65a	11.65ab	24.59bc	8.40cde
			5:1:2:2	7 080.75a	11.76ab	24.73bc	8.64c
			7:1:2	6 600.15c	10.45de	21.74e	7.58fg
			9:0:1	5 854.80g	9.33g	19.64f	6.76ij

表 8-26　氮肥对'建麦 1 号'籽粒蛋白质的影响

年度	施氮量 /（ kg/ hm² ）	氮肥运筹	理论产量 /（ kg/ hm² ）	蛋白质含量 /%	蛋白质产量 /（ kg/ hm² ）
2000—2001	180	7:1:2	6 450.99	9.47	531.38
		5:1:4	6 826.50	10.21	606.57
		3:1:3:3	7 075.78	11.42	703.21
	240	7:1:2	7 109.62	9.72	600.92
		5:1:4	7 118.87	11.22	694.99
		3:1:3:3	7 884.98	12.54	860.49
2001—2002	180	7:1:2	6 009.30	11.80	616.91
		5:1:4	6 339.14	12.23	674.49
		3:1:3:3	7 247.84	12.73	802.71
	240	7:1:2	6 057.96	12.05	635.06
		5:1:4	5 834.74	13.82	701.53
		3:1:3:3	6 290.16	14.04	768.52

表 8-27　密度与氮肥对'宁麦 9 号'籽粒蛋白质及其组分含量的影响（干基）（2001—2002）

密度 /（ 万苗 /hm² ）	施氮量 /（ kg/ hm² ）	氮肥运筹	总蛋白质含量 /%	清蛋白含量 /%	球蛋白含量 /%	醇溶蛋白含量 /%	谷蛋白含量 /%	谷蛋白:醇溶蛋白
150	180	5:1:4	10.68	1.34	0.60	3.66	3.72	1.02
		5:1:2:2	10.86	1.27	0.62	3.54	3.65	1.03
		7:1:2	10.32	1.25	0.59	3.42	3.42	1.00
		9:0:1	9.61	1.18	0.56	3.29	3.17	0.96
	240	5:1:4	11.81	1.41	0.67	3.95	4.25	1.08
		5:1:2:2	11.92	1.35	0.69	3.87	4.21	1.09
		7:1:2	11.21	1.33	0.65	3.70	3.90	1.05
		9:0:1	10.22	1.28	0.61	3.32	3.21	0.97
240	180	5:1:4	10.07	1.32	0.57	3.43	3.41	1.00
		5:1:2:2	10.23	1.34	0.55	3.36	3.39	1.01
		7:1:2	9.26	1.20	0.52	3.20	3.07	0.96
		9:0:1	8.61	1.11	0.49	3.01	2.81	0.93
	240	5:1:4	11.65	1.38	0.63	3.88	3.97	1.03
		5:1:2:2	11.76	1.39	0.64	3.76	3.90	1.04
		7:1:2	10.45	1.30	0.60	3.48	3.41	0.98
		9:0:1	9.33	1.24	0.56	3.21	3.03	0.95

表 8-28　密度与氮肥对'宁麦 9 号'籽粒淀粉含量的影响（干基）（2001—2002）

密度 / （万苗 / hm²）	施氮量 / （kg / hm²）	氮肥运筹	直链淀粉含量 / %	支链淀粉含量 / %	总淀粉含量 / %	直链淀粉占总淀粉的比率 / %
150	180	5:1:4	14.16ef	59.68cd	73.84cdef	19.18
		5:1:2:2	14.17ef	59.48cd	73.65defg	19.24
		7:1:2	13.88fg	60.33bc	74.21cde	18.70
		9:0:1	13.77g	61.61a	75.38ab	18.27
	240	5:1:4	14.14ef	57.40gh	71.54i	19.77
		5:1:2:2	14.30e	57.71fg	72.01hi	19.86
		7:1:2	14.72cd	58.40ef	73.12fg	20.13
		9:0:1	14.70cd	59.55cd	74.25cde	19.80
240	180	5:1:4	14.87bc	58.46ef	73.33efg	20.28
		5:1:2:2	14.72cd	58.07efg	72.79gh	20.22
		7:1:2	14.18ef	60.68b	74.86abc	18.94
		9:0:1	13.85fg	61.96a	75.81a	18.27
	240	5:1:4	15.34a	56.55hi	71.89hi	21.34
		5:1:2:2	15.20ab	56.34i	71.54i	21.25
		7:1:2	14.71cd	58.81de	73.52defg	20.01
		9:0:1	14.43de	60.08bc	74.51bcd	19.37

表 8-29　密度与氮肥对'宁麦 9 号'小麦籽粒加工品质的影响（2000—2001）

密度 / （万苗 / hm²）	施氮量 / （kg / hm²）	氮肥运筹	容重 / （g / L）	降落值 / s	沉淀值 / mL	吸水率 / %	形成时间 / min	稳定时间 / min	弱化度 / FU	评价值 / 分
150	180	7:1:2	800	365	28	55.2	1.7	3.6	100	39
		5:1:4	810	345	31	54.9	1.8	3.4	100	39
	240	7:1:2	805	357	34	58.3	1.9	4.2	95	41
		5:1:4	808	355	38	58.4	1.8	3.7	95	40
240	180	9:0:1	773	387	24	56.2	1.6	3.2	95	40
		7:1:2	782	431	28	54.7	1.7	3.0	95	41
		5:1:2:2	797	344	33	54.5	1.6	4.8	70	44
		5:1:4	790	359	32	56.7	1.3	4.2	80	41
	240	9:0:1	800	359	28	55.3	1.6	3.5	90	40
		7:1:2	805	345	31	55.0	1.7	4.6	90	42
		5:1:2:2	795	367	33	55.4	1.7	4.4	90	42
		5:1:4	793	351	34	58.2	1.9	3.2	105	40

表 8-30 氮肥对'建麦 1 号'籽粒加工品质性状的影响

施氮量 / (kg / hm²)	氮肥运筹	容重 / (g/L)	出粉率 / %	湿面筋含量 / %	干面筋含量 / %
180	7:1:2	822.0	73.31	28.34	11.67
	5:1:4	823.5	72.68	33.48	12.40
	3:1:3:3	820.5	74.15	39.30	15.00
240	7:1:2	822.5	73.82	29.61	11.73
	5:1:4	824.5	73.69	34.34	12.20
	3:1:3:3	825.5	73.43	38.77	13.77

（二）磷肥

施用磷肥比不施用磷肥处理产量显著增加，超过一定施用量，磷肥生产效率下降。中筋小麦和弱筋小麦以施 P_2O_5 108 kg/hm² 处理，强筋小麦'中优 9507'以施 P_2O_5 144 kg/hm² 处理，每穗粒数和粒重最高，超过此施磷量适宜值，减少施磷量或继续增加施磷量，产量均下降，说明在一定范围内增施磷肥，有利于产量三因素协调发展，最终取得高产。弱筋小麦施磷（P_2O_5）108 kg/hm² 处理较不施磷对照分别增产 1 530.45 kg/hm²（扬麦 9 号）、1 490.10 kg/hm²（宁麦 9 号）和 1 803.75 kg/hm²（扬麦 13），强筋小麦'中优 9507'施磷（P_2O_5）144 kg/hm² 处理较不施磷对照增产 1 345.95 kg/hm²，说明施用磷肥对弱筋小麦产量的调节效应高于强筋小麦（表 8-31）（姜宗庆，2006）。

表 8-31 施磷量对小麦籽粒产量及其构成的影响（泰兴，2004—2005）

品种	施磷量 / (kg / hm²)	穗数 / (万穗 / hm²)	穗粒数 / (粒 / 穗)	千粒重 / g	籽粒产量 / (kg / hm²)
中优 9507	0	465.75	25.45b	48.21c	5 524.50
	72	488.25	26.05b	49.87b	6 228.00
	108	510.15	27.05a	51.05ab	6 658.05
	144	511.50	27.40a	51.51a	6 870.45
	180	507.60	26.75ab	51.01ab	6 583.65
扬麦 12 号	0	457.20	30.80b	39.62c	5 418.30
	72	480.15	32.65a	40.92b	6 393.75
	108	504.60	33.66a	42.77a	6 992.10
	144	502.35	33.25a	42.41a	6 581.70
	180	497.85	33.11a	42.35a	6 443.70
徐麦 856	0	435.90	30.75b	48.80b	6 299.55
	72	455.55	31.13ab	49.40ab	6 755.40
	108	476.10	32.65a	51.02a	7 504.80
	144	472.35	32.31ab	50.62ab	7 319.25
	180	468.15	32.17ab	50.42ab	7 201.95

品种	施磷量 / (kg / hm²)	穗数 / (万穗 / hm²)	穗粒数 / (粒 / 穗)	千粒重 / g	籽粒产量 / (kg / hm²)
扬麦 9 号	0	459.90	30.82b	39.36c	5 393.40
	72	482.40	32.21a	41.19b	6 385.35
	108	504.15	33.69a	42.84a	6 923.85
	144	503.70	33.27a	42.76a	6 554.85
	180	496.05	33.16a	42.50a	6 438.00
宁麦 9 号	0	457.95	30.86b	38.96c	5 332.05
	72	479.55	32.25a	40.73b	6 190.65
	108	502.20	33.71a	42.31a	6 822.15
	144	501.45	33.25a	42.14a	6 489.00
	180	497.85	33.12a	41.89a	6 310.35
扬麦 13	0	459.45	30.50b	39.19c	5 124.00
	72	483.45	31.88a	40.97b	6 235.35
	108	508.50	33.35a	42.82a	6 927.75
	144	504.45	33.26a	42.70a	6 473.10
	180	502.65	33.19a	42.44a	6 391.05

　　不同磷肥基追比处理产量构成有所差异，弱筋小麦'扬麦 9 号'穗数、每穗粒数和千粒重均表现为 5:5>7:3>10:0>3:7>0:10。说明，在适宜施磷量范围内，磷肥基追比采取基肥 + 拔节肥的模式（5:5）有利于产量三因素协调发展，并获得高产（表 8-32）。

表 8-32　磷肥基追比对籽粒产量及其构成的影响（泰兴，2005—2006）

品种	磷肥基追比	穗数 / (万穗 / hm²)	穗粒数 / (粒 / 穗)	千粒重 / g	籽粒产量 / (kg/hm²)
扬麦 12 号	10:0	495.00	33.17ab	42.07a	6 585.30
	7:3	504.60	33.69a	42.48a	6 995.85
	5:5	502.05	33.41a	42.79a	6 750.00
	3:7	480.75	32.15ab	41.77a	6 183.15
	0:10	461.10	30.95b	40.57b	5 609.85
扬麦 9 号	10:0	497.40	33.17a	42.22a	6 722.40
	7:3	503.25	33.35a	42.79a	6 890.85
	5:5	505.05	33.71a	42.89a	7 122.60
	3:7	488.25	32.55a	41.73a	6 337.80
	0:10	471.45	30.94b	40.44b	5 589.75

　　小麦品种籽粒产量均以施三元复合肥生产效率最高，其次是施磷酸二铵，最低为过磷酸钙，千粒重因品种不同，互有高低，各处理间差异显著，以复合肥最有利于弱筋小麦的增产（表 8-33）。

表 8-33　不同磷肥种类对小麦籽粒产量及其构成因素的影响（泰兴，2005—2006）

品种	肥料种类	穗数 / （万穗 / hm²）	穗粒数 / （粒 / 穗）	千粒重 / g	理论产量 / （ kg / hm²）	实收产量 / （ kg / hm²）
扬麦 15	不施肥	238.88	31.56	39.01	2 940.50	2 799.36
	不施磷	433.88d	37.38d	44.31a	7 185.78d	6 912.72d
	磷酸二铵	484.63b	38.37b	43.11d	8 017.54b	7 672.78b
	复合肥	494.25a	37.39c	44.26b	8 179.23a	7 852.06a
	过磷酸钙	458.38c	38.84a	43.45c	7 735.51c	7 379.67c
宁麦 13	不施肥	212.25	31.75	36.60	2 467.03	2 348.61
	不施磷	383.00d	37.91d	42.29d	6 141.63d	5 852.98d
	磷酸二铵	455.00b	38.29b	44.00a	7 665.69b	7 366.73b
	复合肥	472.13a	38.22c	43.61c	7 867.73a	7 497.95a
	过磷酸钙	427.50c	39.58a	43.64b	7 384.61c	7 067.07c

（三）钾肥

试验表明，在土壤速效钾达 136.9 mg/kg 的条件下增施 90 kg/hm² 的钾肥，可增加产量，提高营养品质，继续提高施钾量，小麦籽粒产量和品质随着施钾水平的提高有着不完全同步性（表 8-34），所以大面积生产上仅需适当增施钾肥，以使其产量增加与品质改善相协调（赵德华，2001）。

表 8-34　不同施钾量对小麦品质性状的影响（干基）（扬州，1998—1999）

品种	施钾量 （K₂O）/ （ kg / hm²）	产量 / （ kg / hm²）	蛋白质含量 /%	干面筋含量 /%	湿面筋含量 /%	总淀粉含量 /%	直链淀粉含量 /%
沪 95-8	0	6 568.95	13.15bc	10.56	29.60	66.24	15.80
	90	7 105.05	14.39a	10.91	29.74	66.61	15.32
	135	7 391.25	13.75ab	10.60	29.80	67.09	16.33
	180	7 117.2	12.72c	10.85	30.51	66.34	16.62
扬麦 158	0	5 681.55	12.85a	11.00	30.78	65.11	13.17
	90	6 312.3	12.28a	10.22	29.15	66.08	14.36
	135	5 501.25	12.59a	10.75	29.08	64.79	14.53
	180	4 874.55	13.55b	9.50	27.36	64.28	16.70

不同磷钾配比对弱筋小麦籽粒产量均有显著的调节效应。中筋小麦'扬麦 12 号'和'扬麦 16'以 N:P₂O₅:K₂O 为 10:6:6 籽粒产量最高；弱筋小麦'扬麦 15'以 N:P₂O₅:K₂O 为 10:4:4 处理籽粒产量最高，达 9 413.1 kg/hm²，其次以 N:P₂O₅:K₂O 为 10:6:6 处理，产量为 9 201.8 kg/hm²（表 8-35）（王祥菊，2008）。

表 8-35　氮磷钾配比对中弱筋小麦籽粒产量的影响（2005—2006）

品种	氮磷钾配比	理论产量 /（kg / hm²）	实际产量 /（kg / hm²）	与对照相比		每千克钾肥增产 / kg
				增产 /（kg / hm²）	增产 / %	
扬麦 12 号（施氮量 225 kg / hm²）	10:0:0	6 534.8	6 987.9			
	10:4:2	7 410.0	7 240.8	252.9	3.62	5.62
	10:4:4	8 800.1	8 017.8	1 029.9	14.74	11.44
	10:4:6	7 060.5	6 822.9	−165.0	−2.36	
	10:6:0	7 505.7	7 525.4	252.9	7.70	
	10:6:4	8 578.9	7 775.4	250.1	3.32	2.78
	10:6:6	9 001.8	8 231.9	706.5	9.39	5.23
	10:6:8	7 054.2	7 162.1	−363.2	−4.83	
	10:8:8	7 929.3	7 386.9	399.0	5.70	
扬麦 16（施氮量 225 kg / hm²）	10:0:0	6 460.2	6 416.3			
	10:4:0	7 290.8	6 844.9	428.7	6.68	
	10:4:4	8 118.8	7 316.6	471.8	6.89	5.24
	10:4:6	7 623.0	7 211.4	366.5	5.35	2.71
	10:6:0	7 457.9	6 939.3	523.1	8.15	
	10:6:6	9 131.9	7 641.6	710.3	10.23	5.26
	10:6:8	7 991.1	6 922.4	−17.1	−0.25	
扬麦 15（施氮量 180 kg / hm²）	10:0:0	7 417.1	6 805.5			
	10:4:0	8 235.2	7 801.9	996.5	14.64	
	10:4:4	9 413.1	8 367.5	565.4	7.25	7.85
	10:4:6	9 108.9	7 801.2	−0.9	−0.01	
	10:6:0	8 691.8	7 693.2	887.7	13.04	
	10:6:6	9 201.8	8 313.0	619.8	8.06	5.74
	10:6:8	7 968.0	7 619.9	−73.4	−0.95	

（四）叶面肥

由表 8-36 可以看出，在相同氮肥运筹下，'扬麦 20'在国光稀施美处理下增产幅度最大，分别较对照增产 5.33 % 和 5.51 %，喷施叶面肥能显著提高产量，但不同叶面肥处理间产量无显著差异；'扬麦 23'在海法·保力柑复合肥料处理下增产幅度最大，分别较对照增产 7.73 % 和 8.88 %；随后期施氮比例增加，仅能显著提升强筋小麦'扬麦 23'产量，对弱筋小麦'扬麦 20'产量无显著性影响（王君婵 等，2021）。

表 8-36 不同处理下小麦的产量及其构成因子（2017—2018）

品种	氮肥运筹	叶面肥	穗数 / （万穗 / hm²）	穗粒数 / （粒/穗）	千粒重 / g	实际产量 / （ kg / hm²）
扬麦 20	5:1:4	国光 98% 磷酸二氢钾	440.23a	42.53a	44.12ab	7 833.50ab
		国光稀施美	441.66a	41.65a	44.65a	8 040.00a
		海法·保力柑复合肥料	440.34a	42.12a	43.67ab	7 916.00ab
		清水	434.44a	42.28a	42.54b	7 633.00b
	3:1:6	国光 98% 磷酸二氢钾	435.09a	42.33a	44.55ab	7 958.00a
		国光稀施美	431.81a	43.12a	45.37a	8 054.83a
		海法·保力柑复合肥料	412.39a	42.83a	44.76a	7 897.33ab
		清水	424.59a	42.43a	43.47b	7 634.50b
扬麦 23	5:1:4	国光 98% 磷酸二氢钾	402.94a	43.97a	45.96a	8 007.50ab
		国光稀施美	398.34a	44.95a	45.92a	7 852.00ab
		海法·保力柑复合肥料	403.59a	43.90a	46.27a	8 248.50a
		清水	397.69a	44.07a	43.56b	7 656.50c
	3:1:6	国光 98% 磷酸二氢钾	400.95a	44.40a	47.20ab	8 784.10ab
		国光稀施美	398.51a	45.25a	47.08ab	8 339.67bc
		海法·保力柑复合肥料	394.89a	45.67a	47.87a	8 902.92a
		清水	396.23a	44.35a	45.52b	8 177.00c

在相同氮肥运筹下，使用叶面肥均可提高两个品种蛋白质含量、湿面筋含量和硬度，对淀粉含量影响较小；弱筋小麦'扬麦 20'喷施国光稀施美叶面肥，可显著提高其产量，在氮肥前移下品质更好；强筋小麦宜选用喷施海法·保力柑叶面肥，可显著提高产量和品质（表 8-37）。

表 8-37 不同处理下'扬麦 20'和'扬麦 23'的品质指标（2017—2018）

品种	氮肥运筹	处理	蛋白质含量 /%	湿面筋含量 /%	淀粉含量 /%	SKCS 硬度
扬麦 20	5:1:4	国光 98% 磷酸二氢钾	12.41	23.43	81.63	31.20
		国光稀施美	12.35	23.10	81.48	33.81
		海法·保力柑复合肥料	12.00	22.98	81.57	31.13
		清水	11.98	22.90	81.68	30.83
	3:1:6	国光 98% 磷酸二氢钾	12.58	24.60	81.08	31.41
		国光稀施美	12.70	24.86	80.89	31.71
		海法·保力柑复合肥料	12.39	25.04	80.95	30.66
		清水	12.20	24.19	81.12	30.66

品种	氮肥运筹	处理	蛋白质含量/%	湿面筋含量/%	淀粉含量/%	SKCS 硬度
扬麦 23	5:1:4	国光 98% 磷酸二氢钾	13.48	27.96	81.25	62.16
		国光稀施美	13.55	28.39	81.33	62.35
		海法·保力柑复合肥料	13.65	28.79	80.87	63.29
		清水	13.47	27.78	81.35	62.10
	3:1:6	国光 98% 磷酸二氢钾	13.68	29.65	81.13	64.07
		国光稀施美	13.68	29.63	81.29	63.78
		海法·保力柑复合肥料	13.98	30.42	80.81	64.62
		清水	13.63	29.62	81.23	63.93

第三节　弱筋小麦优质高产高效配套技术

一、绿色防控技术

（一）病虫害绿色防控技术

病虫害是直接影响小麦高产、稳产、优质和高效的主要因素之一，选择低毒低残留农药，适时适量做好病虫害防治，不但可以提高产量，还可以实现无公害生产。无虫处理中，喷施杀虫剂使'扬麦 13'籽粒产量较对照有下降趋势（表 8-38，表 8-39），施药表现出一定负效应；在有虫处理中，蚜虫危害发生时，喷施杀虫剂能减轻蚜虫的危害，使'扬麦 13'的产量极显著提高；杀虫剂使用减轻害虫损害的正效应均明显大于其负效应，在推荐施用剂量下，后者可忽略不计，但在超剂量用药时负效应则显著加大，应得到重视，同时也修正传统"有虫治虫，没虫防虫"的杀虫剂使用观念（夏玉荣，2010）。

表 8-38　常用农药处理对'扬麦 13'产量的影响

处理	亩穗数/（万穗/hm²）	穗粒数/（粒/穗）	千粒重/g	理论产量/（kg/hm²）	实际产量/（kg/hm²）
对照	376.19a	49.19a	36.10de	6 681.15	6 441.75
多菌灵	376.99a	47.98c	35.68e	6 453.90	6 210.60
咪鲜胺	376.79a	49.83a	36.07de	6 771.30	6 618.75
吡虫啉	376.39a	49.22a	37.26a	6 903.45	6 788.85
毒死蜱	375.79a	49.17a	36.72bc	6 783.75	6 742.35
乐果	376.99a	49.08ab	36.86ab	6 820.05	6 604.65

处理	亩穗数 / （万穗 /hm²）	穗粒数 / （粒 / 穗）	千粒重 /g	理论产量 / （ kg/ hm²）	实际产量 / （ kg/ hm²）
多菌灵 + 乐果	376.59a	47.99c	36.28cd	6 557.55	6 401.40
多菌灵 + 毒死蜱	375.59a	48.03c	36.63bc	6 608.40	6 466.35
多菌灵 + 吡虫啉	376.59a	48.08bc	36.70bc	6 645.75	6 473.55

表 8-39　杀虫剂施用对'扬麦 13'产量的影响

处理		阿维菌素		吡虫啉		毒死蜱		乐果	
		产量 / （ g / 穗）	较对照 / %	产量 / （ g / 穗）	较对照 / %	产量 / （ g / 穗）	较对照 / %	产量 / （ g / 穗）	较对照 / %
无虫 处理	对照	1.32a		1.32a		1.32a		1.32a	
	推荐	1.31ab	−1.01	1.30ab	−1.77	1.30ab	−1.52	1.30ab	−1.52
	3 倍	1.29ab	−2.27	1.28bc	−3.03*	1.28bc	−2.78*	1.28bc	−3.28*
	6 倍	1.27b	−3.79**	1.25c	−5.30**	1.27c	−4.04**	1.25c	−5.56**
有虫 处理	对照	0.87c		0.87b		0.87c		0.87b	
	推荐	1.26a	+ 44.62**	1.26a	+ 44.62**	1.25a	+ 43.52**	1.26a	+ 44.26**
	3 倍	1.25a	+ 43.52**	1.25a	+ 43.16**	1.25a	+ 42.79**	1.25a	+ 42.79**
	6 倍	1.23b	+ 40.59**	1.21a	+ 38.76**	1.23b	+ 40.23**	1.22a	+ 39.13**

　　调查不同时期喷施杀虫剂对小麦的增产作用表明（表 8-40），在发生蚜虫的小麦田中，4 种杀虫剂均表现出极显著的增产作用，但不同药剂之间差异不显著；在抽穗期、开花期、花后 7 d 施药，可增加籽粒产量 4.59%~7.83%，其中开花期施药产量最高。花后 14 d、花后 21 d 施药产量增幅较小，仅增加产量 0.44%~3.20%。由此说明药剂防治蚜虫的适期应在小麦抽穗开花灌浆初期。

表 8-40　不同时期喷施杀虫剂的增产效果

处理	抽穗期		开花期		花后 7 d		花后 14 d		花后 21 d	
	产量 / （ kg/ hm²）	增产率 / %	产量 / （ kg/ hm²）	增产率 / %	产量 / （ kg/ hm²）	增产率 / %	产量 / （ kg/ hm²）	增产率 / %	产量 / （ kg/ hm²）	增产率 / %
阿维菌素	6 213.3	4.59**	6 375.3	7.32**	6 314.55	6.30**	6 052.50	1.73	6 011.25	1.41
吡虫啉	6 297.45	6.51**	6 405.3	7.83**	6 251.25	5.30**	6 024.60	1.27	5 953.35	0.44
毒死蜱	6 225.15	5.28**	6 315	6.31**	6 283.2	5.83**	6 121.20	2.89*	5 986.05	0.99
乐果	6 255.15	5.79**	6 381.6	7.43**	6 365.85	7.23**	6 139.35	3.20*	6 040.8	1.91*
对照	5 912.7		5 940.3		5 936.85		5 949.30		5 927.4	

喷施杀虫剂后，显著降低籽粒蛋白质含量，显著提高淀粉含量，RVA 黏度特性大多数参数值上升，出粉率和弱化度显著提高，形成时间、稳定时间、评价值等指标降低，而对拉伸仪参数无显著影响。在抽穗开花至花后 7 d 喷施，蛋白质含量较低，淀粉含量较高，粉质仪参数中形成时间、稳定时间较低，弱化度较高，更有利于弱筋小麦品质的提高（表 8-41）。

表 8-41　不同剂量杀虫剂对'扬麦 13'籽粒蛋白质含量的影响

处理		阿维菌素		吡虫啉		毒死蜱		乐果	
		蛋白质含量 /%	较对照 /%	蛋白质含量 /%	较对照 /%	蛋白质含量 /%	较对照 /%	蛋白质含量 /%	较对照 /%
无虫	对照	11.36		11.36		11.36		11.36	
	推荐	11.37	0.06	11.35	−0.09	11.37	0.06	11.41	0.41
	3 倍	11.32	−0.32	11.33	−0.23	11.36	−0.03	11.38	0.21
	6 倍	11.37	0.09	11.39	0.29	11.38	0.18	11.43	0.59
有虫	对照	11.67 a		11.67 a		11.67 a		11.67 a	
	推荐	11.40 b	−2.37**	11.39 b	−2.46**	11.40 b	−2.37**	11.39 b	−2.40**
	3 倍	11.47 b	−1.71**	11.39 b	−2.40**	11.45 b	−1.91**	11.36 b	−2.66**
	6 倍	11.46 b	−1.86**	11.41 b	−2.26**	11.41 b	−2.23**	11.41 b	−2.26**

由表 8-42 至表 8-45 可见，在开花末期分别喷施 1 倍（常规剂量）、3 倍、6 倍剂量的阿维菌素、吡虫啉、毒死蜱、乐果 4 种杀虫剂，在成熟期阿维菌素在小麦植株各部位器官的残留均未检出，吡虫啉在小麦麸皮、颖壳以及秸秆中有少量残留检出，推荐剂量的毒死蜱和乐果在小麦麸皮和颖壳中有少量残留检出，超剂量的毒死蜱和乐果处理在小麦植株各部位器官和土壤中均有残留检出（面粉除外），其中 6 倍剂量的乐果残留超标。建议在无公害弱筋小麦生产上杀虫剂以阿维菌素和吡虫啉为主推产品，慎用毒死蜱，不使用乐果。

表 8-42　成熟期阿维菌素在小麦各部位器官和土壤中的残留　　　单位：mg / kg

处理	籽粒	面粉	麸皮	颖壳	茎叶	根系	土壤
推荐	—	—	—	—	—	—	—
3 倍	—	—	—	—	—	—	—
6 倍	—	—	—	—	—	—	—

注：本表意为各处理下，成熟期阿维菌素在小麦各部位器官和土壤中的残留均未检出。

表 8-43　成熟期吡虫啉在小麦各部位器官和土壤中的残留　　　单位：mg / kg

处理	籽粒	面粉	麸皮	颖壳	茎叶	根系	土壤
推荐	—	—	—	—	—	—	—
3 倍	—	—	0.014 ± 0.001	0.024 ± 0.001	—	—	—
6 倍	—	—	0.020 ± 0.002	0.036 ± 0.003	0.036 ± 0.003	—	—

表 8-44　成熟期毒死蜱在小麦各部位器官和土壤中的残留　　　　单位：mg / kg

处理	籽粒	面粉	麸皮	颖壳	茎叶	根系	土壤
推荐	—	—	0.034 ± 0.003	0.060 ± 0.002	—	—	—
3 倍	0.039 ± 0.001	—	0.086 ± 0.001	0.123 ± 0.001	0.054 ± 0.001	0.020 ± 0.002	0.054 ± 0.002
6 倍	0.057 ± 0.003	—	0.111 ± 0.005	0.183 ± 0.002	0.069 ± 0.001	0.034 ± 0.001	0.066 ± 0.002

表 8-45　成熟期乐果在小麦各部位器官和土壤中的残留　　　　单位：mg / kg

处理	籽粒	面粉	麸皮	颖壳	茎叶	根系	土壤
推荐	—	—	0.037 ± 0.003	0.096 ± 0.002	—	—	—
3 倍	0.036 ± 0.002	—	0.076 ± 0.002	0.174 ± 0.002	0.062 ± 0.002	0.025 ± 0.002	0.065 ± 0.002
6 倍	0.051 ± 0.002	—	0.140 ± 0.002	0.222 ± 0.002	0.084 ± 0.002	0.047 ± 0.002	0.082 ± 0.002

（二）草害防除技术

无草处理下冬、春季喷施除草剂对小麦的产量表现出负效应，其减产的幅度较高，其中异丙隆倍量处理减产幅度分别高达 21.38% 和 17.38%，与对照差异极显著。有草处理下冬、春季喷施除草剂起增产效果。其中使它隆倍量处理增产幅度最为显著，增幅分别达 33.52%、45.88%（表 8-46，表 8-47）（王正贵，2011）。

表 8-46　除草剂冬季施用对'扬麦 13'籽粒产量的影响

除草剂	施药浓度 /（mL / hm²）	无草处理		有草处理	
		产量 /（kg / hm²）	较对照 / %	产量 /（kg / hm²）	较对照 / %
苯磺隆	75	5 208.3abc	−8.41	4 704.6abc	± 8.49
	150	5 088.0abc	−13.63	4 802.7abc	± 9.35
	300	4 818.5bc	−15.27*	5 501.0ab	+26.86*
使它隆	375	5 203.9abc	−8.49	4 964.9abc	± 14.49
	750	5 424.9ab	−4.6	5 730.9ab	+32.16*
	1 500	5 417.1ab	−4.74	5 789.8a	+33.52*
异丙隆	1 125	5 154.5abc	−9.36	4 684.3abc	± 7.22
	2 250	4 588.2bc	−19.31*	5 497.7ab	+26.78*
	4 450	4 470.8c	−21.38**	5 128.2abc	± 18.26
骠马	375	5 014.7abc	−11.82	4 624.1bc	± 6.64
	750	5 225.9abc	−8.11	4 676.1abc	± 7.83
	1 500	4 772.5bc	−16.07*	5 080.4abc	± 17.16
对照	0	5 687.0a		4 336.2c	

表 8-47 除草剂春季施用对'扬麦 13'籽粒产量的影响

除草剂	施药浓度 /（mL / hm²）	无草处理		有草处理	
		产量 /（kg / hm²）	较对照 / %	产量 /（kg / hm²）	较对照 / %
苯磺隆	75	5 375.0ab	−4.16	4 941.7b	+24.26*
	150	4 908.3bc	−12.48*	5 016.7b	+ 26.34*
	300	4 658.3c	−16.94**	4 741.7bc	+19.64*
使它隆	375	5 333.3ab	−4.90	5 000.0b	+ 26.36*
	750	5 250.0ab	−6.39	5 850.0a	+47.12**
	1 500	5 175.0abc	−7.72	5 791.7a	+45.88**
异丙隆	1 125	5 266.7ab	−6.09	4 633.3bcd	± 16.73
	2 250	5 075.0abc	−9.50	5 000.0b	+ 26.03*
	4 450	4 633.3c	−17.38**	4 725.0bcd	± 19.13
骠马	375	5 166.7abc	−7.87	3 966.7d	± 0.07
	750	5 016.7abc	−10.55	4 091.7cd	± 3.10
	1 500	5 025.0abc	−10.40	4 658.3bcd	± 17.47
对照	0	5 608.3a		3 975.0d	

二、高效抗逆应变技术

（一）养分逆境

在土壤缺磷条件下，两种磷肥基追比下各施磷处理的单位面积穗数、每穗粒数和籽粒产量均高于不施磷处理（表 8-48），粒重随施磷量增加有下降趋势，施磷量在 0~108 kg/hm² 范围内，单位面积穗数、每穗粒数和籽粒产量均随着施磷量的增加而增加，至 108 kg/hm² 时达到最大值，此后继续增加施磷量，单位面积穗数、每穗粒数和籽粒产量反而下降。说明在低磷土壤上，在一定范围内增加施磷量，有利于产量三因素的协调发展，最终取得高产，两种磷肥基追比处理变化趋势一致。施磷量相同时，磷肥基追比以基肥：拔节肥为 5∶5 处理的单位面积穗数、每穗粒数和籽粒产量为高，而千粒重表现不一致。表明磷肥基追比以基肥：拔节肥为 5∶5 处理更能增产（姜宗庆，2006）。

表 8-48 施磷量和磷肥基追比对'扬麦 15'籽粒产量的影响（泰兴，2006—2007）

磷肥基追比	施磷量 /（kg / hm²）	穗数 /（万穗 /hm²）	穗粒数 /（粒 / 穗）	千粒重 / g	理论产量 /（kg / hm²）	实收产量 /（kg / hm²）
基肥：拔节肥=10∶0	0	433.88b	37.14a	43.83a	7 063.94b	6 694.19e
	36	438.50ab	37.25a	43.80a	7 154.98b	6 797.23d
	72	457.25ab	37.49a	43.73ab	7 496.61ab	7 129.27c

磷肥基追比	施磷量 / （kg / hm²）	穗数 / （万穗 /hm²）	穗粒数 / （粒/穗）	千粒重 / g	理论产量 / （kg / hm²）	实收产量 / （kg / hm²）
基肥：拔节肥 =10:0	108	473.50a	38.14a	43.24d	7 809.72a	7 481.72a
	144	467.13ab	37.43a	43.36cd	7 582.99ab	7 249.34b
基肥：拔节肥 =5:5	0	433.88c	37.14a	43.83a	7 063.94c	6 694.19e
	36	440.38bc	37.27a	43.68ab	7 168.98bc	6 839.21d
	72	459.50abc	37.57a	43.54bc	7 516.49abc	7 215.83c
	108	484.63a	38.15a	43.38cd	8 021.94a	7 672.78a
	144	473.38ab	37.48a	43.44cd	7 705.49ab	7 323.22b

不同类型小麦品种在不同施肥处理下，单位面积穗数、每穗粒数、千粒重和籽粒产量表现为：氮磷配施处理＞单施氮处理＞单施磷处理＞氮磷肥不施处理，3 个品种表现一致。说明在缺磷土壤上单一施用氮或磷对不同类型专用小麦产量都有很大作用，当施氮量为 180 kg/hm²、施磷量为 108 kg/hm² 时，其增产效应相当于单一施氮或施磷两者增产效应之和，由此说明在高施氮量水平下，氮磷配施可以显著提高弱筋小麦产量（表 8-49）。

表 8-49 氮磷互作对籽粒产量及其构成的影响

品种	处理	穗数 / （万穗 / hm²）	穗粒数 / （粒 / 穗）	千粒重 / g	籽粒产量 / （kg / hm²）
中优 9507	CK	328.5	23.11c	45.33c	3 300.30
	N	465.75	25.45b	48.21b	5 524.50
	P	439.65	24.20c	47.63b	4 802.10
	NP	510.15	27.05a	51.05a	6 658.05
扬麦 12 号	CK	324.60	27.60c	35.71d	3 057.15
	N	457.20	30.80b	39.62b	5 418.30
	P	412.95	29.70b	37.57c	4 383.90
	NP	504.60	33.66a	42.77a	6 992.10
扬麦 9 号	CK	324.00	28.10d	35.84d	3 130.50
	N	435.90	30.75b	48.80b	6 299.55
	P	415.05	29.48c	37.63c	4 385.85
	NP	476.10	32.65a	51.02a	7 504.80

（二）土壤盐分逆境

随着土壤盐分浓度增加，小麦产量下降。低盐胁迫下，各品种的减产率相差不大，高盐胁迫（＞1.689 g/kg）下，3 个品种的减产率明显不同。'宁盐 1 号'减产率为 52.0%~84.1%，弱筋小麦

'宁麦 9 号'减产率为 34.5%~75.9%，仍以耐盐品种'沧州 6002'减产最少，仅为 30.2%~70.5%，（表 8-50）。增加密度有利于缓解盐分胁迫对产量形成的影响（表 8-51）。表 8-52 表明，盐分胁迫条件下，增加氮肥施用量有利于小麦籽粒产量的提高，处理间的差异达极显著水平。从产量构成因素看，氮肥对穗数和每穗粒数的增加效应最为明显（申玉香，2010）。

表 8-50　土壤盐分对不同基因型小麦产量及其构成因素的影响（2005—2006）

品种	盐分处理 /（g / kg）	穗数 /（穗 / 盆）	穗粒数 /（粒 / 穗）	千粒重 / g	产量 /（g / 盆）	减产率 / %
宁盐 1 号	0.824	31.25aA	34.61aA	36.39aA	39.98aA	0
	1.296	29.25aA	33.23bB	37.09aA	38.76aA	2.0
	1.689	28.33bA	32.72cB	36.81aA	34.74bA	8.1
	1.893	24.16cB	30.47dC	27.91bB	19.18cB	52.0
	2.302	18.25dC	28.22eD	23.04cC	11.91dC	70.7
	2.681	12.52eD	22.64fE	21.94cC	6.37eC	84.1
宁麦 9 号	0.824	28.55aA	35.33aA	31.26aA	35.34aA	0
	1.296	27.25aA	34.11aAB	31.41aA	35.55abA	−0.2
	1.689	26.51aAB	33.68aAB	29.65aA	31.37bA	5.7
	1.893	24.25bB	30.95bBC	25.81bB	20.75cB	34.5
	2.302	19.13cC	28.36bC	22.42bcB	10.87dC	62.5
	2.681	17.25cC	23.37cD	18.67dC	8.632eD	75.9
沧洲 6002	0.824	32.22aA	35.57aA	39.87aA	42.53aA	0
	1.296	30.35aA	34.25aAB	39.13abA	39.84aAB	−1.9
	1.689	30.12aA	33.72abAB	40.49abA	38.67aAB	3.9
	1.893	25.11bB	31.11bcBC	36.91bA	30.35bB	30.2
	2.302	20.75cC	28.65cC	24.06cB	15.22cC	59.7
	2.681	18.32dC	23.89dD	22.87cB	11.59cC	70.5

注：小写字母表示在 0.05 水平上差异显著，大写字母表示在 0.01 水平上差异显著。下文类似情况做同一解释。

表 8-51　密度对盐分胁迫下小麦的产量及产量构成的影响（2005—2006）

密度 /（万苗 / hm²）	有效穗数 /（万穗 / hm²）	穗粒数 /（粒 / 穗）	千粒重 / g	理论产量 /（kg / hm²）	实际产量 /（kg / hm²）
180	414.00bA	26.22abcAB	46.08aA	5 002.29	5 087.04abA
225	393.75bA	27.73aA	47.26aA	5 160.38	5 062.33bA
270	452.625aA	27.055abAB	45.30aA	5 547.91	5 438.91abA
315	488.25aA	25.04bcAB	45.51aA	5 563.86	5 605.51abA
360	512.67aA	24.95cB	44.73aA	5 720.92	5 626.78aA

注：土壤盐分含量为 1.267 g/kg，供试品种为'扬麦 11 号'。

表 8-52　施氮量对盐分胁迫下小麦的产量及构成的影响（2005—2006）

施氮量 / (kg/hm²)	有效穗数 / (万穗 / hm²)	穗粒数 / (粒 / 穗)	千粒重 / g	理论产量 / (kg / hm²)	实际产量 / (kg / hm²)
0	351.21cC	20.21cC	45.15aA	3 203.14	2 896.10dD
180	405.26bB	26.32bB	46.00aA	4 903.42	4 746.64cC
240	452.62aAB	27.05bAB	45.31aA	5 547.91	5 438.91bB
300	497.36aA	28.49aA	45.82aA	6 490.55	6 209.10aA

注：土壤盐分含量为 1.267 g/kg，供试品种为'扬麦 11 号'。

（三）化控防倒技术

1. 生长调节剂拌种

各生长调节剂拌种处理在不同密度条件下籽粒产量均高于对照（表 8-53）。2011—2012 年度，低密度条件下，各拌种处理增产幅度在 8.35%~17.28%，以种衣剂处理产量最高，其次为多效唑处理；高密度条件下各拌种处理产量增幅在 3.27%~19.41%，增幅最大的是拌种剂，产量达到 7 793.33 kg/hm²，其次为种衣剂、多效唑、矮壮素处理。不同密度条件下，种衣剂处理均与对照差异显著，矮壮素处理与对照差异未达显著水平，多效唑处理在低密度条件下增产效果达显著水平，在高密度条件下增产效果未达显著水平，拌种剂处理与之呈相反趋势。2012—2013 年，不同密度条件下，各拌种处理产量较对照均有所增加，但各处理增产效果均未达显著水平。这可能与两年倒伏情况不同有关。综合两年试验结果说明，生长调节剂拌种处理主要是通过增加单位面积穗数以实现增产（王慧，2014）。

表 8-53　生长调节剂拌种对'扬麦 13'产量及产量构成的影响

年度	密度 / (万苗 /hm²)	生长调节剂	穗数 (万穗 /hm²)	穗粒数 (粒 / 穗)	千粒重 / g	理论产量 / (kg / hm²)	实际产量 / (kg / hm²)
2011—2012	150	对照	370.28c	48.54ab	34.66cde	6 229.58d	5 786.67d
		矮壮素	396.67bc	50.85ab	33.77e	6 811.64bcd	6 270.00cd
		拌种剂	383.61bc	53.03a	34.43cde	7 004.04bc	6 333.33bcd
		种衣剂	402.50bc	50.68ab	35.30bc	7 200.74bc	6 786.67bc
		多效唑	396.06bc	49.73ab	36.02ab	7 094.52bc	6 456.67bc
	300	对照	423.33bc	47.02ab	36.56a	7 277.26bc	6 526.67bc
		矮壮素	455.83ab	48.32ab	34.03de	7 495.35ab	6 740.00bc
		拌种剂	467.22ab	45.75b	36.90a	7 887.49a	7 793.33a
		种衣剂	497.78a	44.23b	34.70cde	7 639.83a	7 633.33a
		多效唑	487.08a	45.55b	35.12bcd	7 791.90a	7 128.23ab

年度	密度 / （万苗 /hm²）	生长 调节剂	穗数 / （万穗 /hm²）	穗粒数 / （粒 / 穗）	千粒重 / g	理论产量 / （kg / hm²）	实际产量 / （kg / hm²）
2012— 2013	150	对照	409.17d	47.43a	38.61c	7 493.02bc	7 011.11b
		矮壮素	422.94cd	50.85a	36.02f	7 746.64bc	7 083.33b
		拌种剂	415.83cd	42.73bc	40.41a	7 180.23c	7 180.18b
		种衣剂	426.78cd	48.43a	39.35b	8 133.23ab	7 377.78ab
		多效唑	411.94cd	49.39a	38.85c	7 904.31ab	7 294.44b
	300	对照	458.61bc	46.67ab	35.55g	7 608.88bc	7 488.89ab
		矮壮素	464.44bc	49.54a	36.91e	8 492.38a	8 050.00a
		拌种剂	519.58a	40.59c	37.59d	7 927.64ab	7 727.78ab
		种衣剂	523.89a	43.67bc	35.25g	8 064.59ab	8 033.33a
		多效唑	496.67ab	49.87a	34.50h	8 545.28a	7 961.11a

2. 生长调节剂喷施

由表 8-54 可知，倒 5 叶期喷施生长调节剂处理在不同密度条件下籽粒产量均较对照增加，2011—2012 年度低密度条件下各处理与对照差异未达显著水平，以麦业丰处理增产效果最好，高出对照 10.66%，其次为多效唑、矮壮素、矮壮丰处理；高密度条件下矮壮素处理均与对照差异显著，较对照增产 14.57%，其次为多效唑处理，增产 8.52%。2012—2013 年度，不同密度下均以多效唑处理效果最好，平均高出对照 10.92%，其次为麦业丰、矮壮素处理，矮壮丰处理增产效果最不明显。

表 8-54　喷施生长调节剂对'扬麦 13'产量及产量构成的影响

年度	密度 / （万苗 /hm²）	生长 调节剂	穗数 / （万穗 /hm²）	穗粒数 / （粒 / 穗）	千粒重 / g	理论产量 / （kg / hm²）	实际产量 / （kg / hm²）
2011— 2012	150	对照	370.28b	48.54ab	33.52cd	6 024.68c	5 786.67d
		矮壮素	416.11b	48.23ab	31.72e	6 365.88c	6 215.00cd
		矮壮丰	378.89b	49.65a	33.95cd	6 386.64c	5 906.67d
		多效唑	393.89b	48.34ab	34.21bc	6 513.80bc	6 396.67cd
		麦业丰	406.25b	49.13a	35.70b	7 126.84c	6 403.33cd
	300	对照	428.33b	47.02ab	34.87bc	7 021.34b	6 526.67bc
		矮壮素	490.28a	45.91ab	36.01a	8 105.40a	7 477.78a
		矮壮丰	496.11a	40.38b	34.81bc	6 973.46b	6 649.76bc
		多效唑	501.39a	43.06b	33.27d	7 182.94b	7 082.65ab
		麦业丰	507.50a	42.74b	33.61cd	7 290.19b	6 909.14ab

年度	密度 /（万苗 /hm²）	生长调节剂	穗数 /（万穗 /hm²）	穗粒数 /（粒 / 穗）	千粒重 / g	理论产量 /（kg/ hm²）	实际产量 /（kg/ hm²）
2012—2013	150	对照	396.39c	49.29a	38.51e	7 524.11c	7 226.67d
		矮壮素	427.22bc	49.47a	41.02b	8 669.40ab	7 827.78bc
		矮壮丰	419.89bc	46.75ab	40.16c	7 883.35c	7 611.11cd
		多效唑	414.17bc	49.39a	43.63a	8 924.89a	8 022.22bc
		麦业丰	453.33ab	47.00ab	38.66de	8 237.10bc	7 994.44bc
	300	对照	464.89ab	45.61abc	36.64g	7 769.01c	7 738.89bc
		矮壮素	502.50a	47.18ab	37.77f	8 954.49a	8 388.89ab
		矮壮丰	508.50a	42.02c	37.57f	8 027.65bc	7 772.22bc
		多效唑	515.83a	47.14ab	37.66f	9 157.49a	8 577.78a
		麦业丰	521.94a	43.13bc	38.90d	8 756.88ab	8 361.11ab

两个年度不同密度条件下各处理穗数均高于对照。2011—2012 年，低密度条件下矮壮丰、麦业丰处理粒数分别高出对照 2.29%、1.22%，矮壮素、多效唑处理略低于对照，除矮壮素处理千粒重低于对照外，其他处理千粒重均较对照有所增加；高密度条件下各喷施处理粒数均低于对照，减幅在 2.36%~14.12%，各喷施处理千粒重表现效应不一。2012—2013 年，不同密度下矮壮丰、麦业丰处理粒数较对照有所下降，矮壮素、多效唑处理粒数高于对照，各处理粒数与对照差异均未达显著水平，不同密度下各处理千粒重均高于对照。

倒 5 叶期喷施生长调节剂的增产效应主要是增加单位面积穗数，并有一定的协调粒数与粒重的效应。在参试的生长调节剂中以矮壮素和多效唑的增产效果最好。

第四节　长江下游麦区弱筋小麦优质高产高效栽培技术规范

根据试验研究结果，综合近几年来对弱筋小麦和准弱筋小麦品质形成研究的相关结论，分别制定出相应的品质调优栽培技术规程（李春燕 等，2011，2020）。

一、优质高产栽培途径与调控程序

弱筋小麦实现优质高产的关键是建立高光效的群体结构，处理好群体与个体的矛盾，使源、库、流协调发展。具体调控程序是：① 根据品种的栽培特性、当地生态、生产条件、前茬、播期和预期穗数，合理确定基本苗。② 在实现上述基本苗的基础上，要求在有效分蘖成穗可靠叶龄期（主茎 11

叶为 4.5 叶），茎蘖苗数达预期穗数值，有效分蘖临界叶龄期茎蘖苗数达预期穗数值的 1.3 倍左右。③ 在实现上述茎蘖苗数的基础上，于有效分蘖临界叶龄期（主茎 11 叶为 6 叶）即控制无效分蘖的发生，减少无效和低效光合生产，降低高峰苗数，要求穗数型品种不超过预期穗数的 2.0~2.5 倍。④ 控制群体最大叶面积指数（LAI）和封行日期在孕穗期出现，LAI 为 5.5~6.5。⑤ 最大 LAI 出现后，控制有效叶面积特别是高效叶面积的衰降速度（王龙俊 等，2000）。

二、弱筋及准弱筋小麦优质高产栽培原则

弱筋小麦其优质栽培途径应以分蘖成穗为主，要适当增加基本苗，在小麦的生育前期促根壮蘖，奠定穗数，中期壮秆防倒，兼顾大穗，后期养根保叶延缓叶片早衰，增粒重。

（一）适期早播

弱筋小麦在保证麦苗安全越冬的适播期内，要求早播，有利于降低籽粒蛋白质含量，增加淀粉含量，改善籽粒品质。沿江、沿海麦区最适宜播期在 10 月 25 日至 11 月 5 日。

（二）半精量播种

弱筋小麦基本苗要求比同期播种的中强筋小麦要适当增加，在沿江、沿海地区种植基本苗一般掌握在 225 万 ~240 万苗 / hm²。基本苗确定以后，可根据每千克种子粒数、发芽率和田间出苗率计算播种量。

（三）控氮前移，增磷补钾

弱筋小麦总施氮量应根据地力水平确定，在江苏沿江、沿海优势生态区一般控制总施氮量 180~210 kg/hm²，氮肥运筹比例基肥 : 壮蘖肥 : 拔节肥为 7:1:2，施磷量 108 kg/hm²，氮、磷、钾配比为 1:（0.4~0.6）:（0.4~0.6），磷钾肥基追比应在 5:5~7:3，能实现产量与品质协调发展。

（四）全程化控

弱筋小麦要求适期早播，在播种时可采用矮苗壮、春泉拌种剂拌种或矮苗壮苗期喷施；中后期注意应用防倒增产剂，增强抗倒性，实现增粒增重。

（五）无公害防治与清洁生产

在抽穗开花至花后 7 d 施用推荐剂量的阿维菌素和吡虫啉兼治蚜虫和灰飞虱，效果佳；防治赤霉病宜轮换使用氰烯菌酯、丙硫菌唑等；对于以阔叶杂草为主要杂草的麦田，春季化除使用 20% 使它隆乳油 750 g/hm²，防除效果好。以上施用农药均实现籽粒和土壤农药残留不超标，同时提倡使用有机肥和采用秸秆还田技术，最终实现无公害安全清洁生产。

（六）排水降渍，节水灌溉

弱筋小麦在江苏沿江、沿海地区种植要注意排水降渍，可使产量与品质同步提高。

（七）适度延衰，保质增产

采用根外或叶面喷施磷酸二氢钾增强小麦抗后期高温和干旱的能力，可在一定程度上延缓植株衰老，稳定籽粒产量，增加籽粒淀粉含量，降低籽粒蛋白质含量、蛋白质产量、面筋含量，改善籽粒品质。

（八）适时收获，确保优质高产

为保证品质与产量，根据气候条件宜在蜡熟末期和完熟初期适时收获。

三、弱筋及准弱筋小麦品质调优栽培技术规范

以江苏淮南具体技术为实例。

（一）范围

适用于江苏淮南沿江（海）地区、丘陵地区弱筋类专用小麦的生产。

（二）籽粒产量、品质及群体指标

1. 产量及产量结构

产量 6 000~7 125 kg/hm²，产量结构为穗数 450 万 ~495 万穗 /hm²、每穗 36~40 粒、千粒重 38~42 g。

2. 品质指标

容重 ≥ 750 g/L，籽粒蛋白质含量（干基）≤ 11.5%，面粉湿面筋含量（14% 湿基）≤ 22%，降落数值 ≥ 300 s，面团稳定时间 ≤ 2.5 min（GB/T 17893—1999）。

3. 群体指标

基本苗数 210 万 ~240 万苗 /hm²，冬前茎蘖数 525 万 ~600 万个 /hm²，最高茎蘖数 900 万 ~1 050 万个 /hm²。

（三）品种选用

选用春性弱筋红粒小麦品种，如'扬麦 15''宁麦 13''扬麦 20'等。

（四）栽培技术要点

1. 播前准备

（1）种子处理

1）晒种：晒种 1~2 d。

2）选种：人工或精选机去杂、去劣、去小粒。

3）药剂拌种：每公顷用立克秀 225~300 g 兑水 7 500 mL 拌种。

（2）清理田外沟　外三沟在前作收获前人工清理开挖，沟系配套，逐级加深，隔水沟深 80 cm 以上，排水沟深 100 cm 以上。

2. 播种

（1）播期　适宜播期 10 月 25 日至 11 月 5 日，不宜迟播。

（2）播种量　适宜基本苗 210 万 ~240 万苗 /hm²，播种量按式（8-1）计算：

$$播种量 = \frac{每亩计划基本苗数 \times 千粒重}{种子净度 \times 发芽率 \times 出苗率} \qquad (8-1)$$

（3）播种方式　稻草还田，先用反旋灭茬机深旋灭茬，再用条播机播种，一次性完成旋耕、开沟、播种、覆土、镇压等工序，行距 25 cm，播深 2~3 cm。播种质量要求：播深适宜、深浅一致、出苗均匀、苗量合理。

3. 施肥技术

（1）肥料用量　氮肥施纯氮（N）180~210 kg/hm²，磷肥施 P₂O₅ 75~105 kg/hm²，钾肥施 K₂O 75~105 kg/hm²。

（2）运筹比例　氮肥的施肥比例基肥∶壮蘖肥（平衡肥）∶拔节肥为 7∶1∶2；磷肥、钾肥基追比为 5∶5，追肥在拔节期施用。

（3）运筹方法

1）基肥：施用 45% 复合肥（N、P_2O_5、K_2O 含量均为 15%）300 kg/hm²、尿素（含 N 量 46%）150~180 kg/hm²。

2）平衡肥：越冬至返青期可看苗施尿素（含氮量 46%）45~60 kg/hm²，捉黄塘促平衡。

3）拔节肥：在小麦基部第一节间接近定长、叶龄余数 2.5 叶时施，施 45% 复合肥（N、P_2O_5、K_2O 含量均为 15%）225~300 kg/hm² 或施用尿素（含氮量 46%）75~120 kg/hm² 加 45% 复合肥 75~120 kg/hm²。

4. 病虫草害防治

（1）防治原则　按照"预防为主，综合防治"的原则，实施"农业防治、物理防治、生物防治、化学防治"相结合。

（2）农业防治　精选种子，使用经高温腐熟的有机肥料，轮作换茬，清理田园等，推广精量播种，提高群体质量，推广平衡施肥技术。

（3）生物防治　应用生物类及其衍生物防治病虫害。

（4）物理防治　应用灯光、色板、性诱激素、网具等诱（捕）杀害虫。

（5）药剂防治　根据田间病虫草发生特点，选准药剂，适时适量防治。注意合理混用、轮换交替使用不同药剂，克服和推迟病虫害抗药性的发生和发展。

5. 抗逆技术

（1）渍害　开挖好内外三沟，沟系配套，确保灌得进、排得出、排水通畅，雨止田干。

（2）外沟　外三沟在前作收获前人工清理开挖，沟系配套，逐级加深，隔水沟深 80 cm 以上，排水沟深 100 cm 以上。

（3）内沟　每 2~3 m 开挖一条竖沟，沟深 20~30 cm。距田两端横埂 2~3 m，各挖一条横沟，沟深 30~40 cm，田块长超过 100 m 的应加挖腰沟，沟深 30~40 cm，内外沟配套相通。

（4）冻害

1）冻害预防：适期播种、培育壮苗，播前可每公顷麦田用矮苗壮 150~225 g 兑水 22.5 kg 拌种等防止冻害发生。

2）冻害补救：小麦受冻后应根据冻害严重程度增施恢复肥。小麦拔节前严重受冻，可适量施用壮蘖肥，促使其恢复生长；拔节后发生冻害应及时补施恢复肥，减轻冻害损失。恢复肥追施数量应根据小麦幼穗冻死率而定，对主茎和大分蘖幼穗冻死率达 10% 以上的麦田要及时追施恢复肥，一般幼穗冻死率在 10%~30% 的麦田，可追施尿素 75 kg/hm² 左右，冻死率超过 30% 的麦田每递增 10 个百分点，增施尿素 30~45 kg/hm²，上限值不超过 225 kg/hm²，以争取动摇分蘖和后发生高节位分蘖成穗，挽回产量损失。

（5）倒伏　扩行精播、培育壮苗，建立合适群体。群体较大田块于拔节初期（2月底或3月初）用春泉矮壮丰 750 g/hm² 或 15% 多效唑可湿性粉剂 750~1 050 g/hm² 进行叶面喷雾，均匀喷雾，不可重喷。

6. 灌排技术

（1）灌水　播后墒情不适，应灌齐苗水，促进及时出苗，注意不可大水漫灌，以防烂芽、闷芽。拔节后，出现持续干旱时应及时沟灌抗旱。

（2）排水　排水顺畅，达到雨止田干，出苗至返青期地下水位控制在 0.8 m 以下，返青后地下水位控制在 1 m 以下。

7. 收获技术

小麦蜡熟末期及时收割，收获后需及时晒干扬净，籽粒含水量要求低于 12.5%，贮藏于通风干燥处。

第五节　弱筋小麦免（少）耕栽培技术

免（少）耕种麦是指小麦播种或在生育过程中适当减少或不进行土壤耕作，以达到省工、节本、适时、减少水土流失以及抗御湿耕烂种和保墒御旱等自然灾害的一种种麦栽培体系，它是在传统农业向现代农业发展过程中逐渐发展起来的。小麦免（少）耕栽培历经了 20 世纪 60 年代"懒种麦"、70 年代"抗灾麦"和以后的"增产麦、高效麦"等阶段，是经多年的实践、研究、再实践而总结出的一整套小麦栽培技术。各地根据当地的实际情况形成了多种形式的免（少）耕种麦方式，如免（少）耕机条播、板茬撒播、板茬点播、稻田套播等，有力地推动了我国南方麦作技术的简化与改革，显著提高了生产效益，在大面积生产上的应用前景越来越广阔（刘坚，1992）。

根据免（少）耕小麦的生育特点，其高产高效优质栽培的基本原则是：① 确保小麦在最佳播期内播种，调节好小麦的生长发育进程与季节进程优化同步；② 依据茬口、墒情优选免（少）耕播种方式与配套的播种程序，精种精播，争取全苗、匀苗、齐苗；③ 应用免（少）耕方式配套管理技术，培育壮苗，建立合理的群体动态结构，促进个体发育健壮不早衰，最终达到优质高产高效的目标。

一、免（少）耕种麦的方式与播种方法

（一）免（少）耕机条播与板茬撒播

免（少）耕机条播不仅省工、效率高，而且播种质量好、出苗率高、分蘖发生快，利于培育合理的群体结构并较稳定获得优质高产，因此是推荐扩大应用的主要种麦方式。这一种麦方式是在水稻让茬后，于机播前施基肥，然后利用江南 2BGZ—5 型条播机［或其他的少（免）耕条播机］直接在稻茬上播种，在表层 0~10 cm 土壤相对含水量不足 30% 的各种稻板茬上，一次性完成浅旋土、开沟、播种、盖籽、镇压等作业，播种的深浅、播量和行距配置均可以进行调整。与常规耕翻播种相比，每亩可节约人工 4 个，节约机械费 6~10 元，节约油 1.0~1.5 kg。缺点是在播期间如遇连阴雨天气，条播机不能下田操作，影响适时播种。

板茬撒播方式比较简便。在水稻收割后进行施肥和条（撒）播麦种子，最后开沟覆土，要求播种均匀，窄畦深沟，畦面覆土 2~3 cm，消灭露籽。这种方法可保证晚稻地区小麦适时播种，有利于壮苗早发。但是这种播种方式大多是土壤湿度过大时作为一种应急的抢时播种方式。

（二）稻田套播

稻田套播是一种比较简便的播种方法。优点是能够在茬口十分紧张的地区争取季节，确保适时播种、出苗；在干旱的年份也可以保证获得全苗，多雨的年份可避免烂种。具体做法如下：

1. 品种选用

根据小麦品种生产力的比较研究和大面积生产实践，选用越冬期抗寒抗冻害能力强，前期受抑影响小，中后期生长活力旺盛，补偿生长力强，熟相好的矮秆、半矮秆紧凑型小麦品种，利于套播栽培，使小麦群体有效地强源扩库。江苏淮南弱筋小麦区，一般共生期较短，越冬期气温相对偏高，扬麦、宁麦系列小麦品种均可。

2. 确定合理的共生期，适期播种

共生期的长短主要受制于水稻成熟期与小麦最佳播期。从稻田套播麦适期播种要求来说，套播麦播期不受水稻收割期限制，同时土壤墒情等田间环境条件以及人力、物力条件对播种作业的制约影响亦小，因而极利于在最佳时期播种。从气温变化与小麦生育进程优化上综合考虑，淮北10月1—5日播种最为有利，冬性强的小麦品种可略早些，冬性弱的可迟些，但迟者也必须在10月中旬的上候出第1叶。而苏中、苏南的套播期，宜在10月下旬（耐寒性品种可在上候播种，一般品种在下候播种）。从合理共生期要求看，在共生期，麦苗一旦展叶，因处在水稻群体的基部，郁蔽寡照，共生起着负效作用，阻碍了发苗，故共生时间越长，这种负效越深刻。因此，只要保证全苗、齐苗，共生期一般掌握在10~15 d，不宜超过20 d，且越短越好。试验表明，采用多效唑拌种（1 kg种子用15%多效唑0.5~0.8 g）可改善苗质，缓解共生的负效应，延长共生期。因此，化控是弥补因共生对产量产生负效应的有效措施之一。在生产上，稻田套播小麦要依水稻成熟期综合兼顾小麦适播期与共生期长短。淮南麦区既要避免共生期过短影响一播全苗，又要克服过早播种，形成生育超前麦苗而受冻；而淮北麦区主要避免过早播种，共生期偏长，苗质下降。

3. 精确套播，保湿立苗，确保全苗齐苗

在合理确定套播用种量时，应在考虑品种特性与土壤肥力等因素的同时，重点分析小麦与水稻共生期长短，预测分蘖受控程度与数量，以及水稻收割与田间开沟造成的麦苗伤害及损失，通过综合预测后设计出合理的基本苗数。实践表明，基本苗一般应比常规耕播高产栽培增加10%~30%。在小麦1叶期收割水稻的田块基本苗以180万~270万苗/hm²，2叶期田块的基本苗以270万~300万苗/hm²，3叶期田块的基本苗以300万~375万苗/hm²较为适宜，其中淮南麦区取低限，淮北麦区取高限，应用时还须按地力及品种特性等进行调整。当基本苗数量因地制宜合理确定后，即可根据所用麦种的发芽率、成苗率计算出播种量。

因稻田水分状况不同，套播程序应有所差别。田间已有水层，或田间土偏干时灌上薄水层后，均可采取干种子播种，方便作业。播后10~18 h将田间水层快速排尽，不得留水塘，以防积水闷种烂种。而若田间土壤水分饱和呈湿润状，又恰逢下雨，则不必灌水，实行催芽套播，利于齐苗全苗。为了匀播，全田种子可分3次撒完。第1次以种子总量的45%，按播幅称种南北走向匀播；第2次以种子总量的45%，再按播幅称种东西走向匀播；余下的10%的种子补撒在四周田边带上，因四周边土壤水分易丧失，加之鼠雀危害重，故宜增加播量。为了提高效率与匀度，应大力推广弥雾机套播。

稻田套播麦种吸水环境极不稳定，如果土表水分不足，种子很难正常萌发，即使种子已经发芽，也难免生长缓慢或枯死。立苗期间一定要保持田面土壤湿润，并密切注意套播后的种子萌动、根芽生长及土壤水分状况，如果土表水分不足，种子萌动速度滞缓，应及时补充水分。如保持套播的种子在浅水层浸种 10~18 h，或用浸种露嘴种子套播，不仅能提前 2~3 d 齐苗，而且可较大幅度提高成苗率与整齐度。

二、秸秆还田与开沟覆土

做好田面覆盖管理，是种好免（少）耕麦的关键之一。覆盖管理技术主要有泥土覆盖和秸秆还田覆盖。

（一）泥土覆盖

对于常规免（少）耕麦来说，开沟覆土应在播种后随即进行。在平原地区，畦宽 3 m 左右，每畦开一条沟，沟深 30 cm 左右，沟宽 20~25 cm，畦面覆土 2~3 cm 厚，要求土块细碎，全畦覆土均匀，盖好畦面的种子和肥料。在地下水位高的低田地区，宜采取窄畦深沟，一般畦面宽 2 m，沟宽 20 cm，沟深 30 cm 左右。对于板茬播种，及时开沟覆土可覆盖露籽保持墒情，以利早出苗、出全苗。

（二）秸秆还田覆盖

秸秆还田覆盖可以减少水土流失、培肥地力，还可以减轻杂草危害。秸秆还田以利用水稻秸秆为主，使用量在 2 250 kg/hm² 左右或更多。一是机械收割水稻可留高茬（30~40 cm），其余上部的秸秆均匀覆盖于田表，实施稻草全量还田；二是采用比较整齐的稻草，依次均匀铺盖，疏密有度，疏不露土壤，密不厚遮阳光；三是乱草覆盖，或将稻草铡成短草覆盖，也要做到均匀、适量，疏密有度。

三、优质高效施肥技术

免（少）耕麦前期吸收氮、磷量高于耕翻麦，而生育中后期的吸收量明显低于耕翻麦，因此施肥总的原则为：适量施够基肥，早施苗肥促早发，中期因苗早施、重施拔节孕穗肥防早衰。具体技术如下：

（一）免（少）耕机条播与板茬播种施肥

在稻麦两熟地区，种植水稻时要适当深耕，并增施有机肥料，以利改善土壤理化性状，增强后劲，为下茬免（少）耕麦正常生长发育提供养分条件。免（少）耕麦施肥要求：① 做到施足基肥，增施有机肥和磷钾肥。弱筋专用麦氮素基苗肥与拔节孕穗肥的适宜比例为 7:3，中筋小麦 6:4，强筋小麦 5:5。磷钾肥 70% 或全部作为基肥（其余部分以复合肥等形式作为拔节孕穗肥）。② 早施壮蘖肥，适当补施接力肥。基肥不足的麦田以及基本苗不足的田块，需在 3 叶期早施促蘖肥，促使麦苗早分蘖，早发根，形成冬前壮苗。一般用肥量占总施肥量的 10% 左右。在返青期内对冬发不足的田块应根据苗情适当补施一些接力肥，对于沟边和黄塘要注意补施肥料，促进全田麦苗平衡生长。③ 因苗适时施好拔节孕穗肥。免（少）耕麦下层根系少，后期土壤供肥能力较差，施好拔节孕穗肥尤为重要。弱筋专用麦拔节孕穗肥可在倒 3 叶或倒 2 叶初一次性施用，如果群体偏小，个体生长偏差，叶色褪淡较早，拔节肥均要早施。

（二）稻田套播麦施肥

根据稻田套播麦高产吸肥特性与生长特点，以及施肥试验及其大田验证反馈结果，制定的施肥方法如下：① 播后趁稻田含水层或湿润状，施种肥尿素 75 kg/hm² 或氮、磷、钾复合肥 225 kg/hm²。② 在苗期开沟前重施苗蘖肥，用氮、磷、钾复合肥 450 kg/hm²，加尿素 225 kg/hm²，而后开沟，把沟土匀盖在肥料上，提高肥效。实践表明，在此种麦作方式下苗蘖肥增施有机肥，促苗增产的作用尤为显著。③ 视苗情于倒 3 叶伸出至倒 1 叶期，弱筋专用麦拔节孕穗肥的用量减半，一般在倒 3 叶期一次性施用。从总体看，施肥的特点是：增加了总施肥量，淮南每公顷施纯氮 240 kg 以上，同时总施肥量中提高了磷钾肥比例。氮肥运筹模式为：基肥不施，种肥必施，采取重施苗蘖肥与拔节孕穗肥的施肥法，种肥、苗蘖肥和拔节孕穗肥分别占 10%、50%~60%（弱筋小麦取高限）、30%~40%（弱筋小麦取低限）。若越冬返青期脱力或发生不同程度冻害，亦应适当补肥。其中，苗蘖肥强调增施有机肥与化肥的配合使用。为防止肥料过分富集于表土层，种肥可随田间水层较多地渗入土层，苗蘖肥（重头肥）也被开沟覆在薄土层下，拔节孕穗肥可合在一起采取提早深施。实践证明，这样有利于在争得多穗的基础上，克服早衰，形成较大的穗型。稻田套播具体要求：若稻草离田，则在水稻收获前10~15 d 套种；若稻草不离田，则以收稻时小麦种子发芽为好，收稻前 0~5 d 内套种，否则影响出苗。大面积生产上已基本不采用套种方式。

四、病虫草无害化防治

免（少）耕机条播与板茬播种麦田杂草发生的特点是杂草出苗时间集中，冬前出草种类多、数量大，出苗高峰期早，危害时期提前。根据杂草发生的这些特点，因地制宜选择药剂，在防治上要主攻播种前后的防御，重点解决冬前草害。对于草多的田块可进行二次化除。第一次，在播前 3~7 d 用10% 的草甘膦水剂 3.0~4.5 L/hm² 进行防治，对已经出苗的杂草防效可稳定在 90% 以上。第二次，应根据田间不同的杂草苗情进行有针对性的防治。① 对以看麦娘、日本看麦娘、硬草为主的麦田，每公顷用 6.9% 骠马 600~750 mL 或 10% 骠灵 750~900 mL，在杂草 3~4 叶期兑水 450~600 kg 喷雾。对以早熟禾、菵草为主的麦田，每公顷用 50% 异丙隆或 50% 高渗异丙隆 1 875~2 250 g，在杂草 1~2叶期兑水 750~900 kg 喷雾。② 对单双混生田块，每公顷用 50% 异丙隆或 50% 高渗异丙隆 1 875~2 250 g 加 80% 阔草清 30~45 g，在杂草 1~2 叶期兑水 750~900 kg 喷雾，能有效防除日本看麦娘、早熟禾、菵草、硬草等禾本科杂草和猪殃殃、牛繁缕、荠菜、大巢草、碎米荠、稻槎菜等阔叶草类。但需要注意的是：这两个配方的最佳使用时间为杂草的 1~2 叶期，最迟不超过 3 叶期，否则防效下降。同时在土壤湿度高的情况下有利于药效发挥，干旱会影响防效，故应在雨后或浇水后立即用药，同时须用足水量，从而确保防效。用药时间应在冷尾暖头，以避免低温寒流对小麦产生药害；使用这类除草剂后小麦有一定的落黄现象，但会很快恢复。③ 对秋冬季用药防效差或漏治田块，应采取春季补治。看麦娘、日本看麦娘、硬草较多田块，每公顷用 6.9% 骠马 750~900 mL 或 10% 骠灵 900~1 050 mL 兑水 450~600 kg 喷雾；阔叶草较多的田块，每公顷用 20% 使它隆 600~675 mL 兑水600 kg 喷雾；混生田块用以上两种药剂复配使用。免（少）耕麦田由于稻桩没有耕翻入土，田间稻桩赤霉病菌残留基数较大，发病率往往高于耕翻麦田，应特别注意测报与防治；对白粉病、纹枯病以及蚜虫等病虫害也应注意测报。稻田套播麦田草害比常规耕翻及少耕机条播麦田重，尤其是单子叶杂草危害较重，必须在水稻刚收获后趁墒情适宜时立即化除。一般视杂草基数大小，每公顷施用绿麦隆 4.5~6.0 kg，兑水 375~450 kg 喷雾，或拌细土 450 kg 匀施。或在杂草 4~5 叶期，每公顷用骠马750 mL，兑水 750 kg 喷雾。还可采用新型复配除草剂防治。

五、抗逆技术

（一）防冻及冻害补救

分析大面积生产上免（少）耕麦冻害主要原因，可以分成 3 类：① 过早播种，播期明显早于小麦最佳播期，造成冬前生育进程快，抗寒性下降。此类冻害在淮南麦区尤为突出。② 管理粗放，分蘖节裸露，缺少覆盖，或覆盖过浅，生长中心受低温胁迫概率大，冻害重。③ 稻田套播麦，如果共生期掌握不好，共生期过长，麦苗过弱或生长不良弱苗、群体过大旺苗，抗冻性弱。

针对上述出现冻害原因，生产上除选择抗寒抗冻性强的品种外，特别要强调适期播种，开沟覆土，精培精管。此外，在生产上采用多效唑化控和适度镇压不仅可以提高抗冻害能力，而且还能促进遭冻害的麦苗恢复生长。一旦出现冻害，应充分利用麦苗冻害后的恢复能力，及时诊断，因苗采取对策。如主茎、大蘖冻死已明显影响最终穗数，要采取措施争取高位分蘖与潜伏分蘖。试验表明，即使主茎幼穗冻死率达 50%~90%，及时增施纯氮 112.5~150.0 kg/hm²，也可达到较高产量水平，获得显著的减灾增产。

（二）防衰

除了增加中后期的肥料外，主要措施还有：结合病虫防治，采用强力增产素、丰产灵等农作物生化制剂进行药肥（剂）混喷，可以在根系活力下降的情况下，促进叶面吸收与转化，保持与延长功能叶的功能期，营养调理，活熟到老，同时还可以防止干热风和高温逼熟，增粒增重。

（三）防倒

免（少）耕麦播期、播量若控制不严，易造成群体过大、植株郁蔽、茎秆细弱而导致后期倒伏，严重影响产量与品质。针对性的防倒措施如下：一是对冬春长势旺的田块，及时进行镇压；二是在前期未用多效唑的情况下，于麦苗的倒 5 叶末至倒 4 叶初，用 15% 多效唑粉剂 750~1 050 g/hm² 喷施，有利于控上促下，控旺促壮。

第六节　弱筋小麦生产信息化技术

近年来，随着遥感传感器和遥感数据处理技术的快速发展，遥感应用领域较为广泛，尤其在农业领域中，遥感不仅能准确、快捷、大面积、无破坏地监测作物长势及评估作物产量与品质，而且可以实时获取大量相关数据监测作物生长进程，有利于大面积、高效低耗监测预报。

一、小麦长势指标卫星遥感监测

（一）主要长势指标卫星遥感监测模型建立

利用卫星遥感技术定量监测小麦长势指标，及时掌握大田小麦生长动态，运用关联性最密切原则，筛选出主要长势指标的最敏感卫星遥感变量，基于敏感卫星遥感变量，通过线性或非线性回归分析，建立返青期小麦主要长势指标遥感监测模型（图 8-1）。

（二）模型可靠性检验

为评价所建立主要长势指标卫星遥感监测模型的可靠性，以独立试验数据为检验样本，分析返青期主要长势指标预测值与实测值的定量关系，并绘制 1∶1 关系图，以 R^2 和 $RMSE$ 为检验指标，综合评价所建立主要长势指标监测模型的定量化水平和可信度（图 8-2）。研究发现，经所建立监测模型反演的主要长势指标预测值与实测值之间均具有密切关系，R^2 和 RMSE 均达到较为理想水平，由此表明，返青期筛选 NDVI（归一化植被指数）、RVI（比值植被指数）、B1（第一波段，即红光波段）分别作为监测 LAI（叶面积指数）、生物量、SPAD（叶绿素含量）和 LNC（叶片氮含量）的最敏感卫星遥感变量是可行的，所建立的监测模型是可靠的，且精度较高，尤其在返青期 NDVI 监测 LAI 最可靠，即 R^2 最大、RMSE 较理想，值分别为 0.77、0.42。

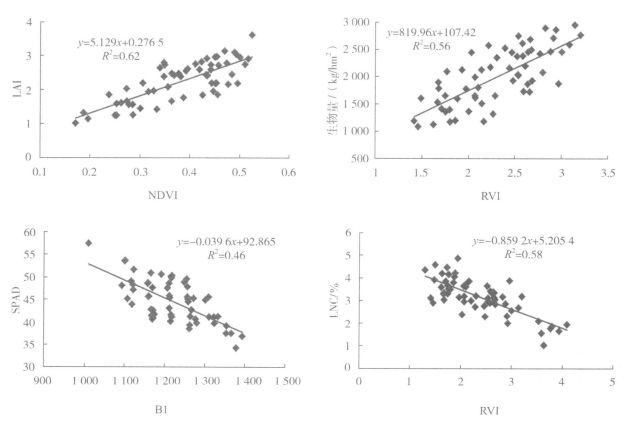

图 8-1　返青期小麦主要长势指标卫星遥感监测模型

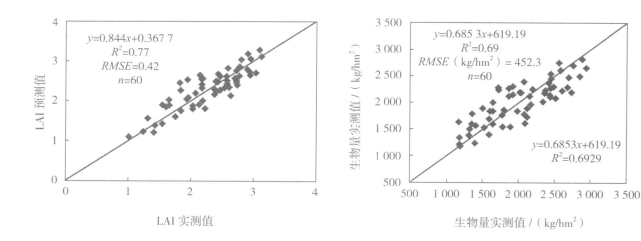

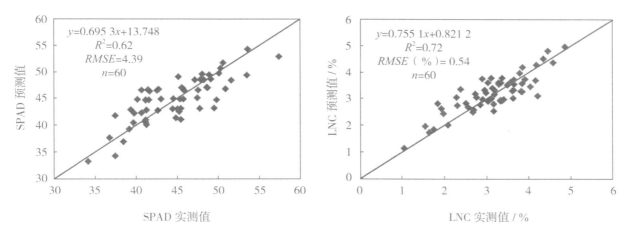

图 8-2　返青期模型可靠性检验

综上所述，运用返青期 HJ-1A/1B 影像，分别生成监测 LAI、生物量、SPAD 和 LNC 的敏感卫星遥感变量数值图，一一进行求算，经二值化掩膜，采用监督分类法进行小麦种植分类，然后实地抽样校正，以监测小麦种植空间分布区域，叠加包含研究区域的江苏行政区划矢量数据，最终绘制小麦返青期主要长势指标遥感监测等级分布空间量化表达图，结果表明：LAI 以 1~2 和 2~3 为主，其中姜堰以东地区大多在 3 以上；生物量（kg/hm²）以 1 400~1 800 和 1 800~2 400 为主，其中姜堰以东及以南地区频现 2 400 以上；SPAD 以 45~50 和大于 55 为主；LNC 以小于 2 和 2.0~2.5 为主，尤其姜堰以东地区大部分地区在 2 以下。该分析结果与野外实际调查以及研究区农业技术推广部门提供的相应数据比较吻合，从而实现了基于 HJ-1A/1B 影像的主要长势指标不同等级空间分布量化表达。

二、小麦籽粒蛋白质含量（GPC）遥感预测

基于 PLS 算法，以主成分数为 5 的 5 个植被指数即 NDVI、SIPI（结构密集型色素指数）、RVI、NRI（氮反射指数）和 PSRI（植被衰减指数）为自变量，以 GPC 为因变量，使用建模集样本和 2008-05-02 以及 2009-04-26TM 影像构建的 GPC 预测模型见式（8-2）：

$$GPC = 4.596 \times NDVI + 2.124 \times SIPI + 2.719 \times RVI - 2.109 \times NRI - 1.642 \times PSRI + 6.863 \qquad （式 8-2）$$

利用该模型预测 GPC，将所得到的 GPC 预测值与实测值绘成 1:1 图，统计出最优直线回归方程及其 R^2 和 $RMSE$，由图 8-3 可知，建模集和验证集中的 GPC 预测值与实测值间的 R^2 均大于 0.6，$RMSE$ 均小于 0.31，说明利用该 PLS 模型能较好地预测小麦 GPC，但 GPC 预测值多数高于实测值，尤其是验证集样本，其可能原因是 GPC 测定时使用滴定的酸溶液体积偏小，造成实测值偏低。

为了与 PLS 模型对比，又采用传统的 LR 和 PCR 建立 GPC 预测模型，并依据 GPC 预测值与实测值 r 和 $RMSE$ 对其评价。表 8-55 为 PLS、LR 和 PCR 模型预测验证集样本结果，PLS、LR 和 PCR 模型的 GPC 预测值与实测值 r 分别为 0.802、0.669 和 0.727，$RMSE$ 分别为 0.307、0.421 和 0.382，即 PLS 模型的 r 大于 LR 和 PCR 模型，$RMSE$ 小于 LR 和 PCR 模型，因此，PLS 模型对 GPC 的预测能力要好于 LR 和 PCR 模型。

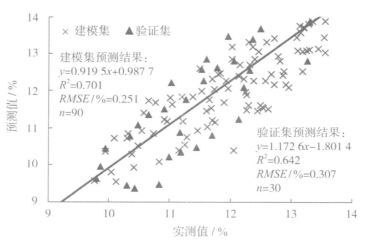

图 8-3　GPC 模型评价

表 8-55　PLS、LR 和 PCR 模型预测结果比较

算法	主成分数 / 个	样本数 / 个	r	$RMSE$ / %
PLS	5	30	0.802	0.307
PCR	7	30	0.727	0.382
LR	0	30	0.669	0.421

依据上述分析，利用 2008-05-02 TM 影像生成 NDVI、SIPI、RVI、NRI 和 PSRI 图，通过一一解算和二值化掩膜，再叠加小麦种植数据去掉非小麦区后，结合行政边界矢量数据，基于 PLS 模型，得到江苏中部地区小麦 GPC 空间分布遥感预测图，沿海地区 GPC 11.3%~11.6%，尤其大丰地区较为突出；沿江地区 11.3%~11.6%；兴化及周边地区为 11.3%~11.6% 和 11.6%~12.6%；GPC 高于 12.6% 和低于 10.7% 的地区极少。该结果与收获期实际调查及当地农技部门提供的小麦 GPC 实际分布情况是一致的。

三、小麦产量遥感预测

（一）单因子模型

基于相关性最大原则，筛选出预测产量的花后 15 d 敏感遥感变量，以遥感变量作为自变量（x），产量为因变量（y），构建单因子线性产量预测模型（表 8-56）。

表 8-56　花后 15 d 产量单因子预测模型

因变量（y）	自变量（x）	模型	r
产量 / （kg / hm²）	NDVI	$y = 6\,489.75x + 1\,730.25$	0.811

利用试验样本进行模型评价，基于 NDVI 预测模型的预测值与实测值进行回归分析，并构建 1:1 关系图，利用 $RMSE$ 和 R^2 两个指标评价模型的预测能力。从图 8-4 可知，花后 15 d 单因子产量预测模型两年预测都较准确，$RMSE$ 值都较理想，分别为 423.24 kg/hm² 和 527.6 kg/hm²。说明利用花后 15 d NDVI 预测产量是可行的，并且花后 15 d 的单因子产量预测模型优于开花期的预测模型。

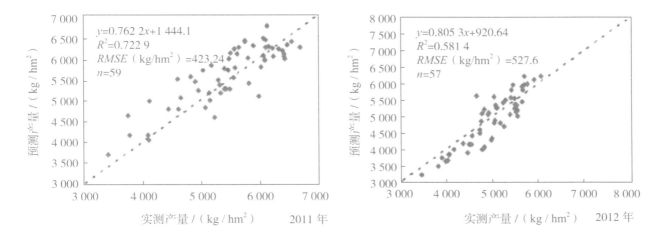

图 8-4 基于 NDVI 花后 15 d 产量预测模型评价

（二）多因子模型

1. 模型建立

为了进一步提高产量预测模型的精度，依据逐步线性回归分析，选择与产量相关性最大的两个遥感变量，建立遥感变量组合模型（表 8-57），选用 NDVI 和 GNDVI 作为自变量，相关性有所提高（$r = 0.854$）。

表 8-57 产量预测多因子模型

因变量（y）	自变量（x_1）	自变量（x_2）	模型	r
产量（kg/hm²）	NDVI	GNDVI	$y = 11\,028.75x_1 - 4\,894.8x_2 + 1\,558.35$	0.854

2. 模型评价

由图 8-5 可知，模型效果都较理想，且通过对比单因子模型和多因子模型评价的 $RMSE$ 值和 R^2，结果表明：花后 15 d 基于不同遥感变量组合构建的产量预测模型精度较好，明显优于基于 NDVI 的产量预测模型，且通过比较开花期的单因子和多因子模型，花后 15 d 产量预测模型效果更好。

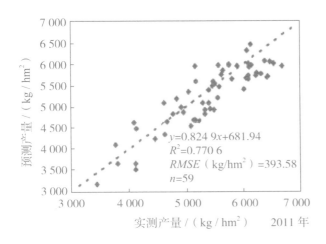
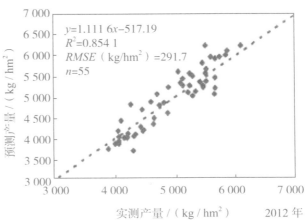

图 8-5 花后 15 d 多因子模型评价

（三）产量遥感预测应用

通过前文所构建模型及模型预测性评价结果，可利用开花期遥感变量预测产量，且模型评价效果优越性呈现出多因子模型＞单因子模型。利用花后 15 d 江苏部分地区 HJ-1A/1B 遥感影像数据，通过一一解算和掩膜，除去非小麦种植区，并结合市县行政边界矢量数据图层，基于花后 15 d 的预测模型，产量（kg / 亩）等级划分标准为 <300、300~350、350~400、>400，制作江苏部分县市小麦产量卫星遥感预测图。

主要参考文献

Desai R M, Bhatia C R, 1978. Nitrogen uptake and nitrogen harvest index in durum wheat cultivars varying in their grain protein concentration[J]. Euphytica, 27(2): 561-566.

Kindred D R, Verhoeven T, Weightman R M, et al., 2008. Effects of variety and fertilizer nitrogen on alcohol yield, grain yield, starch and protein content, and protein composition of winter wheat[J]. Journal of Cereal Science, 48(1): 46-57.

Lerner S E, Seghezzo M L, Molfese E R, et al., 2006. N- and S-fertilizer effects on grain composition, industrial quality and end-use in durum wheat[J]. Journal of Cereal Science, 44(1): 2-11.

Lopez-Bellido L, Fuentes M,Castillo J E, et al., 1998. Effects of tillage, crop rotation and nitrogen fertilization on wheat-grain quality grown under rainfed mediterranean conditions[J]. Field Crops Research, 57(3): 265-276.

Narendra S, Grewal K S, Singh Y P, et al. 1998. Yield and quality of wheat as influeneed by potassium and iron application[J]. Annals of Agricultural Biology Research, 3(1): 115-118.

Rodrguez D, Andrade F H, Goudriaan J., 2000. Does assimilate supply limit leaf expansion in wheat grown in the field under low phosphorus availability[J]. Field Crops Research, 67(3): 227-238.

Rodríguez D, Andrade F H, Goudriaan J., 1999. Effects of phosphorus nutrition on tiller emergence in wheat[J]. Plant and Soil, 209(2): 283-295.

曹卫星，郭文善，王龙俊，等，2005. 小麦品质生理生态及调优技术 [M]. 北京：中国农业出版社 .

付国占，严美玲，蔡瑞国，等，2008. 磷氮配施对小麦籽粒蛋白质组分含量和面团特性的影响 [J]. 中国农业科学，41（6）：1640-1648.

胡文静，程顺和，陈甜甜，等，2018. 栽培因子对扬麦 22 产量、品质及氮肥农学利用率的影响 [J]. 扬州大学学报：农业与生命科学版，39（1）：86-90.

江洪芝，晏本菊，谭飞泉，等，2009. 氮肥施用量及施用时期对小麦品质性状的影响 [J]. 麦类作物学报，29（4）：658-662.

姜宗庆，2006. 磷素对小麦产量和品质的调控效应及其生理机制 [D]. 扬州：扬州大学 .

姜宗庆，封超年，黄联联，等，2006. 施磷量对弱筋小麦扬麦 9 号籽粒淀粉合成和积累特性的调控效应 [J]. 麦类作物学报，26（6）：81-85.

李春燕，郭文善，朱新开，等，2020. 扬麦 22 生产技术规程 [M]. 北京：中国标准出版社 .

李春燕，朱新开，郭文善，等，2011. 沿江农区弱筋小麦高产栽培技术规程 [S]. 江苏省地方标准：DB32/T 1953-2011.

刘坚，张九汉，陆乃勇，等，1992. 江苏农业发展史略 [M]. 南京：江苏科学技术出版社 .

刘蓉蓉，2005. 栽培措施对弱筋小麦产量与品质调控效应研究 [D]. 扬州：扬州大学.

马鸿翔，王龙俊，姚金保，等，2013. 江苏小麦品质现状与提升策略 [J]. 江苏农业学报，29（3）：
　468-473.

申玉香，2007. 盐分胁迫对小麦产量和品质形成的影响及调控措施研究 [D]. 扬州：扬州大学.

石书兵，马林，石庆华，等，2005. 不同施氮时期对冬小麦籽粒蛋白质组分及其动态变化的影响 [J].
　植物营养与肥料学报，11（4）：456-460.

孙慧敏，于振文，颜红，等，2006. 施磷量对小麦品质和产量及氮素利用的影响 [J]. 麦类作物学报，
　26（2）：135-138.

王慧，2014. 植物生长调节剂对扬麦 13 植株性状及产量的影响 [D]. 扬州：扬州大学.

王君婵，王慧，李曼，等，2021. 不同品质类型小麦籽粒产量与品质对氮肥运筹和叶面肥的响应 [J].
　扬州大学学报：农业与生命科学版，42（6）：23-28+35.

王立秋，1994. 冀西北春小麦高产优质高效栽培研究 [J]. 干旱地区农业研究，12（3）：8-13.

王龙俊，郭文善，封超年，等，2000. 小麦高产优质栽培新技术 [M]. 上海：上海科学技术出版社.

王祥菊，2008. 氮、磷、钾配比对中筋和弱筋小麦产量和品质的影响 [D]. 扬州：扬州大学.

王旭东，于振文，石玉，等，2006. 磷对小麦旗叶氮代谢有关酶活性和籽粒蛋白质含量的影响 [J]. 作
　物学报，32（3）：339-344.

王月福，于振文，李尚霞，等，2002. 施氮量对小麦籽粒蛋白质组分含量及加工品质的影响 [J]. 中国
　农业科学，35（9）：1071-1078.

王正贵，2011. 除草剂对小麦产量和品质的影响及其残留特性 [D]. 扬州：扬州大学.

武际，常江，郭熙盛，等，2007. 不同土壤供钾水平下施钾对弱筋小麦产量和品质的调控效应 [J]. 麦
　类作物学报，27（1）：102-106.

夏玉荣，2010. 杀虫剂对小麦产量和品质的影响及其机理 [D]. 扬州：扬州大学.

袁丽金，巨晓棠，张丽娟，等，2009. 磷对小麦利用土壤深层累积硝态氮的影响 [J]. 中国农业科学，
　42（005）：1665-1671.

张海竹，张永清，张建平，等，2008. 氮、磷、钾肥对强筋小麦产量与品质的影响 [J]. 麦类作物学报，
　28（3）：457-460.

张平平，耿志明，杨丹，等，2012. 江苏沿江地区弱筋小麦品质现状分析 [J]. 江西农业学报，24
　（5）：4-6.

张晓，李曼，刘大同，等，2020. 扬麦系列品种品质性状分析及育种启示 [J]. 中国农业科学，53
　（7）：1309-1321.

张影，2003. 弱筋小麦宁麦 9 号籽粒品质的形成特性及调控研究 [D]. 扬州：扬州大学.

赵德华，2001. 氮、钾对专用小麦产量与品质的调控效应研究 [D]. 扬州：扬州大学.

赵广才，何中虎，刘利华，等，2004. 肥水调控对强筋小麦中优 9507 品质与产量协同提高的研究 [J].
　中国农业科学，37（3）：351-356.

邹铁祥，戴廷波，姜东，等，2006. 不同氮、钾水平对弱筋小麦籽粒产量和品质的影响 [J]. 麦类作物
　学报，26（6）：86-90.

邹铁祥，戴廷波，姜东，等，2006. 钾素水平对小麦氮素积累和运转及籽粒蛋白质形成的影响 [J]. 中
　国农业科学，39（4）：686-692.

第九章
酿酒专用小麦

酿酒专用小麦是指适合用于制曲和酿酒的小麦原粮，具有高粉质、易糊化、蒸煮效果好等特点。酿酒专用小麦分为制曲专用小麦和酿酒发酵专用小麦两大类。随着人们生活水平的不断提高和消费结构的优化升级，中国白酒行业也随之发展壮大，由于消费需求带动了产能的扩增，使得酿酒和制曲重要原料（专用小麦）的需求也逐步上升，因而对酿酒专用小麦需求量也不断增加。本章介绍了酿酒发展历程和酿酒小麦研究进展、产业存在问题及展望。

第一节 酿酒发展历程

一、酿酒技术的起源

我国酿酒历史悠久。根据出土文物判断，大约在新石器时期公元前 7000 年，中国先民已经学会酿酒，其中小麦既是制曲原料（小麦占 95%~100%），也是酿酒发酵的主要原料之一。人类在效仿生物发酵活动的过程中发明了酿酒技术，这是其聪明才智的结晶（于湛瑶，2014）。

中国古代在酿酒技术上的一项重要发现，就是用曲造酒。起初酒曲并非发明创造而是发现，由于贮藏谷物的方法粗放，天然谷物受潮后经常会发霉、发芽，吃剩的熟谷物也具有同样的情况。那些发霉、发芽的谷粒就变为上古时期的天然曲蘖，人们将之浸入水中便可以发酵成香甜可口的美酒，即天然酒。随着社会的不断进步，农业的不断发展和生活水平的逐步改善，人们不断接触天然曲蘖和天然酒，并逐渐接受了天然酒这种饮料，在此基础上发明了人工曲蘖和人工酒。秦汉以后我国酿酒技术不断进步，使酿酒工艺得到迅速发展（彭越，2014）。酒曲里含有使淀粉糖化的丝状菌（霉菌）及促成酒化的酵母菌。利用酒曲造酒，使淀粉质原料的糖化和酒化两个步骤结合起来，这对造酒技术是一个很大的推进。中国先民从自发地利用微生物到人为地控制微生物，利用自然条件选优限劣而制造酒曲，经历了漫长的岁月。至秦汉，制曲技术已有了相当的发展，大量的酒已是用曲制造了。据《汉书·食货志》记载，当时酿酒用曲的比例，"一酿用粗米二斛，曲一斛，得成酒六斛六斗"，这是中国酿酒技术史上，有关酿酒原料和成品比数的最早纪录。用曲酿酒这一独特的酿酒技术与西方国家用麦芽、酵母酿酒技术相比要复杂得多，是东方与西方酒文化的分水岭，是世界酿酒史上的光辉成就和贡献。

二、白酒产业发展

酒的品种繁多，就生产方法而论，有酿造酒（发酵酒）和蒸馏酒两类。酿造酒是在发酵完成后稍加处理即可饮用的低酒度饮料酒，如葡萄酒、啤酒、黄酒、清酒等，在人类历史上出现较早；蒸馏酒是在发酵后再经蒸馏而得的高度酒，主要有白酒、白兰地、威士忌和伏特加等。白酒作为我国特有的酒种，具有悠久的历史和独特的民族文化内涵。中华人民共和国成立以来，我国白酒行业完成了从传统手工业向现代工业的转型，发展成为创造巨大社会效益和经济效益的民族产业。这一过程中，白酒质量标准的制定和完善起了重要作用。1952—1989 年，我国举办了五届评酒会，初步形成了一整套具有我国特色的评酒规范及对各种香型的划分标准，对酿酒业发展起到了推动作用。根据已形成的评酒规范，白酒按生产工艺可分为固态法白酒、半固态法白酒、液态法白酒等；蒸馏白酒又可分为五大香型，即酱香、清香、浓香、米香、其他香（如药香、豉香、凤型、兼香、芝麻香、特型）（谢黎明，2012）。随着人民生活水平的不断提高，白酒消费观念逐步向健康、历史品牌和高端品牌转变，高端白酒将占据大部分市场。近年来，中国白酒行业销售收入总体呈现上升态势，年销售收入突破7 000 亿元大关。

三、酿酒发展现状

（一）四川酿酒发展现状

四川得天独厚的地理环境和气候条件，以及深厚的历史文化底蕴，酿就了川酒传承数千年的世界一流的固态发酵工艺技术。四川白酒的生产规模在全国占据领先地位，形成了以"六朵金花"为龙头的产业组织体系，同时包括"十朵小金花"、原酒20强、众多平台企业等，这一体系提升了四川白酒产业的持续发展和市场竞争力。2020年，四川省规模以上白酒企业累计生产白酒367.6万kL（千升），占全国白酒总产量的49.6%；2021年，四川省白酒产量达到364.1万kL；到了2022年，四川白酒产量达到348.1万kL，占全国白酒产量的52%，总量居全国第一。在营收方面，2020年，四川省规模以上白酒企业实现主营收入2 849.7亿元，占全国白酒营收的48.8%；2022年，四川白酒产业的营收达到3 447.2亿元，占全国的52%，在全国市场中的竞争优势显著。第五届全国评酒会评出的9个浓香型国家名酒中川酒占5个。

（二）贵州酿酒发展现状

贵州是我国白酒生产酿造历史最为悠久，同时也是资源条件最优的酱香型白酒产地。2020年，贵州白酒企业共计22 313家，数量位居全国第二，作为酿酒大省之一，贵州白酒产业的一大特点是发展快，特别是进入2021年后贵州白酒产业进入了高速发展的快车道。2021年，贵州省规模以上白酒企业白酒产量达到34.81万kL，同比增长30.5%；贵州白酒产业的另一大特点是带动工业附加值高，根据中酒协的统计数据，2019年贵州规模以上白酒企业的白酒产量不足30万kL，占比约5%。然而，就是这不足30万kL的产量，完成产值1 131亿元。

（三）江苏酿酒发展现状

江苏是我国的白酒产销大省，有着悠久的酿酒历史，根据中国轻工业联合会数据，2020年1—12月，江苏省白酒产量为18.25万kL，位居全国前十。从地理区域来看，江苏白酒市场可以分为苏南、苏中以及苏北3个区域市场。苏酒作为"江淮派"浓香型白酒的卓越代表培育了一代代消费群体。这也造就了江苏白酒本地品牌市场占比高、消费者认可度高的现状。

第二节　酿酒专用小麦研究进展

一、制曲品质和酿酒品质评价

传统制曲工艺生产主要是自然微生物形成一种多酶多菌的动态综合体的过程（沈才洪 等，2004），即自然网络环境中的微生物接种发酵，微生物在大曲中彼消此长，自然积温转化并风干而成的一种多酶多菌的微生态制品的过程（沈才洪 等，2005），为酿酒发酵提供丰富的有益酿酒微生物菌群、酶类以及参与发酵的淀粉，同时还直接或间接提供了形成多粮浓香型白酒酒体风味的物质或前驱物质（徐占成，2000）。大曲是酿酒生产中集糖化、生香和发酵功能于一体的复合微生态制品，大曲中丰富的微生物群及其功能酶系在酿酒的三系（菌系、酶系、物系）中自由流通，所网罗的菌种丰度、协调性以及在制曲过程中形成的风味前驱物质，是酒体质量、产量的重要保障（惠丰立 等，2007）。不同曲的密度将影响微生物群的生长，进而影响白酒的生产（李瑞，2011）。曲为酒之骨，小麦作为制曲的主要原料（小麦占95%~100%），其质量直接影响酒的产量和品质。小麦也是大曲微生物的主要来源，小麦微生物与大曲风味物质组成有密切相关性，影响着白酒的品质和风味（邹凤亮 等，2023）。

截至20世纪末，大曲的质量主要靠传统的感官鉴定来识别（李大和，1997）。随着对大曲研究的不断深入，从最初的感官评价到理化指标的测定，再到微生物指标水平检测，大曲从不稳定的感官评价发展到稳定的、量化的理化指标衡量，甚至到大曲中微生物菌群的研究（徐占成 等，2002）。关于大曲质量方面的研究已经取得不少成果（陈靖余 等，1996；徐占成，2002），测定大曲糖化力、发酵力和蛋白质分解力的方法，是借用原轻工部食品工业局的"固体曲的检验方法"，这个方法主要是针对麸曲而制定的（李大和，2008）。沈才洪等（2005）将大曲质量标准体系设置为3大部分，即生化指标、理化指标和感官指标，其中生化指标占65%（酒化力30%、酯化力20%、生香力15%）；理化指标占25%（曲块香重15%、水分5%、酸度5%）；感官指标占10%（香味4%、外观2%、断面2%、皮张2%）。川酒中传统五粮液曲与泸州大曲质量标准见表9–1，引自余乾伟（2010）的《传统白酒酿造技术》。行业标准《酿酒大曲通用分析方法》（QB/T 4257—2011）规定了大曲产品的通用分析方法，从感官检验和理化分析两个方面进行评价，其中感官检验包括曲块外观、断面、曲皮厚和曲香；理化分析包括水分、酸度、淀粉含量、发酵力、液化力、糖化力等指标的分析。

表 9–1　传统五粮液曲与泸州大曲质量标准

曲名	等级	感官指标	理化指标
五粮液曲	优级	曲香纯正，气味浓郁；断面整齐，结构基本一致，皮薄心厚，一片猪油白色，间有浅黄色，兼有少量（≤8%）黑色、异色	发酵力>200（mL/g·72h）；糖化力>700（mg/g·h）；水分<13%（夏），<15%（冬）
	一级	曲香纯正，气味较浓郁；无厚皮生心，猪油一级白色在55%以上，淡灰色、浅黄色，黑色和异色在20%以下	发酵力>150（mL/g·72h）；糖化力>600（mg/g·h）；水分：同上
	二级	有异香、臭气味；皮厚生心，风火圈占断面二级2/3以上	发酵力<150（mL/g·72h）；糖化力<600（mg/g·h）；水分：同上
泸州曲	一级	曲香浓烈纯正，曲香明显大于陈香；外表灰白色，菌丝生长良好，断面整齐、泡气，呈灰白色，菌丝生长丰满；皮厚≤0.15cm；综合评分90分以上	发酵力≥1.0（g/g·72h）；糖化力700~900（mg/g·h）；液化力≥1.0（g/g·h）；酸度0.9~1.3；淀粉≤58%；水分≤13.0%
	二级	曲香味较浓，无异味，曲香与陈香均等面多数为灰色；菌丝不均匀；断面呈灰白色，泡气，有少量黄红斑；皮0.25cm；综合评分80分左右	发酵力≥0.68（g/g·72h）；糖化力300~700（mg/g·h）；液化力≥1.0（g/g·h）；酸度0.6~0.9；淀粉≤60%；水分≤13.0%
	三级	曲香淡薄，有异味，陈香明显大于曲香；外表多数为灰白色，有灰黑色，絮状菌丝或呈棕色；断面灰白色，欠泡气，少许黑色或青霉感染；皮厚>0.25cm；综合评分60分左右	发酵力≥0.38（g/g·72h）；糖化力≤250（mg/g·h）；糖化力≥900（mg/g·h）；液化力≥1.0（g/g·h）；酸度0.4~0.6；淀粉≤61%；水分≤13.0%

白酒是原料经发酵后再通过蒸馏而获得的含有其他香味物质的乙醇水合物（水、乙醇、香味物质）（宋波 等，2006），香味物质占白酒总量的1%~2%。出酒率、酸酯类物质和挥发性风味物质的种类和含量是评价酿酒品质的重要指标。乙醇是白酒中含量最多的成分，微呈甜味。色谱所能检测和定量的含量较多的香味成分有20种左右，占香味成分的95%以上，有酯类、酸类、醛、醇类等。白酒质量与风味的不同主要是由于酯、酸、醇、醛四大类物质的相互影响和作用的结果。酯类是中国白酒香味成分中的主体成分，是呈香成分；不同类型白酒，酯类含量也不同，一般占总香味成分的35%~70%，浓香白酒酯类占总香味成分的55%~60%。酸是白酒中重要的骨架成分和味的协调成分，酸占香味成分的13%~30%，酸是微生物代谢和其他复杂反应体系所生成的，是形成酯的前体物质，没有发酵中的酸就没有发酵中的酯；酸不足，则酯香不突出，酸过量，则酒变得闻香不正、味酸涩等。醇类是呈香呈味物质，占总香味成分的10%~30%，不同酒种含量不同；在白酒中重要的醇主要有甲醇、高级醇（俗称杂醇油）和多元醇；甲醇是白酒卫生指标中要控制的主要指标，高级醇也是卫生控制指标。醛主要起助香、呈味作用，其含量占总香味成分的3%~15%。

一方面，当这些微量物质以合适组合和配比存在时，白酒就有了特定香味和舒适的口感，提升了白酒的质量；另一方面，当这些物质以不恰当的组合和配比存在时，白酒的质量会降低。白酒中各种微量成分的含量多少和适当的比例关系，是构成各种白酒风格和香型的重要条件；通常清香型白酒的主体香气成分为乙酸乙酯，浓香型白酒为己酸乙酯等，酱香型白酒有机酸总量高、总醇含量高（李大和 等，2006）。国家标准《白酒分析方法》（GB/T 10345—2022）规定了白酒分析的总则、基本要求和详细试验步骤，适用于各种白酒的分析。其中，感官评定原理是品酒员通过眼、鼻、口等感觉器官，对白酒样品的色泽和外观、香气、口味口感及风格特征进行分析评价；理化指标包括总酯、酸酯总量、固形物、乙酸乙酯、丁酸乙酯、己酸乙酯、乳酸乙酯、正丙醇、β-苯乙醇、乙酸、己酸、丙酸乙酯、二元酸（庚二酸、辛二酸、壬二酸）二乙酯。

二、酿酒专用小麦的品质要求

酿酒专用小麦是指适合用于制曲和酿酒的小麦原粮，具有高粉质、易糊化、蒸煮效果好等特点。酿酒专用小麦包括制曲专用小麦和发酵专用小麦两类（邹凤亮 等，2023）。"曲为酒之骨"，小麦作为制曲的主要原料，其质量直接影响酒的产量和品质。根据大曲制作工艺，要求小麦粉碎后呈"心烂皮不烂"的梅花瓣状。皮为片状，以保证曲坯内具有一定的透气性，心为粉状，有利于曲坯的吃水，增加黏性，形成面团。因此，制曲需要粉质高、角质少的弱筋小麦品种。软质小麦淀粉含量高、蛋白质少、易于吸水，表皮不易破碎，粉碎时多为片状，制成的曲块疏松度较好，在发酵过程中水分容易蒸发、曲心干燥，大曲质量高；硬质小麦玻璃质含量高、结构紧密、不易吸水，多被粉碎成颗粒、曲坯水分偏低、曲坯过紧，入房后前期升温快、猛，中后期温度又起不来，成品曲块感官和理化质量差。

2008年之前，软质小麦通常是指粉质率不低于70%的小麦，国家标准《小麦》（GB 1351—2023）采用硬度指数代替角质率和粉质率作为小麦分型指标，软质小麦指籽粒硬度指数小于45的小麦。现行国家标准《小麦品种品质分类》（GB/T 17320—2013），将小麦分为强筋小麦、中强筋小麦、中筋小麦和弱筋小麦4种类型，酒企收购的软质小麦品质特性接近弱筋小麦品质。酿酒生产企业根据自身需要，形成各自的企业标准。2018年，四川省种子站组织专家拟定《四川省酿酒小麦品种审定标准》（试行），并开展2018—2019年四川省酿酒小麦区域试验。根据《四川省酿酒小麦品种审定标准》（试行）要求，通过审定的品种需满足以下条件：① 品质：籽粒容重 ≥ 750 g/L，蛋白质含量（干基）≤ 13%，软质率 ≥ 75%；② 产量：区试 2 年平均产量不低于对照，且年度减产 ≤ 5%，生产试验平均产量不低于对照；③ 抗病性：条锈病要求区试年度接种鉴定结果为中抗及以上，赤霉病和白粉病均要求区试年度接种鉴定结果为中感及以上；④ 抗逆性：穗发芽率 ≤ 15%。2021 年，根据行业需求及酿酒专用小麦育种目标，绵阳市农业科学研究院提出了《酿酒专用小麦原粮》（T/MYZX001—2021）团体标准，酿酒专用小麦要求颗粒饱满、皮薄、无霉变、无蛀虫、无变质、无异杂味的小麦，容重 ≥ 750 g/L，不完善粒 ≤ 6%，湿面筋含量 ≤ 26%，蛋白质含量（干基）≤ 13.0%，稳定时间 ≤ 3.0 min，制曲用小麦软质率 ≥ 85%、发芽率大于等于 60%，酿酒用小麦软质率 ≥ 75%、发芽率 ≥ 50%。区别于弱筋小麦标准，酿酒专用小麦应具有籽粒饱满、质地均匀等特征，更侧重粉质率、籽粒硬度、蛋白质含量、淀粉含量、淀粉组成和酶活性等指标参数。

小麦既是制曲的原料（小麦占 95%~100%），也是酿酒发酵（小麦占 15% 左右）的主要原料之一。小麦淀粉含量最多，占小麦胚乳的 80% 以上，其次是蛋白质；小麦中含丰富的面筋质（以醇溶蛋白和谷蛋白为主），黏着力强，营养丰富，适于霉菌生长，满足微生物自身生长代谢，是制曲的好原料，对酿酒微生物繁殖、产酶有较强的促进作用；蛋白质组分中含有 20 多种氨基酸，这些氨基酸在发酵过程中可以形成香味的主要成分，为各种呈香呈味物质提供前驱物质，但过高的蛋白质含量会导致发酵过程中杂菌增多、酸类物质增加，使酿制的白酒酒质变差。淀粉是酒的主要来源，淀粉首先分解成大量的葡萄糖分子，然后发酵形成酒精，淀粉含量越高，出酒率越高，支链淀粉占比高，有利于提升酒精产量。在小麦制曲过程中，不同的小麦品种在品质性状和大曲质量指标上存在显著或极显著差异，小麦籽粒容重、脂肪含量、吸水率、湿面筋含量、沉淀值与大曲中蛋白质含量呈极显著正相关；籽粒蛋白质含量与液化力、酯化力呈极显著负相关；大曲糖化力主要受原粮脂肪含量、沉淀值和淀粉含量的影响，液化力受容重和淀粉含量的影响，发酵力受千粒重、容重和淀粉含量的影响，而酯化力主要受容重和淀粉含量的影响。制曲对小麦籽粒的软硬度、淀粉含量等均有一定要求，一般说来，软质小麦优于硬质小麦，蛋白质含量在 12% 左右为佳（杨佳 等，2015；刘森 等，2020）。

三、酿酒专用小麦的需求

据国家统计局数据，2021 年我国白酒产量为 715.63 万 kL（折 65 度），其中，浓香型白酒占 75% 左右，酱香型占 20% 左右，其他占 5% 左右。按白酒行业一般用粮比，酿出 1 L 白酒约需 3 kg 粮食计算，全年约需要 2 146.8 万 t 酿酒专用粮。以浓香型白酒五粮液为例，按小麦占酿酒用粮 36%（酒麦 16% + 曲麦 20%）左右计算，约需酿酒专用小麦 772.9 万 t。由于目前优质酿酒专用小麦产量不足，茅台、五粮液等龙头酒企纷纷在四川、贵州、安徽、河南南部等软质小麦产地建立酿酒专用小麦基地（邹凤亮 等，2023）。

然而，针对白酒酿造开展严谨科学研究的时间很短，对白酒的科学认识有限，关于原料品种对酿酒影响的数据更是有限（郑建敏 等，2023）。对于酿酒专用小麦而言，其育种评价筛选体系尚需完善，在以前的育种工作中，多数育种平台以中强筋和中筋小麦为主要育种目标，导致市场上酿酒专用小麦（弱筋小麦）相对较少，酿酒专用小麦育种最近几年才逐渐受到重视。时伟等（2024）报道，目前酿酒专用小麦的研究相对滞后，优质酿酒专用小麦品种较少；酿酒专用小麦的品质研究主要集中于外观和营养品质，而制曲品质（香气、糖化力、液化力、发酵力等）和酿酒品质（色泽、香味、甜味、苦味、涩味、风味等）研究较少，导致小麦品质研究与酿酒行业实际品质需求指标脱节；酿酒专用小麦的质量标准和品质评价体系不完善，不能有针对性地指导酿酒专用小麦品种培育。目前，酿酒专用小麦（制曲）主要有以'绵麦902''绵麦905''川麦93'为代表的部分四川系列及以'扬麦15'为代表的部分扬麦系列，但是，整体来说酿酒专用小麦种质资源严重匮乏。因此，通过加强酿酒小麦种质资源的收集鉴定和筛选，比如具有硬度低、弱筋、粉质率高、淀粉含量高、高产等特征的种质资源，选育出优质、高产、高效的酿酒专用小麦是白酒产业最迫切的需求。

四、酿酒专用小麦品种概况

（一）四川酿酒专用小麦品种概况

长期以来，我国粮食自给不足，产量的提高在小麦品种选育中尤为重要，这导致品质改进工作相对缓慢，同时由于四川特殊的气候生态特点，制约了四川小麦品质的提高。随着人们生活水平的提高和市场对农产品的需求越来越多样化，具有特殊用途的专用小麦逐渐受到市场的青睐。

四川处于西南麦区，是中筋和弱筋小麦的优势区域之一，其气候和生态条件适合酿酒小麦生产，四川白酒占据全国白酒的半壁江山，四川小麦也支撑着四川白酒制曲及部分酿酒原粮产业。中弱筋小麦利于白酒大曲优质曲砖的生产，弱筋小麦、糯小麦等利于白酒的酿造。近年来，四川小麦育种家针对酿酒专用小麦的生长特性、酿酒需求、产业发展现状，培育了一批高产、高抗、优质、广适性的具有酿酒专用潜力的小麦品种，集成并推广应用配套栽培技术。2011—2021年，四川省育成小麦新品种133个，各品种间的蛋白质含量为8.5%~15.9%，湿面筋含量为16.1%~34.5%，面团稳定时间为0.5~12.6 min，以中筋小麦为主；其中，育成弱筋小麦共25个，糯小麦9个（表9-2）。在国家小麦联合攻关西南麦区弱筋小麦品种展示和品质鉴定试验中，软质率达85%以上的有4个，包括'川麦93''绵麦902''黔麦21''渝麦13'。另外，根据四川省农业科学院作物研究所（四川省种质资源中心）与四川绵竹锦鹏食品有限责任公司的合作研究，通过对供试小麦品种制作的白酒大曲曲砖（手工）的感官评比和理化指标比较，结果表明'川麦104''川麦98'在供试材料的曲砖评定中，感官评分较高，适合作为白酒制曲专用小麦；通过初步鉴定评价，符合四川酿酒专用小麦品种标准的有5个，包括'绵麦902''川麦93''川麦1826''渝麦13''川麦86'。其中，'绵麦902'在不同年份、不同环境下，经检测软质率均高于85%，最高可达98%，成为五粮液酿酒专用粮基地主要种植品种；在机械制曲条件下，'川麦93'具有优质、高效的制曲特性，也是四川宜宾恒生酒业集团有限公司主要酿酒小麦专用粮之一。2021年，绵阳市农业科学研究院与五粮液有机农业有限责任公司联合选育的酿酒专用小麦品种'绵麦905'通过四川省审定，成为四川省首个通过酿酒专用小麦区试的品种。目前，'川麦93'可作为白酒制曲专用小麦，而相关酒企酿酒专用粮基地作为专用品种的还有'绵麦367''绵麦51''绵麦902''绵麦905'等。

表9-2　2011-2021年四川省育成小麦新品种汇总表

审定年份	品种	审定编号	选育单位	区试亩产/kg	较对照增产/%	蛋白质含量/%	湿面筋含量/%	稳定时间/min
2011	昌麦29	川审麦2011003	凉山州西昌农业科学研究所	399.9	13.2	11.5	21.8	1.3
2011	绵麦228	川审麦2011001	绵阳市农业科学研究院	397.4	9.1	13.9	30.3	2.7

审定年份	品种	审定编号	选育单位	区试亩产/kg	较对照增产/%	蛋白质含量/%	湿面筋含量/%	稳定时间/min
2011	国豪麦15	川审麦2011002	四川国豪种业股份有限公司	395.3	9.3	13.4	25.3	4.7
2011	康麦9号	川审麦2011004	甘孜藏族自治州农业科学研究所	242.0	17.6	13.9	28.0	—
2012	川麦62	川审麦2012004	四川省农业科学院作物研究所	401.7	14.1	14.2	30.4	1.5
2012	西科麦7号	川审麦2012006	西南科技大学	381.2	5.8	13.6	26.7	2.7
2012	川麦61	川审麦2012002	四川省农业科学院作物研究所	395.5	9.3	15.2	34.5	2.8
2012	南麦302	川审麦2012005	南充市农业科学院	383.0	4.7	14.4	33.1	3.0
2012	川麦60	国审麦2011001、川审麦2012003	四川省农业科学院作物研究所	387.1	7.1	12.2	24	3.4
2012	绵麦51	国审麦2012001、豫审麦20190053	绵阳市农业科学研究院	382.2	11.4	11.7	23.2	1.8
2012	川麦104	国审麦2012002、川审麦2012001、鄂审麦20210014	四川省农业科学院作物研究所	407.7	14.1 12.1	13.0	26.5 25.9	5.8 1.9
2013	蜀麦51	川审麦2013005	四川农业大学小麦研究所	377.6	5.6	12.9	26.1	1.7
2013	绵麦1618	川审麦2013001	绵阳市农业科学研究院	393.6	8.8	14.1	27.6	1.9
2013	昌麦30	川审麦2013012	凉山州西昌农业科学研究所	493.2	14.0	9.4	18.7	2.4
2013	特研麦南88	川审麦2013006	南充市农业科学院，绵阳市特研种业有限公司	377.7	5.6	15.0	31.7	3.3
2013	南麦618	川审麦2013003	南充市农业科学院	381.5	9.7	14.0	28.1	4.3
2013	西科麦8号	川审麦2013002	西南科技大学	396.4	11.1	15.4	30.6	5
2013	川双麦1号	川审麦2013007	四川省良种繁育中心	370.8	5.8	14.7	29.2	5.5
2013	川麦63	川审麦2013010	四川省农业科学院作物研究所	385.8	7.8	15.0	31.3	5.6
2013	川麦65	川审麦2013004	四川省农业科学院作物研究所	389.6	9.1	12.9	28.0	6.8
2013	蜀麦969	川审麦2013009	四川农业大学小麦研究所	384.0	8.1	14.6	31.0	8.1
2013	川麦64	川审麦2013011	四川省农业科学院作物研究所，四川仲帮种业有限公司	400.3	12.0	13.8	26.6	8.8

审定年份	品种	审定编号	选育单位	区试亩产/kg	较对照增产/%	蛋白质含量/%	湿面筋含量/%	稳定时间/min
2013	内麦316	川审麦2013008	四川省内江市农业科学院	375.9	3.9	14.3	28.8	10.0
2014	川麦66	川审麦2014001	四川省农业科学院作物研究所	377.3	5.6	13.0	23.7	1.9
2014	中科麦47	川审麦2014008	中国科学院成都生物研究所	373.7	5.6	13.8	27.9	2.4
2014	中科麦138	川审麦2014002	中国科学院成都生物研究所	389.0	12.0	13.6	26.1	2.5
2014	川麦67	川审麦2014003	四川省农业科学院作物研究所	391.6	9.9	13.1	24.3	2.7
2014	川麦91	川审麦2014009	四川省农业科学院作物研究所	375.4	5.4	14.3	26.9	2.7
2014	川麦80	川审麦2014006	四川省农业科学院作物研究所	378.8	6.8	13.3	25.9	2.8
2014	川麦90	川审麦2014005	四川省农业科学院作物研究所	371.1	6.9	13.7	26.2	3.1
2014	宜麦9号	川审麦2014004	宜宾市农业科学院	384.5	8.4	14.8	30.3	4.7
2014	绵杂麦512	川审麦2014012	绵阳市农业科学研究院，四川国豪种业股份有限公司	400.2	12.5	15.2	30.7	5
2014	荣春南麦1号	川审麦2014007	南充市农业科学院，四川荣春种业有限责任公司	365.0	5.5	13.7	26.3	5.4
2014	西科麦9号	川审麦2014011	西南科技大学	361.8	4.1	13.1	25.3	5.8
2014	资麦2号	川审麦2014010	四川万发种子开发有限公司	362.1	4.7	15.0	29.6	12.6
2015	绵麦285	川审麦2015007	绵阳市农业科学研究院	347.5	5.5	11.1	21.3	0.9
2015	川麦92	川审麦2015004	四川省农业科学院作物研究所，四川仲帮种业有限公司	353.0	11.7	12.8	24.7	1.2
2015	川辐7号	川审麦2015008	四川省农业科学院生物技术核技术研究所	332.3	5.2	11.7	22.5	1.3
2015	川麦81	川审麦2015006	四川省农业科学院作物研究所	350.4	8.1	10.5	21.2	1.6
2015	川麦68	川审麦2015001	四川省农业科学院作物研究所	379.6	16.5	9.8	18.5	1.7
2015	科成麦4号	川审麦2015005	中国科学院成都生物研究所	367.3	10.7	13.2	27.5	1.7

审定 年份	品种	审定编号	选育单位	区试 亩产/kg	较对照 增产/%	蛋白质含 量/%	湿面筋 含量 /%	稳定 时间/ min
2015	川辐 8 号	川审麦 2015003	四川省农业科学院生物技术核技术研究所	372.4	13	11.4	21.4	2
2015	川麦 69	川审麦 2015015	四川省农业科学院作物研究所，中国农业大学农学与生物技术学院，四川兴品农业科技有限公司	361.6	13.2	12.0	23.0	2.1
2015	西科麦 10 号	川审麦 2015002	西南科技大学小麦研究所	364.1	15.3	12.8	26.9	2.3
2015	昌麦 32	川审麦 2015016	凉山州西昌农业科学研究所	484.0	7.0	8.5	16.1	2.5
2015	川农 29	川审麦 2015009	四川农业大学农学院	346.3	5.1	11.6	22.4	2.7
2015	川麦 1247	川审麦 2015010	四川省农业科学院作物研究所	367.3	13.3	11.1	22.2	3.5
2015	川麦 1145	川审麦 2015014	四川省农业科学院作物研究所	377.2	6.3	13.5	27	3.5
2015	南麦 991	川审麦 2015013	南充市农业科学院	356.0	8.1	13.3	28.4	4.5
2015	川育 25	川审麦 2015012	中国科学院成都生物研究所	359.9	9.2	14.3	28.8	4.5
2015	川麦 1131	川审麦 2015011	四川省农业科学院作物研究所	382.8	9.9	14.5	28.2	5
2016	绵麦 112	川审麦 2016001	绵阳市农业科学研究院	365.64	12.8	10.5	20.3	1.2
2016	国豪麦 3 号	国审麦 2016001	四川国豪种业股份有限公司	383.9	−3.5	12.4	22.2	1.3
2016	内麦 366	川审麦 2016006	内江市农业科学院	354.89	7.7	12.1	22.8	1.7
2016	蜀麦 921	川审麦 2016002	四川农业大学小麦研究所	369.93	—	13.3	27.8	1.7
2016	川麦 1826	川审麦 2016005	四川省农业科学院作物研究所	345.68	9.4	10.8	22.1	2.2
2016	科成麦 5 号	川审麦 2016007	中国科学院成都生物研究所	359.52	—	14.0	28.8	2.2
2016	川麦 601	国审麦 20180001、 川审麦 2016003	四川省农业科学院作物研究所	387.67	—	12.5	25.4	2.5
2016	蜀麦 126	川审麦 2016004	四川农业大学小麦研究所	390.61	—	13.2	27.6	2.8
2016	西科麦 18	川审麦 2016008	西南科技大学小麦研究所	367.28	—	13.3	24.9	3

审定年份	品种	审定编号	选育单位	区试亩产/kg	较对照增产/%	蛋白质含量/%	湿面筋含量/%	稳定时间/min
2016	绵杂麦638	川审麦2016011	绵阳市农业科学研究院	394.95	13.7	15.1	29.8	3.7
2016	昌麦33	川审麦2016012	凉山州西昌农业科学研究所	457.7	11.8	10.8	19.1	3.9
2016	川农30	川审麦2016010	四川农业大学生态农业研究所	357.26	—	13.5	27.9	5
2016	川育26	川审麦2016009	中国科学院成都生物研究所	364.54	—	12.9	26.1	7.3
2017	绵麦312	川审麦20170003	绵阳市农业科学研究院	376.3	3.6	11.7	20.0	1.2
2017	川育27	川审麦20170004	中国科学院成都生物研究所	372.4	8.2	12.1	22.7	1.7
2017	蜀麦830	川审麦20170001	四川农业大学小麦研究所	381.2	9.4	12.6	25.9	2
2017	川农32	国审麦20180002、川审麦20170002	四川农业大学生态农业研究所	378.5	8.7	12.5	25.3	2.5
2017	川麦82	川审麦20170007	四川省农业科学院作物研究所，中国农业科学院作物研究所	394.3	10.4	11.5	23.2	3.0
2017	川麦602	川审麦20170006	四川省农业科学院作物研究所	403.5	13.0	11.6	22.5	3.1
2017	蜀麦133	川审麦20170005	四川农业大学小麦研究所	407.5	14.0	12.5	23.3	3.3
2017	科成麦6号	川审麦20170008	中国科学院成都生物研究所	369.2	5.5	13.0	26.0	5.7
2018	昌麦34	川审麦20180015	凉山州西昌农业科学研究所	554.8	17.2	10.8	17.9	0.5
2018	川麦93	国审麦20210001、川审麦20180001	四川省农业科学院作物研究所	385.7	16.9	12.3	25.5	3.0
2018	川麦603	川审麦20180013	四川省农业科学院作物研究所	355.1	6.3	13.6	27.4	1.5
2018	蜀麦691	川审麦20180011	四川农业大学小麦研究所	357.2	6.9	14.0	28.9	1.6
2018	南麦660	川审麦20180002	南充市农业科学院	395.2	16.2	11.9	22.9	1.9
2018	川麦96	川审麦20180009	四川省农业科学院作物研究所	380.9	10.1	13.5	26.4	1.9
2018	昌麦35	川审麦20180016	凉山州西昌农业科学研究所	523.5	10.6	12.0	23.5	2.4

审定年份	品种	审定编号	选育单位	区试亩产/kg	较对照增产/%	蛋白质含量/%	湿面筋含量/%	稳定时间/min
2018	川麦 86	川审麦 20180003	四川省农业科学院作物研究所	382.8	12.5	12.3	25.1	2.4
2018	西科麦 12	川审麦 20180004	西南科技大学小麦研究所	364.0	10.3	12.0	21.9	2.7
2018	嘉农麦 809	川审麦 20180014	四川农业大学农学院，四川嘉禾种子有限公司	370.6	5.8	13.5	28.7	2.7
2018	西科麦 11	川审麦 20180007	西南科技大学小麦研究所	383.5	12.3	12.3	23.2	3.0
2018	川麦 604	川审麦 20180005	四川省农业科学院作物研究所	388.2	13.0	15.6	32.9	3.0
2018	川麦 1557	川审麦 20180008	四川省农业科学院作物研究所	364.4	11.3	12.7	24.0	3.8
2018	绵麦 1501	川审麦 20180012	绵阳市农业科学研究院	373.4	6.6	12.8	25.8	4.3
2018	川麦 1546	川审麦 20180010	四川省农业科学院作物研究所	374.8	9.1	12.9	23.8	4.5
2018	川育 29	川审麦 20180006	中国科学院成都生物研究所	375.04	9.2	14.4	28.3	6.6
2019	川麦 1580	川审麦 20190003	四川省农业科学院作物研究所	394.34	10.4	13.3	26	0.8
2019	绵麦 902	川审麦 20190005	绵阳市农业科学研究院	388.76	8	13.2	25.4	1.2
2019	川麦 83	川审麦 20190006	四川省农业科学院作物研究所	389.05	7.6	15.2	30.4	1.2
2019	中科麦 169	川审麦 20190004	中国科学院成都生物研究所	380.69	7.8	14.2	25.3	1.4
2019	川麦 98	川审麦 20190002	四川省农业科学院作物研究所	405.9	13	15.1	26.8	1.5
2019	绵麦 827	川审麦 20190007	绵阳市农业科学研究院	389.58	6.5	15.9	30.5	1.7
2019	蜀麦 114	川审麦 20190001	四川农业大学小麦研究所	368.58	6.5	12.7	25.4	2.6
2019	川育 31	川审麦 20190008	中国科学院成都生物研究所	378.86	5.3	15.3	33.4	2.6
2019	川糯麦 1456	川审麦 20190009	四川省农业科学院作物研究所	394.1	—	—	—	—
2019	中科糯麦 18	川审麦 20190010	中国科学院成都生物研究所	382.8	—	—	—	—

审定年份	品种	审定编号	选育单位	区试亩产/kg	较对照增产/%	蛋白质含量/%	湿面筋含量/%	稳定时间/min
2019	川糯麦 1314	川审麦 20190011	四川省农业科学院作物研究所	386.15	—	—	—	—
2019	绵紫麦 830	川审麦 20190012	绵阳市农业科学研究院	398.64	—	—	—	—
2020	蜀麦 1671	川审麦 20200009	四川农业大学小麦研究所	398.17	10.9	12.7	23.1	1
2020	蜀麦 1613	川审麦 20200011	四川农业大学小麦研究所	385.47	8.5	15.7	29.9	1.2
2020	绵麦 903	川审麦 20200019	绵阳市农业科学研究院	369.31	3	11.8	23.6	1.3
2020	川辐 14	国审麦 20210002	四川省农业科学院生物技术核技术研究所	375.3	4.7	11.6	23.1	2.5
2020	川麦 605	川审麦 20200007	四川省农业科学院作物研究所	403.3	14.3	15.1	29.6	1.7
2020	绵麦 161	川审麦 20200013	绵阳市农业科学研究院	380.7	4.9	12.3	22.4	2.3
2020	中科麦 13	川审麦 20200014	中国科学院成都生物研究所	385.5	7.0	13.1	26.1	2.6
2020	川育 35	川审麦 20200017	中国科学院成都生物研究所	372.0	3.3	12.8	27.0	2.6
2020	南麦 941	川审麦 20200012	南充市农业科学院	391.8	8.4	12.0	23.9	2.8
2020	川麦 84	川审麦 20200001	四川省农业科学院作物研究所	387.2	9.0	12.3	25.2	2.8
2020	蜀麦 1675	川审麦 20200015	四川农业大学小麦研究所	385.6	6.6	14.0	23.8	2.9
2020	川麦 88	川审麦 20200008	四川省农业科学院作物研究所	415.6	13.1	12.0	26.9	3.4
2020	西科麦 475	川审麦 20200016	西南科技大学小麦研究所	384.0	6.3	11.9	24.1	3.9
2020	川麦 1603	川审麦 20200006	四川省农业科学院作物研究所	417.6	15.9	12.8	25.6	3.9
2020	内麦 866	川审麦 20210003	内江市农业科学院	390.3	7.5	12.5	25.7	4.2
2020	川麦 1694	川审麦 20200005	四川省农业科学院作物研究所	399.7	8.8	12.6	26.8	4.3
2020	川麦 1648	川审麦 20200004	四川省农业科学院作物研究所	420.0	13.8	12.7	26.2	6.5
2020	绵糯麦 1 号	川审麦 20200018	绵阳市农业科学研究院	402.1	—	—	—	—

续表

审定年份	品种	审定编号	选育单位	区试亩产/kg	较对照增产/%	蛋白质含量/%	湿面筋含量/%	稳定时间/min
2020	绵糯麦 2 号	川审麦 20200019	绵阳市农业科学研究院	381.3	—	—	—	—
2020	绵糯麦 3 号	川审麦 20200020	绵阳市农业科学研究院	392.8	—	—	—	—
2020	绵糯麦 829	川审麦 20200021	绵阳市农业科学研究院	363.9	—	—	—	—
2020	中科糯麦 208	川审麦 20200022	中国科学院成都生物研究所	327.3	—	—	—	—
2020	绵紫麦 2 号	川审麦 20200023	绵阳市农业科学研究院	378.2	—	—	—	—
2021	蜀麦 1862	川审麦 20210008	四川农业大学小麦研究所	387.3	4.8	12.9	26.1	1.7
2021	昌麦 36	川审麦 20210009	凉山州西昌农业科学研究所	528.4	18.7	12.2	26.8	2.5
2021	西科麦 546	川审麦 20210006	西南科技大学小麦研究所	381.4	5.8	13.2	27.6	2.5
2021	内麦 416	川审麦 20210002	四川省内江市农业科学院	403.1	10.0	13.6	29.7	2.6
2021	南麦 995	川审麦 20210004	南充市农业科学院	387.5	7.5	12.6	25.5	3
2021	川育 32	川审麦 20210001	中国科学院成都生物研究所	389.0	7.9	14.3	28.8	4.5
2021	川辐 20	川审麦 20210005	四川省农业科学院生物技术核技术研究所	386.9	7.3	13.9	27	8.3
2021	蜀麦 1868	川审麦 20210007	四川农业大学小麦研究所	378.5	5.0	14.5	28.8	9.1
2021	绵麦 905	川审麦 20210011	绵阳市农业科学研究院	430.0	7.5	11.9		
2021	中科糯麦 258	川审麦 20210010	中国科学院成都生物研究所	441.0				

1. 川麦 104

（1）审定编号　国审麦 2012002，川审麦 2012001，鄂审麦 20210014。

（2）选育单位　四川省农业科学院作物研究所。

（3）品种来源　川麦 42/ 川农 16。

（4）特征特性　春性，成熟期比对照'川麦 42'晚 1 d。幼苗半直立，苗叶较窄、弯曲，叶色深，冬季基部叶轻度黄尖，分蘖力较强，生长势旺。株高平均 84 cm，株型适中，抗倒性较好。穗层较整齐，熟相好。穗长方形，长芒，白壳，红粒，籽粒半角质 – 粉质，均匀、饱满。2011 年、2012 年区域试验平均亩穗数 25.7 万穗、24.8 万穗，穗粒数 38.1 粒、40.3 粒，千粒重 47.5 g、44.5 g；抗病性鉴定：条锈病近免疫，中感白粉病，高感叶锈病、赤霉病；混合样测定：籽粒容重 806 g/L、791 g/L，蛋白质含量 13.02%、12.06%，硬度指数 52.2、44.1；面粉湿面筋含量 26.53%、25.90%，沉淀值 35.0 mL、29.8 mL，吸水率 54.4%、50.8%，面团稳定时间 5.8 min、1.9 min，最大拉伸阻力 515 E.U.、810 E.U.，延伸性 168 mm、126 mm，拉伸面积 114 cm^2、133 cm^2。

（5）产量表现　2010—2011 年度参加长江上游冬麦组区域试验，平均亩产 437.3 kg，比对照'川麦 42'增产 10.8%；2011—2012 年度续试，平均亩产 380.1 kg，比'川麦 42'增产 6.1%。2011—2012 年度生产试验，平均亩产 391.2 kg，比对照增产 13.1%。

（6）审定意见　该品种符合国家小麦品种审定标准，通过审定。适宜在西南冬麦区的四川、云南、贵州、重庆、陕西汉中、甘肃徽成盆地川坝河谷、湖北省小麦产区种植。

自 2012 年来，'川麦 104'累计推广 4 000 多万亩，近 3 年累计推广 1 500 万亩，曾多次被列为国家主导品种，近 2 年四川省的应用比例在 40% 以上。据统计，四川省每年生产出的大部分小麦经过市场最终都流向了酒企业。

2. 川麦 93

（1）审定编号　国审麦 20210001，川审麦 20180001。

（2）选育单位　四川省农业科学院作物研究所。

（3）品种来源　普冰 3504/ 川育 20// 川麦 104。

（4）特征特性　春性，全生育期 188 d，比对照'川麦 104'晚熟 3~4 d。幼苗半直立，叶片宽长，叶色深绿，分蘖力中等。株高 91.0 cm，株型较紧凑，抗倒性较好。整齐度好，穗层整齐，熟相好。穗长方形，长芒，白粒，籽粒半角质，饱满度好。亩穗数 21.1 万穗，穗粒数 50.4 粒，千粒重 44.5 g。抗病性鉴定：高感赤霉病，慢条锈病、叶锈病，中抗白粉病。品质检测：籽粒容重 812 g/L、815 g/L，蛋白质含量 12.7%、11.9%，湿面筋含量 24.7%、26.3%，稳定时间 1.0 min、5.0 min，吸水率 55.3%、52.4%，最大拉伸阻力 175 E.U.，拉伸面积 50 cm^2。

（5）产量表现　2017—2018 年度参加长江上游冬麦组区域试验，平均亩产 403.7 kg，比对照'川麦 42'增产 4.0%；2018—2019 年度续试，平均亩产 384.7 kg，比对照'川麦 42'增产 4.6%；2019—2020 年度生产试验，平均亩产 404.9 kg，比对照平均增产 6.5%。

（6）审定意见　该品种符合国家小麦品种审定标准，通过审定。适宜在长江上游冬麦区的四川、重庆、云南、贵州、陕西汉中和湖北十堰地区种植。

3. 川麦 98

（1）审定编号　川审麦 20190002。

（2）选育单位　四川省农业科学院作物研究所。

（3）品种来源　间 3/ 川农 19// 川麦 104。

（4）特征特性　春性。幼苗半直立，叶色绿，穗长方形、中芒、白壳，籽粒卵圆形、白色、半角质、较饱满。四川省两年区试，平均全生育期 175.5 d，比对照'绵麦 367'早熟 1.0 d，株高 89.2 cm，亩穗数 23.1 万穗，穗粒数 46.3 粒，千粒重 42.5 g。2019 年品质测定：平均籽粒容重 730 g/L，蛋白质含量 15.1%，湿面筋含量 26.8%，稳定时间 1.5 min。抗病性鉴定：2017 年高抗条锈病，中感白粉病，高感赤霉病；2018 年高抗条锈病，高感白粉病，中感赤霉病。

（5）产量表现　2016—2017 年度参加四川省区试，平均亩产 402.67 kg，比对照'绵麦 367'增产 17.3%；2017—2018 年度续试，平均亩产 409.13 kg，比对照增产 9.1%；两年区试平均亩产

405.90 kg，比对照增产 13.0%，增产点率 75.0%。2018—2019 年度生产试验，平均亩产 354.14 kg，比对照增产 0.7%。

（6）审定意见　该品种符合四川省小麦品种审定标准，通过审定。适宜四川省平坝丘陵地区种植。

4. 川麦 1826

（1）审定编号　川审麦 2016005。

（2）选育单位　四川省农业科学院作物研究所。

（3）品种来源　01-3570/R138。

（4）特征特性　春性，全生育期 181 d，与对照‘绵麦 37’相当。幼苗半直立，分蘖力较强，叶片宽度适中。株高 83 cm 左右，株型较好；穗层整齐，穗长方形，长芒、白壳；籽粒白色，卵圆形，粉 - 半角质，籽粒均匀、饱满。平均亩穗数 20.05 万穗，穗粒数 46.7 粒，千粒重 42.7 g。2014 年，农业部谷物及制品质量监督检验测试中心（哈尔滨）品质测定：平均籽粒容重 770 g/L、蛋白质含量 10.78%，湿面筋含量 22.1%，沉淀值 26.6 mL，稳定时间 2.2 min。经四川省农业科学院植物保护研究所鉴定：该品种 2013 年高抗条锈病，中抗白粉病，中感赤霉病；2014 年中抗条锈病，中抗白粉病，中感赤霉病。

（5）产量表现　2012—2013 年度四川省区试，平均亩产 357.36 kg，比对照‘绵麦 37’增产 8.0%；2013—2014 年度续试，平均亩产 334.0 kg，比对照‘绵麦 37’增产 11.0%；两年 15 点平均亩产 345.68 kg，比对照‘绵麦 37’增产 9.41%，15 点次中 11 点次增产。2014—2015 年度生产试验，平均亩产 356.99 kg，比对照‘绵麦 37’增产 8.09%，6 点全部增产。

（6）审定意见　该品种符合四川省小麦品种审定标准，通过审定。适宜在四川省平坝、丘陵地区种植。

5. 川麦 86

（1）审定编号　川审麦 20180003。

（2）选育单位　四川省农业科学院作物研究所。

（3）品种来源　R4117/1572。

（4）特征特性　春性，两年区试平均全生育期 181.5 d，与对照‘绵麦 367’相当。幼苗半直立，叶色绿。株高 89.0 cm。穗圆锥 - 长方形，长芒、白壳。籽粒卵圆形，红色，半角 - 粉质，饱满。平均亩穗数 22.3 万穗，穗粒数 44.2 粒，千粒重 45.1 g。2017 年，农业部谷物及制品质量监督检验测试中心（哈尔滨）品质测定：平均籽粒容重 822.0 g/L，蛋白质含量 12.3%，湿面筋含量 25.1%，降落数值 216.0 s，稳定时间 2.4 min，达到弱筋小麦标准。经四川省农业科学院植物保护研究所鉴定：该品种 2016 年中抗条锈病，中感白粉病，中感赤霉病；2017 年中抗条锈病，中抗白粉病，高感赤霉病。

（5）产量表现　2015—2016 年度参加省区试，平均亩产 360.64 kg，比对照‘绵麦 367’增产 11.4%；2016—2017 年度续试，平均亩产 404.90 kg，比对照‘绵麦 367’增产 13.5%；两年平均亩产 382.77 kg，比对照‘绵麦 367’增产 12.5%，两年共 15 个试点，14 点增产。2017—2018 年度生产试验，平均亩产 394.42 kg，比对照‘绵麦 367’增产 7.4%，7 点中 6 点增产。

（6）审定意见　该品种符合四川省小麦品种审定标准，通过审定。适宜在四川省平坝、丘陵地区种植。

6. 川糯麦 1456

（1）审定编号　国审麦 20220003。

（2）选育单位　四川省农业科学院作物研究所。

（3）品种来源　06008/ 西南 161（白粒）// 川 07005。

（4）特征特性　春性，全生育期 188.0 d，比对照品种'川麦 42'熟期晚 2.0 d。幼苗半直立，叶片略宽，叶色黄绿，分蘖力较强。株高 75 cm，株型较松散，抗倒性较好，整齐度好，穗层整齐，熟相好。穗长方形，长芒，红粒，籽粒半硬质，饱满度好。亩穗数 27.2 万穗，穗粒数 45.5 粒，千粒重 38.4 g。籽粒容重 791 g/L、787 g/L，蛋白质含量 12.4%、11.2%，湿面筋含量 20.8%、20.2%，稳定时间 3.4 min、2.7 min，吸水率 61%、62%，最大拉伸阻力 127 E.U.，拉伸面积 29 cm^2，支链淀粉含量 98.5%、99.1%。高感赤霉病，高感叶锈病，中抗白粉病，中抗条锈病。

（5）产量表现　2018—2019 年度参加长江上游冬麦组区域试验，平均亩产 359.9 kg，比对照'川麦 42'均值增产 0.4%；2019—2020 年度续试，平均亩产 364.9 kg，比对照'川麦 42'平均值减产 3.6%；2020—2021 年度生产试验，平均亩产 368.0 kg，比对照增产 2.8%。

（6）审定意见　该品种符合国家小麦品种审定标准，通过审定。适宜在长江上游冬麦区的贵州省、重庆市全部，四川省除阿坝、甘孜州南部部分县以外的地区，云南省泸西、新平至保山以北和迪庆、怒江州以东地区，陕西南部地区，湖北十堰地区，甘肃陇南市种植。

7. 绵麦 367

（1）审定编号　国审麦 2010001。

（2）选育单位　绵阳市农业科学研究院。

（3）品种来源　1275-1/99-1522。

（4）特征特性　春性，成熟期比对照'川农 16'晚熟 1 d。幼苗半直立，苗叶中等宽窄，分蘖力强，生长势旺。株高 80 cm 左右。穗层整齐，穗长方形，长芒，白壳，红粒，籽粒粉质 - 半角质，均匀、饱满。2009 年、2010 年区域试验平均亩穗数 20.9 万穗、22.3 万穗，穗粒数 42.4 粒、43.5 粒，千粒重均为 44.9 g。接种抗病性鉴定：中感赤霉病、叶锈病，慢条锈病，高抗白粉病。2009 年、2010 年分别测定混合样：籽粒容重 738 g/L、763 g/L，硬度指数 46.5、53.9，蛋白质含量 11.25%、13.00%；面粉湿面筋含量 18.2%、24.6%，沉淀值 28.5 mL、30.0 mL，吸水率 50.5%、57.6%，稳定时间 1.2 min、3.3 min，最大抗延阻力 495 E.U.、235 E.U.，延伸性 126 mm、188mm，拉伸面积 83.0 cm^2、60.5 cm^2。

（5）产量表现　2008—2009 年度参加长江上游冬麦组品种区域试验，平均亩产 374.6 kg，比对照'川农 16'增产 22.2%；2009—2010 年度续试，平均亩产 383.5 kg，比对照'川农 16'增产 5.7%，2009—2010 年度生产试验，平均亩产 396.1 kg，比对照品种增产 7.2%。

（6）审定意见　该品种符合国家小麦品种审定标准，通过审定。适宜在西南冬麦区的四川，重庆西部，云南中部和北部，陕西汉中，湖北襄樊地区，贵州中部和西部种植。

8. 绵麦 51

（1）审定编号　国审麦 2012001，豫审麦 20190053。

（2）选育单位　绵阳市农业科学研究院。

（3）品种来源　1275-1/99-1522。

（4）特征特性　春性，成熟期比对照'川麦 42'晚 1~2 d。幼苗半直立，苗叶较短直，叶色深，分蘖力较强，生长势旺。株高 85 cm，穗层整齐。穗长方形，长芒，白壳，红粒，籽粒半角质，均匀、较饱满。2010 年、2011 年区域试验平均亩穗数 22.6 万穗、22.9 万穗，穗粒数 45.0 粒、42.0 粒，千粒重 45.3 g、45.4 g。抗病性鉴定：高抗白粉病，慢条锈病，高感赤霉病，高感叶锈病。混合样测定：籽粒容重 772 g/L、750 g/L，蛋白质含量 11.71%、12.71%，硬度指数 46.4、51.5，面粉湿面筋含量 23.2%、24.9%，沉淀值 19.5 mL、28.0 mL，吸水率 51.3%、51.6%，面团稳定时间 1.8 min、1.0 min，最大拉伸阻力 495E.U.、512E.U.，延伸性 121 mm、132 mm，拉伸面积 76.8 cm²、89.8 cm²。品质达到弱筋小麦品种审定标准。

（5）产量表现　2009—2010 年度参加长江上游冬麦组品种区域试验，平均亩产 374.9 kg，比对照'川麦 42'减产 1.0%；2010—2011 年度续试，平均亩产 409.3 kg，比'川麦 42'增产 3.6%；2011—2012 年度生产试验，平均亩产 382.2 kg，比对照品种增产 11.4%。

（6）审定意见　该品种符合国家小麦品种审定标准，通过审定。适宜在西南冬麦区的四川、云南、贵州、重庆、陕西汉中和甘肃徽成盆地川坝河谷种植。该品种符合河南省小麦品种审定标准，通过审定。适宜河南南部长江中下游麦区种植。

9. 绵麦 902

（1）审定编号　川审麦 20190005。

（2）选育单位　绵阳市农业科学研究院。

（3）品种来源　绵麦 37/MY1848 // 绵麦 367。

（4）特征特性　春性。幼苗半直立 - 直立，叶色浅绿，穗长方形、长芒、白壳，籽粒卵圆形、红色、半角质、饱满。四川省两年区试，平均全生育期 179.5 d，比对照'绵麦 367'迟熟 2.5 d，株高 82.3 cm，亩穗数 21.5 万穗，穗粒数 42.5 粒，千粒重 49.2 g。2019 年品质测定：平均籽粒容重 722 g/L，蛋白质含量 13.2%，湿面筋含量 25.4%，稳定时间 1.2 min。抗病性鉴定：2017 年高抗条锈病，高抗白粉病；2018 年高抗条锈病，高抗白粉病；2019 年中感赤霉病。

（5）产量表现　2016—2017 年度参加四川省区试，平均亩产 384.25 kg，比对照'绵麦 367'增产 10.3%；2017—2018 年度续试，平均亩产 393.27 kg，比对照增产 5.9%；两年区试平均亩产 388.76 kg，比对照增产 8.0%，增产点率 81.3%。2018—2019 年度生产试验，平均亩产 394.76 kg，比对照增产 4.9%。2020 年 5 月 14 日，四川省农业农村厅组织省内有关专家，对位于绵阳市梓潼县卧龙镇桂花村国梅家庭农场'绵麦 902'规模化种植示范片进行了实产验收。实收面积 5.2 亩，平均亩产 698.9 kg；最高田块实收面积 1.99 亩，亩产达 703.2 kg。创造了西南麦区酿酒专用小麦的高产纪录，入选四川省粮油作物首批当家品种，成为五粮液、舍得等酒企酿酒原粮基地主要栽培品种。

（6）审定意见　该品种符合四川省小麦品种审定标准，通过审定。适宜四川省平坝丘陵地区种植。

10. 绵麦 905

（1）审定编号　川审麦 20210011。

（2）选育单位　绵阳市农业科学研究院、宜宾五粮液有机农业发展有限公司。

（3）品种来源　PANDAS/ 绵麦 37。

（4）特征特性　春性。幼苗半直立，穗长方形、长芒、白壳，籽粒卵圆形、红色、粉质、较饱满。四川省两年区试（特殊类型组）：平均全生育期 179.5 d，株高 91.8 cm，亩穗数 22.1 万穗，穗粒数 47.3 粒，千粒重 50.3 g。抗病性鉴定：2019 年，高抗条锈病，高抗白粉病，中感赤霉病；2020 年，高抗条锈病，高抗白粉病，中感赤霉病。品质测定：2019 年，平均籽粒容重 750 g/L，蛋白质含量 11.9%；2020 年，平均籽粒容重 760 g/L，蛋白质含量 11.3%。穗发芽率 10%，软质率 89%，达到酿酒专用小麦标准，是首个通过四川省酿酒专用小麦区试审定的酿酒专用小麦品种。

（5）产量表现　2018—2019 年度参加四川省区试（特殊类型组），平均亩产 437.06 kg，比对照绵麦 367 增产 11.5%；2019—2020 年度续试，平均亩产 421.31 kg，比对照增产 3.7%；两年区试平均亩产 429.19 kg，比对照增产 7.5%，增产点率 60.0%。2020—2021 年度生产试验，平均亩产 444.84 kg，比对照增产 4.6%，增产点率 100.0%。

（6）审定意见　该品种符合四川省小麦品种审定标准，通过审定。适宜四川省平坝浅丘地区种植。

（二）其他省份酿酒专用小麦品种概况

1. 扬麦 13

（1）审定编号　皖品审 02020346，苏引麦 200301，（豫）引种〔2017〕麦 023。

（2）选育单位　江苏里下河地区农业科学研究所。

（3）品种来源　扬 88-84//Maris Dove/ 扬麦 3 号。

（4）特征特性　春性，中早熟，熟期与'扬麦 158'相仿。幼苗直立，长势旺盛，植株整齐，株高 85~90 cm，茎秆粗壮，分蘖力中等，成穗率高，灌浆速度快。长芒、白壳、籽粒红皮、粉质。大穗大粒，每亩有效穗 28 万~30 万穗，每穗结实粒数 40~42 粒，千粒重 40 g，容重 800 g/L 左右。经江苏省农业科学院植物保护研究所和安徽省小麦区域试验委托抗病性鉴定单位中国农业科学院植物保护研究所鉴定，抗白粉病，纹枯病轻，中感 – 中抗赤霉病，区域试验表现茎秆粗壮，抗倒性较强。经农业农村部谷物品质监督检验测试中心检测，'扬麦 13'蛋白质含量（干基）10.2%，容重 796 g/L，湿面筋含量 19.7%，沉淀值 23.1 mL，降落值 339 s，面团吸水率 54.1%，形成时间 1.4 min，稳定时间 1.1 min，符合国家优质弱筋小麦的标准。2003 年 9 月 18 日，经全国优质专用小麦食品鉴评专家组鉴评：'扬麦 13'的饼干评分（89 分）超过对照美国软红麦（85 分），在所有参评弱筋小麦品种中饼干评分最高。2005—2015 年连续十一年被作为全国唯一的弱筋小麦主导品种，是我国推广面积最大的弱筋小麦品种。

2. 扬麦 15

（1）审定编号　国审麦 20040003、苏审麦 200502。

（2）选育单位　江苏里下河地区农业科学研究所。

（3）品种来源　扬 89-40/ 川育 21526。

（4）特征特性　该品种春性，中熟，比'扬麦 158'迟熟 1~2 d。分蘖力较强，株型紧凑，株高 80 cm，抗倒性强。幼苗半直立，生长健壮，叶片宽长，叶色深绿，长相清秀。穗棍棒形，长芒、白壳，大穗大粒，籽粒红皮粉质，每穗 36 粒，籽粒饱满，粒红，千粒重 42 g。分蘖力中等，成穗率高，每亩 30 万穗左右。中抗至中感赤霉病，中抗纹枯病，中感白粉病。耐肥抗倒，耐寒、耐湿性较好。2003 年，农业部谷物品质监督检验测试中心检测结果：水分 9.7%，蛋白质含量（干基）10.2%，容重 796 g/L，湿面筋含量 19.7%，沉淀值 23.1 mL，吸水率 54.1%，形成时间 1.4 min，稳定时间 1.1 min，达到国家优质弱筋小麦的标准，适宜作为优质饼干、糕点专用小麦生产。优质弱筋小麦'扬麦 15'具有较高的淀粉含量，深受茅台、五粮液、剑南春等酒厂青睐，是制曲的优质原料之一。

（5）产量表现　2001—2003 年度参加江苏省区域试验，两年平均亩产 352.0 kg，比对照'扬麦

158'增产 4.61%。2003—2004 年度生产试验，平均亩产 424.4 kg，较对照'扬麦 158'增产 9.41%。

（6）适宜种植地区　适宜在长江中下游冬麦区的江苏、安徽淮南地区、河南信阳地区及湖北地区中上等肥力水平地块种植。

3. 扬麦 30

（1）审定编号　国审麦 20190006。

（2）选育单位　江苏里下河地区农业科学研究所。

（3）品种来源　扬 09 纹 1009/ 扬麦 18。

（4）特征特性　春性，成熟期与'扬麦 20'相当。叶色深绿，株型松散，分蘖力强。株高 80 厘米左右，抗倒性较好。旗叶平展，穗层整齐，结实率高，熟相好。穗纺锤形，长芒、白壳、红粒，饱满度及均匀度一致性好。高抗白粉病，中抗赤霉病和黄花叶病毒病，中感纹枯病，高感条锈病和叶锈病。2021 年，小麦赤霉病大发生，'扬麦 30'在苏皖豫生产上赤霉病发生普遍较轻，呕吐毒数较低。抗寒性强，高抗穗发芽。品质表现：① 2019 年中国小麦产业发展暨质量发布年会：湿面筋含量 19.5%，形成时间 1.5 min，稳定时间 1.2 min，饼干烘烤评分最高；② 2020 年农业农村部谷物品质监督检验测试中心：硬度指数 42，湿面筋含量 20.3%，形成时间 1.5 min，稳定时间 2.5 min；③ 2021 年国家小麦改良中心扬州分中心：粉质率 80%，硬度指数 37.6，湿面筋含量 20.81%，形成时间 1.0 min，稳定时间 0.6 min。'扬麦 30'可作为优质弱筋及酿酒小麦生产种植。

（5）产量表现　2015—2017 年度参加长江中下游冬麦组区域试验，比对照'扬麦 20'平均增产 3.9%；2017—2018 年度生产试验，比对照'扬麦 20'增产 6.4%。2022 年 6 月 5 日，江苏省农业技术推广总站组织南京农业大学、扬州大学等有关专家对江苏盐城弶港农场'扬麦 30'进行现场实割测产验收，亩产量达 739.4 kg。其中一分场种植'扬麦 30'小麦品种 437 亩，实际入库平均亩产 723.5 kg。

（6）适宜种植范围　长江中下游冬麦区的江苏淮南地区、安徽淮南地区、上海、浙江、湖北中南部地区、河南信阳地区种植。

4. 泛麦 8 号

（1）审定编号　豫审麦 2008007。

（2）选育单位　河南黄泛区地神种业农业科学研究院。

（3）品种来源　泛矮 2 号 / 原泛 3 号。

（4）特征特性　属半冬性中熟品种，全生育期 228 d，比对照'豫麦 49'晚熟 1 d。幼苗匍匐，抗寒性一般，分蘖成穗率高；起身拔节慢，抽穗晚；株高 73 cm，较抗倒伏；株型略松散，叶片较大，穗层整齐，穗子大、均匀，成熟落黄好；纺锤形穗，长芒、白粒，籽粒半角质，饱满。平均亩成穗数 39.5 万穗，穗粒数 37.4 粒，千粒重 43.5g。2007 年，经河南省农业科学院植物保护研究所抗病性鉴定：高抗叶锈病，中抗条锈、叶枯病，中感白粉病、纹枯病。2007 年，经农业部农产品质量监督检验测试中心（郑州）测试：容重 796 g/L，蛋白质含量 15.4%，湿面筋含量 27.9%，吸水率 53.4%，降落值 381 s，形成时间 7.2 min，稳定时间 10.4 min，沉淀值 73.5 mL。'泛麦 8 号'被多家知名酒企认可，适宜酿酒制曲；软质率达到 49%~51%，硬度低；制曲曲块通透性好，不易碎；淀粉含量高，支链淀粉高，黏性高；制曲其优质大曲、红曲共占 80%；皮薄、胚乳含量高、出酒率高的'泛麦 8 号'能够使酒厂生产出来的酒质量更加稳定。

（5）产量表现　2005—2006 年度参加省高肥冬水 Ⅲ 组区试，平均亩产 474.5 kg，比对照'豫麦 49'增产 0.57%，差异不显著；2006—2007 年度省高肥冬水 Ⅲ 组区试，平均亩产 521.7 kg，比对照 '豫麦 49'增产 5.8%，达显著水平。2007—2008 年度参加省高肥冬水 Ⅰ 组生产试验，平均亩产 531.4 kg，比对照 '豫麦 49'增产 6.8%。

（6）适宜种植地区：适合河南（南部稻茬麦区除外）早中茬中高肥力地种植。

5. 天民 198

（1）审定编号　国审麦 2014009。

（2）选育单位　河南天民种业有限公司。

（3）品种来源　R81/ 百农 64// 偃展 4110。

（4）特征特性　弱春性早熟品种，全生育期 218 d，与对照 '偃展 4110'熟期相当。幼苗直立，长势一般，叶宽短挺，叶色黄绿，冬季抗寒性一般。分蘖力较强，成穗率较高。春季两极分化速度快，抽穗较早，耐倒春寒能力一般。后期耐高温能力较好，熟相较好。株高 70 cm，茎秆粗壮，抗倒性较好。株型偏松散，旗叶宽长、上冲，长相清秀，穗下节长，穗层厚，穗大码稀，穗匀。穗长方形，长芒，白壳，白粒，籽粒椭圆形，粉质，饱满度较好，黑胚率较低。亩成穗数 42.8 万穗，穗粒数 35.5 粒，千粒重 37.5 g。抗病性鉴定：慢条锈病，中感叶锈病和白粉病，高感纹枯病和赤霉病。品质混合样测定：籽粒容重 801 g/L，蛋白质（干基）含量 13.5%，硬度指数 46.5，面粉湿面筋含量 31.7%，沉淀值 28.4 mL，吸水率 53.4%，面团稳定时间 2.2 min，最大抗延阻力 181 E.U.，延伸性 166 mm，拉伸面积 45 cm^2。

（5）产量表现　2010—2011 年度参加黄淮冬麦区南片春水组区域试验，平均亩产 563.8 kg，比对照 '偃展 4110'增产 3.3%。2011—2012 年度续试，平均亩产 467.9 kg，比 '偃展 4110'增产 4.6%。2013—2014 年度生产试验，平均亩产 538.7 kg，比 '偃展 4110'增产 5.5%。

（6）审定意见　该品种符合国家小麦品种审定标准，通过审定。适宜黄淮冬麦区南片的河南（南部稻茬麦区除外）、安徽淮北地区、江苏淮北地区、陕西关中地区高中水肥地块中晚茬种植。倒春寒易发区慎用。

6. 龙科 1109

（1）审定编号　皖麦 2016001。

（2）选育单位　安徽皖垦种业股份有限公司。

（3）品种来源　皖麦 50/ 矮抗 58。

（4）特征特性　幼苗匍匐，越冬期抗寒性较好，分蘖能力强，成穗率中等。株型半松散，茎秆蜡粉重、弹性较好，较抗倒伏，旗叶斜举，熟相好。长芒、白壳、白粒，纺锤形穗，籽粒半角质，饱满度较好，籽粒有一定黑胚。2012—2013 年、2013—2014 年两年度区域试验结果：平均株高 82 cm 左右，比对照品种低 3 cm。亩穗数为 39 万穗、穗粒数 33 粒、千粒重 46 g。全生育期 227 d 左右，比对照品种 '皖麦 52'迟熟 1 d。经安徽农业大学接种抗性鉴定，2013 年中抗白粉病（4 级）、中感赤霉病（严重度 3.2）、中感纹枯病（病指 40）；2014 年中抗白粉病（3 级），抗赤霉病（严重度 2.0），中感纹枯病（病指 30）。经农业部谷物及制品质量监督检验测试中心（哈尔滨）检验，2013 年品质分析结果：容重 806 g/L，蛋白质含量（干基）13.94%，湿面筋含量 29.0%，面团稳定时间 5.5 min，吸水率 50.4%，硬度指数 47.7。2014 年品质分析结果：容重 823 g/L，蛋白质含量（干基）13.66%，湿面筋含量 29.5%，面团稳定时间 1.8 min，吸水率 58.5%，硬度指数 63.2。

（5）产量表现　在一般栽培条件下，2012—2013 年度区域试验亩产 489.3 kg，较对照品种增产

6.5%（差异不显著）；2013—2014 年度区域试验亩产 620.0 kg，较对照品种增产 9.31%（$P < 0.01$）。2014—2015 年度生产试验亩产 504.2 kg，较对照品种增产 3.81%。

（6）适宜种植地区　沿淮、淮北地区。

7. 兰考 198

（1）审定编号　豫审麦 2011023。

（2）选育单位　河南天民种业有限公司。

（3）品种来源　R81/ 百农 64// 偃展 4110。

（4）特征特性　弱春性，属早熟品种。株高 70 cm 左右，幼苗直立，叶色浓绿，长势壮，冬季耐寒性好。分蘖力强，成穗率高，穗层整齐。春季发育快，苗脚干净利落，抽穗早，抗倒春寒能力强。成熟期株型松紧适中，穗部有蜡质，长相清秀，旗叶小而上举，植株间通风透光好，茎秆弹性好，抗倒伏能力强。穗长方形，大小均匀，有芒，结实性好，穗粒数较多。籽粒椭圆，半角质，无黑胚，饱满度好。面粉白度一级，蛋白质含量 14.1%，湿面筋含量 34.3%，容重 798 g/L，面团测试时间 2.2 min，稳定时间 4.5 min。高抗秆锈病、条锈病和叶锈病，中抗赤霉病和白粉病。根系活力强，耐后期高温，灌浆速度快，成熟落黄好，综合性状优良。具有广泛的适应性，丰产稳产性好。

（5）产量表现　产量三要素协调，高产田亩穗数 45 万 ~50 万穗，穗粒数 45 粒，千粒重 43 g。经河南省科技厅组织国内著名专家对示范方内样田实打验收，2011 年平均产量 769.3 kg/ 亩，2012 年平均产量 812.67 kg/ 亩，成为黄淮冬麦区首个产量超过 800 kg/ 亩的小麦品种。

（6）适宜种植地区　河南中高肥力地区（南部稻茬麦区除外）和同等生态区中晚茬均可种植。

五、小麦制曲与酿酒品质研究

（一）小麦品种品质性状对酒曲品质的影响

小麦品种之间品质差异较大，其中包括强筋、中筋、弱筋小麦以及糯小麦等类型，在相同的制曲工艺下，不同的小麦品种对酒曲品质的影响较大。

2020 年，四川省农业科学院、绵阳市农业科学研究院与四川锦鹏食品有限公司合作，对 20 个小麦品种的品质性状和酒曲理化指标进行了测定，其中有 6 个品种水分含量超标，不符合浓香大曲（QB/T 4259—2011）的行业标准。通过大曲感官评价指标和理化指标与小麦品质性状相关性分析，发现总淀粉含量、粗纤维含量与感官评价分数显著正相关（表 9-3）；大曲发酵力与籽粒硬度指标间呈显著负相关（表 9-4）。根据五粮液大曲质量标准，通过理化指标分析和曲砖感官评价，在水分达标的 14 个品种中，大曲质量达优级指标的品种有 9 个，达一级指标的有 5 个。赵洪芳等（2022）研究报道结合制曲工艺和曲块质量评价标准，建议酱香型白酒制曲用小麦硬度指数为 48.0~55.0。杜礼泉等（2023）研究表明，酿酒专用小麦硬度较低、淀粉含量较高，更利于大曲中微生物的生长和香味成分的生成，明显提高中温曲及发酵后基酒的理化指标和感官质量。王洋等（2024）为研究制曲原料对大曲中挥发性风味成分和微生物群落的影响，以酿酒专用小麦大曲为研究对象、普通小麦大曲为对照进行试验研究。研究结果表明，酿酒专用小麦大曲中差异挥发性风味成分种类及含量优于普通小麦大曲，采用酿酒专用小麦制曲有益于大曲中细菌的富集培养及挥发性风味成分的丰富和均衡。李斌等（2012）研究表明，糯小麦的酒曲固态发酵特性与效果优于普通小麦，发酵过程中糯小麦的发酵速率快于普通小麦，最终生成的酒精含量要比普通小麦的高，与 Zhao 等（2009）的液态发酵方法结论一致。董智超等（2014）以不同的比例将糯小麦与普通小麦混合作为原料制作大曲，并研究了大曲在发酵过程中微生物与各种理化性质的变化，表明含有糯小麦的大曲在发酵期温度上升较慢，维持高温时间长、下降缓慢，微生物数量增加得快，水分下降得快；相同条件下糯小麦大曲的酸度、糖化力、酸性蛋白酶活性都比普通小麦高。

表 9-3　试验小麦材料品质性状与大曲感官评分相关分析

指标	感官评分相关性
水分	−0.108
蛋白质	−0.299
总淀粉	0.476*
湿面筋	−0.086
Zeleny 沉淀值	−0.233
籽粒硬度	0.084
粗纤维（干基）	0.858**
降落数值	0.170
籽粒颜色	0.042
容重	−0.058
粉质率	0.098

表 9-4　试验小麦材料品质性状与大曲理化指标相关分析

指标	蛋白质含量	总淀粉含量	湿面筋含量	Zeleny 沉淀值	籽粒硬度	粗纤维	降落数值	粉质率	粒色	容重
大曲水分	−0.308	0.145	−0.286	−0.127	−0.230	−0.194	−0.290	0.151	0.111	0.047
大曲酸度	−0.162	−0.142	−0.198	−0.261	0.378	0.507	−0.270	−0.042	−0.067	0.414
大曲糖化力	−0.093	−0.460	−0.083	0.174	0.098	−0.22	0.081	0.070	−0.421	0.301
大曲液化力	−0.027	0.054	−0.048	−0.177	−0.416	−0.368	−0.002	0.214	−0.167	−0.444
大曲发酵力	−0.443	0.309	−0.397	−0.279	−0.542*	−0.558	−0.185	0.346	0.066	−0.340

刘淼等（2020）为了解小麦品质与大曲质量间的关系，测定了 5 个小麦品种的 11 个品质性状和大曲发酵中 5 个阶段的 12 个质量指标，通过方差分析、回归分析和主成分分析，表明不同小麦品种的品质性状和大曲质量指标存在显著差异，小麦籽粒容重、脂肪含量、吸水率、湿面筋含量、沉淀值与大曲中蛋白质含量呈极显著正相关；籽粒蛋白质含量与液化力、酯化力呈极显著负相关；大曲糖化力主要受原粮脂肪含量、沉淀值和淀粉含量的影响，液化力受容重和淀粉含量的影响，发酵力受千粒重、容重和淀粉含量的影响，而酯化力受容重和淀粉含量的影响；筛选出淀粉含量和容重较高的'昌麦 34'和'蜀麦 691'适宜大曲生产。

（二）影响浓香型白酒大曲质量的小麦原料关键品质参数

除小麦品种之间的遗传差异会导致酒曲品质之间的差异外，不同的小麦种植生态环境对酒曲的品质也具有一定的影响，环境因素会对小麦的粉质率、容重、降落值以及面团吸水率等品质参数有影响，这些参数的变化会影响小麦原粮的粉碎度，从而进一步影响大曲的品质。

2018—2020年，选择4个代表性品种，'川麦104''绵麦367''西科麦8号''蜀麦1671'，设置6个施氮水平（0、45、90、135、180、225 kg/hm^2），在长江上中游麦区4个生态点（四川广汉、梓潼、西昌、湖北南漳）开展试验，评价了不同条件下出产的小麦原料的主要品质性状和制作的浓香型大曲质量。结果表明，年份、地点、品种对大曲感官指标及化学参数都有显著（$P<0.05$）或极显著（$P<0.01$）的影响。2019年的大曲感官总评分较2020年高9.7%，四川广汉和湖北南漳点大曲感官总评分均值分别为44.6和44.3（总分60），与四川西昌点（39.7）的差异达显著（$P<0.05$）水平。'西科麦8号'和'川麦104'感官总分均值分别为45.4和43.8，显著（$P<0.05$）高于'绵麦367'（42.2）和'蜀麦1671'（42.0）。施氮量对大曲感官评分的影响不显著。各处理的化学参数（酸度、糖化力、液化力和发酵力）测试值均符合行业标准《浓香大曲》（QB/T 4259—2011）要求的范围。地点对大曲感官总分变异的贡献率大于品种和施氮量，且与后两者间无显著的互作效应，这意味着寻找适于制曲的小麦原料产地是可行的。不同统计方法下，与大曲感官评价有关联的小麦品质参数有所差异。和其他参数相比，样品粉碎度与大曲感官评分关系更为密切，对于感官评分≥45的样品，粉碎度在25%、50%和75%的分位数值分别为70.5%、72.3%和73.8%（李朝苏 等，2023）。总体来看，具有较高的容重、降落值和面团吸水率（表9-5），且有中等偏高的粉质率以及适宜粉碎度的小麦原料适于大曲生产。

表 9-5 小麦主要品质参数与大曲感官评分的相关性

年份	指标	千粒重	容重	淀粉含量	面团吸水率	降落值	粉碎度
2019年	外观评分	-0.09(67)	0.20(67)	-0.03(67)	0.21(24)	0.43*(24)	—
	断面评分	0.15(67)	-0.04(67)	0.04(67)	-0.29(24)	-0.31(24)	—
	香味评分	0.17(67)	0.25*(67)	0.11(67)	0.23(24)	0.27(24)	—
	大曲总分	0.11(67)	0.17(67)	0.06(67)	0.04(24)	0.15(24)	—
2020年	外观评分	-0.02(72)	0.51**(72)	0.19(72)	0.53**(24)	0.54**(24)	-0.09(72)
	断面评分	0.25*(72)	0.08(72)	0.10(72)	0.32(24)	0.62**(24)	0.34**(72)
	香味评分	0.27*(72)	0.36**(72)	0.05(72)	0.43*(24)	0.64**(24)	0.31**(72)
	大曲总分	0.27*(72)	0.27**(72)	0.10(72)	0.42*(24)	0.68**(24)	0.33**(72)

注：括号内的数字为样本量。

（三）小麦淀粉结构和粒度分布与制曲品质

淀粉是白酒酿造的主要来源之一，通过分解成大量的葡萄糖分子来产生酒精，并提供生物发酵所需的物质和能量。在制曲过程中，大曲微生物和酶主要对原料中的淀粉进行降解和消耗，淀粉消耗率越高，代谢产物就越丰富，发酵质量也就越好。因此，笔者对制曲品质差异较大的品种进行了淀粉结构与粒度分布的分析，其结果如下。

利用扫描电镜观察软质、半硬质、硬质小麦籽粒的淀粉结构，结果显示，不同硬度的小麦籽粒淀粉粒分布不均匀，B 型淀粉粒占绝大多数，A 型淀粉粒占的比例较小。其中，软质小麦组淀粉粒完整且多数为圆形或近圆形；硬质小麦组淀粉粒小、多破碎且形状不均匀，多呈均匀圆盘形和球形（图 9-1）。

不同硬度小麦品种淀粉粒的体积分布见表 9-6，硬质小麦和半硬质小麦的小淀粉粒（< 2.2 μm）（0.46%、0.50%）、大淀粉粒（> 9.9 μm）（87.33%、82.4%）的体积占比要显著大于软质小麦，而软质小麦的中淀粉粒（2.2~9.9 μm）的体积占比（33.08%）显著大于硬质小麦和半硬质小麦（12.21%、17.1%）（罗娜，2023）。

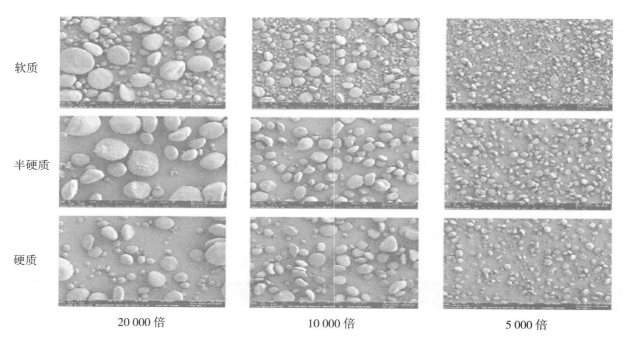

软质 　　半硬质 　　硬质

20 000 倍　　　　　　10 000 倍　　　　　　5 000 倍

图 9-1　不同硬度小麦品种淀粉粒的形状

表 9-6　不同硬度小麦品种中淀粉粒的体积分布

品种类型	淀粉粒直径				
	< 2.2 μm	< 5.3 μm	< 9.9 μm	>18.6 μm	>31 μm
软质 / %	0.17	12.20	33.25	37.74	9.66
半硬质 / %	0.46	4.48	12.67	54.49	12.99
硬质 / %	0.50	6.87	17.60	52.04	14.19

（四）'川麦 93'小麦制曲特性

小麦品种差异显著影响其大曲的感官、理化品质。'川麦 93'作为一个国审弱筋小麦品种，由四川省农业科学院作物研究所选育，其具有大穗高产的特性，在四川丘陵地区千亩连片平均亩产 562.6 kg，在四川丘陵地区具有优异的高产潜力。笔者将'川麦 93'与曲厂优异原料"混合麦"（偏弱筋）进行制曲比较研究，发现'川麦 93'具有更为优异的制曲特性，其可以作为西南麦区重要的酿酒制曲专用品种。

四川省农业科学院作物研究所、四川农业大学利用自主研发的科研级小麦制曲机，对机械制曲过程中压制压力、压制持续时间以及加料量进行设置，并选择了中筋小麦'川麦104'、强筋小麦'川麦39'、曲厂优异原料"混合麦"（偏弱筋）为对照，利用传统制曲结合机械制曲的方式在制曲厂曲房进行'川麦93'的制曲特性研究，其制曲参数设置见表9-7（马攀，2024）。

表9-7　所选小麦原料及其制曲参数

品种	压制压力 /kN	压制时间 /s	加料量 /kg
川麦93 川麦104 川麦39 混合品种	4 5 7 8	15	4.5
川麦93 川麦104 川麦39 混合品种	6	5 10 15 20	4.5
川麦93 川麦104 川麦39 混合品种	6	15	3.5 4.0 5.0

'川麦93'大曲的感官评分最高，稍微高于对照酒厂原料"混合麦"，但两者之间没有显著的差异，两者平均值都在37分以上，属于高分优质原料；'川麦104'的大曲感官评价分值为30.54，属于中间类型；'川麦39'的大曲感官评价分值为26.21，属于低分类型，不同类型之间差异极显著（图9-2）。结果表明：制曲感官评价上，'川麦93'具有优异的制曲特性。

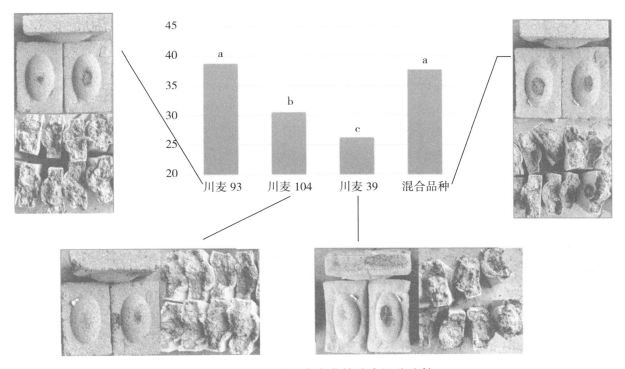

图9-2　各品种小麦大曲的感官评分比较

'川麦93'大曲的液化力为0.647U，略高于'川麦39'大曲（液化力为0.613U）和'川麦104'，三者之间没有显著的差异；混合品种"混合麦"大曲的平均液化力为0.354U，显著低于其他3个品种的大曲（图9-3）。结果表明：较制曲厂优异小麦原料，'川麦93'所制大曲具有更高的液化力。

总的来说，小麦品种差异显著影响其大曲的感官、理化品质。研究发现，'川麦93'作为一个国审弱筋小麦品种，具有优异的制曲特性，可以作为西南麦区重要的酿酒制曲专用品种。

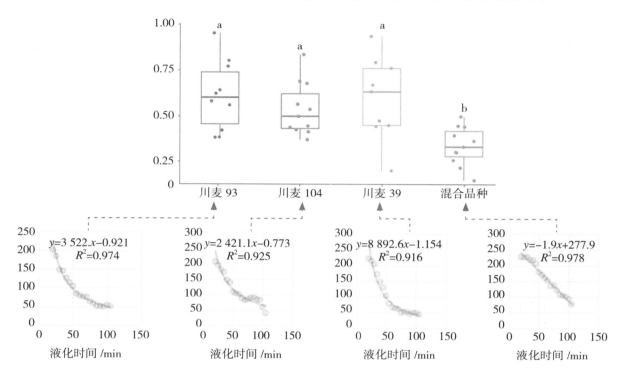

图 9-3　各品种小麦大曲的平均液化力比较

（五）不同栽培条件对制曲小麦原粮品质的影响

软质弱筋小麦相对硬质强筋小麦来说，更易于获得优质的大曲，但不同的小麦种植栽培条件对同一个小麦品种的原粮品质也具有一定的影响，进而影响酒曲的品质。以适合酿酒制曲的小麦品种'川麦93'为研究对象，对不同环境、不同施氮条件下'川麦93'原粮制曲相关品质指标的影响进行了分析，其结果显示不同环境、不同施氮条件对'川麦93'的制曲相关品质指标有一定的影响。

2020—2021年，连续两年在广汉市金鱼镇对'川麦93'进行不同施氮量品质试验（表9-8）。不同施氮量，'川麦93'容重均较高，大于840 g/L；随着施氮量的增加，'川麦93'的产量和蛋白质含量增加，粉质率降低；不同施氮量，'川麦93'品质均达弱筋标准，符合酿酒小麦相关指标。

表 9-8　'川麦93'不同施氮量品质指标

施氮量/（kg/亩）	亩产/kg	蛋白质含量/%	淀粉含量/%	湿面筋含量/%	沉淀值/mL	容重/（g/L）	粉质率/%	硬度指数
0	408.9	9.9	68.6	22.9	33.0	847	95	51.6
6	562.2	10.0	68.3	22.7	32.4	843	95	51.7
10	574.4	10.2	68.5	23.4	33.4	855	90	51.1
14	605.6	10.7	68.1	25.3	34.2	854	85	51.9

2020—2021 年，在广汉、阆中、新都、绵阳江油、绵阳游仙区、什邡对'川麦 93'进行多点试验，检测其品质指标（表 9-9）。在 10 个环境下，'川麦 93'容重均较高，大于 800 g/L；阆中和什邡点蛋白质含量较高，大于 13%；在 10 个环境下，'川麦 93'粉质率均大于 80%，除阆中和什邡点外，其余点的粉质率大于 90%；江油两个点的硬度最低，阆中和什邡点的硬度较高，符合酿酒小麦相关指标。

表 9-9　'川麦 93'多环境品质指标

环境	蛋白质含量 /%	淀粉含量 /%	湿面筋含量 /%	沉淀值 /mL	容重 /（g/L）	粉质率 /%	硬度指数
20 GH	9.2	69.0	21.9	19.1	817	90	50.5
20 LZ	13.8	66.0	32.2	50.2	828	80	55.2
20 XD	9.8	69.7	23.0	30.2	819	90	49.9
20 JYDY-1	11.5	68.9	26.4	43.4	814	95	46.5
20 JYDY-2	11.4	69.2	27.2	38.1	809	95	46.6
20 MYYX	10.8	68.5	25.3	43.3	825	90	51.9
21 GH	10.3	69.9	24.0	29.5	822	90	51.6
21 XD	12.4	68.5	30.1	38.9	823	90	50.8
21 LZ	14.0	66.7	34.0	55.7	831	80	56.4
21 SF	13.1	66.7	30.0	32.8	837	80	54.4

注：20 代表 2020 年，21 代表 2021 年；GH 为广汉，LZ 为阆中，XD 为新都，JYDY 为江油大堰镇，MYYX 为绵阳游仙区，SF 为什邡。

（六）'绵麦 902'等品种的制曲理化评价

'绵麦 902'由绵阳市农业科学研究院选育而成，达到优质弱筋标准，在不同年份、不同环境下，由宜宾五粮液有机农业发展有限公司检测软质率均高于 85%、最高达 98%，符合酿酒专用小麦标准，目前作为五粮液酿酒专用小麦基地主要栽培品种。

四川省农业科学院作物研究所、绵阳市农业科学研究院对酿酒专用小麦'绵麦 902'等品种进行工业化制曲评价，通过对蛋白质含量、淀粉含量、粉质率、硬度指数、粉碎度和大曲断面评分、大曲感官总分、大曲评分等指标进行综合评价，结果表明，所有品种大曲感官总分均高于 50，达到优质大曲标准；'绵麦 902'大曲评分最高（表 9-10），制曲效果突出。四川轻化工大学对'绵麦 902'

表 9-10　'绵麦 902'等品种工业化制曲评价

品种	蛋白质 /%	淀粉含量 /%	粉质率 /%	硬度指数	粉碎度（20 目筛）/%	大曲断面评分（总分 30）	大曲感官（总分 60）
CK	11.5	69.3	74.5	53.4	77.3	25.3	50.1
川麦 104	10.5	69.0	73.8	51.8	76.9	24.7	50.1
川麦 88	9.8	69.2	86.8	50.2	68.3	25.0	50.3
绵麦 902	9.5	68.9	98.0	48.4	78.3	25.0	50.8
西科麦 8 号	13.2	67.4	73.5	54.4	72.6	25.0	50.6

等 7 个不同品种小麦的制曲品质理化指标评价，结果表明，'绵麦 902'硬度指数为 50，粗脂肪为 1.86%，游离还原糖为 1.34%，总淀粉含量 69.93%，直链淀粉占总淀粉比例为 17.10%，支链淀粉占总淀粉比例 82.90%，与其他制曲品种比较，'绵麦 902'支链淀粉含量最高（表 9–11）。研究表明，支链淀粉含量越高，越利于微生物的利用，进而提高出酒率（李英杰 等，2024）。

表 9–11 不同小麦品种淀粉组成含量分析

品种	籽粒总淀粉 /%	直链淀粉占总淀粉比例 /%	支链淀粉占总淀粉比例 /%
绵麦 902	69.93 ± 0.52ab	17.10 ± 0.43c	82.91 ± 0.43a
绵麦 903	68.31 ± 0.43bcd	17.70 ± 0.37c	82.30 ± 0.37a
绵麦 905	66.56 ± 0.08d	18.33 ± 0.38bc	81.67 ± 0.38ab
绵麦 907	71.03 ± 0.44a	18.10 ± 0.91bc	81.90 ± 0.91ab
绵麦 916	69.51 ± 0.82abc	19.51 ± 0.24ab	80.49 ± 0.24cb
绵麦 161	67.72 ± 0.55cd	17.53 ± 0.47c	82.47 ± 0.47a
MR1101	70.36 ± 0.87a	20.57 ± 0.59a	79.43 ± 0.59c

（七）小麦品种酿酒品质特性研究

赵国君等（2013）研究了糯小麦在传统白酒酿造工艺中的表现和对白酒品质的影响，发现糯小麦与粳高粱、普通小麦相比，泡粮吸水速度快、糖化温度高；在实验室条件下，糯小麦比普通小麦、粳高粱出酒率高，其白酒总酸与总酯含量较高，杂醇油含量适中；在酒厂生产条件下，糯小麦白酒有相对较高的出酒率和杂醇类物质含量、适中的酸类和酯类物质含量、较低的醛类物质含量，经品酒专家评定，糯小麦白酒在气味和口感方面优于其他试验组白酒；糯小麦具有优良的酿酒特性，能够提高出酒率和改善白酒品质。刘琼等（2023）研究报道，总淀粉含量和支链淀粉含量与总酸、总酯含量呈极显著正相关关系，选用总淀粉和支链淀粉含量高的小麦品种，或充分利用糯小麦优良的酿酒特性和普通弱筋小麦合理搭配用于酿酒，有利于改善淀粉品质，提高出酒率，协调总酸、总酯、挥发性风味物质的含量，降低杂醇油含量，改善白酒品质。在 90~135 kg/hm² 施氮范围内，糯和非糯小麦淀粉含量、组分和糊化特性较好，酿制白酒挥发性风味物质较多，是酿酒小麦高产优质的适宜施氮量。

吴丽娟等（2023）比较分析了四川酿酒与非酿酒小麦品种之间的品质性状差异，3 个酿酒小麦的平均总淀粉含量大于 60%，平均支链淀粉含量占总淀粉含量的 70% 以上，均显著高于 3 个非酿酒小麦；平均粗蛋白含量小于 13%，但硬度指数和沉降值显著低于 3 个非酿酒小麦；吸水率、稳定时间和湿面筋含量也显著低于部分非酿酒小麦。王海容等（2024）为探明酿酒专用小麦的主要籽粒品质特征，对 12 个常用酿酒小麦品种及 6 个非酿酒小麦品种的主要籽粒品质指标进行了分析与比较，结果表明 12 个酿酒小麦品种的硬度指数均小于 45%，角质率均小于 70%，平均总淀粉含量大于 60%，其中支链淀粉占比大于 70%；供试酿酒小麦籽粒具有软质、饱满、胚乳呈粉质 – 半角质、蛋白质含量适中、支链淀粉含量高等特点；籽粒特性和淀粉含量接近弱筋小麦并具备中筋小麦的蛋白质、湿面筋含量的小麦品种具有更大优势成为酿酒小麦。

第三节　酿酒专用小麦产业存在的问题及展望

一、酿酒专用小麦产业发展存在的问题

（一）优质酿酒小麦品种缺乏

酿酒专用小麦对小麦软质率、抗穗发芽和抗病性要求较高，2020 年、2021 年全国推广面积前 10 的大品种中，没有一个品种属于软质（弱筋）小麦品种，可见优质酿酒专用小麦品种稀缺。酿酒专用小麦普遍存在品种老化、产量低、效益差、不抗倒伏、抗病性差等多种问题，选育软质率高、筋力弱、硬度低、抗逆性好的替代新品种，至少需要 5~8 年时间，短期内选育优质新品种难度极大。伴随着我国品种审定制度的改革，种子市场品种出现了"井喷"式的发展。据统计，2016 年市场上的在售品种大约 40 个，2018 年猛增至 400 多个，到 2020 年更是多达上千个，过多的品种让农户眼花缭乱，难以选择。品种同质化现象严重，以区域适应性品种为主，广适性品种稀缺。育成推广品种多，但具广谱抗病性的品种却很稀少。我国小麦主产区北方强筋、中筋冬麦区生产的小麦，由于蛋白质含量较高，粉质率低，并不适合用于酿酒。

（二）酿酒小麦种植规模小

"连片化、规模化"种植是推动酿酒专用小麦产业化发展的重要途径。我国人均耕地面积不足 1.5 亩，酿酒专用小麦种植以小规模的散户经营为主，单个家庭的种植面积和经营规模较小，远没有达到钱克明等（2014）所测算的我国北方地区适度规模 120 亩和南方地区适度规模 60 亩。

同时，由于自购农业机械的不经济，小规模的小麦种植户所拥有的农业机械尤其是大型农业机械明显偏少。因此，这种"小而散"的模式不利于"连片化"经营，不利于大规模的机械化作业，使得规模效应未得到充分发挥。由于农户缺乏专业化的指导，组织化程度较低，个体差异较大，这种分散且相对独立的种植经营模式也不利于规范化、标准化的田间管理，不仅影响了规模优势的发挥，增加了小麦的种植成本，也影响了小麦品质的一致性。

（三）酿酒小麦市场管理乏力

我国专用小麦种植多为散户种植，种植规模较小、土地细碎化程度较高，大规模的"连片化"种植难度大，农户片面追求产量，"优质优价"意识不足，相邻地块甚至同一个地块多品种插花种植的现象较为普遍，导致小麦的品质混杂问题比较严重，强筋、中筋、弱筋小麦混种的现象较为常见，"强筋不强、弱筋不弱"问题突出。农家自留种种植现象突出，达到专种、专收、专晒、专储的产业链有困难，订单生产发展缓慢，不同品种混合种植、混合收获、混合贮藏，不仅会影响小麦品质的一致性，也会导致不同品种之间出现自然杂交，引发后代的性状分离，从而导致小麦品种的退化（贺笃银 等，2010）。如长江中下游、黄淮海地区，农户人均耕地仅为 1.3 亩左右，"一村多种"是常态，规模化生产品质均一的酿酒专用粮难度大，导致我国的小麦产品结构不合理，结构性过剩，出现普通小麦供过于求，优质小麦供需不足的两难局面，阻碍产业高质量发展（蒋和平 等，2019）。

（四）酿酒小麦优质单品收购难

目前，酿酒小麦收购主要受种植基地面积、规模化种植的组织能力、种植全程的技术服务能力、加工仓储能力、质量控制能力等限制，加之生产过程中要面临品种、技术、收购、加工仓储等多种因

素影响，质量难以保证，甚至出现品质不均一、霉变、异味、发芽及二次污染等现象，导致酿酒小麦的收购困难重重，"优质优价"政策实施难度大。

二、酿酒专用小麦产业展望

（一）强化种质资源的产业化利用

建立酿酒专用小麦生物技术研发平台，研究酿酒专用小麦品质鉴定指标；拓展新的酿酒小麦种质资源，广泛搜集和鉴定国内外软质小麦品种资源，注重引进高容重（750 g/L）、低蛋白质含量（13%以下）、高软质率（85%以上）、延伸性好、湿面筋低、吸水率低的种质，创制酿酒专用小麦核心种质，特别注意引进优质种质在本生态区种植后的品质表现，并进行一定区域范围内的多环境评价，选择生态适应性强的品种进行推广应用；挖掘酿酒小麦重要品质相关基因，筛选、鉴定弱筋（软质）相关指标，指导新品种选育。

（二）加强酿酒小麦栽培技术研发

优质酿酒专用小麦除了品种和生态条件外，还必须有相应的优质高效栽培技术配套，尤其专用小麦的软质率指标对栽培技术要求较高，生产上一般通过播期、播量、播种方式、肥料运筹、水分调节、生化制剂调控、病虫害防治等措施来调节品质，使之更趋向于专用小麦的指标，从而进一步增强专用小麦的市场竞争力。同时加强绿色、有机、高产栽培技术研究和推广，提高专用小麦的品质和产品的附加值，切实提高种粮农户的收入。

（三）建立优质酿酒小麦育种攻关项目

立足市场需要、资源禀赋、生态环境条件等基础，以综合广适、丰产为前提，以弱筋品质改良为重点，建设优质酿酒专用小麦育种、制种以及种子加工基地，提升良种供应能力。同时，通过政策支持，加大良种补贴力度，并以优质小麦加工企业需求（酒企制曲和酿造）为导向，及时宣传、发布酒企所需的优质酿酒专用小麦品种，引导并支持农民在当地积极种植优良品种，提升良种覆盖率，优化品种结构，规模化生产种植。

（四）科学布局完善酿酒小麦市场管理

优良品种是获得优质专用小麦原料的关键因素。加强优质酿酒专用小麦良种繁育研究，严格规范酿酒专用小麦种子的审定标准和市场准入标准，加强酿酒专用小麦配套栽培、收储和加工技术的研究，确保专用小麦的生产安全。根据各地的自然资源禀赋和气候条件，合理进行小麦品种区划，具体来说，酿酒专用小麦应重点布局在我国长江中下游沿江沿海地区以及四川盆地部分弱筋小麦区，引导弱筋小麦主产区种植弱筋品种，以减少企业按品质分类收储的难度；当地农技推广部门要结合生产实际和市场需求，提出主导品种建议，在推广优良酿酒小麦品种的基础上实施小麦统一供种，实行酿酒小麦种子的公开招标、统一供种、良种到户，并加强对种子的检测，确保统一供种的质量；引导麦农实施酿酒小麦的单品种"专种专用"，从源头上解决多品种混种混收混贮的问题。在专种的基础上切实抓好后续的单品种收获和单品种储运工作，避免品种混杂给酿酒小麦品质造成不良影响，推动优质酿酒专用小麦"专种、专收、专储、专用"的种－收－储－运一体化发展。

（五）加强酿酒原粮基地及其基础设施建设

通过农田整治和土地流转，加快土地的均质化，实现土地的集中连片，完善农田水利等基础设施，建立高标准农田，解决农地的细碎化和分散化问题。如可以通过农户自愿、政府引导、企业介入的方式开展农田的"小块并大块"工作，统一组织破除田埂，集中细碎化农地，实现有组织的连片种植，以达到或接近适度规模，为酿酒小麦的规模化、集约化、标准化、高效化经营、机械化作业打下基础，推动产业高质量发展，保障粮食安全（蒋赞 等，2021）。

（六）以需求为导向形成订单生产

以市场需求为导向，满足白酒生产企业产能所需，制定酿酒专用小麦的供给政策，确定酿酒专用小麦种植的品种和规模，实行订单化的购销。对于目前市场需求较大而国内供给较为紧缺的优质酿酒专用曲麦和粉麦，适当扩大种植规模，真正做到"市场需要什么小麦，就生产什么小麦"。构建"政府＋企业＋科研＋种植户"产销一体化模式，加强企业对优质酿酒小麦需求的拉动作用。白酒生产企业根据生产需要制定酿酒小麦收购订单，实行"优质优价"政策（高于市场收购价的酿酒小麦收购价格），打消农民的顾虑，充分调动麦农种植优质麦的积极性；农户根据合同和订单的要求种植相应的品种，有计划地安排酿酒小麦的规模种植，生产优质产品，供应市场需求。

（七）健全现代农业社会化服务体系

随着社会的进步和经济的发展，农村劳动力匮乏不利于我国酿酒专用小麦产业化的高质量发展。因此，急需构建一套现代农业社会化服务体系，农户将酿酒专用小麦生产的各个环节外包给专业的农业服务公司，弥补农村劳动力不足的缺口，提高酿酒专用小麦生产效率。同时，通过土地托管和代耕代种弥补小农户规模过小的劣势，促进酿酒小麦专业化生产。目前，中化MAP智农是国内建设现代农业技术服务平台的典型代表，以科技带动美好农业，助力农民"种出好品质，卖出好价钱"，可为农户提供线上线下结合的农业托管服务：精准选种、测土与全自动配肥施肥、智能配药、粮食品质与土壤养分等检测服务，以及农机服务、农民培训、智慧农业系统，保障粮食生产品质，一定程度上解决了农村劳动力不足的问题。

主要参考文献

Zhao R, Wu X, Seabourn B W, et al. ,2009. Comparison of waxy vs nonwaxy wheats in fuel ethanol fermentation[J]. Cereal Chemistry, 86(2): 145-156.

陈靖余，周应朝，1996. 泸州大曲质量标准及鉴曲方法的探索 [J]. 酿酒，114（3）：6-7.

董智超，敖宗华，刘兴平，等，2014. 糯小麦制曲过程中微生物与理化性质的研究 [J]. 酿酒科技，（07）：14-19.

杜礼泉，谢菲，范昌明，等，2023. 酿酒专用小麦在中温曲生产中的研究应用 [J]. 酿酒科技，（5）：85-89，93.

贺笃银，2010. 小麦混杂的原因及预防对策 [J]. 现代农业科技，（16）：105，107.

惠丰立，褚学英，冯金荣，等，2007. 大曲中可培养霉菌多样性的分子分析 [J]. 食品与生物技术学报，26（2）：76-79.

蒋和平，尧珏，杨敬华，2019. 新时期中国粮食安全保障的隐患与解决建议 [J]. 中州学刊，（12）：35-41.

蒋赞，张丽丽，薛平，等，2021. 我国小麦产业发展情况及国际经验借鉴 [J]. 中国农业科技导报，23（7）：1-10.

李斌，徐智斌，冯波，等，2012. 糯小麦与普通小麦的固态发酵特性比较 [J]. 麦类作物学报，32（05）：949-954.

李朝苏，任勇，佟汉文，等，2023. 影响浓香型白酒大曲质量的小麦原料关键品质参数研究 [J]. 食品工业科技，44（8）：35-45.

李大和，1997. 浓香型大曲酒生产技术（修订版）[M]. 北京：中国轻工业出版社.

李大和，2008. 曲药、窖池、工艺操作与浓香型酒产质量的关系 [J]. 酿酒，35（4）：3-9.

李大和，刘念，李国红，2006. 中国白酒香型融合创新的思考 [J]. 酿酒科技，（11）116-123.

李瑞，2011. 汾酒用曲块制作机理及其关键技术研究 [D]. 太原：太原理工大学.

李英杰，何员江，向生远，等，2024.7 种不同品种小麦的制曲理化品质评价 [J]. 中国酿造，43（2）：194-198.

刘淼，丁丽，赵梦梦，等，2020. 基于主成分分析的不同小麦品种大曲发酵动态品质评价 [J]. 食品与发酵工业，46（6）：19-24.

刘琼，杨洪坤，陈艳琦，等，2023. 施氮量对糯和非糯小麦原粮品质、酿酒品质及挥发性风味物质的影响 [J]. 作物学报，49（08）：2240-2258.

罗娜，2023. 浓香型白酒制曲专用小麦关键品质性状评价 [D]. 成都：四川农业大学.

马攀，2024. 不同小麦品种机械制曲工艺及其特性 [D]. 成都：四川农业大学.

彭越，2014. 浅议《齐民要术》与酿酒 [J]. 管子学刊，03：98-99，109.

钱克明，彭廷军，2014. 我国农户粮食生产适度规模的经济学分析 [J]. 农业经济问题，35（3）：4-7，110.

沈才洪，许德富，沈才萍，等，2004. 大曲质量标准的研究（第一报）：大曲"酒化力"的探讨 [J]. 酿酒科技，3：22-23.

沈才洪，张良，应鸿，等，2005. 大曲质量标准的研究（第五报）：大曲质量标准体系设置的探讨 [J]. 酿酒科技，（11）：19-24.

时伟，郭举，郑红梅，等，2024. 酿酒专用小麦的品质及其酿造性能研究进展 [J/OL]. 食品与发酵工业.

宋波，2011. 白酒中各种成分对酒质的影响 [J]. 酿酒科技，（12）：65-67.

王洋，谢菲，杜礼泉，等，2024. 酿酒专用小麦大曲中挥发性风味成分与微生物群落相关性分析 [J]. 中国酿造，43（02）：71-81.

王海容，王永锋，朱国军，等，2024. 酿酒专用小麦籽粒品质特性研究 [J]. 麦类作物学报，44（03）：352-359.

吴丽娟，申世安，王军强，等，2023. 四川酿酒与非酿酒小麦品种的品质性状比较研究 [J]. 四川农业大学学报，41（03）：389-392，408.

谢黎明，2012. 生产原料对白酒质量的影响 [J]. 中小企业管理与科技（下旬刊），6：308-309.

徐占成，2000. 酒体风味设计学 [M]. 北京：新华出版社.

徐占成，王加辉，2002. 代谢指纹技术在曲药分析中的应用 [J]. 酿酒科技，06：17-19.

杨佳，董智超，沈小娟，等，2015. 糯小麦大曲对泸型酒酿造的影响 [J]. 酿酒科技，5：60-64.

于湛瑶，2014. 中国古代曲蘖酿酒 [J]. 农村.农业.农民（A 版），1：59-60.

余乾伟，2010. 传统白酒酿造技术 [M]. 北京：中国轻工业出版社.

赵国君，徐智斌，冯波，等，2013. 糯小麦的酿酒特性研究 [J]. 中国农业科学，46（06）：1127-1135.

赵洪芳，李国辉，冯海燕，等，2022. 酱香型白酒制曲用小麦硬度的评价研究 [J]. 酿酒科技，（12）：76-79，84.

郑建敏，蒲宗君，吕季娟，等，2023.四川省酿酒小麦区域试验参试品种现状初步分析 [J].四川农业大学学报，41（6）：1056–1064.

朱茂东，2022.苏贵川白酒产业发展模式比较 [J].合作经济与科技，（16）：40–41.

邹凤亮，何员江，朱自忠，等，2023.酿酒专用小麦研究进展 [J].麦类作物学报，43（10）：1351–1360.

第十章

弱筋小麦加工和利用

弱筋小麦加工主要包括小麦粉加工、面制品加工、基于小麦淀粉系列转化产品的加工三个方面。弱筋小麦由于其籽粒硬度低、蛋白质和面筋含量低、淀粉含量高等特性，在加工和利用方面与强筋小麦表现出不同的特性和利用途径。弱筋小麦粉常被用于蛋糕、饼干等无需形成面筋或者不需要过强面筋支撑的食品如南方馒头（软式馒头）、软弹口感面条等加工。另外，弱筋小麦由于其淀粉含量高，是生产小麦淀粉以及淀粉系列转化产品较好的原料，如小麦淀粉、改性小麦淀粉、淀粉糖、酒精等产品。

弱筋小麦专用粉加工技术

弱筋小麦由于其产量少以及特有的性质，企业一般将其作为专用粉加工和利用。专用粉加工相比传统的通用粉加工而言工艺较复杂，需要完善的配麦、配粉、制粉工艺设置等。专用小麦粉加工概括来说包括小麦加工前处理工序（清理、调质、混配）、制粉工序（碾磨、分级、混配）、后处理工序（产品品质改良、营养强化等）等几个阶段。弱筋小麦由于其籽粒硬度偏软、粉质率高，其制粉特性与强筋小麦表现出不一样的特性。欧美等一些发达国家或地区的制粉工艺通常将强筋小麦（一般为硬质小麦）和弱筋小麦（一般为软质小麦）在不同的生产线进行加工，或者弱筋小麦以特定的比例与硬质小麦混配进行加工。目前我国还很少单独设立生产线用于加工弱筋小麦，通常是采用同一条生产线，根据小麦本身的特性进行加工参数的调整以适应不同小麦的加工需求。

一、小麦加工前处理

（一）小麦清理

弱筋小麦粉加工中，清理工艺与生产中、强筋粉基本类似，只是由于弱筋小麦和强筋小麦籽粒不同，组织结构之间结合强度不同，其设定的工艺参数不同。

1. 小麦清理方法

小麦清理的目的是去除小麦中混有的各类杂质。小麦中的杂质虽然种类很多，但在物理特性方面存在某种差别，而且可能同时存在几个方面的差别。选择除杂的方法和设备时，应以小麦与杂质最显著的差别为依据，并适当考虑其他方面的差别，采用不同设备和相应的技术措施分离杂质。清理时主要基于小麦与杂质以下特性的差异：

（1）根据几何性状的不同进行除杂　主要有筛选和精选两种方法。筛选的方法（图10-1），按小麦籽粒宽度、厚度尺寸的差别，利用具有一定规格筛孔的筛面，使小麦在筛面上发生相对运动，来分离宽度和厚度不同于小麦的大、小杂质，或将小麦按宽、厚尺寸不同进行分级，常用的设备有振动筛和平面回转筛等。精选的方法，按小麦籽粒长度差别进行除杂，借助圆筒或圆盘工作表面上的袋孔及旋转运动形式，使短粒嵌入袋孔内并带到一定高度后落入收集槽中，长粒留于袋孔外，从而使长于或短于小麦的杂质得以分离，常用的设备有滚筒精选机、碟片精选机（图10-2）和螺旋精选机等。

（2）根据空气动力学性质的不同进行除杂　这种除杂方法称为风选法，常用设备是风选器或风选装置。根据小麦和杂质在空气介质中的悬浮速度的不同，利用一定方向的气流，选择大于杂质悬浮速度而小于小麦悬浮速度的气流速度，便可将小麦与轻杂质分离。

（3）根据密度的不同进行除杂　这种除杂方法称为重力分选，常用的设备有比重去石机和重力分级机等。小麦和杂质由于密度不同，可用空气或水为介质进行分离，前者称为干法重力分选，后者称为湿法重力分选（或水选）。干法重力分选主要借助于振动的分级筛面和气流的作用，使密度不同的物料分层，轻者上浮或上行，重者下沉或下行，从而达到分离的目的（图10-3）。湿法重力分选是借助特制的水槽，使密度小于水的杂质浮于水面，密度大于水的小麦、沙石和金属物等按沉降速度不同而分离的方法，常用的设备是去石洗麦机。目前湿法清理由于存在污水的排放问题，小麦面粉加工企业一般不采用。

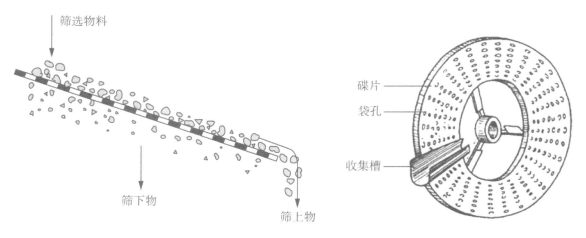

图 10-1　筛选示意图

图 10-2　碟片精选机示意图
（资料来源：朱永义 等，2002）

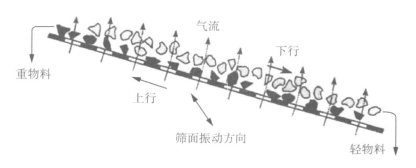

图 10-3　干法比重分选原理示意图
（资料来源：田建珍 等，2011）

（4）根据强度的不同进行除杂　这种方法称为打麦、撞击、碾削等，又称表面清理，常用的设备有打麦机、撞击机、剥皮机等。某些杂质的强度低于小麦籽粒，受到撞击后容易破碎，根据这一特点，利用高速旋转的机件对小麦与杂质进行撞击和摩擦，使杂质破碎，进而用筛分法将其分离。用于毛麦表面清理时，其目的就是清除小麦表面黏附的灰尘及泥块、煤渣以及病虫害小麦等；用于光麦（除杂及调质后的小麦）清理时，还可以打掉部分麦皮和麦胚，对于提高面粉色泽、降低面粉灰分和含砂量起着很大作用。打麦机（图 10-4）主要是通过打击的作用清除小麦表面的杂质。撞击机（图 10-5）主要通过麦粒与销柱、麦粒与麦粒、麦粒与撞击圈之间经过多次碰撞、相互摩擦等作用，强度小于麦粒的杂质被击碎，麦粒表面的泥灰、麦毛、麦壳等轻杂质被擦离下来，撞击后的麦粒，通过锥形筒和扩散器之间的缝隙均匀散开下落，经过风选流出机外。碾削清理是通过碾削机，又称剥皮机（图 10-6）的碾削作用对小麦表面进行清理，通过工作构件对小麦进行碾削和摩擦，使小麦表面的灰尘等杂质和部分皮层被碾去，借助吸风系统吸走碾下的杂质和皮层从而达到碾削清理的目的，其可有效降低小麦中的微生物等有机污染物。

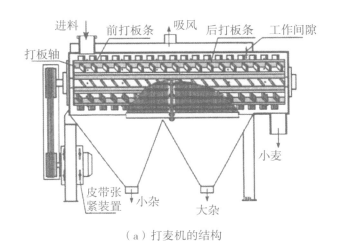

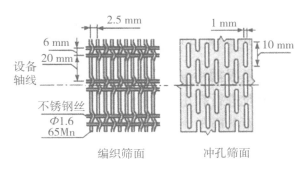

（a）打麦机的结构　　　　　　　　　　　　（b）打麦机筛面结构

图 10-4　打麦机的结构示意图

（资料来源：田建珍 等，2011）

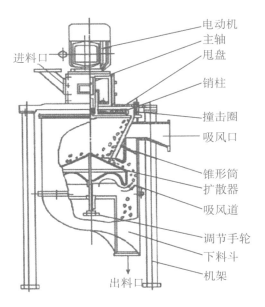

图 10-5　撞击机结构示意图

（资料来源：田建珍 等，2011）

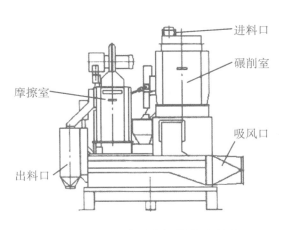

图 10-6　立式剥皮机的基本结构

（资料来源：田建珍 等，2011）

（5）根据磁电性质的不同进行除杂　这种方法称为磁选法，常用的设备有磁选器、永磁滚筒等。小麦是非磁性物质，在磁场里不发生磁化现象，而导磁性杂质，如含铁、钴、镍等的金属物，在磁场里则被磁化，与磁场的异性磁极相吸引，因此小麦中的磁性杂质通过磁场时，便被分离。

除以上杂质去除方法外，还有根据颜色不同的光电分选法，使用的设备为光电分选机（或称色选机），可分离小麦中色泽较深的杂质，如草籽、麦角、霉变粒等。

2. 弱筋小麦清理工艺关键点

弱筋小麦和强筋小麦的组织结构、理化性质、表皮耐打击程度以及所含杂质的不同，决定了清理工艺上的差别，主要体现在：一是主要杂质不同。弱筋小麦和强筋小麦产地不同，含杂情况也有所不同。强筋小麦的主要杂质为燕麦、石子、泥块等，而弱筋小麦的杂质主要为荞子、泥块和石子。二是由于气候和储存条件差异，造成弱筋小麦微生物的含量较强筋小麦要多，两者微生物的含量差别甚至高达一个数量级。因此，清理时，弱筋小麦应特别注重精选机、打麦机、色选机的使用和效果的调节，保证微生物去除效果。三是打麦强度的区别。强筋小麦硬度高，脆性较大，容易破碎，打麦后产生的碎麦多。弱筋小麦表皮韧性大，抗打击能力强，打麦后不容易产生碎麦。另外，碎麦的多少还受小麦水分的影响。

在清理工艺选择和设计时要针对弱筋小麦自身的特性，从工艺路线、设备选择、技术参数等方面统筹考量。

弱筋小麦清理时应采用筛选、风选、摩擦、撞击、磁选、色选等方法去除小麦中所含杂质，除去附聚于麦皮、腹沟、麦毛上的污染物、细菌和霉菌，以提高小麦粉的加工指标。目前常规的弱筋小麦清理工艺：三筛、两打（碾）、两去石、三风选、一色选、二次润麦、一次喷雾、三次磁选。弱筋小麦（软质小麦）的硬度相对低，在清理工艺中可以加强打麦，采用碾麦或轻度剥皮及预磨工艺，这样有利于降低小麦的农药残留和重金属含量，缩短润麦时间和降低入磨小麦的灰分。

（二）小麦调质

为了使小麦更加适合加工，满足产品质量的要求，必须用科学的方法对原粮小麦进行调质处理，如水分调节、蒸汽调节等。小麦调质是制粉过程中极其重要的一个环节，一般在小麦的杂质基本清理干净后进行。

1. 小麦调质的作用

小麦调质也叫润麦，即利用水、热作用和一定的润麦时间，使小麦的水分重新调整，改善其物理、生化和加工性能，以便获得更好的制粉工艺效果。小麦加水调质后，发生以下物理和生化变化：

（1）韧性增加，脆性降低　皮层吸水后，增加了其抗机械破坏的能力，在碾磨过程中利于保持麸片完整，从而有利于提高小麦粉质量。

（2）胚乳强度降低　胚乳主要由蛋白质和淀粉组成，调质过程中，蛋白质吸水能力强，吸水速度慢；淀粉粒吸水能力弱，吸水速度快。由于二者吸水能力和吸水速度不同，吸水后膨胀的先后和程度不同，在蛋白质和淀粉颗粒之间产生位移，使胚乳结构疏松，强度降低，易碾磨成粉，有利于降低电耗。

（3）麦皮和胚乳易于分离　麦皮、糊粉层和胚乳三者吸水先后顺序不同，吸水量不同，吸水后膨胀系数也不同，使麦皮和胚乳间产生微量位移，利于把胚乳从麦皮上剥刮下来。

（4）入磨小麦水分适合制粉性能要求　通过调质使麦堆内部各粒小麦水分均匀分布，有利于碾磨制粉。

从以上变化结果可以看出，小麦经调质后，制粉工艺性能改善，能相应提高出粉率和成品质量，并降低电耗。

小麦经调质后，应达到以下工艺效果：一是使入磨小麦有适宜的水分，以适应制粉工艺的要求，保证制粉过程的相对稳定，便于操作管理。这对提高生产效率、出粉率和产品质量都十分重要。二是保证小麦粉水分符合国家标准和市场要求。三是使入磨小麦有适宜的制粉性能。小麦经调质后，皮层韧性增加，胚乳内部结构松散，麦皮及糊粉层和胚乳之间的结合力下降，有利于制粉性能的改善。

2. 小麦调质的方法

小麦调质分为室温水分调节和加温水分调节。室温水分调节是在室温条件下，加室温水或温水（<40 ℃）；加温水分调节分为温水调质（45 ℃）、热水调质（46~52 ℃）两种。加温水分调节可以

缩短润麦时间，但费用较高，实际中一般不用。目前广泛使用的小麦调质方法是室温水分调节。小麦水分调节（着水和润麦）可以一次完成，也可二次、三次完成，一般在毛麦清理以后进行。也可采用预着水、喷雾着水的方法。预着水为使收购的小麦达到通常小麦的水分含量或在某种工序前需进行的着水（如碾削清理前）。喷雾着水是在小麦入磨前进行喷雾着水，以补充小麦皮层水分，增加皮层韧性，提高面粉的色泽。喷雾着水量为 0.2%~0.5%，润麦时间为 30 min 左右。生产中普遍应用的是一次着水，随着对入磨小麦要求越来越高，二次着水的应用越来越多，特别是在润麦效果较差的寒冷天气二次着水效果较好。目前使用较多的着水设备为着水混合机、强力着水机和喷雾着水机。

3. 最佳入磨水分和调质时间

经过适当润麦后，碾磨时耗用功率少、成品灰分低、出粉率和产量高，此时的小麦工艺性能佳。一般弱筋小麦的最佳入磨水分 14.0%~16.0%，强筋小麦的最佳入磨水分 15.5%~17.5%。生产中对小麦调质时间要求比较严格，调质时间太短，胚乳不能完全松软，胚乳结构不均匀，碾磨时轧距不容易调节，会出现碾磨不充分、筛理困难等现象；调质时间太长，会导致小麦表皮水分蒸发，使小麦表皮变干容易破碎，影响制粉性能。实际生产中，考虑到各种影响因素，弱筋小麦调质时间一般为 16~24 h，强筋小麦为 24~30 h。一般夏季调质时间稍短些，冬季调质时间稍长些。

4. 弱筋小麦调质关键控制点

弱筋小麦和强筋小麦所需的润麦水分和调质时间不同。由于籽粒结构中蛋白质含量和胚乳紧密程度不同，决定了水分渗透速度不同，渗透时间不等。弱筋小麦的润麦时间夏季控制在 16~20 h、润麦水分 15.0%~15.5%；冬季控制在 24~26 h，润麦水分 14.8%~15.2%。强筋小麦的润麦时间夏季控制在 24~28 h，润麦水分 16.0%~16.5%；冬季控制在 26~34 h，润麦水分 15.8%~16.3%。润麦方式也存在差异，弱筋小麦一般采用一次着水，而强筋小麦一般采用二次着水或三次着水。为了减少润麦调质时间，可以采用振动、超声、真空、酶等方式来缩短润麦时间。

（三）小麦原料混配

目前，小麦的品种与品质千差万别，当单一原料小麦的品质指标无法满足所生产专用面粉的品质指标要求时，配麦、配粉以及品质改良是弥补原料缺陷的重要手段。其中，配麦对于专用粉生产具有重要的作用。

1. 小麦混配目的和依据

小麦混配的目的有以下几点：一是合理利用原料，保证产品质量。根据面粉质量要求，将不同类型、不同等级的多批小麦混合加工，使其性能优势互补，生产出优质的产品，并可充分利用原料资源。二是使入磨小麦加工性能一致，保证生产过程相对稳定。不同类型和等级的小麦在制粉生产过程中，其加工特性存在较大差异，若按一定比例混合后，可保证碾磨小麦在一段时期内相对稳定。原料小麦的质量稳定对自动化程度高的规模化面粉厂而言尤为重要。三是在保证产品质量的前提下，尽量降低原料及生产成本。四是保证产品质量的长期稳定，即保证不同批次生产的同一品类同一等级的面粉质量稳定。

小麦混配时应注意以下几个方面：一是按生产小麦粉的质量要求，选购相应品质的小麦。二是具有足够的仓容，分类存放购入的小麦，不可互混，要分仓收储。三是对购入的小麦进行相应的品质检验，包括杂质含量、水分、硬度、面筋含量、粉质特性、拉伸特性、降落数值、糊化特性等，并将其按原料的产地、品种、等级、质量指标、数量、价格等，分类储存、数据备案。四是要具有完善的实验设备和条件。五是工艺流程中设置有相应的混配设施。

小麦混配的依据如下：在加工中进行小麦混配方案设计时，首先应考虑满足小麦粉质量标准的基本指标，其次综合考虑现有库存小麦的硬度、面筋含量、数量、价格等因素。目前执行的通用小麦粉国家标准中面筋含量是一个重要的质量指标，小麦粉的面筋含量虽与制粉工艺中小麦粉的提取部位、出粉率等因素有关，但主要与小麦自身的面筋含量有关。相同条件下小麦的面筋含量与小麦粉的面筋含量正相关。因而小麦面筋含量和质量是小麦混配时考虑的首要指标，小麦粉的其他指标主要通过生产过程的控制来保证。色泽是馒头、包子类蒸制面食品的主要感官评价指标之一，虽然小麦粉国家标准中没有色泽的量化指标，但在加工蒸煮类小麦粉时，小麦粉的色泽是一项主要指标，可通过小麦色泽的混配、生产工艺及操作的配合来改善。另外，小麦混配时考虑的质量指标中除小麦粉的面筋含量外，还有面粉的稳定时间、面筋指数和降落数值等，制定小麦混配方案时要一并考虑。除此之外，小麦粉加工通常利润空间较小，因此原料成本的核算非常重要，确定小麦混配方案时，必须充分考虑价格因素，取得较高的性价比。

生产专用小麦粉时，首先需根据不同专用小麦粉的性能要求选取适合的小麦，在此基础上再通过小麦混配使其优势互补，发挥最大功效。在制定专用小麦粉的小麦混配方案时，除考虑上述通用小麦粉的小麦混配中的诸多因素外，需重点满足不同专用小麦粉的品质指标。为此，采购和小麦入库时均需进行详尽的品质检验，为混配方案的制定提供依据。

2. 小麦混配方式

小麦的混配，包括毛麦（清理前的小麦）混配和清理后润麦仓下混配两种方式。

（1）毛麦混配　制粉主车间设置有数个毛麦仓的面粉厂，可在毛麦仓下进行搭配混合，即先将准备进行混配的小麦分别送到不同的毛麦仓中，按设定的混配比例分别调整好出仓的小麦流量，然后同时开启几种混配小麦的麦仓出口，出仓后的多种小麦流入螺旋输送机混合并输送至提升机（图10-7）。在制粉主车间毛麦仓数较少的情况下，若立筒库与主车间距离较近，可在立筒库下进行毛麦混配，混配方法同上。立筒库仓容大，调整混配比例后可较长时间保持不变，但要注意配麦量与主车间生产量的衔接。车间内既无毛麦仓也无立筒库的小型面粉厂，多在下粮井处进行简单的配麦。毛麦混配简单易行，可操作性强，不足之处在于水分不同、硬度不同的小麦需要不同的着水量和润麦时间，而小麦混合后着水量和润麦时间相同，难以使不同小麦的制粉特性均达到最佳状态。另外，清理杂质的难度也相应增大。

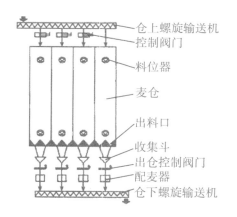

图10-7　小麦混配流程

（资料来源：田建珍 等，2011）

（2）润麦仓下混配　为避免上述毛麦混配的弊端，一些面粉厂将混配用的小麦分别清理、着水和润麦后，在润麦仓下进行混配。毛麦清理阶段采用一条或两条平行的清理流程。润麦仓下混配的优点是可使不同类型的小麦都达到适宜的制粉性能，不足之处体现在：一是需设置较多数量的润麦仓；二是当只有一条清理流程时，原料变换频繁。目前，比较完善的小麦制粉生产线通常是毛麦混配和润麦仓下混配同时采用。

二、小麦制粉

制粉的目的是将经过清理和水分调质后的小麦（净麦）通过机械作用的方法，加工成适合不同需求的小麦粉，同时分离出副产品。制粉是小麦加工中最复杂也是最重要的工段，制粉过程的关键是如何将胚乳与麦皮、麦胚尽可能完全地分离。因此，制粉要解决的首要问题是如何保证高出粉率和小麦粉中低麦皮含量，这也是制粉过程的复杂所在。食品工业的发展带来小麦专用粉的快速发展，专用粉加工对制粉工艺的要求也越来越高，需要根据食用品质把小麦中不同部位的胚乳分离提纯，并按在制品品质进行工艺组合，以生产质量较好的专用小麦粉。

制粉过程主要包括碾磨粉碎、分级（筛理、清粉）和混配等步骤。碾磨的主要目的是利用机械作用力把小麦籽粒剥开，然后从麸片上刮净胚乳，再将胚乳磨成一定细度的小麦粉。筛理的目的在于把碾磨撞击后的物料按颗粒的大小和比重进行分级，并筛出小麦粉。清粉的主要目的是通过气流和筛理的联合作用，将碾磨过程中的麦渣和麦芯按质量分成麸屑、连皮胚乳粒和纯胚乳粒三部分，以实现对麦渣、麦芯的提纯。在磨制专用粉并要求有较高出粉率的小麦粉厂，清粉工序是必不可少的。

（一）小麦制粉工艺过程概述

1. 小麦制粉方法

小麦制粉方法因生产规模和产品种类与质量的不同而有所差异，一般可分为一次粉碎制粉和逐步粉碎制粉两种。

（1）一次粉碎制粉　一次粉碎制粉是一种最简单的制粉方法，它的特点是只有一次粉碎过程。小麦经过一道粉碎设备粉碎后，直接进行筛理（或不筛理）制成小麦粉。一次粉碎制粉很难实现麦皮与胚乳的完全分离，胚乳粉碎的同时也有部分麦皮被粉碎，而麦皮上的胚乳也不易刮干净。因此，一次粉碎制粉的小麦粉颜色深、精度差，适合于磨制全麦粉或特殊食品用小麦粉，不适合制作高等级的小麦粉或各类专用小麦粉。

（2）逐步粉碎制粉　逐步粉碎制粉是小麦粉加工企业广泛采用的制粉方法，按照加工过程的复杂程度又分简化分级制粉和复杂分级制粉两种。简化分级制粉是将小麦碾磨后筛出小麦粉，剩下的物料混在一起继续进行第二次碾磨，这样重复数次，直到获得一定的出粉率和小麦粉质量，这种方法不提取麦渣和麦芯，所以单机就可以生产，目前我国部分农村以及小机组加工多采用这种制粉方法。复杂分级制粉是采用逐级碾磨的方式，按照处理物料的特点以及作用不同，设置皮磨、心磨、渣磨等不同的制粉系统，将小麦经过不同碾磨系统碾磨后产生的物料分离成麸片、麦渣、麦芯和粗粉，然后按物料的粒度和质量分别送往相应的系统碾磨。目前大型小麦加工企业均采用这种复杂分级制粉方法。

2. 小麦制粉中各系统设置及作用

小麦制粉过程中，按照处理物料种类和方法的不同，将制粉系统分成皮磨系统（B）、渣磨系统（S）、清粉系统（P）、心磨系统（M）和尾磨系统（T），它们分别处理不同的物料，并完成各自不同的功能。皮磨系统是制粉过程中处理小麦或麸片的系统，它的作用是将麦粒剥开，分离出麦渣、麦芯和粗粉，保持麸片不过分破碎，使胚乳和麦皮最大限度地分离，并提出少量的小麦粉。渣磨系统是处理皮磨及其他系统分离出的带有麦皮的胚乳颗粒，它提供了第二次使麦皮与胚乳分离的机会，从而提高了胚乳的纯度。麦渣分离出麦皮后生成质量较好的麦芯和粗粉，送入心磨系统磨制成粉。清粉系统的作用是利用清粉机的筛选和风选双重作用，将在皮磨和其他系统获得的麦渣、麦芯、粗粉及连麸粉粒和麸屑的混合物按质量分级，再送往相应的碾磨系统处理。心磨系统是将皮磨、渣磨、清粉系统取得的纯胚乳颗粒碾磨成具有一定细度的小麦粉。尾磨系统位于心磨系统的中后段，主要处理从渣磨、心磨、清粉等系统提取的含有麸屑质量较次的胚乳粒，从中提出小麦粉。

3. 小麦制粉中的在制品

在制品是指制粉过程中各碾磨系统中间物料的统称。在分级制粉法中，关键在于把在制品按粒度大小、纯度和质量进行分级，分级效果的好坏是决定小麦粉质量的关键因素之一。在制品的分级主要通过不同规格的筛网来实现。在制品按粒度大小可分为麸片、粗粒（麦渣、麦芯）和粗粉（硬粗粉、软粗粉），具体分类见表10-1。通常平筛均由1~4种筛面组成，将在制品筛理后，分成麸片、麦渣、麦芯、粗粉和小麦粉。

表 10-1 在制品的分类

名称		粒度			灰分 /%
		穿过筛网号数	留存筛网号数	大小 / mm	
粗麸片		—	18~22 W	0.9~1.7	—
粗粒	麦渣（大粗粒）	18~22 W	32 W	0.6~0.9	1.1~2.0
	粗麦芯（中粗粒）	32 W	42 GG	0.45~0.60	0.7~1.2
	细麦芯（小粗粒）	42 GG	54 GG	0.35~0.45	0.6~1.0
粗粉	硬粗粉	54 GG	6~7 XX	0.21~0.35	0.55~0.90
	软粗粉	6~7 XX	9~12 XX	0.15~0.21	0.5~0.8

资料来源：田建珍等（2011）。

在制粉工艺中，物料的粒度常用分式表示，分子表示物料穿过的筛号，分母表示物料留存的筛号。例如，18W/32W表示该物料能穿过18W筛面，留存在32W筛面上。在编制制粉工艺的流量与质量平衡表时，在制品的数量和质量常用分式表示，分子表示物料的数量（占1皮的百分比），分母则表示物料的质量（灰分）。例如，1皮（皮磨）分出的麦渣，在平衡表中记为17.81/1.67，表示麦渣的数量为17.81%、灰分为1.67%。

（二）碾磨与筛理

1. 碾磨

碾磨是利用机械力量破坏小麦籽粒结构，将胚乳与麦皮、麦胚分开，把麦皮上的胚乳剥刮干净，同时将胚乳破碎成粉的方法。碾磨的基本原理是利用磨粉机齿辊磨齿的挤压、剪切和剥刮作用将麦粒剥开，从麸片上刮下胚乳，利用磨粉机光辊的挤压作用或撞击作用将胚乳磨成具有一定细度的小麦粉。碾磨的基本方法有挤压、剪切和撞击 3 种，剥刮是挤压和剪切的混合作用。碾磨的主要设备为辊式磨粉机和撞击机。

碾磨工艺主要参数体现在以下几个方面：

（1）磨辊表面技术特性

1）光辊：磨制高质量的面粉时，心磨系统采用光辊，先将磨辊表面磨光，再经无泽面加工（喷砂处理），这样可得到绒状微粗糙表面，使胚乳在碾磨时容易磨细成粉，以提高碾磨效果。光辊的技术参数主要包含硬度、锥度、表面粗糙度 3 个方面。

2）齿辊：齿辊的技术参数主要包含齿数、齿型、斜度和排列 4 个方面。磨粉机的齿数是指磨辊单位圆周长度内的磨齿数目，以每厘米长度内的磨齿数表示（牙／cm）。英制则以每英寸磨辊圆周长度内的齿数表示。磨辊齿数的多少是根据碾磨物料的粒度、物料的性质和要求达到的粉碎程度来决定的。磨齿有锋角和钝角之分，而磨辊又有快辊与慢辊之分。磨齿的参数对小麦加工的影响较大，应针对小麦的工艺品质来设置，不同品质小麦对磨齿齿型的要求不同。加工弱筋小麦时，可用锋对锋排列，密牙齿，大斜度，为避免物料过于破碎，最好用大齿角，尤其是较大的前角。

（2）磨辊的圆周速度和速比　如果一对相向转动的磨辊是同一线速，那么物料在碾磨工作区域内，只能受到两辊的挤压作用而被压扁，不会被粉碎。因此，在制粉过程中，一对磨辊应有不同的线速，并结合磨辊表面的技术特性，使碾磨物料达到一定的碾磨程度。通常磨辊转速在 450~600 r/min，最低的为 350 r/min，前路皮磨系统采用较高的速度，后路心磨系统的转速最低。

（3）碾磨区域长度　碾磨区域是指物料落入两磨辊间（开始被两磨辊攫住）到物料被碾磨后离开两磨辊为止之间的区域。物料在碾磨区内才能受到磨辊的碾磨作用，碾磨区域的长短对碾磨效果的影响很大，碾磨区域越长，物料受两磨辊碾磨的时间就越长，破碎的程度也越强。碾磨区域的长度随各道磨粉机的作用而异，一般为 4~20 mm。

2. 筛理

在小麦制粉生产过程中，每道磨粉机碾磨之后，粉碎物料均为粒度和形状不同的混合物，其中一些细小胚乳已达到面粉的细度要求，需将其分离出去，避免重复碾磨，而粒度较大的物料也需按粒度大小分成若干等级，根据粒度大小、品质状况（胚乳纯度或含麦皮量的多少）及制粉工艺安排送往下道碾磨、清粉或打麸等工序连续处理。

在整个制粉过程中，小麦经过磨粉机逐道碾磨，获得颗粒大小不同及质量不一的混合物，筛理的目的是从磨下物中筛出面粉，并将在制品按粒度分级。若对在制品的分级不准确，将直接影响下道碾磨设备的碾磨效果。通常采用的筛理方法按粒度分级，按照制粉工艺的要求，碾磨中间产品的分级一般分成 4 类，麸片、粗粒、粗粉和面粉，它们的粒度是顺次减小的。主要筛理设备是高方平筛，辅助筛理设备有圆筛、打麸机和刷麸机等。

使用筛理设备将碾磨的在制品通过筛理分级时，按物料分级的要求，一般分为以下几种筛面（图10-8）：

（1）粗筛　从皮磨磨下的物料中分出麸片的筛面，一般采用金属丝筛网。

（2）分级筛　将麦渣、麦芯按颗粒大小分级的筛面，一般采用细金属丝筛网或非金属丝筛网。也可分为粗分级筛和分级筛。

（3）细筛　指在清粉前分离粗粉的筛面，一般使用非金属丝筛网。

（4）粉筛　筛出小麦粉的筛面，一般采用非金属丝筛网。

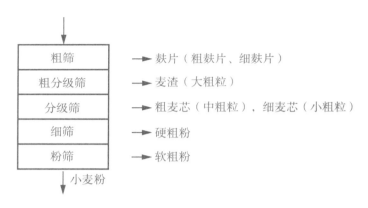

图 10-8　筛面的分类及对应的分级物料

（资料来源：田建珍 等，2011）

（三）小麦粉混配

面粉厂加工小麦时小麦粉的混配一般通过两种途径，一种是先通过对制粉中的粉流进行混配形成基础面粉，另一种是对不同品质的基础粉进行配粉形成最终产品。

1. 小麦加工系统粉的收集与配制

在小麦的碾磨过程中，磨粉机被分成皮、心、渣、尾等不同系统，每个系统所提取的面粉都来自小麦籽粒的不同部位，而小麦籽粒的不同部位，胚乳蛋白的含量及质量分布是不均衡的。从胚乳中心部位向外围扩展，面筋含量越来越高，但质量越来越次。因此，不同系统的面粉在灰分和蛋白质含量与质量上有所差别。不同系统的面粉，其质量和品质有所差别，一般的规律是：

（1）灰分含量　前路心磨粉低于渣磨粉，渣磨粉低于后路心磨粉，心磨粉低于皮磨粉，前路粉低于后路粉。

（2）面筋含量　皮磨粉高于渣磨粉，渣磨粉高于心磨粉，后路粉高于前路粉。

（3）面筋质量　皮磨粉延伸性好，弹性差；心磨粉延伸性差，弹性好；渣磨粉，延伸性、弹性较适中；重筛粉特性与皮磨粉相近。

通过制粉过程粉流在线混配可以调整最终加工的小麦粉的品质。在线粉流混配是在小麦粉的生产流程中，根据平筛各出粉口面粉的质量及品质差异情况，将质量、品质相近的面粉收集到同一条螺旋输送机中，而得到一种或几种专用粉或基础粉的配粉方法，利用粉流在线混配技术较好地解决了国产小麦生产某些专用粉特性的不足。在通过粉流进行混配时要对各粉流品质进行系统测定，为粉流在线混配提供依据。

2. 配粉

目前，配粉是生产专用粉非常重要的一个环节。其可以将面粉生产线生产的不同基础粉按照市场对面粉品质需求进行组配。在所有的专用小麦粉生产方式中，虽然配麦必不可少，但配粉是效果最佳、灵活性最高的配制方法。因此，目前生产专用粉的小麦粉企业都配备有较为完善的配粉车间。配粉车间主要由输送系统、配粉仓、混配系统及发放系统几大部分组成。

制粉车间生产的基础粉向配粉仓的输送主要靠正压输送系统完成，配粉仓主要储存来自制粉车间的基础粉，为了节约建筑投资，国内配粉仓仓容一般为 2~3 d 的生产量，基础粉进入配粉仓之前，一般通过复筛、自动秤、磁选和杀虫处理；混配系统包括配料秤、混合机、微量添加机等，配粉系统的主要作用是将基础粉和微量添加成分按配方比例在配粉仓下配制并混合，配粉的配方根据专用粉的要求和已有基础粉的品质情况来定。面粉的发放系统分为包装发放和散装发放两种形式，包装发放是利用包装仓、包装秤及多工位打包机将面粉打包后运出，面粉的散装发放是通过包装仓直接将面粉装入散运车。小麦粉加工典型的配粉工艺如图10-9所示。

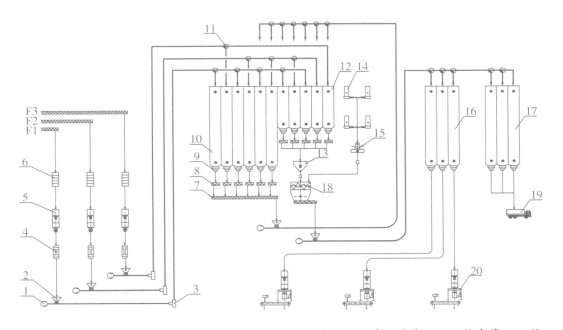

1—罗茨风机；2—正压关风器；3—杀虫机；4—磁选器；5—中间计量秤；6—检查筛；7—输送绞龙；8—圆管螺旋输送机；9—振动出仓器；10—面粉散装仓；11—双路阀；12—配粉仓；13—批量秤；14—微量元素添加机；15—微量秤；16—面粉打包仓；17—散装发放仓；18—混合机；19—面粉散装车；20—面粉打包机。

图 10-9 配粉工艺

（资料来源：田建珍 等，2004）

（四）弱筋小麦制粉特性

弱筋小麦制粉特性与强筋小麦相比主要体现在其碾磨特性和筛理特性的不同。

1. 弱筋小麦碾磨特性

与强筋小麦（一般是硬质）相比，弱筋小麦（一般是软质）碾磨特性差异主要体现在以下方面：

（1）磨辊参数不同　磨辊参数是决定碾磨效果的关键参数，软麦和硬麦的不同品质要求磨辊有不同的参数。主要区别在前路皮磨的斜度和前路心磨光辊的中凸度：一般软麦1B系统采用6°斜度，D-D排列；而硬麦采用4°斜度，D-D排列；心磨和渣磨光辊：软麦前路系统光辊中凸度采用40~45 μm，而硬麦前路系统光辊中凸度采用50~55 μm。软麦和硬麦的后路皮磨及心磨的参数基本相同。

（2）磨辊接触长度的区别　软麦胚乳与表皮结合紧密，而硬麦容易分离，因此皮磨磨辊在接触长度上存在差异。为了保证将软麦表皮的胚乳充分剥刮下来，提高出粉率，要求皮磨系统要有一定的长度。一般软麦粉路采用5B、3B后分粗细，而硬麦粉路一般只采用4B。根据生产的小麦粉品质不同，一般中长粉路采用6~8道心磨，软麦一般比硬麦少1~2道。磨辊接触长度主要取决于小麦品质：每天每加工 100 kg 硬质率高的小麦所需要的磨辊总接触长度为 4.0~4.5 mm，占全部磨辊总长的 32%~37%，而软麦则需要占全部磨辊总长的 37.5%~42%。

一般来说，加工软麦时，皮磨的道数应适当加长，皮磨的设备分配比例（特别是中后路）增加；加工硬麦时渣磨和心磨的道数应适当加长，渣磨和心磨的设备分配比例增加。软麦加工常见粉路一般采用 5B8M3S3T（即 5 皮 8 心 3 渣 3 尾）。

2. 弱筋小麦筛理特性

弱筋小麦由于其胚乳结构的粉质特性，与硬麦相比，难以筛理。因此，在制粉时表现为不同的筛理特性，体现在制粉工艺中所需的筛理面积不同。加工弱筋小麦和强筋小麦时，由于物料流动性存在差异，单位流量所需要的碾磨接触长度、筛理面积存在差异，弱筋小麦流动性差，粉颗粒细、黏，所需要的筛理面积大。一般强筋小麦的单位筛理面积为 0.60~0.75 m²/（100 kg·d），弱筋小麦为 0.7~0.8 m²/（100 kg·d），因此应用同一条生产线既加工弱筋小麦又加工强筋小麦时，单位筛理面积选择以 0.75 m²/（100 kg·d）为宜。

3. 弱筋小麦制粉工艺流程及关键点

（1）弱筋小麦粉典型工艺流程　针对弱筋小麦自身的特性，从制粉工艺、设备选择、工艺参数，包括相应的工艺技术路线、流程等考虑。弱筋专用小麦制粉流程除设有皮磨、心磨系统外，还应设有渣磨及清粉系统，尽量做到分工明确，轻碾细分。皮磨系统应有 4~5 道，从 3 皮开始分粗细磨，可采用中后路刷麸或打麸，加强对麸片的处理。渣磨系统 2~3 道，心磨系统 7~9 道，当心磨系统较长时，应设有 2~3 道尾磨。若粉路较长，清粉系统完善时，不仅要对 1 皮、2 皮提出的一等品质的麦渣、麦芯、粗粉进行清粉，而且还要对 3 皮及渣磨系统提出的二等品质的麦芯及粗粉进行清粉，以提高进入心磨物料的纯度，为提高优质面粉的出粉率创造条件；当清粉设备较少时，应首先保证对一等品质的麦渣及粗麦芯进行清粉，颗粒较小的细麦芯、粗粉及质量较次的麦芯可暂不考虑。典型制粉工艺简图如图 10-10 所示。

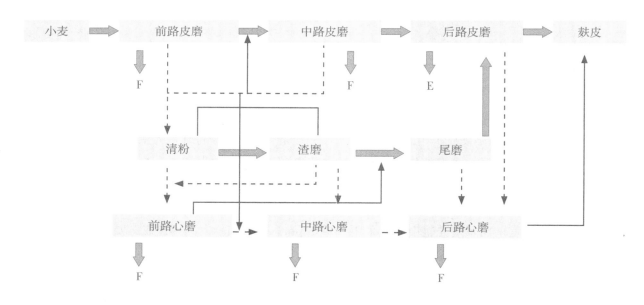

图 10-10　典型制粉工艺简图

（2）弱筋小麦制粉工艺要点　弱筋小麦（软质小麦）的硬度相对低，并且由于胚乳细胞中淀粉颗粒和间质蛋白的结合疏松，软质胚乳细胞易于切裂破碎，但皮层和胚乳分离不容易。相对来说，弱筋小麦（软质小麦）的制粉工艺需要选择较长的皮磨流程，加强皮层和胚乳的分离。软麦粉流畅性不好，需要采用较大的筛理面积进行分离。另外，随着面制品对小麦粉的灰分要求越来越低，并且尽量减少小麦粉中农药残留、重金属和微生物的含量，所以小麦皮层应尽可能少地掺杂到小麦粉中，所以目前的工艺趋势是轻碾细磨，粉路垂直走向，扩大清粉范围，同质合并。强筋小麦和弱筋小麦相比，典型工艺参数区别见表 10-2。

表 10-2　强筋小麦与弱筋小麦制粉工艺参数区别

制粉工艺		强筋小麦加工	弱筋小麦加工	参考值
磨辊接触长度	整体	较多	较少	12 mm /（100 kg·d）
	皮磨辊接触长度	较少	较多	4~6 mm /（100 kg·d）
	心磨辊接触长度	较多	较少	7~9 mm /（100 kg·d）
筛理面积		较少	较多	0.08 m² /（100 kg·d）
清粉工序		较多	较少	0.5~2.0 mm /（100 kg·d）
磨辊轧距		较紧	较松	
磨辊齿型及角度		不太尖锐	较尖锐	
打麸机使用		有限	广泛	

三、小麦制粉品质评价与调控

（一）小麦制粉品质评价

小麦制粉性能评价包括出粉率、碾磨特性（1B 剥刮率）、碾磨能耗、筛理效率、淀粉粒损伤、面粉粒度、累计出粉率、累计灰分及白度曲线等指标。

1. 出粉率

出粉率的高低直接关系到面粉厂的经济效益，它是衡量小麦加工品质、制粉工艺和操作性能的重要指标。出粉率高低取决于两个因素，一是胚乳占麦粒的比例，二是胚乳与其他非胚乳部分分离的难易程度。前者与籽粒形状、皮层厚度、腹沟深浅及宽度、胚的大小等性状有关，后者与含水量、籽粒硬度和质地有关，一般弱筋小麦与强筋小麦相比出粉率稍高些。出粉率为成品小麦粉占耗用小麦的质量分数，生产中根据统计方法不同，将出粉率分为毛麦出粉率和净麦出粉率。

2. 小麦粉的灰分和白度

小麦粉经灼烧完全后，余下不能氧化燃烧的物质称为灰分。小麦粉中的灰分含量因品种、土壤、气候、水肥条件的不同而有较大差异。面粉中的灰分过多，常使面粉颜色加深，加工的食品产品色泽发灰、发暗。面粉中的灰分与出粉率和面粉加工精度关系极为密切。面粉色泽（白度）是衡量磨粉品质的重要指标。入磨小麦籽粒颜色（红、白粒）、胚乳的质地、面粉的粗细度（面粉颗粒大小）、出粉率和磨粉的工艺水平，以及面粉中的水分、黄色素、多酚氧化酶的含量等均对面粉的颜色有一定影响。通常弱筋小麦比强筋小麦的粉色好，含水量过高或面粉颗粒过粗都会使面粉白度下降，新鲜面粉白度稍差，因为新鲜面粉内含有胡萝卜素，常呈微黄色，贮藏日久胡萝卜素被氧化，面粉粉色变白。一般 70 粉（70% 出粉率的小麦粉）白度值为 70%~84%。我国小麦品种面粉白度值为 63.0%~81.5%，一般特制粉白度值为 75%~80%，标准粉白度值为 65%~70%。

3. 碾磨效果评价

小麦的碾磨工艺效果通常以剥刮率、取粉率和粒度曲线进行评价。

（1）剥刮率　剥刮率是指一定数量的物料经某道皮磨系统碾磨、筛理后，穿过粗筛的数量占物料总量的百分比。生产中常以穿过粗筛的物料流量与该道皮磨系统的入磨物料流量或 1 皮磨物料流量的比值来计算剥刮率。例如，取 100 g 小麦经 1 皮磨碾磨之后，用 20 W 的筛子筛理，筛出物为 35 g，则 1 皮磨的剥刮率为 35%。在测定除 1 皮以外其他皮磨的剥刮率时，由于入磨物料中可能已含有可穿过粗筛的物料，所以实际剥刮率应按式（10-1）计算：

$$K = \frac{A-B}{1-B} \times 100\% \tag{10-1}$$

式中，K 为该道皮磨系统的剥刮率，%；

　　A 为碾磨后粗筛筛下物的物料量占比，即碾磨后穿过粗筛的物料量占总物料量的比例，%；

　　B 为物料碾磨前已含可穿过粗筛的物料量占比，%。因为入磨物料里可能本身就有部分能穿过粗筛，此值用于扣除这部分物料的影响，以得到该道皮磨系统实际新产生的剥刮效果占比。

（2）取粉率　取粉率是指物料经某道系统碾磨后，粉筛的筛下物流量占本道系统流量或 1 皮磨流量的百分比，其计算方法与剥刮率类似，按式（10-2）计算：

$$L = \frac{A-B}{1-B} \times 100\% \tag{10-2}$$

式中，L 为该道碾磨系统的取粉率，%；

　　A 为碾磨后物料的含粉率（即粉筛筛下物的物料量与取样量之比），%；

　　B 为入磨物料的含粉率（即物料碾磨前已含可穿过粉筛的物料量与取样量之比），%。

（3）粒度曲线　剥刮率和取粉率反映物料经碾磨后大颗粒和面粉的组成分布，完整反映磨粉机碾磨工艺效果的指标是粒度曲线。

粒度曲线是指以物料粒度为横坐标，以大于这种粒度的物料的百分比为纵坐标，将物料粒度和物料百分比在直角坐标中相应点连起来所形成的曲线。粒度曲线可体现碾磨后不同粒度物料的分布规律。原料的性质及磨辊的表面状态对粒度曲线的形状有较大影响。如碾磨软麦时，磨下物中细颗粒状物料较多，曲线一般下凹。碾磨硬麦时，磨下物中粗颗粒状物料较多，曲线大多凸起。

4. 筛理效率评价

（1）筛净率　实际筛出物的数量占应筛出物的数量的百分比，称为筛净率，按式（10-3）计算：

$$\eta = \frac{q_1}{q_2} \times 100\% \tag{10-3}$$

式中，η 为筛净率，%；

　　q_1 为实际筛出物的数量，%；

　　q_2 为应筛出物的数量，%。

实际生产中分别测出进机物料和筛出物料量，筛出物占进机物料流量的百分比，即为实际筛出

物的数量 q_1。在入筛物料中取出 100 g 左右的物料，用与平筛中配置筛孔相同的检验筛筛理 2 min，筛下物所占的百分比即为应筛出物的数量 q_2。

（2）未筛净率　应筛出而没有筛出的物料数量占应筛出物的数量的百分比，称为未筛净率，按式（10–4）计算：

$$H = \frac{q_3}{q_2} \times 100\%$$

（10–4）

式中，H 为未筛净率，%；

　　　q_3 为应筛出而未筛出物的数量，%；

　　　$q_3 = q_2 - q_1$，故 $H = 1 - \eta$。

评定某一仓平筛的筛理效率时，应对该仓中的粗筛、分级筛、细筛及粉筛逐项进行评定。在实际筛理过程中，筛孔越小物料越不容易穿过，越难以筛理，为简化起见，一般仅评定该仓粉筛的筛理效率。

（二）小麦制粉过程品质控制

小麦加工过程中通过小麦原料的选取、加工过程的控制等可以调控小麦粉的品质。

1. 经济而精确地使用不同小麦原料

面粉品质受小麦品种、小麦贮藏时间、制粉工艺等多方面因素的影响，不同小麦的制粉性能不同。弱筋小麦结构疏松，不需要加入太多的水来软化胚乳，其入磨水分相对较低，水分渗透速度比较快，只需较短的润麦时间。另外，小麦皮层颜色对面粉的粉色也有影响，白麦的制粉性能比红麦的稍好些。新麦后熟期尚未完成，胚乳与麦皮不容易分离，筛理困难，容易堵塞筛面。

小麦制粉的目的是面粉能一致地、均一地满足最终产品定位的需求。面粉的等级和用途不同，质量要求也不同。只用一种小麦进行加工，一般不能满足面粉的质量要求，会出现制粉性能不佳，或者是经济上不合理的问题。

小麦混配需要考虑的主要因素为：皮色、软硬、新陈、进口小麦及国产小麦等的比例。一般小麦皮色和软硬混配是最基本的要求，面筋含量和筋力强弱是最需要保证的品质指标。小麦收割以后的一段时间内，要注意新陈麦的混配比例。同时还要考虑原料成本、来源以及库存情况等。此外，小麦混配方案选用的品种也不宜太多。混配小麦的水分差最好不超过 1.5%。含杂比较多的小麦应该先分别清理后再混配。

2. 加工过程控制

在加工过程中可以通过控制加工参数控制小麦粉的粒度、破损淀粉含量、淀粉及蛋白质组分的分布等，以调控最终小麦粉的品质。

（1）损伤淀粉　小麦损伤淀粉是指小麦制粉过程中淀粉颗粒由于受到磨粉机磨辊的切割、挤压、搓撕或其他机械力的作用，颗粒表面出现裂纹和碎片，内部晶体结构受到破坏，这种不完整的淀粉颗粒称为损伤淀粉或破损淀粉。损伤淀粉改变了淀粉的流变学特性，增加了吸水率，提高了酶敏感性等。碾磨条件最终影响小麦粉的损伤淀粉含量。随碾磨道数增加，皮磨系统及心磨系统物料的损伤淀粉量呈线性增加趋势；碾磨强度增加，损伤淀粉值增加，心磨系统增幅较皮磨系统大。面粉粒度大小与损伤淀粉具有较好的相关性。面粉粒度减小，损伤淀粉值增加，且增幅较大，基本呈线形增加趋势，面粉粒度所能穿过的筛孔孔径每减小 14~18 μm（如从 CB50 变为 CB54），损伤淀粉值增加 13% 左右；磨粉机齿辊比光辊能产生较多的破损淀粉。

（2）小麦粉颗粒大小　粒度是指面粉的粗细程度，即由筛网规格决定的小麦粉物理特性。由于面粉的质量和用途的不同，对粒度大小的要求也不一致。小麦粉的粒度范围为 10~150 μm，碾磨强度、碾磨道数、磨辊特性等会影响小麦粉粒度。小麦粉的粒度不同其表面积不同，在和面时其吸水特性以及醒发、发酵时所表现出的特性不同。在相同的条件下碾磨时弱筋小麦粉的粒度小于硬质小麦粉的粒度。

（3）用于蒸制烘焙产品的淀粉、蛋白质品质、流变学特性调控等　小麦淀粉与小麦品质的关系主要反映在其与面粉品质和食品品质关系上。淀粉含量和颗粒性状等品质特性影响面粉出粉率、白度、α-淀粉酶活性（降落值）等；直/支链淀粉、糊化温度、凝沉性、黏度及淀粉酯等性状影响面制品的外观品质和食用品质。蛋白质既是小麦籽粒重要的营养成分，也是衡量加工品质的重要指标。小麦蛋白质的特性决定着小麦面团的物理化学特性和面粉的最终食用特性，尤其是面筋蛋白质。实验证明，相同蛋白质含量的面粉其面包加工品质有较大差异，主要是蛋白质组成的差异造成的。可见，蛋白质的数量和质量综合决定了小麦品质特性。

实际生产中对不同产品，如蒸煮和烘焙类专用粉的淀粉、蛋白质品质和流变学特性的调控均是以小麦品质、粉管实验和在线检测结果为依据来进行的。小麦根据入仓检验时的品质指标进行分级分类，不同小麦应分级、分类单独入仓，以便生产时小麦的合理混配。粉管实验包括各系统粉管的水分、灰分、白度、面筋以及粉质仪指标和拉伸仪指标等的测试。在线检测是在生产过程中对各项品质指标进行在线监测，然后通过计算机系统收集品质指标数据以用于生产控制。根据所需面粉的品质要求，生产时可通过合理配麦、调整粉管、配粉或在线添加改良剂等来调控面粉的淀粉、面筋和流变学参数。

（4）各系统粉混配及基础粉的混配　配粉是指制粉车间生产出的几种不同组分和性状的基础粉，经过合适的比例（配方）混配制成符合一定质量要求的面粉，在混配过程中也可加入添加剂进行修饰，是按食品的专用功能及营养需要重新组合、补充、完善、强化的过程。通过配粉，可以将有限的等级粉配制成专用小麦粉，以满足食品专用粉多品种的需要，同时可充分利用有限的优质小麦资源。配粉是生产食品专用粉和稳定产品质量最完善、最有效的手段。

小麦配粉工艺是小麦制粉工艺的延续。首先，将适合专用粉特性要求的小麦碾磨制粉，再根据不同专用粉的品质特性要求，将制粉工艺中不同系统、不同质量的面粉流组合形成 3~4 种基础粉。基础粉的确定是配粉的关键，因而优选粉流是科学配粉的前提。而对于基础粉的选择则应经过对生产中各粉流的品质化验和分析，特别是面团流变学特性和烘焙、蒸煮性能的实验，掌握各粉流的形成时间、稳定时间、吸水率、降落数值、灰分、延伸性、蒸煮性能、烘焙性能等特点，然后根据专用粉的特定要求，优选粉流进行混配。

3. 弱筋小麦粉品质的改良

弱筋小麦粉主要用于制作饼干、糕点、软式馒头、软质面条等诸多食品。然而，随着食品生产加工行业的快速发展以及消费者饮食习惯的改变，花样繁多的面制食品对面粉的品质特性的要求也多种多样，因此，对现代制粉企业而言，食品工业用专用小麦粉的开发生产早已是大势所趋。

由于原料小麦本身的品质质量状况和制粉工艺条件的限制，直接生产出来的面粉往往难以达到制作某种食品的特殊要求。因此，小麦粉品质改良的目的就是使生产出来的面粉具有专用性，适合不同面制食品对其面粉品质的要求。弱筋小麦粉品质改良主要体现在以下方面：添加剂改良、分级处理、热处理等。

目前，弱筋小麦粉常用的改良剂有酶制剂（主要是蛋白酶）、还原剂、乳化剂，主要是调整面筋的筋力、改善面糊及面团状态的乳化性，以适应低筋小麦制品加工的需求。减弱小麦粉筋力的方法包括添加酶制剂、还原剂、淀粉，以及对面粉进行热处理、分级处理等。另外还有一些其他的方法，如添加发酵剂、膨松剂等，或者添加专用面制品复合改良剂。

总之，弱筋小麦粉品质改良有两大途径：一是通过一定的工艺与设备对面粉进行处理，以达到改良面粉品质的目的，像面粉的气流分级、面粉的热处理、面粉的后熟等；二是通过向面粉中添加适量的外来成分如添加剂、淀粉、酶制剂等，以达到面粉品质改良的目的。

第二节 弱筋小麦食品开发与利用

弱筋小麦由于其淀粉含量高、蛋白质含量低、面筋含量低，在面制品中具有与强筋小麦不同的应用领域，主要用于饼干、糕点、南方馒头（软式馒头）等食品的制作。然而，目前弱筋小麦除用于制作饼干和糕点外，在面制品中的应用越来越广泛，如在新式面条、面皮类制品中应用越来越受到重视。软弹口感的面条要求蛋白质含量和面筋含量要低，通常用蛋白质含量较低的弱筋小麦粉制作。

一、饼干类产品

（一）饼干分类

饼干是以小麦粉（可添加糯米粉、淀粉）等为主要原料，加入（或不加入）糖、油脂、疏松剂、乳品、蛋品、食用香精等其他辅料，经调粉（或调浆）、成型、烘烤（或煎烤）等工艺制成的食品。

一直以来饼干的分类方法比较杂乱，如饼干按照配方、工艺、口味的不同可有不同的分类方法。按料配比分类有：酥性饼干、韧性饼干、发酵（苏打）饼干等；按成型的方法分类有：冲印饼干、辊切饼干、辊印饼干、挤压饼干、挤条饼干等。为了规范，我国已对饼干的分类方法制定出统一的标准（GB/T 20980—2021），该标准将饼干分为如下类别：

（1）酥性饼干　以谷类粉（和／或豆类、薯类粉）等为主要原料，添加油脂，添加或不添加糖及其他配料，经冷粉工艺调粉、成型、烘烤制成的，断面结构呈多孔状组织，口感酥松或松脆的饼干。

（2）韧性饼干　以谷类粉（和／或豆类、薯类粉）等为主要原料，添加或不添加糖、油脂及其他配料，经热粉工艺调粉、辊压、成型、烘烤制成的，一般有针眼，断面有层次，口感松脆的饼干。置于水中易吸水膨胀的韧性饼干称为冲泡型韧性饼干。

（3）发酵饼干　以谷类粉、油脂等为主要原料，添加或不添加其他配料，经调粉、发酵、辊压、成型、烘烤制成的酥松或松脆且具有发酵制品特有香味的饼干。

（4）压缩饼干　以谷类粉（和／或豆类、薯类粉）等为主要原料，添加或不添加糖、油脂及其他配料，经冷粉工艺调粉、成型、烘烤成饼坯后，再经粉碎、添加油脂、糖等其他配料，拌和、压缩制成的饼干。

（5）曲奇饼干　以谷类粉、糖、油脂等为主要原料，添加或不添加乳制品及其他配料，经冷粉工艺调粉，采用挤注或挤条、切割或辊印方法中的一种形式成型，烘烤制成口感酥松的饼干。添加或不添加糖浆原料、口感松软的曲奇饼干称为软型曲奇饼干。

（6）夹心（或注心）饼干　在饼干单片之间（或饼干空心部分）添加夹心料而制成的饼干。以水分含量较高的果酱或调味酱等作为夹心料的夹心饼干称为酱料型夹心饼干。

（7）威化饼干　以谷类粉等为主要原料，添加其他配料，经调浆、成型、烘烤制成多孔状的片状、卷状或其他形状的单片饼干，通常在单片或多层之间添加或注入糖、油脂等夹心料的两层或多层的饼干。

（8）蛋圆饼干　以谷类粉、糖、蛋及蛋制品等为主要原料，添加或不添加其他配料，经搅打、调浆、挤注、烘烤制成的饼干。

（9）蛋卷　以谷类粉（和/或豆类、薯类粉）、蛋及蛋制品等为主要原料，添加或不添加糖、油脂等其他配料，经调浆、浇注或挂浆、烘烤制成的饼干。

（10）煎饼　以谷类粉（和/或豆类、薯类粉）、蛋及蛋制品等为主要原料，添加或不添加糖、油脂等其他配料，经调浆或调粉、浇注或挂浆、煎烤制成的饼干。

（11）装饰饼干　在饼干表面通过涂布、喷撒、裱粘等一种或几种工艺，添加其他配料装饰而成的饼干。

（12）水泡饼干　以小麦粉、糖、蛋及蛋制品为主要原料，添加或不添加其他配料，经调粉、多次辊压、成型、热水烫漂、冷水浸泡、烘烤制成的具有浓郁蛋香味的疏松轻质的饼干。

（13）其他饼干　除上述外的其他饼干。

上述各类饼干的对应的英文名称见表10-3。

表10-3　各类饼干名称的中英文对照表

序号	中文名称	对应英文名称
1	酥性饼干	short biscuit
2	韧性饼干	semi hard biscuit
3	发酵饼干	fermented biscuit
4	压缩饼干	compressed biscuit
5	曲奇饼干	cookie
6	夹心（或注心）饼干	sandwich（or filled）biscuit
7	威化饼干	wafer
8	蛋圆饼干	macaroon
9	蛋卷	egg roll
10	煎饼	crisp film
11	装饰饼干	decoration biscuit
12	水泡饼干	sponge biscuit

（二）饼干质量标准

国家标准《饼干质量通则》（GB/T 20980—2021）中规定的饼干质量标准见表10-4和表10-5。

表10-4　饼干感官要求

饼干类别	形态	色泽	滋味与口感	组织
酥性饼干	外形完整，花纹清晰或无花纹，厚薄基本均匀，不收缩，不变形，不起泡，不应有较大或较多的凹底。特殊加工产品表面或中间有可食颗粒存在（如椰蓉、芝麻、白砂糖、巧克力、燕麦等）	具有该产品应有的色泽	具有产品应有的香味，无异味，口感酥松或松脆	断面结构呈多孔状，细密，无大孔洞
韧性饼干	外形完整，花纹清晰或无花纹，一般有针孔，厚薄基本均匀，不收缩，不变形，无裂痕，可以有均匀泡点，不应有较大或较多的凹底。特殊加工产品表面或中间有可食颗粒存在（如椰蓉、芝麻、白砂糖、巧克力、燕麦等）	具有该产品应有的色泽	具有产品应有的香味，无异味，口感松脆	断面结构有层次或呈多孔状
发酵饼干	外形完整，厚薄大致均匀，表面一般有较均匀的泡点，无裂缝，不收缩，不变形，不应有较大或较多的凹底。特殊加工产品表面或中间有可食颗粒存在（如果仁、芝麻、白砂糖、食盐等）	具有该产品应有的色泽	具有发酵制品应有的香味及产品特有的香味，无异味，口感酥松或松脆	断面结构有层次或呈多孔状
压缩饼干	块形完整，无严重缺角、缺边	具有该产品应有的色泽	具有产品特有的香味，无异味	断面结构呈紧密状，无孔洞
曲奇饼干	外形完整，花纹（或波纹）清晰或无花纹，同一造型大小均匀，饼体摊散适度，无连边。特殊加工产品表面或中间有可食颗粒存在（如椰蓉、白砂糖等）	具有该产品应有的色泽	具有该产品应有的香味，无异味，口感酥松或松软	断面结构呈细密的多孔状，无较大孔洞
夹心（或注心）饼干	外形完整，边缘整齐，夹心饼干不错位，不脱片，饼干表面应符合饼干单片要求，夹心层厚薄基本均匀，夹心或注心料无明显外溢	具有该产品应有的色泽。饼干单片夹心或注心料呈该料应有的色泽	应符合产品所调制的香味，无异味，口感疏松或松脆	层次分明，饼干单片断面应具有其相应产品的结构
威化饼干	外形完整，块形端正，花纹清晰，厚薄基本均匀，无分离及夹心料	具有产品应有的色泽	具有产品应有的口味，无异味，口感松脆或酥化	层次分明，单片断面结构呈多孔状，夹心料均匀
蛋圆饼干	呈冠圆形或多冠圆形，形状完整，大小、厚薄基本均匀	具有产品应有的色泽	味甜，具有蛋香味及产品应有的香味，无异味，口感松脆	断面结构呈细密的多孔状，无较大孔洞
蛋卷	呈多层卷筒形态或产品特有的形态，断面层次分明，外形基本完整。特殊加工产品有可食颗粒存在	具有产品应有的色泽	具有蛋香味及产品应有的香味，无异味，口感松脆或酥松	—
煎饼	外形基本完整，特殊加工产品有可食颗粒存在	具有产品应有的色泽	具有产品应有的香味，无异味，口感硬脆、松脆或酥松	—
装饰饼干	外形完整，装饰基本均匀	具有饼干单片及涂层或糖花应有的色泽	具有产品应有的香味，无异味	饼干单片断面应具有其相应产品的结构

续表

饼干类别	形态	色泽	滋味与口感	组织
水泡饼干	外形完整，块状大致均匀，不得起泡，不得有皱纹、粘连痕迹及明显的豁口	呈浅黄色、金黄色或产品应有的颜色	味略甜，具有浓郁的蛋香味或产品应有的香味，无异味，口感脆、疏松	断面组织微细、均匀，无孔洞
其他饼干	具有产品应有的形态、色泽、滋味、气味和组织			

表 10-5　饼干质量理化要求

饼干类别	水分 / %	碱度（以碳酸钠计）/ %	其他
酥性饼干	≤ 4.0	≤ 0.4	—
韧性饼干	≤ 4.0 ≤ 6.5（冲泡型）	≤ 0.4 添加可可粉的韧性饼干；pH ≤ 8.8（不检碱度）	—
发酵饼干	≤ 5.0	—	酸度（以乳酸计）≤ 0.4%
压缩饼干	≤ 6.0	0.4	松密度 ≥ 0.9 g/cm³
曲奇饼干	≤ 4.0 ≤ 9.0（软型）	≤ 0.3 添加可可粉的曲奇饼干和软型曲奇饼干；pH ≤ 8.8（不检碱度）	脂肪含量 ≥ 16.0%
夹心（或注心）饼干	饼干单片理化指标应符合相应产品的要求；酱型的饼干单片，水分含量不大于 6.0%，其他理化指标应符合相应产品的要求		
威化饼干	≤ 3.0	≤ 0.3 添加可可粉的威化饼干；pH ≤ 8.8（不检碱度）	—
蛋圆饼干	≤ 4.0	≤ 0.3	—
蛋卷	≤ 4.0	≤ 0.3	—
煎饼	≤ 5.5	≤ 0.3	—
装饰饼干	饼干单片的理化指标应符合相应产品的要求		
水泡饼干	≤ 6.5	≤ 0.3	—
其他饼干	≤ 6.5	≤ 0.4	—

（三）饼干生产原料小麦粉及辅料特性

1. 饼干生产原料小麦粉品质要求

由于饼干生产的特殊性，要求最终产品松脆，不像面包类制品要求松软而有弹性。如果面筋筋力过强，易造成饼干僵硬，易变形，面筋筋力过小，面团持气能力较差，成型时易断片，产品易破碎。所以一般选用中、低筋力的小麦粉，要求粉质细而洁白。各类饼干生产要求不同，对小麦粉品质特性要求不同。制作发酵饼干时，一般会经过较长时间的发酵，为了使面团在发酵后弹性不会过度降低，小麦粉中的湿面筋含量相对来说要高些。如果小麦粉原料中的面筋含量过低，饼干易出现酥而不脆现象，相反，如果面筋含量过高，则饼干容易收缩变形，口感脆而不酥。酥性饼干在面团调制过程中需要形成较少的面筋，需要面筋含量低，以使面团缺乏延伸性和弹性，从而具有良好的可塑性和黏结性。一般而言，韧性饼干小麦粉，宜选用面筋弹性中等、延伸性好的面粉，一般湿面筋含量以21%~28%为宜。酥性饼干小麦粉筋力稍弱些，一般湿面筋含量以21%~26%为宜，甜酥性饼干要求面筋含量在20%左右。发酵饼干根据生产工艺的不同对小麦粉的筋力要求也不同，如采用二次发酵生产工艺的苏打饼干宜选用湿面筋含量为24%~26%的面粉。半发酵饼干选用湿面筋含量在24%~30%之间。威化饼干宜选用面筋含量适中的面粉，一般选用湿面筋含量以23%~24%为宜，筋力太差，威化饼干易破碎，筋力太大，饼干干硬、不松脆。蛋卷要求与威化饼干所用的面粉差不多，湿面筋含量在24%左右。一般而言，口感松脆的饼干要求小麦粉具有较低的湿面筋含量和较低的蛋白质含量。

2. 饼干生产常用辅料

饼干生产常用辅料包括糖、油、乳品和蛋品、疏松剂等。

（1）糖　糖是甜饼干的主要辅料。通常用砂糖、饴糖、葡萄糖、转化糖浆以及蜂蜜等。糖的主要作用是改善面团的物理特性。由于糖的强烈反水化作用，可阻止面筋的形成，生产中使用糖可抑制面筋吸水胀润，调节面团筋力。糖还可以做酵母的营养源，增加饼干的甜味，改善风味，由于焦糖化反应及美拉德反应不仅可增加饼干表面光泽，而且可以改进饼干组织状态。饼干生产过程中加糖量可根据饼干的品种而异，韧性饼干加糖量为24%~26%，酥性饼干加糖量为30%~38%，苏打饼干加糖量约为2%，半发酵饼干加糖量为12%~22%。

（2）油脂　生产饼干用的油脂可以增加面团的可塑性、起酥性及增加饼干的营养及风味，一般应选用具有优良的起酥性和较高的稳定性的油脂。通常固态或半固态油脂，如猪油、起酥油、氢化油、人造奶油等都有良好的起酥性。油脂在面团形成时由于油脂的疏水作用，限制了水分子向蛋白质胶粒内部渗透，使得面筋的形成较少；同时，油脂和面粉混合时，油脂被吸附在面粉颗粒的表面，形成一层油膜，使已经形成的面筋不能相互黏合形成大的面筋网络，筋力减弱，也使淀粉与面筋之间不能结合，从而降低了面团的弹性及韧性，增加面团的可塑性。

（3）乳品和蛋品　饼干生产中常用的蛋品有鲜蛋、冰蛋、蛋粉等品种，可以提高饼干的营养价值，增加饼干的酥松度，改善饼干的色、香、味。饼干生产中常用的牛奶制品、乳制品有特殊的香气和滋味，可赋予饼干优良的风味，提高饼干的营养价值。牛乳是一种良好的乳化剂，可以改善面团的胶体性能，促进面团中的油水乳化，调节面团的胀润度，使制品不易收缩变形。因为牛乳中含有乳糖，可以改善饼干的色泽。

（4）疏松剂　为使饼干获得多孔状疏松结构与食用时酥松的口感，需要添加疏松剂。常用的疏松剂分为生物疏松剂和化学疏松剂。生物疏松剂有鲜酵母、干酵母和即发活性干酵母，常用的即发活性干酵母，发酵力强，使用方便，是一种理想的饼干疏松剂。大多数饼干采用化学疏松剂，如碳酸氢钠（小苏打）、碳酸氢铵、碳酸铵及复合疏松剂等。一般将小苏打与碳酸氢铵混合使用，根据其不同的分解温度（碳酸氢铵分解温度为30~60 ℃，碳酸氢钠分解温度为60~150 ℃）使饼干在不同烘烤温度起发，可控制疏松程度。

典型酥性饼干生产工艺流程如图10-11所示。

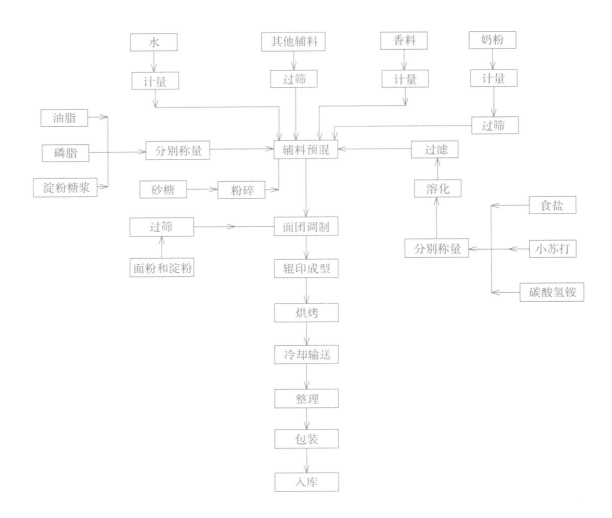

图 10-11 酥性饼干生产工艺流程

（资料来源：陈洁，2021）

二、糕点类产品

糕点是以小麦粉或米粉、糖、油脂、蛋、乳品等为主要原料，配以各种辅料、馅料和调味料，添加或不添加添加剂，经调制、成型、熟制、装饰等工序，制成具有一定色、香、味的一种食品。

糕点类食品包括中式糕点和西式糕点。中式糕点由于我国不同地域饮食习惯、地理条件等差异，在制作方法、用料、品种、风味上形成了各自不同的特点，因此糕点品种多样，花式繁多。西式糕点大约在 20 世纪初传入中国，主要指各类蛋糕类制品。

（一）糕点的分类

糕点依据不同的分类方法分为不同的种类。

1. 按照品种不同分类

油酥类、混糖类、浆皮类、炉糕类、蒸糕类、酥皮类、油炸类、其他类。

2. 按照制作方法分类

（1）烘烤制品 定型的半成品经过加热烘烤，除去多余水分，体积增大，颜色美观，具有独特的口味，在糕点品种中占绝大部分。

（2）油炸制品　定型的半成品经过热油炸制，除去多余水分，体积增大，颜色油润，制品酥脆，在糕点品种中占有一定的数量。

（3）蒸制品　定型的半成品放入特制的蒸器内，利用蒸汽的热量，排除部分水分并使体积增大，具有柔软、不腻的独有风味。

（4）其他制品　包括煮制品、炒制品等。

3. 按照商业习惯分类

（1）中式糕点　以长江为界可以分为北方糕点和南方糕点，其中，北方糕点以京式为主，南方糕点又可分为广式糕点、苏式糕点等。中式糕点范围很广，广义而言，包括传统糕点、小吃、休闲食品、凉点心等，狭义的中式糕点只指中国传统的糕点食品。

（2）西式糕点　一般指源于西方国家的糕点，西式糕点品种很多，花色各异，又可分为法式糕点、德式糕点、瑞士式糕点、英式糕点等。

（二）糕点生产原料及辅料

生产糕点的主要原、辅料有小麦粉、化学疏松剂、油脂、果料、食用色素、肉和肉制品等，在制作各式糕点时，原、辅料的质量对糕点制品的生产工艺效果、产品得率、产品质量等都会产生很大影响。

1. 小麦粉

糕点种类很多，它们的品质特性与小麦粉的性质密切相关，大多数糕点要求小麦粉具有较低的蛋白质和面筋含量，因此，一般采用低筋小麦加工糕点粉。蛋白质含量在9.0%~11.0%的面粉适于制作派和肉馅饼等，而蛋白质含量为7.0%~8.5%的面粉则适于制作甜酥点心和大多数中式糕点。

2. 主要辅料

（1）疏松剂　一般糕点的疏松剂都使用化学疏松剂，制品在成型后入炉烘烤时，化学疏松剂受热而分解，产生大量的二氧化碳气体，使制品发起，内部结构中形成均匀致密的多孔性组织。常用的化学疏松剂有碳酸氢钠、碳酸氢铵。

（2）油脂　油脂是糕点的主要配料之一，有的糕点为了制品增添风味，改善制品的结构、外形和色泽，用油量高达50%。油脂有时还是油炸糕点的加热介质。糕点用油脂根据其不同的来源，一般可分为动物油、植物油和混合油。动物油有奶油、猪油、牛羊油等。动物奶油具有特殊的天然纯正芳香味道，良好的起酥性、乳化性和一定的可塑性。人造奶油用途很广，在蛋糕、西点、小西饼等食品中用量也较大，是制作糕点使用的主要油脂。植物油一般多用于煎炸制品的煎炸用油，如炸制类糕点等。混合油是用各种不同氢化油、乳化油、人造奶油的原料油混合制成，例如采用低熔点的牛油与其他动、植物油混合制成高熔点的起酥人造奶油，可作为松饼专用油脂。

（三）糕点加工技术

糕点种类很多，不同的糕点加工工艺有差别，但通常也有一些工艺相同点。糕点加工的工艺流程可归纳为：① 原料的选择和处理。按照糕点产品特点选择合适的原、辅料，并根据产品要求对原、辅料进行适当的预处理。② 面团（糊）的调制。按照配方和不同糕点产品加工方法，采用不同混合方式（搅打、搅拌）将原、辅料混合，调制成所要求的面团或面糊。③ 成型。将调制好的面团或面糊加工成一定的形状。成型的方式有手工成型、模具成型、器具成型等。中式糕点有时需要制皮、包馅等，西式糕点则有夹馅、挤糊、挤花、切块等，有时也包括饰料的填装。④ 熟制加工。熟制是糕点生产中一道重要工序，熟制采用较多的是烘烤方式，其他还有油炸、蒸煮等方式。⑤ 冷却。将熟制后的糕点产品自然冷却至室温后，以进行后面工序操作，如装饰、切块、包装等。⑥装饰。大多数西式糕点需要装饰，即经熟制工序后的制品选用提前准备好的装饰材料对其进一步处理，使产品美观。

1. 面团调制

面团的调制是糕点生产中的一道重要工序，与产品品质密切相关。面团的调制是将糕点配方的原、辅料通过搅拌的方法调制成适合于各种糕点加工所需的面团或面糊。通过面粉调制，使各种原、辅料混合均匀，不同糕点面团或面糊需要的物理性质不同，所以需采用不同的调制方法，调控面团或面糊的特性，使面团或面糊的软硬、黏弹性、韧性、可塑性、延伸性、流动性能满足糕点制作的需要。

（1）水调面团　水调面团是用水和小麦粉直接调制而成的面团，根据调制时所用水的温度不同可分为冷水面团、温水面团和沸水面团。

1）冷水面团。和面时全用冷水调和，因和面时用的水温低，面粉中的面筋没有受到破坏，淀粉膨胀不够充分，面团较硬，韧性强。使水与面粉结合成软硬适度的面团，然后经过静置，提高面筋的弹性和光滑度。

2）温水面团。是用50℃左右的温水与面粉调制而成的面团。由于水温的影响，面粉中面筋的形成受到一定限制，而淀粉的吸水量却增加。调制出的面团有韧性，较松散，筋力比冷水面团稍差，富有可塑性。

3）沸水面团。又称烫面面团、开水面团，即用沸水调制而成的面团。这种面团由于所用水的温度较高，面团内的各种物质发生了一些变化，蛋白质受热凝固变性，淀粉糊化，因而面团筋力差，色泽深。调制方法一般分两种：一种是全烫面，用沸水直接烫面并调好再进行加工制作；另一种是半烫面，根据制品的特点把制品30%~50%的面粉用沸水烫制调好，再加入30%~70%用冷水调制的面团一起揉匀。

（2）水油面团　水油面团主要是用小麦粉、油脂和水调制而成的面团，为增加风味，也可用部分蛋液或少量糖粉、饴糖、淀粉糖浆调制而成。它既有水调面团的韧性、延伸性、可塑性以及保持气体的能力等性质，又具有油酥面团的润滑性、柔软性以及酥松等特点。

（3）油酥面团　油酥面团是用油脂和面粉调制而成的，不单独制成成品，主要用作酥层面团的夹酥。它具有软滑、可塑性强等特点，但缺乏弹性、韧性和延伸性。

（4）混酥面团　混酥面团是用油、糖、蛋和面粉调制而成的，成品不分层次，入口酥松。调制时，将糖、蛋、油倒入和面机，先快速搅拌均匀后，再倒入过筛的面粉，缓慢搅匀即可，但搅拌时间不宜过长，以免面团起筋。

（5）糖浆面团　糖浆面团是用蔗糖、饴糖制成糖浆，然后再与面粉调制而成的。这种面团既有一定的筋性，又有良好的可塑性，可用于制作提浆月饼、广式月饼等。

（6）酥层面团（又称酥皮）　酥层面团是由水油面团和油酥面团组成，经包制、延压和折叠而成的有层次的酥皮，可用于制作苏式月饼等。

（7）发酵面团　在面粉中加入生物疏松剂（酵母）和适量的水及辅料等调制而成的面团。制品疏松、多孔、柔软，可用于制作酒酿饼、苏打饼等。调制时，先将用温水活化的酵母液与面粉混合，然后加入糖、蛋等辅料，最后加入油脂，调到面团软硬均匀，表面光滑。

（8）蛋糕糊的调制

1）清蛋糕糊的调制。清蛋糕糊是用鸡蛋和糖经搅打发泡后再加入小麦粉调制而成的，用于制作中式烤蛋糕、蒸蛋糕和西式清蛋糕。清蛋糕糊的制作原理是依靠蛋白的搅打发泡性，蛋白在打蛋机的高速搅打下，大量空气混入蛋液，并被蛋白质胶体薄膜所包围，形成了许多气泡。蛋糕中混入的空气量越多，所制作的蛋糕体积就越大；气泡越细密，蛋糕的结构就越细致，越疏松柔软。

2）油蛋糕糊的调制。蛋糕糊的制作除需要使用鸡蛋、糖和小麦粉外，还需要使用相当数量的油脂以及化学疏松剂。由于油脂具有搅打发泡的能力，搅打时大量空气被混入，形成无数的气泡。这些气泡被包围在油膜中不会逸出，这样油脂体积逐渐增大，并和水、糖等互相分散，形成乳化状泡沫体。采用这种调制方法所制作的油蛋糕糊体积大，结构细密，品质较好，但要求所使用的油脂具有良好的搅打发泡性。为了使蛋糕糊不起筋，必须使用低筋面粉，必要时可掺入 5%~10% 的淀粉。

3）戚风蛋糕糊的调制。面糊制作时将面粉、淀粉筛匀，与 75% 的糖、盐一起放入搅拌机内中速拌匀。这种蛋糕糊的最大特点是组织松软、口味清淡、水分含量足、久存而不易干燥，适合制作鲜奶油蛋糕或冰激凌蛋糕，因为戚风蛋糕水分含量高，组织较弱，在低温下不会失去原有的品质。

2. 糕点成型

糕点的成型即将调制好的面团（糊）加工制成一定形状，面团的物理特性对成型操作影响较大。调制的面团一般有两种：一种为面糊，水分多，有流动性，不稳定；另一种为面团，水分较少，有可塑性，比较稳定。可根据面团特性及产品要求选用合适的成型方法，成型方法主要有印模成型、手工成型、机械成型。

3. 熟制

糕点面团（糊）成型后，一般要经过熟制的过程。在熟制过程中糕点内部水分受热蒸发，淀粉受热糊化，疏松剂受热分解，面筋蛋白质受热变形而凝固，最终糕点体积增大，使制品成熟。熟制的方法根据品种质量的要求，采用不同加热方式，如烘焙、油炸、蒸制等。

三、馒头类产品

（一）产品特点

按品种分类，广义上的馒头主要包括实心馒头、花卷、包子、发糕等主要类型；根据地域的不同，主要分为北方馒头和南方馒头。北方馒头，结构细密紧实，咬劲较强有韧性，要求蛋白质含量较高。南方馒头（软式馒头），外观白而细腻，组织结构较柔软，一般采用面筋含量较低（一般湿面筋含量 <25%）的弱筋小麦粉加工而成。大多数南方馒头带有添加的风味，如甜味、奶味、肉味等。南方馒头主要包括手揉圆馒头、刀切方馒头以及体积非常小的麻将馒头等形状与品种。

北方馒头和南方馒头特点的对比见表 10-6。

南方馒头因其绵软的口感而受到欢迎，是以弱筋小麦粉为主要原料，适当添加辅料，如香蕉、牛奶等，生产出的组织柔软、营养全面、色泽诱人、口感美味、风味独特的馒头，奶油馒头、巧克力馒头、水果馒头等是常见的种类。该类馒头一般个体较小，其风味和口感类似于蒸蛋糕。目前市场上的各类冷冻包子、馒头多采用湿面筋含量较低的弱筋小麦粉加工而成，由于面筋含量低，产品外观白而细腻，结构较为松软。

表 10-6　北方馒头和南方馒头的特点

项目	北方馒头	南方馒头
脂类	0	0~10%
糖分	0	0~25%
比容 / (cm³/g)	约 2.5	约 3.0
组织结构	紧密	疏松
口感	富有弹性和黏性	柔软有弹性
风味	麦香和发酵香味	甜味、奶味或肉味
流行地区	中国北方	中国南方

资料来源：陈洁（2021）。

（二）加工技术

馒头加工时以小麦粉、发酵剂、水为基本原材料，然后通过搅拌、成型、发酵、汽蒸四道基本工序来完成，以蒸制的方式完成熟化是其在制作工艺方面与面包的最大区别。按照馒头面团发酵特点可将馒头加工工艺分为一次发酵法、二次发酵法、老面面团发酵法以及面糊发酵法，不同发酵法的馒头加工工艺有所不同。

1. 一次发酵法

馒头生产中的一次发酵法又称为直接醒发法或快速发酵法。采用这种方法制作馒头时，一次性将原料及辅料投入和面机，搅拌调成面团，然后直接成型、醒发并蒸制。

2. 二次发酵法

馒头的二次发酵法是先将部分小麦粉、酵母以及水制成面团，完成一次发酵后将剩余小麦粉和其他辅料加至发酵好的软质面团进行二次和面，最后进行成型醒发，第一次面团调制时用到全部小麦粉的 60%~80% 及全部酵母。该方法是在传统馒头制作技术的基础上改进而来的，兼容了传统工艺和现代工艺的优点。

3. 老面面团发酵法

老面面团发酵法中所谓的"老面"是发酵十分充分的面团，甚至是过度发酵的面团。老面面团发酵法是以上次做馒头留下的发酵面团（酵头）作为主要发酵菌种，加入小麦粉和成面团，然后在适当保温保湿的自然条件下长时间发酵，接着在面团中添加小麦粉和适量碱，中和面团的酸性，并在和面后进行成型、醒发和后续加工。由于老面的发酵制作基本上都是在过夜的条件下进行的，因此这种方法也常称为过夜老面面团发酵法。

4. 面糊发酵法

面糊发酵法又称液体发酵法、醪汁发酵法或肥浆发酵法等。首先将发酵剂和小麦粉加水调制成面糊，充分发酵后，再加入小麦粉调制成面团成型，在一些馒头生产企业，会将调制成的面团再进行一次发酵，而后进行第二次和面，进而完成面团成型、醒发、蒸制，因为经历了面糊、面团和馒头坯三次发酵，也称为三次发酵法。

四、面条类产品

我国是一个面条生产大国，面条种类繁多。面条按照不同的成型方式主要可分为擀压类、拉制类、挤压类等，按照面条成型后不同的加工工艺过程主要可分为鲜切面、拉制面、半干面、保鲜湿面、冷冻熟面、挂面、方便面、通心粉等，按照面条外观形状主要可分为宽面、细条、面片、银丝等。

我国传统用面条小麦粉一般要求含有中等偏上的蛋白质，具有中等偏上的筋力，湿面筋的含量要求在 28% 左右。面条采用的小麦粉的标准为面条用小麦粉行业标准（LS/T 3202—1993），内容见表 10-7。随着人们对面条口感需求的多样化，制作面条的小麦粉品质需求也发生了很大的变化。如生产面包常用的加拿大、美国等硬质小麦被广泛地应用于面条的加工，以提升面条的硬度、弹性和耐嚼性。同时，一些常见的弱筋小麦，如澳大利亚的软质小麦近几年也被广泛应用于面条的生产，主要用于外观较细腻、口感较柔和、软弹式的面条加工，如日式乌冬面。乌冬面要求小麦粉蛋白质含量在 7%~9%，湿面筋含量低于 25%。近年，由蛋白质含量低、湿面筋含量低的弱筋小麦制作的面条，由于其外观细腻、口感软弹等，受到越来越多的消费者的喜爱。未来人们对面条口感的多样化需求，会带来面筋含量低的弱筋小麦在面条加工中的应用越来越广泛。

表 10-7　面条用小麦粉行业标准

项目	精制级	普通级
水分 /%	≤ 14.5	
灰分（以干基计）/%	≤ 0.55	≤ 0.70
粗细度	CB36 号筛	全部通过
	CB42 号筛	留存量不超过 10.0%
湿面筋含量 /%	≥ 28	≥ 26
粉质仪曲线稳定时间 /min	≥ 4.0	≥ 3.0
降落数值 /s	≥ 200	
含砂量 /%	≤ 0.02	
磁性金属物含量 /（g/kg）	≤ 0.003	
气味	无异味	

五、凉皮类制品

传统凉皮是以小麦粉、水为原料，添加或不添加食用盐、食品添加剂、食用植物油，经和面（或调浆）、洗面（或不洗面）、沉淀（或不沉淀）、熟制成型、刷油、冷却、切制（或不切制）等工艺加工制成的地方特色食品。目前市场上常见的凉皮类产品包括凉皮、擀面皮、面皮等。其主要利用小麦淀粉的特性，采用小麦粉通过洗涤出面筋后的淀粉浆进行加工而成，或者采用筋力较弱的小麦粉通过不洗涤面筋直接调成面浆的形式加工。由于其加工过程不需要形成面筋，而是利用淀粉的凝胶化成型，所以对蛋白质及面筋含量要求不高，且越低越好。目前市场上常见的凉皮专用粉品质指标见表10-8。

表 10-8　凉皮专用粉指标

项目	指标
水分 /%	≤ 14
灰分（以干基计）/%	≤ 0.5
湿面筋含量 /%	≥ 20
脂肪酸值（湿基）/（mg / 100 g）	≤ 60
降落数值 /s	≥ 250
粗细度	全通 CB36，留存 CB42 不超过 5%

注：其他指标如含砂量、磁性金属物含量、安全卫生指标等满足现行规定要求。

目前，面皮制作工艺有以下两类：一是小麦粉和面后洗涤出面筋的小麦淀粉浆沉降撇除上清液，然后自然发酵，再通过挤压（或蒸煮）熟化、擀压、切条等工序制成。二是小麦粉加水调成面浆，然后经过自然发酵、挤压（或蒸煮）熟化、擀压、切条、杀菌等工序制成。典型凉皮类产品的制作工艺流程如图 10-12 所示。

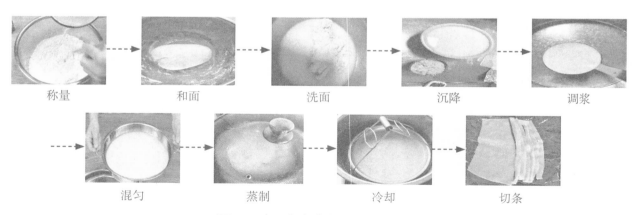

称量　　和面　　洗面　　沉降　　调浆

混匀　　蒸制　　冷却　　切条

图 10-12　小麦凉皮制作工艺流程

除上述产品外，弱筋小麦还被应用于膨化谷物食品、油炸食品时的裹粉、酱料等生产。未来随着食品的多样化，弱筋小麦在食品中的应用将会越来越广泛。如日本普遍采用弱筋小麦用于乌冬面的生产，欧洲一些国家通过改变面包的制作工艺将其应用于面包的生产。

弱筋小麦由于其淀粉含量高、蛋白质含量低的特性，是生产小麦淀粉的理想原料。淀粉是谷物中含量最为丰富的一类碳水化合物，为人类膳食提供能量和营养。同时淀粉也是食品行业、医药行业以及化工行业重要的一类物质，其除为人类膳食提供能量外，由于其本身具有的特性可赋予食品特定的质构和加工性能，因此，淀粉常作为一种食品加工助剂被广泛应用。目前，玉米和薯类是工业上生产淀粉的主要原料，除此之外，小麦作为淀粉生产的原料也越来越受到重视，这主要是因为不同于玉米淀粉、薯类淀粉等的加工，小麦淀粉加工时得到两种产品——小麦淀粉和谷朊粉（面筋蛋白粉）。弱筋小麦由于其淀粉含量高、淀粉白度好，其作为淀粉生产的来源被越来越重视。可以采用弱筋小麦的通粉或弱筋小麦的中后路粉来生产淀粉以及系列的转化产品。

一、小麦淀粉加工

（一）小麦淀粉生产原料

小麦淀粉和谷朊粉（面筋蛋白粉）是小麦粉湿法加工的主要产物，这两种组分均是非常重要的食品制作原料或配料，在食品工业中应用广泛。小麦淀粉生产的原理主要是利用小麦淀粉颗粒与蛋白分子比重的不同、小麦粉不同组分在水中溶解性的不同，以及小麦蛋白质特有的相互聚集形成面筋的特性。小麦粉中的醇溶蛋白与谷蛋白由于相互之间聚集成网络状结构，使得其颗粒大于淀粉而密度小于淀粉，水的存在和增加温度可以加速面筋蛋白之间的聚集。面筋蛋白和淀粉的分离，取决于它们的水不溶性、密度和颗粒大小。在小麦淀粉和面筋蛋白的生产中，以水为介质，面粉与水发生水合作用，使面筋蛋白凝聚，形成面筋，二硫键与次级键的作用使面筋蛋白颗粒具有稳定性，当面筋蛋白被提取后，剩余的溶液中主要组分为淀粉，简称淀粉乳。面筋蛋白和淀粉乳经进一步精制处理后得到谷朊粉和淀粉产品。

小麦淀粉生产一般根据生产目的选择合适的原料。如果生产的产品以小麦淀粉为主，则建议选择淀粉含量高的弱筋小麦粉进行生产；如果以谷朊粉为主，则建议选择面筋含量高的强筋小麦粉进行生产。不同于食品专用粉的生产，生产淀粉用的小麦粉不需要过长粉路，即小麦不需要过多道数的碾磨。一般认为适合小麦淀粉生产的面粉特性为：较高的淀粉含量，较低的破损淀粉含量，较低的灰分（较低的麸星含量）和较低的 α- 淀粉酶含量（较高的降落数值）。不同于欧洲等一些小麦淀粉生产的国家（其一般采用小麦通粉进行生产），我国目前主要是采用小麦加工的中后路粉进行小麦淀粉生产。

除小麦粉的品质外，和面的条件、合适硬度的水以及一些加工助剂对小麦淀粉的分离也非常重要。小麦淀粉在生产过程中一般不使用任何化学试剂，仅仅借助于小麦淀粉和蛋白质在水相体系中物理性质的不同加以分离。有的企业为了提升小麦淀粉和蛋白质的分离效果，有时会在和面时加入盐以促进和面时面筋的形成；在分离过程中加入细胞壁分解酶，如戊聚糖酶、纤维素酶等促进淀粉和面筋蛋白的分离，缩短加工时间、提升产品纯度，并提升产品的得率。

（二）典型小麦淀粉生产工艺

下面就目前常见的马丁法、旋流法、两相卧螺法、三相卧螺法4种小麦淀粉生产工艺进行介绍。

1. 马丁法

马丁（Martin）法，也叫面团洗涤工艺，是最古老的分离小麦淀粉和谷朊粉的方法。目前在我国仍被一些规模较小的小麦淀粉加工企业采用。现代马丁法小麦淀粉生产工艺一般采用连续生产方式。现代马丁法小麦淀粉生产工艺包括4个基本步骤：① 面粉与水混合形成面团；② 淀粉和面筋蛋白分离；③ 面筋脱水与干燥；④ 淀粉精制、脱水与干燥。图 10-13 为现代马丁法生产小麦淀粉流程。

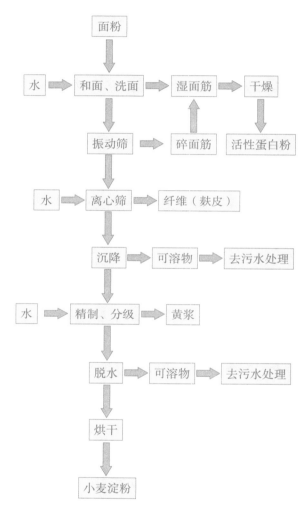

图 10-13　现代马丁法生产小麦淀粉流程

（资料来源：郑学玲，2021）

马丁法工艺流程如下：

（1）面团形成　在和面机（或洗筋机）中先加入一定量清水，按一定比例投入面粉进行和面。面团和好后表面比较光滑明亮，面团筋力和韧性较强，然后醒发，让面筋充分形成。

（2）淀粉和面筋蛋白的分离（又称面团洗涤）　加入清水开始洗出面筋，然后把和面机内的浆水放干净，通过筛理方式把面筋分离出来。

（3）面筋脱水与干燥　湿面筋洗出后，脱水，然后进入湿面筋干燥工段，干燥后得到谷朊粉。

（4）淀粉精制、脱水与干燥　分离谷朊粉的淀粉浆经过精制、脱水、干燥后得到小麦淀粉。

由于传统马丁法耗水量较大（耗水量约为 15 t/t 面粉），所以随着时间的推移，传统的马丁法被逐步改进，通过增加过程水的重新循环以及采用新型淀粉和蛋白有效分离设备而降低新鲜水用量，耗水量从 15 t/t 面粉降低到 7~10 t/t 面粉。

在马丁法小麦淀粉生产工艺中，由于在和面过程中面团充分形成，淀粉粒以及矿物质等包裹于面筋蛋白的网络结构中，不容易被洗出，因此面筋的灰分高。在面团水洗过程中过度搅打会损伤面筋网络的强度，影响面筋的特性，所以水洗的时间不能很长。另外，由于对环保要求越来越高，马丁法由于其高废水排放而越来越受到限制，一般大型小麦淀粉加工企业不再采用马丁法生产小麦淀粉，该方法主要集中于一些小型小麦淀粉加工企业。

2. 旋流法（又称离心水力旋流法）

马丁法小麦淀粉生产工艺是采用洗涤的方式将面团中的淀粉和面筋蛋白分离。另一种将面团（或面糊）体系中淀粉和蛋白质的分离工艺是采用离心法。离心法分离蛋白质和淀粉使得小麦淀粉的湿法生产工艺发生了质的变化。其基本原理是利用离心力将面粉中比重不同的淀粉与蛋白质在面糊悬浊液中分离开来，然后利用环行气流干燥系统进行瞬时高温干燥而获得高质量的淀粉和谷朊粉。采用离心法分离时面粉要形成面糊，这样才能采用离心的方式分离淀粉和蛋白质。

旋流法利用旋液分离的原理，根据淀粉和蛋白质的比重差别，主要是利用旋流器对熟化面浆进行高速高压离心分离，从而实现湿面筋与淀粉的有效分离。旋流法的出现使得小麦淀粉的加工可以连续化，大大提高了生产效率。

在目前工业化应用的水力旋流法中，面粉加水和面形成的状态有两种：一种是面粉加水直接形成面糊状态，也叫面糊旋流法；另一种是面粉加水和面首先形成较稀的面团状态，使面筋形成，然后加水将面团调成面浆，便于后续采用旋流器将淀粉和蛋白质分离，也叫面团 – 面糊旋流法。

旋流器法小麦淀粉生产工艺的优点是使小麦淀粉加工能够连续化、规模化，并且用水量较马丁法少，另一个优点是蛋白质形成面筋的强弱对分离效果的影响不如马丁法，所以生产时对硬麦和软麦的区分要求不大。但是，旋流法谷朊粉的收率低于马丁法，部分未形成网络结构的碎面筋和黏性戊聚糖混在 B 淀粉中，给 B 淀粉的处理增加了难度，所以该方法有一定的局限性。

3. 两相卧螺法

两相卧螺法在蛋白质和淀粉的分离方面采用两相离心机进行分离。其基本原理是利用离心力将面浆中比重不同的淀粉与蛋白质分离开来，其生产工艺特点是：面粉加水和面，先形成面团，然后采用均质工序使水和面粉形成均匀一致的面浆，同时使面浆中的蛋白质和淀粉颗粒充分游离，然后通过两相离心机处理使二者分离。其优点是：产品质量稳定，节水省时，工艺易连续化、自动化。它的典型工艺特征与旋流法生产工艺基本类似：① 面粉被水调和成面糊而不是调和成面团（也有文献报道，面粉加水形成面团，然后再加水调浆成面糊）。② 淀粉和面筋蛋白的分离由两个阶段完成：A 淀粉与面筋蛋白在面筋蛋白形成网络前使用两相离心机先分离，然后湿面筋与 B 淀粉等成分采用筛分的方法分离。两相离心工艺的一般工艺流程如图 10-14 所示。

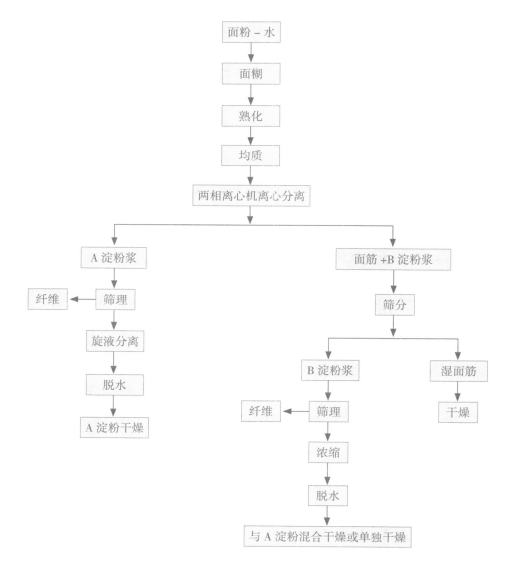

图 10-14　两相卧螺法小麦淀粉生产工艺流程

从上述工艺流程中可以看出，两相卧螺法离心小麦淀粉生产工艺基本类似水力旋流法生产工艺，主要差别在于面糊体系中淀粉和蛋白质分离方式的不同。两相卧螺法是采用两相卧式离心机分离淀粉和蛋白质，而旋流法是采用旋流器分离淀粉和蛋白质。

4. 三相卧螺法

三相卧螺法也属于小麦淀粉离心分离工艺的一种，该工艺最初是用来分离马铃薯淀粉，后来被改进用于生产玉米淀粉，1984 年以后成为在欧洲最受欢迎的小麦淀粉生产工艺。

在三相卧螺法生产工艺中（图 10-15），首先面粉与水搅拌混合形成面糊，将面糊输送到高压匀质机中均质，在高压作用下，产生的剪切力有以下两个作用：① 将淀粉从面粉蛋白质基质中分散出来；② 使淀粉和蛋白质形成连续的液体相。

将剪切形成的面糊稀释，然后用泵输送到三相卧螺离心机中，该离心机根据比重的不同，可将分散相分为三相：① 重相为 A 淀粉相，其相对较纯，含有 <1 % 的蛋白质，A 淀粉相后续经过在旋流器中逆流洗涤纯化，然后干燥得到小麦淀粉。② 中间相主要是面筋、B 淀粉和纤维，面筋通过聚集，

利用筛理设备将面筋从 B 淀粉和细纤维中分离出来，另外，B 淀粉和纤维中含有的 A 淀粉可通过碟片离心机分离出来，以提高 A 淀粉得率，最后纤维利用筛理设备从 B 淀粉中分离出来。③ 轻相为戊聚糖相，也称为 C 淀粉相，主要为戊聚糖、可溶性蛋白、细面筋、破损淀粉等。

　　三相卧螺法小麦淀粉和谷朊粉生产工艺最关键的优点是黏性戊聚糖和水溶物在生产的初期阶段被从面筋和淀粉中分离。因为戊聚糖可与面筋蛋白相互结合，从而影响面筋的得率；另外，戊聚糖在水中黏度很大，也会影响淀粉和蛋白质的分离过程，所以在小麦淀粉和谷朊粉分离的初期，利用三相卧螺先将戊聚糖分离处理，可使淀粉和蛋白质有效分离，降低淀粉纯化时新鲜水用量，并且可以降低污水排放。

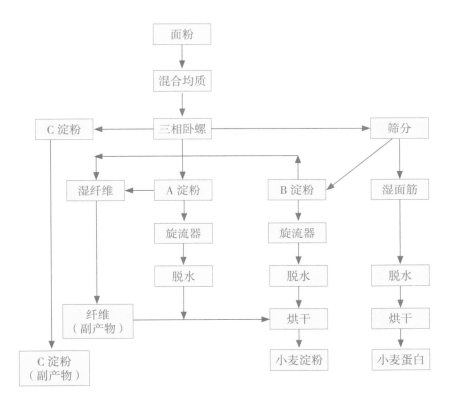

图 10-15　三相卧螺法小麦淀粉生产工艺流程

二、小麦淀粉转化

　　小麦淀粉利用其黏度特性、老化特性、凝胶特性等可以用于各类食品的生产，作为增稠剂、增黏剂、填充剂等。小麦淀粉除以原淀粉的形式进行利用外，还通常经过物理、化学、生物等方式进行处理，转化为变性淀粉、淀粉糖、淀粉发酵产品等形式进行应用。

　　小麦淀粉的转化产品主要有以下方面：

　　（1）改性淀粉　一般按照处理手段来进行分类，主要分为如下几种：物理改性淀粉、化学改性淀粉、酶法改性（生物改性）淀粉、复合改性淀粉。

　　（2）淀粉糖　以小麦淀粉为原料，通过酸法、酶法液化，随后经糖化、催化等步骤，将淀粉水解生产出具有不同功能特性的糖。现在生产的淀粉糖主要有麦芽糖浆、糊精、葡萄糖、果葡糖浆等，多用于食品工业中，制作各种焙烤类食品，以及添加至各种饮料中。

（3）发酵类产品　小麦淀粉可用来发酵生产乙醇，配制酒类产品，也可用于酿造食品，还可用来生产柠檬酸和乳酸等有机酸产品。

（一）改性淀粉

随着绿色生产工艺的普及以及人们对食品安全的关注，物理改性淀粉和生物改性淀粉在食品工业中的应用越来越多，而化学改性淀粉在食品中的应用越来越受到限制。

1. 物理改性淀粉

物理改性主要是指借助热、机械力、物理场等物理手段对淀粉进行改性，通过这些方法处理的淀粉无化学试剂的残留，且加工工艺及其产品的理化性质得到明显改善，产品应用范围和附加值也大大提高。物理改性的淀粉主要包括以下几种：预糊化淀粉、湿热处理淀粉、超声处理淀粉、辐射处理淀粉等。

（1）预糊化淀粉　预糊化淀粉是将淀粉预先糊化而得到的产品。其生产工艺主要有滚筒法、喷雾法、挤压法3种。滚筒法利用双或单滚筒干燥机，筒内通蒸汽，表面温度达150~180 ℃，使浓度为40%左右的淀粉乳分布于滚筒表面，迅速糊化并干燥而得到产品。喷雾法将一定浓度的淀粉乳加热至糊化，然后喷雾干燥得到产品。挤压法利用螺旋挤压，使一定浓度淀粉乳在机内受到热和挤压的双重作用，使淀粉糊化得到产品。

（2）湿热处理淀粉　湿热处理是一种既能保持淀粉颗粒结构完整，又能改变淀粉理化性质的物理改性方法。湿热处理淀粉的晶形发生变化而导致凝胶性质、糊化行为、膨胀行为、糊液透明度等性质变化。湿热处理淀粉最主要的应用是作为制备抗性淀粉的原料。此外，湿热处理增强了淀粉对酸性、抗机械剪切以及淀粉酶的耐受性，从而使小麦淀粉在食品调味料、焙烤制品以及老年食品和儿童食品中的应用得以进一步拓宽。

（3）超声处理淀粉　淀粉在超声波的作用下，受机械性断键作用和空化效应引起的自由基氧化还原反应作用，颗粒表面出现程度不同的蜂窝状凹陷或小孔，同时超声波还能使淀粉的相对分子质量降低、粒径变小。超声波处理能增加淀粉的水溶性，而高强度的超声波会降解支链淀粉，从而改变淀粉的特性以适应后续的食品加工应用。

（4）辐射处理淀粉　淀粉在辐射的过程中，相对分子质量降低、链长减小，引起各种理化性质的改变。辐射处理可使直链淀粉平均聚合度（DP）及支链淀粉链长下降，淀粉黏度随着辐射强度的增加而迅速降低。小麦淀粉在低剂量辐射后，淀粉糊的峰值黏度降低、淀粉粒的破损值增加，其淀粉中直链淀粉和支链淀粉的特性黏度降低，且小麦淀粉中直链淀粉和支链淀粉在 α－淀粉酶和 β－淀粉酶的作用下，显示出对酶的敏感性增强，直链淀粉的酶降解限度下降，支链淀粉有所增加。因此，可以通过控制辐射的频率、时间等调控淀粉的特性。

2. 化学改性淀粉

化学改性依赖于淀粉结构中的醇羟基，它是反应的活性部位，可以与化学试剂发生氧化、酯化、醚化、交联等反应。

（1）氧化淀粉　氧化淀粉所用的氧化剂主要是次氯酸钠、双氧水和高锰酸钾。工业生产中常用的是碱性次氯酸盐。一般生产过程为：淀粉加水形成淀粉乳，将氧化剂加入淀粉乳中进行氧化处理，然后加入催化剂，反应一段时间后加入还原剂进行中和，洗涤干燥后制成产品。

在食品工业中，氧化淀粉通常作为增稠剂或稳定剂运用于各类食品的生产中，由于氧化淀粉具有成膜性好、不凝胶等优点，常应用于造纸行业和纺织行业的上浆剂。氧化淀粉还可以用作糊墙纸、绝热材料、墙板材料的黏合剂，并作为瓦楞纸箱工业的黏合剂。

（2）酯化淀粉 淀粉分子中具有许多醇羟基，羟基与酸发生酯化反应生成酯类衍生物。按照酯化反应时酸的分类，淀粉酯大致可分为有机酸酯和无机酸酯两大类。酯化淀粉可用作食品增稠剂、稳定剂、乳化剂、黏合剂以及冻融过程中的保形剂。

（3）醚化淀粉 醚化淀粉是淀粉分子中的羟基与反应活性物质生成的淀粉取代基醚，主要包括羟烷基淀粉、羧甲基淀粉、阳离子淀粉等。淀粉经醚化作用后，分子上引入了比较大的基团，在强碱条件下醚键不易水解，对于淀粉的黏度提高、冻融稳定性改善等方面都有很好的作用，同时由于醚键的稳定性较好，使得醚化淀粉在许多工业领域中得以应用。

（4）交联淀粉 淀粉分子中的醇羟基与二元或多元官能团的化学试剂反应，使不同淀粉分子的羟基间联结起来，形成多维空间网络结构的淀粉衍生物，称为交联淀粉。凡是具有两个或多个官能团，能与淀粉分子中两个或多个羟基起反应的化学试剂都能作为交联剂。

交联淀粉的颗粒形状与原淀粉相同，未发生变化，但受热膨胀糊化后糊的性质发生很大变化。交联化学键的强度远高于氢键，增强了颗粒结构的强度，抑制颗粒膨胀、破裂和黏度下降。这种抑制作用增强到一定程度能抑制颗粒在沸水中膨胀，不能糊化，且具有高稳定性，在食品工业中用作增稠剂、稳定剂。另外，交联淀粉较好的冻融稳定性和冷冻稳定性，使其非常适用于冷冻食品。

3. 酶法改性淀粉

通过不同的淀粉酶作用于淀粉，可以用来定向调控淀粉的结构特征，以适应不同的产品应用需求。通过淀粉液化酶和糖化酶的处理，可以降低淀粉的相对分子质量，降低淀粉的黏度，以生产稀化淀粉、糊精及各类淀粉糖等产品。

（二）淀粉糖类产品

淀粉是葡萄糖的聚合物，它可被水解为葡萄糖糖浆、高果糖糖浆和麦芽糊精等具有甜味的淀粉糖类产品。淀粉糖按照成分组成可以分为液体葡萄糖（葡麦糖浆）、结晶葡萄糖、麦芽糖浆、麦芽糊精、麦芽低聚糖、果葡糖浆等。淀粉转为淀粉糖的方式有酸法、酸酶法和酶法。应用酸法生产淀粉糖，由于高温和盐酸作为催化剂，淀粉在水解为不同的糖类时，也会伴随一系列复合分解反应，产生一些不可发酵的糖类及系列有色物质，不仅降低淀粉的转化率，而且由于糖液质量差，给后续精制带来一系列影响，目前绝大部分酸法已被酶法所代替。酶法淀粉水解生产淀粉糖技术以其高效率、高产品质量、高收率和低污染等特点迅速取代其他方式，成为淀粉糖生产的主流。淀粉水解常用的酶有 α - 淀粉酶、β - 淀粉酶及淀粉葡萄糖苷酶（糖化酶），三种酶作用方式不同。在实际生产过程中，根据最终产物的不同，往往使用其中的两种或两种以上的酶制剂。以小麦淀粉为原料水解或异构化可以得到不同的淀粉糖产品。淀粉转化为不同的淀粉糖产品一般需三个阶段：液化、糖化和异构化。

1. 液化

在淀粉糖生产时，在糖化之前首先要对淀粉进行液化处理。液化是利用 α-淀粉酶使糊化的淀粉水解为糊精和低聚糖，使淀粉乳黏度降低，流动性增高，工业上称之为液化。将酶液化和酶糖化的淀粉水解工艺称为双酶法，双酶法淀粉水解工艺反应条件温和，副反应少，大大提高谷物淀粉的转化率，是目前最为理想的淀粉水解制糖方法。一般情况下将液化葡萄糖当量（DE）控制在 10~15 之间，在实际中可以通过碘试纸进行控制。

2. 糖化

在淀粉的液化过程中，淀粉经 α–淀粉酶水解为糊精和低聚糖，酶法糖化是利用葡萄糖淀粉酶（糖化酶）进一步将这些产物水解为葡萄糖。

淀粉经完全水解，因为水解增重的关系，每 100 g 淀粉能生成 111.1 g 葡萄糖，化学式见式（10–1）。

$$(C_6H_{10}O_5)\,n + nH_2O \rightarrow n\,C_6H_{12}O_6 \qquad\qquad (10\text{–}5)$$

但在实际生产中很难达到 100% 的转化率，因此，实际中葡萄糖的收率为 105%~108%。糖化工艺如下：淀粉液化结束后，迅速将料液 pH 调至 4.2~4.5，同时迅速降温至 60 ℃，然后加入糖化酶，在 60 ℃保温数十小时后，用无水酒精检验无糊精存在时，将料液 pH 调至 4.8~5.0，同时将料液加热到 80 ℃，保温 20 min，然后将料液温度降低到 60~70 ℃时开始过滤，滤液进入贮糖罐，在 80 ℃以上保温待用。所以一般控制的糖化条件为：pH 4.2~4.5，温度 60 ± 2 ℃，糖化酶用量：80 ug/g 淀粉，糖化时间：54 h。

3. 异构化

淀粉经液化和糖化后的水解液，经过精制处理后，在葡萄糖异构酶作用下产生含有约 42% 果糖、51% 葡萄糖、7% 低聚糖的产品。采用浓缩技术，这些产品可以被转化为含果糖 90% 或 55% 的糖浆。

4. 淀粉水解程度的衡量指标

淀粉转化成 D–葡萄糖的程度用葡萄糖当量（DE）来衡量，其定义是，还原糖（按葡萄糖计）在糖浆中所占的百分数（按干物质计）。通常将 DE<20 的水解产品称为麦芽糊精，DE 为 20~60 的叫玉米糖浆。

DE 与聚合度（DP）的关系见式（10–2）：

$$DE = 100/DP \qquad\qquad (10\text{–}6)$$

式中，DP 为在淀粉中结合在一起的葡萄糖分子的数量。

所以可以通过 DP 与 DE 之间的关系式计算 DP 值，通过 DP 值可以确定水解液的平均相对分子质量。

DE 与淀粉水解液平均相对分子质量之间具有式（10–3）经验公式：

$$DE = 19\,000/Mn \qquad\qquad (10\text{–}7)$$

式中，Mn 为平均相对分子质量。

5. 淀粉水解产品（淀粉糖）的性质和应用

淀粉水解产品性质和应用如下：

（1）甜味　甜味是糖类的重要性质，影响甜度的因素很多，主要为浓度，浓度增加，甜度增加，但增高的程度因糖类的不同而不同。

（2）溶解度　不同糖类物质的溶解度不同，果糖最高，其次是蔗糖、葡萄糖。

（3）结晶性质　蔗糖易结晶，晶体能长得很大；葡萄糖也相当容易结晶，但晶体很小；果糖难结晶。糖浆是葡萄糖、低聚糖和糊精的混合物，不能结晶，并能防止蔗糖结晶。

（4）吸潮性和保潮性　吸潮性是指在较高的空气湿度下吸收水分的性质。保潮性是指在较高的空气湿度下吸收水分和在较低的空气湿度下散失水分的性质。不同种类食品对于糖类物质吸潮性和保潮性要求不同，因此在工业生产上要根据不同的要求选取不同的糖品。

（5）渗透压力　较高的糖浓度可以抑制微生物的生长。50%蔗糖溶液能抑制一般的酵母生长；抑制细菌和霉菌的生长就需要较高的糖浓度。

（6）代谢性质　血糖由胰岛素控制，糖尿病患者的胰岛素分泌或功能失调，没有足够的量来控制血糖的浓度，因此需要控制淀粉和糖的摄入量。葡萄糖不适合于糖尿病人食用，但果糖、山梨醇和木糖醇的代谢不需要胰岛素的控制，适合于糖尿病患者食用。

（7）黏度　葡萄糖和果糖的黏度都比蔗糖低。糖浆的黏度较高，应用于多种食品中，可利用其黏度，提高产品的稠度和可口性。

（8）化学稳定性　葡萄糖、果糖和葡麦糖浆都具有还原性，在中性和碱性条件下化学稳定性低，受热易分解生成有色物质，也易与蛋白质类含氮物质发生焦糖化反应。

（9）发酵性　酵母能发酵葡萄糖、果糖、麦芽糖和蔗糖等，但不能发酵较大分子的低聚糖和糊精。有的食品需要发酵，如面包、馒头等；有的食品则不需要发酵，如蜜饯、果酱等。生产面包类发酵食品以使用发酵糖分高的高转化糖浆和葡萄糖为宜。

（三）淀粉发酵产品

在传统上小麦可被用来发酵生产酒精，同时也是酒精饮料工业的基础原料。在酒厂，可采用全小麦粉碎蒸煮使淀粉糊化，然后冷却加糖化酶进行糖化，之后使用酵母发酵酿酒。也可以直接采用小麦淀粉为原料，通过液化、糖化，然后发酵生产酒精。淀粉还可用来生产有机酸、味精等发酵产品。

1. 酒精

不只是小麦淀粉，含有淀粉质的原料均可用于制造酒精，在生产过程中是将淀粉用酶水解为葡萄糖液，再经酵母菌发酵生产酒精。一般采用真酵母属中的啤酒酵母，在30 ℃左右、pH为4.0~6.0的条件下发酵50 h左右，发酵液经蒸馏可制得酒精，副产品还有二氧化碳、酒糟、酵母等。

2. 味精

味精是一种很好的调味品，易溶于水，能给植物性食物以鲜味，给动物性食物以香味，是食品工业中用量最大的增鲜剂。味精是以淀粉水解液为培养料，利用谷氨酸生长菌发酵制得谷氨酸，再中和转化为味精。目前工业上应用的谷氨酸产生菌有谷氨酸棒状杆菌、乳糖发酵短杆菌、黄色短杆菌、嗜氨短杆菌等。

谷氨酸产生菌是好氧菌，在发酵过程中要注意氧、温度、pH和磷酸盐等的调节和控制。一般在pH 7.0~8.0发酵30 h左右，发酵结束后，常加硫酸调节pH，再加絮凝剂后菌体上浮，由板框过滤机滤出菌体。滤液送等电罐，加硫酸调节至等电点，再送去冷却结晶，分离母液后即为谷氨酸，可干燥为成品谷氨酸或送去制味精。谷氨酸经水溶解后加碱中和、脱色、离交、浓缩、结晶、分离、干燥等工序制得味精。一般2.0~2.3 t干淀粉可制1 t味精。

3. 有机酸

淀粉水解液可以通过发酵制得各种有机酸，如柠檬酸、葡萄糖酸、乳酸等。

（1）柠檬酸　柠檬酸为白色结晶体，有强酸味，分子式$C_6H_8O_7 \cdot H_2O$，相对分子质量210.14，熔点153 ℃，密度1.542 g/cm³。柠檬酸主要用途为食品酸味剂，少量用于药物及其他工业应用。

柠檬酸的生产是利用黑曲霉发酵，工业上采用黑曲霉菌株，发酵周期约60 h。发酵液提取柠檬酸一般用钙盐法，将发酵液加热至80~90 ℃过滤，过滤后加入碳酸钙沉淀，将沉淀物柠檬酸钙加硫酸酸化转为柠檬酸及硫酸钙，过滤除去硫酸钙，滤液即为柠檬酸，经脱色、离交、浓缩、结晶、分离、干燥等制得柠檬酸。

（2）乳酸　乳酸化学名为2-羟基丙酸，分子式$C_3H_6O_3$，相对分子质量90.08，性状为无色澄清或微黄色的黏性液，无气味，具有吸湿性。熔点18 ℃，沸点122 ℃（2 kPa），能与水、乙醇、甘油混溶，不溶于氯仿和石油醚。在常压下加热分解，浓缩至50%时，乳酸部分变成乳酸酐，因此产品中常含有10%~15%的乳酸酐。乳酸主要用于食品和医药工业，在食品和饮料中用作酸味剂和防腐剂等，医药方面用于消毒防腐。

乳酸可利用淀粉浆直接发酵生产。淀粉浆加热稀释后加入淀粉酶及碳酸钙，接入乳酸杆菌，在50 ℃左右搅拌发酵80 h，发酵结束后升温终止发酵，在70~80 ℃下经板框压滤机过滤，滤渣可作饲料。滤液经脱色、过滤后于10 ℃以下静置结晶，再经离心机分出母液得乳酸钙晶体，可重结晶、干燥后为成品乳酸钙；或用硫酸酸解，过滤除去硫酸钙，清液再经离交等净化后浓缩至乳酸含量80%的乳酸成品。

三、面筋蛋白及应用

小麦粉在分离淀粉的同时得到面筋蛋白粉（又称谷朊粉），在食品和工业中有广泛用途。

（一）面筋类食品

1. 速食面筋

小麦面筋蛋白可以被制成方便快捷的速食食品。以谷朊粉为主要原料，配以变性淀粉、食盐、五香粉等辅料，在一定量酵母的发酵作用下醒发一定时间后，蒸熟，切成约13 cm的小正方块，干燥制成水分含量在8%左右的速食面筋。

2. 油面筋

油面筋是用小麦蛋白经植物油氽制而成的，外表金黄，内部呈网状结构，可以单独烧制成菜，也可以和其他菜一起配制。油面筋具有油而不腻、口感滑爽、蛋白质含量高的特点，广受消费者喜爱。油面筋的制作是先把面筋剪成100~200 g重的小块，放入一定量的面粉中用力拌和，待面粉全部均匀地拌和在面筋内后，再把面筋块拉长，轮换抓住面筋块一头，用力在石制台板上用劲摔，直至面筋内不见面粉并有光亮感。然后，为了使面筋不粘手，可先把面筋浸在水里再把面筋揪成球状小块，每100 g面筋揪面筋坯25~28块。坯子油炸时，油温宜控制在120 ℃，待坯子徐徐发泡，直至面筋直径达45 mm左右时，油温上升到150 ℃，继续油炸，使面筋球皮老化，表皮变硬，泡内没有生面筋即可。

3. 素肠

素肠是不添加肉类的香肠，是目前比较流行的一种休闲食品。素肠的制作要点主要为：把刚分离出来的湿面筋，分割成3~5 g团块，人工揉搓，并同时加水冲洗，去净残留淀粉，把面筋团醒发15~20 min，使面筋网络充分形成。醒发好的面筋团表面光滑亮泽。将醒发好的面筋团用力揉平，切成厚1 cm、宽3 cm的长条，用手拉紧顺一个方向将面筋条卷在竹筷子上，卷成小手指一样粗细。将卷好后的面筋卷放入热水锅中，使面筋蛋白受热凝固定型，水温80 ℃左右。煮到面筋连同竹筷一起上浮即可捞出，趁热将筷子抽出，面筋放入冷水中冷却。煮时要严格控制水温不宜过高，否则水面筋易煮发泡影响成型。这样制作出来的素肠为灰白色或黄白色，表面光亮，口感弹韧。

（二）食品配料及改良剂

1. 在面制品中的应用

面筋中的主要成分是面筋蛋白，主要由醇溶蛋白和谷蛋白组成，且氨基酸的组成齐全，是营养价值高的植物性蛋白源。面筋蛋白粉添加在面粉中，与水结合后可形成网络结构，具有较好的黏弹性、延展性、凝胶性及乳化性等，可用于面包、面条、沙琪玛等产品的制作。

2. 在制作复合肠衣膜中的应用

面筋的某些特殊性能，可以用来制取加工肉制品的薄膜包衣及具有各种特殊性能（如高吸水率）的化学改性剂等。胶原蛋白肠衣膜是可食性蛋白膜的一种，目前可食性蛋白膜主要分为动物蛋白膜和植物蛋白膜两大类。应用较多的植物蛋白膜包括大豆分离蛋白膜和小麦面筋蛋白膜。小麦面筋蛋白膜的原料是小麦淀粉加工的副产物，其能够与水结合形成网状三维立体结构的薄膜，具有韧性较强、阻氧阻油性好及热封性好的特点。

3. 在灌肠制品中的应用

目前，越来越多的肉食品企业利用小麦面筋粉的吸脂乳化性和黏弹延伸性的特点，将其作为黏结剂和填充剂来提高灌肠食品的质量和风味。小麦面筋由于其独特的黏合性、薄膜成型性和热固性，有助于将肉馅黏合在一起，以减少加工损耗和蒸煮损失。由于小麦面筋由天然小麦加工制成，所以带有清淡醇香味或略带谷物味，这些自然风味都颇受人们喜爱。因此，将小麦面筋以一定量添加到灌肠制品中，不会产生异味，同时还能赋予灌肠制品新的风味，增加新的香肠品种。

（三）在非食品工业中的应用

1. 饲料工业

高蛋白质含量的谷朊粉可作为动物及宠物的饲料原料。谷朊粉的黏弹性将小球状或粒状饲料黏结起来，其具有的水不溶性，可防止小球溃散，而黏弹性使产品有一定界面张力，悬浮于水中，利于吞食。只要将谷朊粉与其他食物性蛋白按各种比例混合，并根据动物饲料特性进行合理搭配，就能制成各种动物专用饲料。

2. 化工行业

小麦面筋具有来源广、可降解、易再生、低成本等优点，可应用于化工工业，替代不能被生物降解、给环境增加负担的石油裂解材料。在小麦面筋蛋白结构中引入某些可塑性有机分子，可制造可生物降解的功能塑料。小麦面筋蛋白乙醇溶液中加入增塑剂，可以制造可食性膜。通过引入热固性胶黏剂来增加小麦面筋蛋白的耐水性，可以制成具有较佳水分散性的胶黏剂。小麦面筋蛋白因其良好的黏结性、流动性和流平性，可用在合成树脂乳液内墙涂料中，成为非常有用的涂层材料。水解的谷朊蛋白因其表面活性剂的功能，还可以用于化妆品配方中。

主要参考文献

曹龙奎，李凤林，2008. 淀粉制品生产工艺学 [M]. 北京：中国轻工业出版社 .

陈洁，2021. 小麦工业手册 – 第四卷 [M]. 北京：中国轻工业出版社 .

陈璇，2009. 玉米淀粉工业手册 [M]. 北京：中国轻工业出版社 .

程建军，2011. 淀粉工艺学 [M]. 北京：科学出版社 .

刘亚伟，2005. 小麦精深加工—分离、重组、转化技术 [M]. 北京：化学工业出版社 .

田建珍，2004. 专用小麦粉生产技术 [M]. 郑州：郑州大学出版社 .

田建珍，温纪平，2011. 小麦加工工艺与设备 [M]. 北京：科学出版社 .

杨书林，左英秀，2009. 一条生产线加工软麦和硬麦有关问题的探讨 [J]. 现代面粉工业，4：1–4.

尤新，2010. 淀粉糖品生产与应用手册 [M]. 北京：中国轻工业出版社 .

余平，石彦忠，2011. 淀粉与淀粉制品工艺学 [M]. 北京：中国轻工业出版社 .

赵凯，2009. 淀粉非化学改性技术 [M]. 北京：化学工业出版社 .

郑学玲，2021. 小麦工业手册 . 第三卷 [M]. 北京：中国轻工业出版社 .

朱永义，2002. 谷物加工工艺与设备 [M]. 北京：中国科学出版社 .

第十一章
弱筋小麦产业化

小麦是我国三大主粮之一，2015 年以来我国小麦总产连续稳定在 1.3 亿 t 以上，目前我国小麦年消费量正以 1.1%~1.6% 的速度增长。面对逐渐减少的耕地面积以及多变的市场格局，持续提升小麦单产尤为重要。小麦产业作为全球粮食体系的重要组成部分，其发展态势深受市场需求变化的影响。我国小麦生产形势呈现结构性供需矛盾，在消费升级和生活方式变迁的推动下，市场对适宜生产饼干、糕点、南方馒头和酒曲等的弱筋小麦需求逐渐增大，供应紧张。在弱筋小麦产业化发展过程中，早期形成了多种经营模式，促进了产业化经营的发展，但存在产业链过短或衔接不紧密、各主体之间关系较脆弱等问题。针对这些问题，通过加强政策引导、技术支撑，引入新型经营主体、企业、中间组织等，成立产业化联合体、产业联盟等多种新型产业组织，优化和提升小麦产业链各环节，促进一二三产业融合，不断提高全产业链收益。

弱筋小麦产业化概述

随着种植业结构调整的深化，小麦产业发展不仅需要从追求高产向追求质量和效益方向转变，而且还要注重优质小麦市场开拓和产业化体系发展。通过加强弱筋小麦的区域化布局、规模化种植、标准化生产、订单化收购，提高我国农业组织化、产业化和市场化水平，提升我国弱筋小麦的品质，提高我国弱筋小麦国际竞争力和影响力。

一、弱筋小麦产业化的含义

农业产业化可以定义为：以市场为导向，以效益为中心，依靠龙头企业、合作经济组织等市场组织的带动和科技进步，对农业和农村经济实行区域化布局、专业化生产、一体化经营、社会化服务、企业化管理，形成贸工农一体化、产加销一条龙、科经教相结合的农业经济经营方式和产业组织形式。

从农业产业化的内涵看，它反映着生产专业化、布局区域化、经营一体化、服务社会化、管理企业化的要求。农业产业化具有以下一些基本特征：① 市场化。市场是农业产业化的起点和归宿，以国内外市场为导向，其资源配置、生产要素组合、生产资料和产品购销等靠市场机制进行配置和实现。② 区域化。即在一定区域范围内相对集中连片，形成比较稳定的区域化生产基地。③ 专业化。即生产、加工、销售、服务专业化。④ 规模化。生产经营规模化是农业产业化的必要条件，只有具备一定的规模，才能增强辐射力、带动力和竞争力，提高规模效益。⑤ 一体化。即产加销一条龙、贸工农一体化经营，把农业的产前、产中、产后环节有机地结合起来，使各环节参与主体真正形成利益共同体，这是农业产业化的实质所在。⑥ 集约化。资源综合利用率高、效益高。⑦ 社会化。即服务体系社会化，对一体化的各组成部分提供产前、产中、产后的信息、技术、资金、物资、经营、管理等全程服务。⑧ 企业化。即生产经营管理企业化，应由传统农业向规模化设施农业、工厂化农业发展，要求加强企业化经营与管理。

弱筋小麦产业化是指以弱筋小麦的终端产品（饼干、糕点、南方馒头、酒曲等）市场需求为导向，以新型农业合作社为基础，以效益为中心，依靠龙头企业、合作经济组织等市场组织的带动和科技进步，对优质弱筋小麦进行区域化布局、规模化种植、基地化生产、一体化经营、社会化服务、企业化管理，形成贸工农一体化、产加销一条龙的生产经营方式和产业组织形式。

二、弱筋小麦产业化的特征

（一）我国小麦产需基本平衡，但优质弱筋小麦紧缺

改革开放以来，我国小麦生产稳步发展，较好地满足了消费需求。但随着人民生活水平的提高，对生产面包的强筋小麦和生产饼干、糕点的弱筋小麦需求逐渐增加。就弱筋小麦而言，市场对弱筋小麦需求快速增长，全国范围内每年制作饼干、糕点等食品以及酿酒专用小麦需求量为 2 270 万 ~2 570 万 t。2011 年以来，我国小麦每年进口量都超过 300 万 t，主要是强筋和弱筋小麦。优质弱筋小麦的供应仍然紧张，需要持续发展弱筋小麦。

（二）弱筋小麦产业链长，经济总量大

与其他粮食作物相比，小麦的商品率高、产业链长，具有一次加工成面粉和二次加工成食品的深加工、高附加值特性，全产业链经济总量大。弱筋小麦产业链主要环节有以下5个部分：一是主要开展弱筋小麦新品种选育、品种扩繁及提纯复壮；二是选用适宜的弱筋小麦品种，进行区域化布局、规模化生产、科学化栽培；三是以市场为抓手，进行弱筋小麦的订单化收购和单收单储；四是弱筋小麦面粉的加工和深加工，开发适合的面粉品牌和淀粉、蛋白质等深加工产品；五是弱筋小麦目标产品如饼干、蛋糕等开发，近年来弱筋小麦在酿酒产业中有加大应用的趋势。

弱筋小麦产业链示意图如图11-1所示。

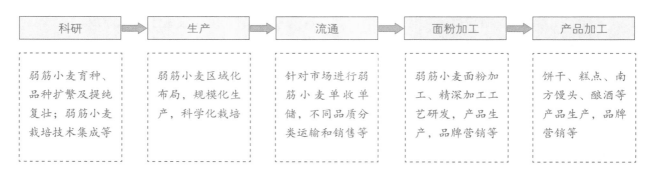

科研	生产	流通	面粉加工	产品加工
弱筋小麦育种、品种扩繁及提纯复壮；弱筋小麦栽培技术集成等	弱筋小麦区域化布局，规模化生产，科学化栽培	针对市场进行弱筋小麦单收单储，不同品质分类运输和销售等	弱筋小麦面粉加工、精深加工工艺研发，产品生产，品牌营销等	饼干、糕点、南方馒头、酿酒等产品生产，品牌营销等

图 11-1　弱筋小麦产业链示意图

（三）弱筋小麦产品丰富多彩，产业前景广阔

弱筋小麦以其独特的品质特性——籽粒硬度低、蛋白质含量低，面粉颗粒细、淀粉破损少、吸水率低，面团有一定弹性且延展性好，适宜制作系列无须形成面筋或者不需要过强面筋支撑的食品，如质地酥脆的饼干、绵软细腻的蛋糕、松软香甜的南方馒头等。弱筋小麦也是制曲酿酒的优质原料，籽粒粉质、质地较软，制作曲块酥松、风味芳香，淀粉含量高、出酒率高。弱筋小麦淀粉含量高，也是生产小麦淀粉以及淀粉系列转化产品较好的原料。人们对休闲食品需求不断增加，弱筋小麦相关产品市场销量非常可观，产业发展前景广阔。

（四）弱筋小麦产业化不断发展，但仍存在脱节

随着种植业结构调整深化，小麦产业发展从追求高产向追求量质协同提高和效益提升方向转变。进入21世纪以来，弱筋小麦产业化水平不断提高，但仍存在一些问题。

首先是小麦科研育种、农户生产、收储流通、面粉加工、食品加工和市场消费等产业链各环节相互脱节，各自为战，缺乏协调。

其次是商品小麦收购、储存、流通领域混收混储，标准不一致，品质不稳定。

再次未能形成有效的优质优价机制，仍以高产作为主要目标，农民只能通过获得更高的产量，才能获得较好的利益，特别是小麦生长后期氮肥投入的增加，导致生产的弱筋小麦籽粒蛋白质、面筋含量偏高，量质难以协同提高。

第二节　弱筋小麦产业化发展模式

农业产业化经营模式是指农业生产者为提高自身的市场竞争能力而形成的联合经营方式。随着农业现代化的发展和农业技术的更新，需不断探索、创新多种产业化经营模式，推动弱筋小麦产业化发展，进而提高我国弱筋小麦的市场竞争力。

一、早期弱筋小麦产业化发展模式

长江中下游麦区是我国唯一的弱筋小麦优势产业带，江苏省沿江沿海地区是核心生产区，弱筋小麦产业化发展相对较早，初步探索出了多种产业化发展模式，促进了弱筋小麦产业化经营发展。

（一）"基地农户（产区农业部门）＋流通企业＋用麦企业"的模式

此模式以流通企业为核心。由于许多加工企业往往没有很多专门从事小麦流通的收购人员，原料来源主要是大型的专业粮食流通企业，流通企业与产区的农户或农业部门签订订单收购合同，通过农业部门组织农户建立基地，集中连片生产优质专用小麦。可由农业部门代替流通企业组织收购，也可在产区农业部门或粮食局提供适当仓储设施的前提下，粮食流通企业自行组织收购。一般资金、费用、储运等相关事务一律由流通企业负责，随收随运，再由流通企业销售给用麦企业。如靖江市粮食购销（集团）公司和大丰中南粮贸公司在全省各地订单收购优质专用小麦，成功地把江苏的优质专用小麦特别是弱筋小麦推向全国，尤其畅销南方诸省。

（二）"龙头企业＋产区农业部门＋基地农户"的模式

由农业部门牵头引导，或直接由本地龙头加工企业与本地乡村优质专用小麦生产基地签订生产合同。农业部门组织农户建立基地，统一集中供种，确保种子质量，统一制定标准化生产操作规程并组织实施，收获后由订单企业直接收购。如泰兴、海安、东海的农业部门和农户分别与本地的三零面粉集团、南通奇香饼干厂、江苏嘉邦粮食产业基地有限公司等企业间的合作。

（三）"外地加工企业＋产区农业部门＋基地农户"的模式

这种模式主要是产区的农业部门以召开产销衔接会等形式，吸引外地的加工企业到小麦主产区建立基地，进行订单种植。江苏南顺面粉有限公司由于其所在地宜兴市的小麦面积较小，远不能满足其加工能力，于是积极在江苏省淮安、宿迁等部分生产弱筋小麦的产区订单收购'百泉3039'等弱筋白粒小麦。还有一些南方的用麦企业也纷纷主动联系江苏省优质专用小麦产区的农业部门，要求签订订单，建立基地，为其提供优质专用小麦。

（四）"用麦企业＋中介组织＋基地农户"的模式

成立致力于开发小麦的中介公司、专业协会等中介组织，一头连着龙头企业，一头连着基地与农户。一方面与生产基地农户分别签订生产和收购合同，负责对基地农户供种、技术指导和收购商品小麦；另一方面与加工或流通等用麦企业签订销售合同，将组织生产收购的优质专用小麦销往用麦企业。如江苏仪征市组织农业技术推广（种子、栽培等）、龙头企业、科研育种、政府、农户等多个与小麦相关链条中的单位和个人，成立了仪征市弱筋小麦产业协会，强化弱筋小麦生产的产前、产中、产后全程配套优质服务和科技支撑，架起农户与龙头加工企业及市场之间的桥梁，积极发展订单农业，实现农业增效、农民增收。

二、新型弱筋小麦产业化发展模式

我国经营模式也在不断调整，积极建立涵盖生产、流通、加工、贸易、生态、保险等多角度、全方位的小麦产业政策框架体系，通过科技和政策提高小麦综合生产能力，并进一步强化各部门、各产业环节、各产业主体之间的联动，实现一二三产业融合，提高全产业链效益，共同促进我国小麦产业持续、健康、稳定发展。

（一）建立优质小麦产业联盟，促进产销衔接

江苏三零面粉有限公司牵头组建的优质小麦产业技术创新战略联盟为江苏省首批省级涉农产业技术创新战略联盟。联盟以江苏三零面粉有限公司为理事长单位，江苏里下河地区农业科学研究所为秘书长单位，集合江苏、安徽、湖北、河南等省（市）17家优势科企单位。以小麦生产优势企业为链核，以江苏沿江和沿海区域为联盟平台，在基地建设、生产组织、品种选育、栽培技术研发、原材料采购以及产品销售、配送和运输、加工研发等方面，实行资源整合和一体化运作，同时带动安徽南部、河南南部、湖北北部等区域弱筋小麦产业发展，扩大我国弱筋小麦优势产业带覆盖范围。重点加强弱筋小麦规模化种植、订单生产、品质监测检测的研究与应用，推进弱筋小麦新品种培育与良种繁育，已先后在沿海射阳、东台和沿江如皋、泰兴、仪征等基地开展'扬麦13''扬麦15''扬麦30'的产业化推广。同时成功开发了苏三零糕点用小麦粉、饼干粉、馒头粉以及包子粉等系列产品，畅销全国多个省市地区，受到市场普遍欢迎。

江苏（布谷鸟）种植产业发展联盟由南京农业大学、扬州大学、江苏省农业科学院、南京布谷鸟农业科技有限公司等联合省内外多家知名农资企业和规模种植大户共同倡导成立。联盟以"赋能规模种植企业，助力种植产业优质绿色高效发展"为使命，和种植大户一起共同提升，共同发展。联盟由种植专家牵头，发动种子、肥料、农药等农资企业参与，为种植大户（农场）和用粮企业全程服务。借助公益性、有资质的检测鉴评机构，使商品小麦具备品质标签，以南方小麦交易市场为交易平台，进行以质论价。通过政府政策引导建立优势生态区，种业企业筛选优质小麦品种，结合推广机构的量质效协调技术，建立规模化标准化的生产基地，进行订单种植，生产品质稳定一致的商品粮，并通过技术集成，扩大优选农资数量，解决农资企业销售困难。设立线上平台，延长供应链服务，提供稳定的加工原料，解决粮贸企业缺少稳定优质原料难题。

（二）构建"六位一体"产业化发展模式，提高弱筋小麦产业现代化水平

从2002年起河南省淮滨县就开始试种弱筋小麦，经过20多年的探索和发展，淮滨县推广优质弱筋小麦面积扩大到5万hm^2，主导品种为'扬麦15''扬麦13''扬麦30'等。近年来，河南省淮滨县依托优质弱筋小麦生产优势，在一二三产业融合发展的引导下，创新产业化经营模式，以政府（基地）为基础，加工企业为龙头，农业合作社为载体，科研单位为支持，现代化的物流电商平台为依托，形成了"政府部门＋农户（基地）＋农业合作社＋加工企业＋科研单位＋物流电商平台"六位一体的弱筋小麦产业化发展模式，构建弱筋小麦—低筋面粉—烘焙食品及工业化主食精深加工产业链，使弱筋小麦生产、加工、销售融为一体，延长产业链，提高小麦产品附加值，促进了产业提质增效，实现了政府、企业、农户、合作社、物流电商平台和科研单位的共赢（刘锐 等，2018）。

（三）发展"专家大院"，推动弱筋小麦产业化进程

四川是我国生产弱筋小麦和酿酒小麦的优势生态区，当前全省小麦播种面积 60 万 hm^2 左右，盆西平原、西南山地等地区适宜生产弱筋小麦和酿酒小麦，种植面积约 20 万 hm^2。通过多年的实践，四川省形成了"专家大院＋种植大户＋合作社＋企业"模式，主要进行优质高产小麦新品种的选育、引进和示范种植，小麦高产高效栽培技术的创新及配套机具的研制，小麦生产技术的培训与服务等。通过整合"科技、市场、协会、企业、政府"五大要素，突出技术创新、成果展示、人才培训、技术交流和市场转化功能。依托品种和技术对农民流转土地适度规模种植粮食进行指导，对促进农民增收效果十分显著。通过建立一批优质弱筋小麦基地，不仅使企业节约了外地运粮成本，而且有了稳定的加工原料。

（四）成立产业化联合体，提升弱筋小麦产业价值

扬麦生产产业化联合体以江苏里下河地区农业科学研究所作为技术依托单位，构建"科研院所＋公司＋合作社＋农户＋粮食加工企业"的创新模式，即"品种选育—种子繁育生产—粮食种植生产—粮食收储加工销售"，把加工企业、科研院所和种植大户（农户）有机地联系起来。在打造优质农产品产业基地的过程中，依托合作单位技术、人才、品牌优势，共同培育规模大、品牌响的小麦加工企业，积极探索建立"产、购、储、加、销"全产业链新模式，延长产业链条，提高粮食附加值，推进一二三产业融合发展。通过市场化引导、价格杠杆，把农业龙头企业、收储企业、种植大户（农户）、加工企业联合起来，实现多方共赢。以科技为先导，以市场为导向，积极推进农业产业化进程，优化资源配置，互联互通，拓宽农产品流通渠道和农业融资渠道，增强联合体成员抗风险能力，保障联合体成员资产的增值增效（林玮 等，2019）。

（五）发展 MAP 模式，引领农业高质量发展

MAP（Modern Agriculture Platform）是中化农业有限公司推出的一个现代农业技术服务平台，可为农户提供线上线下结合的农业托管服务：精准选种、测土与全自动配肥施肥、智能配药、粮食品质与土壤养分等检测服务、农机服务、农民培训、智慧农业系统。2017 年启动了 MAP 战略，构建"龙头企业＋合作社＋农户"的绿色农业生产性服务新型联合体，有效实现"参与主体合作、资源整合、协同响应、互利共生"的创新型农业绿色生产组织模式。中化 MAP 战略推动"三链协同"（产业链、价值链、供应链）、促进"五优联动"（优粮优产、优粮优购、优粮优储、优粮优加、优粮优销）。利用线上线下相结合的方式，线上进行智慧农业发展，线下组织标准和规模化农业生产，实现农业智能化，创建 MAP 全产业链供应链农业技术推广服务模式。新型农业经营主体收益对比分析显著增加，带动辐射效应明显，推广服务模式规模逐年扩大，为新形势下集约化生产保障提供了成功典型范例。产前提供订单组织服务，源头解决"种什么"的问题；产中提供全程指导服务，精准把控"怎么种"的问题；产后提供定向销售服务，根本解决"卖粮难"的问题。

（六）创建新媒体发展形式，提升农业生产提质增效能力

应用新媒体时代更受老百姓欢迎的线上服务新模式，打通农业技术推广服务的"最后一公里"。江苏农业科技工作人员通过创立"新品种＋新技术＋水清农场＋种植大户"新模式，建立"水清农场公众号""水清农场群""水清农场督导群"，为涉农企业、种植大户、农业技术人员、家庭农场主等提供技术支持，展示种田大户生产经营活动，提供专家技术咨询服务，推介优秀商家优良农资产品，与农户进行线上线下现场互动，踏田走访，技术下沉到田间地头，及时处理农情生产问题，涉及江苏省 13 个地级市，辐射安徽、浙江、河南部分地区。泰州市农业农村局农业技术推广人员通过

"新品种 + 新技术 + 老袁说农事 + 种植户"等短视频农业技术推广模式，针对小麦不同时期生产实际和关键气候特征，进行田间调研、实情查看、生产分析，及时提出技术解决方案，并制作图文并茂的短视频讲解教程进行推广，向种植户和社会发布农业技术信息，成为深受老百姓欢迎的线上服务新模式。

第三节　弱筋小麦产业化发展展望

随着国际形势不确定性增加，自然资源环境约束进一步趋紧，居民食品消费结构升级带动粮食需求持续增长，粮食供求紧平衡态势将长期存在。《新一轮千亿斤粮食产能提升行动方案（2024—2030）》明确指出，需依靠种业创新，进一步提升粮食单产，有效保障国家粮食安全。农业农村部也印发了《小麦单产提升三年工作方案（2024—2026）》，制定出小麦单产提升的阶段性目标和行动目标。在各种政策支持引导下，建立弱筋小麦产业联盟、专业合作社、生产联合体等组织，对土地、劳动力、资金、技术等投入量进行优化配置和集约化管理。通过扩大规模化、标准化种植，配合良种良法和农机农艺，实现高质量和低成本生产。以加工企业为主导，开展优质专用小麦订单生产，实现优质优价，促进一二三产业融合，提高弱筋小麦全产业链效益。

一、弱筋小麦产业化发展问题

（一）弱筋小麦育种工作需加强

我国弱筋小麦种质资源极其匮乏。中国小麦微核心种质和应用核心种质是中国 2.3 万份普通小麦种质资源的浓缩，多项研究对累计 500 余份核心种质筛选仅有几份可确定为弱筋种质，且大多为地方品种。我国弱筋小麦育种发展迅速，但弱筋小麦品种审定比例较低，弱筋品质仍需提升。到目前为止，全国共审（认）定的小麦品种中，强筋小麦品种占 12% 左右，弱筋小麦品种不到 1%，中筋或品质指标不均衡品种占 87% 左右。我国弱筋小麦品质与国际优质软质小麦存在一定差距，每年仍需大量进口。主要问题是蛋白质含量、湿面筋含量和吸水率偏高，延展性差，饼干、蛋糕加工品质优良的品种依然很少。因此，弱筋小麦种质资源的挖掘创新和育种工作仍需加强。

（二）优质弱筋小麦商品粮缺少

新品种推广以企业为主导，各推各的专营品种，区域化布局难以落实到位，越区种植现象较为普遍。特别是品种审定"放开"和良种补贴政策取消后，生产上品种数量井喷，品种布局"多、乱、杂"，根据区域优势种植弱筋类型品种难度极大。如江苏省泰州市南部弱筋小麦（软质红粒冬小麦）优势区域弱筋小麦品种的种植面积逐年减少、中筋小麦品种的种植面积逐年增加，而北部中筋小麦（硬质红粒冬小麦）优势区域中筋小麦品种的种植面积逐年减少、弱筋小麦品种的种植面积逐年增大。另外，小规模生产、混收混储等因素，商品小麦品质的一致性、稳定性差，生产同一品种（类型）、稳定一致的优质弱筋商品粮难度极大，优质弱筋小麦品种不能真正转化为产品优势。

（三）标准化生产水平不高

我国小麦主要生产方式仍以小规模分散经营为主，生产规模化程度不高，很难集中统一管理，不能统一栽培技术、统一收获、统一专收专储，农民的土地投入和管理水平差异很大，导致优质的品种在种植后没有达到优质的标准。同时，许多地方优质弱筋小麦品种配套技术普及率不高，当前种植户专注于高产栽培技术的学习和运用，生产上往往沿用传统的中筋小麦栽培技术，肥水运筹不当。2018—2021 年江苏沿江沿海区域弱筋小麦品种加工品质检测达弱筋品质标准的约占 10%（康国庆，2023）。相同区域和品种由于管理措施和栽培技术等不同，商品粮的稳定性和一致性较差，弱筋小麦品种潜力不能得到充分发挥，严重制约了弱筋小麦品种优质性状的表达。

（四）优质优价未体现，订单履约率低

当前种植户普遍追求高产多抗广适的小麦品种，企业也对优质强筋小麦需求较为迫切。弱筋小麦收储机构、弱筋面粉专用加工企业数量较少，不足以引起种植户主动大面积种植，在粮食收储环节也缺乏一定的市场竞争，导致作为专用优质粮的弱筋小麦收购单价不高。对 2021 年和 2022 年江苏省弱筋小麦与普通小麦收益对比，弱筋小麦平均收益为 3 364 元 /hm²，低于普通小麦平均收益 115.5 元 /hm²，优质弱筋小麦未能实现优质优价，一定程度上影响了新型种植主体种植弱筋小麦的积极性，不利于弱筋小麦规模化订单生产。在订单生产过程中，容易出现订单合同价与市场价之间存在价格差，造成种植大户或粮食收储企业之间一方的损失较大，或者农户生产的小麦没有达弱筋品质标准，导致订单履约率低。

（五）小麦产业链各环节衔接不紧密

弱筋小麦产业链长（包括育种、种植、收储、加工等多个环节），终端产品种类多。近年来我国弱筋小麦产业化发展取得了显著进展，科研育种、栽培管理、收储运输、加工水平得到很大程度的提升。但产业链各环节仍存在相互脱节，各自为战，协同性差的问题。各环节对小麦品质的关注点有所差异，上游育种家注重品质优、抗性好、产量高，种植大户更注重高产稳产、抗病抗逆等，脱离了加工和消费的实际需求；中游的收储企业注重收购、储存、流通过程中品质稳定性和一致性，面粉和食品加工企业注重面粉色泽、面团的稳定时间、延展性及其稳定性等；下游的消费者注重食品外观、风味、口感等食用品质。

二、弱筋小麦产业化发展对策

（一）加大对弱筋小麦的政策支持

进一步加大弱筋小麦产业投资规模，加大农业基础设施建设，扩大农业科研和技术推广项目的支持。2017 年中央一号文件指出，深入推进农业供给侧结构性改革，特别强调要稳定小麦生产，确保口粮绝对安全，重点发展优质强筋弱筋小麦。保持农业补贴政策的连贯性，不断提高对农业的补贴和扶持，并且保持操作方式的稳定性。良种补贴与良种挂钩，与区域优势农产品布局相联系，可以更好地发挥良种补贴对弱筋小麦产业发展的引导和推动作用。

（二）加强弱筋小麦的科研攻关

坚持依靠科技，加强弱筋小麦相关理论方法和技术研究。广泛搜集和鉴定国内外弱筋小麦品种资源，加快弱筋种质资源引进、创新，突破弱筋小麦育种材料匮乏、遗传基础狭窄的瓶颈。加强与面粉和食品加工企业对接，共同研究市场对优质弱筋小麦的具体要求，利用现代分子生物学技术培育一批具有突破性的高产优质弱筋小麦新品种，加快弱筋小麦品种改良步伐。强化技术集成创新，及时研究

弱筋小麦新品种优质高产高效关键技术，加强弱筋小麦优质高产、机械化栽培、轻简化、防灾减灾、智能化技术研发力度；通过培训、示范等推动规模化种植、规范化管理。

（三）优化弱筋小麦品种区域布局

在农业农村部和各主产区制定发布小麦品质区划方案基础上，需要更进一步细化二级、三级等区划。长江中下游麦区重点推广抗赤霉病和穗发芽的优质弱筋品种，建成我国最大的弱筋小麦生产基地；西南麦区重点选育推广高产、抗条锈病的优质软质小麦品种，建成我国软质小麦生产基地。严格按品质区域规划落实种植布局，达到优质弱筋小麦区域化规模生产，科学化管理，实现高标准品质。积极引导土地流转，推进土地从分散种植向集约化、规模化经营转变，充分发挥适度规模经营的优势。引导和鼓励农户自主联合种植、经营，推进整乡、整县规模化生产基地建设，统一种植同一品质类型的优质小麦品种，力争实现县级"一主三辅"、乡级"一乡一品"，"统种、统管、统收"经营，减少品种"多、乱、杂"现象，提升弱筋小麦品质和稳定供给。

（四）打通全产业链推动提质增效

利用科技创新与组织创新的高效协同，通过科技链、产业链、供应链、价值链、生态链等五链融合，加快形成弱筋小麦产业领域的新质生产力，从根本上形成我国小麦产业的高质量发展新格局。发挥好产业化联合体、产业联盟等中介组织的带动作用，依托部门合作和区域协作的集体优势，形成多元化、多渠道、多层次的农业社会化服务体系。围绕弱筋小麦全产业链，开展优质品种选育、高效栽培技术研发、规模化区域化种植、订单化收购，并进行产销衔接，促成订单履行和优质优价。实现优质专用小麦多层次转化增值，促进优质专用小麦向更高层次发展。支持引导加工企业改进加工工艺，提升深加工能力，研发新产品，延伸产业链，满足不同消费者需求。

（五）不断探索新型产业化模式

"互联网＋"技术为小麦农业产业化提供了强大的技术支持，推动了产业的全面升级。通过引入物联网、无人机、大数据、云计算等现代智能技术，小麦生产过程中的种植、管理、收获等环节得到了优化和提升。"互联网＋"技术还促进了小麦产业链的延伸和拓展，推动了小麦深加工、物流配送、市场营销等相关产业的发展，打破了传统小麦销售模式的局限性。通过电子商务平台，弱筋小麦可以直接销售给消费者，提高销售效率。同时，互联网平台还可以为弱筋小麦提供品牌宣传、营销推广等服务，提升产品的知名度和竞争力。通过围绕弱筋小麦产业链从服务上做文章，构筑并完善"互联网＋弱筋小麦＋金融"的区域性现代小麦市场服务体系，推动一二三产业融合。

主要参考文献

成德宁，汪浩，黄杨，2017. "互联网＋农业"背景下我国农业产业链的改造与升级 [J]. 农村经济，（5）：52-57.

程顺和，郭文善，王龙俊，2012. 中国南方小麦 [M]. 南京：江苏科学技术出版社.

高山，2020. 中国小麦产业化现状与发展对策 [J]. 农业开发与装备，（3）：25-26.

阚莹莹，2024. 四川小麦低筋取胜制作的南方馒头更松软香甜 [N]. 四川日报，2024-2-27（11）.

康国庆，2023. 江苏弱筋小麦产业化发展研究 [D]. 扬州：扬州大学.

李冬梅，田纪春，齐世军，等，2007. 国内小麦核心种质籽粒蛋白质含量的分析研究初报 [J]. 德州学院学报，23（2）：19-22.

林玮，白和盛，2009.扬麦生产产销联合体运营模式创新研究 [J].农业科技管理，38（1）：71-73.

刘锐，吴桂玲，孙君茂，等，2018.小麦产业化经营模式分析与展望 [J].农业展望：（10）：32-36.

吕国锋，张伯桥，张晓祥，等，2008.中国小麦微核心种质中弱筋种质的鉴定筛选 [J].中国农学通报，24（10）：260-263.

梅汉成，赵开斌，陈善杰，2010.襄樊市小麦产业现状及发展对策 [J].湖北农业科学，（12）：3235-3237.

夏云祥，马传喜，司红起，2008.中国小麦微核心种质溶剂保持力特性分析 [J].安徽农业大学学报，35（3）：336-339.

姚金保，马鸿翔，张平平，等，2009.中国弱筋小麦品质研究进展 [J].江苏农业学报，25（4）：919-924.

张晓，张勇，高德荣，等，2012.中国弱筋小麦育种进展及生产现状 [J].麦类作物学报，32（1）：184-189.

致读者

社会主义的根本任务是发展生产力，而社会生产力的发展必须依靠科学技术。当今世界已进入新科技革命的时代，科学技术的进步已成为经济发展、社会进步和国家富强的决定因素，也是实现我国社会主义现代化的关键。

科技出版工作肩负着促进科技进步，推动科学技术转化为生产力的历史使命。为了更好地贯彻党中央提出的"把经济建设转到依靠科技进步和提高劳动者素质的轨道上来"的战略决策，进一步落实中共江苏省委、江苏省人民政府作出的"科教兴省"的决定，江苏凤凰科学技术出版社有限公司（原江苏科学技术出版社）于1988年倡议筹建江苏省科技著作出版基金。在江苏省人民政府、江苏省委宣传部、江苏省科学技术厅（原江苏省科学技术委员会）、江苏省新闻出版局负责同志和有关单位的大力支持下，经江苏省人民政府批准，由江苏省科学技术厅（原江苏省科学技术委员会）、凤凰出版传媒集团（原江苏省出版总社）和江苏凤凰科学技术出版社有限公司（原江苏科学技术出版社）共同筹集，于1990年正式建立了"江苏省金陵科技著作出版基金"，用于资助自然科学范围内符合条件的优秀科技著作的出版。

我们希望江苏省金陵科技著作出版基金的持续运作，能为优秀科技著作在江苏省及时出版创造条件，并通过出版工作这一平台，落实"科教兴省"战略，充分发挥科学技术作为第一生产力的作用，为全面建成更高水平的小康社会、为江苏的"两个率先"宏伟目标早日实现，促进科技出版事业的发展，促进经济社会的进步与繁荣做出贡献。建立出版基金是社会主义出版工作在改革发展中新的发展机制和新的模式，期待得到各方面的热情扶持，更希望通过多种途径不断扩大。我们也将在实践中不断总结经验，使基金工作逐步完善，让更多优秀科技著作的出版能得到基金的支持和帮助。这批获得江苏省金陵科技著作出版基金资助的科技著作，还得到了参加项目评审工作的专家、学者的大力支持。对他们的辛勤工作，在此一并表示衷心感谢！

江苏省金陵科技著作出版基金管理委员会